国际电气工程先进技术译丛

# 氢与燃料电池——新兴的技术及其应用（原书第2版）

[丹] 本特·索伦森（Bent Sørensen） 著

隋升 郭雪岩 李平 等译

机 械 工 业 出 版 社

氢和燃料电池分别代表了理想的能源(载体) 及其利用手段。本书内容丰富，系统介绍了氢气的生产、存储、运输等的各种方法，燃料电池的基础知识和燃料电池系统，未来使用场景，直接成本和生命周期成本，以及未来展望等。在每章末尾均给出了问题和讨论，其中的一些内容可以作为问题导向的小课题。

本书适合具有一定的相关知识背景，但在氢和燃料电池方面不是特别有经验的读者，读者将会从技术与政策因素、经济和环境评价等方面，全面了解整个氢和燃料电池领域的发展、挑战和机会。本书也可以作为高等院校新能源专业的教材使用。

# 译　者　序

燃料电池最早始于1839年英国人William Grove爵士提出的"气体电池"，他把两个铂电极浸入到稀硫酸中，先电解产生氢气和氧气。然后连接外部负载，氢气与氧气发生电化学反应，产生电流。然而，其后的发展经历十分曲折。与其同时代发明的蒸汽机已经成为一项成熟的传统技术，燃料电池至今仍被称为"新"能源技术。

近200年以来，燃料电池经历过几次发展高潮：

- 20世纪60年代初，燃料电池首次应用于Apollo登月飞船，带动了其在航空航天方面应用的热潮；
- 20世纪80年代后期，燃料电池在发电站和汽车等方面应用发展迅速，许多国家投入大量人力和物力进行研究开发；
- 现在，日本丰田汽车公司于2014年11月推出商业款燃料电池汽车"未来（MIRAI）"，世界主要汽车厂商纷纷把各自的燃料电池汽车商业化时刻表定在2025年之前，这预示着燃料电池开始进入了一个新的迸发时期。

燃料电池技术经历如此长时间的跌宕起伏历程，仍为人们所孜孜追求，不仅表明了该技术的复杂性，更透露出该技术将对人类社会产生重大的积极影响。人类的发展离不开能源，现今广泛使用的化石能源，一方面储量有限，另一方面是使用过程中伴随着污染和二氧化碳排放问题。氢能是人类能够使用的终极清洁能源。

氢气是能源（载体），是燃料电池的最佳燃料。通过阅读本书，您会对燃料电池和与其密切相关的氢能有深入了解。

本书作者Bent Sørensen博士是丹麦罗斯基勒大学（Roskilde University）退休物理学教授，可再生能源开拓者，获得过包括著名的欧洲太阳能奖在内的众多奖励和荣誉。因此，Bent Sørensen博士能够以宽阔的视野，系统全面介绍氢和燃料电池技术及其社会影响。另一方面，书中以凝练的笔锋，阐述了所涉及的一些基础知识，如电化学、量子力学、生物学和化学催化等，这将引导读者对燃料电池产生浓厚兴趣，以不同视角解决其中的科学挑战而产生积极作用。

本书由隋升统筹，其中第1、3、7章由上海交通大学隋升翻译，第2、4章由华东理工大学李平翻译，第5、6章由上海理工大学郭雪岩翻译。魏朝旭、向康、何岸等也参与了部分翻译工作。由于译者学识有限，加之书中涉及专业知识众多，译本中难免出现不准确甚至错误的地方，敬请读者谅解、批评指正。

**译　者**

**2015年9月于上海**

# 中文版前言

氢和燃料电池都有着悠久的工业使用历史，如利用碱性电解技术来生产氢气，以及采用当地管道在工业设施之间输送氢。电解槽是逆向模式运行的燃料电池，它将电能转换成氢气。在最近几十年中，对燃料电池正向运行的兴趣，即使用氢生产电力，在不断增强，特别是由于可能在车辆中应用的原因。这一吸引力在于氢不会产生任何污染，无论是用在内燃机，还是在燃料电池中，并且燃料电池在与电动机组合使用时，会提供比内燃机更高的效率。到目前为止，有限的、使用燃料电池车辆的缺点是成本高和寿命有限。

这本书介绍了实际应用氢和燃料电池背后的基础科学和工程技术，并解释了在一个很广阔应用范围内的功能作用。此外还讨论了影响环境、成本和可能会影响投入实际应用的其他因素，并与其他新兴技术做了比较，如交通领域的纯电动汽车，在这个领域人们发现，相比纯燃料电池或纯电池驱动的车辆，一个适度混合的燃料电池——电动汽车应该是最便宜的选择。

研究不同类型的燃料电池是一项高度跨学科的学问，它覆盖了从电化学电池的电解质表面的量子过程，到生物有机燃料电池的生化细节。不用于燃料电池的氢的用途也可能会很有趣。在世界的许多地方，风力涡轮机和太阳电池的使用率正在迅速增加。在欧洲，在某些情况下这种现象已经导致人们开始关注太阳能和风能输入端的间歇特性问题，并且已经确定了两个补救措施：实现在一个足够大的区域内的电力传输，可以大大减少提供给用户的电力波动，地下氢存储可以处理剩余的能量平衡问题。在欧洲，国际传输电网正在迅速强化和扩大，并提出了在地下含水层或盐穴储氢的具体建议。即使燃料电池无法满足成本和耐久性标准，这些方案选项也是有效的，因为以燃氢的燃气轮机恢复电力，成本会低很多，而效率只有小幅度的下降。

在最近的一本书（Sørensen：能源的间歇性，CRC Press/Taylor & Francis），针对北美洲和中国，以这样方案安装的电源系统进行了建模，显示了以这样方式，基于可再生能源的能源系统是100%可能的。在中国，这将需要新的传输能力，从适合于风力涡轮机和太阳电池的农场的西北高原，输送到南部和东部的主要负载区域，同时利用大量的海上风力资源和现有的水电，再加上与建筑物集成的太阳能。

**Bent Sørensen**
**Gilleleje，2015**

# 原书第 2 版前言

在写本书的第 1 版时，人们对燃料电池和汽车工业有一种热切信念，即氢燃料电池汽车将在 21 世纪的第一个 10 年开始渗透到市场。由于多种原因，这个目标并没有实现。5 年的燃料电池寿命和平均 1kW 批量生产成本 10000 美元的目标指标并不是很高，但实践证明在短期内仍然难以达到。5 年的燃料电池寿命实际是偏低的，因为受到在制造和资源利用过程中担忧环境影响的刺激，目前汽车工作寿命接近 20 年。只有 5 年寿命的燃料电池汽车在寿命周期内必须更换三次，考虑到设备和更换工作，这会大大增加实际成本。同时，在目前市场评估中的另一个因素是实力竞争，竞争对手包括了电动汽车、电池和与石油燃料相结合的混合动力汽车，以及用于运输行业的新一代生物燃料。在这个新版本中，将这些竞争对手相对于氢燃料交通应用的优劣进行仔细评估，同时对其他方面的燃料电池使用也进行了类似的评估。

对于研究人员和燃料电池及相关设备制造商，暂时的挫折不只是负面的，因为它提供了一个机会，重新思考基本设计概念，并提出一些新的想法，这些也许在为达到早期目标的狂热追捧中遗留下来尚未做处理。幸运的是，虽然氢燃料电池汽车头条新闻故事相对较少，但人们并没有放慢在科学和工程方面的努力步伐，这个版本将介绍和讨论许多新的、令人振奋的进展。这个过程中伴随着对电池结构内电化学过程的基本了解，以及车辆和系统概念的发展，战胜许多挑战，通过在几个方面从传统的可操作性和现有基础设施的布局出发，引入新技术。

考虑到电池和燃料电池技术的结合，此版本扩大了混合动力系统涉及的内容，而不是着重把它们看成是相互排斥的竞争对手。这被证明是一种合适的组合，无论是使用燃料电池和先进电池的插电式混合动力汽车，或独立的概念，可以实现纯燃料电池汽车或纯电动汽车无法获得的性能和经济性。燃料电池的研发领域已经吸引了一些有经验的科学家和工程师，我希望本书可以激发这些人的研究兴趣。

**Bent Sørensen**
**Gilleleje**
**2011 年 6 月**
**boson@ruc. dk**

# 原书第1版前言

这些年来，许多科学家和工程师进入氢和燃料电池领域是因为其令人兴奋的前景和大量资助。为了应对由于许多石油生产大国政治不稳定、资源的不确定性以及不断增加的对环境影响的关注，在未来几年内人类的目标是借助于在生产、分配和转换技术的重大变化，改变能源的供给和使用方式。

本书是为本领域的新人写的，对于那些专业上有越来越多课程的学生、已经在某些具体领域有了深入的了解和有所建树的科学家和开发者，他们是想从技术到政策因素、经济和环境评价方面了解燃料电池整个领域。我的目的是向具有一定的科学背景，但在氢和燃料电池方面没有特殊经验的人们提供一个介绍，并为读者提供最新的研究和前沿知识，以便把新兴技术与常规科学领域的概念联系起来。

在每章末尾是问题和讨论，其中的一些内容可以作为问题导向的小课题。

事实上，在氢和燃料电池领域的知识发展步伐如此之快，以致本书一半的内容是基于最近一年的材料（按照写作时间），并且甚至经常是没有发表或者科技期刊显示“出版中”的材料。很高兴能够将这些非常新鲜的材料从我的同行的办公桌上选入本书。新技术可以使某些研究与写书一起进行，这在5～10年前是根本不可能的。

为了达到上述所讲的目标，我尽量避免专业术语，或者如果它是重要的，读者会在最新的科学期刊见到专用术语的定义和解释，书中提供具有物理、化学或者生物学基础读者熟悉的概念联系。政策的规划者和实施者会在这些领域与常规经济和环境联系，找到新的思路和方法，并制定科学计划。

归根结底，我想传达氢和燃料电池领域中的丰富多彩，并提出了需要通过人类的聪明才智加倍努力的挑战，这个人就是你，亲爱的读者。

**Bent Sørensen**
**Gilleleje**
**2004年10月**
**boson@ruc.dk**

# 单位和转换系数表

| 10的幂指数[㊀] | | | | | |
|---|---|---|---|---|---|
| 前缀 | 符号 | 数值 | 前缀 | 符号 | 数值 |
| atto（阿） | a | $10^{-18}$ | kilo（千） | k | $10^{3}$ |
| femto（飞） | f | $10^{-15}$ | mega（兆） | M | $10^{6}$ |
| pico（皮） | P | $10^{-12}$ | glga（吉） | G | $10^{9}$ |
| nano（纳） | n | $10^{-9}$ | tera（太） | T | $10^{12}$ |
| micro（微） | μ | $10^{-6}$ | peta（拍） | P | $10^{15}$ |
| milli（毫） | m | $10^{-3}$ | exa（艾） | E | $10^{18}$ |

| SI单位 | | |
|---|---|---|
| 基本单位 | 名称 | 符号 |
| 长度 | 米 | m |
| 质量 | 千克，（公斤） | kg |
| 时间 | 秒 | s |
| 电流 | 安［培］ | A |
| 热力学温度 | 开［尔文］ | K |
| 发光强度 | 坎［德拉］ | cd |
| 平面角 | 弧度 | rad |
| 立体角 | 球面度 | sr |
| 物质的量[㊁] | 摩［尔］ | mol |

| 导出单位 | 名称 | 符号 | 定义 |
|---|---|---|---|
| 能量 | 焦［耳］ | J | $kg\ m^2/s^2$ |
| 功率 | 瓦［特］ | W | J/s |
| 力 | 牛［顿］ | N | J/m |
| 电荷 | 库［仑］ | C | A·s |
| 电压 | 伏［特］ | V | J/(As) |

㊀ G、T、P、E在欧洲称作milliard、billion、billiard、trillion，但在美国则称作billion、trillion、quadrillion、quintillion，M通称兆。

㊁ 0.012kg $^{12}C$ 中含有的原子数目。

（续）

| 导出单位 | 名称 | 符号 | 定义 |
|---|---|---|---|
| 压力 | 帕［斯卡］ | Pa | $N/m^2$ |
| 电阻 | 欧［姆］ | Ω | V/A |
| 电容 | 法［拉］ | F | A·s/V |
| 磁通量 | 韦［伯］ | Wb | V·s |
| 电感 | 亨［利］ | H | V·s/A |
| 磁通量密度 | 特［斯拉］ | T | $V\cdot s/m^2$ |
| 光通量 | 流［明］ | lm | cd·sr |
| 光照度 | 勒［克斯］ | lx | $cd\cdot sr/m^2$ |
| 频率 | 赫［兹］ | Hz | cycle/s |

转换系数

| 类型 | 名称 | 符号 | 近似值 |
|---|---|---|---|
| 能量 | 电子伏 | eV | $1.6021\times10^{-19}$J |
| 能量 | 尔格 | erg | $10^{-7}$J（精确） |
| 能量 | 卡（热化学） | $cal_{th}$ | 4.184J |
| 能量 | 英热单位 | Btu | 1055.06J |
| 能量 | Q | Q | $10^{18}$Btu（精确） |
| 能量 | quad（短尺度万亿 Btu） | q | $10^{15}$Btu（精确） |
| 能量 | 吨油当量 | toe | $4.19\times10^{10}$J |
| 能量 | 桶油当量 | bbl | $5.74\times10^{9}$J |
| 能量 | 吨煤当量 | tec | $2.93\times10^{10}$J |
| 能量 | 天然气立方米 |  | $3.4\times10^{7}$J |
| 能量 | 甲烷千克 |  | $6.13\times10^{7}$J |
| 能量 | 生物质气立方米 | kg | $2.3\times10^{7}$J |
| 能量 | 汽油升 |  | $3.29\times10^{7}$J |
| 能量 | 汽油千克 |  | $4.38\times10^{7}$J |
| 能量 | 柴油升 |  | $3.59\times10^{7}$J |
| 能量 | 柴油/汽油千克 |  | $4.27\times10^{7}$J |
| 能量 | 1大气压氢气立方米 |  | $1.0\times10^{7}$J |
| 能量 | 氢气千克 |  | $1.2\times10^{8}$J |
| 能量 | 千瓦时 | kW·h | $3.6\times10^{6}$J |
| 能量 | 马力 | hp | 745.7W |
| 能量 | 每年千瓦时 | kW·h/y | 0.114W |

（续）

| 转换系数 | | | |
|---|---|---|---|
| 类型 | 名称 | 符号 | 近似值 |
| 放射性 | 居里 | Ci | $3.7 \times 10^{8} s^{-1}$ |
| 放射性 | 贝克勒尔 | Bq | $1 s^{-1}$ |
| 放射剂量 | 拉德 | rad | $10^{-2}$J/kg |
| 放射剂量 | 格瑞 | Gy | J/kg |
| 剂量当量 | 雷姆 | rem | $10^{-2}$J/kg |
| 剂量当量 | 希沃特 | Sv | J/kg |
| 温度 | 摄氏度 | ℃ | K - 273.15 |
| 温度 | 华氏度 | ℉ | 9/5℃ + 32 |
| 时间 | 分钟 | min | 60s（精确） |
| 时间 | 小时 | h | 3600s（精确） |
| 时间 | 年 | y | 8760h |
| 压力 | 标准大气压 | atm | $1.01325 \times 10^{5}$Pa |
| 压力 | 巴 | bar | $10^{5}$Pa |
| 压力 | 磅力每平方英寸 | psi | 6894.757Pa |
| 质量 | 吨（米制） | t | $10^{3}$kg |
| 质量 | 磅 | lb | 0.45359237kg |
| 质量 | 盎司 | oz | 0.0283495kg |
| 长度 | 埃 | Å | $10^{-10}$m |
| 长度 | 英寸 | in | 0.0254m |
| 长度 | 英尺 | ft | 0.3048m |
| 长度 | 英里（法规） | mile | 1609.344m |
| 体积 | 升 | L | $10^{-3}m^{3}$ |
| 体积 | 美加仑 | US gal | $3.78541 \times 10^{-3}m^{3}$ |

# 目　　录

# 第1章　概　　述

## 1.1　燃料电池和氢能可能扮演的角色

机动车辆所排放的污染物（尤其在城市地区）对现在人们的居住、旅游或工作，变得越来越难以接受。机动车行业在该问题上的不当处理饱受批评，与此同时，人们对零排放车辆的需求应运而生。减少污染物排放最简单的办法是生产更高效的车辆。这条路线被几个欧洲的汽车制造商所采纳，他们将轻的车体结构，小的空气阻力，在消耗较少燃料情况下高功效的内燃机（例如共轨柴油机），制动能量回收，计算机最优化变速操作，空载时关闭发动机等一系列方法结合起来。现阶段，这样的技术对于标准的四人乘用车的燃料消耗量为每100km大约消耗3L柴油或者是4～5L汽油（如果采用低效奥托机的话）。每100km 3L柴油相当于0.1GJ或1MJ/km。从燃料到轮子的动力转换效率比目前全球乘用车（效率为27%，而不是17%）大约高60%，然而总的从燃料到给终端用户提供运输服务的工作效率，例如用运输的人次数量乘以行驶里程来衡量的话（见6.2节），优于现在车型的平均值（每升汽油12～13km，比柴油机能量含量低大约10%）的2.3倍。现阶段乘用车的平均效率，中国和美国最低，欧洲最高。这是消费者见到的普遍盛行的燃油价格所带来的直接结果（包含补助和税收）。

其他的选择包括纯电动汽车和燃料电池汽车，也包括这些技术或是其他技术的混合应用。如果初始燃料从化石中提取，那么它对于环境的污染取决于总的提供运输服务所消耗的能量。对于纯电动汽车，假设其发动机效率为80%，转化效率为98%，参照现阶段发电厂最高水准的40%燃料到电能的转化效率，最终包含电池循环损失后计算的转化为动力的效率为26%。对于燃料电池汽车，氢燃料到动力的转化效率大约是36%（见6.2节），这其中包含有25%的转化效率来自于天然气生产氢气，通过质子交换膜（Proton Exchange Membrance，PEM）燃料电池和电动机，带动轮子，构成一个混合驱动循环。

在纯电动汽车中，所产生的污染相当于从街道移到了当地的发电厂中，也就是这些发电厂使用化石燃料，并能够更好地清洁尾气，通常在这个更高的利用层面上就不可能产生像目前通常的汽车产生那样高度集中的污染。如果可再生能源（例如风能、太阳能等）能用来发电，就不存在运行阶段的污染问题。当然，目前也存在这样一个问题，相对于现阶段使用传统化石燃料的热机，只提升简单的效率，纯电动汽车和燃料电池汽车的高成本在很多情况下是很难承受的，因此纯电动汽车和燃料电池汽车实际情况是强烈依赖于对于非化石燃料使用的需求。当然，这并不排除基于一定时期内，化石燃料产氢在燃料电池汽车中的应用，因为在该段时期，基于可持续能源制氢的技术还不能得到应用。

考虑利用可再生能源（例如风能）制氢，取现阶段风电场的最大转换效率85%，对于燃料电池汽车来说，从初始燃料到动能的转化效率约为25%，但是这种情况下没有产生污染。对于仅仅依靠电池驱动的汽车，相应的效率约为50%，但是考虑到所需要电池的重量（即使利用锂离子电池组）通常高于燃料电池的重量，这也适用于那些包含储能电池的系统。如果电池和燃料电池技术都达到经济可用性，最佳的方案是在系统的重量与花费最小成本所能得到的发动机之间做出平衡。然而，今天这两项技术都不具备经济实用性，所以一个关于燃料电池角色的主要问题是：尽管燃料电池与储能电池具有某种程度上的技术相似性，是否减少燃料电池的成本比减少储能电池的成本更加容易。选用一系列可能的混合动力的成本将在第6章中讨论。

一旦当来自发动机的污染物中所包含的颗粒物、二氧化硫、氮氧化物等通过过滤和催化装置被有效减少时（这些污染物引起了最大最直接的社会、健康和环境冲击），温室气体就上升到未来我们所不能忍受的污染物名单上，因为气候的变暖和它所带来的不可忽视的后果将破坏全球气候的稳定性，特别是对那些脆弱的区域（Sørensen，2011a）。现阶段，气候的变暖似乎已经成为停止使用化石燃料最主要的原因。不久以前，供电安全和资源耗竭被视作开发可持续的替代能源的主要原因。这种担心暂时减少的原因是呈现指数增长的能源利用停止了。这种停止得益于1973年和1979年石油供应危机，使得人们开始协商提高能源利用效率。尽管世界上最发达的工业国家在过去30年内并没有明显地增加总的能源使用量，取而代之的是持续增长的经济和高收入群体的出现，但是世界上大多数的运输部门持续增加能源使用量，仅仅在空间加热上减少了能源的用量，而其他领域似乎比汽车、船舶、飞机更需要提升能源使用效率。上述例子显示，车辆等交通工具的能源使用效率的提升不是技术上解决不了的问题，并且，这样努力的效果的确正在慢慢呈现。

众所周知，资源问题将是永远不能逃避的问题。化石燃料的生产（特别是石油）预计将在未来10年或20年内达到峰值，然后其产量就将下降，发现新油井的数量也会持续下降。这将必然导致石油价格的上升，尽管可能是不规律的上升。这是由于事实上在某些地区石油开采成本依然很低，特别是在中东地区，所以价格依赖于每天的市场变化和政策，例如卡特尔产量上限和产油区的战争。这些情况使得开发可替代能源极具吸引力，既有经济上的原因，也是考虑到能源供应的安全性。尽管可再生能源排除需要传输，或是交易电能、燃料，或是开发合适的能量存储形式，由于可再生能源在地域分布上更广泛（尽管每个地区的可再生能源种类不尽相同），它们在本地自我供给上更具有吸引力，通常称作“分散化”（见 Sørensen，2010a）。

刚才所提到的原因将在后续章节中更加详细的讨论。

采用氢气作为主要能量载体很早就已被人们认识到了（见 Sørensen，1975，1983，1999；Sørensen 等，2004）。值得注意的问题包括氢气的生产、存储、运输和使用，特别是作为燃料电池的燃料。目前我们所希望的是随着新的应用领域的发展，燃料电池的价格能够下降，并且燃料电池的设施问题最终将得到解决。这或许将经历几个步骤，随着氢气被用于那些商业上有利可图的领域，这些领域对于基础设施的要求最小，例如固定路线的燃料电池巴士。尽管现阶段生产氢燃料（无论是利用化石燃料还是可再生能源生产氢燃料）的成本比传统燃料高，但是伴随着市场的扩展和技术的进步，它的成本将有望下降。尽管输送氢气的成本与输送天然气的成本相近或是稍高一些，集中式的地下氢气存储设施（例如那些已经用来存储天然气的设施）的成本将极大影响氢气的使用成本。本地氢气存储（典型的是采用压力容器）的成本不可忽视，但是对总成本影响非常小。一项重要的成本就是燃料电池本身，包含电动机，而允许氢气成为一种重要能量载体所需要发展的技术就是燃料电池。在传统的热电厂发电模式下，氢气发电所能占有的市场受到限制，但是这个世界仅仅对非化石燃料感兴趣。尽管大多数非化石能源（例如风能、太阳能）不需要通过氢气产生电能，但是它们都需要氢气来存储这些间歇式能量。因此，我们不得不将运输部门当作一个研究氢气作为主要能量载体的关键来介绍。

本书的整体布局如下：第 2 章讨论氢气的生产、存储、运输的各种方法；第 3 章涵盖了燃料电池的基础知识；第 4 章介绍了燃料电池系统，以及一些设施问题（包括安全性和规则问题）；第 5 章介绍了未来的使用场景；第 6 章讨论了一些经济问题，例如直接成本和寿命周期成本；第 7 章是对全书的总结。书中所介绍的这些知识并不是无懈可击的，尽管用这些技术讨论系统选择或是提及实际问题往往十分有用，但是我们必须要跨学科参考这些知识。

# 第 2 章　氢　　气

## 2.1　氢气的生产

氢是宇宙中含量最丰富的元素。其主要的同位素由一个质子和一个电子组成；该电子在角动量最低时处于基态（表示 1s），具有 $-2.18\times10^{-18}$J 的能量（以原子核和电子的距离为无限远时的能量为零）。氢是一种星际气体，是主序星的主要成分。在行星，如地球上，氢是水、甲烷和有机物中的一部分；无论是在动植物还是化石中，都有氢的存在。地球上同位素 $^2H$ 和 $^1H$ 的自然丰度比值为 $1.5\times10^{-5}$。正常氢的分子形式为 $H_2$。更多性质见表 2.1 中。

氢气的生产涉及提取和纯化等几个步骤，产品的纯度视具体要求而定。主要生产方法由甲烷制取，或把其他原材料转化成甲烷再制取。因此，如果使用矿物燃料，天然气转化为氢气是相对容易的，使用石油作为原料过程要复杂一些。如采用煤为转换原料，要首先经过高温汽化。如能量已经转化为电能，电解是目前最常用的制氢方法。对可再生能源，需要特别关注不同形式的生物质资源能源。可考虑光诱导或水在高温下直接热分解，相对而言，在较低温度下，如由核反应堆提供蒸汽，则需要多步骤的更复杂的工艺过程。

**表 2.1　氢气的物性**㊀

| H 原子序数 | 1 | |
|---|---|---|
| 电子在 1s 轨道上结合（电离）能 | 2.18 | aJ |
| $H_2$ 分子量 | 2.016 | $10^{-3}$kg/mol |
| $H_2$ 原子平均距离 | 0.074 | nm |
| $H_2$ 解离为 2 个 H 原子的解离能 | 0.71 | aJ |
| $H^+$ 在 298K 稀释水溶液中的电导率 | 0.035 | $m^2/(mol\cdot\Omega)$ |
| 101.33kPa 和 298K 下密度 | 0.084 | $kg/m^3$ |
| 101.33kPa 下熔点 | 13.8 | K |
| 101.33kPa 下沸点 | 20.3 | K |
| 298K 下恒压比热容 | 14.3 | kJ/(K·kg) |
| 101.33kPa 和 298K 下水溶解度 | 0.019 | $m^3/m^3$ |

㊀ 单位、前缀以及转换系数参见文前“单位和转换系数表”。

### 2.1.1 蒸汽重整

目前工业生产的氢源自于甲烷（$CH_4$），而甲烷是天然气的主要成分。在高温下，甲烷和蒸汽混合物发生如下强吸热反应：

$$CH_4 + H_2O \rightarrow CO + 3H_2 - \Delta H^0 \tag{2.1}$$

式中，在常温常压下（0.1MPa，298K）反应焓 $\Delta H^0$ 等于 252.3kJ/mol，当参加反应的原料水以气态形式存在时，反应焓为 206.2kJ/mol。式（2.1）中，右边的 CO 和 $H_2$ 的混合气被称作“合成气”。这步反应需要催化剂（镍或者负载于氧化铝的镍复合物，钴、碱土和稀土元素氧化物的混合物），反应温度为 850°C，反应压力为 $2.5 \times 10^6$Pa。

这个过程的控制因素包括：蒸汽重整反应器的设计，进料混合比（典型的水气比为 2~3，即比化学反应计量值要大），以及反应温度和催化剂。其他的副反应包括式（2.1）的逆反应等。为了提高能量利用率，可以通过冷却反应产物加热进料，以及利用后续反应器中蒸汽变换（WGS 反应）所放出的热量。蒸汽变换反应如下：

$$CO + H_2O \rightarrow CO_2 + H_2 - \Delta H^0 \tag{2.2}$$

式中，当所有反应物为常温常压气态时，$\Delta H^0$ 为 −41.1kJ/mol；当水分为液态时，为 −5.0kJ/mol。该过程中的热量在反应式（2.1）中回收利用。这需要用到两个热交换器，是蒸汽制氢的高成本的主要原因。水气比高于化学计量数是为了避免积炭以及过量 CO 的产生（Oh 等，2003）。

工业蒸汽重整炉一般通过直接燃烧一部分天然气来为反应（2.1）供热（其他的热源也可以利用）：

$$CH_4 + 2O_2 \rightarrow CO_2 + 2H_2O - \Delta H^0 \tag{2.3}$$

式中，$\Delta H^0$ 为 −802.4kJ/mol（气态水），或者 −894.7kJ/mol（液态水）。假设 $CO_2$ 在相应的温度和压力下为气态。在得到气态产物过程中放热 802.4kJ/mol 被称为“低热值”，在产物中有液态凝聚水分的过程中的热量被称为“高热值”。在反应（2.1）过程中只有部分热量是通过热量循环利用得到。反应（2.1）和（2.2）合并，可以得到

$$CH_4 + 2H_2O + \Delta H^0 \rightarrow CO_2 + 4H_2 \tag{2.4}$$

式中，$\Delta H^0$ 为 165kJ/mol（气态水进料），或者 257.3kJ/mol（液态水进料）。作为化学能量转换过程，式（2.4）有着 100% 的理想效率。甲烷的燃烧热值［如式（2.3）所示］为 894.7kJ/mol，加上式（2.4）反应中需要的热量 257.3kJ/mol，正好等于 $4H_2$ 的燃烧热值 1152kJ/mol。过程的焓值与温度和压力有关，但是考虑到过程如果由常温常压开始并结束，那么过程中额外增加的加热或

加压的能耗可以在过程结束前回收利用。在实际过程中，只有50%的燃烧热量是用在反应（2.1）中。其他的热量被消耗在反应产物中，这些热量通过后续的热交换器重新回收利用（Joensen和Rostrup－Nielsen，2002）。Ovesen等（1996）研究了动力学因素对反应（2.2）催化性能的影响。工业上甲烷转换的效率实际上很难超过80%，如上所述，回收热量的换热器是甲烷蒸汽重整制氢过程中影响成本的一个主要部分之一。如果天然气中存在硫污染物，比如$H_2S$，那么为了保护催化剂的性能，会在生产合成气的步骤之前增加脱硫的步骤。

催化剂——比如具有简单的周期晶格的Ni金属表面结构——的作用是吸附$CH_4$分子，并且逐步将其氢原子解离，使其具有接下来反应的活性。在金属结构表面解离的基本机理已经由Lennard－Jones（1932）提出，对于表面和表面附近游离分子之间的势能，存在两个最小值，如图2.1所示。外层的最小值是由于较长范围的库仑（Coulomb）力［也称范德华（van der Waals）力］导致的分子吸附造成的。而里层的最小值是由解离化学能导致的。两个最小值之间的能量阈值可能会比分子间长程的势能要高，这样分子必须具有克服能量阈的较高动能（Ceyer，1990）。一般可以通过提高反应温度达到这样的目的。很显然，这个能量阈值的大小取决于催化剂表面以及分子自身，所以要求工程上选择合适的催化剂。逐渐使用具有较高氢气产能的催化剂，从传统的$Al_2O_3$负载Ni催化剂（Yokota等，2003），$Ni/ZrO_2$（Choudhary等，2002）到最近的$Ni/Ce-ZrO_2$催化剂，可提高反应（2.1）15%的氢气产能（Roh等，2002）。

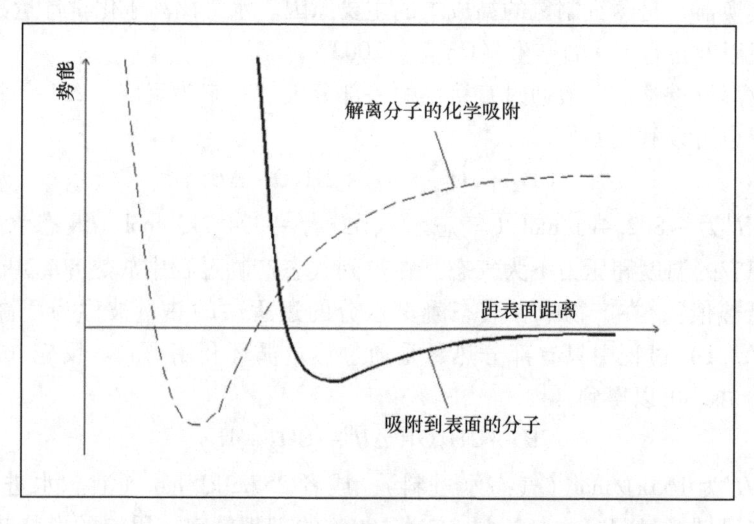


图2.1　分子在催化剂表面的解离需要较高的动力学能来克服势能阈值。没有额外的能量，分子仅仅吸附在表面（Lennard－Jones，1932）

过度提高反应温度可能会毁坏催化剂，其中一个重要的原因是碳沉积：

$$CH_4 + 74.9kJ/mol \rightarrow C + 2H_2 \tag{2.5}$$

积炭会在催化剂表面形成纤维状物质，包裹住催化剂原子，并且极大地阻碍蒸汽重整反应的进行（Clarke 等，1997）。如前所述，过量的蒸汽可以有效地防止沉积，或者至少可以通过清洁催化剂表面来减轻碳沉积的副作用。

变换反应（2.2）需要与蒸汽重整不同种类的吸附剂，传统的为 Fe 或者 Cr 的氧化物。在新型的具有不同温度几次变换的工厂中，Fe/Cr 氧化物催化剂只用在400℃左右的第一步高温变换，其他的催化剂如 $Cu/ZnO/Al_2O_3$ 则用作第二步的低温变换。在此过程中有热量回收。催化剂上碳沉积的反应机理主要为 Boudouard 反应（CO 歧化反应）（Basile 等，2001）：

$$2CO \rightarrow C + CO_2 + 172.4kJ/mol \tag{2.6}$$

人们一直在不断探索具有高稳定性的催化剂。$CO_2$ 最终的处理相对比较容易，通过水洗可以实现。目前工业上大规模制氢的产品没有用作燃料电池的使用，所以在 CO 变换之后合成气中 CO 的量一般在 0.3% ~3% 之间（Ghenciu，2002；Ladebeck 和 Wagner，2003）。

对于在质子交换膜（PEM）燃料电池（见3.6节）中使用的氢气，其 CO 的含量要求低于 $50 \times 10^{-6}$。这是由于 PEM 燃料电池中使用的典型铂催化剂中毒的限制。这也就意味着需要进一步去除 CO，除非主反应（2.1）和（2.2）可以精确地按照剂量比完全反应。去除 CO 的步骤主要有3个技术：选择部分氧化、甲烷化［式（2.1）的逆反应］和膜分离技术（Ghenciu，2002）。目前使用最广泛的是部分氧化法：

$$CO + 1/2O_2 \rightarrow CO_2 + 283.0kJ/mol \tag{2.7}$$

这里的“选择”意味着借助于催化剂的使用，相比氢气氧化反应，上述反应更优先进行：

$$H_2 + 1/2O_2 \rightarrow H_2O - \Delta H^0,\ \Delta H^0 = -242(g) \text{或} -288(l)kJ/mol \tag{2.8}$$

［焓值是常温常压条件下，在式（2.7）中 $CO_2$ 处于气态］。当前使用的催化剂是基于铂或铂合金。这类催化剂需要较高的表面积，较低的工作温度（80 ~200℃），并且颗粒越小越好（Shore 和 Farrauto，2003）。

通过持续不断地将第二个反应器中的氢气去除，就可以避免以上的问题并且维持高的效率。这个过程可以通过仅允许氢气分子透过的膜分离技术实现，而其他的反应物被留在反应器内。膜反应器可以替代传统的两蒸汽变换器，实现整个反应过程（2.4）。这种膜反应器应该包含一个装填好催化剂（几个中试实验中已使用了 Pd 催化剂）的管式反应器与膜相连，以及相应的进气管路。将反应中产生的氢气及时移走，可以改变反应（2.1）和（2.2）的热力学平衡，使反应正向进行，反应在低温下进行，并且使用较少的过量蒸汽（Kikuchi 等，2000；Gallucci 等，2004）。理论上和实际中 CO 的含量都可以保持在 0.001%，但是有研究者强调，在一些情况下需要增加一个步骤（Yasuda等，2004；总的转化效率为70%）。实验表明，相对于传统的蒸汽变换器，这个类型的反应器体积更小，转化效率更高。

除了甲烷水蒸气转换，也可以用其他碳氢化合物，尤其是石油产品进行重整，类似的制氢的反应为

$$C_nH_m + nH_2O \rightarrow nCO + (n + \tfrac{1}{2}m)H_2 - \Delta H^0 \qquad (2.9)$$

由于反应速率和出现的更多热裂解问题，通过合适的催化剂，持续不断地打开高级碳氢化合物末端C－C键，比起甲烷重整反应难度大得多。为了避免这个问题，碳链断裂通常是在一个单独的预重整反应中完成的（Joensen和Rostrup－Nielsen，2002）。比起天然气重整，通过这种方式制氢，过程更加复杂，价格更昂贵。当然，也可以使用新型催化剂（例如Pd/二氧化铈）来实现某种特定的高级碳氢化合物重整（Wang和Gorte，2002）。

### 2.1.2　部分氧化重整、自热重整和干气重整

甲烷温和的放热催化部分氧化反应：

$$CH_4 + \tfrac{1}{2}O_2 \rightarrow CO + 2H_2 + 35.7\text{kJ/mol} \qquad (2.10)$$

或更普遍的反应为

$$C_nH_m + \tfrac{1}{2}nO_2 \rightarrow nCO + \tfrac{1}{2}mH_2 - \Delta H^0 \qquad (2.11)$$

这些反应被认为比蒸汽重整更快。当氧气（通常为空气）和甲烷通过合适的催化剂（比如$Ni/SiO_2$）时，反应（2.10）发生，同时一定程度上反应（2.3）和反应（2.7和2.8）也会进行，进一步甲烷化［反应（2.1）的逆反应］，以及水蒸气变换［见式（2.2）］和干气重整［见反应（2.14）］也会发生。当氧气由空气提供时，氮气需要从产品$H_2$中去除。这一步通常是接着部分氧化反应之后进行。部分氧化适合小规模的生产。比如制氢供给燃料电池汽车。可以根据车的运行情况开始或者终止反应。伴随着氧化过程，温度上升，开始蒸汽重整。这个过程被称作“自热”重整，涉及目前提到的全部反应，加上可能发生反应的水的化学计量比的变化。

$$CH_4 + \tfrac{1}{2}xO_2 + (1-x)H_2O \rightarrow CO + (3-x)H_2 - \Delta H^0 \qquad (2.12)$$

以上的方程式，适合$x<1$的情况，并不是必要条件，也有特殊情况存在，如下所示：

$$CH_4 + \frac{3}{2}O_2 \rightarrow CO + 2H_2O - \Delta H^0, \Delta H^0 = 611.7(\text{l})\text{或}519.3(\text{g})\text{kJ/mol} \qquad (2.13)$$

对于汽车应用来说使用空气是很便捷的，但是如果自热方案用于大型工业工厂时，更倾向于使用氧气产品作为原料气体。例如，由于考虑到大量的氮气需要处理，以及相应的热交换器（Rostrup－Nielsen，2000）。

通过甲烷部分氧化制氢时，产量随着过程温度升高而增加，但是到大约1000K时达到最高值（Fukada等，2004）。理论上的转化效率和传统的蒸汽重整类似，但是所需要的水量减少（Lutz等，2004）。

在行驶的汽车上，汽油和其他的高级碳氢化合物可能通过自热重整过程，使用合适的催化剂时，被转化成氢气（Ghenciu，2002；Ayabe等，2003；Semelsberger等，2004）。部分氧化也可以与在2.1.1节介绍的钯催化剂膜反应器结合（Basile等，2001）。

$$CH_4 + CO_2 \rightarrow 2CO + 2H_2 + 247.3\text{kJ/mol} \qquad (2.14)$$

作为替代传统蒸汽重整的技术，甲烷可以在$CO_2$气流中而不是在水蒸气中发生重整反应。接着会发生变换反应（2.2）。这个反应可以被用于$CO_2$的处理，例如在煤炭开采过程中和低温操作，当需要传统的蒸汽重整时（Abashar，2004）。

### 2.1.3　水电解：燃料电池的逆运行

通过水电解的方式可以将电能转化成氢气（和氧气）（早在1820年时，Faraday已经阐述了该理论，1890年左右被广泛应用）。但是，如果被用于制氢的电能来源于化石燃料，其成本远高于天然气重整。

另一方面，在某些特殊应用领域，水电解的方法更容易制备高纯氢气。因此，目前电解水制氢大概占5%的市场份额。对电解水制氢来说，主要的成本就是电费。但是，如果电是来自风力或者太阳能发电的过剩部分，那情况就完全不同了。如果在没有本地需求也没有向外输出的需求时，这些生产出来的电在这个时候就是没有价值的。这样就非常适合将这部分能量存储起来。以氢气的方式存储能量是其中一个选择，在特定情况下提供氢气或再生利用在经济上是有吸引力的。

传统的电解过程使用碱性水溶液电解质，例如大约重量百分比为30%的KOH或者NaOH水溶液，与由一个微孔隔膜隔开的正极和负极区域（取代早期的石棉隔膜）。正极（例如Ni或者Fe）上的总反应为

$$H_2O \rightarrow \tfrac{1}{2}O_2 + 2H^+ + 2e^- \qquad (2.15)$$

其中电子通过外部电路的方式离开该区域（见图2.2），其中3个产物可以通过两步法来生成

$$2H_2O \rightarrow 2HO^- + 2H^+ \rightarrow H_2O + \tfrac{1}{2}O_2 + 2e^- + 2H^+ \qquad (2.16)$$

负极的反应为

$$2H^+ + 2e^- \rightarrow H_2 \qquad (2.17)$$

从外部电路获取电子。在电势差$V$的驱动下，氢离子在电解质溶液中传输。碱的作用是提高水的弱离子导电性，KOH的效果更好。然而，为了避免碱对电

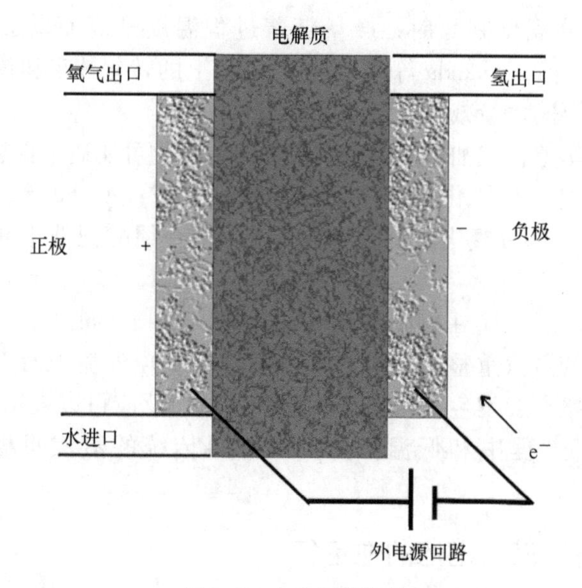


图 2.2　水电解槽结构

极的腐蚀，反应过程的温度要低于100℃。总的反应是反应（2.8）的逆反应：

$$H_2O-\Delta H^0 \rightarrow H_2+\frac{1}{2}O_2 \quad \Delta H^0=-242(g)/288(l)\,kJ/mol \tag{2.18}$$

$$\Delta H=\Delta G+T\Delta S \tag{2.19}$$

在常温（298K）和常压下，液态水的焓变和自由能分别为$\Delta H=-288$kJ/mol以及$\Delta G=236$kJ/mol。所以电解过程所需要最低的能耗（高品质）为236kJ/mol。焓变和自由能变化的差值$\Delta H-\Delta G$在理论上可以从环境中获得。由于表观转换效率为$\Delta H/\Delta G$，因为$-\Delta H$也是$H_2$的（上部）的热值，则理论上可以超过100%，高达122%。然而在25℃使用环境热时，反应过程非常缓慢。在典型的电解槽中使用的温度是80℃左右，并在某些情况下，还要使用有效冷却系统。在实际情况下，由于极化效应而产生的“过电压”，造成转换效率仅为50%～70%，这比理论值低得多。水电解槽的电位$V$可以表示为

$$V=V_t+V_a+V_c+Rj \tag{2.20}$$

式中，$V_r$为可逆电动势：

$$V_r=-\Delta G(z\mathscr{F})=1.22V \tag{2.21}$$

式中使用了自由能变$\Delta G$，法拉第常数$\mathscr{F}=96493$C/mol和涉及反应（2.15）中的电子数$z$。式（2.20）中另外三项构成了“过电压”，分别为负极（阳极）和正极（阴极）电极部分$V_a$、$V_c$以及电阻的贡献。电流为$j$，$R$是电池的内阻。式（2.20）的后三项表示电损耗，运行电流为$j$的电解槽效率$\eta_v$定义为

$$\eta_v=V_r/V \tag{2.22}$$

研究者正在努力试图将效率提高到80%，甚至更高。一种方法是提高操作

温度，通常是高于1500℃，并优化电极设计和催化剂。

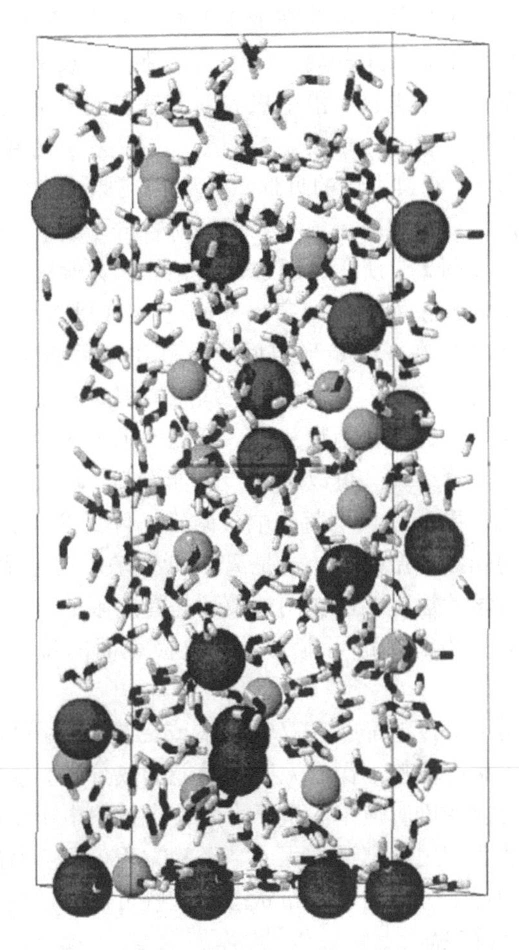

图2.3 靠近金属表面NaCl溶液（在底部），对一个正极表面电荷单个时间步长分子模拟结果（引自Spohr，1999）。(Molecular simulation of the electrochemical double layer. Electrochemical Acta 44，1697—1705，Elsevier已许可使用)

这里所描述的碱性电解槽是一种类型的燃料电池（3.4节如此描述）。虽然涉及的这种装置的量子化学过程的详细讨论是第3章的主题，这里仍将对关于气体离解和式（2.20）中出现的电极损耗等概念的机理进行解释说明。水分子和电解液中离子在电极表面或者为了加速传递而置于电极上的催化剂表面的行为是怎样的？依据实验方法，如隧道电子显微镜检查（TEM）和一定范围内的光谱测量方法，建立了分子结构的视觉构象，对于早期的电化学装置是不可想象的。此外直到20世纪90年代，由于半经典和量子化学的最新进展，才使得洞悉电子转移的机理成为可能，在此之前闻所未闻。

考虑具有常规晶格原子结构的金属表面（电极或催化剂）。作为电解槽的电极，施加到系统的外部电压使得电荷在金属表面上聚积。在电化学装置的典型描述中，符号相反，从在电解液中的离子衍生的电荷，被吸引向电极形成的相反电荷的双层结构。在带正电的电极，沿电极表面上一层阴离子积聚在电解质中。这是随后发生水分解的微环境，分子力学被用于模拟该双层区域的结构。

“分子力学”是一个经典力学的近似，用于描述原子或分子中心的运动，除了保留了电荷的轨道，完全忽略了电子，但保持各分子的非对称形状，可以表征为它在空间的定位。如图2.1所示，通过参数化势函数假定分子通过某种力交互作用。图2.3是以这种方法处理的规定尺寸问题（时间冻结）：400个水分子和32个离子（$Na^+$或$Cl^-$）在一个矩形空间中，其中一面带电表示电极。通过计算该图显示逼真的图案。如图2.4所示，平均总模拟时间超过几纳秒，可以建立以电荷密度随到电极距离的变化函数关系。分别展示了3种情况，即正、零和分别带负电荷的电极的计算结果。可以看出，正如所料，$Cl^-$离子蓄积在正电荷的电极附近，而$Na^+$离子蓄积在负电荷的电极附近。除此之外，水分子已被极化，使总电荷作为距离的函数是振荡的，这是离子和水有关的电荷之间的相互作用的结果。当然利用现象学的短程相互作用的模型是有局限的，同样对于水和离子作用，分子动力学计算并没有考虑可能发生在电极表面的特定量子效应（Spohr，1999）。

在电解槽中，两个电极上都存在双电层（或更复杂的振荡电荷密度），电解液中的离子和水分子具有依赖于操作温度的动能的热分布。动能影响电极上的反应物，而这又可能会改变反应速率。量子力学首先描述电子密度分布和反应可能实现的路径势能，然后利用薛定谔方程或半经验方程得到与时间相关的解，用于描述反应物分子中的每个可能的热分布状态。这些可以通过找出每个参与分子的可能的振动激发态来确定。

图2.5给出了更简单的反应（2.17）在负极的势能面，它是氢分子到表面的距离$z$和两个氢原子之间的距离$d$的函数。通过量子力学计算出6个氢坐标的函数（每个原子3个），并且已经发现，位置平行于表面的具有最低能量氢。表面附近，氢分子的质量中心可接近顶表面的金属原子或它们之间的“洞”。在铂负电极的情况下，在较远的距离下提供最简单的反应路径的可能性最大（Pallassana等，1999；Horch等，1999），但是一旦分开，氢原子的质量中心会出现在“洞”的位置上，即Pt晶格立方体的面中心，米勒指数（111）。图2.5为氢原子对沿Ni（111）晶格立方体的面中心垂直方向趋进。

图2.5表明氢分子可能以固定的间隔$d=0.074\text{nm}$（等于实验测量的孤立氢分子的间隔）接近离较低表面$z=0.5\text{nm}$距离的表面。这样，分子需要穿过势能面的鞍形点（可能由于有限温度、动能或者量子通道锁导致的能量振动引起），

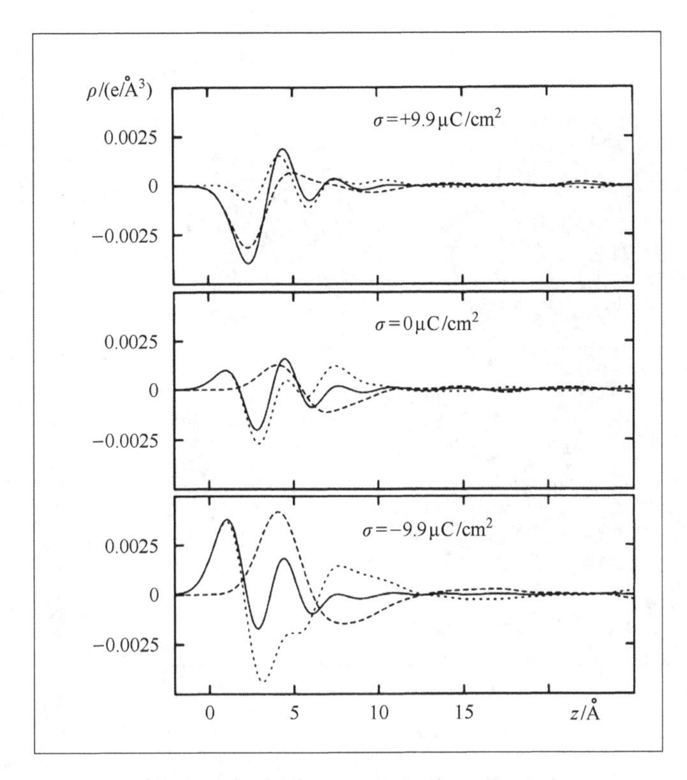


图2.4 电荷密度与电极距离的函数关系

注：图中实线为总电荷密度，长虚线为离子电荷密度，短虚线为水电荷密度。曲线均经平滑处理（引自 E. Spohr，1999）。（Molecular Simulation of the electrochemical double layer. Electrochimica Acta44，1697－705，Elsevier 已许可使用）

以达到解离点为 $z=0.317$nm 的势能谷底。迅速上升的势能会给氢原子更加靠近表面造成阻力，尽管势能作为 Ni 原子位置的函数有可能会有变化。计算出来的鞍形点的能障值大约为 0.90eV。从氢分子状态看，$d$ 只是略有增加。当氢原子被分开时，最终能量极小值大约比初值低 0.33eV。氢原子的距离此时大约为 $d=0.1$nm，但是能量随着 $d$ 的增加保持持平。

在阳极，氧原子对倾向于在 Pt 晶格面心分离。但是已出版的量子力学计算相关著作不能很好地拟合实验的能量（Eichler 和 Hafner，1997；Sljivancanin 和 Hammer，2002）。表面的自然特性很重要，晶体的结构形成步骤也能极大地提高解离过程，比如氧气在 Pt 表面的解离（Stipe 等，1997；Gambardella 等，2001）。氢气的吸附也有类似的效应（Kratzer 等，1998）。图 2.6 给出两个氧原子在 Ni 表面的势能面。坐标与图 2.5 类似。在该图中表面解离清晰地表现出来。进一步量子力学计算水电解或者燃料电池过程中氧气的生成或者解离会在 3.1 节和 3.2 节中介绍。

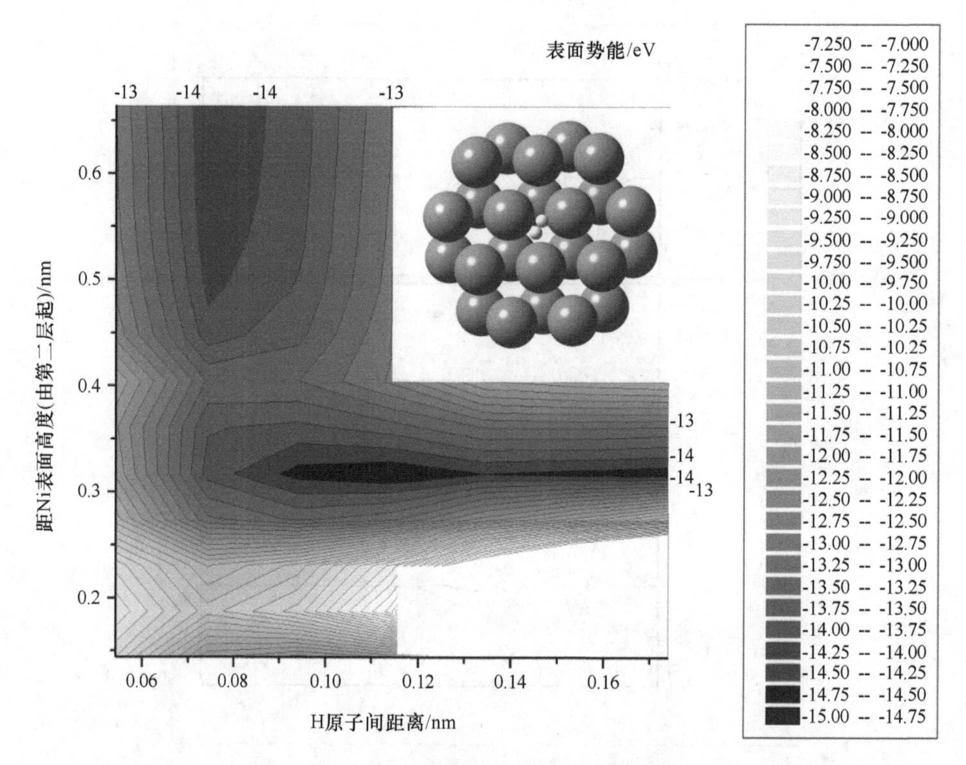


图2.5　$H_2$在Ni催化剂表面解离的两维势能面

注：横坐标是两个氢原子的距离$d$。纵坐标是氢原子对到催化剂表面的距离$z$。认为氢原子对平行于表面。量子化学通过密度函数理论B3LYP（如3.2节所示），利用508基点函数（SV）和包括两层Ni原子层和两个氢原子的26原子中2×337电子计算势能（Sørensen，2004b）。

有限温度的影响可以由静态量子力学对电子结构的计算得到，或者由经典的分子动力学计算（量子效应对原子核的影响比电子的影响要小，这一点存在争议），或者由基于试样路径积分的Monte Carlo计算（Weht等，1998），或者由平面波密度函数方法计算（Reuter等，2004）。试样路径积分方法是一个处理多系统的概率统计量子力学的普遍方法。它包括计算两点密度矩阵，在一定条件下为图2.5和图2.6中有效势能的表达式。Monte Carlo方法可以用来确定系统平均的热力学性质。

在式（2.20）中引入的超电动势（也称过电动势）可以从总反应能确定两种电位偏离的解释。一个是由电化学装置的非静态情况引起的，其中电流通过电解质使离子与其穿过的分子反应。另外一个解释是在每个电极上水和离子的极化的积累，如图2.4所示。这些特性都可能导致过电动势。过电动势可以定义为实际值与完全静态时（即没有电流通过装置）的值之间的差值（Hamann等，1998）。由于主要反应物和周围分子的相互作用，在图2.1、图2.5和图2.6中

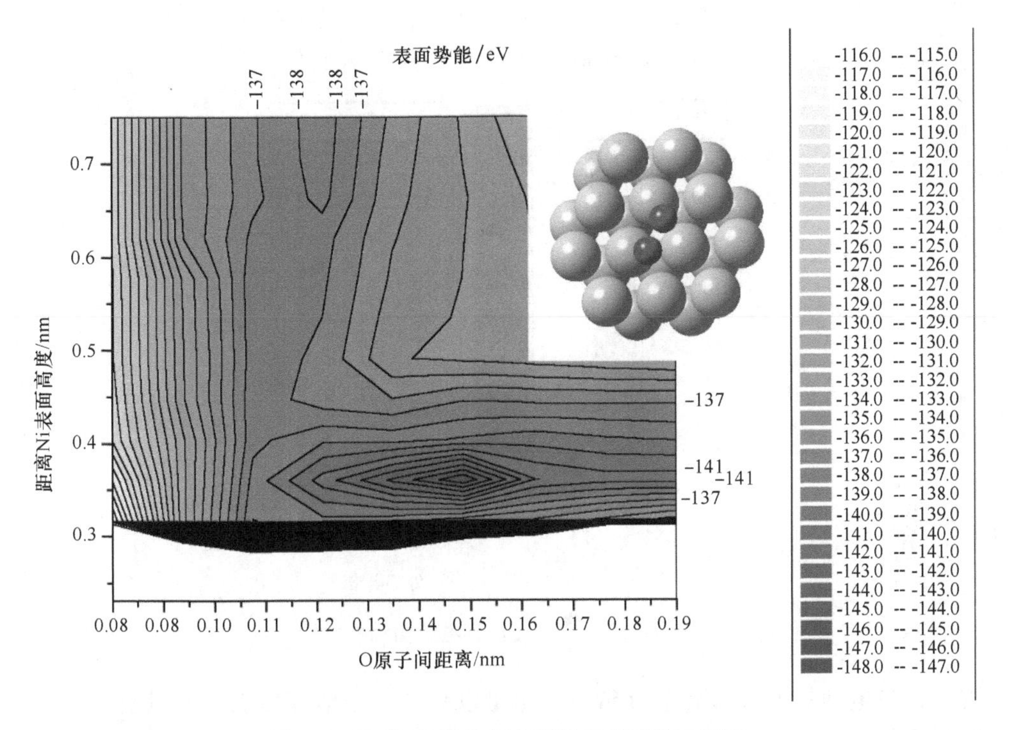


图 2.6 $O_2$在 Ni 催化剂表面解离的两维势能面

注：横坐标是两个氧原子的距离 $d$。纵坐标是氧原子对到催化剂表面的距离 $z$。氧原子对认为是平行于表面。量子化学通过密度函数理论 B3LYP（如 3.2 节所示），利用 508 基点函数（SV）和包括两层 Ni 原子层和两个氢原子的 26 原子中 2×344 电子计算势能（Sørensen，2004b）。

所描述的电位严格来讲，不能够描画成单个变量的函数。

溶剂的影响可以在不同复杂程度上建模。最简单的是考虑分子被无限的均匀的电介质包围，并且通过总的偶极矩发生作用。为了避免在数值计算中的无穷大，在分子的研究中引入了一些空隙（空腔）。所以溶剂中一个点和这个点所属的分子之间的距离永远不能为零。该偶极模型最早由 Onsager（1938）提出。对该模型的改进包括以分子的每个原子周围的统一的球体来替代 Onsager 的固定球状空穴，并且引入不同的参数来描述偶极作用。在另一方面，用量子化学计算的每个溶剂分子的模型更加细化。

对于当前商业上用到的 25%～30% 的 KOH 和 Ni 电极的碱性水电解槽，除了 1.19V 可逆电动势之外，在 $j=0.2\mathrm{A/cm^2}$ 典型的过电动势为 $V_a+V_c=0.32\mathrm{V}$ 以及 $Rj=0.22\mathrm{V}$（Andreassen，1998）。

电解槽的效率改进包括设计催化剂、促进在负电极水的高分解速率，以及正电极氢的高重新结合速率。液体电解质可由固体聚合物膜电解质取代，比液体电解质具有高稳定性和较长的寿命。在电流到 $10^4\mathrm{A/m^2}$（Rasten 等，2003）的情

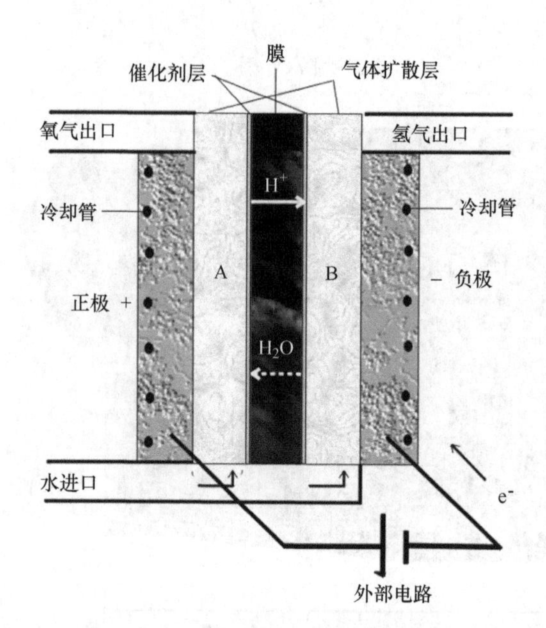


图2.7 质子交换膜电解槽结构

况下，过电动势可以低至0.016V。它也可以只在一个地方提供水的进料（与图2.2所示相反，在负极侧），选择膜可以让水渗透到正极侧。在一个方向上的水的渗透和在相反的方向上的 $H^+$ 迁移可以平衡，产生不带水的氧气（Hamilton Sundstrand，2003）。氢气中还含有一些水分可以通过清除步骤进一步分离掉。

如前所述，较高的过程温度可以提高效率。这时不可能用简单的液体电解质（如KOH溶液），但是它可以用类似于固体氧化物燃料电池的固体氧化物膜来实现，以蒸汽的形式实现水输入（Dutta等，1997；最近的报道见Ni等，2008）。

最近比较有意思的想法为使整个电解槽以恒定的方式快速旋转（Cheng等，2002）。离心加速度降低过电压和提高效率的功效，超过维持它的旋转的能耗。

由于氢一般是通过高压运输（例如，罐车为车辆供氢），如果在高压电解，那么产品压缩步骤可以避免，即不需要压缩步骤，这需要采取一定措施防止爆炸的危险（Janssen等，2004）。

所有类型的燃料电池均可以在反向模式操作分解水。质子交换膜燃料电池正在开发用于电解和双向操作，使电解效率从50%升到95%（Shimizu等，2004；Agranat和Tchouvelev，2004；见3.5.5节）。氢的生产优化涉及较大面积的膜的使用、低的堆积单元数和有效的除氢通道（Yamaguchi 等，2001）。图2.7给出了一个质子交换膜电解槽的视图。最近，已经开发了新的催化剂，允许在两个方向高效运行（Ioroi等，2002）。直接或反向的操作燃料电池将在第3章中详细讨论。

### 2.1.4 汽化和木质生物质转化

一个新兴的技术可以由天然气或重燃料油制氢。这个技术是需要大量的电力消耗的高温等离子电弧汽化。在挪威 Kvaerner 的工程中心做了 1600℃天然气制氢的改进技术的中试（Zittel 和 Würster，1996）。得到的能源相关的产品为：48%的氢、40%的碳和10%的水蒸气。由于全部3种产品都是有用的能量载体，能量转换效率可被说成是98%减去过程所需的适度的能量。然而，我们通常并不希望将天然气转化为碳，并且蒸汽可以仅在本地使用，所以表述为“48%”的效率是更有意义的。利用太阳能来分解天然气被认为是一种值得进行研究的可行技术方案，但是这种路线价格昂贵（Hirsch 和 Steinfeld，2004；Dahl 等，2004）。

从煤或含木质素的生物质（木材、木材碎料或其他固体的植物质材料）为原料的汽化技术被认为是制氢的关键技术之一。汽化采用蒸汽加热：

$$C + H_2O \rightarrow CO + H_2 - \Delta H^0 \tag{2.23}$$

式中，$\Delta H^0 = 138.7 kJ/mol$，对应水以气体形式存在。与空气氧化相比，竞争可能来自氧气汽化（燃烧）过程。

$$C + O_2 \rightarrow CO_2 - \Delta H^0 \tag{2.24}$$

式中，$\Delta H^0 = -393.5 kJ/mol$，对应 $CO_2$ 以气体形式存在。附加的过程还包括焦炭的溶损过程（2.6）和变换反应（2.2）。对于生物质中的碳最初是以一类糖类化合物的形式存在，如表2.2中列出的纤维素材料。无催化剂的条件下，汽化只能在温度高于900℃时发生，但使用合适的催化剂可使反应温度下降到约700℃。变换反应制氢通常需要在一个单独的反应器中进行，操作温度大约为425℃（Hirsch 等，1982）。

**表2.2 理想的纤维素热转化反应的能量变化**

| 化学反应 | 能量消耗/(kJ/g)① | 产品/工艺 |
|---|---|---|
| $C_6H_{10}O_5 \rightarrow 6C + 5H_2 + 2.5O_2$ | 5.94② | 单质解离 |
| $C_6H_{10}O_5 \rightarrow 6C + 5H_2O$ (g) | -2.86 | 炭，炭化 |
| $C_6H_{10}O_6 \rightarrow 0.8C_8H_8O + 1.8H_2O$ (g) $+ 1.2CO_2$ | -2.07③ | 油泥，高温热解 |
| $C_6H_{10}O_5 \rightarrow 2C_3H_4 + 2CO_2 + H_2O$ (g) | 0.16 | 乙烯，快速热解 |
| $C_6H_{10}O_5 + \frac{1}{2}O_2 \rightarrow 6CO + 5H_2$ | 1.85 | 合成气，汽化 |
| $C_6H_{10}O_4 + 6H_2 \rightarrow 6''CH_2'' + 5H_2O$ (g) | -4.86④ | 碳氢化合物 |
| $C_6H_{10}O_3 + 6O_2 \rightarrow 6CO_2 + 5H_2O$ (g) | -17.48 | 热，燃烧 |

[来源 T. Reed（1981），Biomass Gasification，已许可使用. Copyright 1981，Noyes Data Corporation]

① 反应热。

② 由淀粉的燃烧热推算的纤维素的生成热的负值。

③ 由 $C_6H_8O$ 高温理想热解值计算而来（燃烧热 $\Delta H_c = -745.9 kcal/mol$，熔融热 $\Delta H_f = 149.6 kcal/g$）。

④ 由理想碳氢化合物计算得到。其中 $\Delta H_c$ 如上，$H_2$ 是消耗物。

煤可被原位汽化，即开采前汽化。如果煤已经被开采，传统的方法包括鲁奇固定床汽化炉（非粘结性煤一定压力下汽化，其转换效率仅为55%）和Koppers-Totzek汽化器（输入氧气，常压下汽化，效率也非常低）。通过使用合适的催化剂，能够改变反应发生的温度范围，使所有反应在同一反应器内进行，如图2.8所示。在某些情况下，例如含塑料废物，热解是对原料进行汽化的一种选择方案（参见Ahmed和Gupta，2009）。

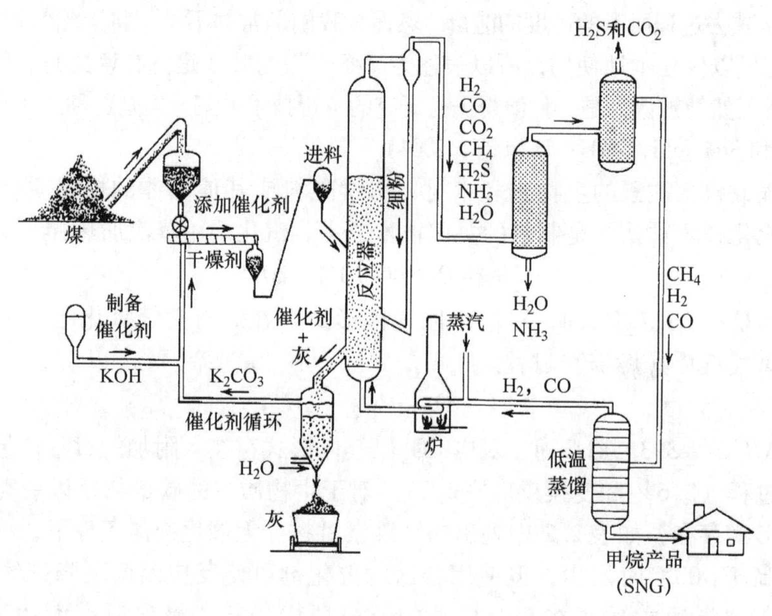


图2.8　催化汽化过程流程（SNG：合成天然气）（引自Hirsch等，1982）。（Science 215，121-127，许可使用。Copyright 1982 American Association for the Advancement of Science）

泥炭和木材可以像煤一样，通过同样的方式被汽化。木材汽化有着悠久的历史。这些过程可以被看作是“燃烧”的另外一种实现方式，但是比燃烧消耗的氧气量少一些。可用的氧气量与完全燃烧所需要的氧气量的比值被称为“当量比”。当量比小于0.1的过程被称作“热解”，生物质能仅一小部分存在于气态产品中，其余为在炭和油状残留物中。当量比为0.2~0.4的过程被称为一个适当的“汽化”过程，这是一个可以最大化将能量转移到气体中的当量比范围（Desrosiers，1981）。表2.2列出了一些涉及多糖材料的化学反应，包括热解和汽化反应。除了化学反应式，表中给出了理想状态下的反应焓变（即忽略使反应物至适当的反应温度所需要的热量）。这种显热可以回收，从而降低汽化的热量输入。当当量比为0.25时，汽化所产生的气体的能量最大，高于或者低于这个比例，能量则会快速下降（Reed，1981；Sørensen，2010a）。

图2.9给出了计算以当量比为函数的平衡组分。平衡组合物是指反应速率和

反应温度已经达到绝热稳定后反应产物的组合物。实际过程不一定绝热，特别是低温热解反应都不是。表 2.2 中木质纤维素的碳、氢和氧的平均比例是 1:1.4:0.6。图 2.10 给出了 3 种木质原材料的汽化器：上升流、下降流和流化床类型。

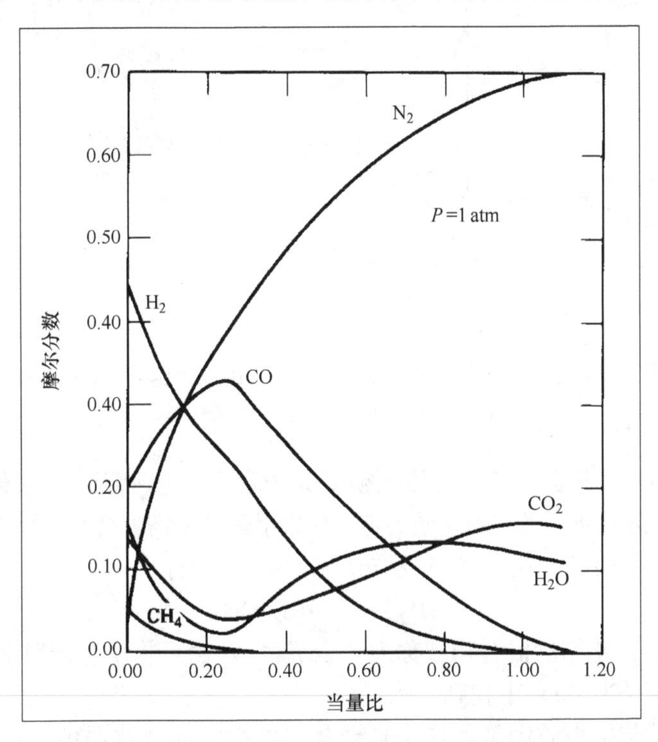


图 2.9　根据空气和生物质的平衡过程计算得到的不同进料比例下的气相组成

［引自 T. Reed（1981），Biomass Gasification，已许可使用。copyright 1981，Noyes Data Corporation］

上升流式的缺点是热解区内油、焦油和腐蚀性化学品生成的比率很高。下降流可以很好地解决这个问题，反应生成的油和其他物质在反应器的下部区域通过热木炭床，裂化成小分子的气体或炭。因为停留时间短，所以流化床反应器适用于大规模操作。这样做的缺点是，灰和焦油随着气体被携带走，需要在后面的旋风分离机和洗涤器中除去。研究者优化了不同类型的汽化器的几个变量（Drift，2002；Gøbel 等，2002）。蒸汽和干气重整过程均可以使用镍基催化剂。很多研究者都在致力于开发出连续制氢流化床汽化。例如，日本能源计划中也涉及该项目的研发（Matsumura 和 Minowa，2004）。对于成分复杂的生物质材料，例如城市垃圾或者农业废弃物，一般的汽化产物中氢气的含量比较低（25% ~50%），需要附加反应或者纯化步骤（Mérida 等，2004；Cortrigt 等，2002）。

由生物质汽化产生的气体只能算是一般品质的气体，其燃烧值为 10 ~ 18MJ/$m^3$。这些气体可以直接在 Otto 或柴油发动机或驱动热泵的压缩机中使用。然而为了作为

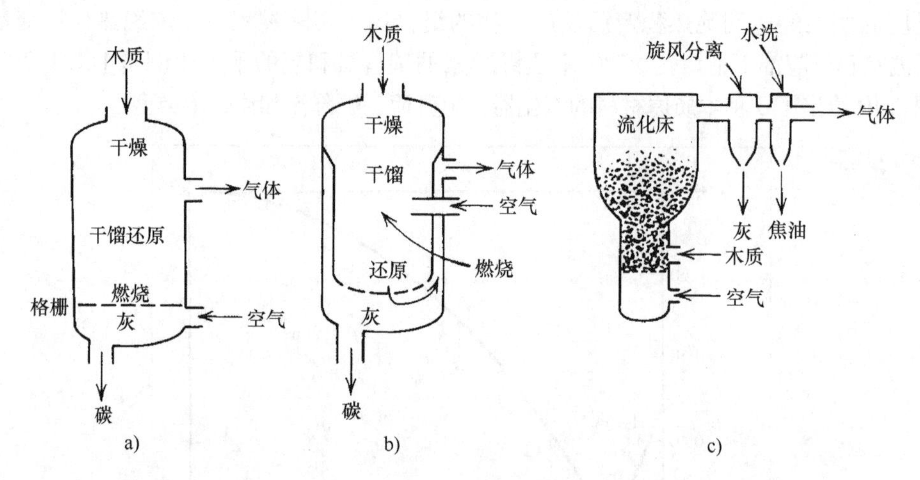


图2.10　汽化器类型（Sørensen，Renewable Energy，2004a，Elsevier版权许可）

a）上升流　b）下降流　c）流化床

一种有价值的氢气来源，这些气体必须要提升品质，达到管道气的要求（大约为30MJ/m³），纯度由不同的应用领域决定。如果甲醇是所需的燃料，因为它可能涉及一些燃料电池的操作，所以下面的反应会在高压力下进行：

$$2H_2 + CO \rightarrow CH_3OH \tag{2.25}$$

式（2.25）左侧的混合物被称为“合成气”。由生物质生产甲醇的更多细节可在Sørensen（2010a）中找到。

环境因素与生物质制氢的各个环节息息相关，如生物质的生产、收集（例如林业）和运输。汽化残灰、碳、液态废水和焦油必须进行后续处理。可以将碳再循环到汽化器，而灰分和焦油可以在道路或建筑物建造业使用。

图2.11给出了各种类型生物质转换的概述，包括本节介绍的汽化和热解过程。发酵过程的生物质生成以及其他细菌过程将在2.1.5节进行描述，而直接通过光或通过加热分解过程将在2.1.6节和2.1.7节中阐述。终端产品，如乙醇或甲醇可进一步转化成氢气，当然直接使用更有效率，例如作为运输的燃料。当然，甲烷也可用于高温燃料电池，例如固体氧化物或熔融碳酸盐燃料电池，不需要进一步转化为氢气。

## 2.1.5　生物法制氢

生物法制氢可通过生物发酵，或者通过其他细菌或藻类分解水，或另一种合适的底物来实现。转化反应可以在黑暗中继续进行，或在光辅助的条件下进行。生长的生物质首先需要能量输入，通常是从太阳光，并涉及这样几个转换效率：从最初的外部能量到生物质材料的转化率，从生物质能到氢能，或由太阳的整体

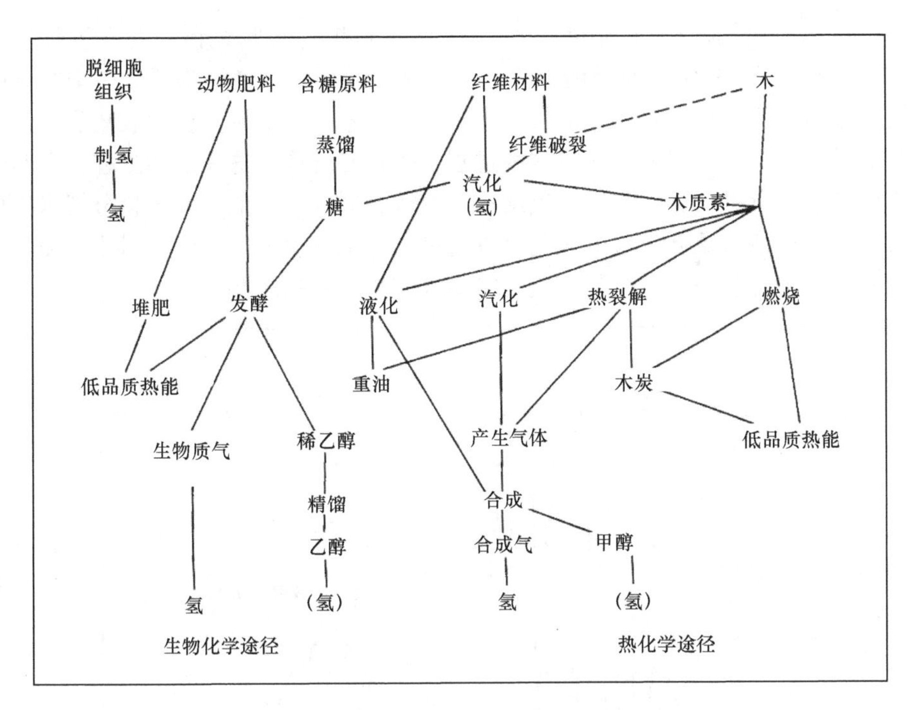


图 2.11 非食品用途的生物质的路径（Sørensen，2010a）

辐射率到最终氢气产品。由于生产氢分子很少是天然生物系统的目标，为了达到这个目标必须进行一些改造，例如，通过基因工程进行修改。由于植物转化太阳能的效率非常低，因此使得设备的成本很高。

用于生物制氢的一些主要来源（“底物”），如图 2.11 顶部区域所示。

有需要加入水的直接光解过程情况（在 2.1.6 节中讨论），接下来讨论作为光系统Ⅱ的主要的底物。在这些情况中，生物系统可以直接制氢（这个步骤不得不在接下来被生物有机体本身阻止）。一些生物体采用间接的路线制氢，不从水开始，而是以有机物替代物（例如糖），这个转换过程需要较少量的能量。在有机废弃物的发酵过程中，一个连续的分解过程紧接着氢气形成的过程。许多反应依赖于酶才能正常工作。在生物系统中有针对催化氮气生成氨的转化（固氮）酶，氢气可能作为副产品产生，如果反应没有被阻止，氢气氧化酶（吸收氢化酶）可以转移反应生成的氢气。也有一些双向的酶，可以针对反应的任意一个方向产生催化作用，当然，酶也可以催化其他的过程。

**光合成**

总的水分解过程为

$$2H_2O \rightarrow O_2 + 4H^+ + 4e^- - \Delta H^0 \qquad (2.26)$$

需要输入大约 590kJ/mol，或者是 $9.86 \times 10^{-19}$J = 6.16eV 的能量分解两个水

分子。图2.12所示为太阳光谱，图2.13所示是植物吸收光谱。在大多数情况下，4个光量子可以输送足够的能量。由于这个原因，绿色植物形成一个复杂的系统用于收集光，并传送这个能量到水分解的位置，以及进一步地收集和存储能量用于接下来的生物过程。所有这些过程发生在光合作用这一复杂过程，有两个光系统和若干辅助成分，发生在膜结构之上或者周围，类似于非生物分解水生成氢和氧系统。氢氧重新反应的风险可以通过不产生自由氢气分子来阻止，而不需要通过其他的耗能方式。此外，氧气和氢气应该在膜的两侧。

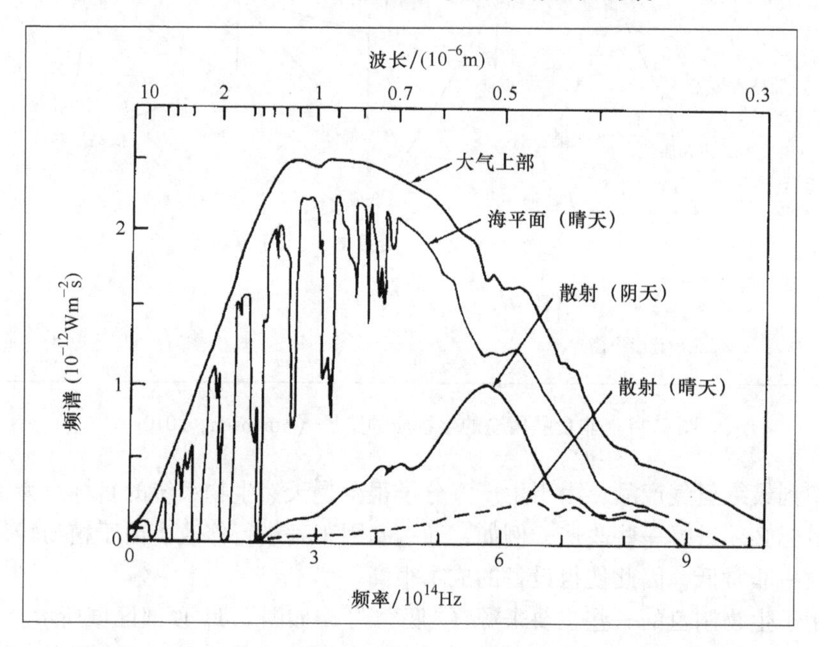


图2.12　太阳辐射光谱（在大气层表面，晴朗天气时的地表以及多云和晴天散射的例子）（NASA，1971；Gates，1966）

图2.14所示为类囊体膜的光系统的组成部件。通过原子显微镜可以仔细观察膜和组成部件的结构（Bahatyrova等，2004）。膜内部的空间被称为管腔，而在外面有一个流体（基质），即富含溶解的蛋白质。整个组件常常在另一个封闭膜内，定义为叶绿体，在细胞质内浮动。而一些细菌没有外保护层，这些被称为“无细胞”。

尽管对于光合作用的一些基本的过程早已经被推断出来，然而主要组成部件的分子结构确是在最近不久刚刚被确认下来。其原因是，巨大分子系统必须经过结晶才能够被光谱如X射线辨识出原子位置。

结晶是通过一些胶凝剂（通常是脂类物质）来实现。早期的尝试要么破坏感兴趣的系统的结构，要么很难将感兴趣的原子从所述试剂的结晶中的X射线

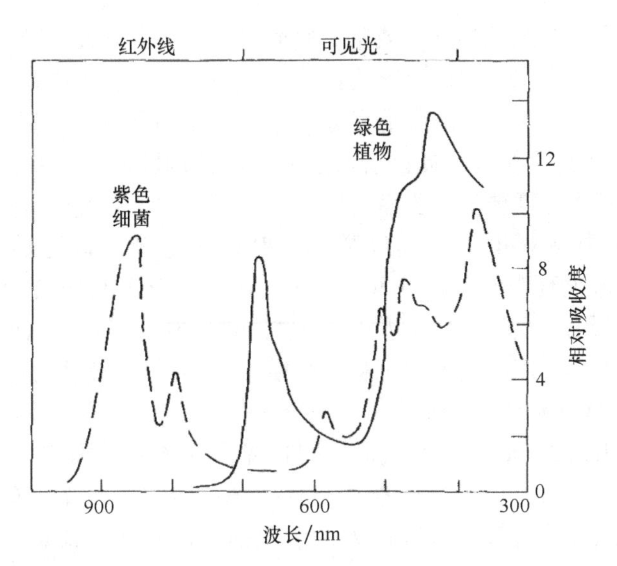


图2.13　绿色植物和紫色细菌的吸收光谱（Clayton，1995）

注：图2.12和图2.13摘录于“可再生能源”（Sørensen，2004a），Elsevier已授权。

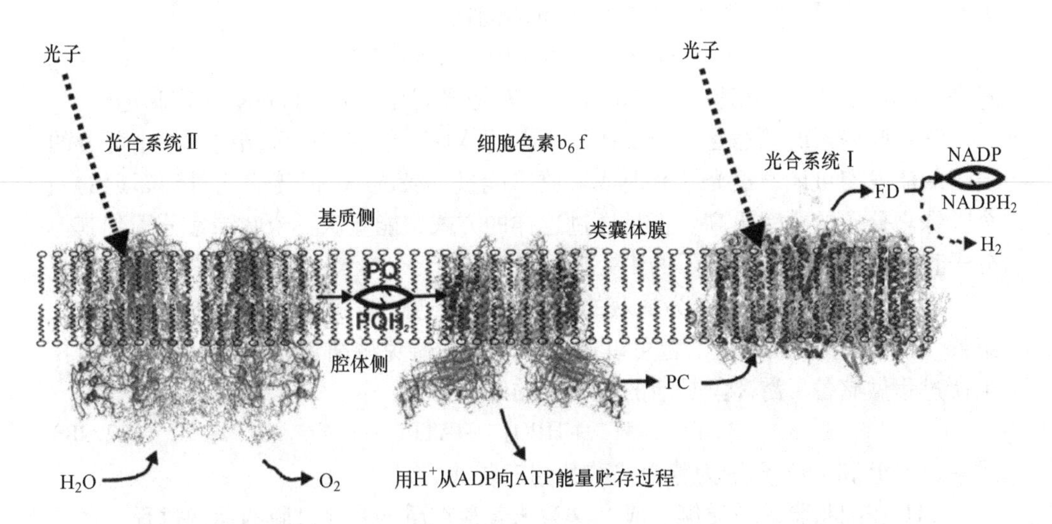


图2.14　绿色植物和蓝藻的光合系统的组成示意图［Sørensen，2004c；引自Protein Data Bank IDs 1IZL（Kamiya 和 Shen，2003），1UM3（Kurisu等，2003），以及1JBO（Jordan等，2001）］

照片中区分出来。导致研究进展非常缓慢。不过最终还是找到了合适的试剂，然后开始改进溶液，到1998年，分辨率从最初5nm降到0.8nm，最近至约0.2nm。通过最新的技术可以识别出大部分微结构，尽管不能确定准确的位置，例如氢原子。在未来，实际水的分解预计可以通过时间片段脉冲光照实验完成。

图2.14为类囊体膜的主要光合系统的示意图。虽然是示意图，但是也根据

实验结果展示了3个系统的管腔或基质侧面挤压。由太阳辐射导致的水的分解发生在光合系统Ⅱ，氢以 $pqH_2$ 的形式出现，其中 pq 表示质体醌。细胞色素 $b_6f$（类似于在高等动物线粒体的细胞色素 $bc_1$）传输 $pqH_2$ 到能量质体蓝素（pc），并且回收 pq 到光合系统Ⅱ。质体蓝素迁移至膜的内腔侧光合系统Ⅰ，其中将能量转移到膜的基质侧需要捕获更多的阳光，它是由铁氧还蛋白（fd）得到。铁氧还蛋白是基质中 NADP 变化到辅酶 $NADPH_2$ 的基础，其能够通过 Benson - Bassham - Calvin 循环吸收 $CO_2$（Sørensen，2010a）从而形成含糖物质（如葡萄糖和淀粉）。但是，一些有机体可以通过其他途径产生氢气，而不是 $NADPH_2$。该制氢工艺的选择可以通过遗传工程进行模拟。参与光合作用的分子过程的更多细节可以参考 Sørenson（2010a）。

在分辨率为0.37nm 的 X 射线的研究在光合系统Ⅱ二聚物中显示有72种叶绿素（Ferreira 等，2004）。叶绿素是棒状分子，能够吸收光。有些叶绿素组织成环状，形成独特的锰簇，可以认为是催化剂。这些叶绿素是吸收系统的一部分，能够吸收较两个峰值的低波长的太阳能（高能量），如图2.14所示。周围的叶绿素分子可以捕捉光线并且将能量转移到光合系统Ⅱ的中间。吸收入射波长为680nm 的光量子的过程可以提供大量的能量：

$$E = hc/\lambda = 2.9\times10^{-19}\mathrm{J} = 1.8\mathrm{eV} \qquad (2.27)$$

式中，$c$ 是真空中的光速（$3\times10^8$m/s）；$h$ 是普朗克常数（$6.6\times10^{-34}$Js）。

激发叶绿素的状态是一个集体的状态的体现，包括中心环结构的各个部分的电子。激发态可能通过光子衰退或者放出能量（荧光），但传递能量到邻近的一个叶绿素分子的概率更高。正是通过这样的方式，能量从一个叶绿素分子到其他分子直到传递到叶绿素分子的中心。

图2.14显示的示意图为捕获的能量是如何通过细胞色素集群转移到另一个集群（序号Ⅰ），从那里能量可以通过一个精确避免游离氢行程的过程，为植物生命过程做储备。游离氢是活的有机体的麻烦分子：

$$ADP^{2+} + H^+ + HPO_4^{2-} \rightarrow ATP^+ + H_2O \qquad (2.28)$$

式中，ADP 和 ATP 分别为腺苷二磷酸和三磷酸。

ATP 在细胞膜的基质侧形成，这意味着存在质子有穿过膜的运输过程。

现在发现了一些由蛋白铁氧还蛋白和黄素氧（化）还（原）蛋白带来的电子，通过光合作用带到基质侧。此外，质子（带正电荷的氢离子）已被分离并且穿过类囊体膜（从而创造一个从管腔到基质的 $H^+$ 梯度）。这为两种类型的基质侧重新组合过程提供了空间（见图2.14）。一个是植物以及大多数细菌中的“典型”的反应：

$$NADP + 2e^- + 2H^+ \rightarrow NADPH_2 \qquad (2.29)$$

由式（2.28）中的 $NADPH_2$ 结合 $APT^{4-}$ 和水吸收大气中的 $CO_2$ 合成糖和其他

有机体所需分子（Sørensen，2010a）。第二个可能是相关点即通过一些等效过程中产生的氢分子：

$$2e^- + 2H^+ \rightarrow H_2 \tag{2.30}$$

其中，与无机反应（2.17）和图 2.5 类似，需要助剂（无机反应中是催化剂）来加速反应。在有机反应中，助剂可能是氢化酶。

**生物制氢途径**

除了罕见的细菌，一些自然界中的生物有机体可以通过式（2.30）制氢。显然式（2.29）中的途径更有利于生物体本身。为了实现生物制氢，可能有必要让合适的生物，通过基因工程去掉例如“自然”途径的步骤生产氢。问题是，这也将删除有机体的生命支持系统和阻止它的成长和繁殖。因此，最有可能是达成妥协，只通过有机太阳电池收集的一部分将用于生产氢气，而其余是留给生物本身的。这已经影响了生物制氢的整体效率。光合作用的效率是由有机体的需求来决定的，当生物体作为一个太阳能集热器时效率很低。昼夜平均的能量流为 100～200W/m$^2$。全球平均而言，生产生物质的光合作用只利用了辐射到地球的能量的 0.2%（Sørensen，2010a）。特殊情况下的珊瑚礁可以到 2%。更高的情况下是需要能量补给的农业或水产业。这意味着理论上的最大效率为 1% 左右，随之而来的生物制氢经济分析将在第 6 章介绍。

蓝藻（又称蓝绿藻）将氮合成氨，采用的催化剂是固氮酶。固氮酶的结构如图 2.15 所示。重要的成分是铁蛋白和钼铁蛋白，后者表现出一个有趣的中点原子（见图 2.16），最近才被发现是氮原子（Einsle 等，2002）。固氮细菌与一系列绿色植物共生，如豆科作物，约生产了人类社会农业所需要的氮的一半，另一半是由化学肥料根据 Haber－Besch 氨合成路线提供。固氮酶钼铁中心有趣的特性是其与应用于合成氨工业过程的工具相似。两氨基酸固定钼铁环的位置：组氨酸连接到钼端，半胱氨酸连接到单个铁原子的另一端，中间原子固定两个铁原子形成三角形。该催化剂的具体作用形式仍存在争议（Smith，2002）。

氨合成总体反应，与 ATP 作为能量来源和无机磷酸根离子作为一个副产品，可以写为

$$N_2 + 8H^+ + 8e^- + 16ATP^{4-} + 16H_2O \rightarrow 2NH_3 + H_2 + 16ADP^{3-} + 16H_2PO_4^- \tag{2.31}$$

从有机体的内部和外部而言，氧的存在对固氮酶和蓝藻固氮以及释放氧气都有着不利的影响（Berman－Frank 等，2001）。

因为产生的氢气是氮转化的副产物，所以能量效率处于中等水平。正常情况下，蓝藻的固氮产物使用氢燃料需要能量的过程，该转换过程需要一种吸氢酶的催化（Tamagnini 等，2002）。吸氢酶的活性位点包含一个镍铁复合物，其结构最早揭示于 Desulfovibrio gigas 中（Volbeda 等，1995），稍晚于 D. vulgaris

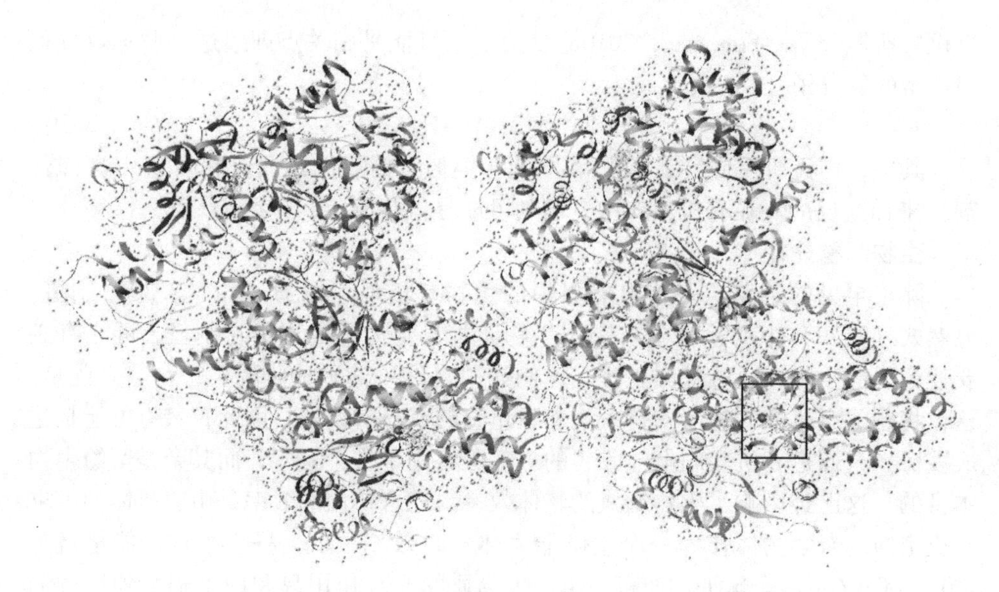

图2.15　棕色固氮细菌固氮酶钼铁蛋白（氢原子和氨基酸没有显示）

注：基于 Protein Data Bank ID：1M1N（Einsle 等，2002）。

其中有4组 $Fe_8S_7$ 和 $MoFe_7S_9N$ 环，其中部分放大图如图2.16所示。

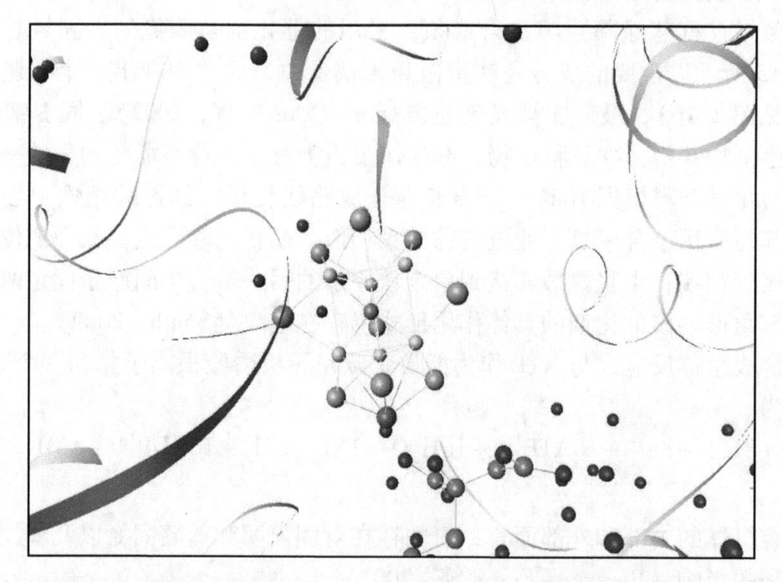

图2.16　固氮酶钼铁环特殊结构，中心配体是氮（图2.15内方块的放大图）

注：基于 Protein Data Bank ID：1M1N（Einsle 等，2002）。分辨率为0.116nm。

Miyazaki F 中（Ogata 等，2002）。人类所需要的氢气的提取需要使蓝藻转基因化，以抑制吸氢酶的作用（Happe 等，1999）。

在厌氧（无氧）条件下，绿色藻类可以利用氢气作为电子供体给 $CO_2$ 同化过程，在缺氧的情况下，则通过质子与电子从铁氧还蛋白相结合产生氢分子。这些过程涉及一种酶（催化剂）称为可逆氢酶，可能类似于某些蓝藻中的双向氢化酶（Tamagnini 等，2002；Pinto 等，2002）。利用基因工程技术将一些特定的氢化酶如属“铁”类型的属性从细菌芽孢杆菌中转移（Peters 等，1998；见图 2.17），可以在黑暗无氧的情况下光合作用蓝球藻等得到氢气（Asada 等，2000）。

铁硫分子对电子转移的持续作用是相当显著的。它参与光合系统Ⅰ，其中 3 个 $Fe_4S_4$ 簇合物处于基质侧，在铁氧还蛋白中每个分支均具有一个 $Fe_2S_2$ 簇。在固氮酶和氢化酶中有相似但不相同的集群，通常有 2～5 个铁硫分子进行各种生物过程中的能量传递。

不同生物的光合速率不一样。在生物典型的生长地点中的可用太阳辐射量不一样。在高辐射的环境中，许多植物都有保护机制，如被动地减少涂层叶片叶绿素数量或主动调节辐射吸收的量。这些特点影响整体的太阳能的能量转换效率。天然蓝藻中测量到产氢率最高的为鱼腥藻，只有 1%㊀，（相对于太阳光谱的光化学活性部分的 1.6%，见图 2.12 和图 2.13），并且只有短暂的时间（大约半小时）低辐射（$50W/m^2$），并且在纯氩的气氛中（Masukawa 等，2001，2002）。24h 室外太阳辐射的平均效率只有 0.05%（Tsygankov 等，2002a）。细菌培养的生物质生长本身通常是在 0.5%～1% 的入射辐射中累积一定天数完成。当太阳辐射强烈时，细菌和藻类通过光合系统收获比代谢和产氢过程可以处理的更多的光子，并且转换效率下降。随后荧光和加热进一步降低氢的生产，并提高效率。遗传操作截断叶绿素Ⅱ的尺寸已在单细胞藻类中使用（Polle 等，2002）。显然，这本身并不能弥补现有的日光较差的利用率，但实验已经有两层收集，其中第一层是转基因而第二层不是（Kondo 等，2002；Rhodobacter sphaeriodes 细菌获得约 2% 的效率，24h 辐射强度为 $500W/m^2$）。同样的效果可以通过剥夺硫来实现，但仍然获得只有低水平的产氢率（Tsygankov 等，2002b）。

对于藻类和细菌的产氢效率的理解，要记住，可以在以氢形式得到太阳辐射时存在一些基本限制。晴天和阴天的情况下的太阳辐射是不同的（见图 2.12）。这意味着一个固定的光谱灵敏度不能很好地适用于所有的作用时间。除了发现的

---

㊀ 关于接受的辐射能，这里只涉及其效率。在生物化学文献中，你会发现引用的数据是每千克叶绿素、每小时制氢的摩尔数，或培养的每千克微生物，而光输入单位采用每平方米每秒爱因斯坦（E）。这些数据只有当反应器的几何尺寸（曝光区域和深度）是已知的，且光源发出的是单色光时，才适用。非 SI 单位爱因斯坦的定义是 Avodagro 数乘以单个光量子能量 $h\nu$，因此它不是一个严格的单位，但线性正比于光的频率。它不能处理太阳辐射和实验室内白光源，如钨灯发射的不均匀频率的情况。最近的 SI 单位是流明，即假设黑体在温度 2040K 特定频率辐射。真实分布的峰值在波长 555nm 处（即 1E = 0.214MJ）和类似某些灯的白光，但不适合太阳能谱，如图 2.12 所示。

光电损失（由于带隙和内阻的影响；Sørensen，2010a），植物和细菌中的光合系统的光接收具有更窄的频带，如图2.13所示。这意味着太阳光谱不能大量使用。此外，捕集到的辐射在用于不能为生物所用的制氢前，会先用于支持生长和机体生命（呼吸）活动。

图2.17　巴氏梭菌的铁氢化酶，显现出一个五铁环，一个 $Fe_2S_2^+$，3个 $Fe_4S_4^{2+}$，以及一个 $C_5H_4O_7S_2Fe_2$ 分子

注：基于Protein Data Bank ID：1FEH（Peters等，1998）。分辨率为0.18nm。没有显示氢原子和氨基酸。

产氢效率通常是不均匀的，最开始在机体由光吸收切换为氢的生产过程中会延迟，后来由于饱和或缺乏原料而逐渐降低。因此，区分短时间和长时间平均峰值的效率比较重要。由于太阳辐射的季节性影响，应该使用一年的平均效率来比较能源效率。Bolton（1996）指出，效率可以反映为入射的太阳辐射以及太阳辐射捕获和氢生产过程中有用的部分，从而涉及的量子产率不包括低于阈值的光量损失部分和用于各种量子态，但最终以热的形式散失的额外能量部分，以及有机系统内的氢的运输损失，类似于半导体太阳电池装置的内部阻力。

对于蓝藻，辐射能源在生物过程使用和产氢的量的比大约为10∶1（Tsygankov等，2002a）。因此生物直接产氢的效率较小是不可避免的，无论是生物体直接产氢还是白天生产生物质而氢气在黑暗中生产。这是重要的成本，要么有一个带盖的反应器装置（如果氢是取自同一系统作为接收太阳辐射），要么是两个独立的系统。替代生物/制氢，可以让生物生长在具有开放的大面积系统下接触阳光，然后转移到一个较小的表面面积的更便宜的制氢过程反应器中。这给出了第三种可能性，即生物质是原料（可能的残留，自然被丢弃的垃圾，或其他一些廉价的生物质源），其被收集进入某种反应器转化为氢。这条路线可以采用多种转换技术，如汽化方案（见2.1.4节）或发酵。发酵是生物过程，不涉及细菌过程中的光输入（见接下来发酵部分）。

**紫色细菌产氢**

紫色细菌没有如图2.14所示的两个光合系统，而只有一个光合系统，不能分解水但能提供$CO_2$同化所需的能量，在紫色非硫细菌的情况用醋酸或氢硫化物作为电子供体。紫色硫细菌使用硫或硫化合物作为底物。紫色细菌的单光合系统的工作类似于光合系统Ⅰ（Minkevich等，2004）。紫色细菌还含有固氮酶和氢化酶，可能在氮缺乏时，产生分子氢。这样不会产生在生物与光合系统中遇到的与固氮酶的氧引起的损伤相关的问题。直接光依赖型的氢生产的效率较低（吸收谱图，见图2.13）。紫色非硫细菌被认为是利用有机废弃物发酵输出氢气的一种可能。一些紫色非硫细菌如胶状Rubrivivax可以通过水煤气变换反应产生氢气［见式（2.2）］，同时可使用有机基板的耐氧氢化酶的方法（Levin等，2004）。

**黑暗中的发酵和其他过程**

从有机基质无氧和黑暗条件下生产具有热值的气体称为发酵。它正在成为沼气反应器中的典型的能量转换工具，其中生成的气体主要为甲烷和二氧化碳（Sørensen，2010a）。合适的细菌降解过程直接生产氢是可能的。在沼气的生产中，细菌的环境是不控制的，可能有很多不同的细菌在不同的温度下工作（嗜温细菌为25～40℃，嗜热细菌为40～65℃，甚至更高温度）。为了在所产生的气体中得到更多的氢，有必要使用特定的细菌培养。即使如此，二氧化碳的产生也是不可避免的，此外还可能会有$CH_4$、CO和$H_2S$的存在。所以往往需要通过后续纯化步骤得到纯氢。

原料可以是碳水化合物（如葡萄糖、淀粉或纤维素）或更复杂的废弃物（如工业和生活的废液、固体废弃物）、植物或者动物带来的垃圾（如食物垃圾和动物粪便）。原料的成本在某些特定情况下会比较少，而通过葡萄糖转化为醋酸或丁酸的过程中产氢率最高：

$$C_6H_{12}O_6 + 2H_2O \rightarrow 2CH_3COOH + 2CO_2 + 4H_2 + 184.2\text{kJ/mol} \quad (2.32)$$

$$C_6H_{12}O_6 \rightarrow CH_3CH_2CH_2COOH + 2CO_2 + 2H_2 + 257.1\text{kJ/mol} \quad (2.33)$$

在实际中，有关于每mol葡萄糖产生2～4mol氢气的报道，相当于化学计量比的水平（Ueno等，1996；Hawkes等，2002；Lin和Lay，2004；Han和Shin，2004；Hallenbeck，2009）。从纤维素产氢出发，氢的理论能量效率为17%～34%。积聚的氢气会抑制产氢的过程，所以连续除去产生的氢是必不可少的（Lay，2000）。在目前的实验室实验的细菌为梭状芽孢杆菌（例如pasteurianum、梭菌和 beijerinkii）。牛粪和污水污泥中天然存在的细菌主要是梭状芽孢杆菌。这些细菌是适合纯糖发酵和混合物更为复杂的原料类型。在沼气厂，需要处理不同组成的原料时，需要几种细菌的存在，每一种均能够在不同的原料中发挥作用。

有许多常用的垃圾适合发酵。影响获得氢作为主要的最终产品的可能性的具体因素已由 Wang 和 Wan（2009）讨论过。包括选择合适的反应器类型，以及避免垃圾中的抑制剂如废金属化合物。

发酵过程依赖于温度，在高温区（55℃左右）比在低温区通常会产生更多的氢气（如淀粉；Zhang 等，2003）。发酵过程同时也依赖于 pH 值，最佳的环境为酸性（牛粪为 pH =5.5；Fan 等，2004）。在某些情况下，产量随时间变化很大，而在其他情况下，随着原料的连续输入，可以得到一个相当稳定的产量。稳定的生产需要适当速率的新的物料（例如，稀释后的污泥，用于橄榄油厂废弃物利用 Rhodobacter Sphaeroides，Eroglu 等，2004）。高蔗糖颗粒污泥发酵具有较高性能，可以产生气体（63% 氢）和 280L 氢体积产量/kg 蔗糖，时间超过 90 天［约占 100% 的比例，见式（2.33）］，速率为 0.54L 氢气每小时每升污泥（使用 69% 梭菌和 14% Sporolactobacillus racemicus 的条件下；Fang 等，2002）。同时，单细胞蓝藻 Gloeocapsa alsicola 在实验室葡萄糖发酵实验中具有高产氢率（Troshina 等，2002）。

图 2.18 显示了一个普遍接受的模型中葡萄糖的酶转化过程的主要步骤，能源和氢转移介导的过程，在植物和 ATP - ADT 过程（NAD 为烟酰胺腺嘌呤二核苷酸）代替绿色植物和藻类 $NADPH_2$ NADP 过程，见式（2.29）。粗箭头表示碳的流动，而较暗的箭头用于指示电子和质子流。氢化酶以及其他一些酶被认为起了作用。这个图的变化形式已在其他发酵过程中被证明。

**生物制氢工业化生产**

两条制氢路线涉及光合藻类/蓝藻细菌，或转换发酵早期生产的有机基基，这两种路线与当前的实验室规模的实验工作带来了不同的挑战。只有发酵路线是目前在工业中使用，但氢不为最终产品。

几种生物制氢方法中使用的物种调用的是自然界大量存在并进行修饰的物种。40 年前，相当多的丝状光合蓝藻束毛被证明可以固氮，它被认为是在大洋中产生氨的主要浮游生物。随后，在 $10^{-5}$m 尺寸以下的单细胞蓝藻已被证明是 20% ~60% 的叶绿素生物量和海洋固碳的主要来源（Zehr 等，2001；Palenik 等，2003；Sullivan 等，2003）。优势种聚球藻和 prochlorococcus，丰裕度可能超过 $10^9$/L 海水。此外，大量的细菌视紫红质已被发现，例如，在大肠杆菌中（Béja 等，2000）。这种视紫红质能够转换太阳辐射能，形成跨细胞膜的质子梯度，在早些时候这被认为只存在于古细菌中。

最后，在海水中病毒的数量已被估计为 $10^{10}$/L，对鱼类和海洋浮游植物是重要的病原体，假设为有毒藻类大量繁殖，对假期游泳者以及商业水产养殖和渔业

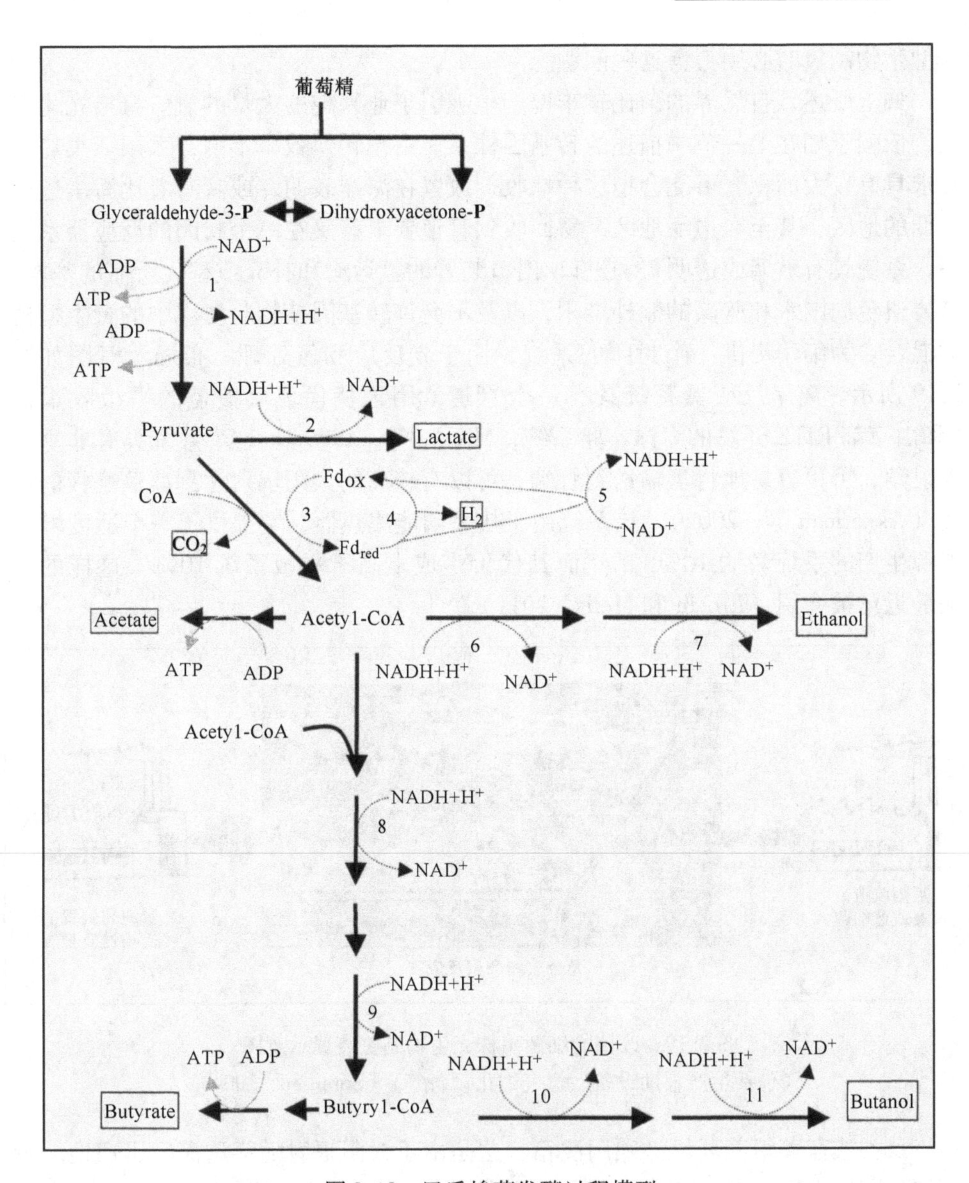


图 2.18 巴氏梭菌发酵过程模型

注：酶的成分：1——“3-磷酸甘油醛脱氢酶；2——乳酸脱氢酶；3——丙酮酸铁氧还蛋白氧化还原酶；4——氢化酶；5——NADH 的铁氧还蛋白氧化还原酶；6——乙醛脱氢酶；7——乙醇脱氢酶；8——羟丁酰辅酶 A 脱氢酶；9——丁酰辅酶 A 脱氢酶；10——醛脱氢酶；11——丁醇脱氢酶。P——磷。引自 Lin 和 Lay，2004（Int. Assoc. Hydrogen Energy 许可使用），基于 Dabrock（1992）等人修改版，美国微生物学会。

都会产生严重问题（Culley 等，2003；Azam 和 Worden，2004）。同样，淡水蓝藻被认为是导致全世界湖泊和其他淡水湖泊爆发微囊藻毒素的主要原因（Shen 等，2003）。蓝藻在淡水系统中最常见的是：包括细胞、鱼腥藻和发菜。在设计新型生物制氢时必须考虑这些问题。

如上所述，自然界的菌比较难以产生吸引工业兴趣的大量的氢。直接光化产氢，依赖于如在上一节中描述的转基因株系。由于转换效率不高，太阳能集热器要求具有较大面积。可能会把这种捕收剂放置在海洋表面，或者有着比海岸边房价低的地区，甚至在边缘地区。氢回收到管道要求蓝藻在一个封闭的反应器系统中，系统具有玻璃或透明盖和进口/出口装置的氢运输和补充或替代所需的基质。需要避免周围水和蓝藻的额外堆积，以及不允许转基因植物与海洋中的野生型植物混合。为细菌提供一个封闭的系统，用于光反应和氢处理。布局示意图如图2.19所示。离岸反应器系统具有一个管道，用于替代玻璃覆盖的平板收集器（和由京都RITE开发的海洋实验系统；Miyake等，1999）。这个系统具有非垂直入射角，可更容易地将氢输送到管端，可以有较高的太阳辐射达到蓝藻基板的比例（Akkerman等，2002）。该系统用于热太阳能集热器，它提供了一个适度增加能源生产的系统（约10%），然而其代价是成本高于平板系统10%。这样的想法最近已被介绍（Eroglu和Melis，2011）。

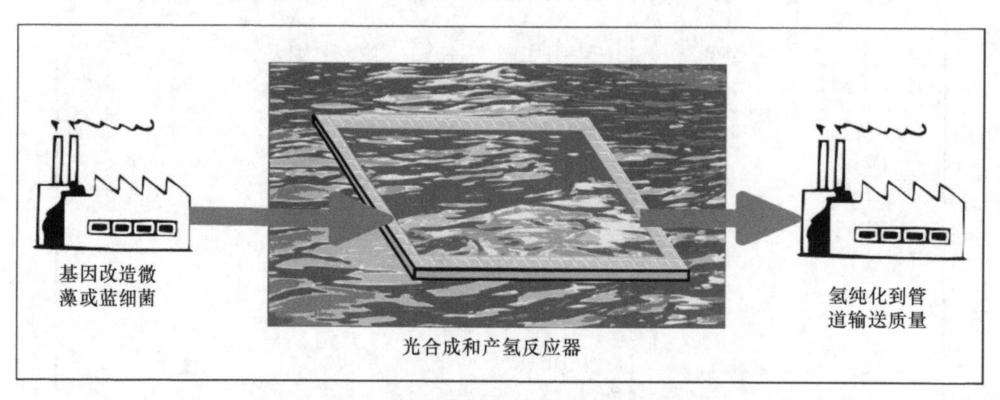


图2.19　改性的细菌菌株光生物制氢装置示意图
（包括生产辅助设备、氢气纯化设备等）（Sørensen，2004c）

藻类或蓝藻培养环境必须用浅箱，这是由于太阳辐射随穿透深度迅速地减少（通过水和基质），如图2.20所示。辐射渗透是高度依赖于波长，短波长的光能够穿透更深（Sørenson，2010a；见2.2.2节）。对于含有紫色光合细菌的球形红杆RV胞菌的培养基，Miyake等（1999）发现辐射强度随入射深度下降得更快。在1cm处下降到10%，2cm处下降到1%。在单光合系统这两种类型的叶绿素吸收特定波长的光，几乎都是在第一个0.5cm处被吸收。按照前面章节中对饱和的论述，人们发现产氢效率在第一个0.5cm层比较低。在更深的层会高，但由于几乎没有光，氢气的绝对生产率可以忽略不计。

由生物质生产的大部分氢，无论是热或生化途径，都需要净化过程才适合其

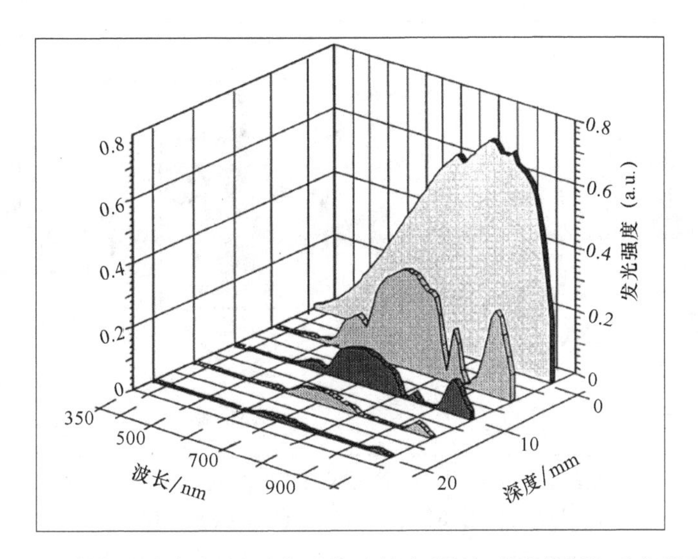


图2.20　太阳辐射衰减随渗透到含有部分修改的球形红杆菌生物制氢反应器的量的函数
［转载自：J. Miyake、M. Miyake和Y. Asada（1999）。Biotechnological hydrogen production：research for efficient light energy conversion. Journal of Biotechnology 70，89－101，得到Elsevier许可］

进一步应用。生产高纯度氢的最有效方法是采用膜技术。对于大多数生物制氢，这将需要额外的工艺步骤，当用于可逆燃料电池和某些重整型方法制氢时不直接集成到生产步骤，（Lu等，2007）。

图2.21显示了根据已有的生物细菌发酵工业生物制氢可能的布局，如从其他生物利用过程（食品和木材等）收获残留物或废物。毯式反应器已被用于一些实验发酵制氢研究（Chang和Lin，2004；Han和Shin，2004）。在这种情况下，进料必须收集和运输到氢生产厂，这通常会有沼气工厂相关布局和部件，无论是低技术水平传统或大型工业沼气工程都与污水处理厂连接，在少数情况下与用（无毒）的工业废弃物家庭生产沼气连接（Sørensen，2010a）。提氢后，剩余的残渣可以返回到农业中使用，由于其营养价值高，可替代或减少化肥的使用。大多数发酵工厂需要使用高温条件，稍高的温度（70～80℃）也是可能得到的，因为可能广泛地回收和再循环热（Groenestijn等，2002），这样就避免了经济上的大量投入。

最近，某些微生物系统已经证明可以通过类似燃料电池设备直接发电（很少或没有氢的产出），这些将在3.7节讨论。可以采用来自细菌的微生物增效剂和酶或人工物质通过光电器件制氢，这些将在2.1.6节无机组件之后讨论。

## 2.1.6　光分解

类似于针对电力生产的光伏和光电设备（Sørensen，2010a），已经努力修改设备以直接提供氢而不是生产电力。当然，有其他电转化制氢的方法，如传统的

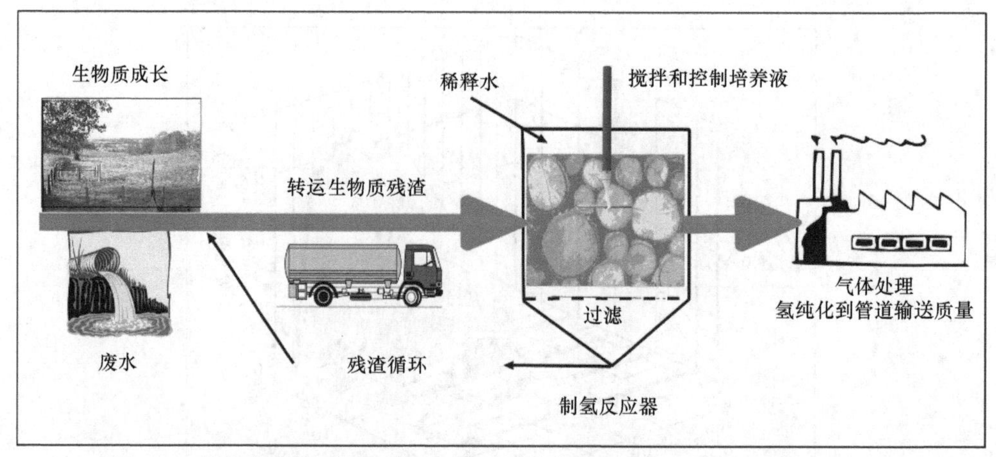


图2.21　制氢发酵装置示意图（包括垃圾收集的基础设施/氢气回收净化系统，毯式氢反应器类似于沼气厂）（Sørensen，2010a）

电解。这可以比较方便地作为基础技术用以比较其他技术的经济性。

氢的生产达到足够大的电池电压时才会启动，这是必须克服的基本问题，进一步的由于安全原因，常见的氧和氢的分离问题还需解决。

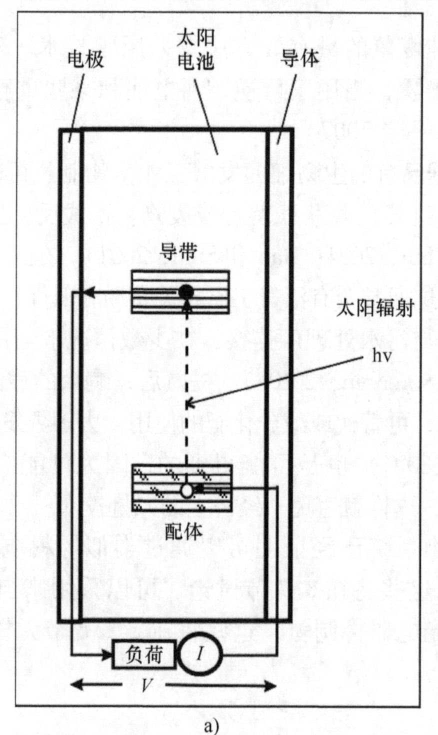


a)

图2.22　太阳电池的电子激发和外部电路示意图（图a）和光照下电流$I$与电压$V$关系图（图b）

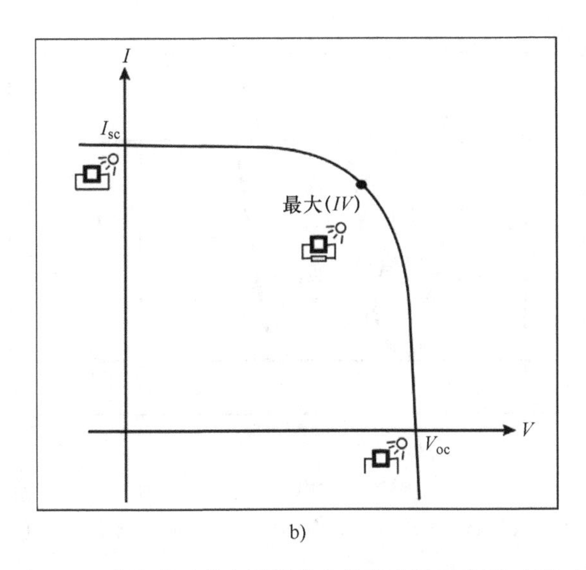


b)

图2.22 太阳电池的电子激发和外部电路示意图（图a）
和光照下电流 $I$ 与电压 $V$ 关系图（图b）（续）

注：$I_{sc}$ 是短路电流，$V_{oc}$ 是开路电压。太阳电池可以由一个或多个p－n半导体结或p－i－n非晶结组成。

图2.23a显示了一个氢生产单元，图2.22a显示相应的电力生产单元。图2.23b与图2.22b显示的是两个系统的电流电压（IV）图，解释如下。

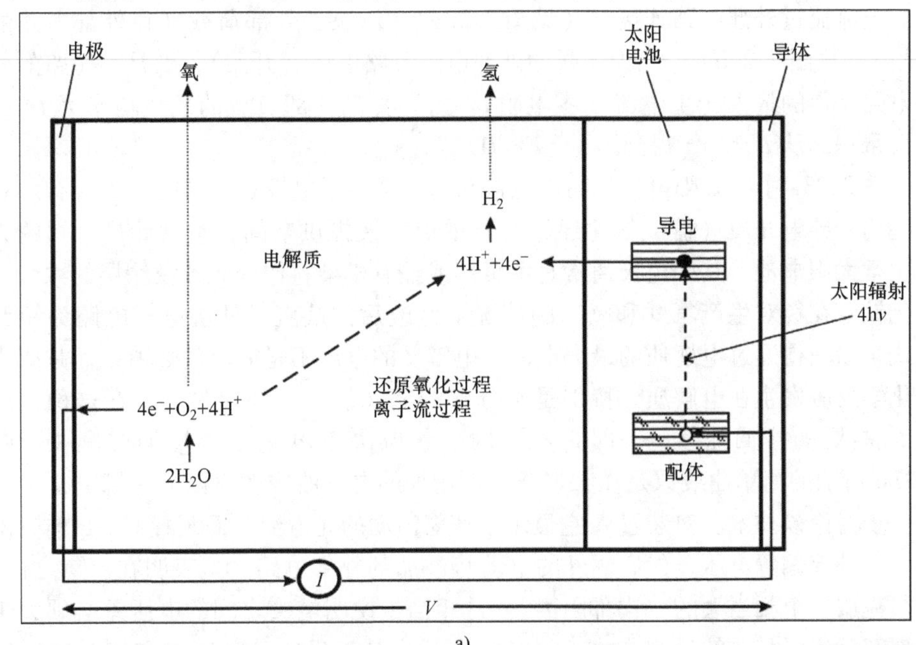


a)

图2.23 太阳能制氢单元，激发足够数量的电子产生水分解所需的电压差的示意图（图a），以及不足（A）或足够（B）水分解电压设备的电流－电压曲线（图b）

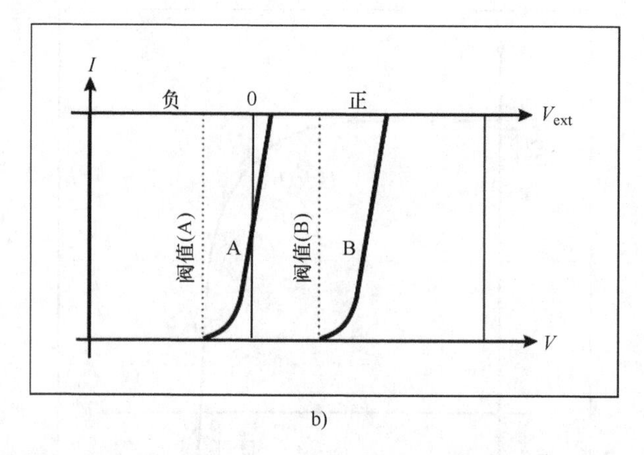


b)

图2.23　太阳能制氢单元，激发足够数量的电子产生水分解所需的电压差的示意图（图a），以及不足（A）或足够（B）水分解电压设备的电流－电压曲线（图b）（续）

在图2.22a和图2.23a所示的装置中，采用具有至少一个半导体p－n结的太阳电池。一个p层通过掺杂外来原子制造，含有比材料本身低的原子数（即原子具有较少的质子数z），n层含有较高的原子（例如Sørensen，2010a，见4.4.1节）。在太阳辐射下，电子由半导体的价态激发到导电的价态，与潜在的通过节点的行为将导致激发电子向n侧端移动，以及价带上的空穴向p侧端移动。电流流过外部电路连接端（见图2.22a），取决于外部荷载（在外部电路的电阻）（见图2.22b）。$V_{ac}$为无限的外部电阻开路电压（开路），$I_{sc}$是与短路的外部电路获得的最大光生电流（零电阻）。可以得到外部负载的最大功率为$IV$的最大乘积。从$I_{sc}$和$V_{ac}$得到因子$FF=IV/(I_{sc}V_{oc})$。

图2.23a中，太阳电池的另一电极与另一个端子电极是分开的，为含有水和一些离子导电介质（盐或氧化还原对）的电解液提供空间。本设计是已知的光电化学太阳电池，其中电极通常是由金属或纯有机染料作为光致敏涂层的纳米二氧化钛。在针对生产氢（和氧）的情况下修改后的装置，外层电子电路为短路形式，以获得通过电解质的最大电流。电解质的电压不是简单的数值，而是取决于化学反应发生在电解质，特别是水分解的氢（氧）－演化过程。在这种情况下$IV$曲线的滞回曲线——即它不同的形状取决于电压是否增加或减少。图2.23b所示的简单曲线只是在大$V$条件下增加的电压曲线的有限的一部分，下面进一步讨论该技术。对装置A它显示了产氢活动的光电流，而装置B，目前只出现一个外部偏置电压，然后额外的电动势添加到外部电路。这表明在产氢之前，必须克服一个相当大的“内部阻力”。这相当于说明电极之间的电压差必须大于氢裂解反应所需要的量［如式（2.21）所示，基于反应（2.16）和（2.17）以及图2.23a］加上内部电极损耗和电阻（式2.18）。

作为一个案例，Khaselev 和 Turner（1998）采用高效串联太阳电池，该电池第一部分为具有1.83eV 的带隙（吸收可见光的太阳光谱中央部分）$GaInP_2$制成的p－n结（见图2.22的电力生产）或Schottky结（见图2.23的氢气生产）。第二部分为一个隧道二极管互连的第二半导体层组成的带隙为1.42eV的n－p砷化镓结（适用于近红外部分的太阳光谱，其可畅通无阻地通过第一层）。太阳照射可激发任一层的电子，如果一个$GaInP_2$中的电子被激发，另一个已经在GaAs层导带中，那么其中一个电子（最有可能从GaAs层，因它具有最低的能量）可以结合其他层的价带空穴，因此净效应是将电子的能量提高到超过初始状态3.2eV。

两个这样的激发电子可以为分解水的过程提供足够的能量，见式（2.18）。在2.1.5节描述（见第3章中的图3.3）的光合系统，它以4个典型的太阳辐射光量子（仅以最充满活力的分布）提供6.16eV的能量将水分解为氢和氧（等于590kJ/mol，或2倍$4.93\times10^{-19}$J两个水分子）。

激发的电子会出现在半导体结的电解液侧（见图2.23a），由于产生的势能梯度，价带填充电子从电极空穴通过外部电路移动。全电势梯度使得电解质内完成正、负电极反应［见式（2.16）和式（2.17）］，假设该电解质可以直接（类似流程见第3章中的图3.7）或通过涉及氧化还原对提供电解液内质子$H^+$输运。氢将出现在负极附近，而氧在正极出现；实验装置是由金属铂制成。假设钨灯发光是能量流的典型的太阳光的约10倍，如12.4%，Khaselev－Turner装置的效率定义为

$$\eta_C = 1.23I/P_{in} \tag{2.34}$$

$I$为光电流，单位为$A/m^2$，$P_{in}$为辐射入射功率单位为$W/m^2$。这相当于认为电解效率是100%，1.23V和25℃时对应氢的低热值。更好的方法显然是衡量每单位时间产生的氢气量和从中计算的输出功率。根据方案（A）（见图2.23b）。本装置提供足够的电压，无需任何能源补贴，即产生氢气。在一般情况下，在一个外部偏置电压$V_{bias}$提供用于生产氢的额外能源，氢效率的太阳能可以由下式计算（Bolton，1996），

$$\eta = (R\Delta G - IV_{bias})/P_{in} \tag{2.35}$$

式中，$R$是氢的生产速率；$\Delta G$是相应的自由能；$I$是光电流；$P_{in}$是入射太阳辐射。

分子和分母必须有相同的单位，例如$W/m^2$。必要时施加一个偏置电压，氢的生产可以说是由一个太阳能混合发电机来实现。

研究过各种系统，如与有机染料太阳电池类似的掺杂Cu的$TiO_2$电极（Yoong 等，2009）。系统讨论了以前采用高效串联太阳电池获得能量，但也有许多进一步改进的可能性，例如Jing等（2010）的讨论。图2.24所示的系统使

用一个非晶太阳电池与 p-i-n 三层作为负电极（Yamada 等，2003）。非晶太阳电池的 p-i-n 结构与晶体硅太阳电池 p-n 结有着类似的功能（Sørensen，2010a），都具有超结构氢原子的本征 i 层氢原子（a-Si: H）以提高光的吸收率。用简单的材料代替昂贵的铂或钌电极：一种钴钼化合物用作析氢电极，Ni-Fe-O 化合物用作析氧电极。电解液是一种强碱性（pH=13）的 $Na_2SO_4$加 KOH 溶液。太阳电池的转换效率为 2.5%。

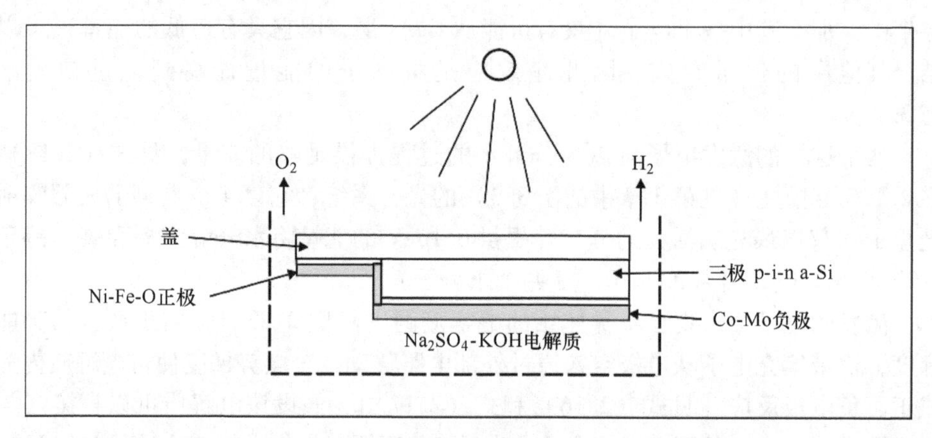


图 2.24 单层-芯片光电化学电解槽，电极简单浸入电解液内［根据 Yamada 等（2003）实验室规模设计］

一个明显的设备改造是分开两个电极，使生成的气体可以通过不同的渠道更容易收集。通常，一个全氟膜组成的分离器用于质子交换膜燃料电池（如 3.7 节所示）。

电极反应可以被后续反应（back-reaction）所削弱，如正极导带电子与从价带电解质填补空缺形成电解质或电极中的质子反应。这些反应取决于电解液的 pH 值，并可能因此能够控制正电极附近的电解液的碱度独立于负电极。Milczarek 等（2003）使用一由全氟膜分离的二室光电化学电解槽进行单独优化。如图 2.25 所示，该装置在正电极使用 2.5mol 硫化钠，负电极使用 1mol 的硫酸。负电极由铂片构成，铂片覆盖一层全氟磺酸（杜邦 de Nemours 商标），而正电极由覆盖的 CdS 薄膜的钛构成。两电解质由膜分离开（商品名 Aldrich Nafion-417），膜允许质子通过。基于如式（2.34）的光电流，在晴朗的日子效率为 7%，在 200W/$m^2$辐射水平阴天天气下上升到 12%。然而，使用两种电解质意味着存在化学势差，它就像一个外部的偏置电压，因此真正的效率较低，而且会随着时间的推移而降低。

自 Fujishima 和 Honda（1972）以来的科学文献中描述的许多光电化学制氢装置，无法提供足够的势能差用于水分解，因此需要施加一个额外的外部偏置电

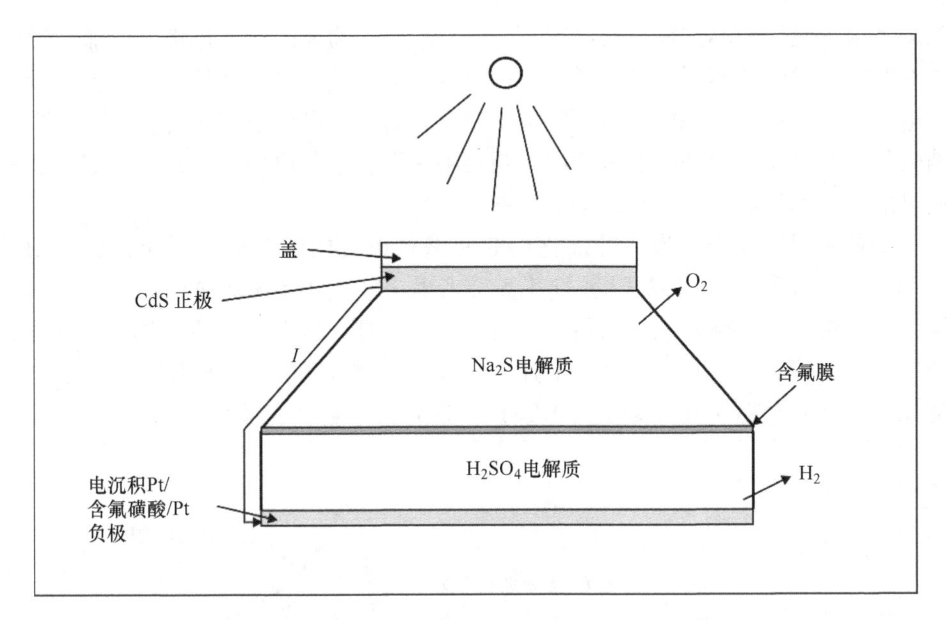


图2.25　二室光电化学电解槽（Milczarek 等，2003）
（建议通过增加 $H^+$ 传递膜的面积是光－裸露电极的2～3倍进行优化，仅显示了气体通道）

压（如 Kocha 等，1991；Mishra 等，2003；Radecka，2004）。也有人建议使用集线器增加太阳辐射量以达到制氢装置要求（Aroutiounian 等，2005），但因为只能实现适度的效率，这不太可能满足低成本的需求。

而接近一个完整的光伏电池的装置将必然导致高的氢的生产成本，如图2.24所示的设备可能会受限于较低的效率。

电解质的行为可以通过氧化还原过程的描述来理解。过程中的一种物质的氧化水平的增加和减少（减少，因此表示为氧化还原过程“red－ox”），其中的离子电荷可以通过电解质传输。电解质两端的电位差和氧化还原反应的吉布斯自由能之间的关系为

$$X \Leftrightarrow X^+ + e^-, e^- + Y \Leftrightarrow Y^-; 或\ X + Y \Leftrightarrow X^+ + Y^- \tag{2.36}$$

由 Nernst 方程给出（Bockris 等，2000；Hamann 等，1998），在给定温度 $T$ 的条件下，方程（2.36）给出可逆电位［见式（2.21）］与该物质浓度 $c_i$的关系：

$$-z\mathscr{F}V_r = \Delta G = -z\mathscr{F}V^0 + \mathscr{R}l\log(c_{X+} + c_{Y-}/c_X c_Y) \tag{2.37}$$

式中，$z$ 是电子数［见式（2.36）］；$\mathscr{F}$是法拉第常数，如式（2.21）；$\mathscr{R}$ 是气体常数，$\mathscr{R}=8.315\text{J/(K·mol)}$；常数 $V^0$被称为标准电位。

它是采取一定的参考温度，通常为298K，可以查 CRC（1973）得到。

在电极对两端施加电压测量电解质的响应是双向扫描电压测量的一种方法，其结果如伏安图所示（Bard 和 Faulkner，1998）。如图2.26所示，电压从零增加

到最大值，然后减小到零。反应图2.23a显示反应物氢的形成过程，施加小的电压对应电极过程的不同区域，最后的一个区域对应反应物扩散控制区域。假设扫描电压过程很快；如果电压增加缓慢，有充分时间扩散到反应区时，这种行为就消失了。在电压减少到零的过程中，观察到一个较小的电流，这是由于氧化的物质可能参与其他反应（Wolfbauer，1999）。

一种使用聚苯胺作为一种催化剂的便携式设备的微型光电系统已经由Han和Furukawa（2006）研究开发。2.1.5节考虑一些生物系统制氢模拟光电化学系统。在无机系统内镶嵌氢化酶使氢化酶制氢而不是通过有机物质制氢，以改善对产氢过程的控制。同时，通过在上述太阳电池（昂贵的）装置内插入光收集生物如叶绿素或卟啉（Sørensen，2010a）实现光合作用“工业化”。

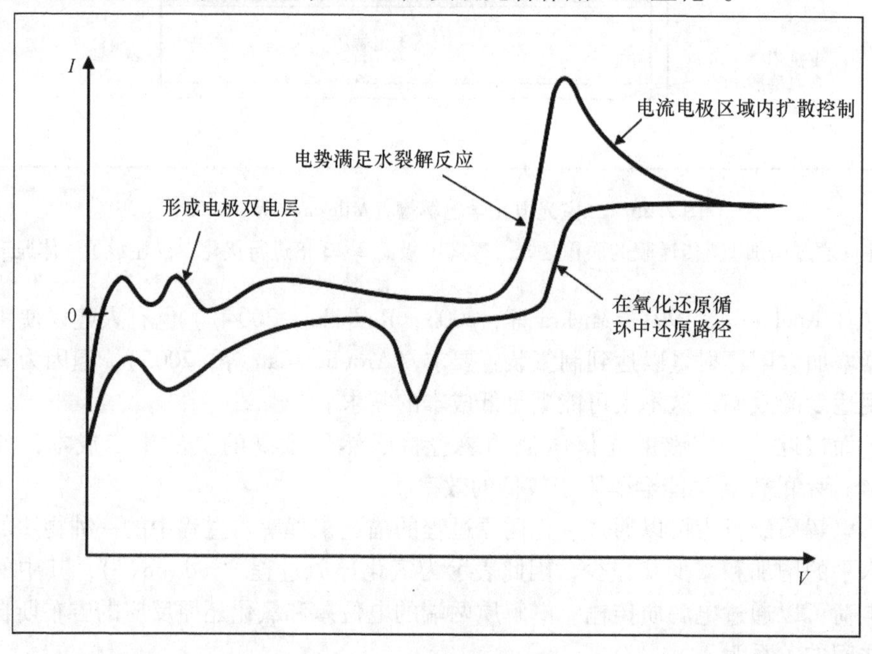


图2.26　光电化学电池产氢过程中电解质的伏安图

将细菌Pyrococcus furiosus纯化氢酶与磷酸戊糖循环的酶结合起来，以从葡萄糖-6-磷酸和NADP⁺生产氢气（Woodward等，2000）。类似的实验已经用在紫精聚合物基质固定的氢化酶（Wenk等，2002；Qian等，2003）。这些实验使用偏置电压。Saiki和Amao（2003）以及Tomonou和Amao（2004）更进一步研究了类似的光电化学电池。基于四苯基卟啉四硫酸盐或Mg-chlorophyll-a（螺旋藻）的光吸收系统与NADH或NADPH系统结合，可以从葡萄糖中提取能量（或使用酶从多糖中进一步提取），以及使用产氢的铂催化剂部分从甲基紫体系中提取能量。没有氧气是所有这些系统的显著特点。

### 2.1.7　直接加热或催化水分解

由水制氢的另一条路线是水的热分解。由于水分子的直接热分解所需要的温度超过3000K，目前没有直接可用的材料。尝试利用循环化工工艺和催化剂的间接路线实现800℃以下的热裂解。这些热化学分解水循环最初被设计用来利用核反应堆所产生的低品位热量，当然也可以是其他技术过程产生的热量，比如400℃左右。早期的研究考虑的是三级反应（Marchetti，1973）。

$$
\begin{aligned}
&6FeCl_2 + 8H_2O \rightarrow 2Fe_3O_4 + 12HCl + 2H_2 (850℃)\\
&2Fe_3O_4 + 3Cl_2 + 12HCl \rightarrow 6FeCl_3 + 6H_2O + O_2 (200℃)\\
&6FeCl_3 \rightarrow 6FeCl_2 + 3Cl_2 (420℃)
\end{aligned}
\qquad (2.38)
$$

第一个反应仍然需要高的温度，这意味着除了腐蚀性物质所带来的问题之外，还要考虑提供外部能量。类型相似的还有使用$CaBr_2$，反应温度分别是730℃、550℃和220℃（Doctor等，2002）。本研究离实用还有很长的路。

一些钙钛矿结构的混合金属氧化物（$ABO_3$）已被研究在700~900℃温度作为质子导体，例如用于固体氧化物燃料电池。这样质子导体可维持足够强的电流（使用外部提供的电能），使一个电极引入的水蒸气能分解水产生一定量氢气（Matsumoto等，2002；Schober，2001）。引入膜分离产生氢时，热分解水可以被增强，但在该温度下生产率仍然非常微小（Balachandran等，2004）。

其他的反应方案在5.4.2节讨论。氢气的生产方法综述最近由Holladay（2009）等提供。

## 2.2　生产规模相关的问题

### 2.2.1　集中式产氢

不同的技术适合于的应用类型由应用和技术本身的特点所决定。如果一个给定的技术具有规模效益，该技术可以集中应用于一个大的经济体。也有技术在更小规模是最经济的（生产规模固定的情况下），当然也有罕见的相反情形，即成本对生产规模不敏感。允许这种技术应用不同规模。然而，也有可能是特定的规模要求的使用类型。例如，客车技术必须适合于典型的汽车重量的大小。考虑到现有的基础设施，如道路、车库和停车场的大小等会限制一些灵活性。一般来说，如果一个新的技术需要改变基础设施，就必须考虑与其关联的成本变化和带来的不便。

传统的制氢技术，如蒸汽重整或电解，必须衡量一些因素如热交换器或与环境控制相关的方面。利用光合作用制氢，规模经济与农业类似。而暗发酵，可以参考已知规模经济优势的沼气厂。光分解的太阳电池或在环境温度下的燃料电池装置不显示任何明显的规模经济，而高温水直接裂解具有较大的规模优势。

### 2.2.2　分散式产氢

由于采用低温燃料电池反向操作制氢可以不受规模小的影响，人们对分布式产氢采用这种技术感兴趣。在建筑单元内产氢（见4.5节）可以基于可逆质子交换膜燃料电池对现有天然气燃烧器的功能的扩展，同时提供氢给停在大楼内的汽车，并在电力供应不足的情况下由存储的氢产生电力供给外部（例如，间歇性供给利用可再生能源资源发电时电力供应商执行负载平衡或管理时的短缺）。如果基于氢气发生器的太阳能集热器开发成熟其效率和成本可以接受，它们也可以被用作分散式。但安装这样的太阳板时，现在的经验是集中式电力产氢的光伏装置规模经济性（例如，降低安装成本），被有可能节约的传统屋顶和建筑墙面所曲解。

在车辆集成制氢系统的需求下，分布式生产变得更加重要。必须在小规模生产情况下具有经济效益。伴随着可靠性问题，这已经引起了对车载燃料重整的收益的减退（见2.2.3节）。

### 2.2.3　车载燃料重整

原理上氢生产的基础原料可以利用生物燃料和化石燃料，特别是汽油，以及甲醇、乙醇和类似的从天然有机或更多的工业原材料生产的燃料的中间产品。这些，只有甲醇可以采用类似于天然气重整过程中的适度的200～300℃温度，见式（2.1）。其他碳氢化合物的重整温度通常需800℃以上。甲醇在燃料基础物性方面与汽油具有相似的燃烧温度。甲醇的热值为21MJ/kg或17GJ/$m^3$，低于汽油的，但由于燃料电池汽车比汽油车更高效，因此其燃料箱更小。

汽车使用压缩和液化氢受限于能量密度低和容器的安全问题，以及需要创建新的为燃料准备的基础设施。因此人们对常规燃料车载制氢有着强烈兴趣。要避免对目前的汽油和柴油的加油站进行大的变动，为此已经探索了以甲醇为燃料的分布式的油箱方案。甲醇的能量密度为4.4kW·h/L，相当于汽油的一半。车载的甲醇重整器制氢供给到燃料电池来产生用于电动机的电力。设置如图2.27所示。这种装置的原型车已经在最近几年经过测试（Takahashi，1998；Brown，1998）。

甲醇（$CH_3OH$），可能最终会直接用于燃料电池而不需要额外重整制氢。这种燃料电池类似于质子交换膜燃料电池，被称为直接甲醇燃料电池（见3.7节）。由于甲醇可以由生物质产生，氢气可以从能源系统消除。另一方面，随着电力系统的间歇式生产过剩的生产处理还可以以氢作为中间能量的载体。氢气可以直接使用，从而可以避免在甲醇生产中的损失，提高了系统效率。在高压碱性

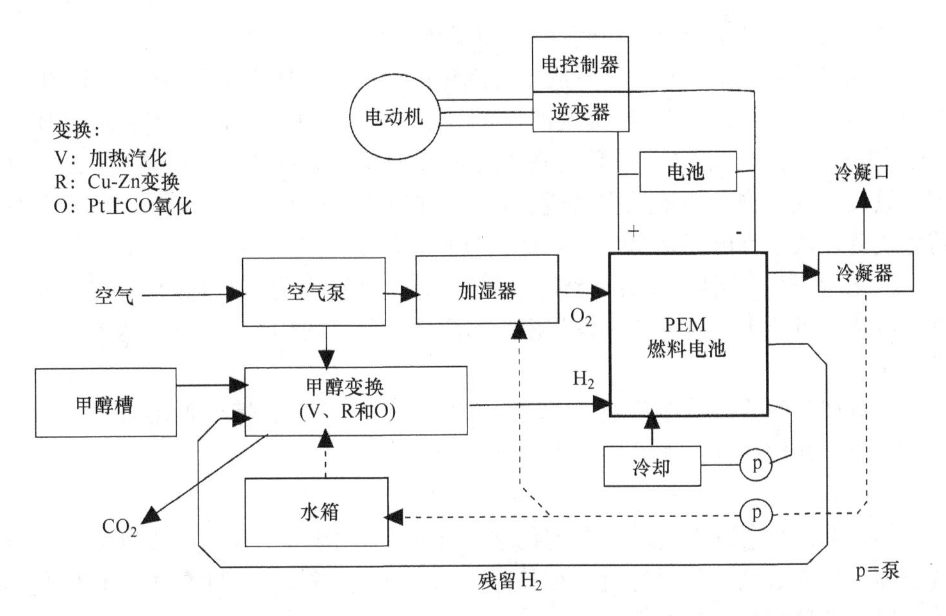


图 2.27 甲醇制氢燃料电池动力和电动机系统示意图，动力控制系统允许由直驱到电池驱动的转换（摘自 B. Sørensen，Renewable Energy，2004a，已被 Elsevier 授权）

电解厂，电能转换氢的效率是65%（Wagner 等，1998；在未来具有更高的效率，见2.1.3节），并进一步将氢转换成甲醇的效率（加上 CO 或 $CO_2$ 和催化剂）可达70%左右。从生物质生产甲醇的效率约为45%，而如果原料气是甲烷（天然气），可以获得更高的效率（Jensen 和 Sørensen，1984；Nielsen 和 Sørensen，1998）。

**甲醇生产**

由于甲醇可以替代燃料电池中的氢和用于生产氢的原料，其生产与制氢有相关性，在此做简要讨论。甲醇可以从化石能源（如天然气或生物材料）制成。

传统的天然气蒸汽重整可以通过下列反应形式生产甲醇：

$$2CH_4 + O_2 \rightarrow 2CH_3OH \quad (2.39)$$

作为许多可能的反应中的一个，其中有几个是在2.1.1节中提到的（Wise，1981）。由式（2.1）生产合成气的反应是甲醇合成的可能途径，见式（2.39）。考虑到热输入量，1mol 甲烷通常会产生 0.78mol 甲醇，热效率为 64%（Borgwardt，1998）。部分氧化可直接合成得到甲醇（见2.1.2节），温度范围为425~465℃（Zhang 等，2002），效率与蒸汽重整类似。

有从生物质源生产甲醇的各种方式，如图2.11所示。从木材或分离木质素开始，最直接的途径是通过液化或汽化。热解产气只利用能量的一小部分（Güllü 和 Demirbas，2001）。通过高压加氢，生物质可转化成液态碳氢化合物混合物适于进一步提炼或合成甲醇（Chartier 和 Meriaux，1980）。

目前采用类似于煤汽化过程的木材汽化过程由生物质产生合成气（$H_2$和 CO 的混合物）生产甲醇。随着反应温度的变化，从木材直接汽化产生低品质的“煤气”（广泛用于第二次世界大战期间欧洲汽车）是一氧化碳、氢气、二氧化碳和氮气的混合物。如果用空气进行汽化，能量转换效率约为50%。如果使用纯氧代替，效率有可能是60%，产生的气体含较少氮气（Robinson，1980）。

汽化所需热量可以由太阳能集热器提供，例如在流化床汽化炉维持在500℃进行汽化。可能更经济的选择是利用生物质生产所需的热量，但这涉及往环境中排放。

一旦产品气体经洁净化处理，清除 $CO_2$和 $N_2$（例如，通过低温分离）以及其他杂质，在较高压力下甲醇的生成反应为

$$2H_2 + CO \rightarrow CH_3OH \tag{2.40}$$

如2.1.1节中讨论过的，在催化剂的作用下（例如，氧化铁或氧化铬）通过添加或减少蒸汽，可以通过“变换反应”［见式（2.2）］调整 $H_2/CO$ 的化学计量比以满足式（2.40）。

木质生物质含有46% C、7% H、46% O 以及其他微量成分。考虑木材干燥等电力输入和51%的热效率，每千克生物质可能会产生16mol 甲醇（Borgwardt，1998）。

非木质的生物质可以被转换成含甲烷的合成气（Sørensen，2004a），然后用蒸汽重整进行甲烷-甲醇转化。

上面提到过的，通常假设使用改进的催化汽化技术提高整体转换效率到51%，合成气合成甲醇转化效率约为85%（Faaij 和 Hamelinck，2002）。总的过程中如果涉及能量输入，如收集和输送生物质，那么总的效率会更低（EC，1994）。

甲醇的辛烷值与乙醇类似，但如刚才提到的燃烧的热量少。甲醇可以混合汽油用在标准发动机或用专门设计的 Otto 或柴油发动机。一个案例是在点火发动机内使用汽化的甲醇，甲醇汽化能量从冷却剂流得到（Perrin，1981）。甲醇的使用类似于乙醇，但从生产到使用（例如在加油站的烟雾的毒性）的环境影响评价方面存在一些差异。

甲醇的历史成本在6~16 美元/GJ 之间变动（Lange，1997），估计在运输和电力行业的需求刺激下未来的生产成本在5.5~8 美元/GJ（Lange，1997；Faaij 和 Hamelinck，2002）。考虑到环保方面，汽化将在封闭的环境中进行，需要收集所有的排放物以及灰浆。在甲醇制备过程中的清洁生产是回收可重复使用的催化剂，但汽化过程的其他杂质必须废弃。尚未出台废物处理的精确方案，但循环农业和造林（如乙醇发酵；案例 SMAB，1978）可以使用一些有营养的废弃物。

通过类似得到甲醇的方式，可以用合成气生成合成氨替代品。巴西已开展从桉树而不是从木质生物质生产甲醇的研究（Damen 等，2002）。从烟草细胞中提取甲醇（Nicotiana tabacum）已通过基因工程实现，结合真菌（Aspergillus Niger）分解细胞壁和使用病毒子让植物感染（Hasunuma 等，2003）。更基本的研究旨在更好地了解在传统的依赖于木质素降解方式进行的甲醇生产（Minami 等，2002）。

**甲醇制氢反应**

甲醇蒸汽重整制氢涉及与式（2.1）类似的反应

$$CH_3OH + H_2O \rightarrow 3H_2 + CO_2 - \Delta H^0 \tag{2.41}$$

式中，$\Delta H^0 = 131\text{kJ/mol}$（液体反应物）或 $49\text{kJ/mol}$（气态反应物）。反应温度为 200～350℃。也可进行水煤气变换反应或其逆反应：

$$CO_2 + H_2 \rightarrow CO + H_2O + \Delta H^0 \tag{2.42}$$

式中，$\Delta H^0 = -41\text{kJ/mol}$。这可能会导致 CO 污染氢气流，对于燃料电池这是不可接受的，如磷酸燃料电池只可以接受很少的 CO（最高 2%），而质子交换膜或碱性燃料电池只能是 $\times 10^{-6}$级。幸运的是，蒸汽重整所需要温和的温度下产生 CO 比较低，并调整剩余蒸汽量（$H_2O$）可将反应（2.42）向所需要的方向进行以减少 CO（Horny 等，2004）。在高温的情况下，这种 CO 的控制变得更加困难。

然而，使用单独催化剂的合适的膜反应器利用蒸汽重整和水煤气变换能解决该问题（Lin 和 Rei，2000；Itoh 等，2002；Wieland 等，2002），图 2.28 显示的是适度规模的管式反应器的典型布局。该方法产氢的典型热效率是 74%，进料的甲醇几乎 100% 转换。

可使过程自热反应，即避免加入外部热量加热反应物（见 2.1.2 节），

$$CH_3OH + \tfrac{1}{2}O_2 \rightarrow CO_2 + 2H_2 - \Delta H^0 \tag{2.43}$$

式中，$\Delta H^0 = -155\text{kJ/mol}$。通过适当的组合反应（2.41）和（2.43），总焓差可能会接近零。控制整个反应器的温度仍然是个问题，因为氧化反应（2.43）明显快于蒸汽重整反应（2.41）。所提出的解决方案包括设计一种丝状催化剂，使气流层流过反应器（Horny 等，2004）。

传统上用于蒸汽重整催化剂的铜锌催化剂含有 0.38 摩尔分数的 CuO、0.41 摩尔分数的 ZnO 和 0.21 摩尔分数的 $Al_2O_3$（Itoh 等，2002；Matter 等，2004）以及丝状催化剂概念所需的金属铜锌催化剂（Horny 等，2004）。钯催化剂适于氧化反应，形成图 2.28 所示的膜反应器（使用 $Pd_{91}Ru_7In_2$；Itoh 等，2002）。同时 Pt 已被使用，如图 2.27 所示。

对于重烃化合物，如汽油，重整温度很高。使用传统的 Ni 催化剂，温度超过 900℃，但通过加入 Co、Mo 和 Re 或使用沸石可允许最低温度降低约 10%（Wang 等，2004；Pacheco 等，2003）。

在当前电池技术条件下，旨在延长充电前工作时间的燃料电池的小型应用刺

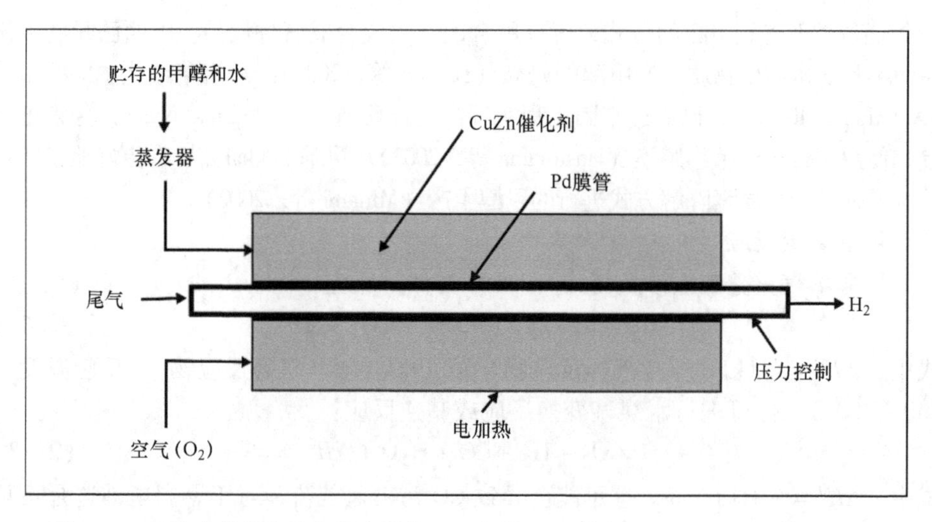


图2.28　自热式膜蒸汽重整反应器截面示意图（Lin 和 Rei，2000；Itoh 等，2002）

激了开发微型甲醇和其他碳氢化合物的重整反应器（Palo 等，2002；Presting 等，2004；Holladay 等，2004），虽然这些燃料电池的额定功率在 10mW ~ 100W 之间，低于大型单元，但在相同的功率范围内，系统效率与传统电池相当。相关应用将在 4.6 节讨论。

可由半经验分子动力学方法模拟碳氢化合物通过催化剂层的扩散（见图2.28）。这样的计算显示了各种碳氢化合物在有或没有 Pt 嵌入的情况下在 $Al_2O_3$ 中的渗透情况（Szczygiel 和 Szyja，2004）。图 2.29 研究表明燃料的传输取决于腔室和在内催化剂壁的吸收情况。

对高温燃料电池（如固体氧化物燃料电池），电池本身在催化剂如 Ru 的作用下由甲醇和某些碳氢化合物重整制氢，其效率随原料的不同而变化（Hibino 等，2003）。

## 2.3　氢转化概述

这节介绍当前和预期使用的氢：燃烧，进一步转化为液体燃料或气体燃料，以及用燃料电池生产电力，可能伴随有热的产生。详细的技术展开，特别是那些涉及燃料电池的，将是后续章节的主题。本部分只描述非能源使用和不涉及燃料电池部分。

### 2.3.1　用作能源载体

氢作为一种能源载体也是一种能源。能源难以运输或存储以备不时之需，但可以转化为氢以供容器存储或管道运输，可能在商店出售，以及转换为另一种能

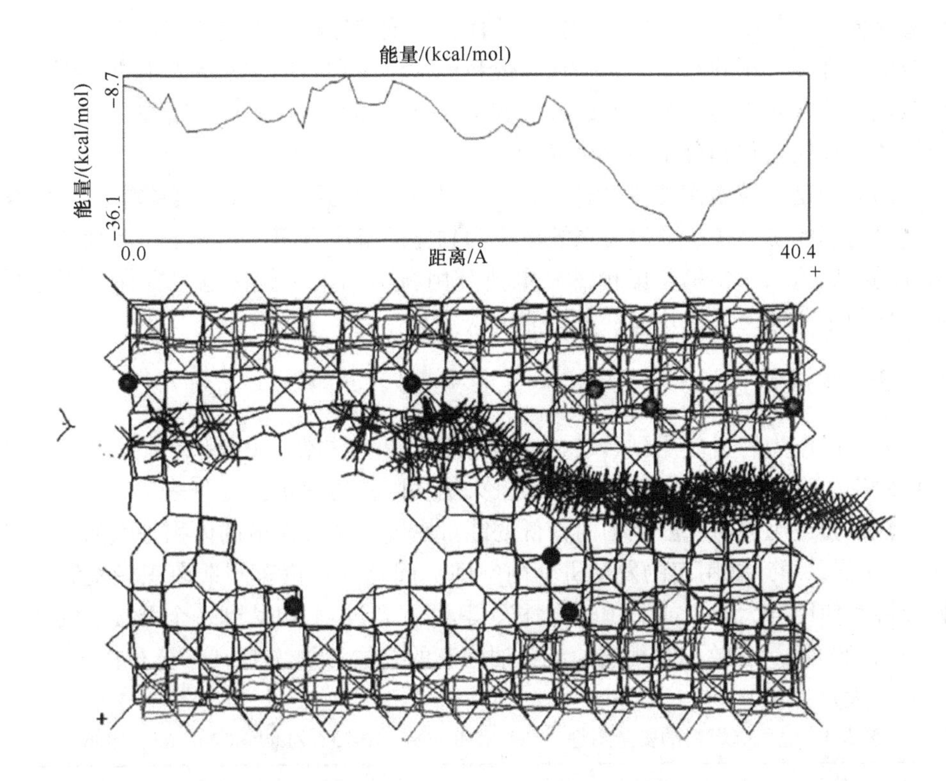


图2.29 一种碳氢化合物（甲基类）通过附有 Pt 原子的 $Al_2O_3$催化剂孔道的最小能量路径

注：上半部分为能量（kcal/mol）与路径距离（Å）的函数曲线关系。下半部分为碳氢化合物通过催化剂的俯视图。采用了一种分子动力学模型。转载自 J. Szczygiel 和 B. Szyja（2004）。Diffusion of hydrocarbons in the reforming catalyst：molecular modelling. Journal of Molecular Graphics and Modelling 22，231－239。Elsevier 已授权。

量形式供最终使用。单位体积的低能量密度（见表2.1）限制了氢的一些应用，但当能量密度不是大问题时也有许多应用。

氢作为能源载体的优势包括环境通用性和使用广泛，其缺点是需要容器和管道的高密封性以避免泄漏。

作为间断性能源如太阳能和风能的中间能源载体是可取的，还有与不易存储电力有关的其他能源，例如核能。如果扩展到使用化石能源，为避免 $CO_2$排放，可以在初期把煤转换成氢气以控制温室气体排放（形成碳酸盐和发送到存储库，比如老天然气井）。5.3～5.5 节将详细描述化石－氢、核能－氢以及可再生能源－氢。

## 2.3.2 用作能源存储介质

作为存储介质，气态氢方便在含水层或盐丘地下存储，与天然气存储的地质构造相同，只需要一个更好的衬里。低体积密度使储氢容器制造有点贵，但对于工业上的许多应用并在至少第一代氢燃料电池汽车和家庭规模的发电机方面，压缩储氢仍然被认为是一个方便的解决方案。这些和其他存储选项将在2.4节进一步描述，包括液化和分子捕获氢存储。

独立于是否被用作能量载体，对几种类型的能源系统氢有可能作为存储介质。可再生能源系统需要储能系统以成为独立的解决方案，氢满足一系列这样的系统的存储需求，特别是廉价燃料电池可用在不同来源能源电力方面。刚才提到，任何未来能源系统均将从氢储能中获益。

### 2.3.3 燃烧用途

氢可以作为燃料应用到传统的火花点燃式发动机如Otto和柴油发动机。发动机效率与汽油或柴油燃料一样高，氢火焰从内核迅速扩张（见表2.3）。然而，由于在压力适用于活塞缸范围内较低的能量密度，冲程对应的体积是汽油发动机的2~3倍，导致乘用车的发动机仓内空间的问题。一汽车制造商积极发展氢燃料乘用车使用巨大的8或12缸发动机，其冲程超过4L以达到一个可接受的性能（宝马，2004）。有效的常规汽油或柴油汽车的总位移量约1.2L，分布在3~4个气缸（大众，2003）。

**表2.3 氢气等燃料的安全属性**（Dell和Bridger，1975；Zittel和Wurster，1996）

| 特性 | 氢气 | 甲醇 | 甲烷 | 丙烷 | 汽油 | 单位 |
|---|---|---|---|---|---|---|
| 点火最小能 | 0.02 | — | 0.29 | 0.25 | 0.24 | $10^{-3}$J |
| 火焰温度 | 2045 | | 1875 | | 2200 | ℃ |
| 空气中自动点火温度 | 585 | 385 | 540 | 510 | 230~500 | ℃ |
| 最大火焰速度 | 3.46 | — | 0.43 | 0.47 | | m/s |
| 空气中可燃范围 | 4~75 | 7~36 | 5~15 | 2.5~9.3 | 1.0~7.6 | % |
| 空气中爆炸范围 | 13~65 | | 6.3~13.5 | | 1.1~3.3 | % |
| 空气中扩散系数 | 0.61 | 0.16 | 0.20 | 0.10 | 0.05 | $10^{-4}m^2/s$ |

图2.30显示氢气在空气中燃烧过程的计算机模拟结果（燃烧室可作为一个发动机气缸或者燃气轮机），证实了注入的氢气快速消耗的观点。$H_2$从左边进入。氧气分布显示为未消耗的氧在燃烧室壁上，通过多孔的外表面将空气吸入。在图2.30的底部显示了生成的氮氧化物的分布图。它类似于高温分布图，因为如果温度在1700K以上氮氧化物急剧增加。由于生成高含量的$NO_x$，对使用氢气燃烧来说是个问题，在这种情况下，不再是无污染的了。

已经通过模拟和试验建立了氢在热力学发动机中的行为，如图2.30所示的模拟行为和建立了实测压缩比的影响（Verhelst和Sierens，2003；Karim和Wierzba，2004）。较大的可燃范围和易燃是问题的两个方面。其一是在低负荷时平稳运行。然而，在高负荷时，存在很多需要处理的问题，如预燃、回火或爆燃

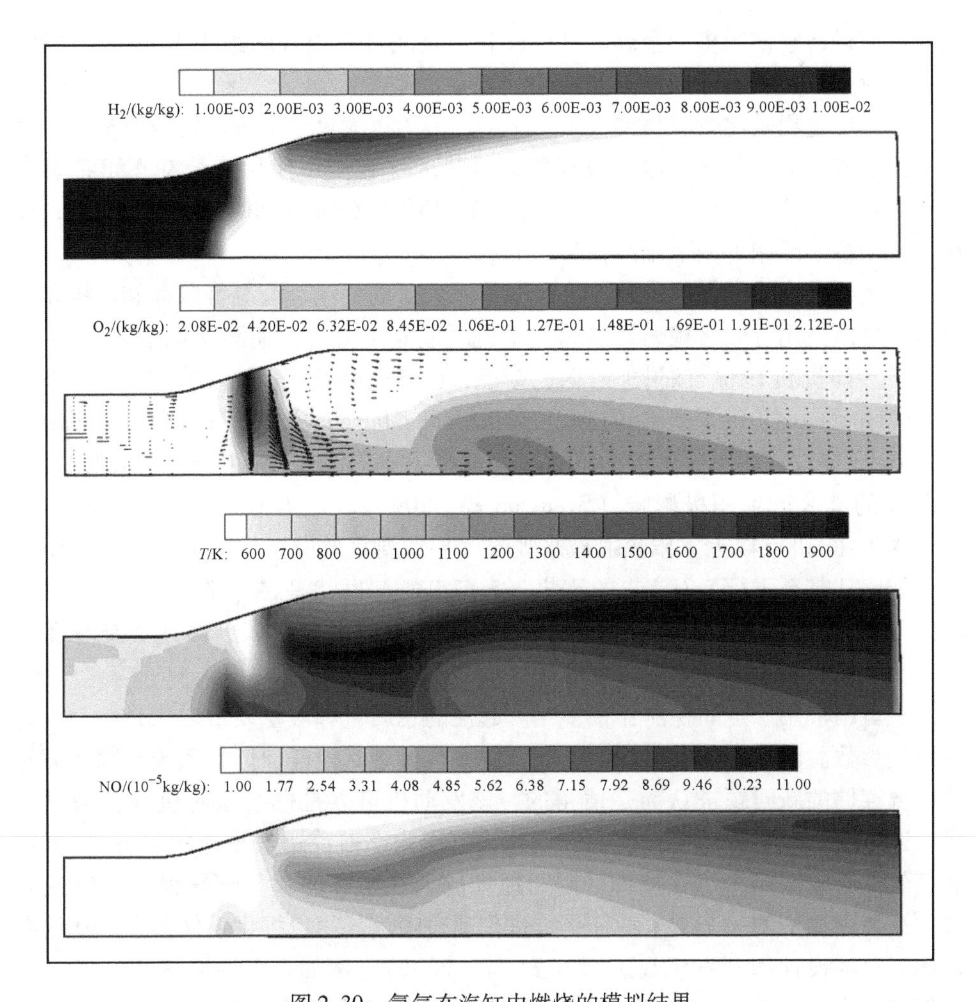


图 2.30 氢气在汽缸内燃烧的模拟结果

注：从上到下：$H_2$、$O_2$温度和 NO 浓度分布（Weydahl 等，2003）。Proc. 14th World Hydrogen Conf. 已由 Canadian Hydrogen Association 授权。

（Shoiji 等，2001）。由于氢宽广的燃烧范围（见表 2.3），所以存在显著安全问题。这些必须加以控制，例如通过在每个汽缸装双阀系统（NFC，2000）。关于给发动机加氢气与汽油或天然气的混合燃料的工作已经完成了（Fontana 等，2004；Akansu 等，2004）。

由于内燃机需要使用大体积的氢气，对于传统尺寸的乘用车，适宜的操作需要有比气态氢高得多的 $H_2$ 存储密度。因此，使用液氢，这意味着冷却到 20K（这需要使用能量，进一步降低了效率），并使用非常特殊的加油站。目前已经开发了这些技术并用于氢燃料汽车（Fischer 等，2003）。为液态氢已建成了特殊的液氢储罐，它使用多层金属圆柱体，各层之间具有很好的绝缘性。即使这样，还有热量损失和氢泄漏问题需要处理。

氢燃烧过程是比较容易纳入公交车的，因为更大尺寸的发动机舱对整车的尺寸来说是较小的一部分，由于较慢的运行速度（在城市使用）公交车可把氢存储在车顶上，例如，MAN 生产的氢公交车的原型（Knorr 等，1998）。此外，在传统发动机上船舶可用氢燃料代替柴油。

就飞机上直接燃烧氢的建议已经获得了大量的关注。液氢可以存储在机翼或机身，可以使用近似常规燃气涡轮发动机。液氢飞机的早期测试包括 1957 年波音 B57 轰炸机和 1988 年的图 - 154，最近，已经开始基于空中客车 A310 飞机命名为 Cryoplane 的一个类似的项目（Pohl 和 Malychev，1997；KIug 和 Faass，2001）。已建议使用更庞大的燃料储罐，这些飞机应该在较低的高度飞行，这将对 $NO_x$ 的排放产生积极影响（Svensson 等，2004）。这也使得排放水的影响更低，因为在 10km 以上太阳辐射被水吸收（导致温室效应）将更加明显。推动了设计能够从零至飞行 5 马赫[㊀] 的飞机（5 倍声速，也就是在海平面上 $1.22\times10^6$ m/s），带有使用液氢容器的常规的燃气轮机的涡轮风扇模式，高达 3 马赫和冲压式火箭模式超过上述速度（Qing 和 Chengzhong，2001）。

液氢已被用于空间探测器很多年。起飞的总质量和液氢质量之比是一个重要的限制参数。因此，按重量计的高能量使得氢优于其他任何燃料系统，因此额外的低温存储的新问题被认为是值得的。该发动机可以是燃气涡轮机或火箭发动机，这取决于航天器的运行模式（地球大气层内巡航或逃逸出地球引力）。氢气和氧气都必须以液体形式携带，因为地球的大气层外的太空环境没有空气或氧气。火箭发动机的一个基本特征是推进剂通过喷嘴耗尽以提供正向推力。新的高性能多喷嘴设计和开发仍在进行（Yu 等，2001），例如，多种燃料的（通常为液氢和固态烃）实验，以适应在近地空间不同区域可重复使用飞行器的飞行（Chibing 等，2001）。液氢和液氧喷射的最佳相对位置已做了试验和模拟研究（Kendrich 等，1999）。

## 2.3.4 固定式燃料电池用途

氢燃料电池用于固定应用市场已经得到相当的重视。已研究了两个领域的应用，一个是电力生产部门，其中最有效的燃料电池类型是固体氧化物或熔融碳酸盐，当技术和成本被充分研究时应该具有应用前景。其他领域，这似乎更接近进入市场，基于质子交换膜燃料电池技术定位在小型的单一建筑单元，取代天然气燃气燃烧器为屋主同时供应热和电。这些开发的细节在第 5 章和 4.5 节中介绍。

---

㊀ 1 马赫 = 1∶26km/h。

## 2.3.5 用于交通的燃料电池用途

氢能和燃料电池可以在交通部门发挥巨大作用，因为在该行业引进替代能源（如可再生能源）是非常困难的。由可再生能源制氢从长期来说是唯一可持续的解决方案，而基于天然气制氢可能是一种方便的过渡方案。这些方案中降低成本最显著的是完善燃料电池本身（对于质子交换膜燃料电池），也可以改变与氢的分配有关的、可能产生显著成本基础设施。这些问题将在4.1~4.3节和第5章中讨论。

## 2.3.6 直接使用

有人认为，氢气最初的用途是用于制砖（Bao，2001）。用烧结砖代替晒干砖，5000余年前的美索不达米亚人用在豪华建筑上，铅釉在约3000年前出现（Hodges，1970）。只是很久以后，地中海地区才普遍使用窑砖，由于大量的其他建筑材料如石头和大理石可以使用（虽然窑炉技术本身广泛使用于陶器）。在中国，制陶似乎来自亚洲西部。没有证据表明在大约1000多年前建造长城的时候窑砖已经存在了。现在所用的砖是灰色的（而非红色特征的现代粘土砖），这是因为在高温窑里它们被用水和一氧化碳加热，在窑炉里它们受到水煤气变换反应，随后通过还原黏土：

$$\begin{array}{c} CO + H_2O \rightarrow CO_2 + H_2 \\ \downarrow \\ Fe_2O_3 + H_2 \rightarrow 2FeO + H_2O \end{array} \quad (2.44)$$

17世纪中国供货商把这个过程描述为“火与水互相刺激才能制造最高质量的砖”（Yinxing，1637）。氢元素直到19世纪才被发现。类似式（2.44）的工艺涉及当今使用的$H_2$，这种工艺用来生产各种材料。

目前，氢仍然主要用于工业，在工业上氢是一个标准的商品，通常以气瓶的形式在压力容器中分配。在工业领域，如德国鲁尔区、英国伦敦，氢气通过管道网络分配已相当常见。

在工业上，大约60%的氢气用于生产氨。反应过程为

$$N_2 + 3H_2 \rightarrow 2NH_3 - \Delta H^0 \quad (2.45)$$

在425℃和21MPa下，$\Delta H^0 = -107 kJ/mol$，过程中需要铁催化剂。由于是放热反应，考虑到反应速率允许的情况下，反应温度要尽量低。在这个温度下，根据使用的催化剂转化率为15%~20%（Superfoss，1981；Zhu等，2001）。

铵盐可用于储氢。氢被进一步用于加氢裂化和精制，以及甲醇合成（2.2.3节）和醛的生产。未来煤炭液化也需要加入氢气。

## 2.4 氢存储方式

最适合的储氢方式取决于应用。用于交通运输领域，需要存储的体积要能在车里容纳得下，存储的重量不会限制车辆的性能（对于太空应用，还需要允许起飞和脱离地球大气层）。同时，对于建筑集成应用，通常必须限制存储容量，而在电厂或偏远地区的专用的存储器能有更大的余地。表2.4给出了以质量和体积计的存储密度。下列讨论的氢存储就是压缩气体、液化，低温吸附在活性炭里，金属氢化物储氢，碳纳米管存储，以及可逆的化学反应。

**表2.4 以质量和体积计的各种储氢形式的能量密度和质量密度，包括与天然气和生物燃料的比较**（Sørensen，2004a；Wurster，1997b）

| 存储形式 | 能量密度 | | 密度 |
|---|---|---|---|
| | kJ/kg | MJ/m³ | kg/m³ |
| 氢，气态（0.1MPa） | 120 000 | 10 | 0.090 |
| 氢，气态20MPa | 120 000 | 1 900 | 15.9 |
| 氢，气态30MPa | 120 000 | 2 700 | 22.5 |
| 氢，液态 | 120 000 | 8 700 | 71.9 |
| 氢，在金属化合物内 | 2 000 ~ 9 000 | 5 000 ~ 15 000 | |
| 氢，在典型的金属化合物内 | 2 100 | 11 450 | 5 480 |
| 甲烷（天然气）0.1MPa | 56000 | 37.4 | 0.668 |
| 甲醇 | 21 000 | 17 000 | 0.79 |
| 乙醇 | 28 000 | 22 000 | 0.79 |

### 2.4.1 压缩气体存储

以压缩气体的形式储氢是目前最常见的存储形式。标准气瓶的压力为10～20MPa，燃料电池汽车存储压力范围为25～35MPa。为了能够存储足够的能量使得乘用车获得可接受的行驶里程，尤其在北美使用的低效汽车，正在进行的测试提高到70MPa。而对于固定使用的气瓶通常是由钢或铝内衬钢制成的，出于对重量的考虑，复合纤维储罐更适用于汽车应用。一个典型的设计包括一个含有聚合物衬里的碳纤维外壳，并且做了外部加强处理（在美国，能抵御子弹射击）。第一个批准的70MPa系统存储有3kg氢气，整个系统的重量为100kg（Herrmann和Meusinger，2003）。

压缩可以在充气站进行，从管道接收氢。需求的能源取决于压缩方法。在温度$T$下，压力从$P_1$变化到$P_2$的等温压缩需要的功为

$$W = AT\log(P_2/P_1) \tag{2.46}$$

修正的理想气体方程为

$$PV = AT \tag{2.47}$$

式中，$A$ 是气体常数 $R(=4124\text{J}/(\text{K}\cdot\text{kg}))$ 乘以一经验性的与压力有关的修正参数，尤其对于氢气有效，在低压下从1降低到70MPa下的0.8左右（Zittel和Wurster，1996；Herrmann和Meusinger，2003）。绝热压缩需要输入更多的能量，首选的解决方案是一个多级的级间冷却压缩机，通常能耗比单级的降低约一半（Magazu等，2003）。如压缩到约30MPa，使用多级压缩概念的压缩能量大约是10MJ/kg或存储氢气的能量的10%（见表2.4）。相比之下，进一步将压缩气体转移到汽车储罐所需要的能量很微小，对于之前所提到的气瓶的转移时间在3min以内。虽然这仍然为从加油站到汽车油箱的能量流的1/60（Sørensen，1984），但被认为是可以接受的。

压缩氢气罐邻近车辆上乘客的安全性一直是热门的研究主题，包括碰撞试验和从一定的高度摔落，以及在火灾时的行为，尤其是那些在许多公路系统中的封闭的长隧道，交通道路通过山区或海峡和其他水体下面的行为（Carcassi等，2004；FZK，1999）。对失效储罐的微小泄漏和爆炸事件的发生，通常处理的时候没有处于固定存储器的安全距离处理。安全标准的问题将在5.2节讨论。

便携式储氢设备，如摄像机、移动电话和智能手机或便携式计算机，目前都由电池供电，通常锂离子电池，可配备一小型燃料电池和直接或间接地存储10～20g氢能延长5～10倍的使用时间。在4.6节进行讨论直接使用甲醇燃料电池这种方式。

对于固定式的大规模储氢，地下洞穴或空腔是一相当吸引人的方式，通常提供一低成本的存储解决方案。3个令人感兴趣的可能地点是盐丘、坚实的岩石结构空腔洞和含水层的弯曲处。

盐矿（见图2.31a）空腔可能因水冲刷盐而形成。这个工艺已被成功地用于有关压缩天然气存储的案例中。盐丘就是向上表面挤压凸出的盐矿，从而可以形成的适度深度的空腔。前面讲的在英国Teeside存储工业氢的盐丘，目前正在被修复，作为氢技术示范点（Taylor等，1986；Roddy，2004）。

岩石空腔（见图2.31b）可以是天然的或是人工挖掘出来的，内壁完全密封，以保证空腔的气密性。如果是人工挖掘的，它们比盐丘更加昂贵，但盐丘在世界上的数量有限。

地下蓄水层的高渗透率，使地下水沿着各层流动。可以在排水之后把气体存储在地下蓄水层（见图2.31c），假设它的几何形状向上弯曲，并且四周的水把气体密闭在一气袋中。地下蓄水层上方和下方必须没有气体渗透这种问题。这一般都是关于粘土层的问题。在许多地方发现了适用于储氢的地下蓄水层，除了直接通向

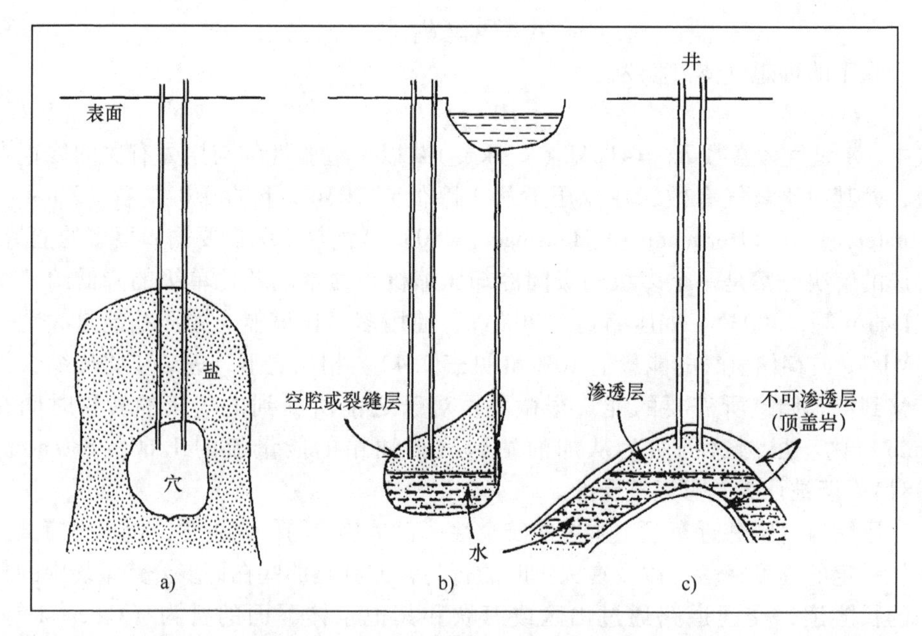


图 2.31　地下压缩空气存储类型（引自 B. Sørensen，Renewable Energy，2004a，Elsevier 已许可使用）

a）在盐腔储气　b）由地表水库平衡的岩石穴　c）地下储水层存储

地表的岩石区域。这些区域只能使用图 2.31b 中所示的更昂贵的岩石存储。

对于任何这些气体存储地点的选择和制备都是一个相当精细的过程，因为气密性很少能在地质钻探测试和建模的基础上得到保证。直至安装完成前不会完全了解腔体的详细属性。盐穴，保持一个高压的能力可能不辜负人们的期望。天然石窟的稳定性，或者通过爆炸或液压方法创建一个断裂带，也是不确定的，直到实际的满量程压力测试已经进行。对含水层，渗透率的决定性测量只能在地方有限数目进行，由于小距离位移引起快速渗透的意外是可能的（Sørensen，2010a）。

一个给定的空腔的稳定性还有 2 个影响因素：温度变化和压力变化。因此需要保持内壁温度几乎恒定，在将氢气导入空腔之前把氢气冷却（可以先压缩）或者使压缩速度足够慢，使温度只上升到接近内壁温度水平。后者（等温压缩）对于大多数应用来说是不切实际的，因为必须转化多余的能量。因此，大多数的系统包括一个或多个冷却步骤。考虑到压力变化的问题，当存储的能量数量不同时，解决方案可以是恒压变体积储氢（可用地下蓄水层存储）。对于地下岩洞，需要完成相似的操作，把地下蓄水层连接到开放的地表蓄水层（见图 2.31b），所以可变水柱高度允许在恒定的平衡压力下（根据空腔的深度）。这种压缩能量存储系统可看作是一个抽氢蓄氢系统，通过气体驱动而不是水驱动的涡轮机来抽取气体。

图2.31c中所示的地下蓄水层的存储系统，具有近似恒定的工作压力，相当于氢气填充在蓄水层部分的深度的平均液压。在一般情况下，所存储的能量$E$可以表示为

$$E = -\int_{V_0}^{V} p\mathrm{d}V \tag{2.48}$$

把在压力$P$下，压缩气体的空腔存储当作活塞处于一定体积$V_0$和$V$的气缸。

在蓄水层的案例中，$E$只是简单等于压力$P$乘以氢气排掉的蓄水层中水的体积。这个体积等于物理体积$V$乘以有效孔隙度$p$，即能引入氢气的空隙体积（可能还有额外的气体无法进入的空隙），因此存储的能量可以写成

$$E = pVP \tag{2.49}$$

常规值是$p=0.2$和在约600m深度$P$约为$6\times10^6\mathrm{N/m^2}$，对每个地点的有用的体积为$10^9\sim10^{10}\mathrm{m^3}$。这些地点已经用于存储天然气（见5.1.1节）。

蓄水层储能的一个重要特征是填充和排空所需的时间。这个时间是由蓄水层的渗透率来确率。渗透率是流体或气体通过沉积物的流速与流动导致的压力梯度之间的比例系数。这个线性关系可以表示为

$$v = -K(\eta\rho)^{-1}\partial P/\partial s \tag{2.50}$$

式中，$v$是流速；$\eta$是液体或气体的黏度；单位是$\mathrm{m^2/s}$。$\rho$是它的密度；$P$是压力；$s$是向下流过的长度；$K$是渗透率，在SI单位面积是$\mathrm{m^2}$。

渗透率的另一种常用的单位是darcy。$1\mathrm{darcy}=1.013\times10^{12}\mathrm{m^2}$，如果填充和排空蓄水层需要几个小时而不是几天，渗透率一定要超过$10^{11}\mathrm{m^2}$。沉积物，如砂岩被发现与渗透率从$10^{10}\sim3\times10^{12}\mathrm{m^2}$，经常在短距离内变化相当大。

实际上，可能有额外的损失。围绕在蓄水层区域周围的盖层的渗透率不可忽略，这意味着可能会发生泄漏损失。管道中的摩擦可能导致压力的损失，因为压缩机和涡轮机也可能有损失。通常情况下，除了那些电器设备外预计损失约15%。大型盐丘和蓄水层用来存储天然气，在5.1.1节将进行描述，因为未来它们可用来储氢，以及在类似的地质结构中安装新设备。

## 2.4.2　液氢存储

液态储氢需要冷冻到20K以下，并在液化过程中需要工业设施，至少消耗能量15.1MJ/kg。实际能耗是目前制冷技术的近3倍。在液化过程中需要非常干净的氢气，以及多个循环，包括压缩、液氮或液氦冷却以及膨胀。随后转移到一个加氢站，相对而言，从加氢站给汽车加氢，可使用很少的能量（假设汽车使用氢），和加压缩氢的情况类似，可以在几分钟内完成。使用的压力略高于大气压，通常是0.6MPa。最初开发液氢存储技术是用于航天飞行器。

用于存储液氢的容器是由若干（金属）层组成，各层间被高隔热材料分隔，中间层维持0.01Pa低压的“真空状态”，热导率为0.05W/(m·K)（Chahine，2003）。包括整个存储装置，存储体积变为表2.4给出值的一半左右，存储容积约130L。这意味着，液化能量至少等于所存储能量的30%。

存储中一严重的问题是氢汽化的损失，需要通过放空阀控制储罐的压力（涉及O－P氢的转换）。绝热性能影响汽化，这会在几天的休眠之后开始，然后以每天3%～5%的速度汽化（Magazu等，2003），通过在低温氢出口和吸入减压阀的空气之间安装换热器调节压力。汽化带来安全隐患，例如停在车库的车。汽化限制了液氢汽车的可用性，除非涉及长时间的连续行驶模式。

## 2.4.3　氢化物存储

氢分子在金属和某些化合物的附近被离解成氢原子，如图2.5所示。如果金属或合金的晶格结构合适，有空隙位置能够容纳相对小的氢原子。如图2.32中所示的压力对氢浓度的热力学曲线，这些变化牵涉到的能量不算高。当氢进入晶格时，热量就被释放，并且必须供应热量来再一次把氢赶出晶格。图2.32涉及化学热力学机理（Morse，1964）。

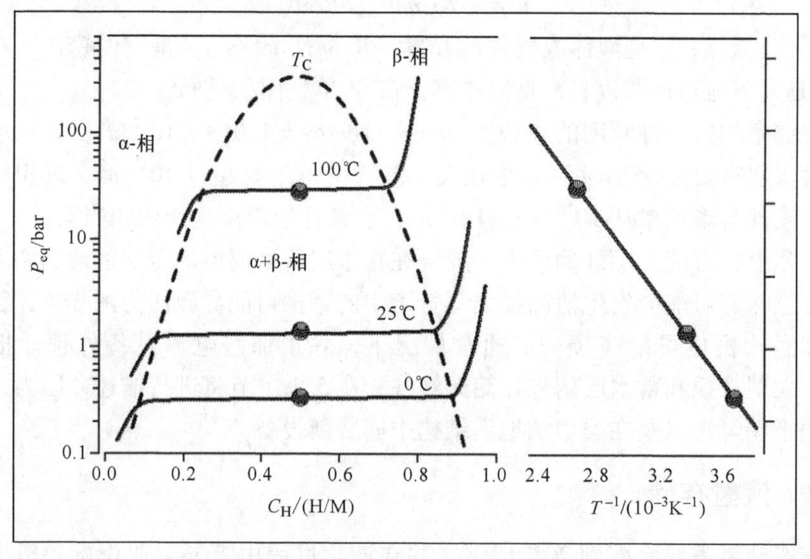


图2.32　图中左边表示3个不同温度下氢浓度（氢气和金属的比例，金属为$LaNi_5$）对应的平衡压力（1bar≈0.1MPa）。当温度低于临界温度时，非平衡的α相（金属晶格完整）和β相（晶格膨胀/被氢原子修正）被压力平台（吸收氢后反应平衡）分开。图中右侧显示压力的对数与温度的倒数关系（L. Schlapbach和A. Züttel，2001），Hydrogen－storage materials for mobile applications，Nature 414，353－358，已授权

**化学热力学**

化学反应可被描述成如下形式：

$$\sum_{i=1}^{N} v_i M_i = 0 \tag{2.51}$$

式中，$M_i$为第 $i$ 个物质（反应物或产物）；$v_i$是它的化学计量系数。

随着反应的进行，各种物质的量变化了，并最终达到平衡。引入浓度，把$\chi_i$定义为第 $i$ 种物质的摩尔分数，化学计量（2.51）要求所涉及的变化的物质的关系为

$$\mathrm{d}\chi_i = \nu_i \mathrm{d}x（对所有 i 采用相同的 \mathrm{d}x） \tag{2.52}$$

对于近似理想的多组分气体，在热力学描述中，可使用宏观平均变量，并把变化记为吉布斯自由能 $G$

$$\mathrm{d}G = \sum_{i=1}^{N} \mu_i \nu_i \mathrm{d}x \tag{2.53}$$

式中，$\mu_i$是第 $i$ 组分的化学势。在平衡状态，$G$ 最小。关系式

$$K_P = \prod_{i=1}^{N} P_i^{\nu_i} \tag{2.54}$$

被称为平衡常数。由第 $i$ 种组分的分压 $P_i$组成，对反应产物指数为正，反应物为负数。对理想气体，化学势表示为

$$\mu_i = \mu_i^0 + RT\log(P_i) \tag{2.55}$$

式中，$R$ 是气体常数，而上标“0”表示标准状态。

把式（2.55）代入式（2.53）内，在标准状态下，有

$$\Delta G^0 = \sum_{i=1}^{N} \nu_i ,\mu_i^0 = -RT\sum_{i=1}^{N} \log(P_i) = -RT\log K_P \tag{2.56}$$

从 $H = G + TS$ 定义中引入焓，式（2.56）中的温度关系可表示为范特霍夫方程

$$\frac{\mathrm{d}\log K_P}{\mathrm{d}T} = \frac{\Delta H^0}{RT^2} \tag{2.57}$$

对于积分，积分常数由 $\Delta H^0 = \Delta G^0 + T\Delta S^0$关系确定：

$$\log K_P = -\frac{\Delta H^0}{RT} + \frac{\Delta S^0}{R} \tag{2.58}$$

利用 $P_i = \chi_i P$ 和平衡条件，重写式（2.58）［与 Morse（1964）略有不同；Schlapbach 和 Züttel，2001］

$$\log P - \log P^0 = -\frac{\Delta H}{RT} + \frac{\Delta S}{R} \tag{2.59}$$

对平衡值 $P$ 和 $P^0$（平台处）及给定温度 $T$ 有效。该方程描述了图 2.32 右侧

线性关系，并且可确定图2.32左侧描述的与温度相关的压力平台。对$\Delta S$的主要贡献是在$T=300K$（25℃）时氢分子的$-130J/(K \cdot mol)$解离能，在$T=300K$(25℃)时，平台压力等于海平面标准大气压0.1MPa(≈1bar)，$\Delta H$一定等于$-39kJ/mol$（对氢；Züttel，2004）。不同物质的实际焓值将在下面讨论。

**金属氢化物**

有些合金储氢的体积密度是液氢的两倍多。因为通常是在汽车中应用，所以质量存储密度很重要，比起那些常规燃料（见表2.4和图2.37的总结），合金储氢的质量存储密度仍然只有10%，甚至更少。这使得其应用于移动设备的概念前途未卜，但也有对分散氢存储感兴趣的（例如，在5.4节中描述的方案之一）。积极的方面是，在接近环境压力下（0.06~6MPa）无存储损失和通过添加或取出适量的热量完成氢转移操作的高安全性，根据

$$Me + 1/2xH_2 \leftrightarrow MeH_x \tag{2.60}$$

式中，Me表示一个金属或合金，例如二元化合物$A_mB_n$或更高阶的合金。在单金属氢化物中，$MgH_2$和$PdH_{0.6}$是研究得最多的一类，具有7.6和0.6的氢质量分数，分解温度为330℃和25℃（Grochala和Edwards，2004）。按体积计二元和更高阶的合金一般存储近似数量的氢，但是按质量计存储氢气更少（见图2.37）。

化合物$MgH_2$的氢化似乎是最令人感兴趣的单金属氢化物，按质量计，7.6%的氢的质量分数是相当高的。虽然脱附温度比环境温度高（约330℃），它可以用于汽车，即使这会降低整体效率。把氢气转移到金属晶格中的放热焓是$-74.5kJ/mol$（Sandrock和Thomas，2001）。图2.33所示为$MgH_2$的四方晶体结构。量子化学计算用于跟踪晶格的膨胀，氢在片状材料或块状材料吸收并入(Shang等，2004；Liang，2003a)。在接近环境压力的动力学限制使得吸收和解吸过程非常缓慢，并且几个小时的解吸时间是不能让人接受的，至少对于移动应用来说（见本节末的建模部分）。

其他二元的氢化物可以由轻元素构成，但是性能没有提高。NiH的结构如图2.34所示。对于重金属，人们只关注钯，因为它能在常温常压下吸收和解吸。然而，仅存储0.6%重量的氢，连同高昂的金属成本，使得这个方式没有了吸引力。

研究了由2种金属成分构成的氢化物，包括一系列的镁合金，这些合金包括人们感兴趣的Ni和Fe，以及含有Al、Fe、Ni、Ti、La和其他金属的合金。对于$MgH_2$来说，氢原子占总原子数（$6\times10^{28}/m^3$）的分数通常小于2。这些氢化物的质量分数通常在2%以下，图2.35和图2.36作为一典型例子展示了$LaNi_5H_7$，它的体积存储密度约为$115kgH_2/m^3$，吸收晗为$-30.8kJ/mol$（Sandrock和Thomas，2001）。而在$LaNi_5$六方体结构内能容纳最大的氢原子数是7（见图2.36），有时只

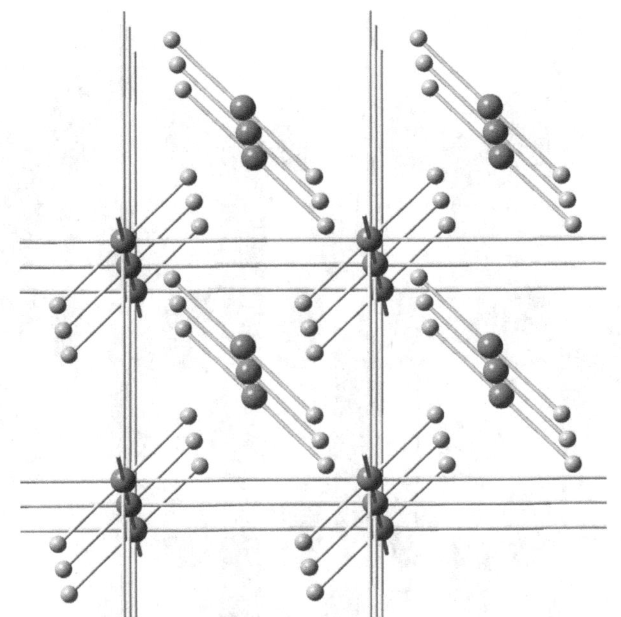

图 2.33 基于X射线光谱和量子化学计算（见正文）提出的 $MgH_2$ 的结构。较大的原子是Mg，较小的为氢

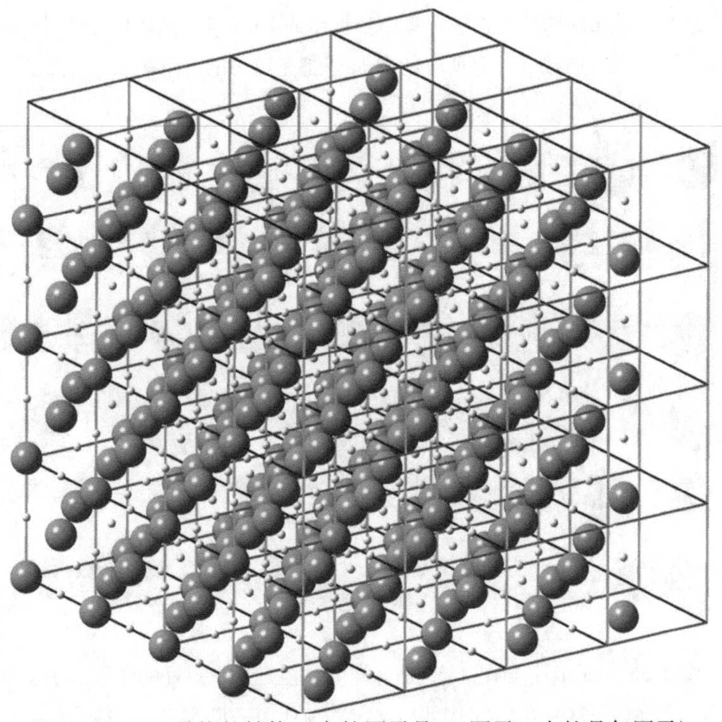

图 2.34 NiH晶格的结构（大的原子是Ni原子，小的是氢原子）

注：Ni晶格的米勒指数（111）和图2.5、图2.6中所示的用于催化反应模型的结构是一样的。

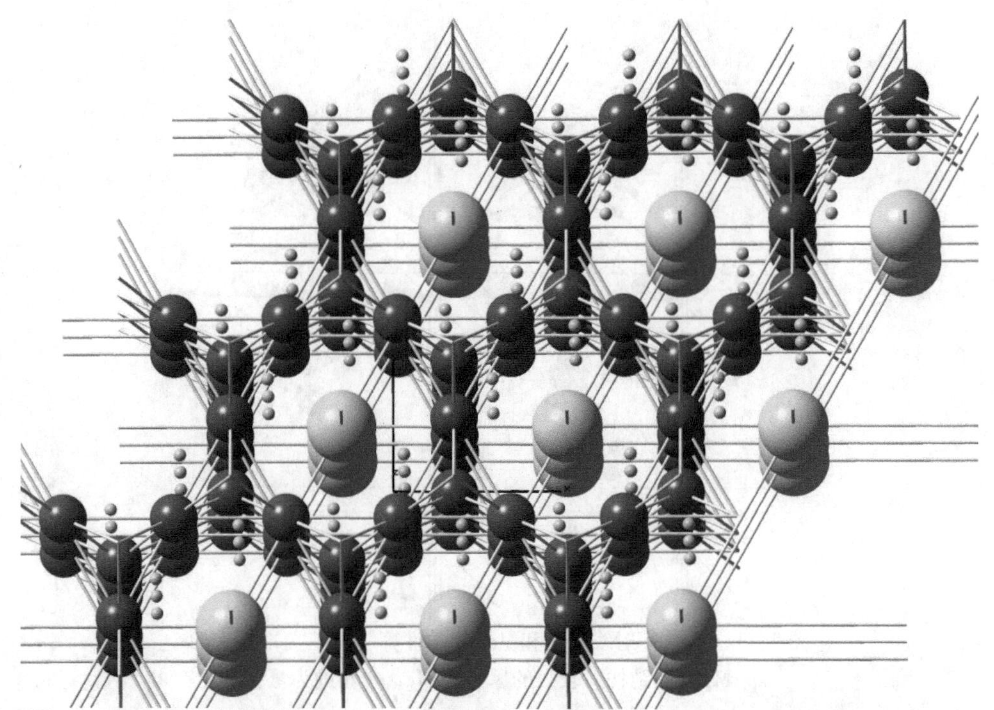

图 2.35　基于 X 射线光谱和量子化学计算结果提出的 $LaNi_5H_7$的结构（图中从 La、Ni 到 H）原子尺寸依次递减（不是所有的 H 原子都是可见的；与图 2.53 作比较）

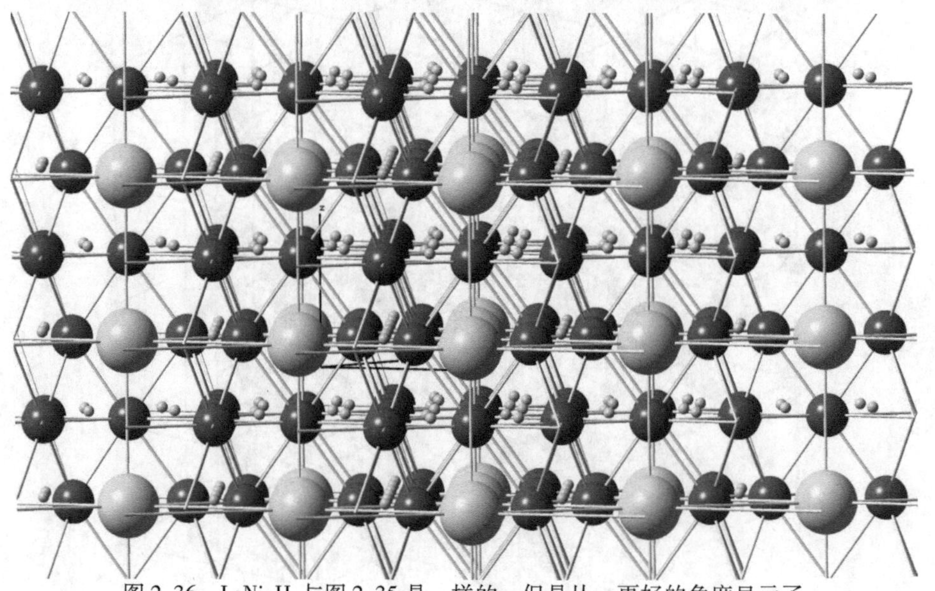

图 2.36　$LaNi_5H_7$与图 2.35 是一样的，但是从一更好的角度显示了氢原子的位置（图中从 La、Ni 到 H 原子尺寸依次递减）

结合6个氢原子，可能是因为那些已经接受7个氢原子的单元的膨胀导致的。人们已经尝试用量子化学计算，来探索这些影响和确定吸收的氢原子的位置，氢原子不在空隙的中央，但一定极大地受到晶格原子产生的库仑力的影响，如图2.35所示（Tatsumi等，2001；Morinaga和Yukawa，2002）。

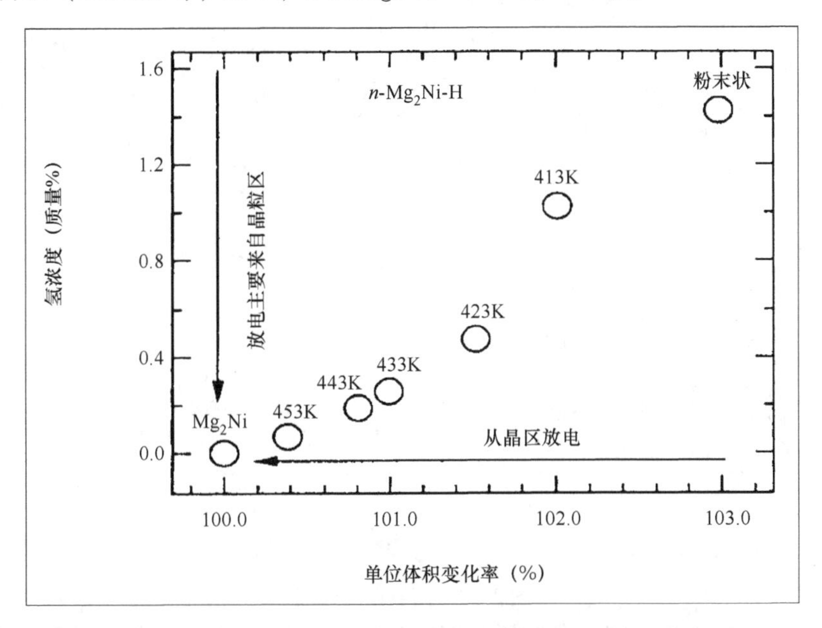


图2.37 体积随着金属氢化物中氢含量的增加而变化（S. Orimo和H. Fujii，2001）
（Materials Science of Mg－Ni－based new hydrides. Applied Physics A72，167－186。Springer－Verlag已授权）

图2.33展示了溶胀作为氢气吸收的函数，对于另一详细研究过的氢化物（$Mg_2NiH_4$），图2.38说明了它的储藏容量。晶格吸收循环也对气体起了净化作用，因为氢气中的杂质尺寸太大了，很难进入晶格。

目前发现的金属氢化物中，氢质量分数最高的是$Mg_2FeH_6$（见图2.38），但是常压下分解温度接近400℃（见图2.39）。目前已经研究了多种更高的合金，例如基于合金的$LaNi_{4.7}Al_{0.3}$，如图2.35所示（Asakuma等，2004）。这些替代物实现了稳定性的增强，但在储氢性能方面没有明显的提高（Züttel，2004）。图2.39展示了对这个和其他合金的van't Hoff图（见图2.32中的右侧部分），同时表明难以应用在汽车上。

吸收时间不仅取决于使用的合金，也与它的物理属性有关，例如粒径。以先前讨论过的合金$LaNi_5$作为例子，在催化剂的帮助下，图2.40说明了吸收过程中这种差别有多么惊人。在合金的研究中遇到的吸收和解吸时间范围如图2.41所示。对大多数合金来说，充放电的时间在30～60min之间，但是对于汽车应用来说，时间范围需要在1min之内。这就需要基于钒和碳的添加剂，以及提高温度

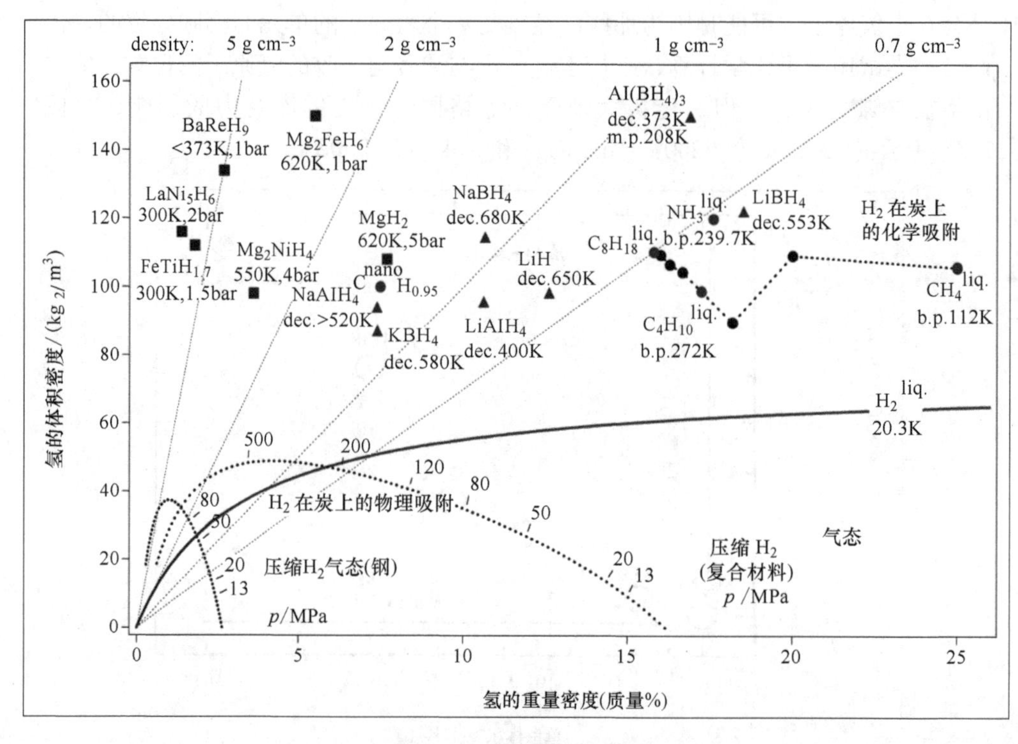


图 2.38　储氢性能概述

注：许多氢化物的特征是用氢气质量密度和体积密度（坐标轴）来描述的，也有用简单密度来描述（顶部的坐标轴）。圆圈代表在炭上化学吸收的氢，与此相对应的是，曲线（在图的下部）说明了存储在钢制的和复合材料容器中的液氢和压缩氢气的属性。dec 表示分解；m. p. 和 b. p. 表示熔点和沸点［引自 A. Züttel（2004）. Hydrogen storage methods. Naturwissenschaften 91，157－172. Springer－Verlag 已授权；见 Züttel 等（2004）. Schlapbach 和 Züttel（2001）］。

和10～15倍于常压的吸收压力。核磁共振（NMR）研究帮助了解了少量添加过渡金属如何提高性能（Kasperovich 等，2010）。

除了研究含添加剂的合金外（例如 Zhao 和 Ma，2009；Lin 等，2011），已经开始探索在高压下使用合金的可能优势（Mori 和 Hirose，2009）。在所有情况下，可见的优势是微弱的，还经常被其他的劣势所抵消（例如，客户的城市驾驶的车辆需要在高压下工作）。

用于下列的氢气扩散过程模型可能基于蒙特卡罗仿真或是网络仿真，同时包括了规则的框架结构和不规则的颗粒区域（Herrmann 等，2001）。

在化学结构中，最大的储氢量可通过氢原子的紧密堆积估算，每个原子间的距离约为0.2nm，因为更近的距离就不能容纳晶格原子了（见2.6节问题2）。在图2.38中，有些金属氢化物离预示的密度已经不远了，所以不要期望会出现新材料的奇迹了。

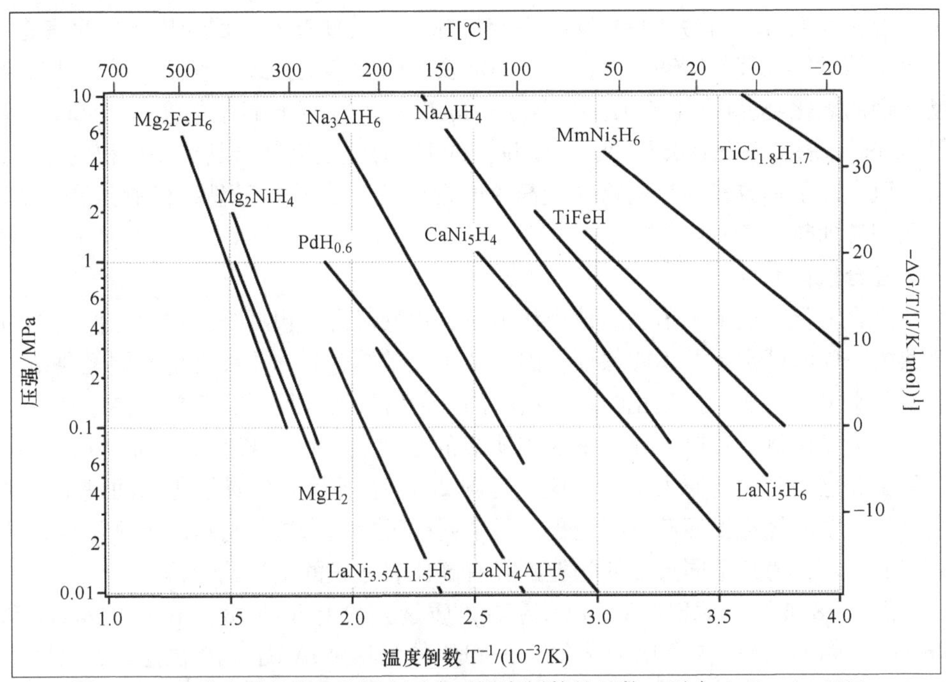


图 2.39 各种金属氢化物的压力平台对温度倒数的函数（引自 A. Züttel，2004，Hydrogen storage methods Naturwissenschaften 91，157－172。Springer－Verlag 已授权）

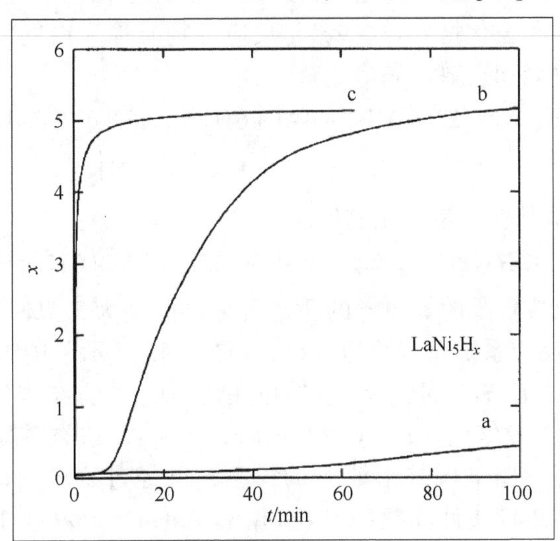


图 2.40 不同结构 $LaNi_5$ 对氢气的吸收［引自 A. Zaluska，L. Zaluski，J. Ström－Olsen（2001），Structure，catalysis and atomic reactions on the nano－scale：a systematic approach to metal hydrides for hydrogen storage. Appl. Phys. A72，157－165。Springer－Verlag 已授权］

a—多晶的 b—纳米晶体 c—添加催化剂的纳米晶体

虽然未能满足所有汽车用金属氢化物储氢的标准，目前已禁止将它们用于汽车，但实际上有厂商为一些特殊的固定目标提供此项技术，例如出于安全考虑，不用压缩氢气或液氢储罐。提供的产品涉及不同的膨胀方式。有家公司提供卷筒型的金属氢化物垫子（和加热线圈），具有很大的用于膨胀的空间（Ergenics “HyStor” 商标，Ringwood，NJ，Quebec 的 Hera），而其他产品使用堆积的盒子，盒子里充满了颗粒状的氢化物（最简单的设计就是使用圆筒型带有中孔的盒子，中孔用于加热设备）。

**复合氢化物**

复合氢化物这个术语已经被当作金属氢化物考虑，包括络和过程，但是作为单独的一类的区别也并不能保证，因为量子化学结合的本质展现出不同经典结合类型间平滑的转变。把氢化物称为**络和**的，通常涉及轻原子，概括地说它适用于高氢-金属比例。氢原子通常不在很明显的空隙位，而在某些晶格原子的附近，有利于和这些位置的原子结合。这也是图 2.35 中所示的金属氢化物的例子，显金属或合金内氢化物逐渐分配过程。一个同样重要的参数是材料的宏观结构，从固态的晶格，通过不同尺寸的颗粒到具有高比表面积的纳米孔结构。

图 2.38 展示了 $LiBH_4$ 在 280℃左右，质量分数上升到 18，由 Schlesinger 和 Brown（1940）第一次合成的物质。一相似的物质 $NaAlH_4$，在更适宜的温度下（195℃左右）显示出了吸收和解吸的可逆性，但是质量分数相当小（Bogdanovic 和 Schwickardi，1997）；图 2.38 显示的 7.5% 氢原子，但不参与可逆的存储反应，如图中其他络和氢化物）。这些参与反应的物质称为铝氢化合物，这些反应比简单的氢分子解离和扩散入晶格复杂。

$$6NaAlH_4 \rightleftarrows 2Na_3AlH_6 + 4Al + 6H_2 \rightleftarrows 6NaH + 6Al + 9H_2 \qquad (2.61)$$

$$2Na_3AlH_6 \rightleftarrows 6NaH + 2Al + 3H_2 \qquad (2.62)$$

通常伴随由 Li 替换的铝氧化物反应：

$$2Na_2LiAlH_6 \rightleftarrows 4NaH + 2LiH + 2Al + 3H_2 \qquad (2.63)$$

先前的 4 个反应贡献的氢原子的质量百分比分别为 3.7%、5.5%、3.0% 和 3.5%，对于复合反应系统而言约为 5.6%。图 2.42 显示了钠铝氢化合物的分子结构。特别是 $Na_3AlH_6$ 有 2 种构型，它们简单的面心立方结构（见图 2.42c）仅在高于 252℃下起主导作用（Arroyo 和 Ceder，2004）。这类系统的原型用一带有独立氢气入口冷却管路的圆柱形罐子的模型，已经过测试（Mosher 等，2007）和建立了有限元传热传质计算模型（Hardy 和 Anton，2009）。图 2.43 给出了在罐子中注入氢气后 $Na_3AlH_6$ 和 $NaAlH_4$ 浓度的增加，参照式（2.61）和式（2.62）。由于装置的平移对称和轴对称，仅仅对三维的圆柱切片建立了模型。

对某些应用来说，复杂的反应顺序可能使存储系统充和放氢气太慢，虽然可以在反应（2.61）~（2.63）中使用催化剂来加快反应速率。在早期的实验室

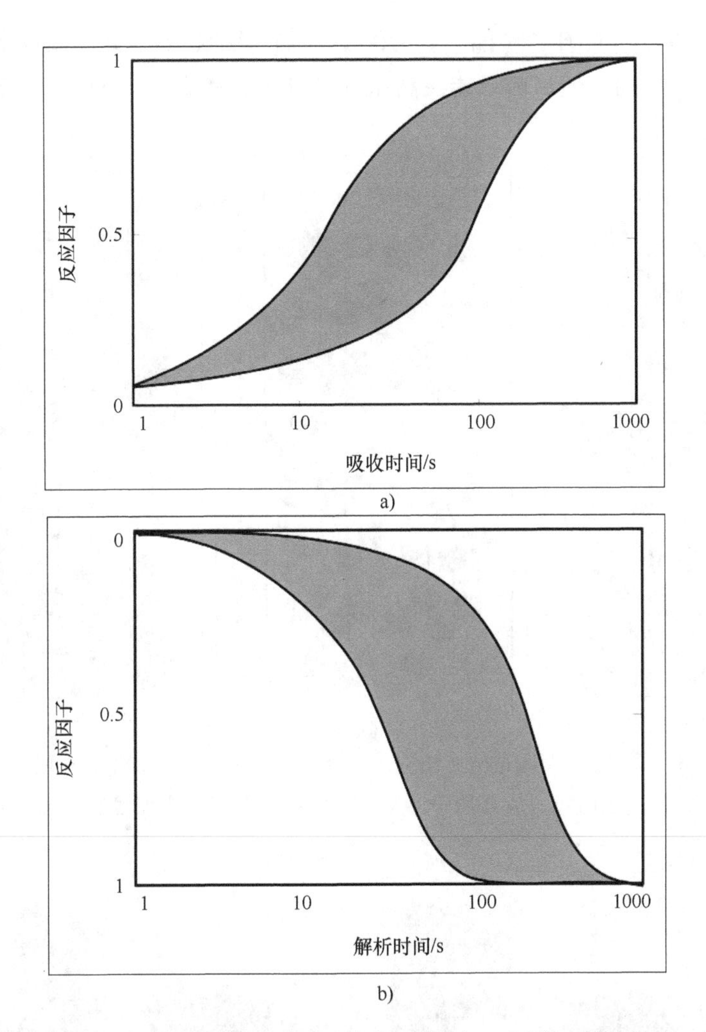


图2.41 在添加了V和C的Mg合金上氢气吸收（a：上图）和解吸（b：下图）动力学，温度为350℃，压力为1.4MPa（吸收），压力为10kPa（解吸），$MgH_2$是最快反应（Liang，2003a）

中，放出氢气需要10～30h（Bogdanovic等，2000），随之提出了稳定性的问题（Nakamori和Orimo，2004）。图2.43中的新模型表明未来可能用于汽车。

对锂硼氢化物，氢的“解吸”过程是

$$2LiBH_4 \rightarrow 2LiH + 2B + 3H_2 \quad (2.64)$$

这是需要$SiO_2$催化剂在300℃下进行的工艺过程，氢气产量的质量分数为13.8%。催化剂的选用不明显。Ti催化剂对反应（2.61）～（2.63）有效，也对$Li_3AlH_6$有效，但对$LiAlH_4$无效。就随着Ti原子吸收进入结构而显示的能量变化来说，已经找到原因了（Løvvik，2004）。通过与式（2.64）相反的工艺来对系统加氢是可能的，但目前只能在高压（10MPa）和高温（550℃）下实现完全可逆（Sudan 等，2004）。

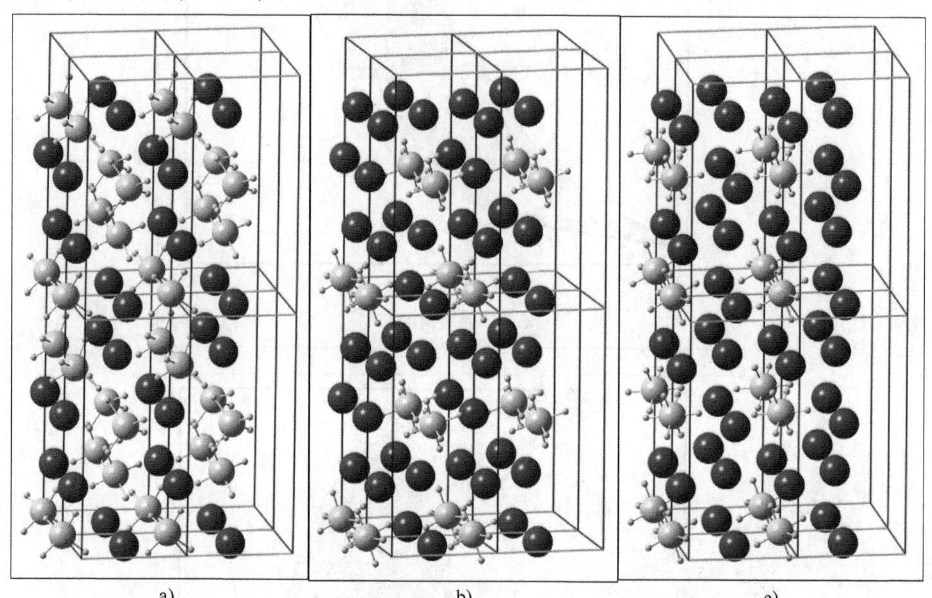


图2.42 a）是 $NaAlH_4$ 的分子结构，b）和 c）分别是 $Na_3AlH_6$ 的 α 型和 β 型分子结构（小而灰的是 H 原子，大而黑的是 Na 原子，大而浅的是 Al 原子）

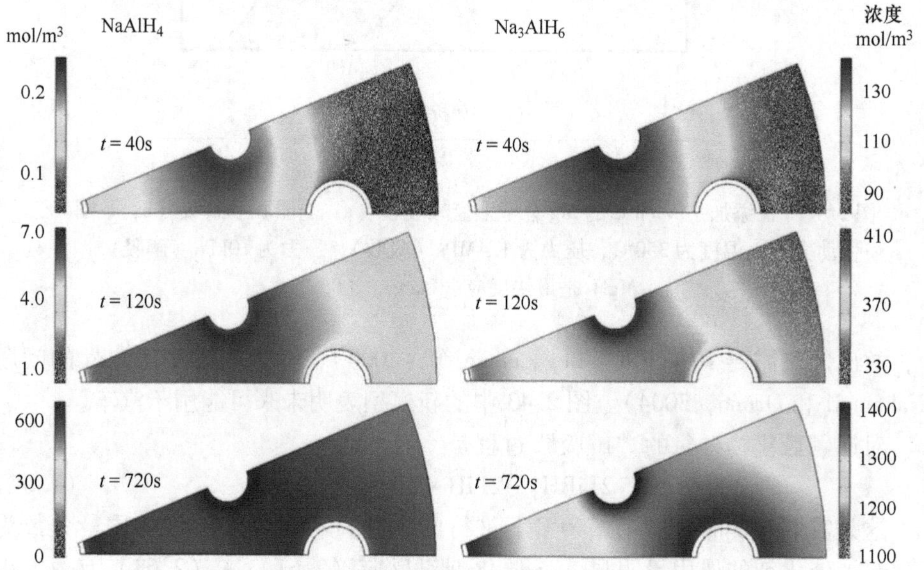


图2.43 在 Hardy 和 Anton（2009）模型计算中铝氢化物浓度的累积（上部缺口是氢气入口，下部是冷却液入口，注意每部分的尺寸是不一样的）

即使合成效率、催化剂的使用和稳定性问题得到解决，仍旧存在成本和安全问题需要解决。复合氢化物和相关的结构是相当前沿的研究领域，行业中不断出现新的想法。例如，在77K温度下把氢存储在沸石中（Zuttel等，2004），和存储在MOF（Rosi等，2003）中，随着温度从室温降低到78K，氢在表面的吸附量从1变化到4.5%。另一研究途径是在145K下的水合络合物（Mao等，2002）。络合物是刨冰结构的，形成笼形，可容纳额外的氢原子（Sluiter等，2003；Profio等，2009）。一种不同的方法是寻找金属氨络合物，例如 $Mg(NH_3)_6Cl_2$，用于620K下 $H_2$ 的高效存储（Christensen等，2005）。

**金属氢化物模型化**

为了了解（或预测）氢穿透金属晶格形成氢化物的能量变化，可以对化学结构采用量子计算进行模拟计算。

第一步仅考虑一个氢原子接近镍金属表面的过程。过程如图2.5所示，同时描述了金属催化剂如镍将氢分子分裂成两个氢原子的能力。这个过程发生在Ni表面大约0.1nm的位置附近。很容易将这个计算扩展开来，可以从中发现氢原子渗透入镍金属的晶格的过程中到底发生了什么。使用同样的方法可以计算在表层的镍原子下面的氢原子的势能。结果如图2.44所示。

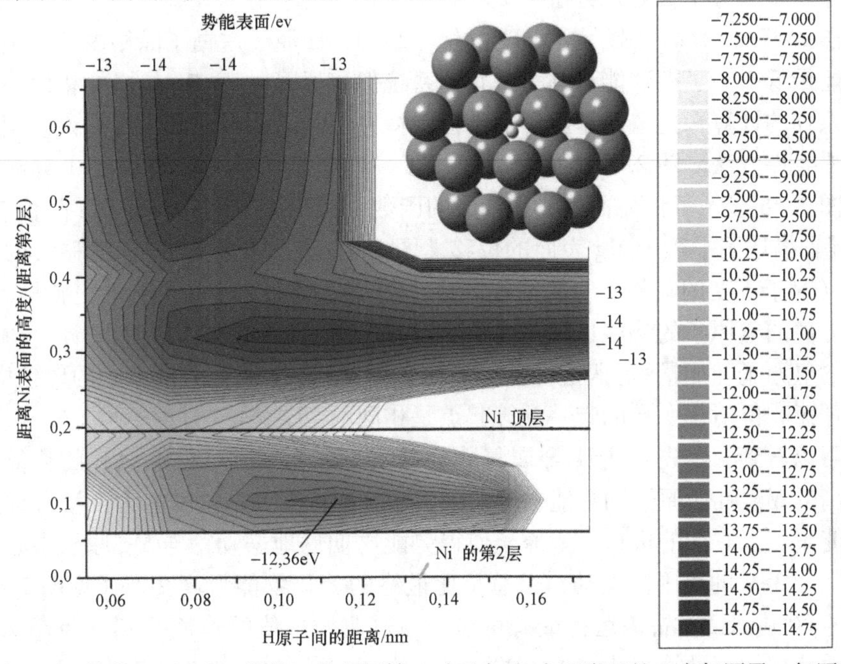


图2.44 势能面（eV），沿着2条坐标轴，对于在Ni表面附近的2个氢原子：氢原子间距离 $d$ 和2个氢原子重心间的高度 $z$，在最高层下面的Ni原子层的表面（1，1，1）。量子化学计算采用密度泛函数理论B3LYP和一套称为SV的基础函数（见3.2节）。能量的尺度起始任意选择（Sørensen，2004f）

为了渗透入镍原子晶格的内部，两个氢原子必须要克服氢分子的最低能量壁垒（$d$=0.076nm），这个壁垒比在镍金属表面层解离的壁垒高。如果氢原子进入到晶格内部，将会达到一个相当小的能量势井，位置在两层镍原子层中间，两个氢原子的距离为0.12nm。Ni原子的位置遥远。在图2.44的右边（在顶层Ni的白色区域），一个Ni原子对氢势能的上升负责。下一Ni原子在图2.44的左边，正好在边界线的左边，但与跨越H原子和Ni原子的白色区域中的原子不在同一平面上，所以对于H原子来说，Ni结构中最好的位置是估计在各层的中间和各个Ni原子之间的位置。然而，势能最小的几乎是2eV，低于Ni表面外H原子的分离势能。因此，Ni对于吸收氢气和形成氢化物来说不是一种合适的材料。Ni具有与同族其他金属催化剂Pd和Pt相同的属性。

在周期系统中，Ⅱ族金属包括Mg，确定该金属在金属氢化物中使用因为形成金属氢化物不需要二元金属结构。量子化学计算表明Mg相比于Ni，吸附氢气更好，这是十分有趣的结果。

下文提出的计算采用带有周期性边界条件的密度泛函数理论和快速多极方法（Kudin和Scuseria，1998，2000），而不是先前用于Ni氢化物的明确地把周期点阵当作单个大分子的处理方法。

图2.45（顶部）显示了$MgH_2$的优化结构，H原子占据了晶格内的位置，导致势能最低。为了把这能量与另一相同系统但氢原子处于Mg晶格外相比，进行了一系列的计算，把氢原子拉出晶格但保持它们间的相对位置。这允许使用周期性边界条件方法。图2.45（底部）显示了一种把氢从平衡位置拉出0.5nm的情形。图2.46显示了势能面图，作为$x$的函数，拉出的方向垂直于Mg晶格表面，$y$坐标轴描述了平行于Mg表面的位移。图2.47显示了沿着$y=0$位移线的势能曲线（对于不变的$x$关于$y$的函数的最小势能，见图2.46）。出于完整性考虑，完全分离的氢原子的势能也标示出来了（作为单独的Mg晶格的能量计算，加上单独的氢原子的能量）。假定全部势能为2个Mg原子和4个氢原子的单位电池，起点任意，但对于所有的唯一计算起点是相同的。

可以看到，首先，$MgH_2$金属氢化物确实有3.5eV（单位电池）的势能，低于分离的Mg和H原子的势能，因此证实了Mg晶格吸收氢的能力，没有加入外界的能量。以它们的进口，氢原子使得势能周期性地摆动，与Mg原子中心位置一致，在3eV的范围内摆动，但总是比最终的氢化物能量高2eV（见图2.47）。沿着$y=0$进入Mg晶格运行最有可能，通过改变$y$值的作用看到（见图2.46）势能快速增加。计算得出了在标准温度和压力下的生成焓为-71.93kJ/mol。在435℃下的实验值为-75.2kJ/mol（Bogdanovic等，2000）。计算的细节是使用了SV基（Schaefer等，1992），带有自动优化（Gaussian，2003）以及泛密度函数的交换和关联部分的PBEPBE参数化（Perdew等，1996，参见3.2小节讨论）。

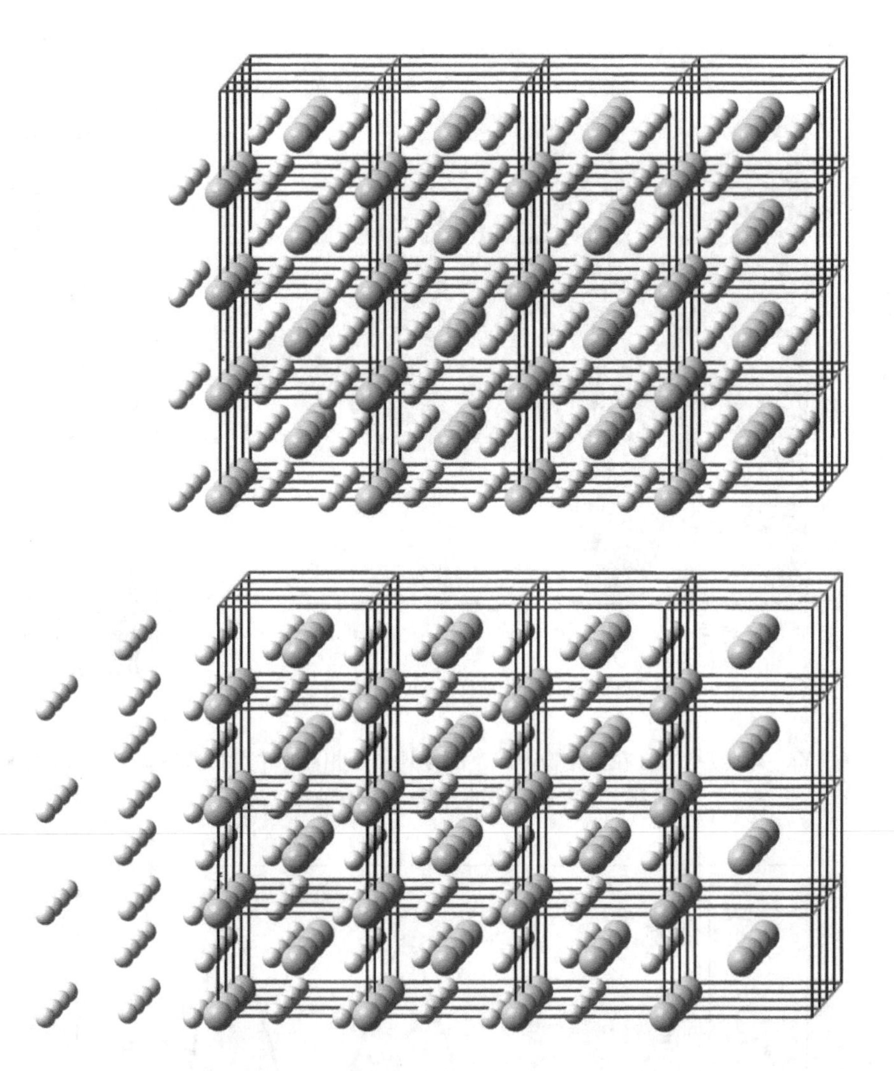

图2.45 在图2.46和图2.47中势能计算使用的Mg-2H周期性结构的2种组合（Sørensen，2004f）

注：顶部的组合相当于$MgH_2$氢化物平衡组合（与图2.33中所示一样），而在下面的组合图中H原子移出Mg晶格外0.5nm，沿着$x$轴负方向向左移动，与晶格的一个外表面的平面垂直。

允许周期性在每个方向上移动约1.6nm，这被证明了足够保证计算能量的稳定性。

图2.48显示了该系统的一个单元体的电子的波函数，说明了在密度表面密度已经下降到0.05。可以看出，周围的Mg和H原子的波函数部分的“大小”是非常相似的，普遍解释了基于氢“这样一个小小的原子”的在金属晶格中的吸收。

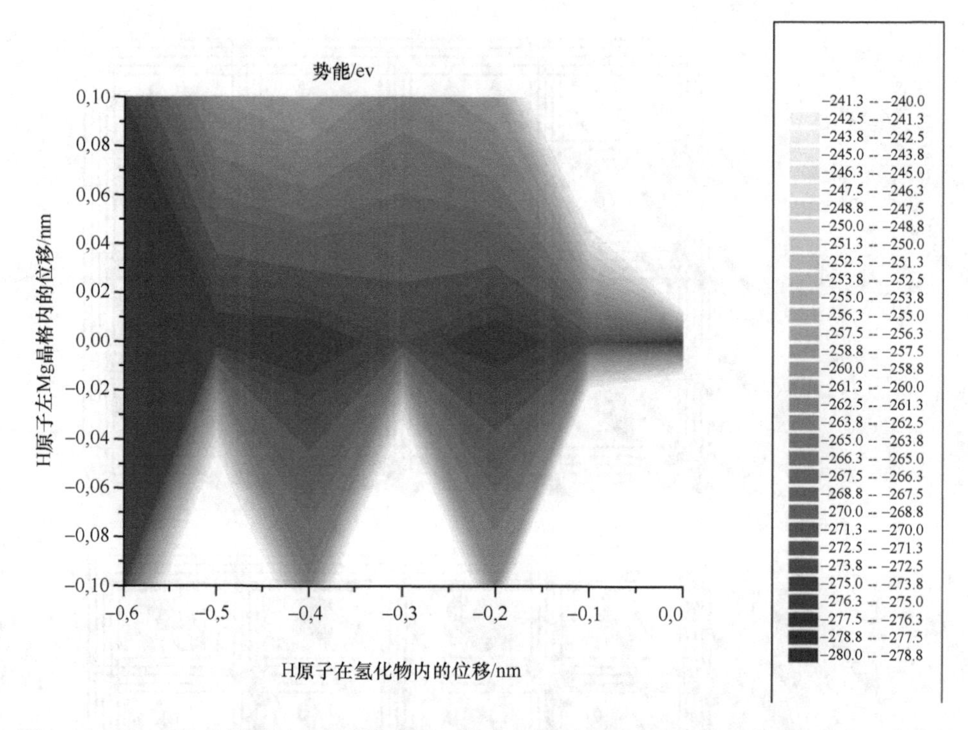


图2.46　Mg－2H势能图（在氢化物内部，作为H原子相对于平衡位置在2个方向上位移的函数，下文进一步的解释）（Sørensen，2004）

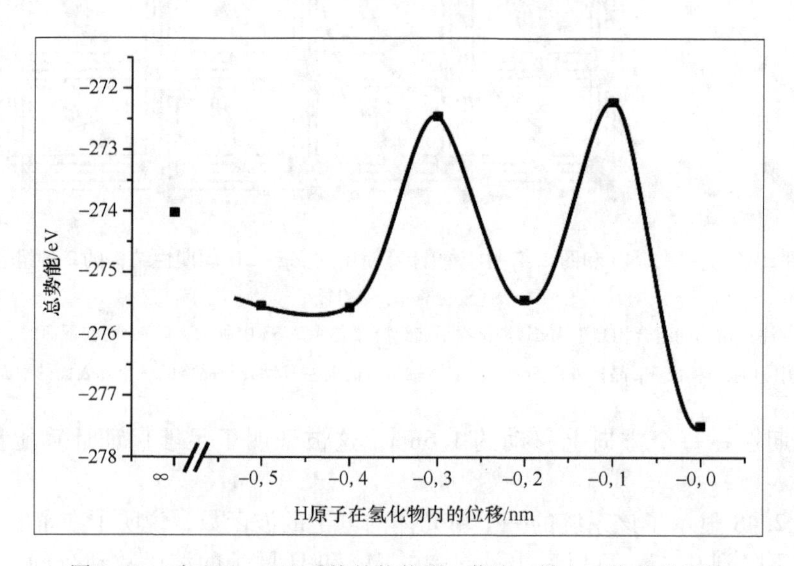


图2.47　对于Mg－2H系统的势能图，作为$x$轴方面位移的函数

（与图2.46相同，但$y$值固定在0点）（见下文进一步的解释）（Sørensen，2004f）

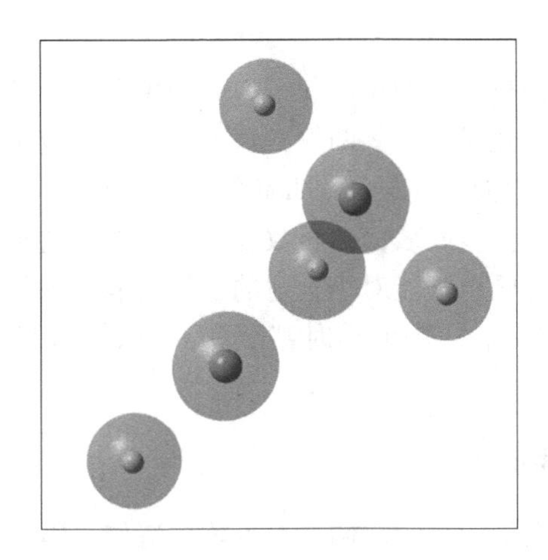

图2.48 等电子密度表面（值为0.05），在金属氢化物 $MgH_2$ 的平衡结构中对于单元体的Mg（最黑的）和H（浅色的阴影）原子（Sørensen，2004f）

量子化学计算使用的理论方法类似于先前已经用于其他吸收存储媒介的方法，例如Mg和Ti晶格（Tao等，2011）。

### 2.4.4 在碳材料上的低温吸附

氢分子不仅可以吸附到金属表面，也可以吸附到各种固体材料表面，包括炭，如图2.1所示的定性的吸附或化学吸收曲线类型。在合适的低温下（但高于氢液化的相变温度20K）且是单层吸附，氢吸附发生在离表面约0.1nm处。太高的温度会因为热扰动而引起吸附分子的损失，就目前所研究过的材料而言，炭的合适温度在氮的沸点附近（77K），压力约为10MPa。因为只形成了单层，为了得到令人感兴趣的存储容量参数（例如氢的质量或是体积分数）比表面积必须尽可能地大。对于一完全覆盖的单层，氢的浓度为 $1.2\times10^{-5}mol/m^3$。最大的氢吸附量就直接与炭表面积成正比，对于如石墨烯薄片、活性炭、石墨，比例系数约为(H/(C+H))质量的2%（每平方米每克炭的表面积），实践上认为是1.5%（Nijkamp等，2001；Züttel，2004）。目前已经开始考虑把压力提高到近30MPa的可能性（Ahluwalia等，2010）。

像活性碳一样含有微孔的物质使吸附的表面积比几何表面大2~3个数量级。与液氢的存储相比，20K和77K温度的不同点在于降低了充装成本，减少了氢气泄漏的问题。在移动设备应用上，质量分数似乎太小，难以引人关注（虽然英国公司Zevco提出了有关碱燃料电池出租车的概念）。目前已经使用蒙特卡洛模拟方法（Williams和Eklund，2000）对物理吸附工艺建立了理论模型（例如非化学吸收，见图2.1），Jurewicz（2011）已经研究了实际的活性炭介质的充填吸附行为。

几年前，碳纳米管材料的使用引起了人们的关注。但已得到明确在碳纳米管空隙间不能存储氢，只能吸附在其两侧，这意味着存储容量不会大于其他炭表面（实际上更小，因为表面曲率问题）（Zhou 等，2004）。

在电池的电极上氢在金属表面的吸收是一众所周知的现象。但在常温下，用纳米结构炭材料做的电极也可能对于合适的电解液能达到与低温存储相近的质量分数。氢的吸收和解吸需要几个小时甚至是几天，所以这概念不适用于汽车（Jurewicz 等，2004）。

### 2.4.5 其他化学存储方式

一再地区分不同类型的化学存储氢有点矫揉造作，因为除了分离以外的反应已经涉及了刚刚描述过的多种形式，尤其是使用称为络合物的氢化物。但一般而言，任何可逆反应的流程，且在方程两边氢分子的数量是不等的，都可考虑作为储氢装置，甚至是不可逆的装置也能满足工艺流程，如果它被制造出来时有一定的氢含量，而且这个储氢量可以在一定条件下恢复，例如在一汽车中。因此，在汽车中存储甲醇但在燃料电池使用之前把甲醇转化成氢气，甲醇重整器可考虑作为一装置，氢是以甲醇的形式存储起来的。

许多其他的化学反应已被考虑用作存储应用。这里只提到一个简单的例子，涉及十氢化萘和萘，

$$C_{10}H_{18} \rightleftharpoons C_{10}H_8 + 5H_2 \tag{2.65}$$

在常压 200℃下反应向右进行，并且需要铂基催化剂和提供相当于 $\Delta H^0 = 8.7\text{kW}\cdot\text{h/kg}$ 氢气的热量（Hodoshima 等，2001）。在常温或是稍低于常温（5℃）反应向左进行。十氢化萘中的氢质量分数为 7.3，相比于之前讨论的大部分氢化物，十氢化萘的氢质量分数是相当好的（虽然这儿也是只有一部分氢能转化成为氢气，在方程（2.65）的右边。

2.4.6 节中给出了关于使用不同类型的氢能载体系统的有效方式的评价，实际有效的设备在第 4 章和 5.1 节中讨论。

### 2.4.6 存储方式比较

合适储氢的选择基于目标应用，应从系统层面上比较各方式。

根据 Herrmann 和 Meusinger（2003）的工作，图 2.49 总结了各系统以体积和质量计算的能量密度，这些系统考虑用于燃料电池乘用车，基于先前部分的数据，辅以对系统组件消耗的估计（电容、安全装置和控制设备）。基于质量原则，目前没有令人满意的可用的系统，基于体积原则，只有液氢存储方案可行。但后者令人讨厌的缺陷是汽化损失。

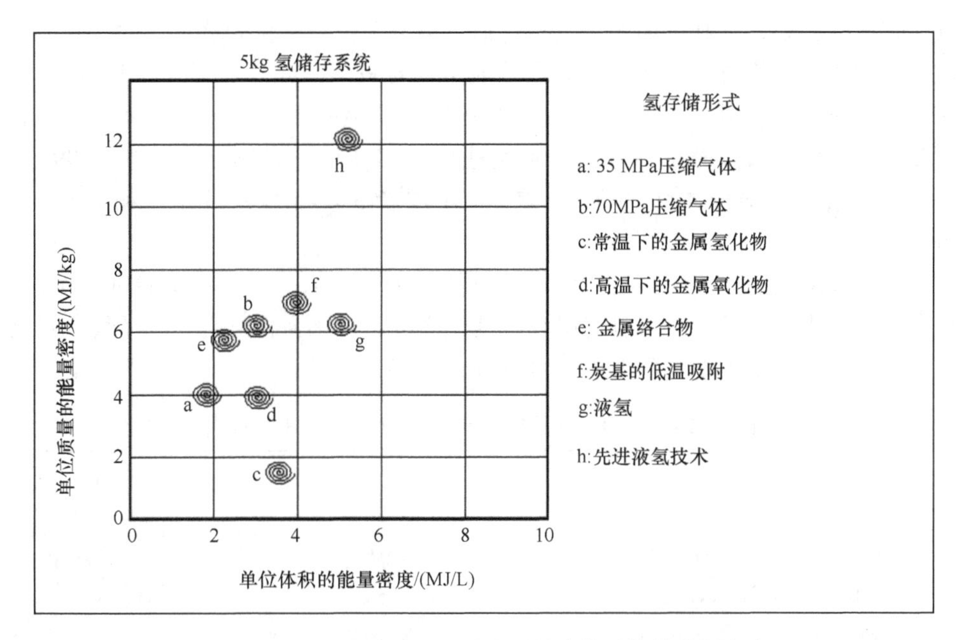


图 2.49 适于汽车应用的总容量的存储系统的能量密度
（能量密度是在每种情况下估算的一揽子解决方案）

美国能源部为国内业界从事开发的氢存储概念汽车用的用户设定了一些性能目标（Satyapal 等，2007）。到 2015 年，5kg 氢气的充填时间少于 2.5min，寿命超过 1500 次循环。到 2015 年氢气的存储费用目标为最多 2 美元/(kW·h)，氢气本身的目标成本在 67 美元/kg。Hua 等（2011）指出目前压缩氢气储罐并不能满足氢气汽车的要求，无论是 35MPa 还是 70MPa。

类似以上的评估也可以有其他方面的应用，有代表性的是固定基站，此时，上述的一些要求已不重要。一个可选的评估系统是绘制能量密度 VS 功率密度图。一些正在考虑中的系统需要充装和运输时间（例如，许多金属氢化物的存储），导致对很多应用来说功率密度太低。

## 2.5 氢气的运输

### 2.5.1 容器运输

氢气可以通过容器以压缩气体、液体或者存储在氢化物里的形式进行运输，如 2.4 节所示。

如果氢的制造条件在地理上的分布与该地区的需求不符，洲际间的氢气运输可能将成为必要，可利用船舶集装箱运输，类似于今天液化天然气运输。因为液氢的密度比天然气要低很多，因此运输成本相对较高。此外，还存在其他问题，如容器的泄漏（参见2.4.2节），船运过程中易发生的事故，包括在氢气装填和卸载时，或者船只碰撞时。有球形和圆柱形的容器设计方案（Abe等，1998）。洲际间的氢气运输成本大约在25美元/GJ或者3美元/kg（Padró和Putsche，1999）。

对于长距离的运输可以替代的储氢材料（参见2.4.5节）有甲醇和高级烃。高温反应如表2.5所示，可以将甲烷和其他高级烃转化为含氢高的产品气，对高链碳氢化合物需要更温和的温度，见方程（2.65）。

**表2.5　封闭循环化学C－H－O反应**（Hanneman等，1974；Harth等，1981）①

| 闭环系统 | 焓① $\Delta H^0$/(kJ/mol) | 温度范围/K |
|---|---|---|
| $CH_4+H_2O \longleftrightarrow CO+3H_2$ | 206（250）② | 700～1200 |
| $CH_4+CO_2 \longleftrightarrow 2CO+2H_2$ | 247 | 700～1200 |
| $CH_4+2H_2O \longleftrightarrow CO_2+4H_2$ | 165 | 500～700 |
| $C_6H_{12} \longleftrightarrow C_6H_6+3H_2$ | 207 | 500～750 |
| $C_7H_{14} \longleftrightarrow C_7H_8+3H_2$ | 213 | 450～700 |
| $C_{10}H_{18} \longleftrightarrow C_{10}H_8+5H_2$ | 314 | 450～700 |

① 完全反应标准焓。

② 包含水蒸发热。

相对于液态氢或其他形式的压缩气体，以化合物的方式运输氢似乎可以减少损失和降低成本。

以短距离的运输为例，从存储中心到加气站，任何形式的运输方式都可以考虑在内。对于气体变换或者是液化/蒸发过程都可能会产生比较大的能量损失和高成本的情况，因此高压氢气运输可能是一种更被广泛接受的解决方案。

## 2.5.2　管道运输

对于氢气中短途运输的替代方案就是管道输送。主要是由距离和管道建设的成本所决定的。这些管道通常选址在陆地上，但也有特殊的情况将管道铺设于海岸线以外。这项技术非常成熟，已经成功地应用于天然气的运输中，但是要额外考虑由于氢气小分子所引起的可接受的泄漏率问题。

如今，用于天然气运输的以聚合物为原材料做成的管道在0.4MPa下难以实现氢气的运输，这是由于在管道的连接处，氢气的扩散损失大约是天然气的3倍（Sørensen等，2001）。使用钢材料、焊接工艺连接的管道运输天然气时，运输压力最高可达 8MPa。很多材料当吸附氢气后产生脆性，尤其是在被外物污染的地方（污垢或者 $H_2S$）（Zhang 等，2003）。添加少量氧气（大约体积比为 $10^{-5}$）可以抑制这种效应的发生。现今使用的检验方法足以控制氢气运输的风险与天然气的运输风险等级相类似。附属的部件如压力调节阀、压力表预计不会发生问题，尽管使用的润滑油要进行氢气容忍性的检验。正如天然气的管道，火花点火是个潜在的隐患。如果氢气分布于各个不同的独立建筑物中，每个建筑物内都要安装气体监测器，另外也要考虑安装室外紧急放空设备。氢气先前已经广泛应用于城市燃气系统。最近，对美国和德国的测试装置进行了调查（Mohitpour 等，2000）。氢气管道成本大约在 625000 美元/km（Ogden，1999）。Leighty（2008）曾有类似的评估结果，以方便再生能源的生产建设为目的，造一条 300km 的氢气运输管道大约花费（2005 -）700 000 美元/km，使用管道运输 1kg 的氢气，运输距离在 320 ~ 1600km 内大约需要 2 ~ 6 美元。

## 2.6　问题和讨论

1）如果你生活的地区所有电力或者单独从风能，或者单独从太阳能（根据你所在纬度）获得，试计算所需存储氢的数量？与 5.4 节中的远景结果比较？存储应该保证多少天的存储量？

2）估算可存储在分子晶格中的最大氢原子量，可以通过聚集氢原子，氢原子之间的距离由实验值确定，例如，金属氢化物。假设这个距离不能小于 0.2nm，得出总的储氢量可达到约 $250kg/m^3$。

相比之下，在氢分子中，氢原子间的距离是 0.074nm。

3）估算一下，如果氢源于微生物的光合作用，需要多少土地（或是水面）才能满足全球对运输燃料氢的需求。如果相同数量的氢由发酵产生，需要使用多少耕地？讨论把用于制造氢气的土地（或海洋/航道）与其他用途相结合的可能性。

4）尝试画一张能量密度（以质量计）对估算的功率密度图，就如 2.4.6 节提到的能量储存储系统。

5）为了满足一般的加氢站间 800km 的行驶里程（假设燃料电池的尺寸和它的效率；与第 4 章中的例子做比较，包括那些用于混合动力汽车的例子），在氢燃料电池乘用车中需要存储多少氢？

# 第3章　燃料电池

## 3.1　基本概念

### 3.1.1　燃料电池的电化学和热力学

能量的电化学转化是将化学能转化成电能，或其逆过程。电化学电池是一种将化学能转化成电能的装置，该化学能或是存储在装置内部，或是通过管道从外部供应到电池内。另外，它也可以以逆向模式运作，即将电能转化为化学能，这种生成的化学能可以存储也可以以物质的形式对外输出。这样的转化过程往往伴随着相应热量的释放或者吸收。这种装置的一般布局如图3.1所示。

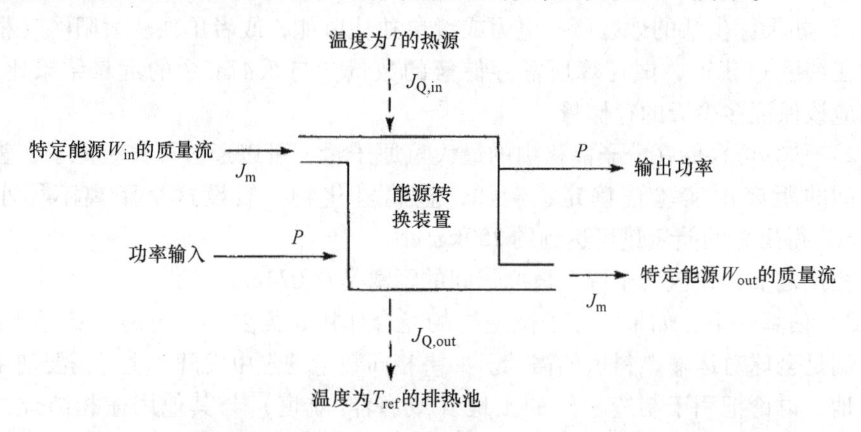


图3.1　包含质量（燃料）、热和功率交换关系的电化学装置示意图
（引自 B. Sørensen，Renewable Energy，2004a，得到了 Elsevier 的使用许可）

根据热力学原理（参考教材，例如，Callen，1960），在给定的情况下，系统中可以转化为高质量能量形式（例如电能）的最大化学能是由自由能 $G$ 确定的，即所谓的吉布斯自由能：

$$G = U - T_{ref}S + P_{ref}V \tag{3.1}$$

式中，$U$ 是该系统的内能（例如，在这里所考虑的情况下的化学能）；$S$ 是熵；$V$ 是体积；$T_{ref}$，$P_{ref}$是周围环境的绝对温度和压力，它定义了所谓的“在给定情况下”的含义。

能量守恒定律（即热力学第一定律）指出，内能的增加量等于外部供给到系统中的净能量：

$$\Delta U = \int dQ + \int dW + \int dM \tag{3.2}$$

式中，$M$ 是流进装置的净能量；$W$ 是环境对系统所做的净的机械功或电功；$Q$ 是系统从环境接收到的净热量。

装置对它的周围环境所做功的量为 $-W$。对一段时间积分后，功可以被表示为

$$-\Delta W = -\Delta W_{elec} + \int P dV \tag{3.3}$$

如果该系统体积恒定，则式（3.3）中最后一项是零。该电化学系统通过设备（例如电动发动机）输送到连接外部电路的电功 $-\Delta W_{elec}$，可表示成正极和负极（见后）之间的电势差以及流过的电子数量的函数，

$$-\Delta W_{elec} = n_e N_A e \Delta\phi_{ext} = n_e \mathscr{F} \Delta\phi_{ext} \tag{3.4}$$

式中，电子电荷为 $e = 1.6 \times 10^{-19}$C（因此单个电子的能量差 $e\Delta\phi_{ext}$）；$n_e$ 是电子的摩尔数；$N_A$（$= 6 \times 10^{23}$）是阿伏伽德罗常数（每摩尔的粒子数，这里指电子）；$\mathscr{F}(= N_A e = 96400\text{C/mol})$ 是法拉第常数。

式（3.4）中的能量也可以用电化学装置中的内部参数来表示，装置的总化学势能差 $\Delta\mu$ 由各组分化学势能差 $\Delta\mu_i$ 叠加得到：

$$-\Delta W_{elec} = \sum_i n_{e,i} \Delta\mu_i \tag{3.5}$$

电解质的化学势是其离子相对于纯溶剂的附加能量的表达式。以上电解质组分用 $i$ 标记，它们的贡献可以表达为

$$\mu_i = \mu_i^0 + \mathscr{R} T \log(f_i x_i) \tag{3.6}$$

式中，$\mathscr{R}(= 8.3\text{J/(K}^1 \cdot \text{mol}))$ 是气体常数；$T$ 是温度（K）；$x_i$ 是特定组分的摩尔分数；$f_i$ 为活度系数，并且可被视为一个经验常数；$\mu_i^0$ 是在指定温度和压力下第 $i$ 种组分单独存在时的化学位（Maron 和 Prutton，1959）。

如果电化学装置具有恒定的容积，且与环境的热交换可以忽略，那么所产生的电能必定等于来自电池的自由能的损失：

$$-\Delta G = -\Delta W_{elec} \tag{3.7}$$

自由能 $G$，如式（3.1）所定义的，是在（任何种类的）功交换中仅发生在系统及其周围环境之间的条件下，可以从系统获得的最大功。像这样的自由能为零的系统被称作达到了热力学平衡状态。从技术上说，式（3.1）中的自由能表达式，意味着将总系统分成了两个子系统：一个小的子系统（电化学装置），包含多个广度变量（即大小与系统的容积成正比的变量）$U$、$S$、$V$ 等；一个大的子系统（环境），包含强度变量 $T_{ref}$、$P_{ref}$ 等。究其原因，引入大型子系统是为了

能够将其强度变量（而不是其广度变量 $U_{ref}$、$S_{ref}$等）视为常量，而不需考虑整个系统接近平衡状态所经历的过程。

这意味着当整个系统达到热力学平衡状态（$G=0$）时小系统的强度变量将等于周围环境的强度变量。为了定义最大功，我们可以考虑这样一个在初始状态和平衡状态之间的可逆过程，则最大功等于初始内能与终了内能之差，可以表达成式（3.1）的形式。在整个系统趋向平衡状态的过程中，可能涉及内部不可逆损耗，由此可以得到由式（3.8）给出的能量散度：

$$D = -\mathrm{d}G/\mathrm{d}t = T_{ref}\mathrm{d}S(t)/\mathrm{d}t \tag{3.8}$$

假设熵是与时间相关的唯一变量。在一个有限的时间跨度内，它可能无法实现接近平衡，并且对于有限体积，例如，由壁围成的（小）系统，约束可以阻止达到零自由能的真正平衡状态。如果在这样的约束平衡状态下的广度变量表示成 $W$、$S^0$、$V^0$等，那么可用的自由能修改成如下形式的表达：

$$\Delta G = (U - U^0) - T_{ref}(S - S^0) + P_{ref}(V - V^0) \tag{3.9}$$

这里假设化学反应能包括在内能中。

当小的子系统由壁面约束，则自由能就是亥姆霍兹（Helmholtz）势能 $U-TS$，并且如果小系统受约束而且不能够进行热交换的，自由能则变成焓，$H=U+PV$。式（3.9）可用于计算能够从具有给定约束条件的热力学系统获得的最大功。焓和自由能之间的一般差异通过下面关系式给出（Sørensen，2010a）。

$$\begin{aligned} \mathrm{d}U &= T\mathrm{d}S - P\mathrm{d}V \\ \mathrm{d}H &= T\mathrm{d}S + V\mathrm{d}P \end{aligned} \tag{3.10}$$

应当强调的是，热力学是一个关于接近平衡状态系统行为的理论，根据牛顿力学定律的统计处理而得到。换句话说，热力学尝试建立一定量平均的时间发展的简单规律，就像温度定义为粒子速度二次方的平均值。如同气象预报员所知道的那样，通常不可能找到任何平均量的简单行为，或者换个角度说，尚未发现远离平衡状态的热力学量平均值的简单理论。也许这样的基本规律根本不存在。由于我们所关注的电化学系统总是远离平衡状态，并且涉及复杂的、不可逆的反应或变化，那么应该清楚的是一个装置的最大热力学效率只能用来作为比较测量效率的理论参考基准点，而且在许多情况下，是不可能设计出接近热力学最大效率的设备。

描述系统的动态行为，必须超越热力学考虑，并且尝试建立系统中各种流率之间的关系：

$$\begin{aligned} J_Q &= \mathrm{d}Q/\mathrm{d}t（热流率） \\ J_m &= \mathrm{d}m/\mathrm{d}t（质量流率） \\ J_q &= \mathrm{d}q/\mathrm{d}t = I（电荷流率或电流） \end{aligned} \tag{3.11}$$

并且，可能的影响因素就是系统各组成成分之间的相互作用（广义力）。根据图3.1，在一个给定的时刻，将燃料和热能转化为电能的电化学装置的简单能量效率（因此在这种情况下，电力输入为零）由式（3.12）得到：

$$\eta = \frac{J_{Q,\mathrm{in}} - J_{Q,\mathrm{out}} + J_m(w_{\mathrm{in}} - w_{\mathrm{out}})}{J_{Q,\mathrm{in}} + J_m w_{\mathrm{in}}} \tag{3.12}$$

这里进、出物质（燃料）的比能量把质量流率转化成能量流率。产生功的效率（也被称为第二定律效率和㶲效率）定义为

$$\eta^{2,law} = \frac{W}{\max(W)} \tag{3.13}$$

这里$W$是实际输出功率，而$\max(W)$则指根据实际不可逆的、远离平衡过程的理论认识所可能产生的最大功。这个表述谨慎地避免了指定应该使用哪一个“理论理解”，或是否存在一个已知的、有效的，并且适用的理论。需要进一步强调的是，虽然我们相信在基本层面（经典力学和量子力学、电磁理论等）上存在有效理论，但是直接应用已有的基础理论，往往不可能预先计算出一个实际宏观能源转换系统的行为，而无需对很大的，或有太多的基本成分的工程系统，引入与近似处理相关的不确定性。

**电化学装置定义**

电化学装置是根据以下约定命名的。一种将输入燃料的化学能转化为电能的装置称为燃料电池。如果含自由能的物质存储在该装置，而不是流入装置，则采用“原电池”名称。一种装置进行逆向转化（例如，水电解成氢和氧）可以称为分解池。一个分解池的能量输入，不仅是电，也可能是太阳辐射，在这种情况下就是光化学过程，而不是电化学过程。如果可以使用相同的设备，用于双向转化（或者，如果含自由能的物质在电池外通过加入能量来再生，并通过电池循环），它被称为再生燃料电池或者可逆燃料电池，最后，如果含自由能的物质是存储在装置内，则它被称为再生电池或蓄电池。

所有这些电化学装置的基本组成部分包括两个电极（分别带正电和负电）和一个能够在任一方向上传输正离子（也有少数传输负离子）的中间电解质层，同时在外部电路中所对应的电子流可以产生所需要的功率，或利用能量生产燃料。我们使用“负极”这个名称来代表由于电子积累而带了负电荷的电极，使用“正极”这个名称来代表由于具有电子空穴而积累了正电荷的电极。与传统名称“阳极”和“阴极”相比，不管电子是从电极转移到电解质还是从电解质转移到电极（例如燃料电池的燃料生产或者发电模式），这种命名都能确保两个电极的名字不变[⊖]。我们通常使用的是固体电极与流体电解质，当然也使用流体

⊖ 有些作者习惯于将电子在外电路流动，并转移到电解质的电极，称之为阴极。这就产生了混乱，因为每当电流改变方向时，电极就要改变名字（电池的充电/放电，或者在燃料电池情况下的发电/生产燃料）。

电极和固体电解质（例如，导电聚合物）。在介绍特定的燃料电池类型之前，我们将会利用刚才介绍的理论概念来阐述一些共性特征。

**燃料电池**

图3.2给出了燃料电池的基本组成，它是基于反应的自由能变化 $\Delta G = -7.9\times10^{-19}$ J（从左到右为燃料电池的发电过程，从右到左为燃料电池的逆过程——电解过程）：

$$2H_2 + O_2 \leftrightarrow 2H_2O - \Delta G \tag{3.14}$$

（参见第2章式（2.16））。对于发电过程，氢气被导入到负极，在负极氢分子会失去电子，从而形成能够扩散通过电解质（和电解质膜，如果是电解质膜的话）的氢离子，而电子则流过外部电路。氢分子（$H_2$）分解成质子和电子的过程通常在催化剂（它通常是金属，可能是电极本身，或者其他形式，比如说涂在电极表面上的一层铂）存在的情况下被加速。这种形式的反应：

$$2H_2 \leftrightarrow 4H^+ + 4e^- \tag{3.15}$$

就会如此在负电极发生，其中选择合适的催化剂可以加快反应速率（Bockris 和 Reddy，1998；Bockris 等，2000；Hamann 等，1998）。

类似地，氧气（或含氧的空气）被导入到正极，其中会发生更加复杂的反应，其总的结果是

$$O_2 + 4H^+ + 4e^- \leftrightarrow 2H_2O \tag{3.16}$$

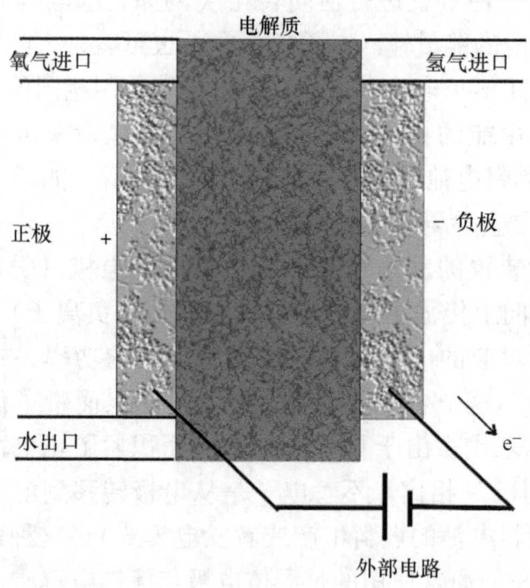


图3.2　氢氧燃料电池的原理图（燃料入口被标示出来，从而可以给出每个电极侧的输入情况）

此反应很可能是通过一些简单反应构成的，这些简单反应可能包括氧首先捕

获电子，或者先与氢离子结合。像生物材料开发一样，燃料电池可以采用允许质子通过，而氢分子不能通过的膜。通过比较在生物系统中进行的反应（3.16）过程，比如光合作用系统Ⅱ（在2.1.5节讨论过），以及在燃料电池或其他电池中进行的过程（3.16），我们可以得到一些启示。在光合作用系统Ⅱ中，认为水分解的机理是4个质子依次分离出来，每次1个电子，如图3.3a所示。对于人工电化学系统，该反应被认为是通过两个常规步骤组成的化学（离子）机理来实现的，如图3.3b所示。

$$4H_2O \leftrightarrow 4OH^- + 4H^+ \text{和} 4OH^- \leftrightarrow 2H_2O + O_2 \tag{3.17}$$

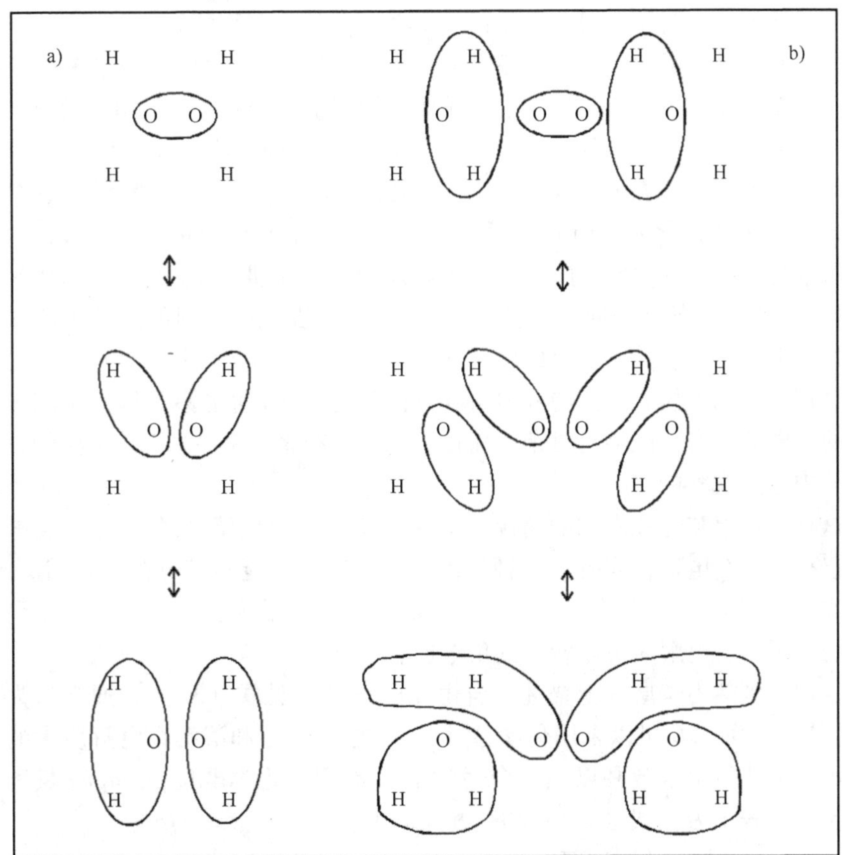


图3.3　针对有机光合作用系统Ⅱ（a）和无机电解器，以及燃料电池系统（b）水分解（向上箭头）或与之相反的发电反应（向下箭头）的反应机理（图中省略了电荷交换关系，但在教科书中有讨论）（Sørensen，2010a）

这个机理暗示着，在电化学装置中水分子的第二个质子无法直接从$OH^-$自由基中逃脱，而是结合第二个类似的过程，产生新的水分子和分子氧（如图3.3b上方所示）。两个氧原子结合生成一个氧分子的反应（或者一般燃料电池的逆过程）需要催化剂的存在，例如Ni或Pt。有机的和无机的水分解，第一步都是相同的（见图3.3中底部到中部箭头线）。如果这个解释正确的话，图3.3a中有机分子（从中间到上面步骤）能够从两个$OH^-$自由基直接逃离生成$O_2$的原因是，分子处于借助于氨基酸链（能够存储和释放的任何补充能量要求）结合4个锰原子特殊簇作用的位置，这种作用如同在燃料电池中作为催化剂铂（或铂化合物）（Sørensen，2010a；图3.79b）。早期认为锰以氧化物形式存在于光合作用系统Ⅱ（Hoganson和Babcock，1997）中的观点，至今仍未在结构研究中获得证实（Kamiya和Shen，2003）。虽然并不是所有的细节都能在所能达到的分辨率（0.37nm）下揭示出来，但是4个已经检测到的锰原子周围的8个氧原子却无法检测到的情况，也是不大可能发生的（尽管不是完全不可能）。

为了阐明反应的途径，在接下来的部分中运用了量子力学计算方法。这些计算可以帮助确定在金属表面以及氢原子和氧原子的整个系统中的电荷分布。在图3.3中，我们没有标注出任何电荷。在经典电化学理论中，反应由（3.17）给出，但是我们仍不清楚对于某种催化剂的特定要求。例如，在燃料电池中（见图3.3b），氢原子需要带正电荷，以便从负极移动到正极电极。在负极，它们会向金属催化剂转移4个电子。这可以解释为什么需要催化剂。对于电解反应（在式（3.17）中的从左向右的反应），必须通过在电极之间的外部电路施加电压来加入电能。这表明有多余的电子通过外部电路离开氧气那一侧电极，流向产生氢气那一侧的电极表面。与经典解释不同的是，OH可能不是以简单离子形态存在的。电荷分布可能会更复杂，而这个电荷分布将会是在3.1.2节中的量子力学计算中重点观察的对象。

这种解释意味着在左侧的情况下，即图3.3a中的中间状况是在金属电极上可能仍存在2个电荷，同时在两种情况下OH实体可能不带电荷。在图3.3a和3.3b的上部情形下氢原子必定有4个正电荷，换句话说，就是它们是4个不带电子的质子，在电解时可以转移到负电极。

我们回到热力学层次上描述，自由能的减少［见式（3.7）］通常认为与负极反应有关，而$\Delta G$可以采用化学位［见（式3.5）］和溶解在电解质中的氢离子表示。把法拉第常数乘以一个合适的电位$\phi$记作化学电位$\mu$，$n$mol氢离子的自由能可以表示为［式（3.4）和式（3.5）］：

$$G(H^+) = n\mu = n\mathscr{F}\phi = nN_Ae\phi \tag{3.18}$$

当氢离子由于在正极反应［参见式（3.17）的从右向左］而“消失”时，化学自由能通过式（3.7）转化为电能，并且由于电子和氢离子的数目在式（3.16）中是相等的，即$n = n_e$，因此化学电势$\mu$可表示为

$$\mu = \mathscr{F}\phi = \mathscr{F}\Delta\phi_{ext} \tag{3.19}$$

$\phi$的值通常被认为等于电池的电动势（e.m.f），或者，如果是在标准大气压力和温度下，等于该电池的“标准可逆电位”。式（3.14）中产生的是两个水

分子，从该式 $\Delta G$ 的数值可以知道，对应于产生（或者分解）2mol 水的 $\Delta G$ 为 $-2.37\times10^5$J。那么，电池的电动势 $\phi$ 可以表示为

$$\phi = -\Delta G/n\mathscr{F} = 1.23\text{V} \tag{3.20}$$

$n=2$，因为每个生成的水分子有两个氢离子。化学位［见式（3.19）］可以用式（3.6）的形式表示，因而电池电动势可以用反应物和电解质的性质表示［包括从自由能的定义式（3.1）得到的简化表达式导出的式（3.6）中的经验活度系数，这里假设 $P$、$V$ 和 $T$ 都能满足理想气体定律，符合 1mol 理想气体状态方程 $PV=RT$（Angrist，1976）］。

燃料电池的效率等于输出的电能与燃料总能耗之比。但是，由于燃料电池系统可能会与周围环境交换热量，因而燃料能耗可能会与 $\Delta G$ 不同。对于一个理想（可逆）过程，加入到系统中的热量可以表示为

$$\Delta Q = T\Delta S = \Delta H - \Delta G \tag{3.21}$$

因而理想过程的效率可以表示为

$$\eta^{\text{ideal}} = -\Delta G/(-\Delta G - \Delta Q) = \Delta G/\Delta H \tag{3.22}$$

对于只考虑氢－氧燃料电池，生成 1mol 水分子，式（3.15）和式（3.16）中两个过程的焓变（从左向右方向）是 $\Delta H = -9.5\times10^{-19}$J，或者是每生成 1mol 水 $-2.86\times10^5$J。在这种情况下理想的发电效率会变成

$$\eta^{\text{ideal}} = 0.83$$

有一些反应会有正的熵变，比如说 $2C + O_2 \rightarrow 2CO$，这些反应可用于环境冷却，同时以大于 1 的效率发电（对于 CO 的生成反应其效率是 1.24）。

在实际的燃料电池中，许多因素影响功率产生。这些因素通常被称为没有对外部电压做贡献的电池电压“耗损”：

$$\Delta\phi_{\text{ext}} = \phi - \phi_1 - \phi_2 - \phi_3 - \cdots \tag{3.23}$$

这里，每一个 $\phi_i$ 都对应一种特定的损耗机理。导致损耗的例子有：在式（3.17）过程中正极反应产生的水堵塞了多孔电极，电池的内部电阻（热损失），以及由于材料不纯，而在电极和电解质之间的界面或者附近的电位势垒的积累。这些机理大都会限制反应速率，同时也限制了流经电池的离子电流。因为电解质中有限的扩散系数（离子传输被扩散控制）或者在离子生成处有限的有效电极表面积，故而存在一个极限电流 $I_L$，超过它就没有更多离子通过电解质。图 3.4 给出了作为电流函数的（外部电动势）变化：

$$I = \Delta\phi_{\text{ext}}R_{\text{ext}} = L_- + I_+ = (\phi_- - \phi_+)R_{\text{ext}} \tag{3.24}$$

表示成每个电极中电位函数之差，$\Delta\phi_{\text{ext}} = \phi_- - \phi_+ = \phi_c - \phi_a$（后面的表述用在图 3.4 中）。这个表达式可以表示耗损的机理是与哪一个电极有关，同时还可以看到，最大的损耗部分都与本例中更加复杂的正电极反应有关。对于其他类型的燃料电池，相应变化特征可能发生在流过电解质的负离子（Jensen 和

Sørensen，1984）。

方程（3.24）也表示每个电极面所贡献的总电流。它们会与式（3.23）中的电位损失项相关联起来，描述每个电极的损耗项，以及每个电池组件的欧姆损失项。在每一个电极，涉及从电极到电解质转移电子的阻碍（特别是在低电流），以及在高的电流时电荷从靠近电极处生成扩散到电解质的阻碍，或者在电极区域保持足够数量的反应物。电极电流对电位损失的指数依赖是通过 Butler - Volmer 方程描述的（Hamann 等，1998；Bockris 等，2000）。

$$I_- = I_-^0\left(\frac{C_-}{C_-^0}\right)^{\gamma_-}\left[\exp\left(\frac{\alpha_-\mathscr{F}}{\mathscr{R}T}\phi_+\right)-\exp\left(\frac{\alpha_+\mathscr{F}}{\mathscr{R}T}\phi_-\right)\right]$$

$$I_+ = I_+^0\left(\frac{C_+}{C_+^0}\right)^{\gamma_-}\left[\exp\left(\frac{\alpha_+\mathscr{F}}{\mathscr{R}T}\phi_-\right)-\exp\left(\frac{\alpha_-\mathscr{F}}{\mathscr{R}T}\phi_+\right)\right] \quad (3.25)$$

式中，$\alpha_-$ 和 $\alpha_+$ 是每一个电极的电荷传递系数；$C_-$ 和 $C_+$ 为靠近电极的反应物（比如氢气和氧气）的浓度；$C_+^0$ 和 $C_-^0$ 为在主体电解质中的对应浓度；$\gamma_-$ 和 $\gamma_+$ 为一些经验量，对于氧气取 0.5，对于氢气取 0.25（Nguyen 等，2004）；$I_+^0$ 和 $I_-^0$ 是对应每个电极的参考交换电流。它们对应于忽略了损耗对电位的影响，该电位是不考虑损耗的问题［如式（3.20）中对于氢气和氧气的反应］、依赖于可逆电极反应活性的能斯特电位。

更多的关于催化层偏离式（3.25）特性研究可以参见 Kulinovsky（2010）一书。

在某一指数项占据主导的时候，Butler - Volmer 方程能被简化，当压力损耗很大的时候会发生这样的情况。此时，电极电位与对应电流的对数线性相关，并且如果两个电极中损耗相同，那么，总的电位会与 log（$I$）线性相关。这种关系称作塔菲尔（Tafel）关系，这个直线的斜率称为“Tafel 斜率”。接下来的章节会给出很多关于电位 - 电流关系的例子，且除非是极小的电流区间，Tafel 近似常常是合理的。

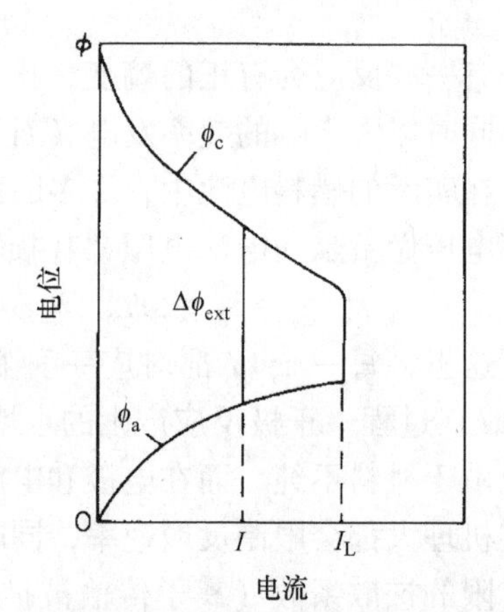


图 3.4　作为电流函数的燃料电池负极电位 $\phi_a$ 和正极电位 $\phi_c$，关于增加电流电位降低少的主要原因，首先是电极的不充分电催化，对于较大电流时也会有电解液中的电阻损失，最后还有可能是离子传输的减少（Bockris 和 Shrinivasan，1969）。（引自 B. Sørensen，Renewable Energy，2004a，得到 Elsevier 允许）

从图 3.4 和式（3.25）可以得到使得总的输出功率达到最大的一个最佳电流，它通常比 $I_L$ 更小：

$$\max(E) = I^{\mathrm{opt}}\Delta\phi_{\mathrm{ext}}^{\mathrm{opt}} \tag{3.26}$$

可以将上面式子除以在保持 $I^{\mathrm{opt}}$ 稳态下加入到系统的燃料能量 $\Delta H$ 的速率，就得到了实际的最大能源转化效率：

$$\max(\eta) = I^{\mathrm{opt}}\Delta\phi_{\mathrm{ext}}^{\mathrm{opt}}/(\mathrm{d}H/\mathrm{d}t) \tag{3.27}$$

电池中电压损失原则上近似于在本节开头所介绍的热力学能的耗散，意味着能量不可能有限时间内无损耗获得。

### 3.1.2 模型化方面

量子力学模型化可以被用于描述关于单个分子的过程。使用这些模型也可以描述表面过程，比如说发生在电极表面的物理吸附和化学吸附，催化剂对单个分子作用，以及描述在溶液中分子移动发生的反应，比如说电解液中（例如氧化还原电对）。用于量子化学型化的理论框架在 3.1.3 节中将予以阐述。

气流在通道到达电极，包括气体扩散层，进行建模，例如通过流动有限元模型，如在 3.1.5 节中描述。这样的模型也可以经适当的修改，应用于通过膜的离子流动。

基于这两种类型的详细模型结果，用于燃料电池性能的总体模型可以用简单的等效电路模型构建，从而将损失项参数化，并可以计算以这些参数作为函数的总效率。

这样的电路拟合已被用于相关的阻抗谱测量中。这些是测量在其外部电极施加交替电流时整个电池的响应，并且实验不破坏装置的单个组件（然而，其中也可以进行例如半电池测试，如图 3.5 中所示)，旨在针对可能的特征类型。对于所施加的 $V=V_0\cos(\omega t)$ 形式的依赖时间外部电位的响应是可测量的、与施加电压的变化异相的电流。在电路理论中，相位差是通过复函数项的等效描述进行模型化，复函数项允许对与电位相差 90°使用虚数。在一般情况下，余弦被替换为 $\exp(\mathrm{i}\omega t)=\cos(\omega t)+\mathrm{i}\sin(\omega t)$，其中，$\mathrm{i}=(-1)^{-1/2}$，并测量将确定一个复数阻抗 $Z$，它不同于电阻，通过虚部描述电压和电流之间的相位延迟。这个现象的本因是电容器和线圈，但其他部件，例如，可能涉及与频率 $\omega$ 有关。写作 $Z=\mathrm{Re}(Z)+\mathrm{Im}(Z)$，一个实验的结果可以在图中表示，如图 3.5 中所示的质子交换膜（PEM）燃料电池，以 Re（$Z$）为横坐标，Im（$Z$）为纵坐标（Ciureanu 等，2003）。低频率段的直线可以解释为 $H^+$ 通过膜扩散，而在高频率段，该曲线可以通过电池的整体电容和电阻来模拟。

在图 3.6 中，阻抗谱测试是在直接甲醇燃料电池的半电池的负极侧进行的（Müller 等，1999），在如下条件下：①有限甲醇供应（约 2 倍的化学计量所需要供给速率）；②大量甲醇供应。对于情况②建议的 4 个参数的等效电路基本适合，或者它们可以通过电池的物理性质来模拟（Harrinton 和 Conway，1987）。对

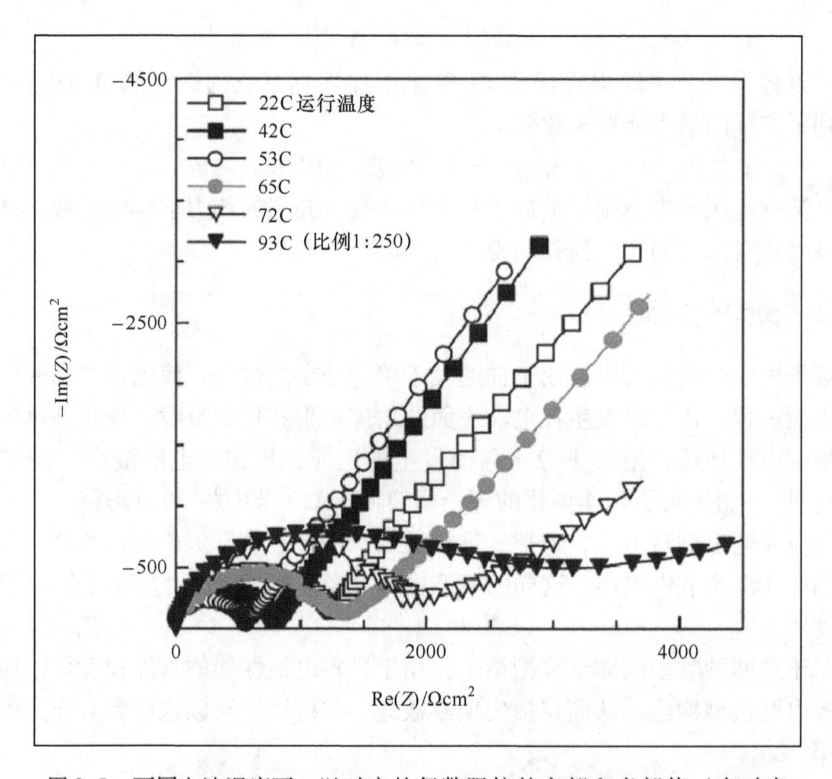


图3.5　不同电池温度下，以对应的复数阻抗的实部和虚部值（有时表示为Nyquist图）描述的、质子交换膜（PEM）燃料电池的整体阻抗响应

注：每个点序列代表频率范围从$10^{-1} \sim 10^{7}$Hz；最大值对应于最左边的点。引自M. Ciureanu，S. Mikhailenko，S. Kaliaguine（2003）。作为膜反应器的PEM燃料电池：借助于阻抗谱的动力学分析。Catalysis Today 82，195－206，获得Elsevier许可。

质子交换膜的半电池也发现类似的现象（Ciureanu等，2003）。在图3.6b中这个现象可以解释从负电极接收电子的速率，在电极上CO吸附的净速率，以及电极被CO覆盖的百分数。吸附的CO的缓慢弛豫使得以电感L项建模，很好再现了相位延迟。图3.6a具有三段弧。低频弧随甲醇流量变化，因此可能与甲醇到达活性位点的可能性有关；中间弧是由于甲醇氧化动力学；而高频弧，与电极电位无关，代表欧姆损失，其在较低频率时很小（Mueller和Urban，1998）。

负极反应式（3.15）涉及在第2章中图2.5所描绘的过程：一个氢分子在$d=0.74$nm吸附，随后分裂成两个化学吸附H原子。这些氢原子离开表面并移到对电极的机理涉及对每个氢原子和电子在金属表面的传送。如Hamann等（1998）所建议的和图3.7所示那样，实际移动不需要由$H^+$离子或由任何其他离子（如电解质）以大规模方式进行，但可能涉及短距离从分子到分子的跃迁。

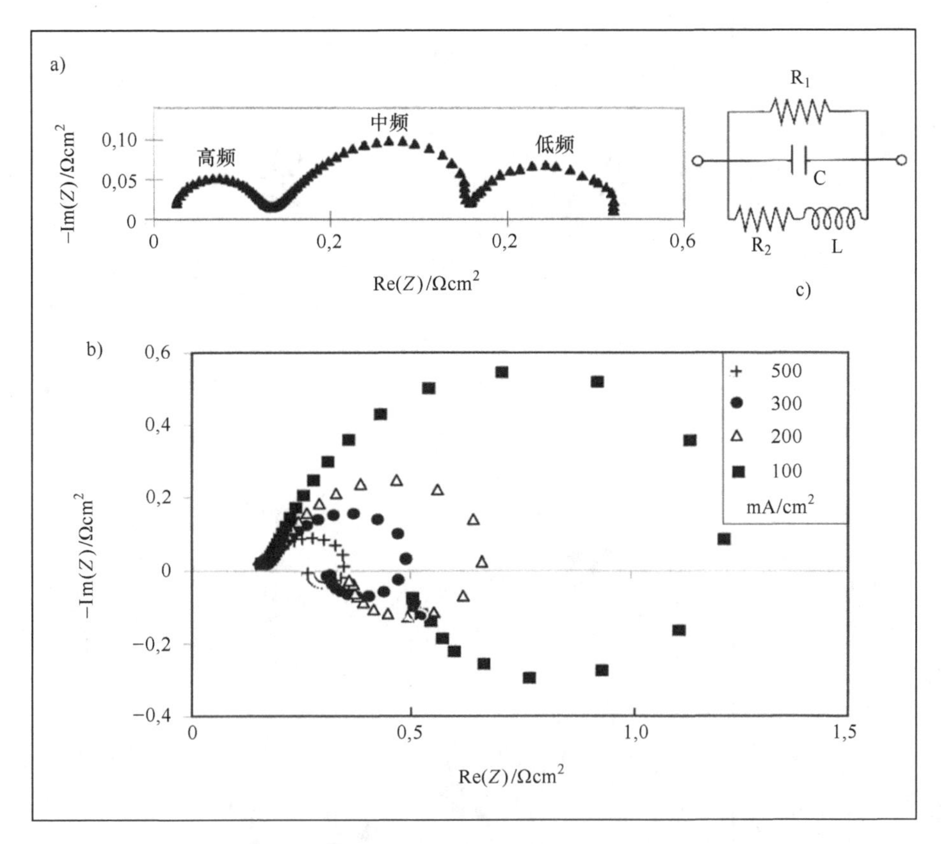


图 3.6 直接甲醇燃料电池半电池负电极阻抗谱

a）甲醇流量较小的情况（对三个弧的文字解释见正文）

b）甲醇流量很大的情况，不同电流密度情况下的阻抗特性 c）在 b）情况的等效电路

注：根据 J. Mueller 和 P. Urban（1998），交流阻抗谱表征直接甲醇燃料电池，*J. Power Sources* 75，139－143；J. Müller，P. Urban，W. Hölderich（1999），直接甲醇燃料电池阳极阻抗研究，*J. Power Sources* 84，157－160。得到 Elsevier 使用许可。

水分子依靠自己完美地实现这一过程。由于其不对称性（和因此的偶极矩），它可以很容易地接受第三个氢原子，并形成如图 3.7 所示的 $H_3O^+$。然后，在该分子另一侧的质子可以离开，并将电荷移动到相邻的分子，它现在就是 $H_3O^+$，以此类推。

已经出现了大量的有关离子在溶液中的行为理论，如电解质中的离子。带电电极附近相反电荷离子的层是公认的，但对可能延长该层成扩散到电解质的离子云，还不是很明确，如 Gouy 和 Chapman 等所建议的（Bockris 等，2000）。显示在第 2 章图 2.4 中的模型计算只表现出远离电极电荷的非常微小的变化，而这可能是人们不得不面对由于库仑力随距离的快速减少程度，在一个模型中，其中电

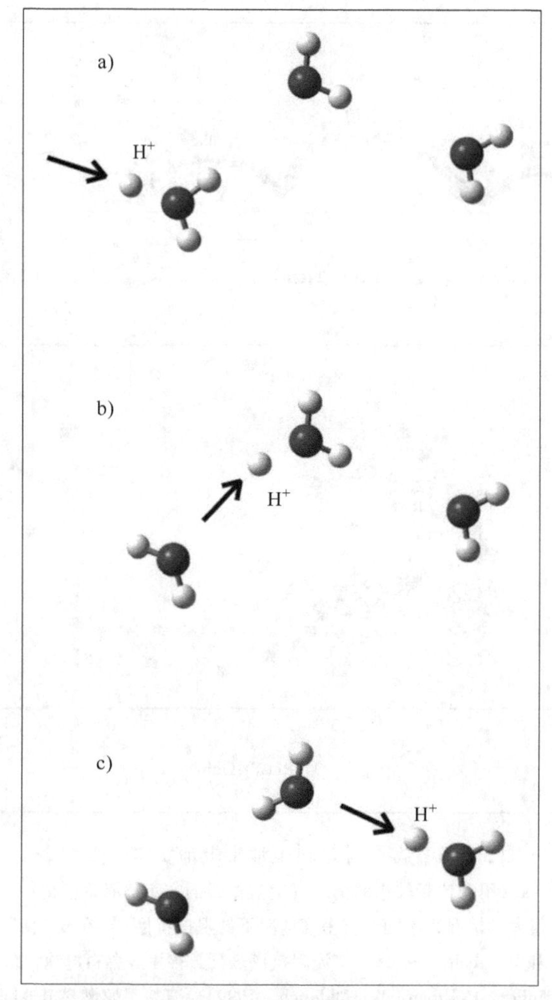


图3.7 水中的质子传递

注：质子附着在水分子上没有占据的一侧，电荷密度重排，这个水分子中的其他质子可能离开这个分子，去结合其他的水分子。以这种方式，避免了借助于水的、单一的 $H^+$ 原子任何整体运动。由施加到电极的电压，会产生电位斜率，或者质子的移动将产生这样的电势，这取决于电化学装置按电解槽或燃料电池运行。

极电荷被认为决定在电解质中离子重排。在电解质内，由于通过“跳跃”机理的电荷扩散，电荷只有微小变化，如图3.7中所示那样。

### 3.1.3 量子化学方法

以原子核和电子结构描述分子的多体问题，需要某种程度上的一般量子力学方法的简化，以便易于数值计算。所做的第一近似通常是博恩－奥本海默（Born－Oppenheimer）假设，就是只需模拟电子的动态行为。原子核很重，因而移动缓慢，这意味着人们可以观察到原子中心的各种配置（称为分子结构）中的电子运动。然后人们重复计算不同的结构，一旦对发现分子结构中的一个或多个平衡的构造感兴趣，并且希望找出计算的总能量的最小值，就将其作为结构参数的函数。常会出现不止一个的总能量最小值，例如，表示异构的环结构。

描述一个分子系统的薛定谔（Schrödinger）方程可以表达为

$$H\Psi = \mathrm{i}hD_t\Psi \tag{3.28}$$

式中，$h$ 为普朗克（Planck）常量（$h = 1.05 \times 10^{-34}\mathrm{J}$）；$D_t$ 为对时间的偏导数；$\Psi$ 是系统的波函数；$H$ 为汉密尔顿量（Hamiltonian），能量算子在分子中可以表述为

$$H = T + V = -1/2h^2 \sum_{i \in (e,N)} m_i^{-1}(D_x^2 + D_y^2 + D_z^2) + \\ e^2(4\pi\varepsilon_0)^{-1}\left(\sum_{i<j\in\{e\}} |r_i - r_j|^{-1} + \sum_{i<j\in\{N\}} Z_iZ_j|R_i - R_j|^{-1} - \sum_{i\in\{e\},j\in\{N\}} Z_j|r_i - R_j|^{-1}\right) \tag{3.29}$$

在动能 $T$（第一行），势能为 $V$，$m_i$ 代表电子或者特定原子核的质量，它取决于 $i$ 是属于系统中的电子集 $\{e\}$，还是原子核集 $\{N\}$（包含这里未模拟的多个质子和中子），以及在所有成对的带电粒子之间的库仑相互作用，无论是带负电荷的电子还是正电荷的原子核。径向矢量 $r_i$ 表示为对于第 $i$ 个电子 $R_j$ 对于第 $j$ 个原子核。基本电荷表示成 $e(=1.60 \times 10^{-19}\mathrm{C})$，真空介电常数 $\varepsilon_0(=8.85 \times 10^{-12}\mathrm{C^2m^{-1}J^{-1}})$。因此，$e^2/(4\pi\varepsilon_0) = 2.30 \times 10^{-28}\mathrm{Jm}$。虽然没有特别的标注，所有的径矢量 $r_i$，或 $R_i$，均是向量，具有三维坐标，如 $x$，$y$ 和 $z$。

假设为任何固定时间归一化的波函数 $\psi = \psi(r_i \in \{e\}, R_j \in \{N\}, t)$ 符合如下条件：

$$\int_{\text{all space}} \Psi^* \Psi \mathrm{d}r_1 \cdots \mathrm{d}r_{n_e} \mathrm{d}R_1 \cdots \mathrm{d}R_{n_N} = 1 \tag{3.30}$$

并且密度（一种全空间变量和时间变量的函数）可以表示为

$$\rho(r_i \in \{e\}, R_j \in \{N\}, t) = \Psi^* \Psi = |\Psi|^2 \tag{3.31}$$

$\Psi^*$ 为 $\Psi$ 的共轭复数（这意味着，假如 $\Psi = a + \mathrm{i}b$ 的话，那么 $\Psi^* = a - \mathrm{i}b$）。需要注意的是，根据这个定义，$\rho$ 可以被归化为一个整体，而不是微粒的总数。这种对密度的阐述描述了在一定时间和空间内发现这个微粒的概率。注意，根据这个定义，$\rho$ 是归一化的，而不是，后面讨论的相对于颗粒的总数量，同样有效的替代方案。这种密度的解释是，它描述了在给定时间 $t$，通过在规定的空间矢量 $\{r_i, R_j\}$，发现颗粒系统的概率。

而这正是量子力学的魅力所在。它是一个计算一个物理系统发展的完全确定的理论，一旦在给定时间知道物理系统。但由于只有波函数的绝对值的二次方可

以确认，我们不能在初始时间精确地知道该状态，因此对人类观察者来说，该系统所有的进一步发展是充斥不确定关系和类似的不确定性的混沌，尽管事实上系统本身明知它在做什么，并在时间和空间中遵循唯一地指定发展路径。

式（3.28）的解有以下一般特性：在有束缚的、稳态下的解可数，$\psi_q, q=1, 2, 3, \cdots$，其中能量等于 $E_q$。这就是调用量化解和理论量子力学的频谱的意义。此外，可能存在能量空间中形成连续的非约束态解。该量化的解集用 $q$ 标记。$q$ 可能值的集合被称为量子数。虽然时间依赖性有时非常重要（例如，化学反应），但许多问题都可以归结为寻找稳态，并发现它们也是一个好的起点，即使时间依赖性必须随后研究。特定稳态情况 $q$ 下波函数的形式是

$$\Psi_q(r_i \in \{e\}, R \in \{N\}, t) = \Psi_q(r_i \in \{e\}, R_j \in \{N\})\exp(-\mathrm{i}E_q t/h) \quad (3.32)$$

而由于在式（3.28）中的 $H$ 与时间没有明确联系，这个方程可以被简化为稳态薛定谔方程的方程：

$$H\Psi_q = E_q\Psi_q \quad (3.33)$$

现在可以这样来描述伯恩－奥本海默（Born－Oppenheimer）近似：将所有的原子核变量 $R_j$ 看作常数，同时忽略原子核部位的波函数。更准确地说，我们可以假设波函数写成下面这种形式：

$$\Psi_q(r_i \in \{e\}, R_i \in \{N\}) = \varphi_q(r_i \in \{e\})\Phi_q(R_i \in \{N\}) \quad (3.34)$$

这种描述能够让薛定谔方程在式（3.29）中明显标注出来动能和位能运算符的电子和原子核部分：

$$(T_e + T_N + V_e + V_N + V_{eN})\varphi_q\Phi_q = E_q\varphi_q\Phi_q \quad (3.35)$$

虽然电子的波函数 $\varphi_q(r_{i;} i \in \{e\})$ 主要是电子坐标系中的函数，但是它也间接地依赖于原子核坐标，因为它们经常以位能 $V_N + V_{eN}$ 的形式出现。而伯恩－奥本海默（Born－Oppenheimer）近似忽略了这种由于原子核运动所带来的影响，即具有 $T_N$ 的动力学项，根据系统中电子部分的 $\varphi_q$ 解，通过采用以下方程来求解：

$$(T_e + V_e + V_N + V_{eN})\varphi_q = E_{q,eff}\varphi_q \quad (3.36)$$

我们忽略了 $T_N$ 运算符，然后，自然地得到了一个变换后的有效能 $E_{q,eff}$。其他能量 $E_{q,rest} = E_q - E_{q,eff}$ 能够通过求解式（3.35）的其他部分得出，比如说，在式（3.36）中所被忽略的部分。如果 $\varphi_q$ 与 $R_j s$ 的间接依赖关系被忽略，那么，剩下的只有

$$(T_N + E_{q,eff})\Phi_q = E_q\Phi_q \quad \text{或} \quad T_N\Phi_q = E_{q,rest}\Phi_q \quad (3.37)$$

在只有库仑力模型中，分子的形成的确必然强烈依赖正和负粒子的存在，但这里所做的近似处理将所有的复杂计算转向式（3.36）中电子的计算。因为所有的电子是费米量级的粒子，量子理论使得对其波函数有另外的反对称形式要求，这会在下文中讨论。

**Hartree - Fock 近似**

一个波函数分解成如式（3.34）所示最终形式，是简单计算求解薛定谔方程的一种广泛使用方法。Hartree（1928）近似把整体波函数 $\varphi_q$ 表示为仅依赖一个电子坐标的波函数的乘积，

$$\varphi_q = \prod_{i \in e} \Psi_{q,i}(r_i) \tag{3.38}$$

该波函数不能满足电子要求的不对称属性，并且也不包括自旋（对于电子来说，$s=1/2$，在量子轴上的映像 $m_s = -1/2$ 或者 $+1/2$）。为了弥补这些缺陷，波函数应以以下形式表示：

$$\varphi_q = (n!)^{-1/2}\det\left(\prod_{i \in e} \Psi_{q,i}(r_i)\chi_{q,i}\right) \tag{3.39}$$

其中对 $i$ 的积包括该系统的所有电子 $e$，并且行列式确保任何两个电子的交换会给波函数添加一个负号（这是矩阵的标准特性）。自旋函数通常被记作 $\chi_{q,i}$。自旋函数必须尽等于之前提到电子的两个“通用”自旋本征函数。它们是通用的，即只有一个向上自旋（$m_s=1/2$）和一个向下自旋（$m_s=-1/2$）自旋函数，并且没有已知的变量来进一步描述它们（除在超弦理论等之外）。现在这种“猜测”［见式（3.39）］准备引入式（3.36）的求解。

在量子力学中一个著名定理指出，当波函数等于确切的基态波函数，哈密顿的期望值，在任何波函数定义的状态中取最小值。从涉及一些参数的试算波函数（即很有可能是从精确基态波函数不同）开始，可以再使用一个变分方法来找到所考虑试用波函数所跨越的空间内的最佳波函数。能量平均变化为（从这里开始省略代表稳态能量的下标 $q$）

$$< E_{eff} > = \frac{\int \varphi^*(T_e + V_e + V_N + V_{eN})\varphi \mathrm{d}\tau_1 \cdots \mathrm{d}\tau_e}{\int \varphi^* \varphi \mathrm{d}\tau_1 \cdots \mathrm{d}\tau_e} \tag{3.40}$$

其中 $\tau_i$ 是为第 $i$ 个粒子的空间和自旋变量的简写，并且与式（3.36）对应，因为 $\varphi$ 的变化可能不保证归一化，所以必须除以归一化积分。这种能量具有最小值：

$$\delta < E_{eff} > /\delta\varphi = 0 \tag{3.41}$$

这里它是最接近（但不小于）的实际基态能量，并且相应的空间和自旋变量函数 $\varphi$ 是以所使用的近似隐含的形式，对应于基态波函数。随式（3.39）波函数的演化，式（3.41）得到了 $e$ 方程形式（参见 Scharff，1969）

$$(H_k + U^{(k)}(r_k))\varphi_k = E_k\varphi_k; \quad k = 1,\cdots,e \tag{3.42}$$

其中 $H_k$ 是汉密尔顿函数［见式（3.36）］中的一个部分，它仅仅取决于第 $k$ 个电子（利用一个“$k$”后缀来表示在式（3.29）中只包括电子总和中第 $k$ 项）：

$$H_k = T_{e,k} + V_N - V_{eN,k} \tag{3.43}$$

以及

$$U^{(k)}(r_k) = \frac{\int \varphi^{(k)*} V_e \varphi^{(k)} \mathrm{d}\tau_1 \cdots \mathrm{d}\tau_{k-1} \mathrm{d}\tau_{k+1} \cdots \mathrm{d}\tau_e}{\int \varphi^{(k)*} \varphi^{(k)} \mathrm{d}\tau_1 \cdots \mathrm{d}\tau_{k-1} \mathrm{d}\tau_{k+1} \cdots \mathrm{d}\tau_e} \tag{3.44}$$

其中
$$\varphi^{(k)} = (n!)^{-1/2} \det\left(\prod_{i \in e, i \neq k} \Psi_i(r_i)\chi_i\right) \tag{3.45}$$

作为区别于 $\varphi_k = \psi_k(r_k)\chi_k$。这些方程包括了 Hartree - Fock 近似（Fock, 1930；以 Heisenberg 形式：Foresman 等，1992）。

在式（3.42）形式上，这种近似的物理意义是明确的：每个电子本质上应该是可移动的，其中除了原子核外，包括关注之外的电子之间所有电子库仑相互作用的平均值。这个解释保证满足非对称总电子波函数的保利原理（Pauli principle)，对于关注之外的其他电子具有相同的旋转方向 $m$。然而，它不满足于具有相反的自旋方向其他的电子。这可能是哈特里 - 福克（Hartree - Fock）近似的适用性的严重制约。在系统的所有其他粒子的平均电位（原子核以及 $e-1$ 电子）下，求解单个电子移动的最佳描述，不能清楚解释非对称的问题，仅当初始非对称状态没有明显地混合情况下，解中将能保留此属性的合理数量。此外，解释包括以 $m_s$ 等于 $+1/2$ 或 $-1/2$ 为特征的几种配置的波函数，不会保证许多自旋 $-1/2$ 组件能正确耦合到的一个明确的总自旋（如对于两个电子任一 $S=0$ 或 $S=1$），因为它们处于量子力学状态。

**基组和分子轨道**

大多数数值求解 Hartree - Fock 方程的数值模型方法都是利用迭代法，这表明在迭代法中设定一个波函数的初始值很重要，同时也意味着这种方程的计算会非常繁杂。为了解决这些问题，通常来说，我们可以根据已知的“基本”波函数来扩张解集，这也表示扩张常数在每一次迭代过程中都需要被修正，而在公式中的所有积分过程都可以被保存。对于基组的使用是一个精确的过程，但是我们必须需要这个基组是完整的（例如，这个基组必须要足够大来覆盖整个解集空间)。但是，为了计算的合理性（即需要的计算时间)，实际的计算不需要使用完整的、无限多的基本方程基组，我们通常将基组减少很大一部分，例如对应于系统模型的每一个电子，我们会将基组缩短到 2 ~ 6 个基方程。在这样的情况下，拥有“好的”基函数和“被赋予合适意义的”在一个缩减阶数的空间中，仍然能够表达正确含义方程，以及拥有能适用于一个很大范围的不同分子（而不是只适用于几个有限的问题）的函数是相当重要的。而将在我们之前研究过的问题中所应用的方法使用在一些没有被开拓的领域内显得更加重要。这样的基组通常从单原子电子的波函数中提出，这些单原子通常都精确地被我们所了解，或者甚至能精确地被用解析形式所表达，比如说拉盖尔（Laguerre）多项式和球面调和函数对于氢原子的解集。

对于分子计算，应用得最广泛的基组是基于高斯函数的，高斯函数的广泛应用是由于这类的函数的积分和微分都相对简单，一个高斯函数在实数函数中满足以下形式：

$$g_{l,m,n,\alpha} = (x,y,z) = Ax^n y^m z^l \mathrm{e}^{-\alpha(x^2+y^2+z^2)} \tag{3.46}$$

其中 $A$ 能够使得 $g^2$ 在所有空间内的积分都是归一化的（标准化的），而 $x$，$y$，$z$ 是相对于特定原子中心的坐标。参数 $\alpha$ 确定一个密度分布的宽度。基函数是由原始高斯函数 $b_j = \sum_i a_{i,j} g_{li,mi,ni,\alpha i}$ 的线性组合建立起来的，同时，对于解决一个特定问题，它是一个固定量：应该选择依据哪一个基函数来计算，以便于找到解决方程（3.42）的方法，以及找到以下方程（3.39）形式的解：

$$\psi_{q,k} = \sum_j c_{q,kj} b_j \tag{3.47}$$

在该方程中，集合 $c_{kj}s$ 对应于最低能量的状态意味着对应于实际基态 $q=0$ 的系统的 Hartree - Fock 近似以及波函数 $\psi_{0,k}$ 都叫作分子轨道。因为解集 $c_{kj}$ 同时会以式（3.44）的积分的形式出现，所以解集必须通过迭代的方法得到。最低的 $e$ 能级（比如说，在同样能量的情况下的降级）将会被基态的电子填充，但是 Hartree - Fock 解集通过式（3.42）能够给出一个完整的轨道解集，不仅仅包括已经被占用的轨道（被低能级的电子填充的轨道），同时也包括更高能量的轨道（对应于从基态被激发到更高能量的轨道）。

图3.8和3.9展示㊀了氧原子的分子轨道以及在一个合适的原子间距（$R=0.12$nm）下的氧分子的分子轨道。原子轨道很好地表征了高斯函数的空间形状，同时也能够使其与基础化学教科书中的拉盖尔多项式和球面调和解相比较。在另一种情况下，图3.9所示的分子轨道展示了关于计算一些复杂系统的方程解集的种类。在下一节中，我们将讨论关于氧气能量的Hartree - Fock 近似的精确度。图3.8和图3.9中使用的SV基组包含有从19个原始高斯函数中得出对应于氧原子的9个基函数（Schaefer 等，1992；1994），这些函数是对应于氧分子的2倍。在系统中，每个电子只有大约2个基函数，但是使用EPR - Ⅲ基组（Barone，1996）时，每个电子大约对应8个基函数，同时也不会明显改变显示的形状，亦或是基态的能量。

**高级作用和激发态：Møller - Plesset 微扰理论或者密度函数现象学方法？**

微扰理论是量子物理的一个标准方法（Griffith，1995）。它将哈密尔顿函数（Hamiltonian function）写成 $H_0 + \lambda H_1$，其中 $H_0$ 是 Hartree - Fock 哈密尔顿函数，

㊀ 这里和后面图中提到的计算采用了 Gaussian（2003）软件，通过 GaussView 或者 Web Lab Viewer Light 展示出来。

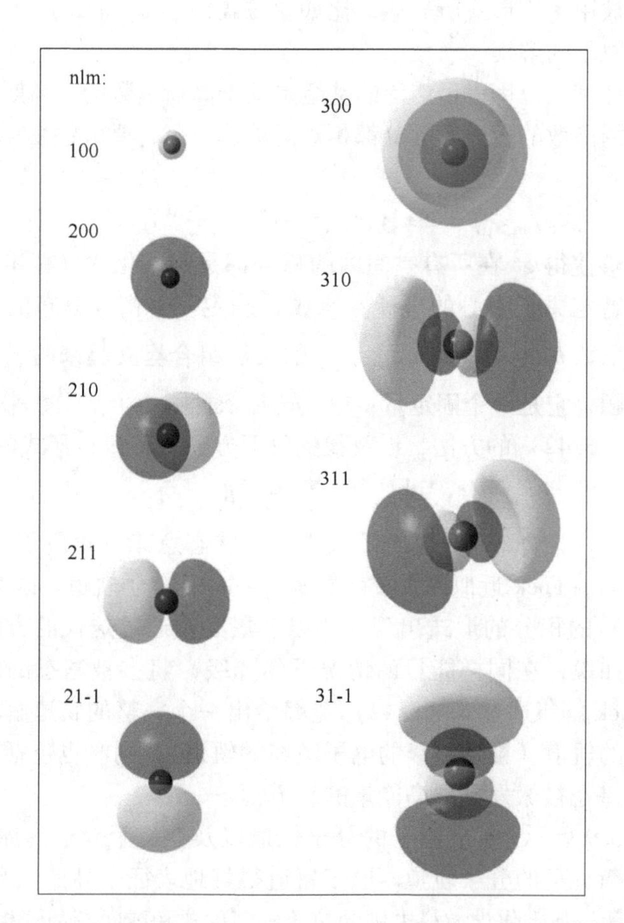


图3.8　表示出了它们的量子数（主量子数、角量子数以及对于量子轴的投影）
氧原子的分子轨道

注：在这个图像中，给出了氧原子核和电子密度$\psi^*\psi$（已经降低到0.0004；对于每一对的两个自选投影是相同的），但是对于波函数的正极部分和负极部分来说，电子云是不同的。这种计算使用了密度函数理论（B3LYP）以及从19个原始高斯函数中得出的9个函数里取出的高斯基组（见后面讨论的文字）。最初的4个轨道（在左边）填充了基态，其他的轨道没有填充。

$H_1$包括了其余的相互关系的部分，然后$H_1$将所有的波函数的解集都扩张了一个能量序列$\lambda$。$\lambda$的引入仅仅是为了观察到近似的阶数：到最后，$\lambda$将会使得$H_1$显得比较小。微扰理论对计算 Hartree – Fock 波函数的校正，以及对从电子之间的相互关系中生成的能量，首先是被 Møller 和 Plesset 在1934年最先发现的。

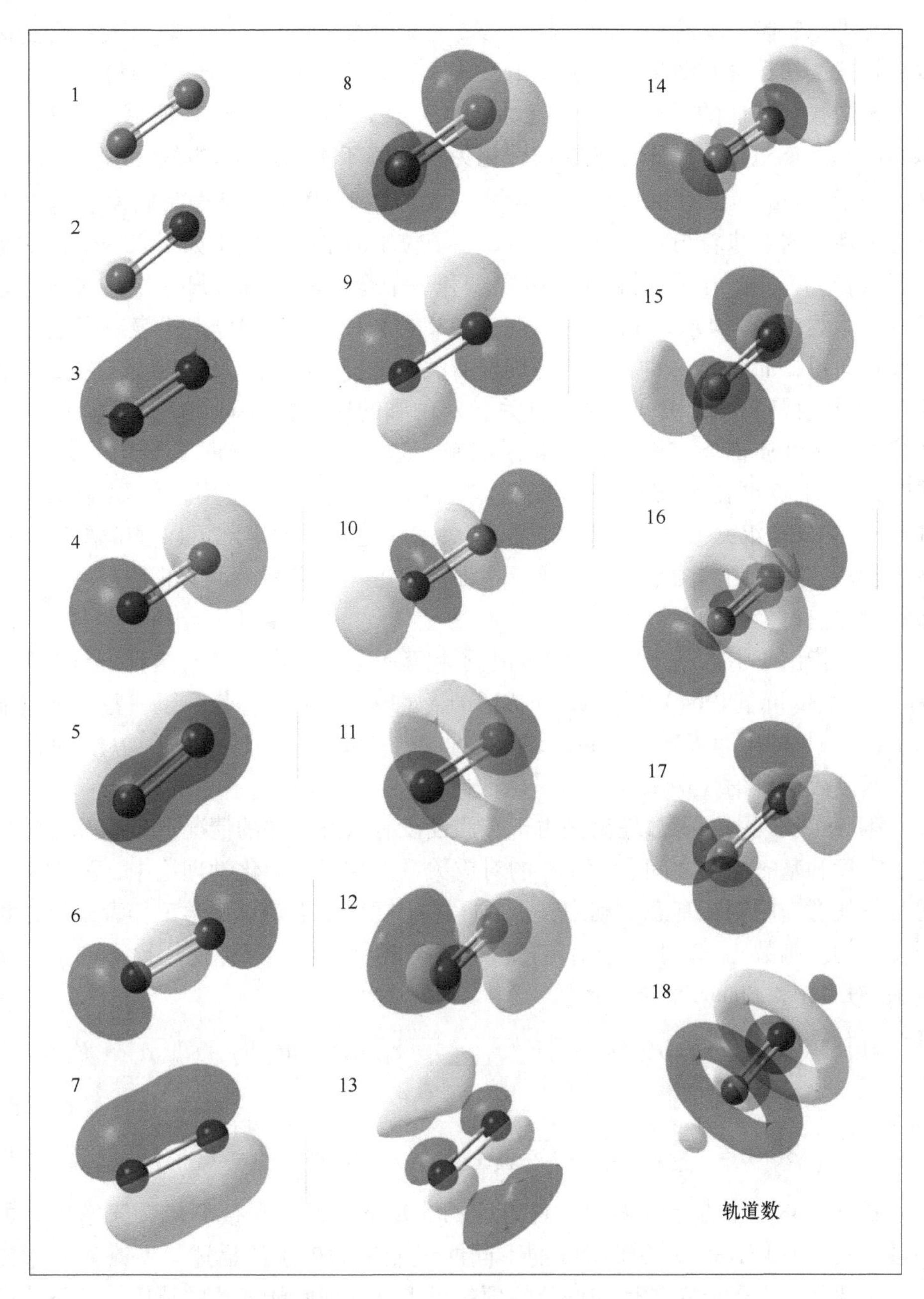


图 3.9 对于双原子的氧分子的分子轨道（0.0004 等密度），
用如图 3.8 的方法计算一个高斯基组，从 38 个原始高斯方程得到
（标号为 1 ~ 8 的基组状态是被填充了的氧分子的基态）

当进行二阶、三阶、四阶，甚至需要更高阶数修正，这个计算过程将会变得越来越复杂，尽管有科学家试图利用改善这种状况（Schültz 等，2004），还有一些人试图找到其他的替代方法。就如式（3.44）和式（3.45）所展示的那样，Hartree－Fock 近似中的积分能够被转化为只依赖于 $V_e$ 的矩阵的基元以及在两个电子波函数 $\varphi_{k1}^*\varphi_{k2}$之间的单位矩阵形式。大约在1930年，科学家们发现电子的不确定性，这意味着与其仔细测量出每一个粒子的坐标，倒不如引入一个总的密度函数 $\rho(r)$，这个函数对粒子有限数量和一个全部基集做出归一化，这种基态可以表示为 $b_j(\tau)=b_j(r,\sigma)$，其中在式（3.40）中 $\tau$ 简写为 $r$，代表空间上一点的位置向量，而 $\sigma$，一种普通的与旋转有关的坐标，必须被单独考虑进去，$\sigma$ 的这个性质使得对 d$r$ 的积分中必须有关于 $\sigma$ 的和的项。在 Heisenberg 矩阵形式中，系统的所有性质都能与密度矩阵联系起来，这些已经被 Dirac（1930）发现了，同时这种性质也在与 Hartree－Fock 有关的理论中得到应用，例如 Møller 和 Plesset 在1934年关于空间位置和时间有关的讨论。密度矩阵可以建立在对应于不同状态实际波函数的空间中，或者这种密度矩阵也能够针对全部基态建立，就如我们之前讨论过的 $b_j s$。

这也指出了引入基于密度矩阵的电子相互关系的一种方法，这种方法被 Hohenberg 和 Kohn（1964）以及 Kohn 和 Sham（1965）采用，是基于一些很早以前的工作（Thomas，1927；Fermi，1928；Slater，1928，1951）。这种方法现在被称作密度函数理论（DFT）。

第一次发现密度函数理论是由于在假设没有状态简并的情况下，在基态的总电子密度和基态能量之间有一对一的对应关系。在以往的化学理论中，科学家们通常将注意力限制在基态，利用一个实际的密度，而不是对化学工作者来说，相当复杂的波函数㊀。对于一个给定密度的基态能量，科学家们使用以下的形式来表示（Kohn 和 Sham，1965）：

$$E_0 = \int(V_N + V_{eN}(r))\rho(r)\mathrm{d}r + \int V_e(r_1,r_2)\rho(r_1)\rho(r_2)\mathrm{d}r_1\mathrm{d}r_2 + T_e[\rho] + E_{xc}[\rho] \tag{3.48}$$

$$\rho(\boldsymbol{r}) = \sum_k \varphi^*\varphi_k = \sum_k \chi_k^*\chi_k\psi_k(r)^*\psi_k(r) \quad k = 1,\cdots,e \tag{3.49}$$

式（3.48）中方括号表示一种可能的、复杂的、非直接的依赖于密度 $\rho$ 的关系。式（3.49）表示关于密度的不同能级能量的最小值描述了基态。不幸的是，描述孤立电子反对称性和偏差的项超出了已有项所能描述的范围，它不能简单地写成关于密度的函数，因此必须近似估计或者表示成参数形式。零阶和一阶

㊀ 当然，为了解释观测限制性，量子力学复数的利用是基本的和必要的。确实，针对解释1个以上状态的泛函理论中的矩阵元素，必须具备这样的基本特点。

密度梯度用到上面的式子，分别称作局部自旋密度和广义梯度近似（Perdew 等，1996，1999）。这些方法可以有效地取代由于短程排斥位能所产生的反对称方法，这种反对称方法中的当地自旋近似仅仅只是径向坐标的函数。

Kohn - Sham 等式的迭代方法与 Hartree - Fock 等式类似，而且一些通用的方法使用 Hartree - Fock 和密度函数的参数，这两种等式中的每一种都有一个独立的重量因子。密度函数可能包括局部旋转密度的部分和现象参数化的部分，现象学参数化的部分代表着互换或者其他的相互关系，比如说三参数 B3LYP 方法（Becke，1993；Vosko 等，1980；Lee 等，1988）。这种点对点的参数化，只是一些数据的平均处理，从而只会满足一些有限分子的个别性质，但对于一些特定的分子，它们却不能有很高的精确度，甚至对于一些确定这些参数的样本来说，这些方法可能也不会适用。科学家们一直以来都试图寻找新的近似方法，来解决现有方法的问题，以减少现在的这种不精确的基本薛定谔方程的应用（Adamo 和 Barone，2002；Kudin 等，2002；Kümmel 和 Perdew，2003；Staroverov 等，2004）。

用 Hartree - Fock 或者是密度函数方法来处理激发态的问题是不能用简单变量的方式来计算的。考虑到薛定谔方程（3.28）与时间有关，我们可以加上一个与时间有关的势能，然后观察所导致的密度分布，从而认为这些激发态可以由一步中间的步骤直接从基态达到。例如，我们利用 Taylor 扩展法则将这个过渡矩阵变成一个比较简单的形式，这样，这个过渡矩阵就能转化为激发态密度和势能之间的一个对应关系（Runge 和 Gross，1984）。在不受其他因素干扰的情况下，通过求解两维物理维度对角线的特征值问题，可以计算密度函数的能量依赖关系（Bauernschmitt 和 Ahlrich，1996）。这就叫作与时间有关的 Hartree - Fock 方法或者与基于始点的、与时间有关的密度函数理论。

作为使用微扰理论和参数化密度函数方法来校正高阶 Hartree - Fock 方程式的精确性的例子，表 3.1 是利用许多不同的方式近似而得到的氧分子结合能（或者是原子分离能的负数）。所有的计算都使用图 3.7 和图 3.8 中所的数据（Schaefer 等，1992），将极化作用考虑到基函数中只会将结合能增大约 10%。除了 HF 以外，其他计算出来的结合能都显得很大，实验测得的结合能只有 −5.2eV（CRC，1973）。我们可以发现，Møller - Plesset 微扰扩张理论对于氧原子和氧分子来说都相当准确，但是当分子中的原子间距过大时，这种扩张理论就无法解释了。当两个原子间距较大时，仅仅用 Hartree - Fock 理论也很难解释，但是 HF 的区别：$E_1 - E_3 = -4.4\text{eV}$ 比任何其他方法计算的数据都更接近实验值，MP3 方法第二接近实验值。参数化的计算包括上面所谈到的 B3LYP 和两种基于 Perdew 等（1996）的 PBE 方法，其中 PBE1 和 PBE 的区别在于它们之间的质量和函数（3.48）中的 $E_{xc}$ 不一样（这两种方法的 $E_{xc}$ 分别为 0.25∶0.75 和

0.5:0.5)。

**表3.1 氧分子的基态能量 $E_1$（$O_2$）的计算，将氧原子移开2.0nm的能量 $E_2$（O－O），以及两个氧原子的能量 $E_3$（2O）加上E1与对分开原子两次计算中每一个差值作为氧气的结合能**

| 方法 | $E_1(O_2)$/eV | $E_2$(O－O)/eV | $E_3$(2O)/eV | $E_1-E_2$/eV | $E_1-E_3$/eV |
|---|---|---|---|---|---|
| HF | －4064 | －4044 | －4059 | －19.5 | －4.4 |
| MP2 | －4071 | －4401 | －4063 | ＋319 | －11.7 |
| MP3 | －4071 | ＋4083 | －4064 | －8154 | －6.8 |
| MP4 | －4071 | －163400 | －4064 | ＋159279 | －7.3 |
| B3LYP | －4084 | －4074 | －4076 | －10.1 | －8.1 |
| PBE | －4080 | －4073 | －4071 | －7.8 | －9.4 |
| PBE1 | －4080 | －4069 | －4071 | －11.1 | －8.4 |

注：实验所确定的数值为－5.2eV。其他计算都使用SV基组。其中HF为Hartree－Fock，MP为Moller－Plesset，对于其他的行和列，见文本后面描述。

从上面我们可以得出，不使用其他更精确的方法，而单单利用微扰理论将会产生很大的误差，尤其对于分子间距比较大的分子，这种扩张作用也会如同O－O的例子一样（见表3.1）。密度函数方法则显得更加可靠，但是用来预测绝对能量不是很准确。这种方法对于预测相对能量来说还是比较精确的，氧气中原子间距0.12nm非常精确地被表格3.1中的方法预测了出来。我们可以从第2章的图2.6观察到这一点，使用HF对Ni的表面进行计算，以及使用B3LYP对氧分子进行计算。对于氢分子间距的计算的道理也是一样的，如图2.5所示，特别是在势能场中没有很小的最小值的情况下。但是，在预测氧原子的结合能中出现的问题其实告诉我们，科学家们太相信能量计算所得出的结果了，尽管激发态能谱的基本性能的实验数据基本满足计算数据。用另外的话说就是，量子化学在动量方面可以给出自然界一个量化的展示，但是可能没有达到一个量化的程度。

### 3.1.4 在金属表面上水分解或者燃料电池的性能的应用

在图3.3中，电解液中水分解以及在燃料电池中发生的水分解的逆过程的机理都展示了出来。在此，我们将试图利用量子化学的计算来说明这些过程为什么需要金属表面（催化剂）。这样的金属表面或者催化剂，满足以往教科书的定义“不参加任何反应”，或者它们是否在反应过程中产生了更加重要的作用呢（就如同在以往章节中所描述的那样）？

将氢分子在金属表面0.12nm处（如图2.5和图2.44所示）进行分解，将会导致两个氢原子分开大约0.12nm，但可能没有那么精确。同样地，一个氧分子在金属表面进行分解也经历类似的过程（这个过程的间距为0.16nm，这个间距显示出氧原子的半径比氢原子大一些），在此过程中，两个氧原子的间距大约为0.15nm，同样地，也比氢原子的间距略大（见图2.6）。

在燃料电池的负电极所发生的最主要的过程就是氢分子的分解。释放后的氢原子能够通过电解质（可能还需要通过固体或者液体的膜），向正极移动，整个过程如图3.7所示，电子进入电极金属之中，如果电池连接了一个负载，形成外部电流；否则，这些电子将仅仅是建立一个电动势，为氢离子传递提供条件。在电极上量子化学计算的期望值在图3.10中展示出来，在这种情况下，在负电极所得到的能量足够高，可以提供穿过电极膜（B）的能量，而剩下的能量足够高，来除去电池运行中所产生的水分子，两个电极之间的势能差足以高到满足外部电路所消耗的能量。

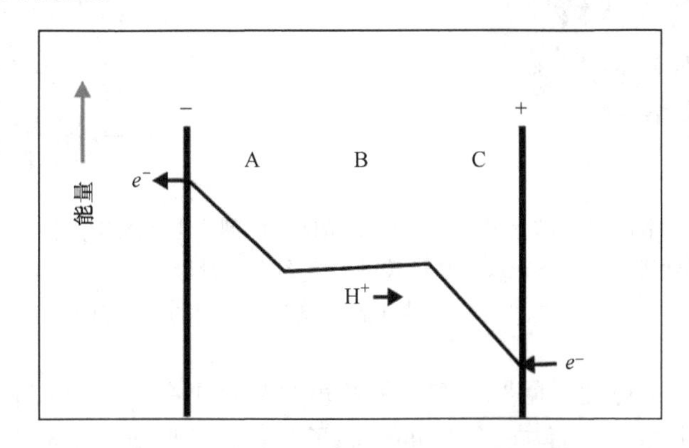


图3.10 所设想的氢离子在燃料电池电极间传递时势能的变化特征（Sørensen，2007e）

在燃料电池的正电极，为了使得氢离子能够成功与氧气结合生成水（见图3.3）需要发生更加复杂的反应。图3.3并没有给出离子的电荷，因为这个研究的重点是在于观察到这些分子是在哪个阶段得到，或者失去电子的。在燃料电池的环境中，这些电子可以从电极的金属中得到，或者将这些电子给到这些电极金属中。这样，电子很有可能与电极邻近的离子反应。图3.11展示了双层Ni的电子密度分布，对于被占用的最高分子轨道和被占用的最低分子轨道，后者给出了大的电子密度，前者给出了金属中容易与离子反应的部分。

为了更精确地确定在这个过程中发生了什么，量子力学计算必须要在存在水分子的情况下进行或者是存在被正极金属电极表面导致电子缺失的氢原子和OH基团的情况下进行。在前面部分所讨论的计算描述了整个系统的电荷分布，但是在一些分散的系统（比如说金属表面或者是在电解液的分子中），由于缺少合适的量子力学近似，前面部分所讨论的内容就不能正确地描述这些系统了（由于近似量子力学处理的不足，它说明之前表3.1电离能计算对于分散子系统效果不好）。确实，利用密度函数理论的直接计算不能描述燃料电池系统中水分子的生成，以及水分子从金属表面离开的过程。观察波函数，我们可以发现，电子从金属表面以恒定的方式移动到质子上，甚至当电子离金属表面距离很远的情况下也是如此。不能够正确描述电荷分布是由于初始假设的不正确以及近似方式的不成功导致。

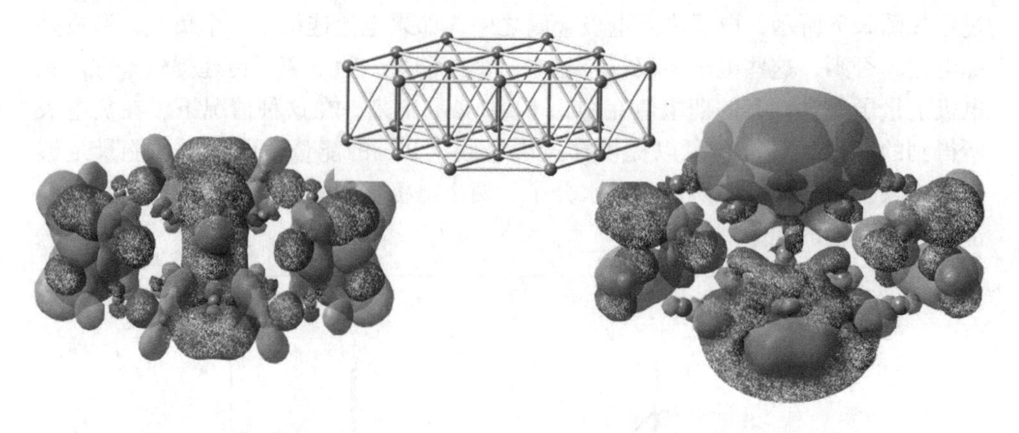

图 3.11　上图描述的是简化的双层镍晶格催化剂，电子密度是使用 B3LYP 密度函数理论以及 SV 基组来计算的；左图为能量最高的、被占用的分子轨道；右图为能量最低的、没有被占用的分子轨道

在这里用来避免此类问题的解决方法就是将这个系统分成几个部分，金属表面是其中的一个部分，而在计算中的氢原子和氧原子形成一个或者另外两个部分（见图 3.12）。这样的计算使得系统的每一个部分都有一个事先规定的电荷。这种初始假设使得系统的每一个部分都可以拥有不那么高的近似规则，而且使用了一种叫作 ONIOM 的方法来把不同理论的能量加起来（Dapprich 等，1999）。图 3.12 的上半部分介绍了将量子化学计算分为几个部分：第一个部分描述了 4 个单位的电荷从负电极传递到 4 个原子；第二个部分描述了将 4 个电荷传递到正电极，与电中性的水分子的产生联系在一起。在下半部分中，装置连接到了外部电路，使得所有电极的电荷被传递到外部的装置。图 3.13 描述了 *IV* 特性，即外部电流将电极电荷从 +4 价降低到 0 价（外部电路开路）。

在简单的实例中，利用密度函数理论的量子力学计算能够优化分子的构型，即能够发现分子结构中每一个原子的位置，这样能够更方便计算出最小的总能量。这个方法是利用迭代的过程，在迭代的每一点的计算后，原子坐标向能量下降的方向改变。这个过程在图 3.14 中进一步阐述，对于两个氧原子在一个金属镍的表面（在图 2.6 中直接计算出的势能表面）的情况，利用在每一步骤中给出总能量，以及在每一步骤中给出表面能量的均方根，这些表面结构的特征是，它们与镍原子表面的距离以及与氧原子表面的距离都在一定范围之内。对于更加复杂的不同的深度有不同的最小值情况，这样简单的优化过程可能不会进行得很顺利，而一种更加实际的方法可以用来计算表面的势能。这种方法有选择性地选择了一些分子结构中的一部分，从而得到重要结构中所期望的一部分类型，利用这样的方法是因为前面所讲的方法不能计算这种多维的表面势能，这些结构通常具有三维结构，而对于每一个分子中的原子都有不同的坐标。我们现在将这些方法阐述出来是为了更好地描述燃料电池的正电极，在正电极中，最初催化剂的表面和氧分子通常与来自电解质的4个质子相结合。

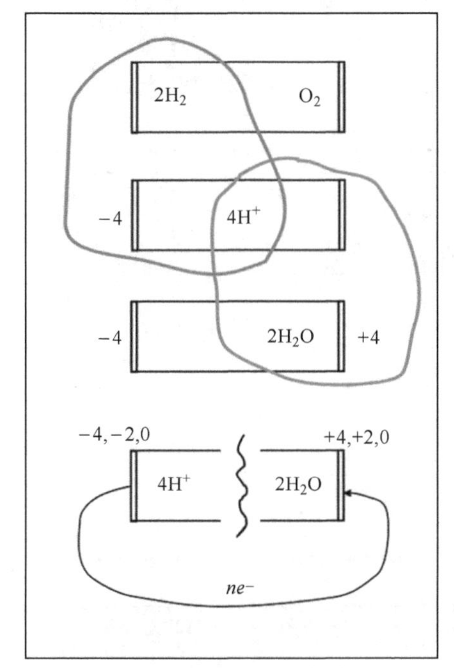


图3.12 包括在分步计算步骤中的燃料电池系统的部分（Sørensen，2007e）

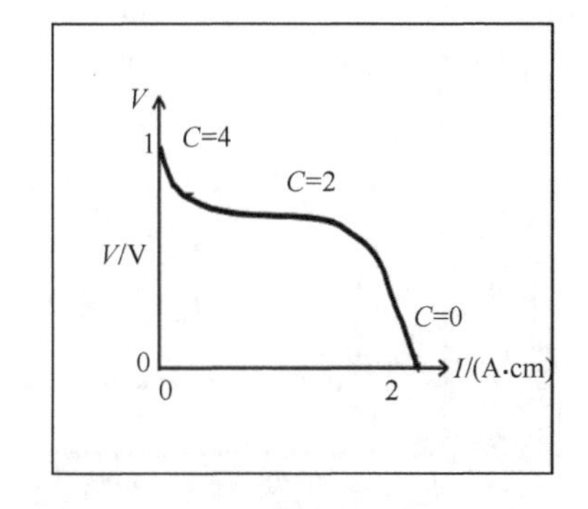


图3.13 燃料电池的电流－电压（IV）特性曲线，对于正电极标注了电荷（C），适合于本书中描述的ONIOM计算

考虑到在图3.3中的过程（a)，包括了两个水分子或者说6个原子在金属表面上改变位置坐标。为了将所有的变量限制在一个可以计算的基组之内㊀，我们可以首先观察一个水分子在一个金属表面上方的距离 $z$ 的平面内，这个平面的重心在金属晶格表面层的低密度区域的正上方（见图3.15)。为了更清楚地展示这样的现象，我们通常同时显示两个参数变量。首先，假设水分子中的氢原子与氧原子的间距为水的平衡距离 $d=0.096\text{nm}$，而氧原子之间的间距 $2e$ 是不确定的，

㊀ 为了画出势能面，如对每个6×3位置坐标，可能需要10个值。加一起是1018个点能量计算。即使是你有最快的计算机，假设每个点需要1个小时的CPU时间，你会发现这种计算并不现实。因此，必须找到一些限制变量策略。

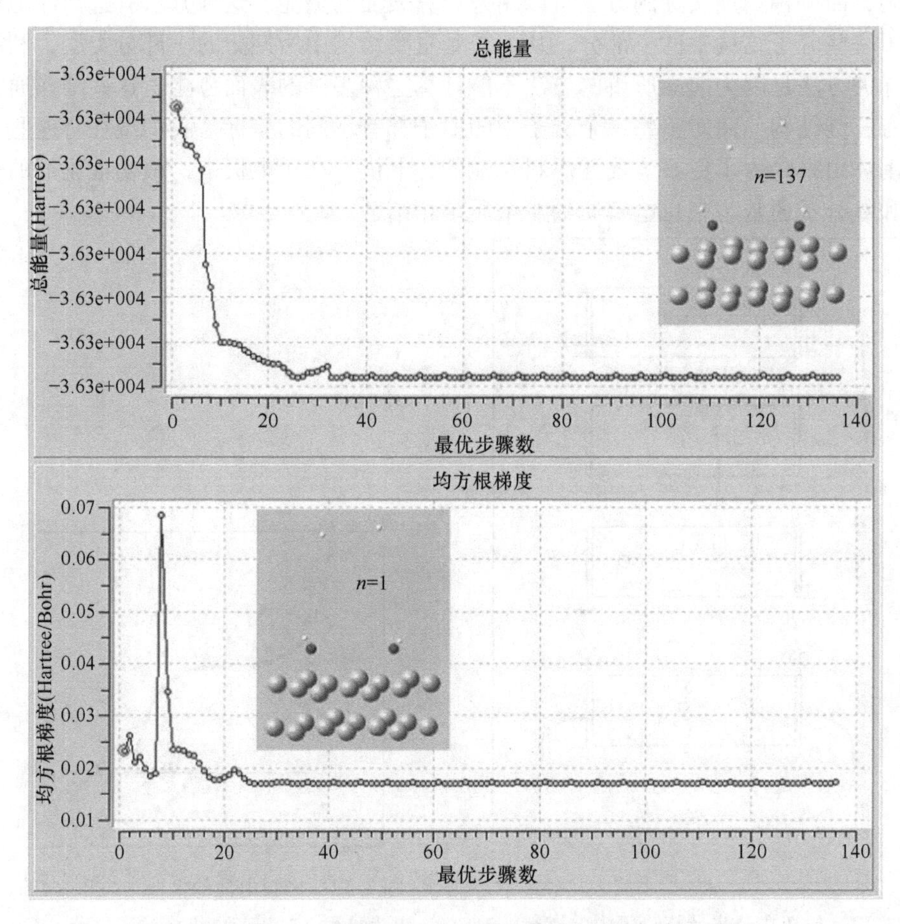


图3.14　两个氧原子在镍表面的优化计算过程

注：插图为优化开始和137次迭代之后两个氧原子的具体位置。最上面的部分给出了总的能量，下面的部分给出了特定步骤的均方根能量梯度。

表面势能作为$z$和$e$的函数，可以由图3.15中所显示的形式表示。我们可以看到，随着4个氢原子的靠近，可以发现在$2e=0.12$nm时，两个氧原子不能够形成一个分子，如图2.6中所示的那样，但是当它们与第二个镍金属表面的间距为$z=0.40$nm时，它们会自动分离（如第2章中图示，采用较低的两个镍层来衡量距离，根据设计的计算方法，确定起来不是很方便）。镍是一种比较常用的催化剂，它与Pd和Pt在同一个过渡金属的族里。

图3.16展示了一旦氧原子分开超过了0.24nm，两个水分子就从镍金属的表面移开，但很快它们就变得不那么容易反应了，很难得到或者失去能量。在图

3.17 中，我们研究了从氢原子到水分子中氧原子的距离 $g$ 与各种状态的联系。所有的 $g$ 都是相等的，H－O－H 的夹角为 104.4°。我们可以发现，假如氢原子距离氧原子很远，它们会向氧原子靠近，直到它们的距离少于 0.096nm，这个距离是水分子中氢原子和氧原子的平衡距离，然而，假如它们离得更近，氢原子和氧原子则会相互排斥。

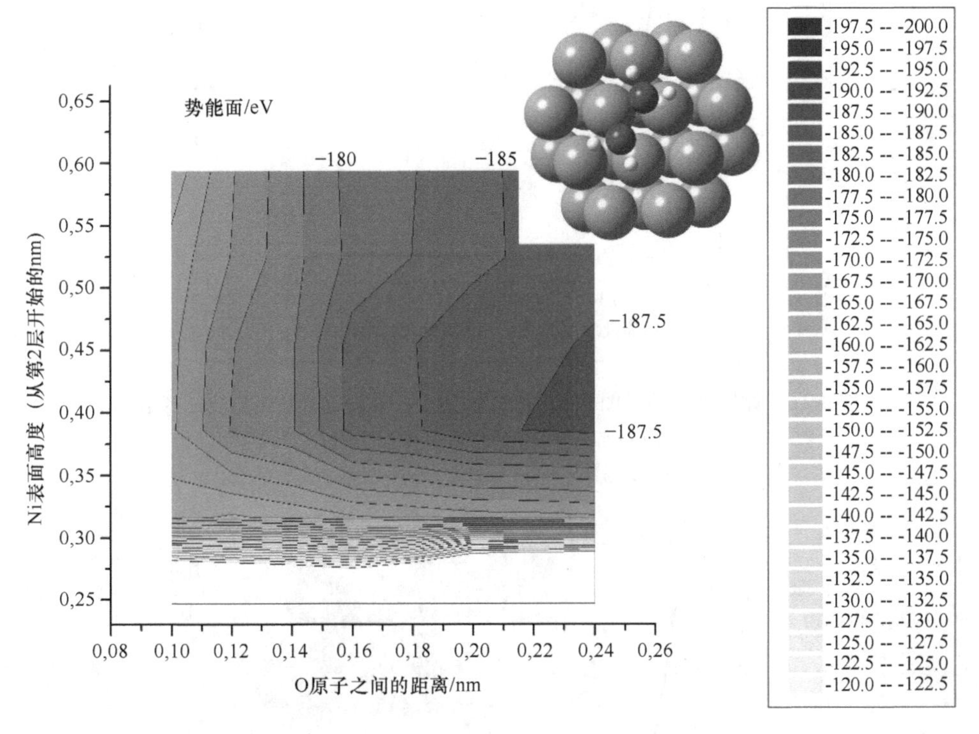


图 3.15　在镍金属的表面上两个水分子的势能面，以距金属表面的高度作为第一个自变量（这个高度由镍原子第二层的坐标来定），以氧原子的间距 $2e$ 作为第二个自变量

注：对于两层 24 个镍原子的势能的量子化学的计算利用 Hartree－Fock 方法，其他的原子利用密度函数理论（B3LYP），以及 SV 基函数（见 3.2 节）。对于一个参数值的集，水分子的位置我们可以在输入的量中得到。能量的 0 值是任意选择的（Sørensen，2005a）。

下一个步骤是来研究当每个氧原子和两个氢原子的距离不同时的能量特征。这样的研究可以重复之前的计算，将水中一个 H 原子距离保持在 $g=0.096$nm，其他原子距离慢慢增加，这个变量我们记为 $h$。图 3.18 展示了 $h$ 比 0.096nm 更大时的总势能。假如相对镍金属的高度不变，且为 $z=0.4$nm，就会有一个最小的势能值（见图 3.15 和图 3.16），那样，这个氢原子与氧原子之间的距离会保持在 0.15nm。如果水分子与金属镍的表面更近（$z=0.32$nm），那么水分子中的那个氢分子理论上将会移开，但是由于总能量升高了，它们将不会移开。取而代之的是，它将会使得 $z$ 的最小值变高（对于 $h>0.14$nm，$z=0.32$nm 时的系统的能量将会比 $z=0.4$nm 的能量更高，无论在哪种情况下，氢原子均将会互相移开）。

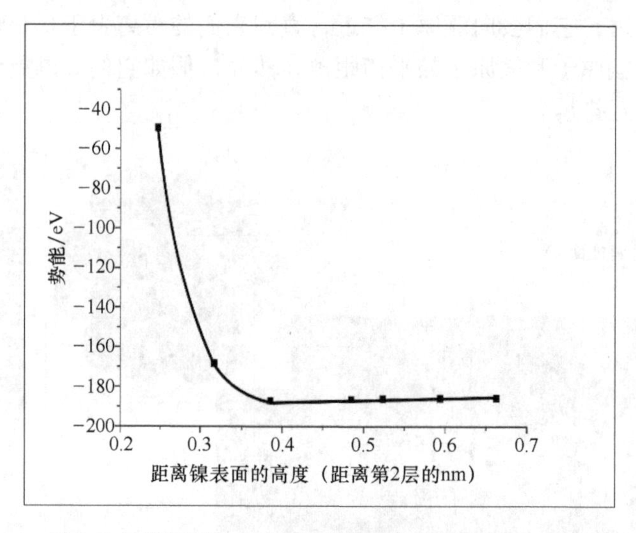


图 3.16　详细地描绘了图 3.15 中作为超过在 Ni 表面高度 $z$ 势能的函数，而 O 原子之间距离固定为 0.24nm

注：在图 3.15～图 3.19 中的总电荷被定为 0（Sørensen，2005a）。

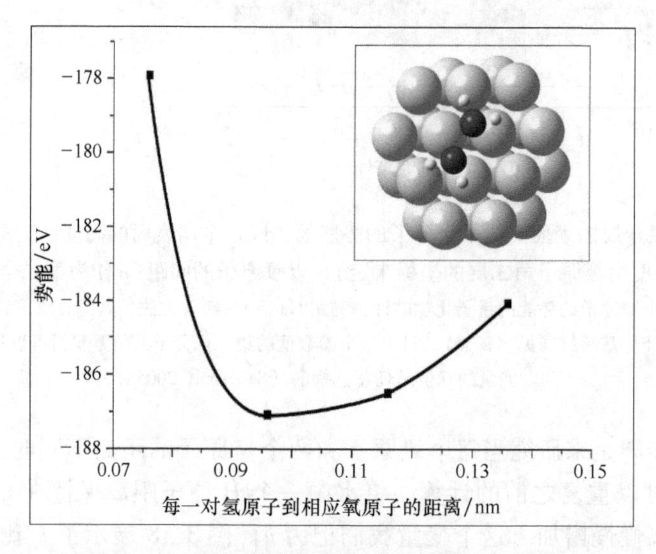


图 3.17　如图 3.15 一样，Ni 加上两个水分子系统的势能，随着氢原子和对应的氧原子之间的距离

注：氧原子之间的间距为 $2e=0.24$nm，它们在 Ni 表面上的距离为 $z=0.4$nm，我们可以看到这种情况下的最小势能（Sørensen，2005a）。

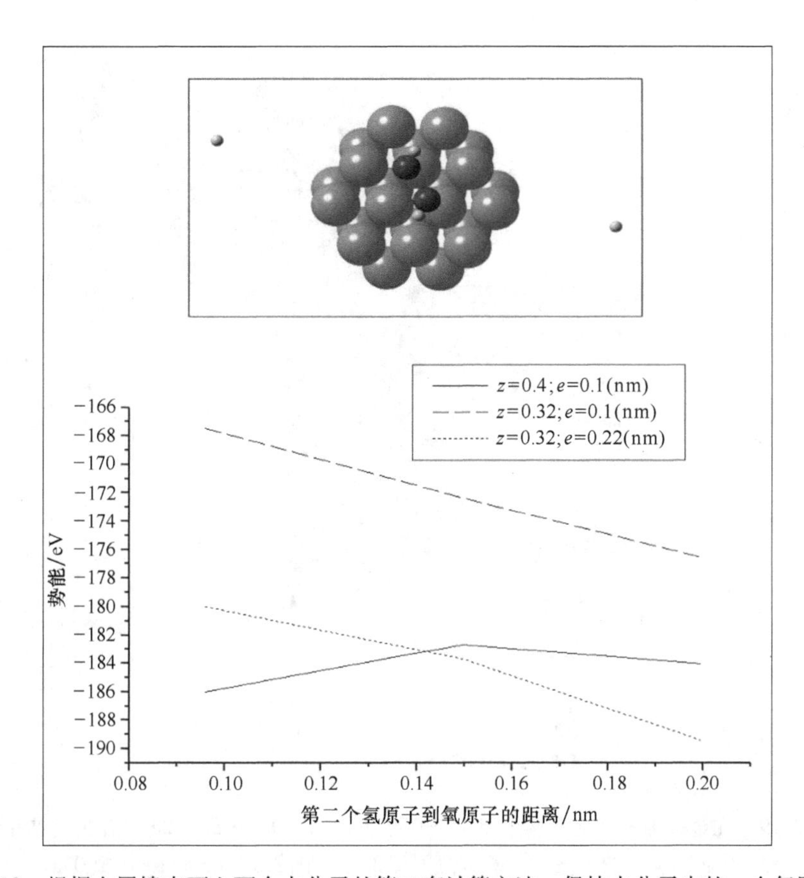


图 3. 18 根据金属镍表面上两个水分子的第二套计算方法，保持水分子中的一个氢原子的距离为 $g=0.096\mathrm{nm}$ 不变，允许另一个氢原子移动，总能量与距离 $h$ 的关系显示如下，其中这个图显示了两种距离，一种为 0. 2nm，另一种为 0. 44nm（Sørensen，2005a）

从图 3. 18 我们可以发现，得到第二个氢原子来生成水分子不是自发过程。那么，将第一个氢原子和氧原子结合起来是否是自发过程呢？

图 3. 19 展示了这种情况下的量子化学的计算（总的电荷量仍然等于 0）。认为势能是两个氧原子距离的函数，而对于单独的氢原子来说，势能是 H – O 的距离的函数。我们可以发现，两个本来已经分开的氧原子将会离得更远，而对于所有的氧氧距离超过 0. 12nm 的情况，单独的氢原子将会朝氧原子方向移动，直到它们达到平衡距离 $g=0.096\mathrm{nm}$。换句话说，第一个氢原子接近氧原子从能量角度来看是自发进行的（图 3. 3a 中从上到中部的线）。

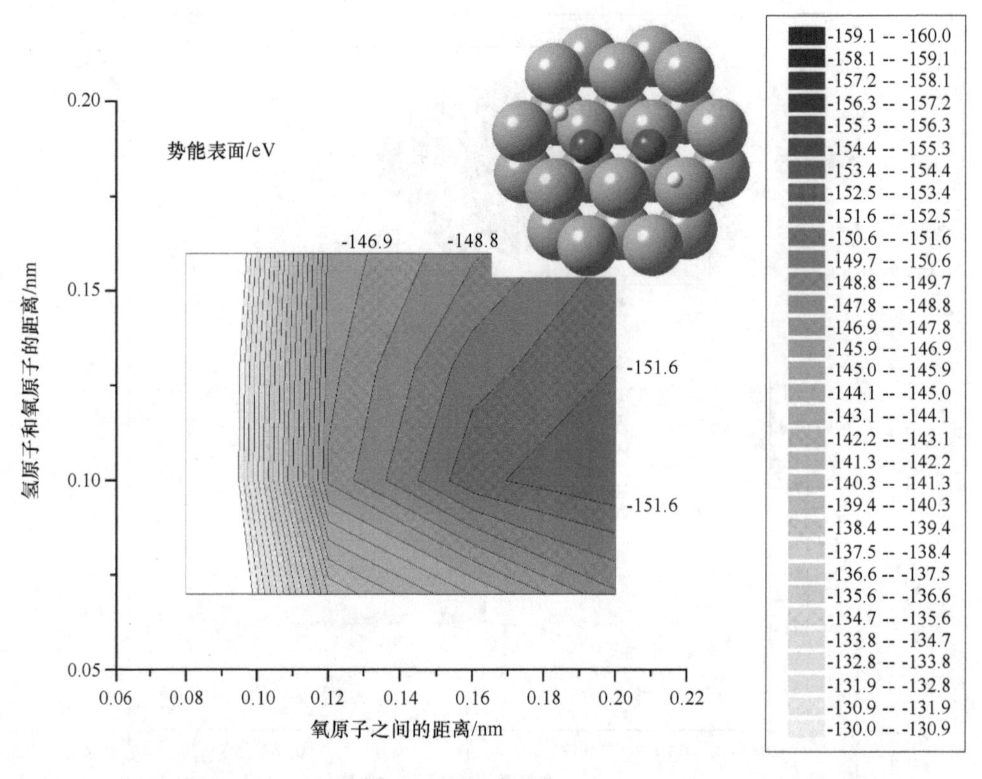


图3.19　在金属镍表面之上两个HO分子的势能，以O-O距离$2e$为自变量或者以O-H距离$g$为自变量，计算方法同图3.15～图3.18（Sørensen，2005a）

为了计算水的形成过程，我们需要更多的条件，比如两个其他水分子的存在（见图3.3b）或者催化剂的存在，其中催化剂可以是金属的表面或者是某些有机分子（比如说光合作用中的酪氨酸分子（Sørensen，2010a）。对于中性原子，我们已经在前面阐述得比较彻底了。现在我们可以更加详细地观察电荷的分布，这个观察我们可以从4个氢原子在负极中夺得4个正电荷开始，氢原子夺得4个正电荷后会通过电解质溶液。

在图3.20中，电荷分布的研究可以类似于前面3个例子，而前面3个例子的总电荷分别为4、2和0个原子单位。对于分子系统来说，电荷分配不是一个能够用量子力学计算和研究直接能够得到的，而电子电荷将会分布在整个系统空间内，电子密度也是将会分布在整个空间中。在一个原子核中，我们将假设，正电荷的分布将会集中于分子中心的某一个点。Mulliken方法（Mulliken，1955）只是很多种近似计算原子电荷分布方法之一，这种方法将电荷近似地看作分配在邻近的离子中心。

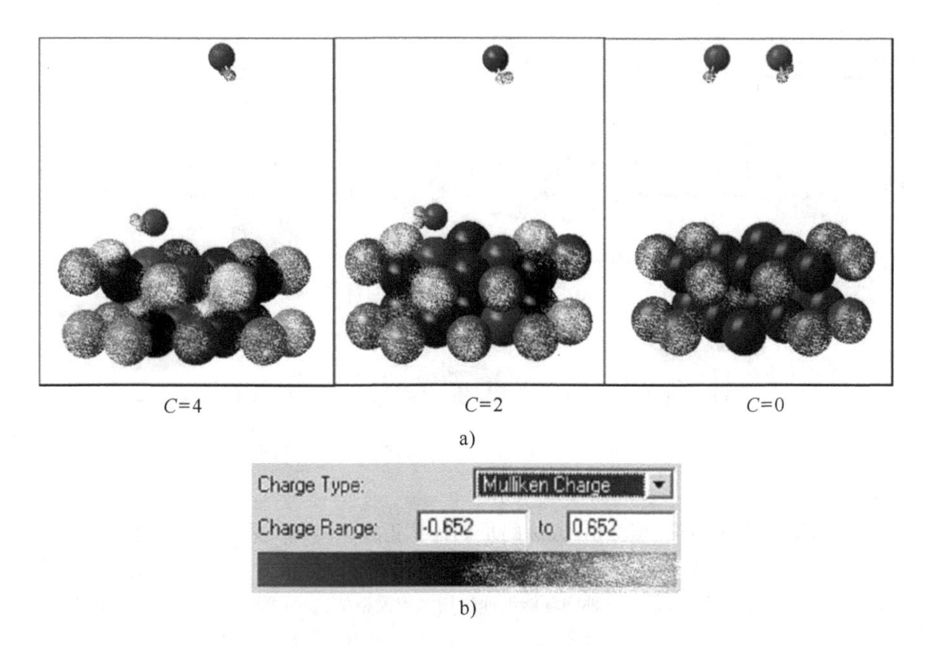


图 3.20　Mulliken 原子电荷分布（计算过程类似于图 3.15 ~ 图 3.19，对于两个水分子和镍金属的表面）

图 3.21 介绍了将一些正四价电荷单元的正电极系统进行计算研究的结果。这样的研究是利用之前的研究方法（见图 3.15 ~ 图 3.19）来试图得到水分子生成的机理。

4 个质子电荷从电解质膜进入上面的电极表面。其中一个质子传递到氧原子上，形成了 OH，另外的两个正电荷在很远的氢原子上。接下来的步骤中，这些微粒由于分子间的作用力朝向镍表面靠近，但是即使这样，水分子仍没有生成。取而代之的是，氢原子始终保持着带正电荷，氧原子始终带负电荷，在镍金属的表面相邻。将总的电荷数从 4 减少到 2，然后减少到 0，将减少总的势能（见图 3.21 的右边部分），但是，在金属表面上的 H 和 O 原子仍然保持着它们所带的电荷，没有中性的水分子生成。这样看来，DFT 计算的漏洞在于这种计算不能够正确描述 4 个质子引进电荷的动力学过程。事实上，因为我们只模拟了电子的结构，真实的过程应该是从镍晶格中得到电子开始，这个电子被用来将氢原子和氧原子在金属表面上结合在一起，然后，中性的水分子才得以生成。图 3.21 描述了 Mulliken 的方法的每一个步骤，这些步骤都存在不足：一开始移动的电子只有 1 个而不是 4 个，所以，当镍金属表面应该失去 4 个电子的时候，系统的总电荷却仍然还剩 1 个正电荷，而按正确的步骤来说，本来表面的原子能够生成水分子的。

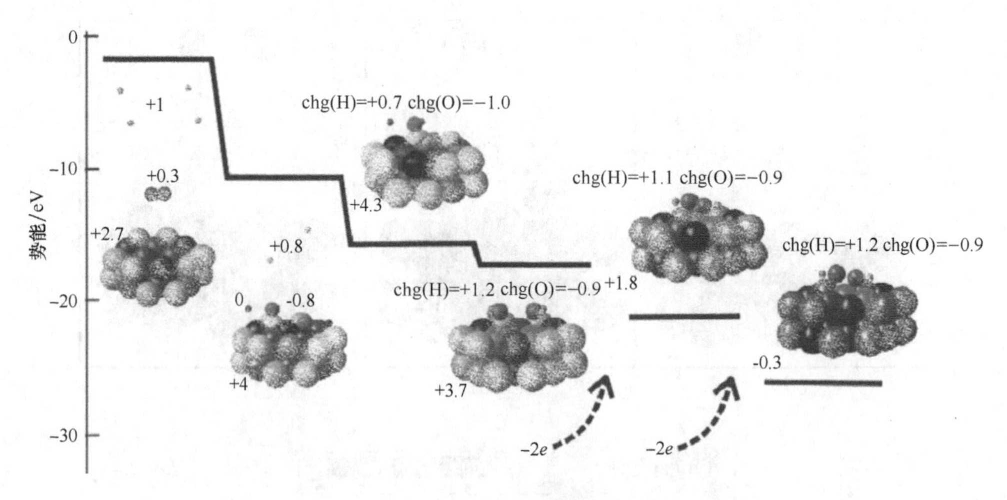


图3.21　利用DFT PBEPBE方法的早期计算正极，将整个系统看成一个整体

注：我们可以看到，整个系统的电荷分布相当不正确，尤其是对于靠近左边的部分，这种不正确导致后面所算出的能量差都不可信。这种问题能够通过增大镍晶格的大小而解决（Sørensen，2005a）。

在图3.22中，电荷分布的问题被进一步解释，对于3个总电荷数为+4的计算以及七个质子的位置不同的计算都在图3.22中展示出来。在图3.22a中，两个氢原子甚至带上了负电荷，而在图3.22c中，表面原子的电荷只是仅比0小而已，就如同在图3.21中一样。ONIOM方法使得每一个子系统都能有一个确定能量的“子电荷数”，就如在图3.22d中一样，在这种情况下，总电荷数等于+2。

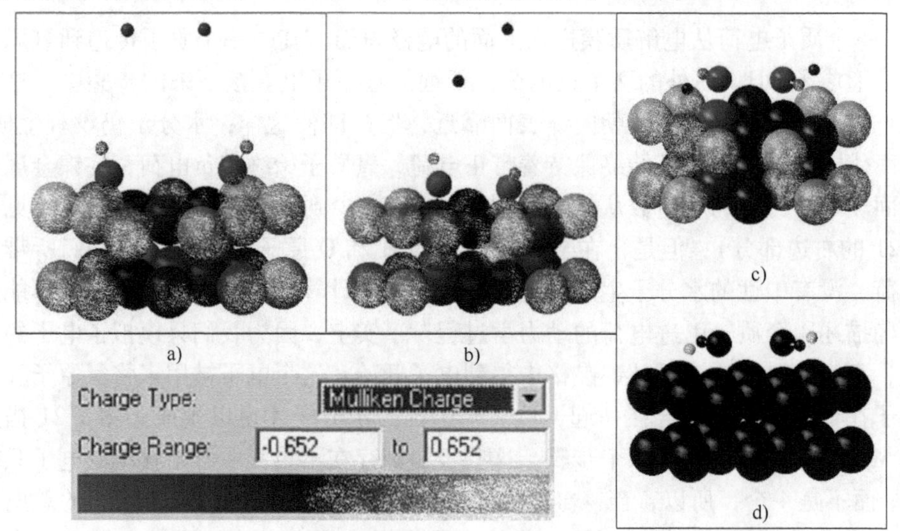


图3.22　图a～c为DFT计算的例子，没有控制子系统的电荷数；图d为预测子系统电荷数后的计算例子

图3.23中展示了用于DFT计算的ONIOM方法，首先，氢离子的所有4个电荷都移到金属表面之上，在第三步中，两个电荷移动到OH分子上，在第四步中，这些电荷被在镍表面上的电子所中和，两个剩余的质子向中性的OH靠近。然后，另外一对电子可以从镍表面传递过来，这样OH和H之间就产生了一种轻微的结合力，从而只要有轻微的能量扰动，水分子将会顺利形成。这样，镍金属的表面将会带正四价的电荷。就如同图3.21一样，必须要引进外界电路的电子从而使得水分子能够顺利形成，并且离开金属的表面（将催化剂上的电荷从4变成2）。这是一个比较实际的结论，这个结论告诉我们除非金属表面连接了一个外电路，否则，水分子将不会离开催化剂表面，即水分子将堆积在催化剂表面。继续将镍的表面降低到0电荷也不会使得表面的水分子被顺利释放。计算出来的获得的能量通常会超过观察的值，尤其是对于氢原子与其他部分较远的情况（这个性质与表3.1所展示的一致），图3.23仍然仅仅是一个对燃料电池正极过程的一个不完全描述，但这个描述在定性方面是可以接受的。

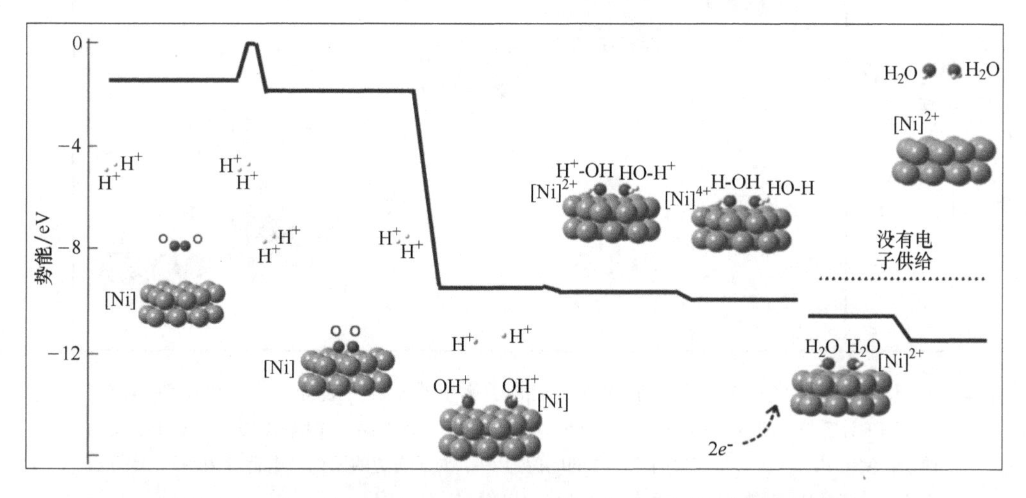


图3.23 对于镍金属表面，两个氧原子以及4个氢原子的势能计算

注：这个计算使用了ONIOM方法，将镍表面作为HF计算的下层，两个O原子或者OH基团看作中层，最后4个或者两个氢原子看作是高层的部分，使用的是B3LYP密度函数方法。除了最右边的两组为+2电荷以外，总的电荷为+4。在第一组中（最左边的那一组），电荷分布于4个H原子上，然后是两个电荷被移动到镍表面上，最后4个电荷都被移动到镍表面上。右边的两组中有两个电荷是从外部电路中得到的。它们的能量被平均结合能所转移。外部电流的产生使得水能够从镍金属表面转移开。而第2组和第3组的能量差距过大的原因是DFT计算不能够准确地描绘出那些离主分子很远的原子（Sørensen，2005a）。

量子化学DFT模型的部分缺欠可以解释为模拟的催化剂表面微区的简化。另一种科学家们研究的方法能够减少计算的时间，这种时间的减少是在无限大的镍金属平面内的情况下，通过简化设计来达到的（使用了边界条件）（见图2.46

后面的计算）。但是，这种方法需要催化剂表面的原子满足一定的周期性，这样，需要有一大批原子同时在整个催化剂表面传递。Okazaki 等，（2004）利用这些方法计算了正极的水产生的过程，得出的能量比使用 ONIOM 方法更小，同时也更接近实验数据（见图 3.23），在 ONIOM 方法中，第三步高估了获得的能量，同时联合的计算结构高估了总的势能。

人们可能会认为，在量子化学的层面，负极比正极更容易研究。氢分子的解离在图 2.5 的计算中我们已经讨论过了。图 3.24 展示了在正极，存在外部电流的原因是氢离子可以通过外部电流从镍表面被剥离开来，同时，在这个情况下，能量增益被一定程度上地高估了。

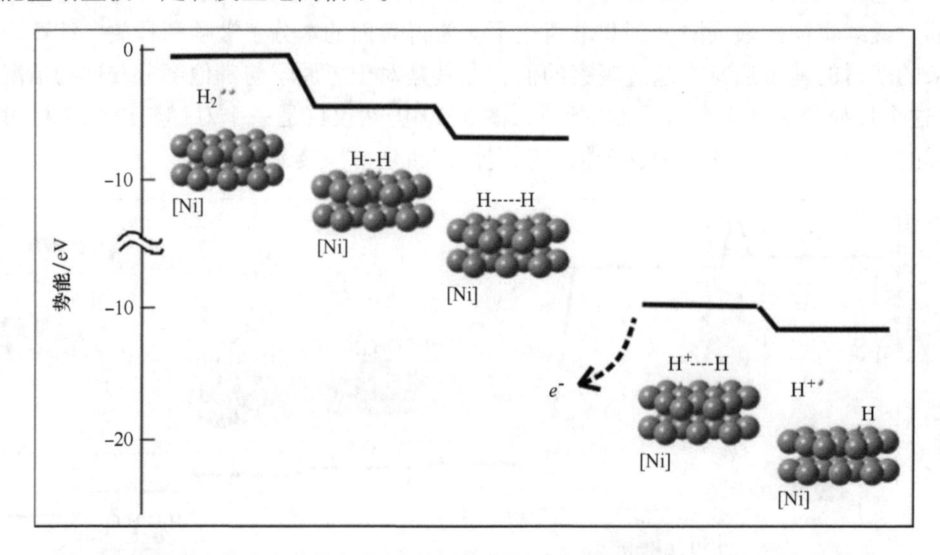


图 3.24　燃料电池中负极的氢的解离和离子化（质子离开表面，进入到电解质层）

注：DFT 计算使用的 ONIOM 方法，一种 SV 基组，对于催化剂层，使用 HF 方法，对于表面的原子，使用 B3LYP。对于左边的三列总的电荷为 +4，对于右边的两列，电荷数为 +2。计算出来的能量增益高于实验测得的能量（Sørensen，2005a）。

总之，金属催化剂的存在无论是对电荷的转移（从而导致燃料电池电流的产生，使得水的生成变得在能量角度上是可行的），还是对水从反应区域内移动出去，都是非常重要的。这里所介绍的这种简单的计算给出了一个对于在燃料电池运行机理上的、定性的、在量子力学范畴的解释，但是，由于基本的密度函数理论本身的问题（分子实际上不会紧紧地挨在一起），而这些计算需要密度函数理论来解释分子的某些性质，这里介绍的计算不能够准确地给出能量转移的每一个步骤，正如第 1 章所讨论的那样。

### 3.1.5 流动和扩散模型化

理解燃料电池电极的分子运动机理需要量子力学的知识，而解释流体在燃料电池流道中流动，气体在扩散层中运动可以用经典物理理论解释，比如说流体力学和扩散理论。牛顿方程在连续媒介中的平衡可以写成 Eulerian 传递方程形式：

$$\frac{\partial}{\partial t}(\rho A) + \mathrm{div}(\rho v A) + \mathrm{div}(\boldsymbol{s}_A) = E_A \tag{3.50}$$

式中，$t$ 为时间；$\rho$ 为密度；$v$ 是在空间某一点（$x$，$y$，$z$）的速度；$\boldsymbol{s}_A$ 为描述微观分子运动的向量；$E_A$ 为量 $A$ 在外部的源。

对于流体流动，$A$ 可以是速度为 $v$ 的一个组件，当 $A=1$ 时，式（3.50）是连续方程：

$$\frac{\partial}{\partial t}(\rho) + \mathrm{div}(\rho v) = 0 \tag{3.51}$$

当 $A=v$ 时，分子移动速度与张量 $\tau_{ij}$ 有关（Sørensen，2004a）：

$$-(s_{v_i})_i = \tau_{ij} = \left(-P + \left(\eta' - \frac{2}{3}\eta\right)\rho\mathrm{div}(v)\right)\delta_{ij} + \eta\rho\left(\frac{\partial v_i}{\partial x_j} + \frac{\partial v_j}{\partial x_i}\right) \tag{3.52}$$

式中，$P$ 为压力；$\eta$ 为运动黏度；$\eta'$为体积黏度。

假如后者可以被忽略，那么流体可以被认为是不可压缩的，方程（3.50）的简单版本（当 $A=v$ 时）中代入（3.52）被称为 Navier - Stokes 方程。

类似方程（3.50）～（3.52）的数值解可以用很多种方法得到，每一种方法都对应特定问题。流体建模现在应用很广泛，包括气候建模、天气预测、飞行器和交通工具的空气阻力计算，以及锅炉和涡轮的设计等。燃料电池流道中的流体流动只是其中的一个方面。这些数值方法可以包括两个类型。第一种，整个空间需要被离散化，这就表明，我们考虑的函数只是在一系列的网格点上，微分方程就成为了差分方程。每一点都被分配上我们研究过的平均数值，这些初始值方程初值问题（基准和速度，相应于连续状况下各种变量及其导数，即已知的、在 $t_0$ 时刻的各个点）的解，或者是边界问题（在定义所计算的空间的特定边界的基准和速度）的解就能够被求出来。

另外一种计算类型定义了一个三维区域的离散组，这个区域包括了计算中我们所感兴趣的区域，扩张了多项式基组的解集，将整个线性区域进行块状划分，对于每一基元区，我们称之为有限元。每一个基元多项式都为 0（除了少数基元区域以外），流场区域 $v$ 的解为线性基函数的集合。这些系数可以用这样一些方法得到：将微分方程在一些有限的点中进行运用，或者是将一个合适的聚合函数（比如说当函数的解与能量空间的一个静态点有关时，总能量函数就是一个聚合函数）最小化。这些有限单元（或者称作基元部分）在变量 $v$ 变动很小时，可以选取得大一些，在 $v$ 的变动很大时，可以选取得小一些。对于很多问题，解决方案设计的对称性能够使得传递方程在小于三维的空间内解决。

利用流体动力学或者有限元解决问题的例子将在后面的部分中展示出来。显然这些方法可不仅仅运用在速度计算中，使用一个在式（3.50）中合适的 $A$ 值，一旦基本的速度场被确定下来了，代入其他函数之后，其他的变量也可以确定（比如说温度）。在温度 $T$ 这个例子中，在式（3.50）中的源项 $E_T$ 包括了外部的热源和冷源，理想气体定律可以使用。

不管是有限元还是离散积分的方法，都不能够解释混沌现象或者是其他微观的运动（比我们确定的尺寸更小的运动）。小尺寸的运动在大多数情况下我们都认为是随机发生的，在这个情况下数值 $A$ 被称为“扩散”。扩散能够用 Fick 定律解释，该定律假设通量密度 $f$（它指在一个单位空间内向某一特定方向通过的粒子数）与粒子的浓度 $n$ 的负梯度成正比（Bockris 和 Despic，2004）。

$$f = -D\ \mathrm{grad} n \tag{3.53}$$

比例因子 $D$ 被称为扩散常数。我们假设每一个粒子，即每一小部分流体，在其余流体的综合影响下移动。Fick 定律和连续性方程合并一起［与式（3.51）类似］，成为以下的形式：

$$\mathrm{div} f + \frac{\partial n}{\partial t} = 0 \tag{3.54}$$

这个形式表示浓度的变化与各个方向的总流量的负数相等。结合式（3.53）和式（3.54）我们可以得到扩散方程：

$$D\Delta n = \frac{\partial n}{\partial t} \tag{3.55}$$

其中我们使用了标记 $\Delta = \nabla^2 =$（div grad）（矢量散度）。方程（3.55）描述了单一物质的扩散过程。在一些实际例子中，比如说在燃料电池中，可能有数种化学成分组成，各种化学组分的比例为 $x_i$［见式（3.6）］。这些有关 Fick 定律的方程现在被称为 Stefan－Maxwell 方程，使用理想气体法则（其中 $i$ 组分的分压力和分摩尔分数为 $p_i$ 和 $n_i$）后，这个方程可以被写作（Bird 等，2001）：

$$\mathrm{grad}\ x_i = \frac{\mathscr{R}T}{P}\sum_{j \neq i}\frac{x_i f_j - x_j f_i}{D_{ij}} \tag{3.56}$$

$$p_i = n_i \mathscr{R}T/V \tag{3.57}$$

$$P = \sum p_i;\quad n = \sum n_i, n_i = x_i n \tag{3.58}$$

式中，$\mathscr{R}$ 为气体常数［见式（3.6）］；$T$ 为温度；$P$ 为总的压力。

第 $i$ 种组分的通量密度被记作 $f_i$，总的体积记作 $V$。扩散常数 $D_{ij}$ 描述了组分 $i$ 和 $j$ 的相互扩散，它与物质 $i$ 和 $j$ 的碰撞的自由程成正比，也与它们的相对速度 $[(v_i^2 + v_j^2)/2]^{1/2}$ 成正比。组分 $i$ 的通量密度与这种物质在某一点的速度的关系如下：

$$f_i = \varepsilon c_i v_i \tag{3.59}$$

式中，$\varepsilon$ 为孔隙率；$c_i$ 为组分 $i$ 的摩尔浓度（$\sum c_i = c_{\text{total}}$）。

对于气体扩散层中的小孔，与孔壁的碰撞是物质间的一种常见碰撞，在式（3.56）的右边我们可以看到其另外的一个影响（Knudsen，1934）

$$-\frac{\mathscr{R}Tf_i}{PD'_i} \tag{3.60}$$

式中，$D'_i$是一个与压力无关的扩散常数，它与孔的结构有关，对于这种颗粒之间碰撞的扩散系数，有时必须通过孔壁存在进行调整。

由于孔壁的存在而调整的情况下比较常用（Bruggeman，1935）。

很多数值模型需要满足更多的条件，这些模型只有当一些特定条件满足后才能够成立。比如说，假如我们对燃料电池的起始状态以及燃料电池运行方式的变化不感兴趣时，我们能够使用稳态过程的方程，这些函数只有在与时间没有关系的情况下才能使用。对于有些问题，我们可以忽略温度的变化。而对于气体导管，我们可以运用层流理论。在多孔介质中的扩散，我们通常利用气体扩散或者是膜层的各向同性来近似，与化学反应有关的通常被忽略或者是简化掉了。而水分子的蒸发和凝结通常是燃料电池运行的一个关键性步骤，这个步骤通常被列出详细的模型。

对于很多燃料电池的运行来说，对水的管理通常是最重要的部分之一。对在高温度运行的电池来说，水蒸气可以被认为是气体流的一部分。但是，对于在低温运行的燃料电池来说，却需要两相流动的模型，即在气体扩散层和气体通道内（再加上在电解质和膜内），需要水的液体形式，也需要有水的气体形式。这样，我们应该考虑电池中两相流动以及蒸发和冷凝的过程。电池中产生的水被认为一开始为气态，其产生与电池的电流成正比。后来，水蒸气被冷凝为液态，在电池的正极最有可能出现。液态水的运动经过气体扩散孔（很有可能由毛细压力梯度推动着流体运动（Wang 等，2001；Nguyen 等，2004）。流体速度和压力梯度的关系可以用下面的 Darcy 法则表示

$$v = -\frac{K(s)}{\varepsilon\eta}\text{grad}P \tag{3.61}$$

式中，$K$ 为渗透能力，与水在孔中的饱和度 $s$ 有关；$P$ 为未饱和流体的压力，与毛细压力函数成正比，同样也与 $s$ 有关（Stockie，2003；Stockie 等，2003）。

水在孔中的流动可以通过利用特氟龙（聚四氟乙烯）减少水对于孔壁的黏度从而使扩散层饱和来加强。

### 3.1.6 温度因素

接下来的部分我们将讨论一些燃料电池的基本概念。其中有很多概念和燃料电池技术的发展历史有关，但是也有很多和燃料电池被设计运用在很大的温度范围内有关。很多情况下，高的运行温度会产生高的电力产生效率，但同时，高的温度会由于车的冷启动等情况，使得运行非常不方便，也会影响运行效率。

一般说来，大的燃料电池装置总是在追求可能的最高效率，这使得熔融碳酸盐燃料电池（运行于670℃）和固体氧化物燃料电池（运行于800℃以上）在这个方面很流行。对于非分散式应用，尽管有一些锅炉运行的温度已经与高温燃料电池比较相似了，但是低的运行温度通常是首先要被考虑的问题。对于汽车而言，没有燃烧装置意味着热量必须要事先产生，并且存储起来，并且由别的装置（比如说电池）补充热量。这些补充热量都是相当不划算的，燃料电池被人们认为是电驱动交通工具的替代品，甚至是混合驱动的替代品，而用于加热的能量将会不可避免地降低总的运行效率。当我们将使用低温燃料电池的能量与将电池加热到运行温度进行比较之后，这种不划算将会更加明显。

这样的成本概算的结果就是，在现有的技术下，质子交换膜（PEM）燃料电池由于能够在比较适宜的温度下运行，被认为是陆上交通的首要选择，而更高温度的燃料电池基本上只被一些集中固定应用场合所考虑。市场的发展可能会打乱这种选择思路，因为机动车市场是燃料电池技术选择的一个重要部分，假如市场的竞争能够使得PEM燃料电池的价格下降，那么，这种电池将会在其他领域将别的类型的燃料电池比下去。在如今的市场发展中已经渐渐呈现出这种趋势，因为许多生产厂家已经用生产车用的PEM燃料电池技术来生产一些小型一体化建筑的PEM燃料电池单元，从而来代替天然气锅炉。由于低效率和高污染的问题在运输方面比在化石能源产生能量的步骤中更加严重，高温燃料电池的市场还是非常小的，使得这些燃料电池很难由于市场的作用而导致价格下降。

## 3.2 熔融碳酸盐燃料电池

在高温下，燃料电池利用碳酸根离子来穿透固体基质电解质的过程在图3.25中展示。这种电池是为了用于固定式的应用以及更高的燃料利用效率。这种熔融碳酸盐燃料电池（MCFC）的电极反应如下：

$$H_2 + CO_3^{2-} \rightarrow CO_2 + H_2O + 2e^- \tag{3.62}$$

$$\frac{1}{2}O_2 + CO_2 + 2e^- \rightarrow CO_3^{2-} \tag{3.63}$$

式（3.63）中的二氧化碳在大多数设计中可以与式（3.62）中的二氧化碳连同氢燃料一起进行循环重复利用。科学家们还提出一种设想，化石能源产生的二氧化碳排放可以被用作这种燃料电池的二氧化碳提供者，从而有效降低温室气体的排放。然而，随后，式（3.62）中的二氧化碳排放可以被收集起来或者重新以碳酸盐的形式将其回收（Lusardi 等，2004）。如图3.25所示，所有的气体必须在合适的通道中，从而形成我们所期望得到的流动方式，同时能够回收一定的未使用完全的燃料气体。这样我们就需要从燃料电池堆中分离出另外的燃料回路。电池的电解质包括 Li－K（对于一些在接近大气压力运行的系统），或者是 Li－Na 化合物（对于高压系统），它们能够承载熔融的碱性碳酸盐，同时为了装置的稳定性和强度，这个电池通常用多孔的铝化合物基体（比如说 $LiAlO_2$）。

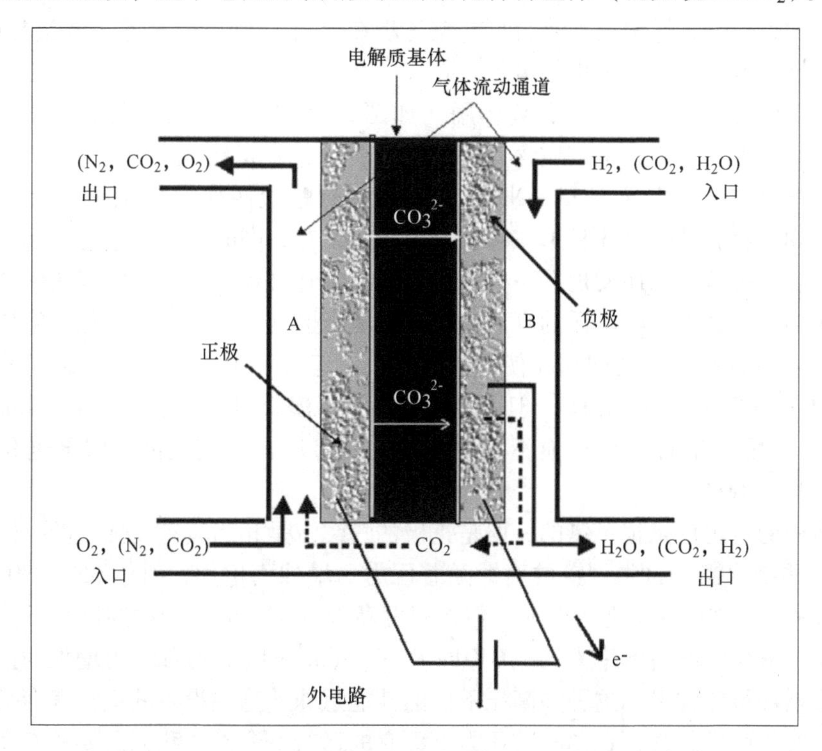


图3.25 熔融碳酸盐燃料电池的原理图

注：括号中的气体不会参与电化学过程，但是它们既要保证气体正常流通，又要将多余的气体带出。二氧化碳从负极到正极的循环也可能以其他的方式进行。

对于负极的镍金属通常以 Cr 或者 Al 为添加剂，从而能够提高材料强度，对于正极的材料氧化镍通常以 Mg 或者 Fe 为添加剂，从而能够避免短路的问题。从正极产生的碳酸根离子，通过电解质基体，在660℃以上、在负极上与氢气混合。这个过程通常是利用煤气汽化所产生的氢气或者是天然气所转化出的氢气。第一个研究装置（在20世纪80年代建成）有严重的电解质衰减问题，比如说基体经常发现裂缝（Mugikura，2003）。样机在大约2000年的时候被投入使用，人们认为长时间运行，会产生结构变化影响，尤其是在密封和铝基体完整性方面（Jun 等，2002；Frangini 和 Masci，2004；Mendoza 等，2004）。第一个 MCFC 发电厂的样机测试（250kW 以上）于1996—2000年在美国、日本、意大利和德国进行（Farooque 和 Ghezel - Ayagh，2003）。达到了55% ~60%的转化效率，但是理论上，这个效率应该更高一些（大约应该达到70%）。尽管测试的样机的测试周期不长，但是人们仍然可以发现关键部件的老化问题比较严重，现在研究人员正在努力改善这个现状。我们需要知道的是，电解质和电极的老化在所有电化学系统中都是很常见的，同时也是传统和现代电池寿命不长的根本原因。现在我们遇到的挑战是，燃料电池是否可能超过现在电池的普遍寿命（五年以内），从而使得燃料电池在经济上更加可行。

电解质还有针对气体的分离作用（如图3.25所示），除了提供离子传输作用之外。物理上来说，电解质含有一种压缩粉末，在运行温度下呈现出软糊状，这就是电解质基体中液态 Li - Na 或者 Li - K 碳酸盐叫作"熔融碳酸盐"的原因。$LiAlO_2$ 材料能够以3种形式存在（α、β 和 γ），同时在燃料电池的运行时间延长之后，科学家们还发现了一些过渡的形态（比如说 γ 向 α 的过渡形态），这些过渡形态将会加速电解质的衰退。一旦电池衰退到一定的程度，孔的结构会打开，Ni 会沉积在电极之间从而使得电解质无法运行下去。Li - K 比 Li - Na 电解质更加容易发生酸性溶解，但是后者对高的温度更加敏感（Hoffmann 等，2003）。使用 α 型的 $LiAlO_2$ 而不是传统的 γ 型可以在一定程度上降低老化速率（Batra 等，2002）。

负极的稳定性是很不错的，但是正极的气体流是相当具有腐蚀性的，同时会侵蚀一些氧化镍的材料。镍的腐蚀随着压力的增加而增加，对于660 ~700℃的 MCFC 来说，这种现象尤为明显。但在温度高于1000K 时，镍的腐蚀会下降。在常压下，氧化镍的溶解率大约在0.01 ~0.02g/($m^2$ · h)，假如压力增加的话，溶解率会增加得非常多。这种在高压下面的性能意味着这些设备的运行寿命只有几个月的时间而已，甚至在温和的压力下，它的运行寿命都比我们需要的寿命短很多（只有3年以内）。催化剂 Li - Ni - O 和 Li - K 共熔后的阻抗的测量通常在有腐蚀性的 $CO_2$ - $O_2$ 气氛中进行，测量的结果显示在运行过程中，Li 元素会进行转移，氧化镍材料会变形扩张（Escudero 等，2003）。同样，电极面积减少对电池性能来说有负面影响（Freni 等，1998）。研究人员曾经设想，将二氧化碳和氧气通入不同的管道，二氧化碳直接进入电解质基体，而氧气则在另一侧电极流动，这样可大大减少腐蚀的问题，从而使得效率的损失达到最小（Au 等，2003）。利用生物气体作为燃料，由于含硫气体等其他不纯净的气体的存在，新的腐蚀问题可能存在（Zaza 等，2011）。

在实际的 MCFC 设计中，流动通常由平板的褶皱所控制，湿润的密封条通常用来将有腐蚀性的气体和对它们敏感的电解质基底分隔开来，这样仍然可以让熔融碳酸盐流过。将 Ca、Sr、Ba 等的碳酸盐加入进来可以减少氧化镍的溶解作用（Tanimoto 等，2004）。在0电流密度时的电池电压大约为1V，与 $2kA/m^2$ 的电流密度的电池相比较，前者的电压大约减小了30%（Freni 等，1997）。希望利用刚才设想的技术，电池的寿命能够超过5年。

一些简单的关于稳态流动的电池运行的模型已经被建立起来了，这些模型可以用来确定电池的电压 - 电流的关系，并可以用来计算在考虑所有的电池辅助动力设备和热输入的情况下的总效率。用这些模型计算效率的时候，由于上面我们所考虑的因素，当压力升高时，效率会增高，当气流增加时，效率会下降（Simon等，2003）。热力学的各种限制在定义最佳运行区域时通常以燃料输入的形式被考虑进去（Zhang 等，2011）。

## 3.3 固体氧化物燃料电池

现在最受人关注的高温燃料电池还是固体氧化物电池。固体氧化物燃料电池（Solid Oxide Fuel Cell，SOFC）利用金属锆的氧化物作为电解质层来传递在正电极上形成的氧离子。电极反应包括了氧离子的传递［与式（3.15）和式（3.16）所示的氢离子的传递相比］，在电池名称上，这种电池以“氧”作为名称：

$$H_2 + O^{2-} \rightarrow H_2O + 2e^- \tag{3.64}$$

$$1/2O_2 + 2e^- \rightarrow O^{2-} \tag{3.65}$$

这些反应通常在固体状态下的电解质中发生，反应温度为600～1000℃。更低运行温度的电池是更加理想的，因为那样的话，就会有更多的材料能够在选择名单上。一大批材料可以被用作电极或者是电解质。

电解质需要能够传导氧离子，但是这些电解质不能透过氢气和氧气。所以，固体的膜结构通常被用作电解质。它可能包括了一个薄层的二氧化锆掺杂3mol%～8mol%的三氧化二钇，还可能有其他组分（比如说三氧化二钪）。电解质分子结构如图3.26所示。大约10μm 厚的陶瓷粉电解质材料可以被喷涂到负电极上（Kahn，1996），或者作为自支撑结构，但是需要100μm 厚（Weber 和 Ivers - Tiffée，2004）。通常来看，电解质的极化损失随着电解质厚度的增加而增加，所以可能的话，在不引起短路和气体渗透的情况下，我们只需要一个薄层的电解质。对于最低温度的电池，为了达到一个比较高的电导率，我们需要一个替代的电解质。这些替代的电解质包括含有金属钆掺杂二氧化铈，用于直接碳氢化合物的 SOFC 或者作为双层电解质的电池。第二层电解质可能是镓酸镧（$La_{1-x}Sr_xGa_{1-y}Mg_yO_3$），这种电解质具有很高的氧离子的电导率，但是这种化合物不稳定，且镓价格偏高。

电极的作用在于能够催化相关的反应，假如燃料不是氢气的话，电极还需要帮助燃料进行转化反应。电极需要有一个很大的有效表面积，但是在运行温度下，电极需要一定的稳定性和寿命。对于比如说图3.29中装置的设计，气流位于电极的外部，电极需要拥有对于反应气体的一定的渗透性。满足SOFC运行温度的电极通常以稀土金属的氧化物材料为主。对于正极的材料，通常包括$La_{1-x}Sr_xMn_{1-y}Co_yO_3$（有些材料中用Fe替代Mn，用Ca替代Sr）。$LaCoO_3$的分子结构如图3.27所示。通常，大约有20%的La原子被Sr所取代（$x=0.2$），而$Co_{(y)}$的量控制着材料的电导率、电极的热膨胀系数，这两个数值都随着$y$的增大而增大。正极材料都需要一定添加剂，以能够在高温氧气气氛下稳定存在。

负极材料可能是镍基化合物，比如说，用NiO与钆掺杂陶瓷混合物，$Ce_{1-x}Gd_xO_{1.95}$（$x$大约为0.1），以及$RuO_2$催化剂（在600℃下）（Hibino等，2003）。对于碳氢燃料来说，需要在温度大约为600℃下进行反应。在负极中，我们也使用同样的金属钇基氧化锆作为电解质，与Ni、Ce的氧化物混合使用（Weber 和 Ivers - Tiffée，2004）。金属有机化合物中的技术（Sørensen，2004a），能够增大电解质和电极的接触表面积。

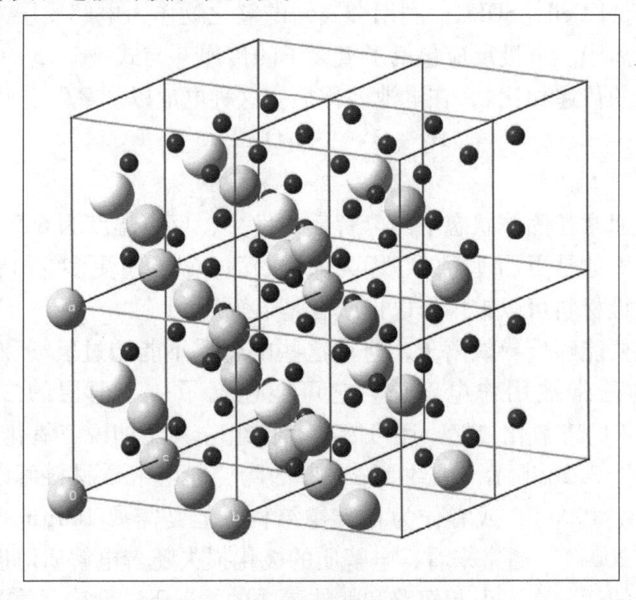


图3.26　8个单位的晶胞结构$Zr_{0.75}Y_{0.25}O_2$

注：小原子（黑色）为氧，大原子为Y（亮灰阴影）或者Zr（在体心或者面心部分）。氧原子处在最对称的结构中。对于单独一个二氧化锆分子来说，氧原子之间的夹角为21°，O-Zr间距为0.2nm，比图中所示的略大。

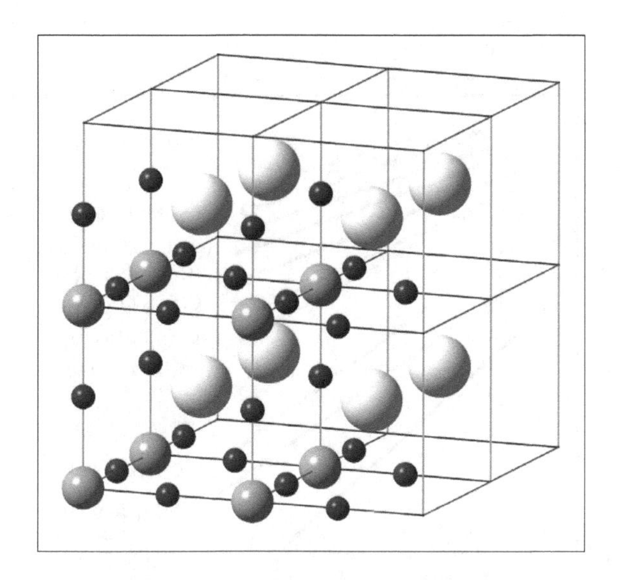

图 3.27 8 个单位的晶胞结构 $LaCoO_3$

注：体心为 La 原子（大的，带亮阴影）和 Co 原子（中等大小的，较黑的），在晶胞角落上的为 O 原子（最小的，最黑的），氧原子位于其他两种原子之间，与钙钛矿的原子位置一样。在很高的压力（125Gpa）和温度（2700K）下，钙钛矿能够以另一种形式存在，这种结构可以在地球中心找到（Murakami 等，2004）。

图 3.28 总结了对于一些 SOFC 电解质材料的电导率与温度的关系。电导率在低温时的下降解释了为什么 SOFC 在低温运行时效率会下降。

图 3.29 展示了一个 SOFC 经常运用的圆柱形设计图。其他的设计方式包括平板电池堆，或者有中央进料管的光盘设计。高效热交换在燃料电池设计中相当重要。

将 SOFC 的性能建模需要一个电化学模型、热流模型以及物料流动模型。电化学模型从计算电池内部电动势开始，这些计算需要用到方程（3.5）~（3.7）、（3.20）和（3.23），

$$\phi = \sum_i n_{e,\,i}\Delta\mu_i - \phi_{\text{losses}} = \sum_i n_{e,\,i}\mu_i^0 + \mathscr{R}T\sum_i n_{e,i}\log(f_i x_i) - \phi_{\text{losses}} \tag{3.66}$$

对于 SOFC 来说，式（3.66）有 3 项，其中两个正的式子分别是对于氢气和氧气，而负的式子是对于水分子的。常数项在右边，对于理想气体在常温常压下，可以由式（3.20）求导而得，对于 SOFC 来说，这个条件必须被考虑进去。其计算如下（Campanari 和 Iora，2004）：

$$\phi^0 = 1.2723 - 2.7645 \times 10^{-4} T_{\text{cell}} \tag{3.67}$$

式（3.66）右边第二项被称作 Nernst 电势，最后那个损失项与式（3.23）一样，由电阻损失和两个电极的损失组成。这些项可用测量的欧姆阻抗和参数化

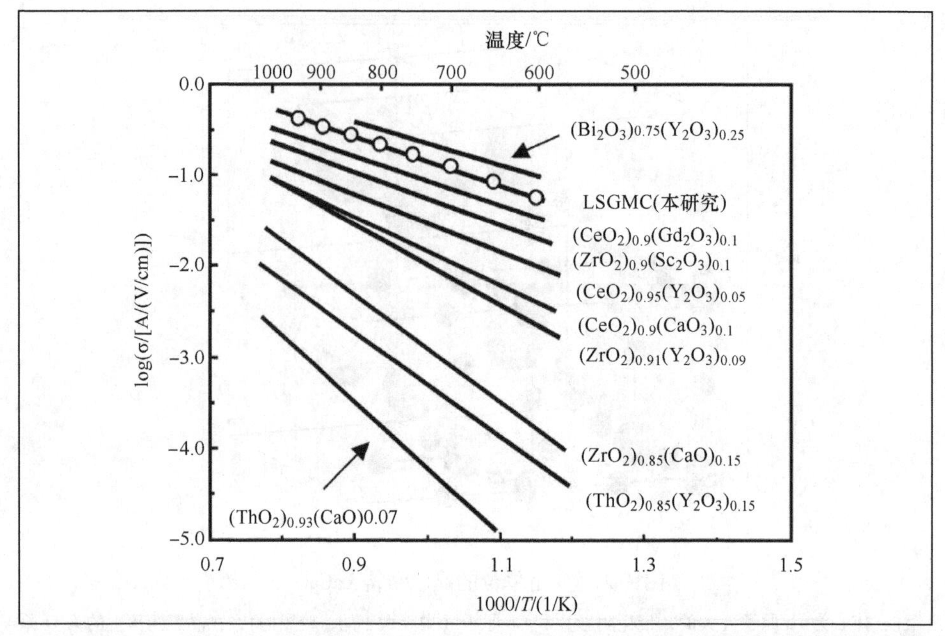


图3.28 $La_{0.8}Sr_{0.2}Ga_{0.8}Mg_{0.115}Co_{0.085}O_3$（空心圆圈）和其他材料的电解质电导率$\sigma$（单位A/V，有时称为西门子）随温度的函数变化［引自Ishihara等（2004），新型快氧离子导体及其在固体氧化物燃料电池电解质中应用，J. European Ceramic Soc. 24，1329－1335，得到Elsevier使用许可］

的电极活化损失建模（Costamagna等，2004；Campanari和Iora，2004）。

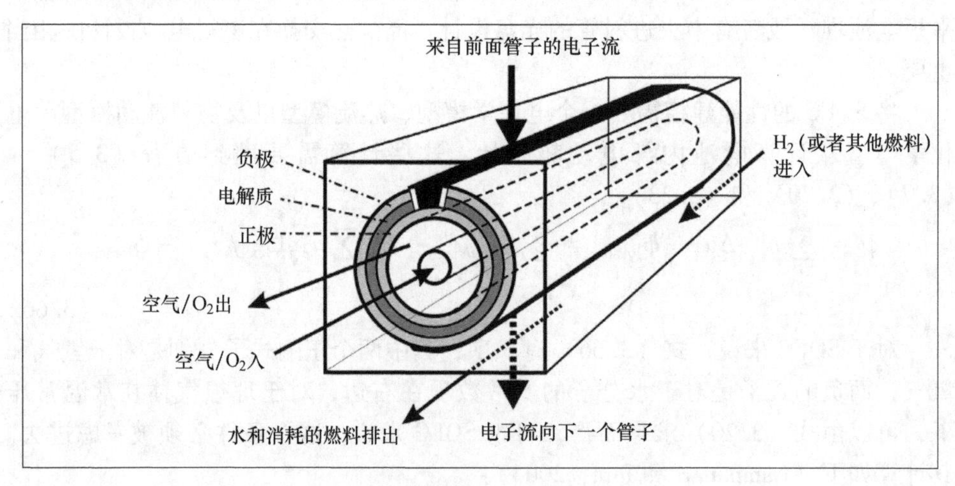


图3.29 圆柱形SOFC的结构图

注：空气（或者氧气）进入中心管，当温度被加热到运行温度时，空气偏离到下一个圆柱形环中。氢气（或者其他燃料）气流在圆柱体的外面，电池可以和其他的电气连接体一起组装起来，成为一个包。

对于热流和燃料流动的描述，模型可以由有限元或者一些对于 Eulerian 传递的平均体积的方法来建立。对于计算与时间有关的这些系统的性能，有几种程序可以运用，这些性能包括速度场、物质的浓度、温度以及电化学对和其他可能发生的化学反应。一些对于 SOFC 的计算如下所示。同时下图还有整个 SOFC 电堆模型（Roos 等，2003）。

图 3.30 给出了 SOFC（燃料电池的形状如图 3.29）中空气的速度场。这一部分从气体进入第二个管道壁面的中心部分开始，然后气体水平地覆盖了管子最里面的部分，在这里，气体被转移到外面的两根管子中。这个部分是模型中最难的部分，大多数流体动力学模型会让这一部分的计算基元数目增加。

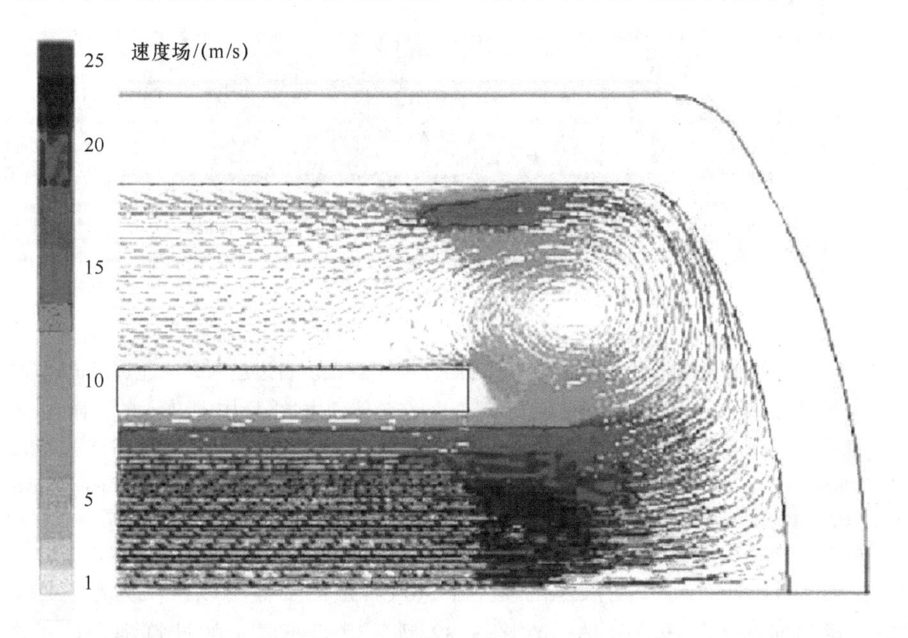


图 3.30 利用流体动力学模型计算的在固体氧化物燃料电池运行温度下对于空气/氧气流的转折部分速度场［引自 S. Campanari 和 P. Iora（2004），管状电池几何形状 SOFC 的有限体积模型的定义和敏感性分析，J. Power Sources 132，113 - 126，得到 Elsevier 使用许可］

一个类似的温度场建模展示在图 3.31 中，包括了装有空气/氧气的管子和它们的内壁以及电池的区域（电极和电解质，见图 3.29），其中电池半径在 0.5 ~ 0.72cm 之间，最后是一段燃料流的流道。电池沿着长度方向温度分布不是特别均匀，大约在接近电池和燃料室的管道末端有 100 ~ 150℃ 的温度下降。我们可以发现，空气、氧气在低温下进入电池的管道并不会使电池管在半径方向拥有一个均匀的温度，反而，它们只会在电池接近电极的地方达到电池的运行温度

（并且仅仅是圆柱体的中部）。另一方面，电池的正极、固体电解质和负极，以及与负极邻近的燃料流动区域温度只与电池管道长度方向的位置 $x$ 有关。

图3.32就展示了只是 $x$ 函数的这样一种情况。在图3.31和图3.32中的计算都体现出了电池和燃料温度的特性，但是图3.32中假设的空气/$O_2$ 进气预热温度比图3.31中的高。在内部的弯曲处，在图3.32中空气/氧气气流更慢，因此会造成温度的下降。这就暗示着，对于这个特殊的例子，更低的进入管道的空气温度可能更好，更高进入管道的燃料温度也会更好，虽然这有可能引发一些安全问题。一般来说，建立电池性能的动力模型是非常有用的。

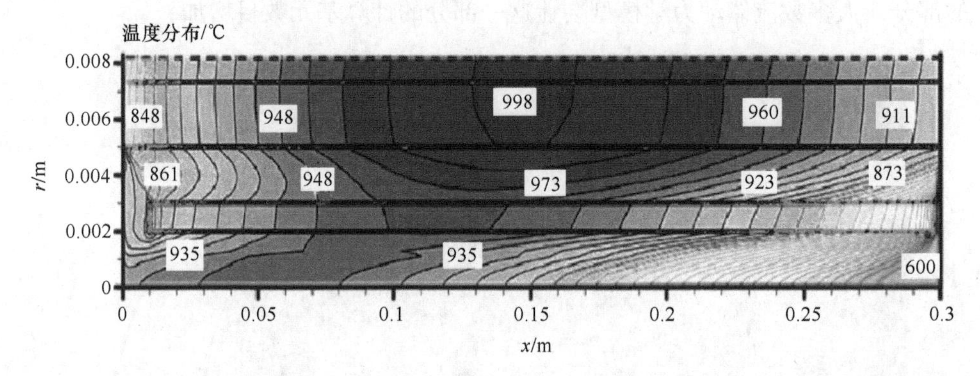


图3.31　沿SOFC圆柱体管道长度方向 $x$ 的温度场（空气从右边进入，在左边流道弯曲的地方结束，半径为从 $r=0\sim0.5$cm）就如在流体动力学模型中所展示的那样

注：最中间的水平带是电极－电解质组合体，上面部分（超过 $r=0.72$cm）为燃料流道［引自P. Li和M. Chyu（2003），电堆中管状SOFC的化学/电化学反应和热/传质模拟，J. Power Sources 124，487－498，得到Elsevier使用许可］。

在图3.31和图3.32所展示的模型中进入管道的气体可以被认为是前面天然气蒸汽重整所产生的混合气体。在图3.32及其以后所展示的计算中，假设燃料组成为26%的氢气（摩尔分数）、11%的甲烷、23%的二氧化碳、6%的一氧化碳、6%的氮气以及28%的水（Campanari和Iora，2004）。在图3.31中计算预先假设的气体里含有更多的甲烷，但是没有氮气。后面我们将介绍在SOFC中化石燃料内部重整方案。燃料和气流的其他组分的可能反应，除了电极的可能反应，必须要在燃料电池的模型中被考虑进去。

最近，利用CFD（计算流体力学）模型（Ni，2010）发现最高温度取决于进入气流的速度，这样，热量的传递与电极形状的关系就没有那么密切了。

对于很多碳氢化合物重整来说，在SOFC管束中的温度已经是足够可以发生了，以至于需要的氢气能够在电池内部产生，并且外部提供的燃料可以是天然

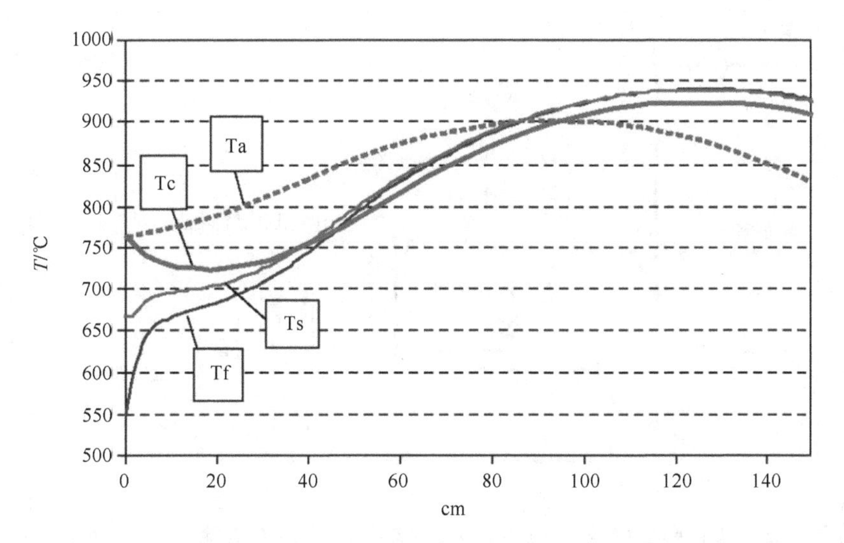


图3.32 基于SOFC流动模型，温度分布随与$H_2$/燃料进口的距离的函数关系（见图3.29）

注：这4条温度线包括Ta为进口$O_2$/空气中心管；Tc为沿着正极的折返$O_2$/空气管子；Ts为电极－电解质组合体；Tf为氢气/燃料气流。[引自S. Campanari和P. Iora（2004），对于管状电池几何形状的有限体积SOFC模型的定义和敏感性分析，J. Power Sources 132，113－126，得到Elsevier使用许可]。

气、煤气或者是液态碳氢化合物。对于甲烷来说，第2章中的式（2.1）、式（2.2）、式（2.10）和式（2.14）反应都有可能在接近热的燃料电池电极的地方发生，对于高级碳氢化合物，式（2.9）和式（2.11）都有可能发生。图3.33介绍了对于天然气基SOFC的流程图，同时这个图也展示了不用纯氢气的一些附加问题。天然气必须要脱硫，甚至在一个更有效率的反应器中进行预转化，而不是在燃料电池中。由于碳可能在电极上沉积，燃料电池面临另外的腐蚀问题，通过部分裂解反应，这些问题会造成燃料电池内部的裂缝等：

$$C_nH_m \rightarrow nC + (m/2)H_2 \tag{3.68}$$

对于高级碳氢化合物，高温SOFC裂解可以说是严重了，而对于甲烷来说，这样的问题只针对个别的催化剂，尤其是Ni基催化剂。更多的问题是关于气体离开燃料电池区域。图3.34展示了沿着图3.29的SOFC通道气体成分，图3.32中使用的最初的气体组成在后面将进行介绍。我们可以发现，甲烷重整在流道的前端就发生了。

碳主要以CO的形式继续存在。在流动路径的中间阶段，重整生成的氢气和燃料中已经存在的氢气一起作为SOFC的燃料。最后，约30%的氢气没有参与反应，随大量最初存在的和燃料电池反应形成的水一起排出。在图3.33中，提出了添加一个再燃装置，燃烧剩余的氢，同时可能消除更多污染物。在此设计中，

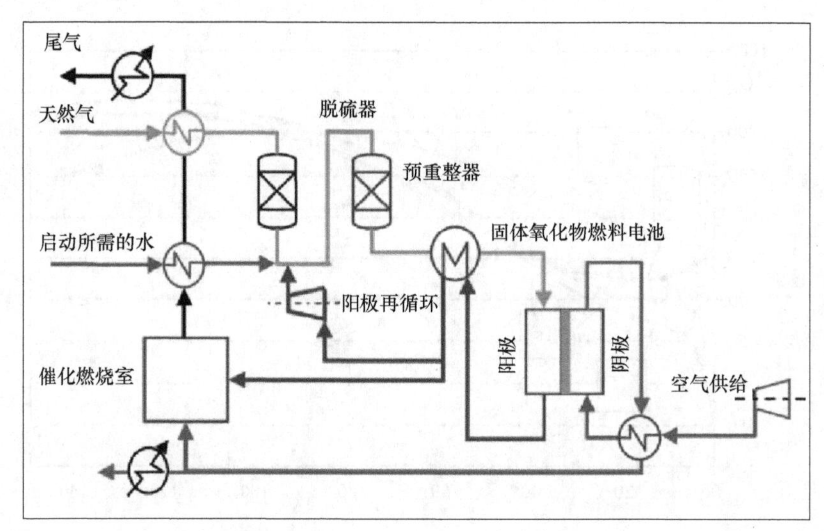


图3.33　基于天然气燃料（NG）SOFC设备系统布局，包含除了$CO_2$之外的气体净化并可能结合电功率和热量的输出

注：阳极和阴极是负极和正极以前的名称［引自Fontell等（2004），用于CHP的250kW平板SOFC系统概念研究，J. Power Sources 131，49－56，得到Elsevier使用许可］。

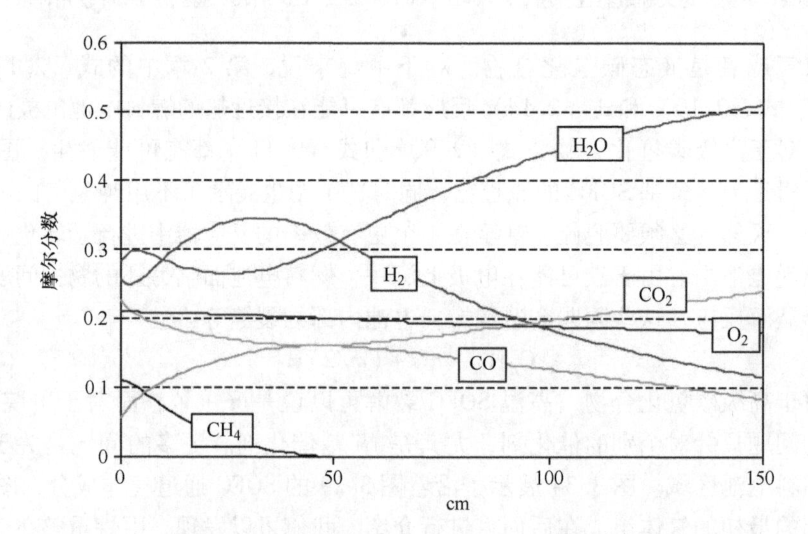


图3.34　用管式SOFC流动模型计算沿燃料流动路径的摩尔组成分布，横坐标是到$H_2$/燃料入口的距离（见图3.29）

注：6条曲线反映了在电池模型中的6个燃料组分（见文本）。［引自S. Campanari和P. Iora（2004），管状电池几何形状SOFC的有限体积模型的定义和敏感性分析，J. Power Sources 132，113－126，得到Elsevier使用许可］。

没有限制 $CO_2$ 的排放，考虑到燃料是由88%的甲烷和其他更高级的烃组成。目前，当采用非氢燃料时，SOFC 达不到燃料电池只排放水的理想愿望。

所讨论的电池损耗与式（3.66）有关，包括3个部分，如图3.35所示，是混合气体 SOFC 流动路径的函数，列在图3.30和图3.32之下。它们是总体欧姆损失和与克服电极势垒相关的损失。进一步的总体损失项与扩散极化相关，这部分要小得多（Campanari 和 lora，2004；见2.1.1节和2.1.3节中解离障碍讨论）。图3.35显示电压损失主要发生在靠近燃料电池进气口的电解质层部分，原因是这个区域温度较低。在沿电极（见图3.32）的最高温度区域，这部分损失明显较小。

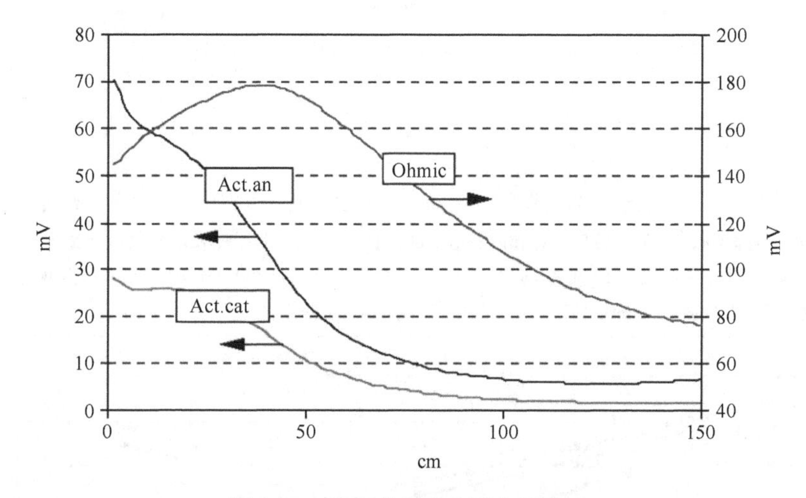


图3.35 主要的电池电压降项模拟

注：欧姆项（Ohmic）：大部分损失在电解质中；阳极活化项（Act. an）：负极的活化损失；阴极活化项（Act. cat）：正极的活化损失［引自 S. Campanari 和 P. Iora（2004），管状电池几何形状 SOFC 的有限体积模型的定义和敏感性分析，J. Power Sources 132，113－126，得到 Elsevier 使用许可］。

原则上，SOFC 逆向操作是可能的，尽管在实践中几乎没有这方面的数据（欧洲氢和燃料电池技术平台，2004）。

SOFC 的总效率取决于燃料、材料、操作温度以及为了保持操作温度所需的所有设备的热量供给和再循环能力，除了燃料电池反应本身产生的所谓废热。图3.36显示了模拟得到的电池电压和电流密度曲线，根据沿着电池长度方向的距离的函数得到，图3.32、图3.34和图3.35同样如此。电池电压的 Nernst 部分 $\phi$［见式（3.66）］在最初的延伸后下降，下降速度不低于燃料中氢含量的降低速度（见图3.34）。电流密度 $i$ 在流动路径中前端达到最大值，此时电池反应活性最高，且燃料没有减少太多。图3.37给出了一些 $\phi$ 的测量值，现在是不同温度下，平板单节 SOFC 电流密度 $i$ 的函数。右边坐标给出了相应的功率密度，$e = \phi i$。在更高的电流密度 $i_s$ 下，电压降至零，同时功率密度也在达到最大值后降至零（约在图中的曲线截止处）。

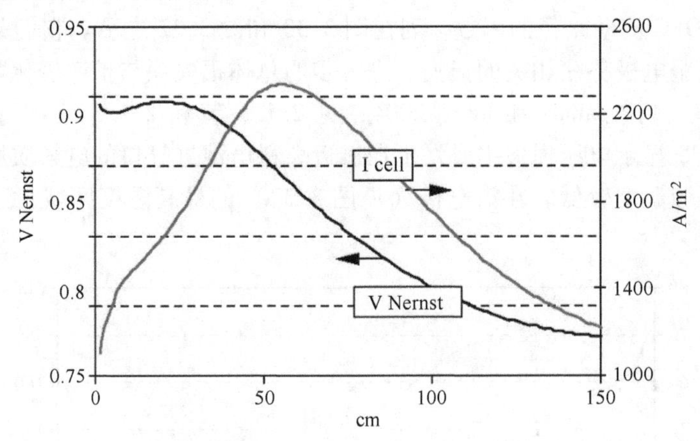


图 3.36 电池电压的能斯特（Nernst）部分［见式（3.66）］和电流密度

注：数据来源于 SOFC 模型计算和前面给出的数据，能斯特电压降和电流密度是距燃料入口距离的函数。［引自 S. Campanari 和 P. Iora（2004），管状电池几何形状 SOFC 的有限体积模型的定义和敏感性分析，J. Power Sources 132，113 - 126，得到 Elsevier 使用许可］。

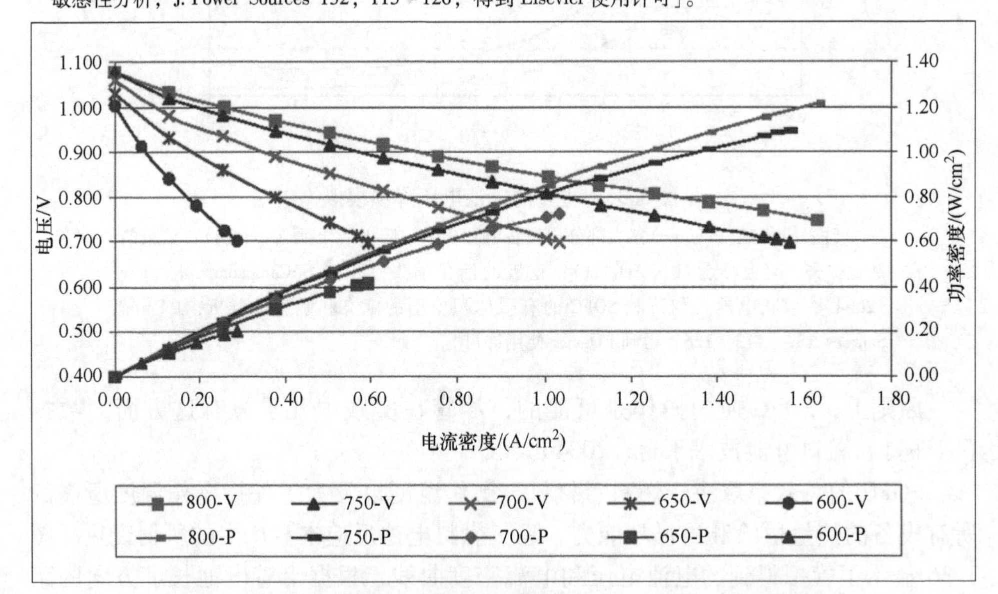


图 3.37 单节的平板 SOFC 的电压功率曲线，以电流密度为横坐标，电流密度从 0 到大概最大功率出现处

注：不同曲线是在不同温度下获得的，如框中所示。［引自 D. Ghosh（2003），环球热电公司（Global Thermoelectric Inc.），固定式固体氧化物燃料电池开发发表在“14th World Hydrogen Energy Conf.，Montréal 2002”，得到 Canadian Hydrogen Society 使用许可］。

优化设计不仅关注电极和电解质材料的选择，而且关注它们之间接触界面的微观结构。电极的活性面积一定要大，因此可以增大表面的沉积技术引起了研究人员的兴趣，这种技术是为金属有机物太阳电池所开发的。表面受控反应包括：总体和表面的扩散、吸附、解离、电荷转移和化学反应，同时考虑各个成分的动力学，不论是单分子、单原子或是一个带电体（离子或电子）（Kawada 和 Mizusaki，2003）。图 3.38 展示了一个实验室规模的 SOFC 电极和电解质界面的剖面图。

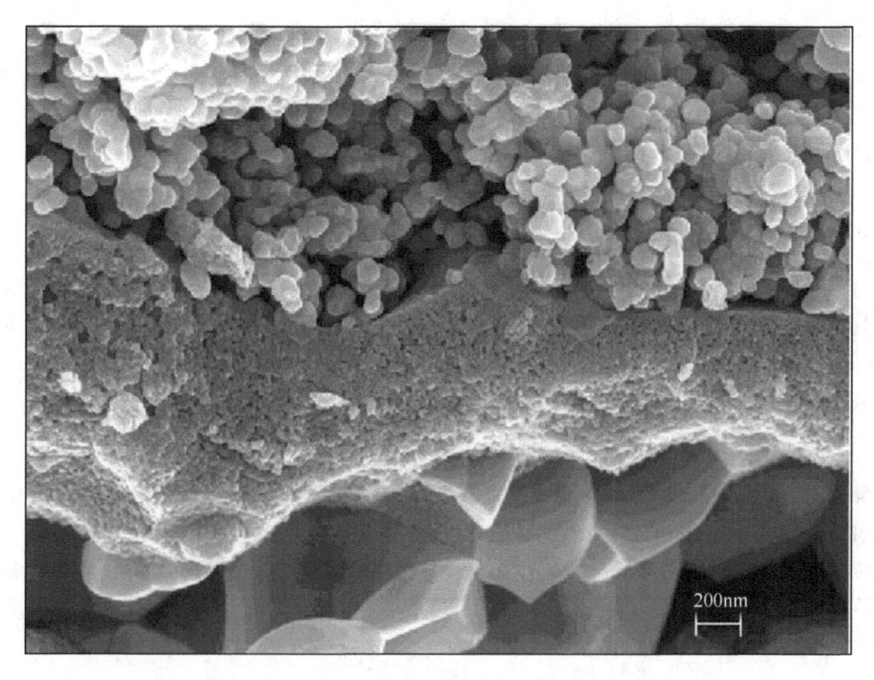


图 3.38 电极—电解质横断面扫描电镜图片

注：上部：丝网印刷的 $La_{0.6}Sr_{0.4}Co_{0.2}Fe_{0.8}O_3$ 正极。中部：喷涂沉积的电解质，YSZ = 8mol%，$Y_2O_3$ 稳定的 $ZrO_3$。底部：负极，金属陶瓷材料 $CeO_2$，其中 NiO 和 YSZ 的比例为 7∶3。[引自 D. Perednis 和 L. Gauckler（2004），电解质通过喷雾裂解制备的固体氧化物燃料电池，Solid State Ionics 166，229 - 239，得到 Elsevier 使用许可]。

双极板（见图 3.29）提供在电池之间电接触，并形成密闭的气体传输通道。在大多数 SOFC 设计中双极板一般由不锈钢制成（低的热膨胀系数），而在最高的操作温度下，会采用更先进（更贵）的金属材料。

对于固定安装的 SOFC，目标设计寿命是 40000h 量级（Tu 和 Stimming，2004；移动系统 5000 h 的目标不符合 SOFC 应用）。平板设计一般只适用于较低温度的 SOFC，高温系统都采用管式设计，如图 3.29 所示，或是相似复杂程度的盘式设计。当前平板电池样机的衰减速率是每 1000h 衰减 1.7%（Borglum，

2003），这个衰减速率快了一个数量级。

许多SOFC样机设备（100kW级）处在运行状态。当前的直接转化效率（忽略系统辅助部分消耗）大概为55%，但是将来至少在高温区域可以达到70%~80%。系统的电效率大概为45%，对于输出电和热量的SOFC来说，其效率为75%。

这里效率计算基于热力学效率［见式（3.22）］，修正的电压降［见式（3.23）、式（3.66）的讨论）和未反应的燃料排放（见图3.34）。

SOFC和其他燃料电池一样，对于燃料杂质中的$H_2S$（$<1\times10^{-6}$）、$NH_3$（<1/2%）、HCl和其他卤族元素（$<1\times10^{-6}$）耐受性很低。但与低温电池不同的是，SOFC可以接受燃料中含有由甲烷和其他烃类重整形成的杂质CO（Dayton等，2001）。

表3.2显示了除了纯氢以外的、其他潜在燃料组成成分。可以看出，汽化的煤和生物质杂质含量都超过了前面提到的低耐受限度。MCFC和磷酸燃料电池也是一样，然而对于质子交换膜燃料电池来说，燃料中不能含有CO。这意味着如果固体氧化物燃料电池不用氢气作燃料，那么在用天然气或是更高级烃类作燃料的情况下，应该增加净化装置，例如脱硫装置（见图3.33）；此外，在煤或生物质燃料情况下，应该增加装硫、卤素，可能的话还需要氨净化装置。在单气体通道内只混合甲烷和氧气的简化情况已经被研究了（Hibino等，2003）。

**表3.2　典型潜在SOFC燃料组成，来自于北海天然气（vol%）以及煤和生物质汽化（mol%），除了水，所给mol%均是基于干物质的，蒸汽汽化生物质时压力较低，而吹入的空气压力则较高［基于Fontell等（2004），氢以外的来自Dayton等（2001）收集数据］**

| (%) | 天然气（管道） | 煤（$O_2$汽化） | 生物质（水蒸气/空气汽化） |
|---|---|---|---|
| $H_2O$ | | 27~62 | 0~40 |
| $H_2$ | | 38~42 | 15~21 |
| $N_2$ | 0.06 | 0.3~0.8 | 0~40 |
| $CO_2$ | 1.3 | 23~31 | 13~22 |
| CO | | 15~37 | 11~43 |
| $CH_4$ | 88.1 | 0.1~9.0 | 11~16 |
| $C_nH_m$ | 10.4 | ~0.8 | 0.1~5.0 |
| $H_2S$ | $10\times10^{-6}$ | 0.2~1.3 | 0.01~0.1 |
| $NH_x$ | 0.3 | 0.3~0.8 | 0.1~0.4 |
| Tars | | ~0.24 | 0.3~0.4 |
| HCl | | $200\times10^{-6}$ | |

对气体流速和电池性能（包含化学反应和各组件间的热交换），进行了建

模，建模的对象是更加工业化的SOFC管束，如图3.39所示（Colclasure等，2011）。Kattke等人（2011）进行了相似的研究，采用三维CFD（计算流体动力学）模型和一维管式SOFC模型，获得了复杂的温度和氧气分布，如图3.40所示。对于平面电池结构，启动瞬间的状态已经有了模型研究（Colpan等，2010），并且在研究不同正极催化剂的相对优点时，应用了密度泛函理论，类似于3.1.4节中提到的简单计算，但这是相对于适合于高温SOFC电池的镍基合金双金属催化剂的计算（An等，2011）。

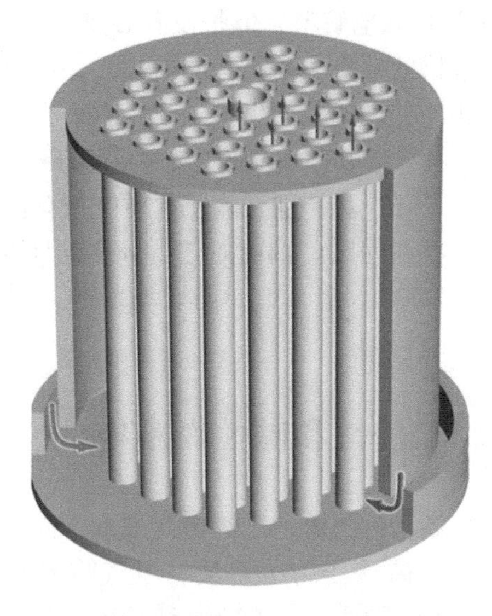
图3.39 多管式SOFC系统设计（标注了气体流动）（Colclasure等，2011；得到Elsevier使用许可）

SOFC的一个重要特点是可以用自重整燃料。这意味着不纯的氢气、烃类燃料和甲烷经常可以被直接应用。高温促使了它可以自重整，但是降低操作温度的努力可能使SOFC失去这一特点。Eveloy（2010）讨论了如果在SOFC中采用镍基催化剂，并用甲醇做燃料时，在电极上沉积炭的问题。

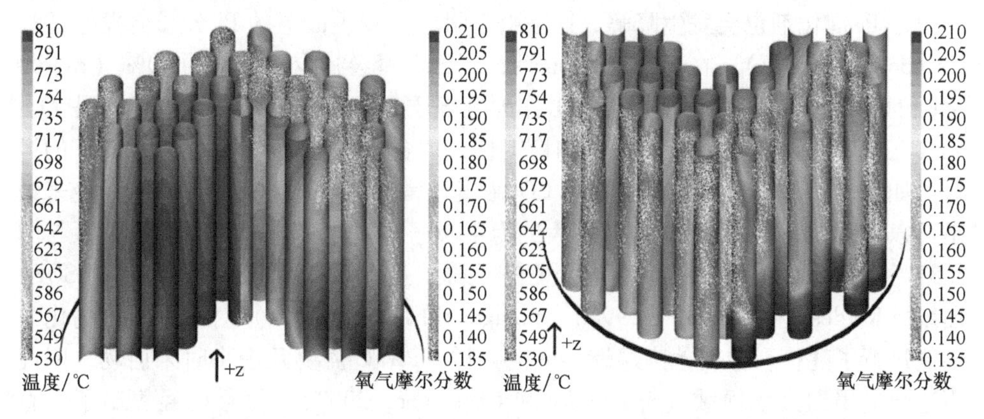

图3.40 管道上部（左图）和下部（右图）的温度和氧气分布的模拟结果

注：在每个图上，左侧描述摄氏温度（从边缘到中心），右侧是氧气的摩尔分数（Kattke等，2011；得到Elsevier使用许可）。

很多燃料电池应用都希望SOFC的运行温度能够在目前基础上进一步降低。为此，一种方法是用二氧化铈和碳酸盐混合物做电解质（Wang等，2011）。正如其他的燃料电池一样，逆向操作是可能的（有些时候SOEC也写为SOFC，

“E”代表电解槽，但是没有必要引入新的缩写词）。同样地，高温运行使得这些电解槽的效率很高（Jin 和 Xue，2010）。但是，和其他燃料电池一样，关键问题是相同的设备在两个模式下是否都很高效，或许还是产氢和产电设备应该分开。

对于 SOFC 系统的寿命和衰减已经有了一些研究（Nagel 等，2009；Zhang 和 Xia，2010）。特别是硫元素对电极有很不好的影响，这就使得用烃类作 SOFC 的燃料存在问题。目前对于 SOFC 设计提出了很多新概念，但是没有绝对的“赢家”。例如，有研究专门设计 SOFC 系统，使它可以接受低压的燃料输入（Shi 和 Xue，2010）。

## 3.4 酸性和碱性燃料电池

磷酸燃料电池已经被开发用于固定电源。它们采用多孔碳负载铂的催化剂作电极，磷酸作为电解质，氢气进料至负电极，氧气（或空气）到正电极，式（3.15）和式（3.16）给出了基本电极反应。操作温度在 175～200℃的范围内，水被连续地除去。几个 200kW 装置作为医院和军队的应急电源已经运行了若干年。

液体酸电解质通常是具有一定稳定性的良好导体（根据 King 和 McDonald（2003）收集的一些工作中的电站在 40000h 运行期间的几次大修数据）。电极中存在腐蚀的问题，因此要在多孔石墨纸制成的电极上使用贵金属，如 Pt。然而，即使是 Pt 催化剂也会发生降解，这是由于附着于碳表面上的 Pt 分子会发生迁移（Aindow 等，2011）。在运行 40000h 后，石墨含量会减少到原来的 20%（Kordesch 和 Simader，1996）。使用 $H_3PO_4$作为电解质，而不是其他酸性液体，是考虑到其在 150～200℃具有低蒸发性和稳定性，适合于磷酸燃料电池（PAFC）的运行。如果燃料基于天然气重整，则 $CO_2$浓度通常为 20%，这对于 PAFC 反应来说是可以接受的，PAFC 的总体效率大约为 40%。电池电压和电流密度的关系与图 3.37 中 SOFC 的类似，但最高电压略有下降，且下降速度类似于 650℃的 SOFC 曲线（Kordesh 和 Simader，1996）。Sprague 和 Dutta（2011）对 PAFC 的电化学性能进行了建模。像其他高温燃料电池一样，PAFC 需要几个小时来启动，因此不适合应用到汽车领域（Spakovsky 和 Olsommer，2002）。尽管已经售出了几百套 PAFC，但是价格还是保持在 3000 美元/kW 以上，PAFC 还需要有根本性的突破，才能与其他燃料电池竞争。

一般地，因为 PAFC 是质子传导的，像质子交换膜（PEM）及其子类直接甲醇燃料电池（见 3.5 和 3.6 节），在它们之间有互通的概念。PEM 电池中的聚合物膜经常含有弱酸成分，如 $HSO_3$，但是为了提高质子传导性，可能会换成更强一点的酸，或是提高操作温度。

有建议指出应该在聚合物材料中添加酸，同时尽可能地保持固体结构。一个建议是添加磷钨酸（$H_3PW_{12}O_{40}$）到混合的有机和无机聚合物体系中，基于有机烃+无机锆结构（Kim 和 Honma，2004）。这种材料在 100～160℃（与图 3.28 相比）的传导性为 $10^{-3}$A/（V·cm）（饱和润湿情况下，会稍微高些），并且在 200℃以下有较好的温度稳定性。沿着相似的路径发展，用聚苯并咪唑（PBI）代替 PEM 电池中的全氟磺酸膜，例如一个聚合物链含有两个苯并咪唑分子和一个额外的苯环（一个单元片段见图 3.41 的顶部和底部）。这种聚合物在 100～200℃是稳定的，在掺杂 $H_3PO_4$后可能具有更好的质子传导性（Li 等，2004）。质子传导的机理展示在图 3.41。用这种技术制作的实验室电池有高的 CO 耐受性，并且不需要水管理，可以采用干气体工作（Jensen 等，2004）。膜中酸性分子的损失可能会成为一个问题（Wang，2003）。

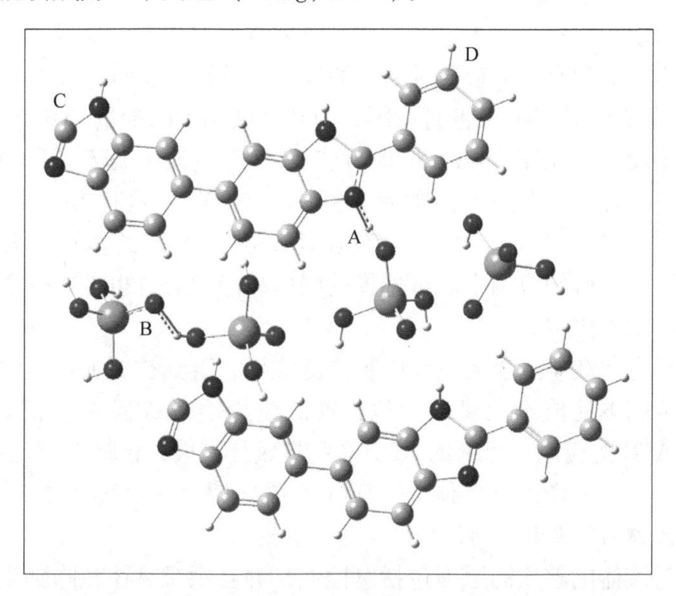


图 3.41 基于苯并咪唑的酸性聚合物 PBI 膜中的质子传导

注：最小的分子是氢，顶部和底部的聚合物骨架链主要是在三苯环中的碳，但是还有两个相接触的五角形环，每一个含有 2 个氮原子。中间是 4 个磷酸分子（掺杂磷酸和 PBI 的比值是 4:2 时，质子传导性最好，最大的原子是磷，其次是氧）。质子传导有两种途径，一种靠 PBI 中的氮原子（A），另一种是靠酸性分子之间的传导（B）。如果存在水，质子传导会被反应促进，如图 3.7 所示。下一个聚合物链片段在 C 和 D 点相接触（最终翻转了 180°）。

另一种可能性是在电池中直接引入固体酸电解质，类似于 PAFC（例如，用 Pt 催化剂和碳材料做电极）。尝试过的材料包括 $CsHSO_4$（Haile 等，2001）、$CsH_2PO_4$（Boysen 等，2004）和 $Tl_3H(SO_4)_2$（Matsuo 等，2004）。这些固体电解质有很好的质子传导性，从室温环境下的 $10^{-8}$A/(V·cm) 到 150～200℃时

超过 $10^{-2}$A/（V·cm）。这使得电池功率在 40mW/cm$^2$左右，即为传统直接甲醇燃料电池的1/5（见3.6节），但是为一些SOFC的功率密度的1/25倍（见图3.37）。甲醇电池相比于固体酸性电池的优势是不需要精细的水管理。最初的水压力循环减少了稳定性问题。

碱性燃料电池（AFC）用氢氧化钾溶液（KOH）（浓度在30%左右）做电解质，它的电极反应如下：

$$H_2 + 2OH^- \rightarrow 2H_2O + 2e^- \tag{3.69}$$

$$1/2O_2 + H_2O + 2e^- \rightarrow 2OH^- \tag{3.70}$$

这种电池的操作温度在70～100°C，但是不同的催化剂（如Pt或Ni）对应不同的非常狭窄的温度操作区间。并且燃料必须是高纯氢，不能含有 $CO_2$，因为需要维持碱性pH值。$CO_2$会和 $OH^-$ 反应生成碳酸盐（$K_2CO_3$），这会减少电解质中的离子产生和传导。关于这种作用的重要程度有争论，最近有文章指出碱性燃料电池的燃料中含有 $CO_2$杂质对电池的性能衰减没有影响（Gülzow 和 Schulze，2004）。可能的解释是 $CO_2$毒害对在固定的基体结构中的少量KOH影响很大，但是目前倾向于设计（见图3.42）电池时使KOH在电池中循环（目的是抽出反应（3.69）和（3.70）产生的多余的水，并蒸发掉它），这样 $CO_2$中毒被消除了（Gouérec 等，2004）。然而，大量电解质的循环使得系统的体积变大，这一点很重要，像在汽车领域的应用中。可选择的碳酸盐净化装置也没有被实际应用，因为这会增大体积和成本。

碱性燃料电池在早期航天飞船中被广泛应用，直到被更加稳定的太阳电池所取代。高的空间电池成本和腐蚀性化合物的应用使得AFC操作需要特别小心，这些阻碍了AFC的应用。目前的AFC采用多成分电极，包括Ni作为结构稳定成分和催化剂、炭黑用作电子导体、聚四氟乙烯（PTFE）制成孔粉末用于气体扩散及排水（疏水性，见图3.42）。

一般反对液体电解质的原因包括腐蚀性，并且很难将体积降到实际应用可接受的范围，如汽车系统中应用。根据大量的使用经验，AFC的寿命大约为5000h（McLean 等，2002）。电解质注入到电极孔道中，降解性会使得扩散通道增大（Cifrain 和 Kordesch，2004）。为了延长寿命，在系统不工作时，应该放掉KOH。

AFC的每个组件相比于其他燃料电池不是很昂贵。可以不使用Pt作催化剂，但是为了避免腐蚀，收集电流的双极板必须用相对昂贵的炭黑制成。水管理和排放电解液所需的辅助设备会增加成本，但是如果系统设计良好，有很好的控制的话，启动时间长这一缺点可以得到缓解。过程产生的热被用来蒸发循环电解液中的水，为了提高能量效率，这部分水需要冷凝回收。

AFC的能量效率与其他低温电池类似或是稍高一些，在45%～60%这一区间内，开路电压在0.9V左右，电流密度在0.2～1.0A/cm$^2$之间，是空间电池中

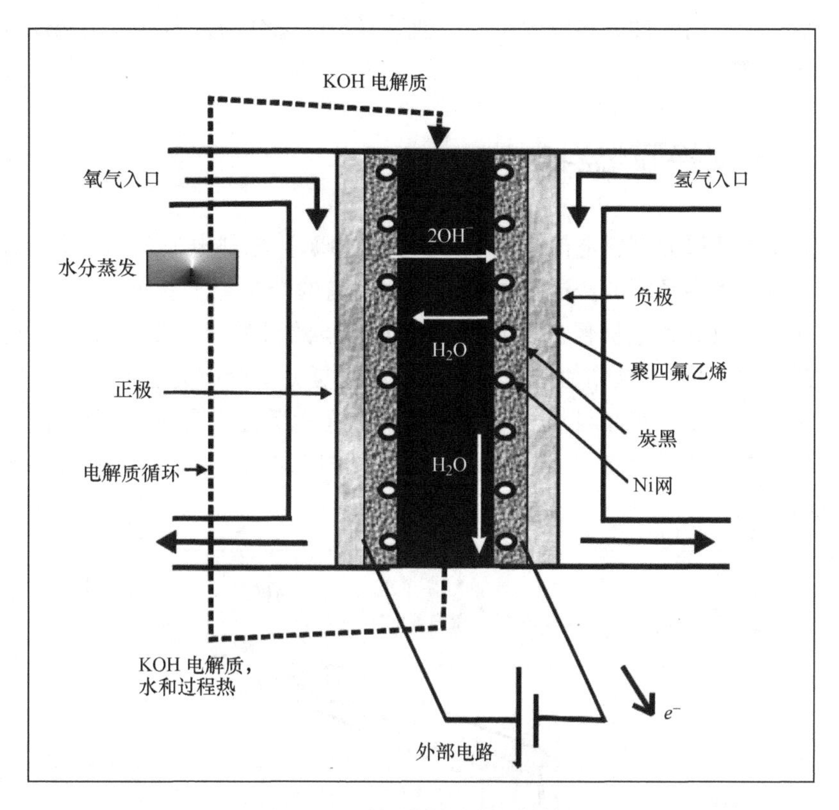


图 3.42 碱性燃料电池的结构图

最高的（Jo 和 Yi，1999；Spakovsky 和 Olsommer，2002；McLean 等，2002）。

AFC 的大规模生产成本约为 400~500 美元/kW（Gülzov，1996），在另一研究中为 155~643 美元/kW，在不考虑大规模生产可能降低成本时，这与质子交换膜燃料电池的成本（60~1220 美元/kW）相比有一定的竞争力。如果考虑辅助设备的话，成本下限的差异可能会减少，因为 PEM 电池的水管理成本较高。但是，正如前面提到的，为了实际应用过程中 AFC 系统的稳定性和效率，必须增加类似的或是更加精细的水和电解液管理设备。AFC 样机的寿命对于固定用途来说相对较短，此时对于移动应用来说可以接受，但是在移动应用中庞大的体积是一个问题。很难对不同的燃料电池进行成本比较，因为所有燃料电池系统目前都很昂贵，决定性参数与大规模生产之后可能的技术进步和减少材料使用相关，但是很多专家认为 AFC 技术的成本在大规模生产之后降低的可能性比 PEM 燃料电池要低。碱性反应体系（3.70）中正极可能发生变种反应，产生过氢过氧化物：

$$O_2 + H_2O + 2e^- \rightarrow OH^- + HO_2^- \tag{3.71}$$

这是一个使用碱性燃料电池生产工业感兴趣的化合物，而不是用来发电的例子（Alcaide 等，2004）。

## 3.5 质子交换膜燃料电池

目前发展最快的燃料电池是质子交换膜（PEM）燃料电池㊀。它发展的时间较短，有希望提供经济的交通运输领域应用。它的结构包含一个固体聚合物膜，被两个气体扩散层和电极像三明治一样夹着。膜的材料一般是全氟磺酸类聚合物。Pt 或者 Pt－Ru 合金作为催化剂，在负极使氢分子分解为氢原子，氢原子渗透通过膜到达正极，在此与氧气结合生成水，这一反应也是由 Pt 来催化。全固态设计使得电池结构紧凑，适合组成电堆（见图 3.43）。图 3.44 展示了电池结构示意图。

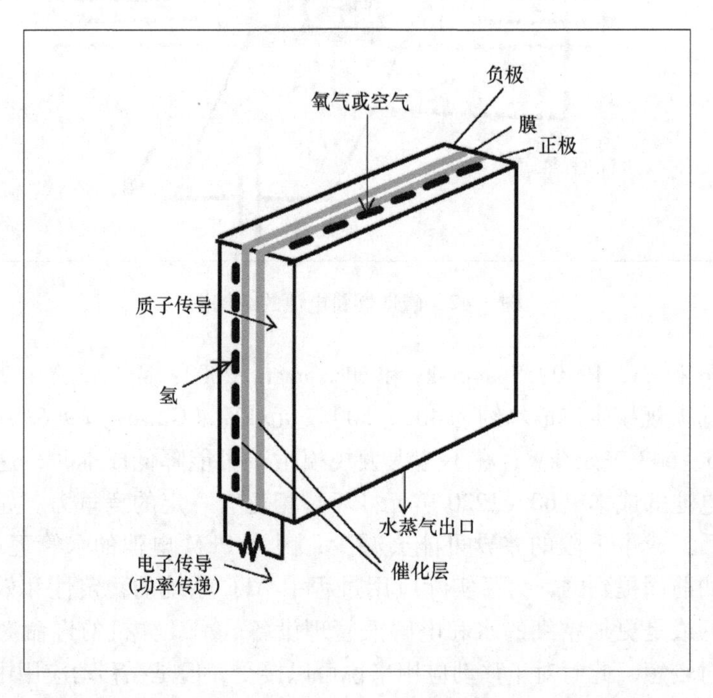


图 3.43 PEM 燃料电池布置结构，几个拼在一起可以成电堆（电极部分包括气体扩散层和栅格状的电极组件，见图 3.33）（引自 B. Sørensen，Renewable Energy，2004，得到 Elsevier 使用许可）

㊀ 最近几年，一些公开发表的研究出版物采用“聚合物电解质膜”，它恰巧也简写成“PEM”。

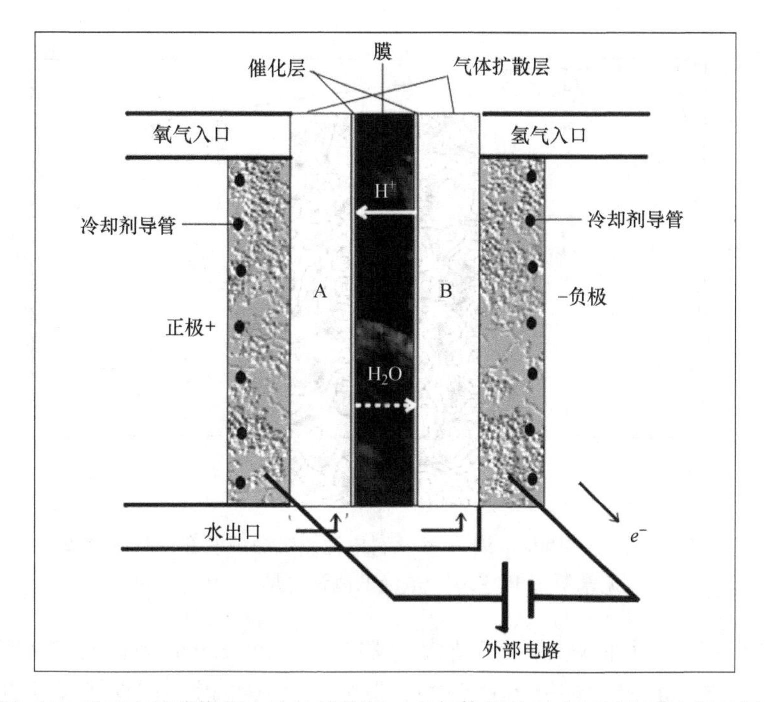


图3.44 质子交换膜燃料电池的结构图（在气体扩散层/催化剂/膜之间的界面A和B上反应的模拟将在3.5.2节讨论，设计细节在随后的章节中讨论）

电极反应如式（3.15）和式（3.16），操作温度为50～100℃。质子（$H^+$）穿过膜材料。图3.44展示了单节电池的典型结构。归功于低的操作温度和灵活的设计，PEM燃料电池在从移动的汽车电源到一般电源等领域有着广泛的应用。目前PEM电堆在公路运输和分布式建筑一体化领域有很好的前景。这些PEM系统的转换效率在40%～50%之间，借助于大量的提高稳定性的工作，其寿命可以达到5000h。如图3.45所示，在汽车领域的主要优势是部分载荷下的高效率，这相比于目前的内燃机提高了一倍。

在随后章节中将讨论PEM的每一个部件，展示整个系统的模拟结果和运行经验，也包括稳定性和耐久性的评估。

### 3.5.1 电流收集和气体传输系统

PEM燃料电池的机械结构一般是由一系列的双极板所支撑的，双极板也作为产生电流的收集终端，并且进一步形成氢气和氧气（空气）流道的外壁，也作为水和过量气体排出的通道。另外，在极式结构的连接中，必须考虑冷却介质（如水）流动，正如图3.44和图3.46所示。双极板由合适的金属或是石墨制成。如果选用金属，波纹型的板设计（见图3.46a）是通常的选择，但是对于石墨，

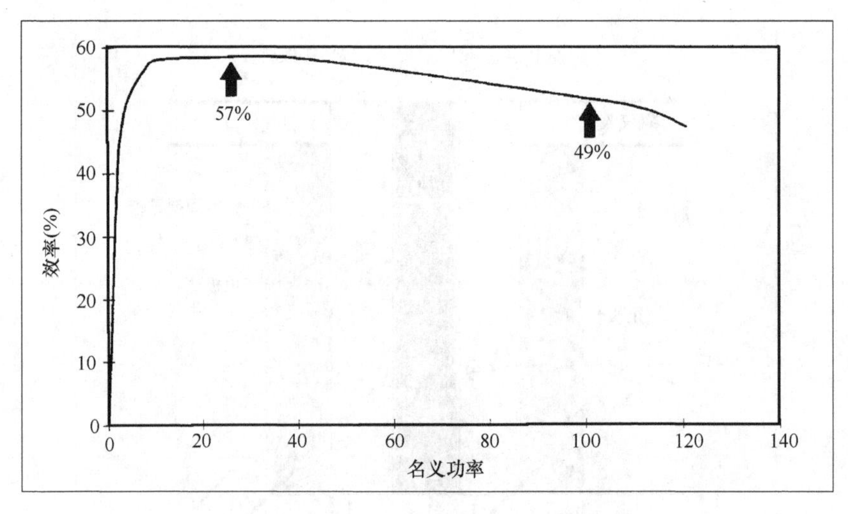


图 3.45　一个 50kW 的 PEM 燃料电池系统的预期部分载荷效率
（数据来源于 10～20 个电池的测试电堆（Patil，1998）

应该考虑如图 3.46b 的机械加工结构（Wilkinson 和 Vanderleeden，2003）。金属容易在燃料电池的化学环境下被腐蚀，很多金属必须做一层保护层来防止被腐蚀。考虑过钛做双极板，但是成本太高。虽然大多数金属具有足够的电导率和高的机械强度，但是石墨只有不错的电导率，其机械强度则较差。因此石墨以复合物形式应用，例如，借助于聚合物树脂增强，这样除了固体石墨以外，碳粉也可以用来做双极板。

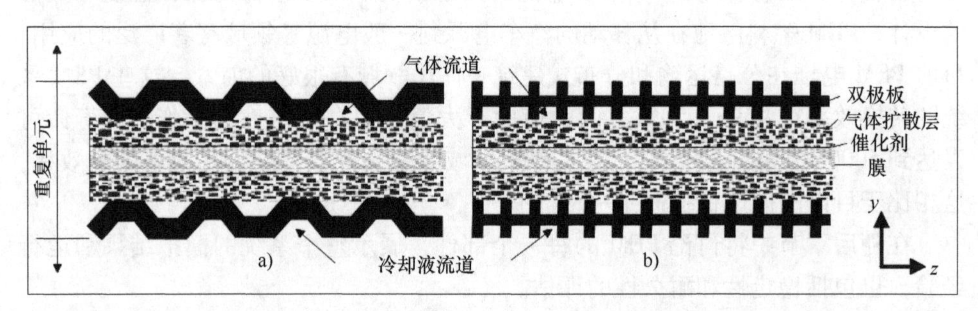


图 3.46　PEM 燃料电池双极电极[⊖]板的两种设计

气体扩散层（Gas Diffusion Layer，GDL）必须能够传输气体，从入口通道到达催化层和膜的界面反应区域。同时，GDL 还必须能够传输电子或者形成活性区域，并且可以传输电子到连接着外部电路的双极板上，或是从双极板上得到电

⊖ 这里采用“电极”代表电子导体。也有不同的用法，“电极”指催化剂和气体扩散层组件。

子。换句话说，这个多孔的材料结构应该有连续的气体通道，同时有连续的电子传输通道。

气流输入和输出通道设计为控制电池特性提供了一些可能。图 3.47 展示了一些可能的设计方案。蛇形（见图 3.47c）和螺旋式（见图 3.47d）设计相比于传统直道（见图 3.47a），被用在更高气压情况下，可以减少气体通道中液态水的积累。交指式设计（见图 3.47b）更进一步，它迫使气体流经气体扩散层，可以清除气体扩散层中由于反应产生的水或是最初浸润膜的水（浸润膜是为了使质子能够在膜中传导）。Sierra 等人对这些设计进行了分析（2011）。

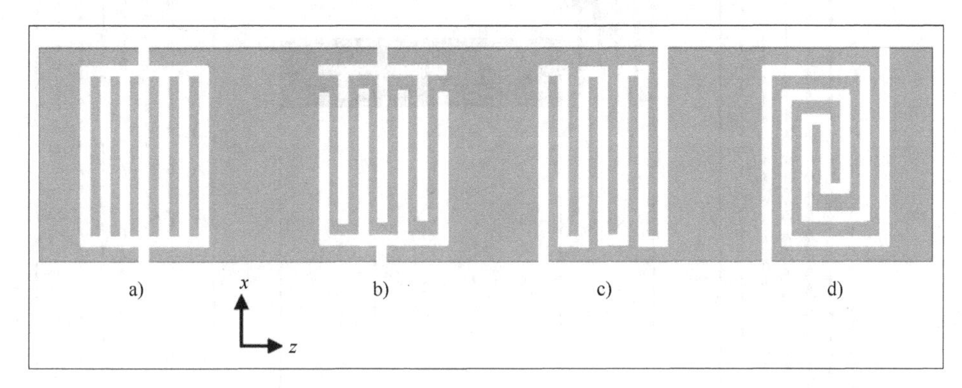


图 3.47　气体流道的不同设计选项

a）直道　b）交指式　c）蛇形　d）螺旋式

注：对于交指式设计，输入的气流必须经过气体扩散层才能到达输出通道。

图 3.46 和图 3.47 公用的纵坐标也被用在图 3.48 ~ 图 3.51，图 3.48 ~ 图 3.49 定义纵坐标（$y$ 轴）是竖直方向（在图 3.47 是朝向纸面），流通顺序是氢气输入通道→气体扩散层→负极催化剂→膜→正极催化剂→气体扩散层→氧气（空气）通道。$x$ 轴沿着气体流通方向，$z$ 轴穿过设计平面，如下面两图所示。

图 3.48 展示了两个相邻的氧气通道和一个连接气体扩散层的流场，数据来源于包括模拟电化学反应的 3 维流场动力学模型（在 3.1.5 节讨论的）在内的交指式设计的拟合。图 3.48 的左边部分（A）展示了气体流通速度（正如希望的那样）沿着流道逐渐减慢，在流道末端减慢到 0。图 3.48 的中间部分（B）展示了 $y-z$ 平面上的情况，值得注意的是一个强烈的且不对称的气流在气体扩散层的界面周围，因为气流被强制对流（与图 3.47a 的直道式流道设计相对比，直道式的气流因为扩散作用渗透到气体扩散层中，因此在中央电流收集区域，流场是对称的）。图 3.48 的右边部分（C）展示了上游流道的气流，它沿着 $x$ 轴方向积累，并在流道末端达到最大。

除了改善水管理，交指式设计使得电池在较低的电压下有了较高的电流，因

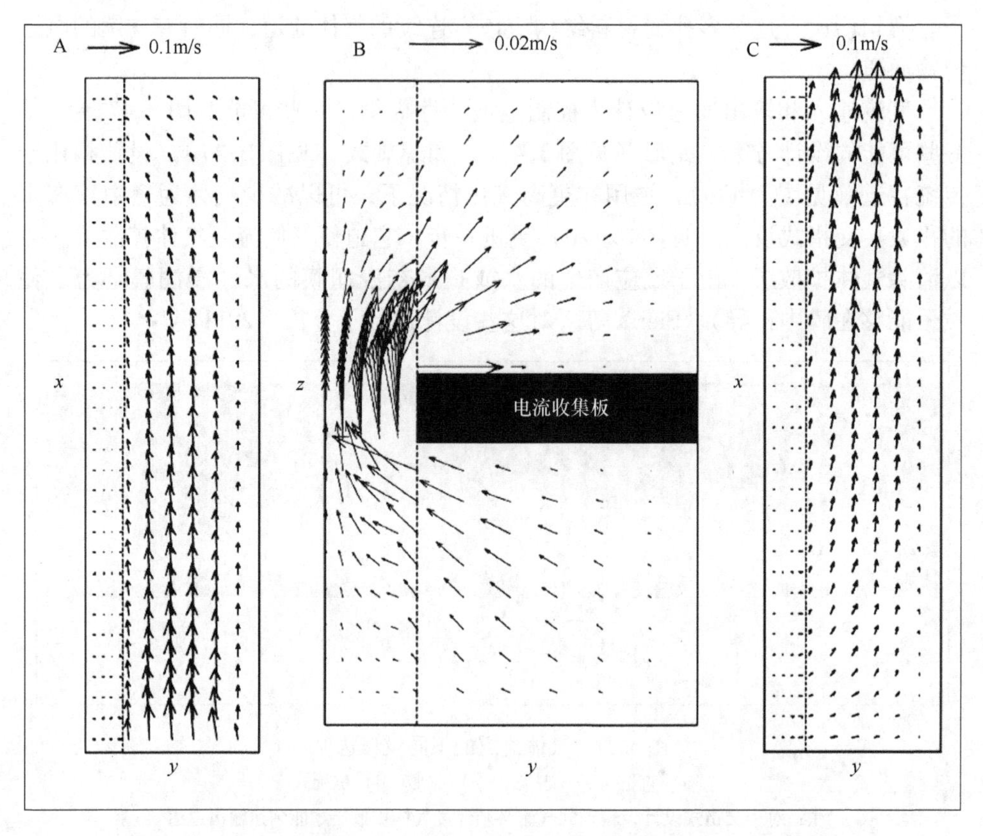


图 3.48　PEM 燃料电池相邻的交指式氧气通道（左侧是气体扩散层）的计算速度场（在 $x-y$ 平面上，A 为入口，C 为出口）

注：在中部（B），气流从一个气体通道穿过气体扩散层到相邻的气体通道展示在 $z-y$ 平面，电池中间点延伸到 $z$ 方向。A 和 C 处的气流是 $z$ 轴上的中间值。引自 S. Um 和 C. Wang（2004），聚合物电解质燃料电池中传递和电化学的三维分析，J. Power Sources 125，40-51，得到 Elsevier 使用许可。

为限制因素是正极气体扩散层中的传质过程（Mm 和 Wang，2004）。图 3.49 展示了交指式设计的流道和气体扩散层中两个相邻氧气通道间的氧气浓度变化，数据来源于和前面类似的流体动力学计算，可以看出，氧气浓度发生了明显减少。在输出流道的出口，输入氧气的 34% 进入催化剂发生电化学反应。在图 3.47 的设计中增加更多的流道可以使更多的氧气参与电化学反应。

### 3.5.2　气体扩散层

为了使得气体扩散层（GDL）分别输送氢气和氧气，产生的水［见式(3.16)］必须引到出口流道。这些水在靠近氧气侧的膜和气体扩散层之间产生，但是发现水更容易通过膜转移到氢气侧，而不是渗透到氧气扩散层中。这意味着

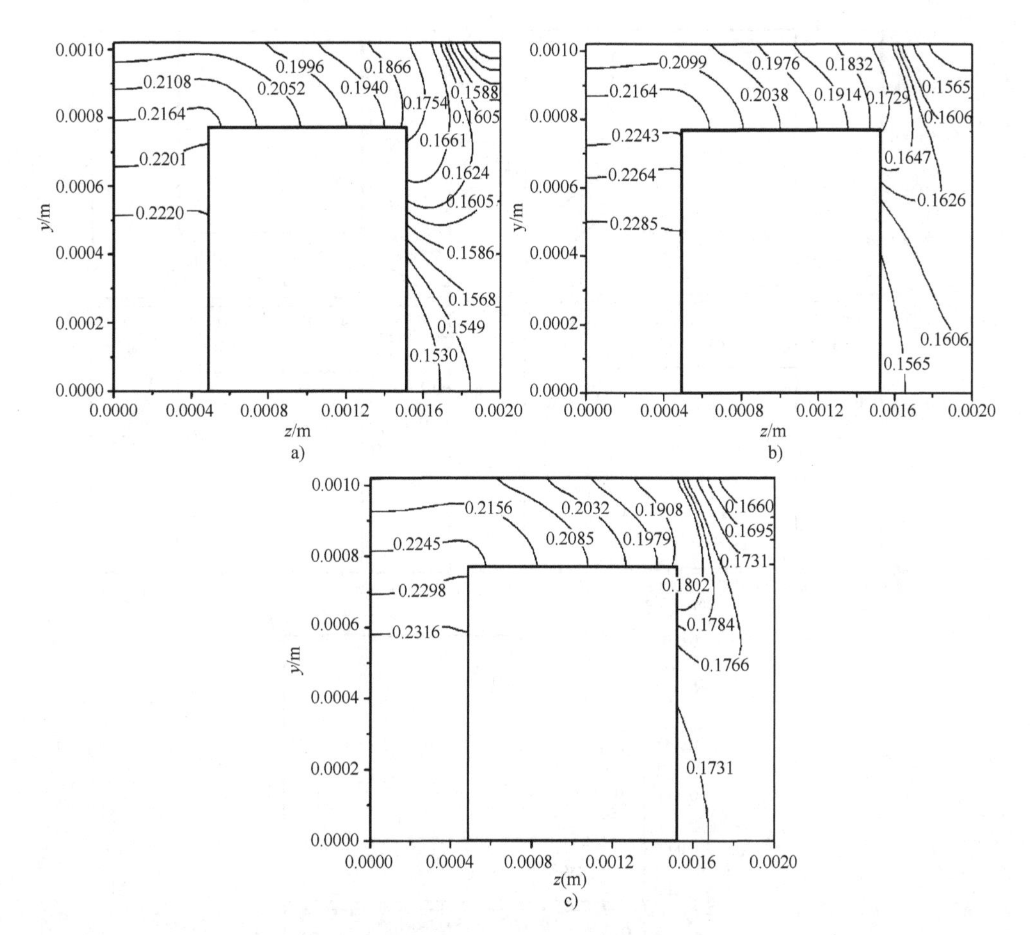


图 3.49 在交指式 PEM 燃料电池结构中，两个相邻输出流道间的氧气浓度，气体扩散层在上部

注：沿着 $x$ 轴方向的 3 个平面对应流道的出口（图 a：最大的 $x$ 值），中点（图 b），以及入口（图 c：$x=0$）。电池电流处在它的最大值处（大概 0.8A/cm$^2$）。引自 M. Hu 等（2004），PEM 燃料电池的三维两相流模型：内部传递机理分析和讨论，Energy Conversion & Management. 45，1883 - 1916，得到 Elsevier 使用许可。

即使膜初始时是干的，也会在运行后被润湿（尽管 $H^+$ 的渗透率降低了），因此膜的功能就建立起来了。因此反应产生的水是否会离开氧气和氢气侧通道很难被预测。图 3.50 展示了在图 3.49 之后的模型计算结果，它具体展示了两个相邻氢气通道和对应的气体扩散层（每一对的上部）的水浓度（对应 3 个 $x$ 值的），以及电池另一侧的两个氧气通道和它们的气体扩散层的水浓度。在氢气通道中，水浓度很高，意味着很多在氧气催化层［见式（3.16）］中产生的水穿过膜到达氢气侧的气体扩散层和氢气侧的出口通道。

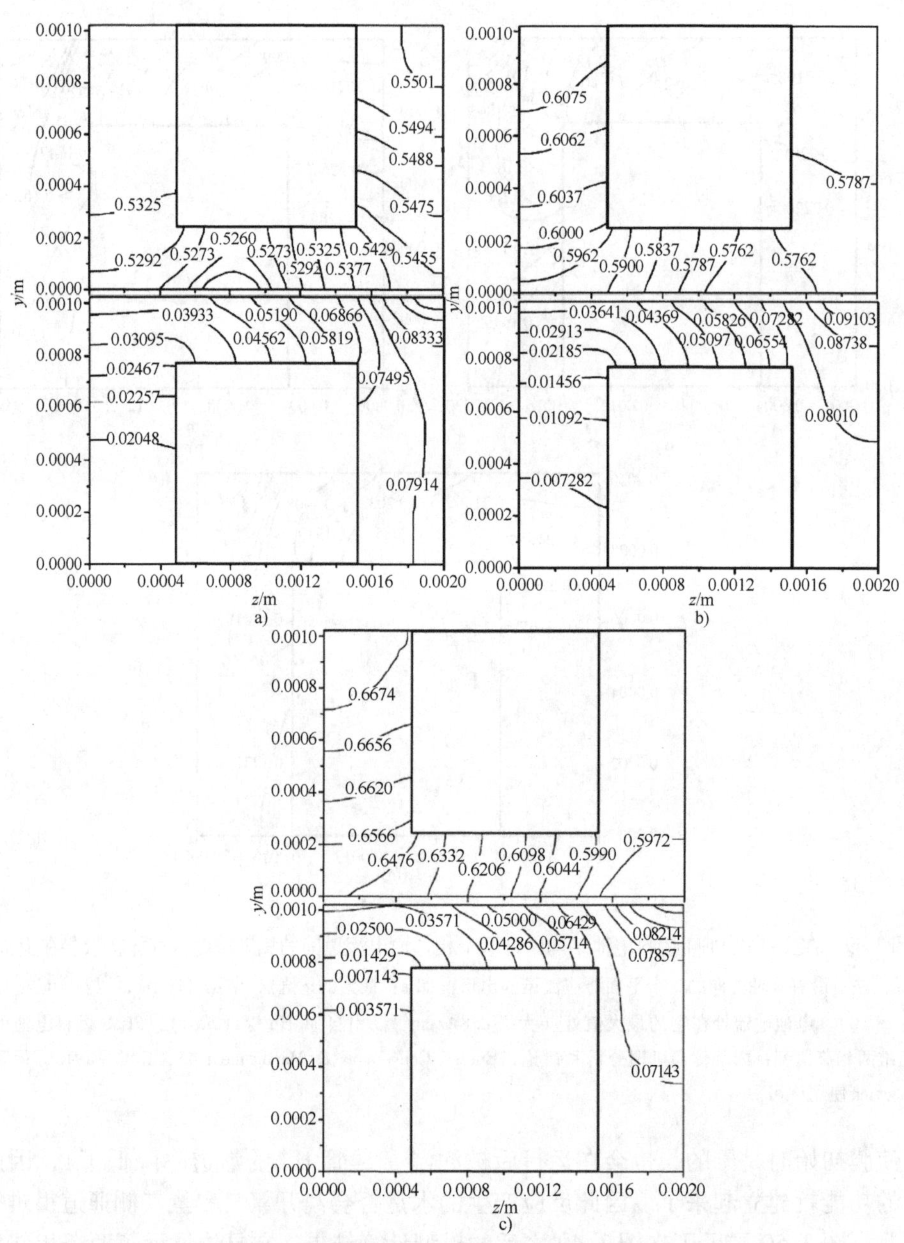


图 3.50　交指式 PEM 燃料电池中，$x$ 轴方向三个平面（流道出口（图 a）、中点（图 b）、入口（图 c））的水浓度分布

注：在每一幅图中，$y-z$ 平面上部为氢气侧（GDL 在下面），下部为氧气侧（GDL 在上面）。电池电流处在最大值处（大概 $0.8A/cm^2$）。引自 M. Hu 等（2004），PEM 燃料电池的三维两相流数学模型：第二部分内部传递机理的分析和讨论，Energy Conversion & Management. 45，1883 - 1916，得到了 Elsevier 的使用许可。

对于直道结构（见图3.47a），在氢气和氧气流道中，水浓度沿着$x$轴方向均匀下降，伴随着液态水在氢气侧气体扩散层中形成，并最终（对于更大的$x$值）出现在一个气体通道中（Wang等，2001；Yu和Liu，2002；Hu等，2004）。对于交指式设计，Hu等人（2004）发现在电流密度很低（$\approx 0.17A/cm^2$）时，液态水只在氢气侧产生，但是在高电流密度下（$\approx 0.8A/cm^2$），液态水在氧气侧，如图3.51所示。在第一种情况下，水穿过膜到达氢气侧，但在第二种情况下，高的反应速度使得膜中需要填满水，因此将水从氢气侧移出，但是在氧气侧，反应（3.16）产生了大量的水，超过了膜所能吸收的量，因此多余的水出现在氧气流道内。

水的浓度分布表现出对压力的依赖关系（Futerko和Hsing，2000），并且大多数PEM燃料电池可以从水淹的状态中恢复过来（Nguyen和Knobbe，2003）。最近水分布可以用中子成像技术直接观察，利用不同原子的不同中子截面（Satija等，2004）。正如直道式和交指式电池设计的水分布（见图3.48）不同一样，蛇形设计的水分布也和前两种有区别（Nguyen等，2004）。

气体扩散层所用的材料经常是碳纸或编织碳布（图3.52展示了一些例子）。它们既可以传导电子，又因为多孔的结构适于传输氢气或氧气到催化层。在电池加工方面，催化剂可以沉积在气体扩散层或是膜上。

由于气体扩散层对PEM燃料电池性能很重要，特别是考虑到气体扩散层可能发生水淹的负面影响，为了确认最佳的操作条件，研究人员对于不同的气体流道设计和材料选择（如图3.52所示），进行了大量的模拟和理论研究。图3.50和图3.51展示了气体扩散层的三维宏观模拟（Cordiner等，2010），并且考虑了碳纸和碳布的微孔结构（Nishiyama和Murahashi，2011；Kopanidis等，2011）。从后面资料可以看出，图3.53展示了碳布上气体扩散层沿着气体流道的温度和湿度分布（见图3.52右侧），从研究的几种情况中，挑选了一种气体流速相对较高的情况展示。

通过了解膜、气体流道和电极区域的水传输，为优化电池结构设计的人员提供了新视角（Berning等，2011）。先进的实验技术如半透明模型电池微孔可视技术，增加了了解PEM燃料电池中的水流动（Bazylev等，2011）。电流研究也类似地进行（Carcadea等，2007）。Shah等人在2011年对当前微孔层次的研究进行了总结。

在图3.54中，展示了一个集成交指电池设计基于CFD计算的阴极流道水含量和电流密度（见图3.47b）。可以看出水含量和电流密度分布不均匀，可能的原因是流道弯曲处的压力变化以及积累的水对气流的阻塞作用（Le和Zhou，

2009，举了更多例子）。

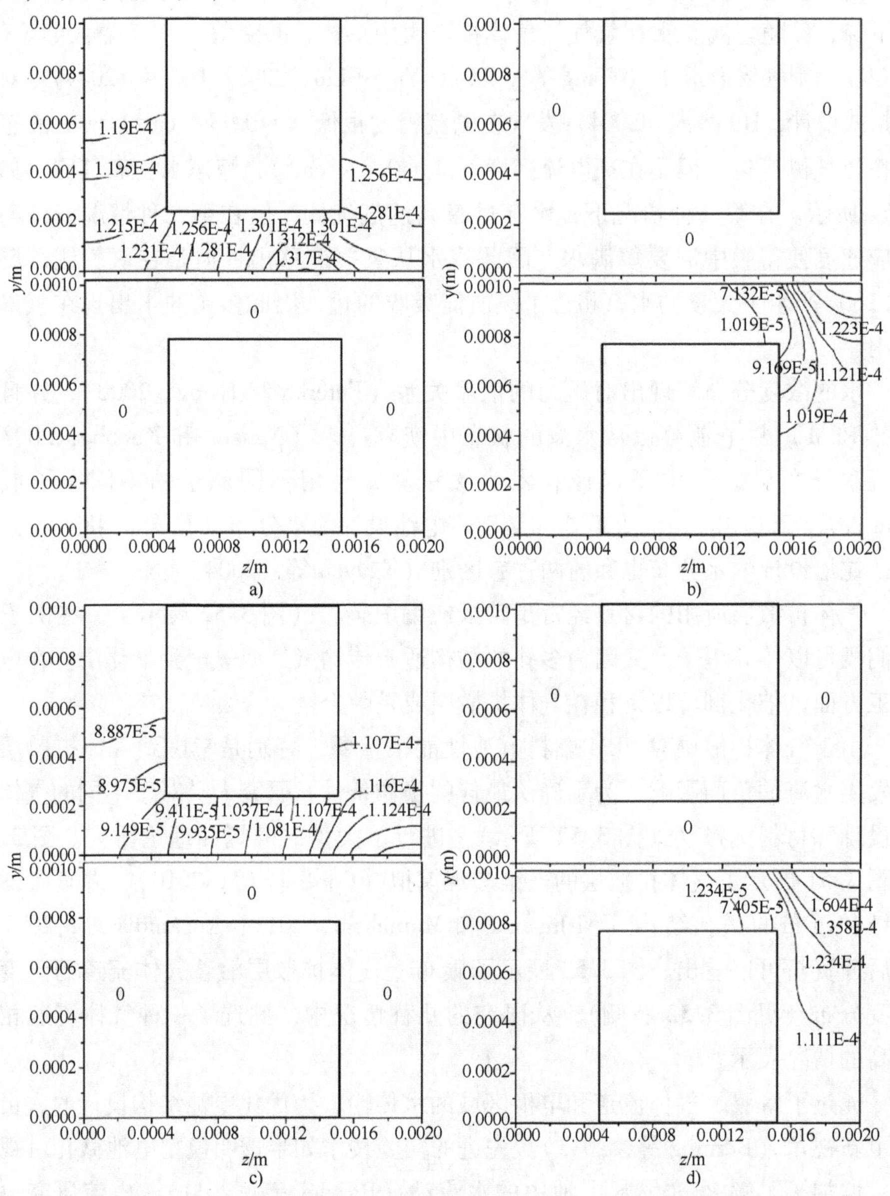


图 3.51 （续）交指式流道设计的电池中饱和液态水分布，包括低电流密度（≈0.17A/cm²，图 a、图 c）和高电流（≈0.8A/cm²，图 b、图 d）

注：展示的两个平面，分别是流道出口（图 a、图 b）和流道中部（图 c、图 d）。四张 y - z 平面图的氢气侧都是在上部（GDL 在下面），氧气侧在下部（GDL 在上面）。引自 M. Hu 等（2004），PEM 燃料电池的三维两相流数学模型：第二部分内部传递机理的分析和讨论，Energy Conversion & Management. 45，1883 - 1916，得到了 Elsevier 的使用许可。

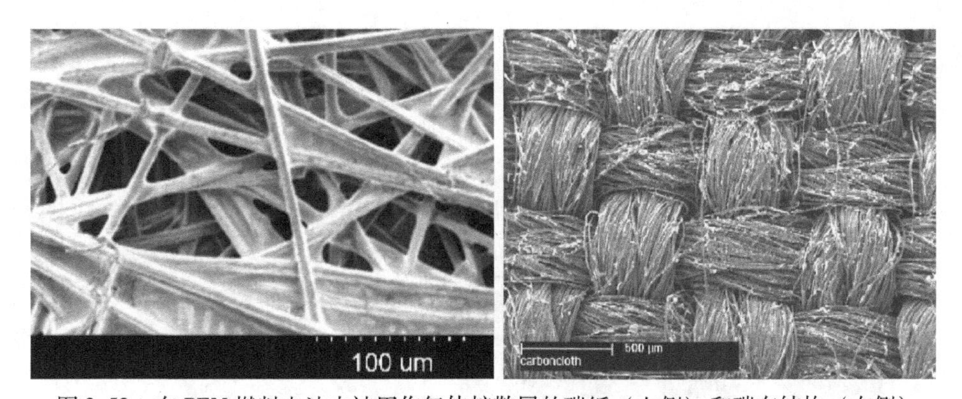


图 3.52 在 PEM 燃料电池中被用作气体扩散层的碳纸（左侧）和碳布结构（右侧）

注：质量分数 20% 的氟化乙烯丙烯被用作表面涂层。引自 C. Lim 和 C-Y. Wang（2004），GDL 中疏水聚合物成分对 PEM 燃料电池电性能影响，Electrochimica Acta 49，4149-4156；G. Lu 和 C-Y. Wang（2004），直接甲醇燃料电池的电化学和流动特征，J. Power Sources 134，33-40，得到了 Elsevier 使用许可。

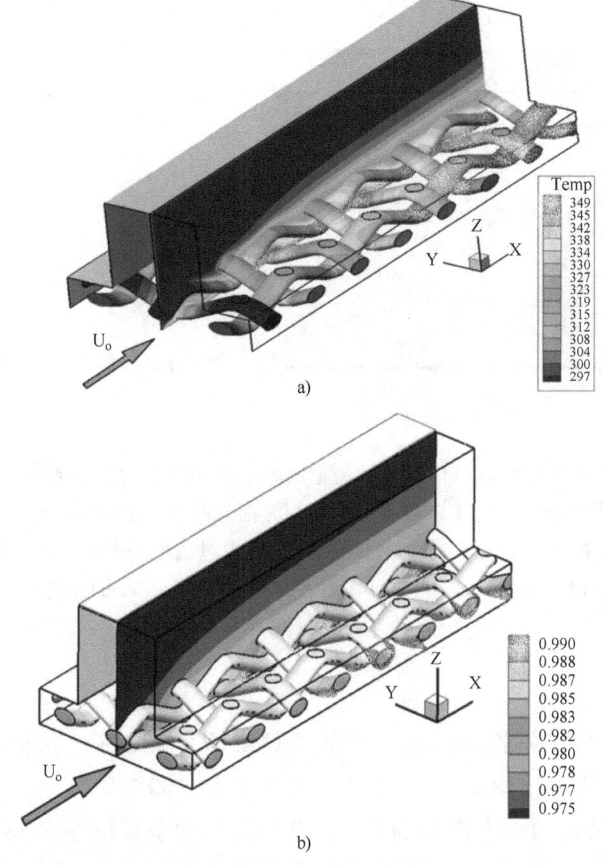


图 3.53 a）温度沿着碳布气体扩散层不断升高，只给出双极板末端的轮廓，没有展示双极板的前部轮廓；b）在气体流速 143m/s、温度 353K 和入口相对湿度 97% 的情况下，最大局部相对湿度

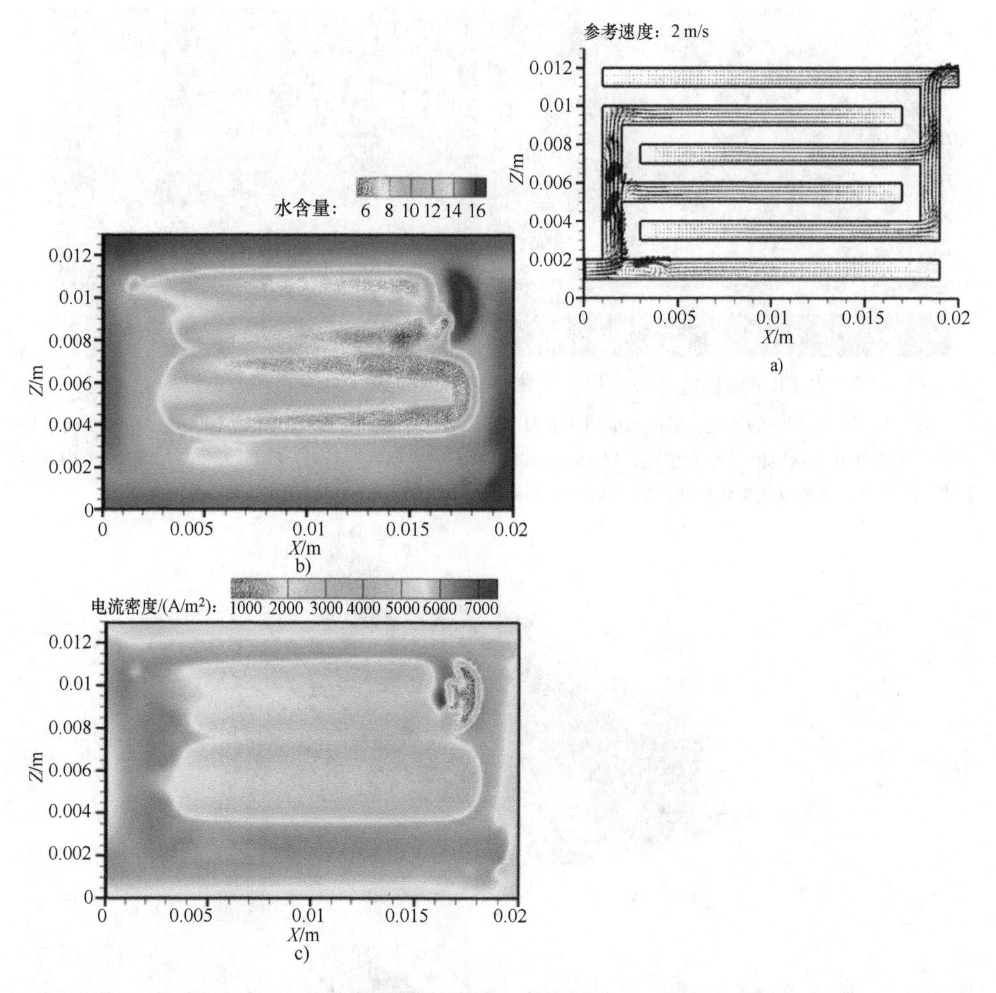


图 3.54　图 a 展示了 PEM 燃料电池气体流道的蛇形结构（包含气体流速），在图 b 和图 c 中分别展示了沿着负极气体扩散层和催化剂界面方向（$y$ 轴方向）某一点的拟合水含量和电流密度分布（这三张图都对应模拟过程中一个确定的时间点）（Le 和 Zhou，2009）（图片使用经过了 Elsevier 的允许）

## 3.5.3　膜层

膜层由聚合物结构组成，可以高的传导率传递氢离子，因此得名“质子交换膜”。膜是一种固体电解质。对于目前工作在 100℃ 以下的 PEM 燃料电池，Nafion® （杜邦公司的一个产品商标），或是类似的全氟磺酸膜具有统治性的地位。图 3.55 展示了 Nafion® （商业产品有多种厚度和尺寸，以一系列编号命名，如“Nafion－117”，它与非 SI 单位厚度相关）的结构，重复了碳氟聚合物骨架和具有硫酸根基团的侧链结构。这种膜本身具有高的质子传导性，低的气体渗透率，并且有合适的机械强度和低的温度敏感性。

Nafion®膜结构的光谱研究表明膜中存在1～10nm的团簇（图3.56中的较亮部分）。这些团簇分布规律，呈球状或是长条状（半径为2nm），有一对（CF2）$_n$片，即是双层。一些模型在双层膜的外侧有酸性基团侧链（Gierke和Hsu，1982），然而其他模型将$SO_3^-$离子放在球状团簇的内部（Vankelecom，2002）。目前不能给出全量化化学计算，来确认这些基团填充进团簇结构的趋势。但是，对于系统包含4个70 $CF_2$的Nafion®链和10个侧链，并且含有560个水分子和40个水合氢离子（$H_3O^+$）的分子动力学计算已经有所研究（见第2章，图2.3）（Jang等，2004）。图3.57展示了这项研究的结果，展示了上翘的Nafion骨架，紧挨着水分子和水合氢离子的S原子侧链以及团簇结构。这个图展示了与图3.55相类似的每7个单元有一个侧链的Nafion结构。如果侧链向更小的区域集中，那么骨架结节将变得比图3.57更大。在图3.57这种情况下，S原子之间的平均距离是0.68nm，是相对较密集的分布（误差在±0.2nm之间）。

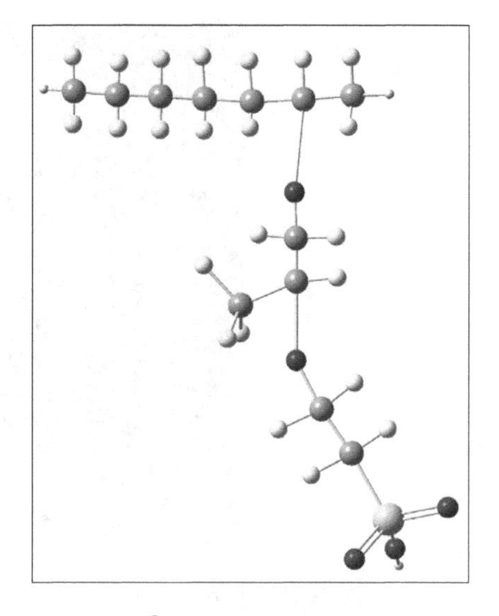

图3.55 Nafion®型全氟磺酸离子交换膜的片段

注：上部的聚合物链由C骨架和侧面部分F原子组成（当链延长时，末端氢原子可以被取代）。提升质子传导性的$HSO_3$分子紧挨在一个$4CF_2$分子支链的尾部，点缀了两个O原子，同时一个F原子被一个$CF_3$基团所取代。

图3.57之后的分子动力学模拟没有考虑结节结构的双层聚合物膜，它也没有包括质子在水分子之间传递的跳跃过程（如图3.7所示），因为水和水合氢离子分子是作为固定的实体来进行处理。图3.57这种松散的结构也没有很好地解释聚合物膜的稳定性和规律性。另一种模型是基于双Nafion®膜结构，如图3.58所示。两个膜层间的距离认为是1.8nm，对应于实验验证的窄流道（Barbi等，2003）。为了观察到直径大概是4nm的结节，这两片Nafion®膜被分开到之前距离的大约两倍。假定图3.58中的侧链朝向膜的内侧，但是也可能朝向外侧。硫酸基团已经在这种双层膜结构中朝向“空白”区域，这些区域会有水分子进入来帮助传导$H^+$，但是分离侧链将会为$H^+$的传递提供更多的连续通道。质子传导特性有单独的研究，用包含一个酸性侧链和很多水分子的模型（Paddison，2001）。

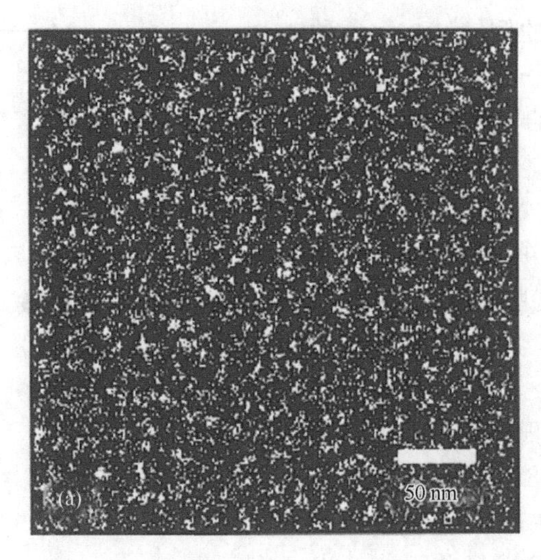


图3.56　小角度X射线光谱观察环境湿度下的Nafion－115的结构

注：光亮部分是材料中的团簇结构。［复制得到J. Elliott，S. Hanna，A. Elliott，G. Cooley（2000）许可，溶胀的、取向的全氟离子聚合物膜的小角度X射线散射解读，Macromolecules 33，4161－4171，美国化学学会（American Chemical Society）版权］。

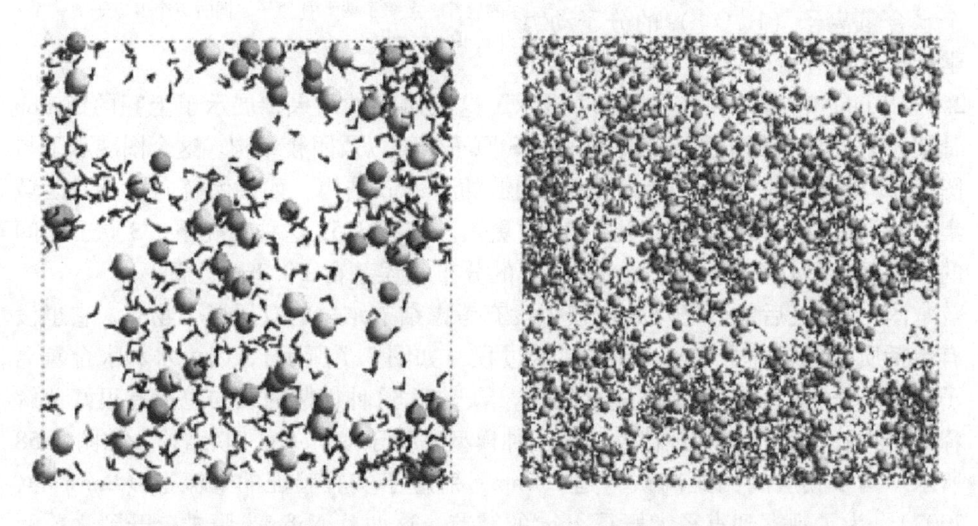

图3.57　Nafion－117的分子动力学模型计算（左侧是小系统，右侧是大系统）

注：Nafion®的骨架结构被省略了，因此呈现出白色区域。大的、浅灰色的原子是S，大的、黑色的原子是水合氢离子中的O。［复制得到S. Jang，V. Molinero，T. Cagin，W. Goddard III（2004）允许，从分子动力学模拟在Nafion117中的纳米相隔离和传输：单体序列的影响，J. Phys. Chem. B108，3149－3157，美国化学学会（American Chemical Society）版权］。

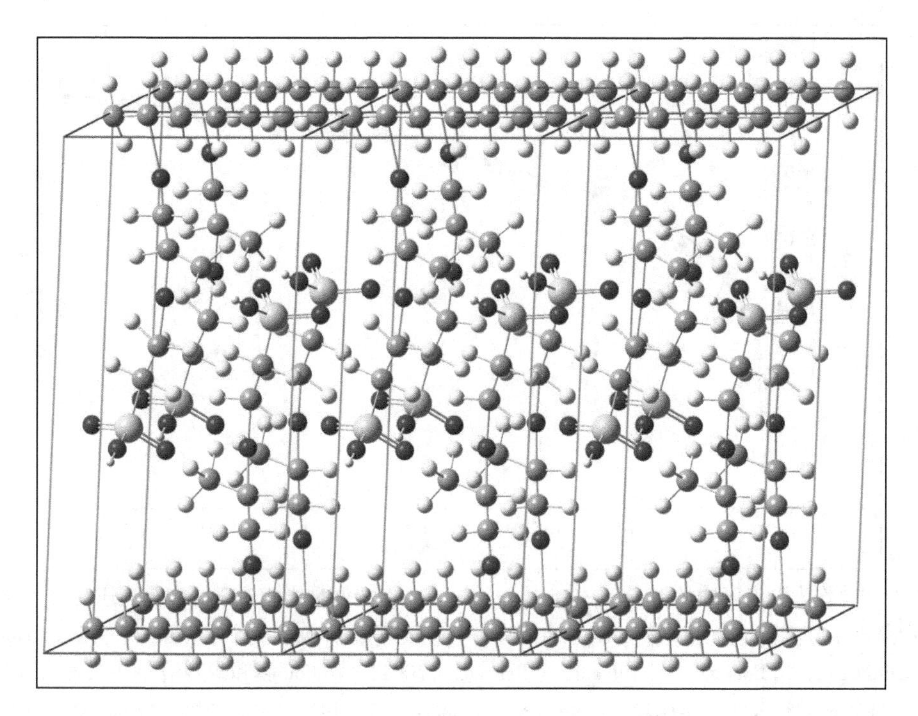

图 3.58　在没有结节膨胀放大下的 Nafion®双层膜通道的可能的 2×3 单元晶胞块结构

注：这个结构用哈特里 - 福克（Hartree - Fock）近似计算进行了 50 次迭代优化（Sørensen，2005a）。

尝试对膜结构进行理论研究的原因是小角度 X 射线和核磁共振散射实验都不是专门确定结构研究的，所以对图 3.54 所示结果的解释可以有很多种。还有一种早期猜想由 M. Ise 提出（引自 Kreuer，2001），像 Jang 等人（2004）的观点类似，观察到膜中的集束是无序排列的 $(CH_2)_n$ 块，所有的酸和水分子都位于簇的外面。我发现结构内部的酸和外部的酸具有相同的能量。Barbi 等人（2003）指出了文献报道中的一些不一致的地方。他们用自己的 X 射线实验确认之前观察的结节半径（他们观察到是 1.9nm），并且发现域之间的平均距离是 3.6nm，但是没有进行进一步的分析推测。

图 3.59 说明了干的 Nafion®的质子导电性很差，因此有必要在膜接近饱和湿度时运行燃料电池。在 20 ~ 80℃ 这个温度区间，随着温度的升高，质子导电性渐渐增加，也就是低于图 3.59 展示的数值（Gil 等，2004）。

图 3.49 ~ 图 3.51 中的模型也研究了一些膜中水平衡和质子导电性。水模型包括由 $H_3O^+$ 离子传输造成的电渗拖曳作用（Springer 等，1991）和扩散过程。图 3.60 展示了高电流密度下，图 3.47a、b 两种电池设计的结果。对于直道气体通道设计（图 3.60 左图），在氧气侧水含量较高，但是在氢气侧水含量较低，因为计算开始于干膜，水在氧气侧产生，再加上由于 $H^+$ 的传递拖曳力，水向

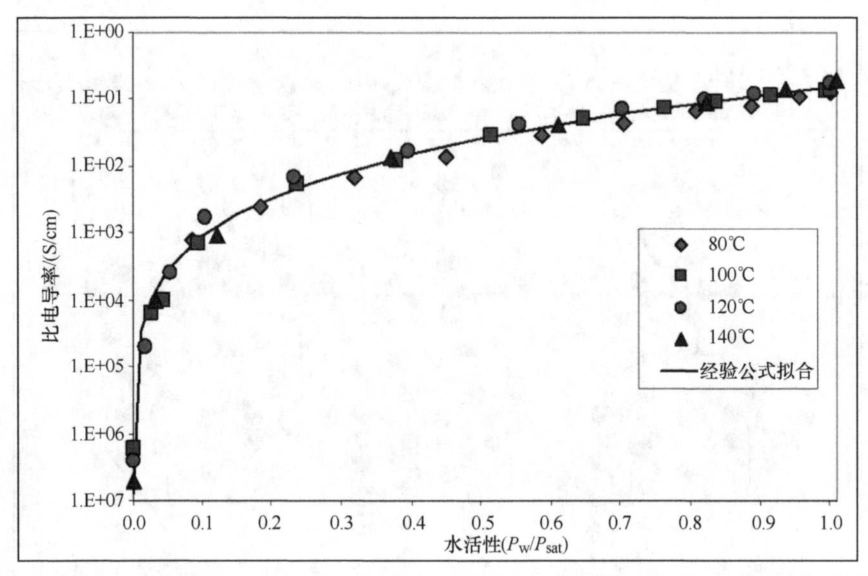


图3.59 作为湿度函数的Nafion－115的质子电导性（湿度是指相对于饱和蒸汽压的水分压，饱和蒸汽压对应质量分数18%的水，或是每一个硫酸根分子对应11个水分子）［引自C. Yang, S. Srinivasan, A. Bocarsly, S. Tulyani, J. Benziger（2004），Nafion膜和磷酸锆/Nafion复合膜的物理性质和燃料电池性能比较，J. Membrane Science 237，145－161，得到Elsevier使用许可］

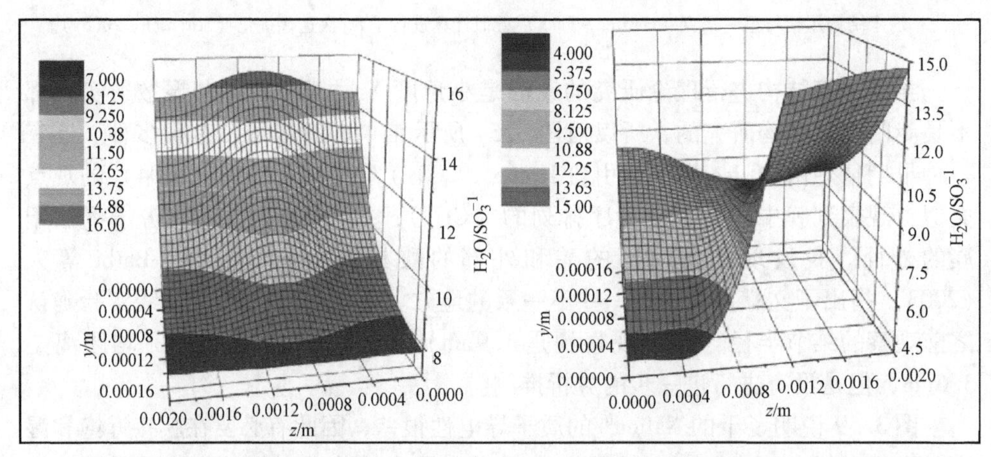


图3.60 在最大的电流密度时（0.8A/cm²），沿着直道式流道设计（左侧）和交指式流道设计（右侧）的PEM电池膜中水含量的分布图

注：膜厚度是0.16mm。这些图对应气体流道中间的$x$值处。为了更好地展示这两种情况下的区别，两幅图的$y$轴沿着相反的方向：左侧的氧气侧（$y=0$）在后面，右侧的氧气侧在前面。并且两幅图的$z$轴方向也是相反的，它们对应电池的前视图或后视图。［引自M. Hu等（2004），PEM燃料电池的三维两相流数学模型：第二部分内部传递机理的分析和讨论，Energy Conversion & Management. 45，1883－1916，得到Elsevier使用许可］。

氧气侧转移。在低电流密度下，氢气侧的水含量最高。对于交指式设计（图3.60右图），在膜平面上（$z$方向）有更加复杂的水分布，氧气侧气道输出端的水含量高，然而氢气侧气道输入端水含量更高。电池在最初含水量低的时候也可以运行，在高输出功率时，膜将达到饱和，导致直道式设计中膜的阻抗增加，但比交指式设计要小些。

图3.61展示了沿着流道方向（$x$）和穿过膜表面的$z$轴方向的电流密度，分别是图3.47的a、b两处的电流密度和一个更高的平均电流密度情况。在这两种情况下，电流密度都会沿着$x$轴有所减少，因为燃料逐渐被消耗，并且电流密度是$z$的函数，对于直道式设计电流密度的分布是对称的，但是对于交指式设计，流道入口处（$z=0$）的电流密度更大，从整体来看随着$x$轴变化不大。Sivertsen和Djilali（2005）进行了相似的研究。

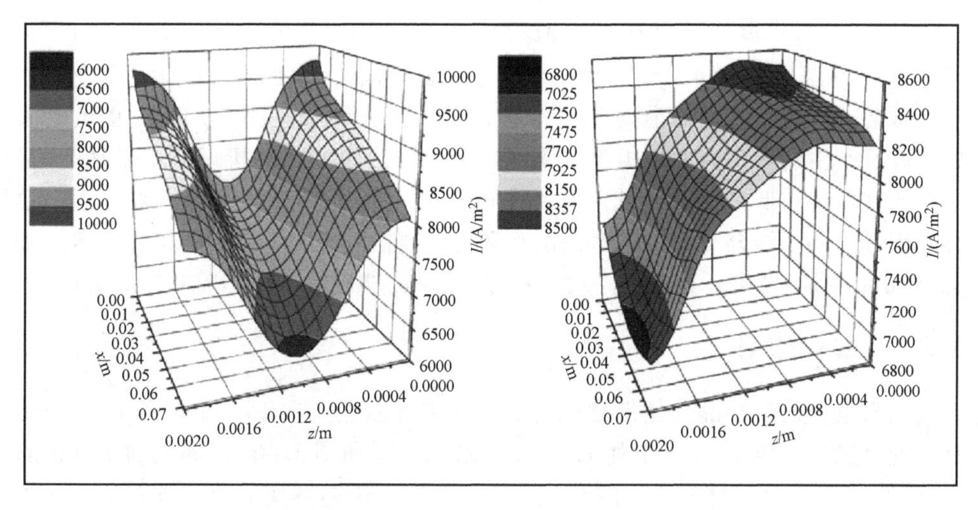


图3.61　在平均电流密度最大（≈0.8A/cm²），流道设计为直道式（左侧）或交指式（右侧）时，膜沿着PEM电池方向电流密度分布图

注：膜厚是0.16mm。图的截面是$x-z$平面，而不是前面几幅图中的$y-z$平面。［引自M. Hu等（2004），PEM燃料电池的三维两相流数学模型：第二部分内部传递机理的分析和讨论，Energy Conversion & Management. 45，1883－1916，得到Elsevier使用许可］。

Nafion®膜的替代材料也在研发中，一方面是希望降低成本，另一方面是希望将操作温度提高50～100K，以便获得更高的运行效率。关键目标是生产出薄的平整膜，并且不能让气体透过。一种这样的膜是Goreselect（W. L. Gore & Assoc. Inc.的商标），它只有20～30μm厚（图3.60中的Nafion®膜厚度为160μm），并且具有高的拉伸强度和非常小的$H_2$渗透率（Nakao和Yoshitake，2003）。它是由多孔的螺旋形结构的聚四氟乙烯（PTFE）骨架和全氟聚合物侧链构成。

聚醚酮类（PEEK）也在被研究，但是性能上还没有超过 Nafion®，虽然价格上可能会低些。聚亚苯基磺酸膜可以在较低的湿度下提高性能，同时氟化聚芳醚也可能有更低的成本，但是目前的质子导电性还较低。同时，基于细菌纤维素添加贵金属的膜也在研发之中。一般的 C－H 聚合物材料比 C－F 聚合物材料的机械强度低（Evans 等，2003；Gil 等，2004；Lee 等，2004）。

用于更高的电池运行温度，可以考虑聚苯并咪唑（PBI）类型的膜（见第 3.4 章，图 3.41）。它们必须在每 1kg 溶剂中掺杂 10mol 的酸，而且尽管在温度达到 450K 时质子传导性有所提高，但是仍然比 Nafion®膜的低些。随着掺杂程度的增加，膜的拉伸强度减少。PBI 的优势是高的 CO 忍耐度和简单的水管理，因为水在 150～200℃以气体形态存在（Schuster 等，2004；Li 等，2004）.

因为过氧化氢（$H_2O_2$）的存在，膜发生衰减，$H_2O_2$会在含有 $H_2SO_4-H_2O-H_3O^+$的环境下形成，因为操作温度高于正常范围，并且存在一些微量的金属离子，如 $Fe_2{}^+$、$Fe_3{}^+$、$Cr_3{}^+$或 $Ni_2{}^+$，这些金属离子可能是由电池组件中的金属端板溶解所产生的。随着时间的推移，膜会失去磺酸基团，尤其是在负电极处，并且产生的水中会发现少量的氟离子和 $CO_2$。膜衰减的机理还不是很清楚。一些研究发现在低功率运行时，膜衰减最厉害，在满负荷和稳定运行状态下，膜衰减很慢。一个结合了先进的寿命试验和模型评估的研究为以后的工作奠定了基础（Fowler 等，2002；LaConti 等，2003；Okada，2003；Kulinovsky 等，2004）。

### 3.5.4 催化作用

燃料电池的核心部分是催化剂，它促进基本反应（3.15）和（3.16）的足够快速率进行。根据 PEM 电池的设计（见图 3.44 和图 3.46），催化剂是真正的电化学电极[⊖]，从气体扩散层的孔隙中来的气体，传递解离的分子到膜中。气体扩散层的作用仅仅是传递电子，使得外电路和负载能够接收到电流。

图 3.62 展示了在气体扩散层和膜之间的催化层的扫描电子显微镜（SEM）和隧道电子显微镜（TEM）照片，放大倍数逐渐增大。注意到孔结构（1～10μm，如图 3.62b）和不规则的 Pt 催化剂团簇（≈3nm，如图 3.62c，d），它处于交织环境，其中碳结构为 Pt 提供载体和导电性，而聚合物（假定是 Nafion®）浸入其中。图 3.62b 中的白“洞”来自于加工时脱落的碳载体。在放大的图 3.62c 和 d 中没有看到大孔，意味着所有的孔尺寸都稍大于 1μm。因此推测氢气和氧气最初流经大孔，但是之后必须分散开来并扩散到 Pt 催化颗粒的反应位上（Siegel 等，2003）。因为图 3.62c 中的离子导体看似完全包裹住了 Pt 团簇，可以

---

⊖ 因此，“电极”有时候也单指催化剂，在其他资料中，也指气体扩散层加上催化剂，同时也有人将接收从气体扩散层传递过来的电子的双极板叫作“电极”。

传导 $H^+$，但是不能传输 $H_2$ 或是 $O_2$，这个传输机理很难理解。实验中的膜电极（MEA）制作过程是，在碳纸上沉积 Pt，然后热压到 Nafion® 膜上。在催化剂中观察到的阻塞小孔的聚合物可能是来自于样品准备阶段，或是切片前用环氧树脂包覆样品时导致的。更多的关于靠近催化剂层进出通道研究会在后面讨论。

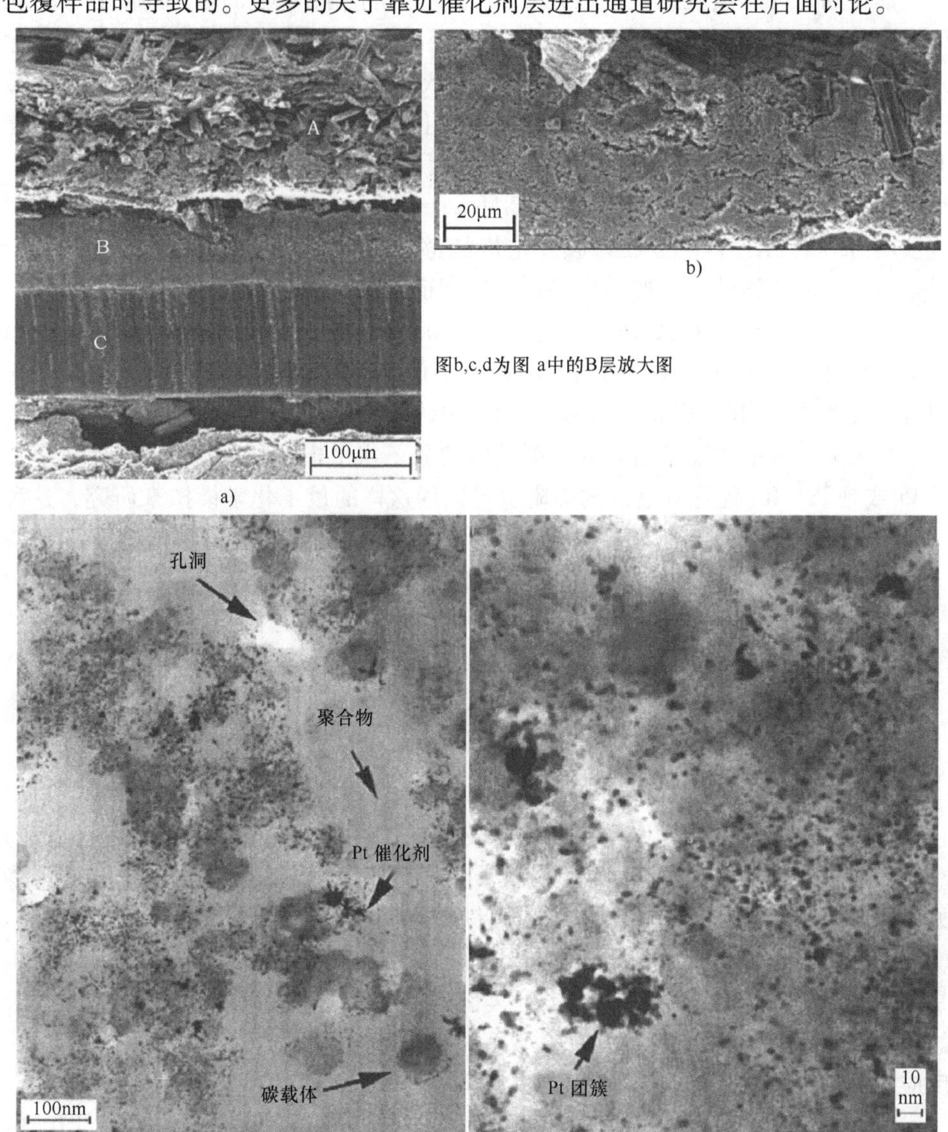


图 3.62　PEM 电池截面图展示了气体扩散层（A）、催化层（B）和膜（C）的形貌

注：催化剂层的隧道电子显微镜图片，膜的放大倍数是 200（图 a），催化层的放大倍数是 500（图 b）、18400（c）和 485500 倍（d）。[引自 N. Siegel，M. Ellis，D. Nelson，M. v. Spakovsky（2003），基于凝聚催化剂的几何结构的单域 PEMFC 模型，J. Power Sources 115，81－89，得到 Elsevier 使用许可]。

如果催化剂颗粒在加工过程中是沉积到膜上的，它们应该主要在膜的表面上（虽然热压引起了一些混合），但是如果它们沉积到了气体扩散层上，一部分催化剂渗入到气体流道中，只要反应的气体能够到达膜表面，那么气体流道中渗入一些催化剂是可以接受的。这三层必须连续紧密接触，使得电子和质子（朝相反的方向）能够传输。早期的催化层用聚四氟乙烯来粘结 Pt，随后用喷涂 Nafion®的技术（大概 $2mg/cm^2$），使之浸入。这个方法需要相当高的 Pt 含量（质量分数约为20%或者是在 $400\mu g/cm^2$ 以上）。随着 Nafion 含量的增多，性能上升到一定程度后下降，可能是由于前面讨论的孔道堵塞的原因（Lee 等，1998；Qi 和 Kaufman，2003；Lister 和 McLean 的评述，2004）。目前的加工技术直接用 Nafion 粘结 Pt，形成薄膜。这样能够促进催化剂反应位上的质子传导，但是正如前面所说的，需要注意保证气体通道顺畅。

催化剂的选择要考虑对气体中污染物的耐受程度。纯 Pt 在极纯的氢气燃料下工作良好，但是 $H_2$ 燃料中少量的 CO 就会使其性能衰减。用 Pt - Ru 合金催化剂可以缓解这个问题（Liu 和 Nørskov，2001）。

在 3.1.4 节中描述了研究催化剂反应的分子水平模型的方法。对于 CO 在负极 Pt 或是 Pt - Ru 催化剂表面的吸附也可以用这样的量子化学模拟来研究，这种情况下，除式（3.15）外还会发生一系列的反应，如描述在分解氢分子的反应与将 CO 和水转化成 $CO_2$ 和质子的反应之间的竞争关系：

$$H_2 + \text{催化剂表面} \rightarrow 2H - \text{催化剂表面}\ (\text{见图 2.5})$$

$$2H - \text{催化剂表面} \rightarrow 2H^+ + 2e^- \quad (3.72)$$

$$H_2O - \text{催化剂表面} \rightarrow OH - \text{催化剂表面} + H^+ + e^-$$

$$(OH + CO) - \text{催化剂表面} \rightarrow CO_2 + H^+ + e^- \quad (3.73)$$

把后面两个反应相加得到

$$H_2O + CO\ \text{均在催化剂表面} \rightarrow CO_2 + 2H^+ + 2e^- \quad (3.74)$$

反应（3.74）将除去 CO，但是量子化学计算中发现它在能量上不合理（参见 Narayanasamy 和 Anderson 在2003 年只用了两个 Pt 原子来计算的研究）。但是，Liu 和 Nørskov（2001）证明了尽管单独的 Pt 或是 Ru 表面没有特别的优势，但是当 Pt 和 Ru 共存时，OH 吸附于 Ru 表面的速度要快于吸附于 Pt 表面，同时 Ru 的存在减少了 CO 在 Pt 上的吸附，从而进一步的发生了式（3.73）中的第二个反应，即使 CO 并没有直接吸附在 Ru 表面。

其他合金，如 Pt 与 Cr 或 Ni，也有研究，但是没有明显作为催化剂的优势。Karmazyn 等人（2003）研究了在 Pt 和 Ni 催化剂表面的 CO 污染反应行为，考虑了量子模型发现的催化反应优先发生于催化剂表面台阶上这一情况。台阶是催化层上的间断处，偏离米勒指数，如（1，1，1）的简单面结构（见第 2 章，2.1.3 节有关 Ni 催化剂和 $H_2$ 反应的讨论，Ni 和 Pt 的晶格结构基本是相同的），正如 Hammer 和 Nørskov（1997）首先描述的那样。

催化剂电极－电解质界面的宏观特征模型是用 Butler－Volmer 等式（3.25）来建立的，这个模型与气体流道和离子扩散模型一起在3.5.2节和3.5.3节有所描述。

催化剂颗粒载量影响成本，随着研究的深入，载量已经成倍降低，最低可达 $14\mu g/cm^2$，这是用溅射技术获得的（O'Hayre 等，2002）。催化剂和其他电池层可能偶尔会有水淹的现象发生。

为了满足催化剂与其相邻层紧密接触的需求，有学者提出了一种新的薄膜催化剂工艺，它不需要碳纤维作基体，也不需要 Nafion 或其他聚合物作质子传导相（Debe，2003）。Pt－Ru 催化剂通过溅射沉积在有晶粒取向的有机晶须上（长约 $1\mu m$），随后这个催化层被转移到 Nafion 膜表面。电池的电压－电流曲线表现出了很好的性能，并且完全独立于晶须的取向，这从一方面说明了催化层中浸入的离子导体对于质子传导来说不是必需的，并且催化剂中的碳载体对于有效电子传导也不是必需的。质子通过镂空的结构进行传导貌似是可能的，但是在没有导体的情况下，电子能够传递超过 $1\mu m$ 的距离很难以解释。很可能是，催化剂颗粒密集附着于晶须的表面，并互相连接，因此电子可以在催化剂中传导并到达气体扩散层（电子导体）的表面。

催化作用的量子描述包括分解过程，出现在第2章的图2.5和图2.6中，而3.1.4节介绍了水生成过程。Hammer 和 Nørskov（1995）是第一个对燃料电池负极发生的 $H_2$ 分解过程进行计算的，随后有更加复杂的计算研究（如 Penev 等，1999；Horch 等，1999）。正极反应涉及已经被大量研究的催化剂表面的 $O_2$ 分解反应，包括对催化剂表面台阶重要性的研究，正如前面所提到的（Gambardella 等，2001）。图3.63展示了催化剂表面台阶和 $O_2$ 分解过程的扫描隧道显微镜照片。涉及水的分解（或形成）的更加复杂的反应正在用密度泛函的方法研究，正如3.1.4节所讨论的。有学者用更加简单的分子动力学方法进行研究（Wang 和 Balbuena，2004；Malek 等，2007），也有直接拟合组件的（Siddique 和 Liu，2010），它们都确认了孔结构、催化剂－碳团聚体和离子导体簇大小的重要性。

### 3.5.5 整体性能

PEM 电池的整体性能可以用电流－电压曲线来进行评估，与其他的电化学设备一样（如图3.37所示）。图3.64展示了一个非常低 Pt 载量的 PEM 电池在不同温度下的 $I-V$ 曲线。这个图上叠加的功率密度曲线显示在这种情况下，功率密度最高可达 $0.7W/cm^2$。回顾10年前报道的相似曲线，可以看出这10年来，最大功率密度由小于 $0.5W/cm^2$（Starz 等，1999）提升到了现在的水平。

相对于理想的热力学效率［见式（3.22）］，实际效率有所降低，因为这个

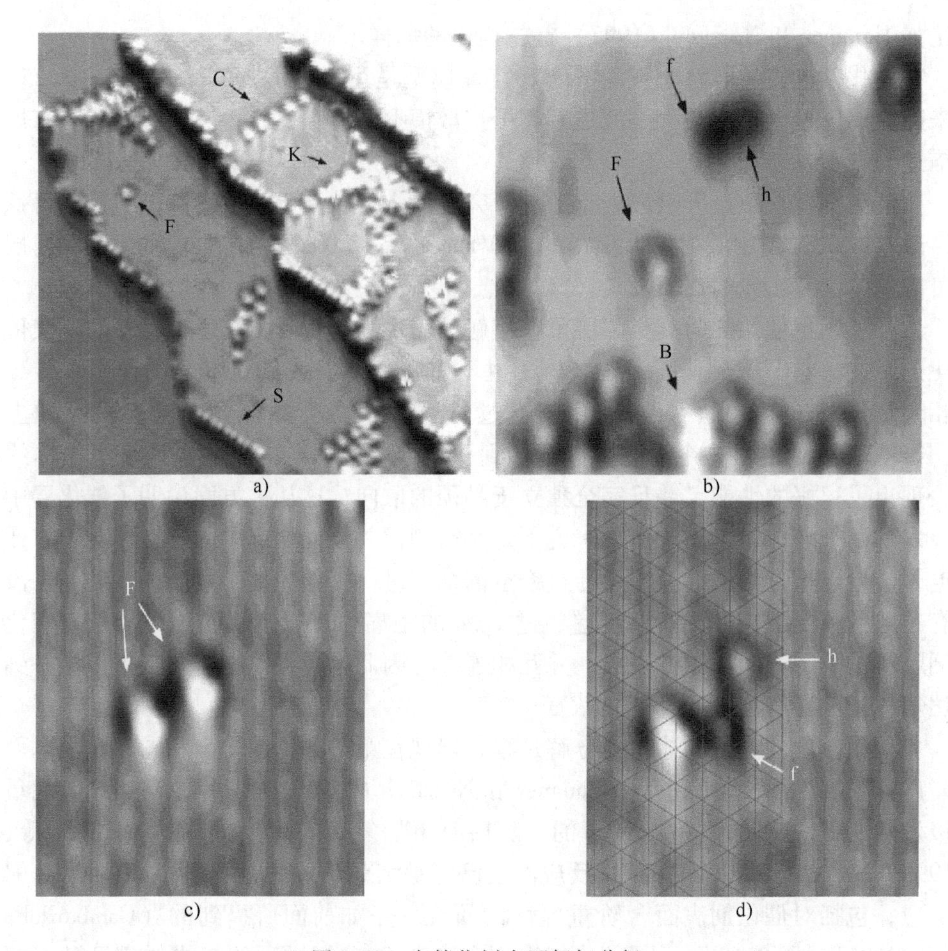


图3.63　在催化剂表面氧气分解

a）含有台阶（S）的Pt（111）表面和多种团簇　b）在面心位置的$O_2$（F）和在棱端点的$O_2$（B），以及一个正在解离的O-O对（f，h）　c）在面心位置的两个氧气分子（F）　d）分解的O原子（f，h），靠近$O_2$分子

注：三角形代表Pt原子（距离0.277nm）。［引自B. Stipe，M. Rezaei，W. Ho，S. Gao，M. Persson，B. Lundqvist（1997），单分子通过隧道电子解离，Phys. Rev. Lett. 78，4410-4413，得到美国物理学会（the American Physical Society）使用许可］。

系统中的每一步都会有电化学损失［见式（3.23）］。而且如前所述，不是所有的氢燃料都会被消耗掉，在燃料的出口流道处仍然有氢气存在。当单电池组装成了燃料电池电堆，燃料可能会被更加充分地利用，因为未消耗的氢气会转移到下一节电池中，但是另一方面，如果到达电堆最后部分的燃料很少，那么那节电池的功率密度将比有足够氢气供应时有所降低。

因此，整体的效率可以写成下面的形式。

$$\eta = \eta_{ideal}\eta_{voltage}\eta_{fuel}\eta_{stack} \tag{3.75}$$

其中 $\eta_{ideal}=\Delta G/\Delta H$，$\eta_{voltage}$代表对电池反应中没有产生电流的“电压降”，$\eta_{fuel}$是燃料消耗的比例，$\eta_{stack}$代表电堆的效率修正，这种偏差可能是由于每一个电池的流量不是最佳的或是对于单节电池没有考虑到其他损失。

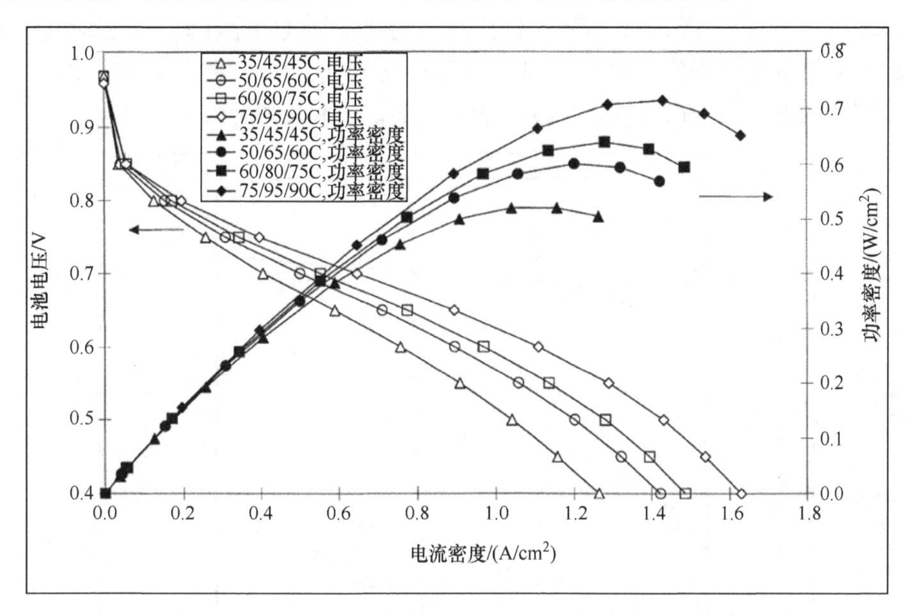


图 3.64 单片 PEM 燃料电池性能

注：在不同温度下（45～90℃），电流－电压曲线（空心符号）和功率密度曲线（实心符号）。电池的催化层含有 PTFE（聚四氟乙烯）来减少水淹，催化层中使用的是低载量 Pt/C 催化剂，（120μg Pt/cm²），最后再浸入 Nafion。［引自 Z. Qi 和 A. Kaufman（2003），低 Pt 载量高性能 PEM 燃料电池阴极，J. Power Sources 113，37－43，得到 Elsevier 使用许可］。

Jiao 和 Li（2011）对 PEM 燃料电池各种部件中发生的过程进行了综述，并且将前面提到的各种类型模型应用到了一个具体的、早期商业化了的 PEM 电堆中（Lee 和 Yang，2011）。

## 3.5.6 高温和逆运行

在图 3.65 中描述了一个可逆的 PEM 燃料电池的效率。理论上，任何燃料电池都可以在两个相反的方向运行，可以消耗氢气产生电，或是消耗电产生氢气。然而，大多数情况下，电池设计时一般都是在一个反应方向是最优的，在相反的方向运行效率不高。发电的 PEM 电池通常是由很多节较小的单电池构成的电堆，转化氢气的效率一般在 60% 以下，然而产生氢气的 PEM 电解槽一般是由少量的大面积电池构成的，目的是使产氢效率高达 95%（Yamaguchi 等，2001）。可逆燃料电池将在分布式能源和集成式建筑中扮演重要角色，但是一般的发电 PEM

电池产氢的效率只有大概50%（Proton Energy Systems，2003）。正在进行的研究包括在这两种操作模式下找到比较好的平衡，或是能够同时提高两个操作模式下的性能。最近的研究发现，混合Pt和$IrO_2$的催化剂会有比较好的效果（Ioroi等，2002；2004）。图3.65展示了输出功率和制备氢气的循环效率，这两者是相关的，如果电池被用来电解水产氢，然后存储氢气，以备随后再次发电。（例如，结合间歇式的一次能源，如太阳能和风能，一起使用）

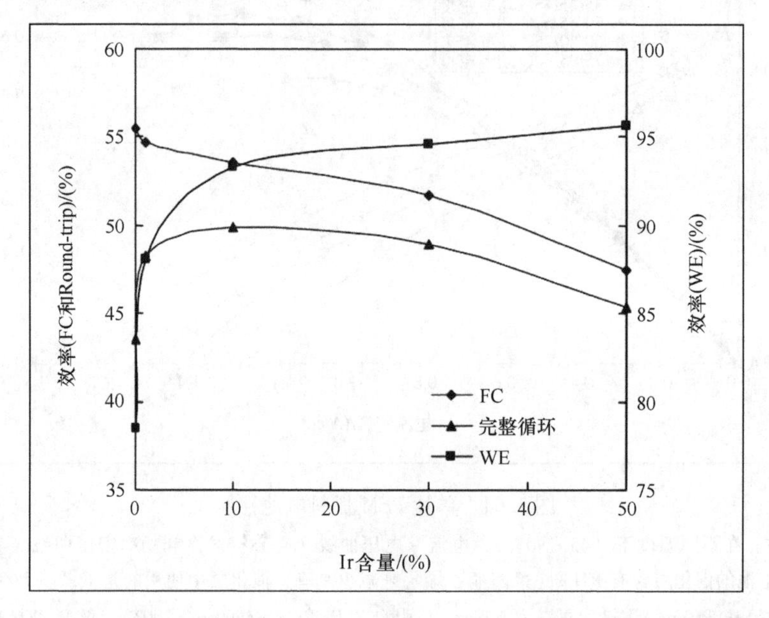


图3.65 对于燃料电池产生电能（FC）和电解水（WE）的反应，可逆燃料电池的效率是正极中Ir（以$IrO_2$形式存在）相对于Pt含量（%或mol %）的函数

注：同时也展示了与存储循环有关的这两种操作模式下的效率乘积之间的关系。另外，催化剂类似图3.64所展示的，有PTFE和Nafion通道。［引自T. Ioroi，K. Yasuda，Z. Siroma，N. Fujiwara，Y. Miyazaki（2002），一体式再生聚合物电解质燃料电池的薄膜催化剂层，J. Power Sources 112，583－587，得到Elsevier使用许可；另见Ioroi等（2004）］。

根据以前的经验，电解的效率将随着$IrO_2$含量的降低，更加接近纯Pt催化剂的效果而产生明显性的性能下降。然而，当Ir含量达到10%时，电解的效率接近95%，进一步添加Ir，效率增大很小。此时，燃料电池发电的效率只是从55%降低到了53%，因此最终找到了适用于两种操作模式的催化剂。这将在第5章被证明对于引入氢能来说是重要的。

商业PEM燃料电池电堆目前发电效率在30%～60%，操作温度范围是50～100℃（最高的操作温度对应最高的效率，如图3.64所示的单电池）。图3.58给出了一个电堆效率的例子。启动时间只有几秒钟，使得这种技术非常适合于汽车和其他需要快速启动的应用领域。

在水的沸点以上运行 PEM 燃料电池是一个令人感兴趣的课题。因为这将解决部分水管理的问题，但是膜材料性能需要提高，不能再使用传统 Nafion 类型的材料了。Shamardina 等人（2010）对于这种潜在燃料电池进行了建模，操作温度在 160℃左右，推算 *I* - *V* 曲线并与实验数据进行比较。Jiao 等人（2011）对高温 PEM 电池的 CO 中毒性进行了建模，发现这个问题在高温时比温度低于 100℃时要小，如图 3.66 所示。

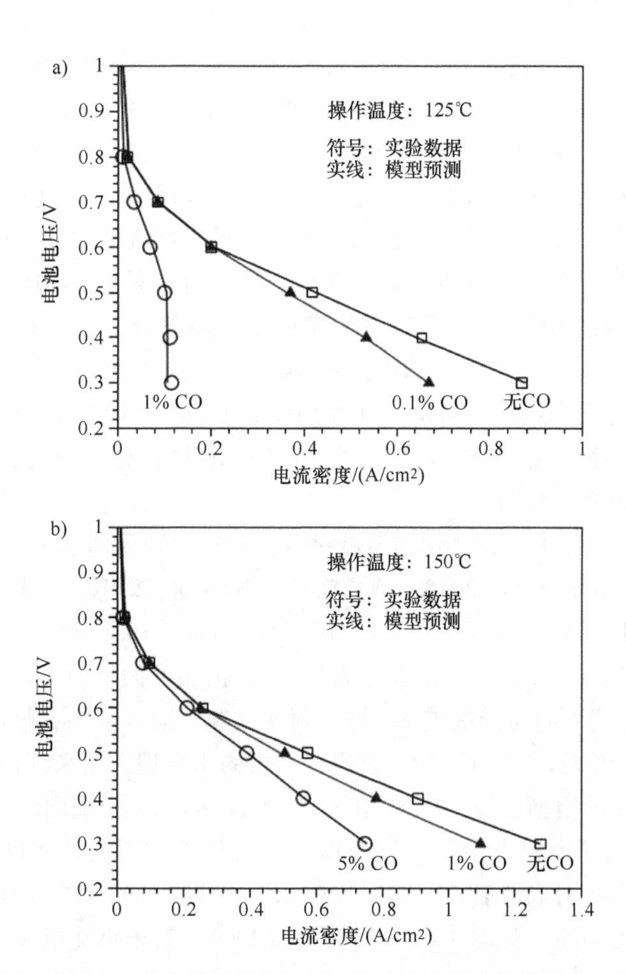


图 3.66 高温 PEM 电池的实测数据与通过三维模型计算的数据比较，基于来自燃料蒸汽重整气中 CO 对于发电性能（*I* - *V* 曲线）在不同操作温度下（图 a：125℃，图 b：150℃）的影响作用（Jiao 等，2011）（得到 Elsevier 使用许可）

微型燃料电池可考虑应用在便携式电源上，这部分将在3.6节论述，因为它们一般都是基于直接甲醇燃料电池。直接甲醇燃料电池也是PEM燃料电池，因为它们也是通过固体聚合物电解质来传输氢离子。

所有类型的燃料电池都可以在逆向模式下进行操作，传统的电解槽是碱性燃料电池。逆向操作的SOFC电池，有时候叫作SOEC（“E”是电解的首字母），例如，Ebbesen等人（2009）对此进行了研究。

### 3.5.7 衰减和寿命

如前面独立章节所提到的，PEM电池的衰减可能是由于电极结构（对于电池来说）的改变，这些改变是由于外部物质，如CO或是水的堆积所造成的。移除CO需要外加反应器，如重整器或是与燃料电池结合在一起的催化还原室，例如，在正极中加入液态多金属氧酸盐（Kim等，2004）。目前“第一代”工业生产的PEM电池，在连续运行条件下，寿命可达4000h，相比而言大多数样机电池寿命是1000h。对于汽车应用，目标是在典型的驾驶工况下，寿命能达到或超过5000h，然而对于固定电源应用来说，最小的可接受寿命是5年（43800h）。这些目标有希望能够在未来5年内实现。其他考虑的问题包括能够在极端温度下运行。目前电池在操作温度低于-25℃时会出现问题，也就是由于密封性不好，气体会通过气体扩散层，但不是由于扩散方式（Schulze等，2004）导致。

目前人们已经研究了许多电池衰减过程，燃料中杂质通过OH-自由基会引起膜的降解（Serinkan等，2010）或氢渗透（Nam等，2010），或是气体流道和电极的损害（Jung和Williams，2011，用三维Monte-Carlo模拟），如由于水的累积（Seidenberger等，2011），也可能是CO，正如前面所讨论的。Nafion膜在100°C以上的温度下有可能被破坏，同时对于薄膜来说，氢渗或氧渗问题也必须解决，因为在膜电极（MEA）中需要进行严格的水管理。用来评估MEA阻抗大小随着时间变化的模型已经有相关的研究工作（Fowler等，2002）。Jung和Williams（2011）对于燃料电池长时间操作下的损耗进行了测试和模型拟合研究，进一步说明了在燃料电池启动、运行和停止的整个操作过程中，$H_2O_2$的形成是一个可能存在的问题（见图3.67）。Lee等（2009）对于催化层衰减进行了详细的测试。

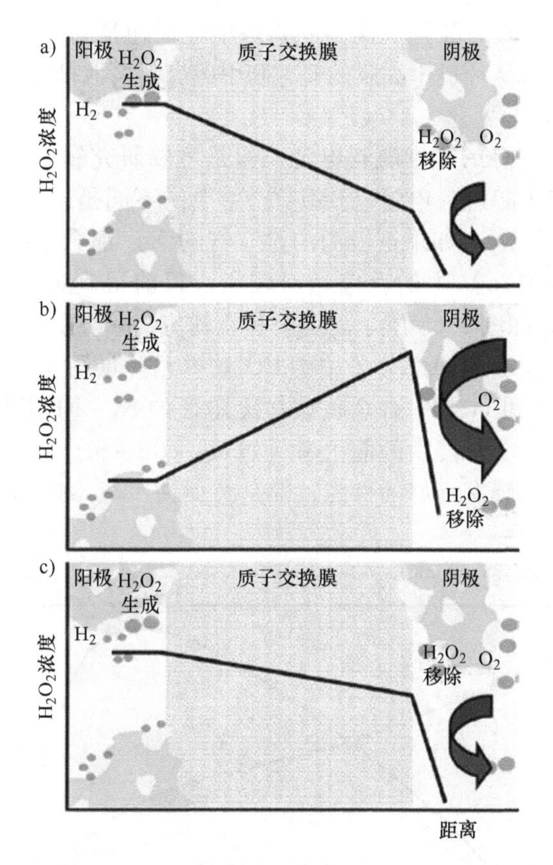


图 3.67　$H_2O_2$在 PEM 燃料电池中的浓度分布（最上面的图是开路状态，中间是大电流启动状态，下面是小电流停机模式）（Jung 和 Williams，2011）（得到 Elsevier 使用许可）

## 3.6　直接甲醇和其他非氢燃料电池

甲醇（和乙醇）与传统车载燃料的相似性，激发了直接在质子交换膜燃料电池中用这种燃料的兴趣，从而保持了甲醇在存储和基础设施方面的优势（相对于氢气来说），同时避免了增加从甲醇到氢气的重整设备，这样对于载客车辆来说，就避免了占用额外的体积和重量。

在甲醇燃料电池中，电极上的电化学反应如下：

$$2CH_3OH + 2H_2O \rightarrow 2CO_2 + 12H^+ + 12e^- \tag{3.76}$$

$$3O_2 + 12H^+ + 12e^- \rightarrow 6H_2O \tag{3.77}$$

热力学理想电池电压是 $\phi = 1.20V$，这与氢气燃料电池的类似［见式(3.20)］。膜必须使一些产生的水到达甲醇侧，除了水之外另一个副产物是

$CO_2$，是需要减少排放的温室气体，但如果甲醇最初是由（木本）生物质生产的，那么生产甲醇所从环境中吸收的$CO_2$和甲醇燃料电池排放的$CO_2$可以达到平衡（Sørensen，2010a）。

甲醇可以用在所有的酸性燃料电池，但是主要研究领域集中在PEM电池。氢燃料电池和直接甲醇燃料电池（DMFC）主要的不同是后者在MEA的两侧都会产生废气。$CO_2$和$N_2$（如果正极用的是空气的话）都会堵塞气体扩散层和催化层的孔道。式（3.76）中的反应相对较慢，目前得到的功率密度为氢燃料PEM电池的1/10，如图3.68所示。目前正在研究比Pt更好的催化剂，考虑到Pt表面存在的台阶会吸引甲醇分子中的CO亚单元（见图3.63a）。候选的催化剂包括Ru-Pt合金和Pt-Sn合金负载在无定形的Ni-Nb基体上（Sistiaga和Pierna，2003）。对于更加复杂的催化剂（如Mo-Ru-S合金）和膜来说，稳定性都是一个问题，薄膜有更好的性能，但是会促使甲醇渗透和性能衰减（Hamnett，2003）。

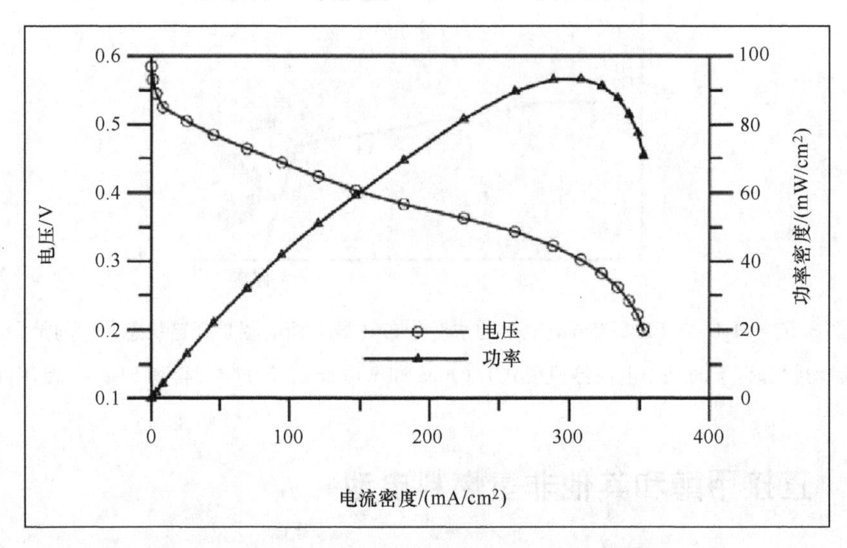


图3.68　直接甲醇燃料电池的$I-V$和功率密度曲线

注：炭黑涂在碳纸基体上，负极采用Pt-Ru（1:1），正极采用无负载的Pt催化剂，两侧电极都有Nafion浸入，热压到Nafion-112膜上。2mol的甲醇溶液以21ml/min的流速供给到负极，另一侧以700ml/min的速度供给没有增湿的空气。系统运行温度是85°C。[引自G. Lu和C. Wang（2004），直接甲醇燃料电池的电化学和流动表征，J. Power Sources 134，33-40，得到Elsevier使用许可]。

图3.68所示的最大功率密度0.093W/cm²是目前所能得到的最高值之一，但是还是不到氢PEM电池的1/10（见图3.64），同时氢PEM电池的电流密度也是直接甲醇燃料电池的两倍多。一般直接甲醇燃料电池的总体电池效率约为40%（Müller等，2003）。

甲醇的渗透使得较难找到合适的膜材料。在正极侧，甲醇和氧气结合形成$CO_2$。纯 Nafion 的替代物可以是填充了磷酸锆或是接枝了苯乙烯的 Nafion，从而可以避免甲醇的渗透（Bauer 和 Willert - Porada，2003；Sauk 等，2004），也有非 Nafion 膜材料，如磺化聚酰亚胺（Woo 等，2003）。没有一个能获得如图 3.68 那么好的性能，但是有可能减慢甲醇渗透速率。

对于电池中的气流和电化学反应的建模，DMFC 和其他 PEM 燃料电池是一样的，Fuhrman 和 Gärtner（2003）将 3.1.5 节和 3.5.1 ~ 3.5.3 节中提到的建模方法用到了 DMFC 中。

除了甲醇之外的燃料，如甲酸，也有可能被用在 PEM 燃料电池中，甲酸相比于甲醇有更低的渗透率，因此可能会成为小型便携式电源的一个替代性选择（Ha 等，2004；Zhu 等，2004）。

由于性能较差，对于汽车领域的应用来说，DMFC 不是理想的选择，但是也有工作研究了其中的可能性（如 DaimlerChrysler - Ballard）。但是对于小型便携式电源来说，在市场接受方面燃料携带的方便和组件数量最小化，要比能源转化效率更加重要。在小型便携式电源应用领域的主要竞争对手是锂离子电池，目前其功率密度大概是 130W · h/kg，但是进一步发展可能达到 200W · h/kg（Sørensen，2010a）。

DMFC 在 0.5V 时的理论功率密度是 1600W · h/kg 甲醇燃料，但是实际上，小型移动电源使用的 DMFC 的功率密度要低得多。如果小型 DMFC 设计得像传统 PEM 电池一样，包括一个膜电极（MEA）、两个气体扩散层、燃料和空气流道以及碳板和双极板传导电流，它们的功率密度在 23 ~ 60°C 范围内可以达到 0.015 ~ 0.050 $W/cm^2$（Lu 等，2004），与图 3.68 中 85°C 时的功率密度相一致。

一个新的设计方法是简化组件数量和省掉强制流动，因为上面提到的机械部件在移动电源上并不总是必需的。图 3.69 展示了一个最终的设计方案。没有气体扩散层，没有受压燃料流（在两个 MEA 之间的区域包含燃料存储器），并且没有空气流道，但是膜电极的外侧直接暴露在空气中，靠一个网状的电子导体来支撑整个结构（Kubo，2004）。Yang 等人（2011）对被动式 DMFC 的性能进行了建模，假定用稀释的甲醇（3 ~ 5mol）来减少渗透的问题。

为了弥补没有强制流动和室温操作所造成的功率密度下降，Kubo 用大表面积和更细的 Pt 颗粒（直径大概为 2nm）作催化剂来替代传统“块状”Pt 催化剂（如图 3.62c，d 中展示的）。这种结构是从石墨烯中形成的一种“纳米号角”，呈片状（类似于单面的纳米管），如图 3.70 所示。它们组装成“海胆”状，展示在图的右下部分，图 3.71 展示了负载 Pt 颗粒之后的隧道电子显微镜照片（见图 3.71a），为了比较，用于 PEM 电池中的传统 Pt 催化剂的隧道电子显微镜照片在图 3.62 中展示。用这种改进的催化剂结构，测得在室温下功率密度约为

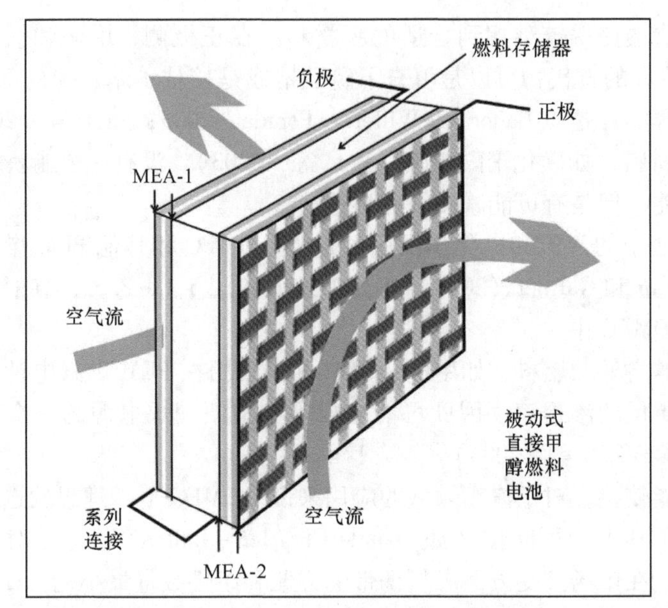


图3.69　被动式运行（没有强制流动）的直接甲醇燃料电池（包含两个膜电极（MEA）和一个中央燃料储存器）

0.045W/cm$^2$，意味着催化剂的提高使得此电池的性能超过其他含有强制空气和甲醇流动，没有简化设计（如省去气体扩散层和空气流道）的直接甲醇燃料电池在60°C下的性能。

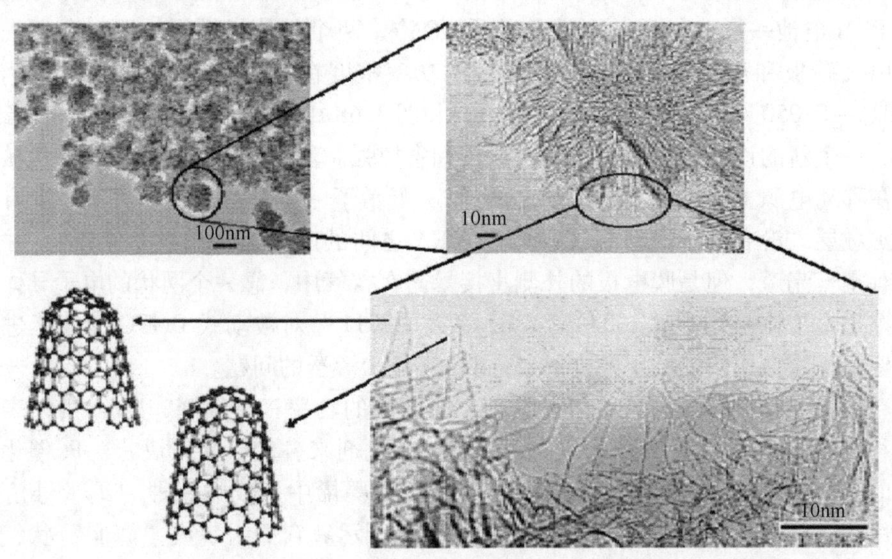


图3.70　用来作为催化剂载体的碳纳米号角基体（用在NEC的被动式DMFC设计中）［引自Y. Kubo（2004），用于便携电子的微型燃料电池，In Proc. 15th World Hydrogen Energy Conference，Yokohama，经许可使用］

在概念上，移动电源领域的微型燃料电池也可以使用传统的氢 PEM 电池，或者可以添加一个微型重整器到这个设计中，同样地，因为携带烃类或甲醇燃料相比于携带氢气来说更加方便（例如，Holladay 等，2004）。小型平板氢燃料 PEM 电池（尺寸在0.01～1.0$cm^2$）也用类似于之前讨论的被动式 DMFC 的设计方法（Hahn 等，2004）。同样地，没有气体扩散层，没有强制流动，但是与图3.69中展示的设备不同的是，有空气和氢气的流道，被一个含有花纹的电流收集板所限定，在电流收集板上沉积有一层厚度约0.01mm 的金。为了能够获得可靠的长期性能，沉积金层是必需的，最终的功率密度峰值是0.09$W/cm^2$，出现在0.20～0.25$A/cm^2$的电流密度下。用甲醇燃料可能获得与图3.69所示的结构相类似的性能。

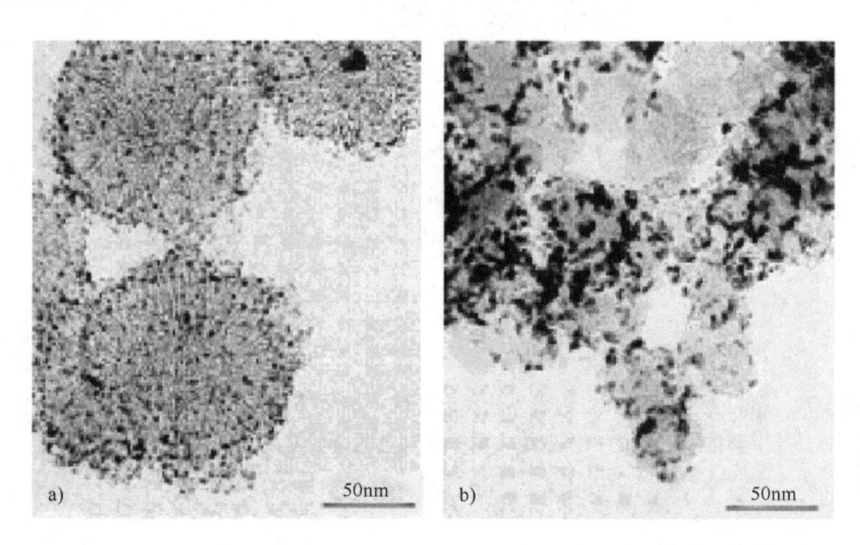


图3.71 在 NEC 的被动式 DMFC 设计中，沉积在碳纳米号角基体上的 Pt 催化剂（黑点）（图 a）与沉积在传统碳基体上的 Pt（图 b）对比［引自 Y. Kubo（2004），用于便携电子的微型燃料电池，In Proc. 15th World Hydrogen Energy Conference，Yokohama，经允许使用］

最近在被动式 DMFC 设计上的工作集中在尝试延长补燃料间隔时间，并且不损失稀释甲醇燃料的优势。因此燃料池的数量翻倍了，增加了一个含有高浓度甲醇的燃料池，同时保留稀释甲醇的燃料池，希望高浓度甲醇用于短暂的高性能期间，同时低浓度甲醇保证了较低的渗透率。Shaffer 和 Wang（2010）讨论了这种电池的基本设计，Cai 等人（2011）对电池瞬时状态进行了建模。

相比于其他类型燃料电池（从用户的角度来看比较合适）5000h 的目标运行寿命，DMFC 的寿命令人失望，一般在300h 以下（Bae 等，2010）。对于电极设计和催化剂有许多新的想法，包括用碳纳米管作为载体的 RuSe 催化剂，如图

3.70所示，但是目前还没有显著的成果（Jeng等，2011）。如果将被动式DMFC看作是先进移动电源电池的替代品，那么这么短暂的寿命也许可被接受，在第4章将进一步讨论这种应用。Zenith和Krewer（2010）讨论了这种设备的建模和控制策略。图3.72展示了最近一个DMFC效率的模型计算结果，以电流密度、温度和甲醇浓度作为变量。

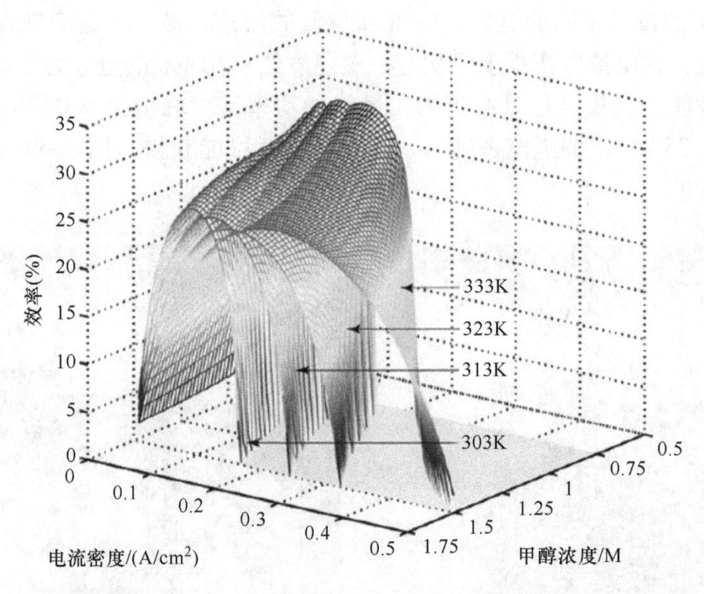


图3.72 Chiu等人（2011）用半经验模型评估DMFC的能量转化效率（低电流密度、低甲醇浓度和高的操作温度，得到最高的效率）（经Elsevier允许使用）

## 3.7 生物燃料电池

在2.1.6节简单提到了生物燃料电池的概念，在光电化学设备中用了微生物的感光剂。通过光合成或暗发酵产生的氢气（2.1.5节），原则上可以使氢气成为一个独立的能源。可以期待会有许多集成燃料电池系统出现，为了节省燃料运输成本，在这些系统中生物反应器邻近或是集成到燃料电池中。这种方法的问题是生物反应的产氢率是变化的，特别是对于光合制氢系统。这意味着氢气不能总是以最优的速率供给燃料电池，因此会导致较低的效率。

在最近的实验中，用莱茵衣藻来产生氢气，这种不含CO，但含有$CO_2$、$N_2$的气流被供给到PEM燃料电池中（Dante，2005）。每$100m^2$的藻类，在25h可以产生475W的功率输出，在开始和结束时会有相当急剧的功率下降。当然，产氢的间隔期间可以通过添加一个氢气存储器来进行平缓。早期实验用的是鱼腥藻，它的性能更差（Yagishita 等，1996）。无论如何，因为难以解决光合制氢气效率低和间歇性的问题，集成生物反应器的燃料电池并不是很吸引人。但是如果这些产氢方法是可行的，氢气可以存储起来，并像其他方式获得的氢气一样被燃料电池使用的话，氢气会被更好地利用。

其他利用生物质分子作催化剂以直接通过酶催氧化作用来获得燃料如葡萄糖（Katz 等，2003；Chaudhuri 和 Lovley，2003）。优势是天然生物材料可以被用到一种特殊的燃料电池中，而不用首先将它转化成氢气，但是也有许多问题需要解决，因为生物质的电子传导能力很差，需要传导电子到外部电极。研究正在尝试将生物材料集成到纳米结构的碳材料上，或是找到在没有特殊媒介时，能够导电的生物质。

一个可以导电的生物质是嗜糖微生物，有报道称它可以将葡萄糖氧化产生电子的80%转化成电池电流（Chaudhuri 和 Lovley，2003）。这种概念能否真正转换成实际的生物燃料电池还不确定。它的确获得了葡萄糖反应产生的所有24个电子，并似乎和碳电极相连，从而在没有酶或催化剂的情况下可以传导电子。这种方法的机理还不清楚，但是似乎与这种 R. jerrireducens（嗜糖微生物）的外部边界（“生物膜”）有关，它与附着的碳表面有很密切的联系（见图3.73）。葡萄糖的能量转换涉及 Fe（III）的还原：

$$C_6H_{12}O_6 + 6H_2O + 24\ Fe(III) \rightarrow 6CO_2 + 24\ Fe(II) + 24H^+ \quad (3.78)$$

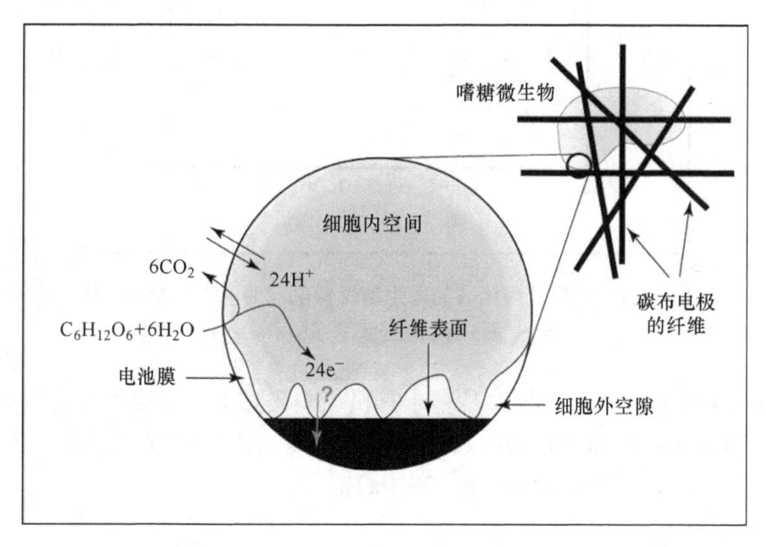


图3.73 将嗜糖微生物集成到碳电极上，使得其有高的导电效率，电子是由葡萄糖的氧化反应产生的［引自 G. Tayhas 和 R. Palmore（2004），生物电发电，Trends Biotechnology 22，99－100，得到 Elsevier 使用许可］

在 Chaudhuri 和 Lovley（2003）以及 Finneran 等人（2003）的工作中有提到。在生物燃料电池的负极室中放置细菌，正极与负极之间有隔膜，可以观察到高达0.6mA 或是31mA/cm$^2$的电流。

生物燃料在能源领域有一些应用（Sørensen，2010a），但是将它们首先转换成氢气并不具有吸引力，尽管可以用传统的方法实现这样的转化（汽化和蒸汽重整）。有充分的理由用燃料电池将生物燃料转化成输出功，但是如果要通过氢气来转换，整体的转换效率常常很低，如果直接应用这些生物燃料，不论是在 SOFC（Mermelstein 等，2011）还是 MCFC（Hernández 等，2011），或是“微生物”PEM（Lee 和 Nirmalakhandan，2011），空气污染问题依然存在，另外相比于非燃料电池设备来说，燃料电池稍有提高的效率并不能够弥补其增加的成本。

图3.74展示了一个微生物燃料电池的典型性能曲线。能量转化效率低于100mW/m$^2$，为直接甲醇燃料电池的1/10000（见图3.68），为 SOFC 的效率的1/100000（见图3.37）。唯一可以弥补这么大性能差距的方法是降低微生物燃料电池的成本，但是这基本不现实。

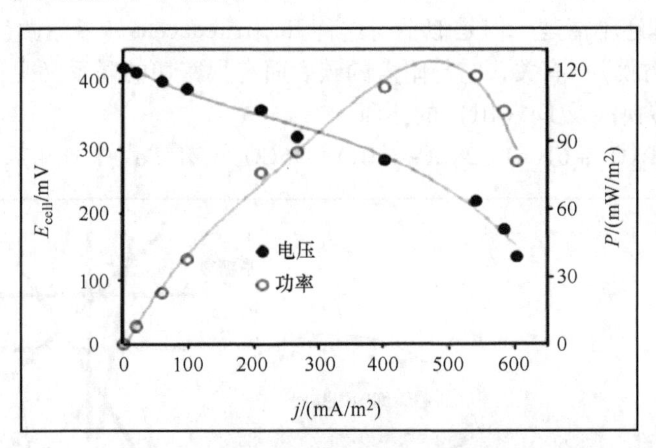


图3.74 以电流为函数的微生物燃料电池的电压和功率曲线
（Katuri 和 Scott，2011）（得到 Elsevier 使用许可）

直接光解制氢（2.1.6节）是基于有机燃料类或是 Ru 的复合物类感光剂提出的（Kalyanasundararm 和 Graetzel，2010），本来这项技术希望能够应用于太阳电池中，但是没有成功（Sørensen，2010a）。

## 3.8 问题和讨论

1）类比于式（3.12）书写逆向操作时燃料电池效率的表达式，逆向操作是指产氢，或同时将电能转化成氢和热量。

2）在固体氧化物燃料电池中使用化石燃料，在汽车中或许可以用这种设备将燃料重整为氢气。$CO_2$是一个副产物，不像固定式装置那样可以将$CO_2$收集起来。温室气体排放的后果是什么？对于作为燃料的天然气，什么是全球气体需求和$CO_2$排放？相同的问题是，如果用煤做燃料，尽管在汽车中直接携带煤是不可能的，煤可以是以压缩气体的形式使用。

3）将燃料电池和其中的燃料作为一种储能装置，和其他储能装置相比较。例如，评估几种电池的重量比能量密度：传统铅酸电池，先进的锂离子电池和多种低温燃料电池（如PEM和DMFC）。相比于在第2.4节（或Sørensen的第5章，2010a）中提到的存储观点，你不仅需要考虑燃料的重量，还需要考虑构成燃料电池的所有设备和燃料处理系统，包括燃料箱等。在第6章可以找到一些数据。对于移动电源来说，能量和功率密度是相互关联的，因此你要有移动的概念，如被动式DMFC。

对于体积比能量密度也可以做一个重量以外的类似比较，对于燃料，这些数据可以从表2.4中得到，但是对于设备，就必须根据设备的实际情况来确定（例如，厂家网站上的信息），获得大小的概念。

4）尝试用全固体的组件（除了可能需要的水）设计燃料电池，使它拥有PEM燃料电池的优点却没有其缺点。也许它看起来会像200℃的酸性电池？

5）直接碳燃料电池可否像MCFC一样，在低于碳熔点的温度下使用？

# 第4章　系　　统

本章列举了一些使用氢气和燃料电池为汽车提供动力，或为一些固定基站提供热和电的装置。这类装置通常被认为是“系统”。“系统”这个术语使用相当普遍，因为系统和组成的区别一般不大，本书很多地方提及系统。本章系统考察各种不同类型的使用氢气和燃料电池的系统，由复杂单元构成的这种复合体可以满足各种不同的需求，例如提供人员或货物运输，或者给一幢大楼供热和电。在第5章，将把这些单独的系统组合起来，形成全国范围内或全球相互关联的能量供应系统，这是“系统”术语的另外一个习惯用法。可以认为，相对于其他几个经常看到的经济学和社会学的术语如“氢能经济”和“氢能社会”，重复使用这个“系统”术语不会带来歧义。

## 4.1　客车

### 4.1.1　可供客车选择的系统

不考虑直接燃烧（见2.3.3节），在一辆使用氢气的客车中最简单的系统包括燃料存储罐、燃料电池和电动机。电动机与汽车所需要的最大功率相关，由于没有牵引用的蓄电池，燃料电池必须可以提供电动机相当于蓄电池的输入功率，同时储氢罐必须足够大，以保证汽车有较理想的续航里程。

如果使用除氢气以外的其他燃料，燃料电池必须能兼容使用其他燃料（直接使用甲醇的燃料电池等），或通过使用一个重整装置把燃料（天然气，汽油，甲醇等；参阅第2章图2.27）转换成氢气。存储罐可以存储所选择的不同燃料。

控制系统管控燃料的流量及各组件作用时序。大多数情况下，应配备一个水处理系统以确保燃料电池（如果燃料电池不是质子交换膜型的）处于适当的湿度。许多情况下，使用氢气冷起动汽车是不方便的，需要一个起动蓄电池提供起动功率。可以使用普通的有适当容量的铅酸类电池，但一般情况下，使用一个大容量的高电压的电池以提高性能。

当一个电池用于牵引时，该系统称为混合动力系统。驱使车轮的动力来自于燃料电池或已经存储在电池中的能量。在混合动力系统中，直接从燃料电池向电动发动机提供动力的选项（称为并行操作）不是强制性的，因为该燃料电池可以提供所有输出功率（串行操作）。无论何种情况，混合动力概念允许燃料电池的额定功率比发动机的小。一种选项是该燃料电池以一个恒定的功率运行，并当不需要牵引时给电池充电。另一种选项是允许电池不行驶时充电，例如当汽车停泊或在加油站的时候充电。这样的燃料电池汽车被称为插电式混合动力车（Bitsche 和 Gutmann，2004；Suppes 等，2004）。图4.1显示了一些可能的混合动力车的规划图。

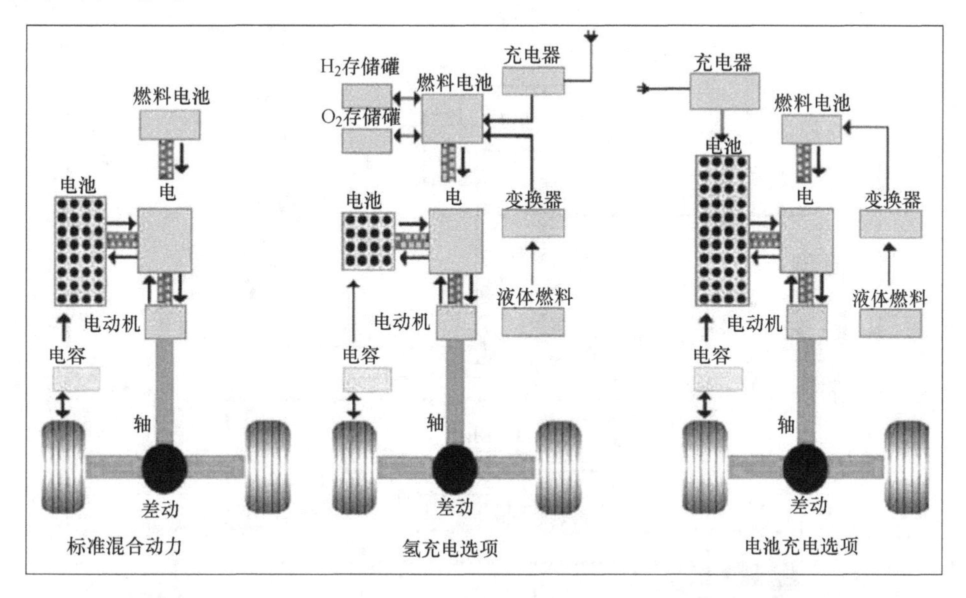


图4.1 各种混合动力汽车概念［摘自 G. Suppes，S. Lopes，C. Chiu（2004），Plug - in fuel cell hybrids as transition technology to hydrogen infrastructure. Int. J. Hydrogen Energy 29，369 - 374，Elsevier 已授权］

对于普通的燃烧氢气的汽车，组件包括引擎和一个液氢储罐（用于获得足够的续航里程）。控制装置必须包括尾气系统，以便能安全地处理从储罐里挥发出来的氢气（Ochmann 等，2004）。Verhelst 和 Wallner（2009）讨论了使用氢气内燃机后产生的一些特定问题和优化问题。

在评估能量效率时，把系统的所有组分都计算在内是很重要的。每个能量转换装置包括转换效率（输出的能量除以输入的能量）和能量效率（输出的自由能除以输入的自由能）两部分，后者反映了能量的品质（Sørensen，2010a）。不同类型的燃料电池，其燃料转换成电的效率是30%～70%（第3章），这引申出上游燃料的生产效率和下游燃料的使用效率。从化石燃料或生物燃料生产氢气的转换效率是45%～80%，而用电生产氢气的效率为60%～90%（第2章）。但如果采用化石资源发电，其电力生产的效率只有30%～45%。对于可再生能源，例如风能或光伏电池板，通常不包含转换效率，因为原始的来源是“免费”的。

对于汽车来说，下游的效率通常为35%～45%（第6章），而对电灯和电器来说，在不同的实际设备中几乎覆盖了整个效率范围。因此从一次能源到终端用户使用的能源，例如机动车，全部的效率可能低至5%。这一事实中包含的积极信息是，通过对各组件适当的设计和组合，还有很大的空间用来提升效率。

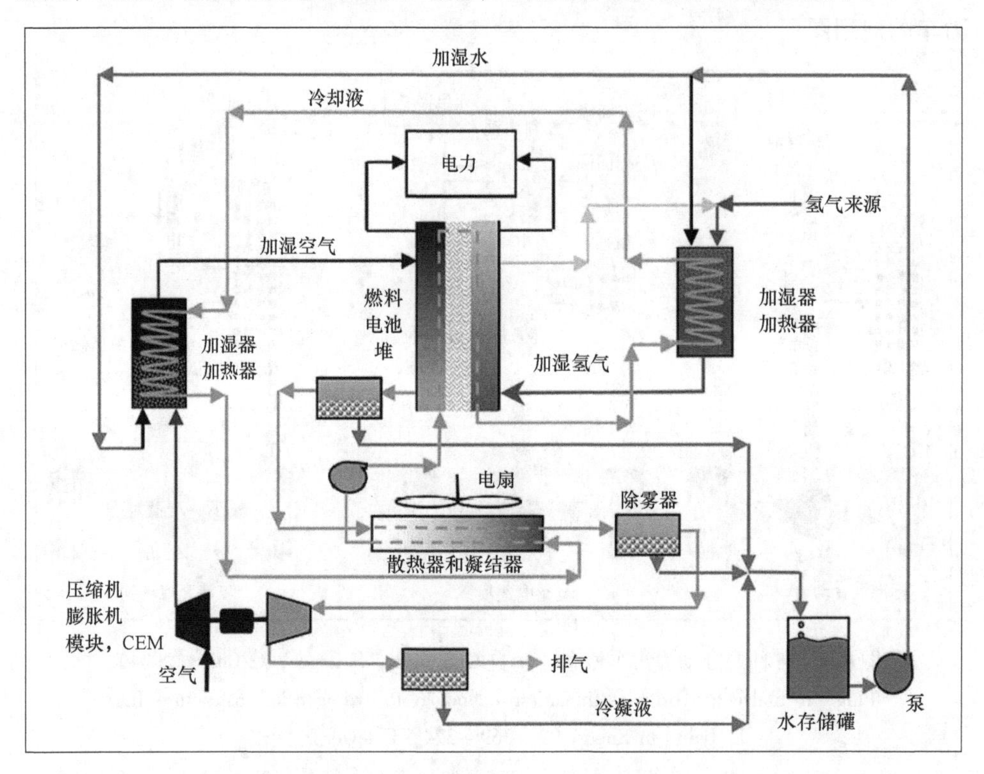


图4.2　车辆内质子交换膜燃料电池动力系统布局图［摘自R. Ahluwalia，X. Wang，A. Rousseau，R. kumar（2004）. Fuel economy of hydrogen fuel cell vehicles. J. Power Sources 130，192－201，Elsevier已授权使用］

## 4.1.2　质子交换膜燃料电池汽车

最新的汽车燃料电池努力使用质子交换膜（PEM）燃料电池，这部分内容将在本节进行较详细的介绍，并在4.1.3节中作为模板进行性能计算。图4.2所示为一个典型的乘用车纯PEM燃料电池系统（即不是混合动力）。包括加热器和加湿器；加热器用于使所述设备从环境温度到约80℃的操作温度，加湿器用于确保操作时膜和电极所需的水分（见第3章，图3.50、图3.51和图3.60）。水管理设备包括冷凝器已被集成到现有的散热器内，使其在比内燃机汽车低得多的温度区间内运行。

燃料电池设备给汽车增加了相当大的重量，使其效率降低，但同时也通过在汽车结构的下部放置重设备来提高汽车的稳定性。图4.3展示了戴姆勒－克莱斯勒公司的氢燃料电池的雏形车 Necar 4，燃料电池、氢气储罐和辅助设备安置在地板下面，这种布局使它比那些商业化的内燃机车更加稳定，例如商业化的梅赛德斯－奔驰A级轿车。然而 Necar 4 有一个75kW 的燃料电池组，更新的戴姆勒－克莱斯勒的O系列燃料电池汽车（参见第6章，6.2.4节）采用了来自巴拉德动力公司的代号为902的一款85kW 的燃料电池组。使用这种大的动力系统（相对于同样尺寸的A级轿车，它们一般使用一个40～50kW 的柴油发动机）被认为是必需的，因为燃料电池相关的设备带来了额外的重量，同时为了不招致降低汽车运动性的批评。已经建造了一个更大的B级版本的燃料电池车，它拥有更小的燃料储罐，使用70MPa 压缩氢气，而不是早期的35MPa（Orecchini 和 Santiangeli，2010）。

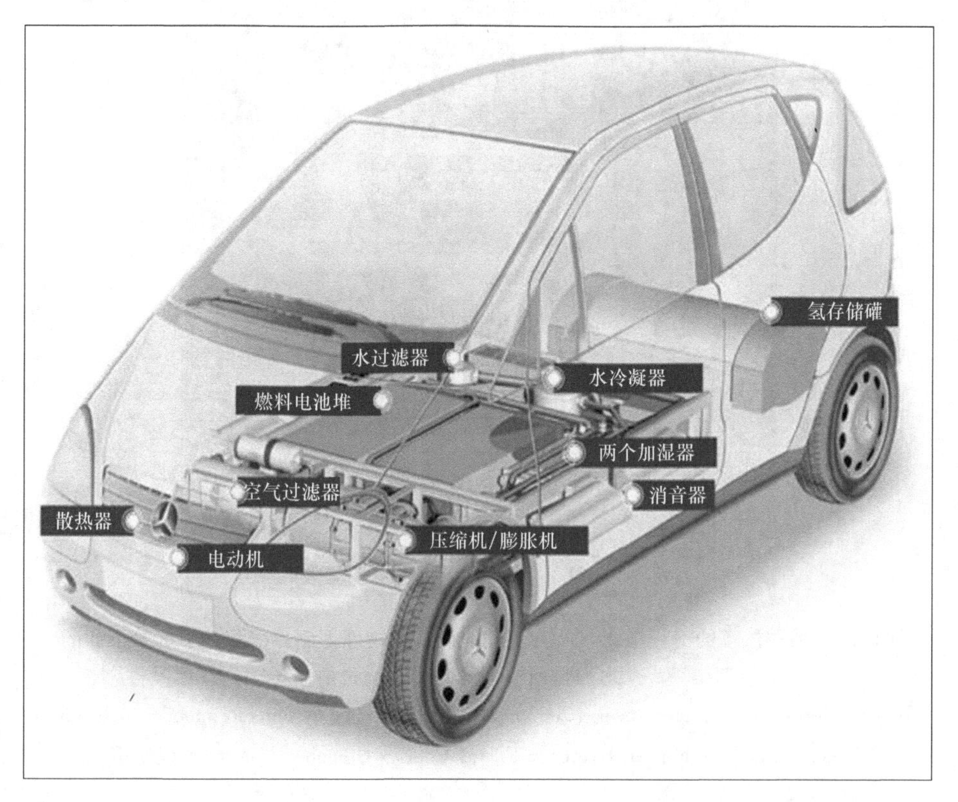


图4.3　配制在早期戴姆勒－克莱斯勒原型车 Necar4 内的燃料电池、氢气罐和辅助设备［参见 G. Friedlmeier，J. Friedrich，F. Panik（2001）. Test experiences with the Daimler Chrysler fuel cell electric vehicle NECAR 4. Fuel Cells 1，92－96，Wiley 已授权使用］

通用汽车首次提出了一个更先进的概念（见图4.4），不仅把所有的燃料电池设备放置在客舱下面，而且这个（滑板）与客舱和整个电子指令（用于驾驶、制动和加速）的接收完全隔离。在每个轮胎一个，共4个而不是一个的电动机的辅助下实现最优控制。混合动力的样车已经使用了这种概念，例如Sequel（带有锂离子电池）和HydroGen4（带有镍氢电池；Eberle和Helmolt，2010）。其他的汽车厂商，例如丰田，在它们的燃料电池样车中把燃料电池组放置在传统的客舱前面的发动机位置（Takimoto，2004）。

图4.4 通用汽车的滑板概念，所有的动力设备和物理控制系统都处于客舱下面的一个平板框架里，从客舱把所有的驾驶指令通过电子传输到车载设备
［引自M. Herrmann和J. Meusinger（2003）. Hydrogen storage systems for mobile applications. Presented at 1st European Hydrogen Energy Conf.，Grenoble，GM已授权使用］

与直接使用氢气的燃料电池汽车同时发展的是甲醇重整汽车（例如，戴姆勒－克莱斯勒公司的Necar 5），考虑到它的优势在于只需要对加油站做一些微小的改动，这比总效率的略微降低重要（Boettner和Moran，2004）。然而，重整器性能的技术问题使甲醇重整汽车这条线目前的发展停滞不前。直接甲醇燃料电

池汽车仍旧在开发中，例如，戴姆勒 - 克莱斯勒公司（Lamm 和 Müller，2003）。

在第3章中已经进行了质子交换膜燃料电池的建模。Nolan 和 Kolodziej（2010）进行的研究直接展示了热性能在汽车中的重要性。

人们已经做了大量的调查研究，为了确定质子交换膜燃料电池汽车的最佳控制策略，如是否需要有牵引用的蓄电池或是其他的动力补充设备，例如，一个调速轮或是一个电容（Al - Durra 等，2010；Bernard 等，2010，Ryu 等，2010，Fadel 和 Zhou，2011；Bubna 等，2010a）。通过改善简单的控制策略，通常可以节省大约5%的燃料。就如前面提到的，混合动力系统既可以是串联的（全部燃料电池的电力通过能量存储来传输）也可以是并联的（直接由燃料电池或蓄电池给电动机供电）。引用的参考文献中只研究了并联的混合动力系统。在4.1.3节中列举了一个串联系统的例子。

混合动力系统结合了氢气燃料电池和通常存储在电池中的电化学能，作为技术的自然延续，丰田的普瑞斯和相似的雷克萨斯的混合动力车（汽油和金属镍氢化物电池；Orecchini 和 Santiangeli，2010）选择嵌入化石燃料电池。充电式混合动力车使用先进的锂离子电池，包括通用汽车的 Volt 和 Ampera。锂离子电池也在商业化的纯电动汽车（由雷诺和标志雪铁龙销售）的选择范围内，因为它们拥有完成复杂和苛刻的行驶工况的卓越性能（Corbo 等，2010）。带有锂离子电池小的电子产品，其安全问题通常由自卸压紧急通风装置解决（Arora 等，2010）。

由于燃料电池的反应时间比大部分电池都慢，即使在纯燃料电池汽车中，也需配置一个适当尺寸的电池以当行驶状况改变时（例如加速或减速）提供更好的操作性能。这种功能可由其他技术替代，例如电容器。要不是安全原因，人们已经考虑使用调速轮了，它们更适用于固定环境，例如置于地下。另一方面，电容可以显示出极高的能量密度（与适当的满负荷电池相比），能带来赛车和驾驶的兴奋感。Ayad 等在2010年，Lin 和 Zheng 在2011年分别提出了用电容和超级电容整合燃料电池里的动力总成控制系统；该系统可以包括或不包括电池。也有研究者认为把燃料电池、电池和超级电容这三个组件全部组合在一起可能是多余的（Yu 等，2011）。在反向的思路上，有人认为单一电池的混合动力性能可能足够用于道路车辆了，在极端情况下末端不设变压器（一种允许电池末端和电动汽车的电压不同的装置）以使效率最大化（Bernard 等，2011）。

然而早期的纯燃料电池乘用样车额定功率在100kW左右，混合动力的优势在于，昂贵的燃料电池不需要提供峰值电量。最小型的车可能仅仅需要几千瓦等级的燃料电池的电量（Tang 等，2011），一辆四人座的车需要10 ~ 20kW（参见4.1.3节）。同时，燃料电池的出现使得蓄电池的容量可以降低，影响到了另外一个昂贵的构件。下面模拟研究的目的之一就是来探索混合动力车中燃料电池和蓄电池的最优比例。

### 4.1.3 性能模拟

与实际道路测试相类似，在一辆新车实际建造之前或者在一连串的测试和修改阶段，科学家和汽车生产厂商采用模拟方法低成本地取得第一手资料。

为了说明简化但相当逼近的模型假设，这里将做一个简短的模拟研究。

模型可用一个详细的物理模型或是一个半经验的方法，能够模拟那些配备常规推进系统（如使用 Otto 或柴油发动机）的不同车辆、纯电动车或纯燃料电池车、也包括以上任何类型的混合动力车；在半经验模拟过程中，不同的过程可使用参数简化，调整参数与测试数据匹配。这里介绍的半经验方法基于美国可再生能源国家实验室开发的 ADVISOR 软件（Markel 等，2002）。用户可以写自己的子程序，或使用现有的参数化的模型集合，用于燃料电池组、电动机、蓄电池能量存储、带有蓄电池的燃料电池汽车的动力集成控制、排气装置的控制、在规定的行驶路况下车轮和轴系统的动力行为（斜坡、路面和阻力等），还有汽车的辅助用电。ADVISOR 软件的核心是在给定的时间据所需的行驶速度计算扭矩、转速和传动系统每个部件的功率；这是一个称为向后仿真法的程序。无论如何，这结合了基于控制逻辑的向前法，仿真向前进行时也在每一步向后做连贯性检查。软件的用户可以改变和增加一些特定的子程序，或是改变模块间的流量。

燃料电池模型既可以是一个简单的模型，通过类似图 4.5 的经验曲线来关联功率的输出和效率，或是一个结合了燃料电池系统内每个部件间联系的模型（见图 4.2）。涉及水管理等更详细的模型也是可行的。对于混合动力模型的蓄电池，假定用燃料电池给蓄电池充电，人们已经对蓄电池做了额外的计算。无论是传统的铅酸电池或镍氢电池，还是先进的锂电池都被处理成内阻电池模型。对于

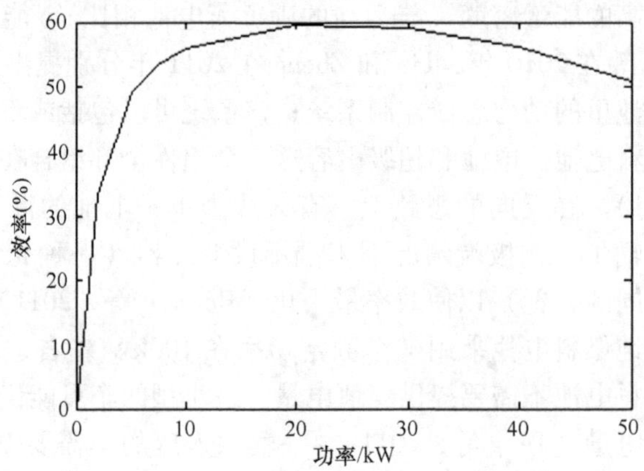


图 4.5　50kW 质子交换膜燃料电池仿真的功率曲线

蓄电池的仿真部分，汽车设计师已经开发了更多详尽的子程序。

在仿真模型中考虑的燃料电池汽车是一个对大众 Lupo TDI-3L（参见第6章表6.6）粗略仿制品，所以我简单地把它称为“小红帽”。在一配有蓄电池的混合动力车中，从纯燃料电池到纯电动汽车，用质子交换膜燃料电池发动机来代替一个45kW的柴油发动机。给定的行驶周期的效率，而不是未知的成本，来初步确定合适的组件的额定功率。这可能会导出相当性能的若干系统。

假定这辆车的氢燃料的消耗为图4.6所示的形式。相比于在过去10年测试的早期样车的低燃油效率，这辆车的燃料效率更接近于目前研究的目标值。

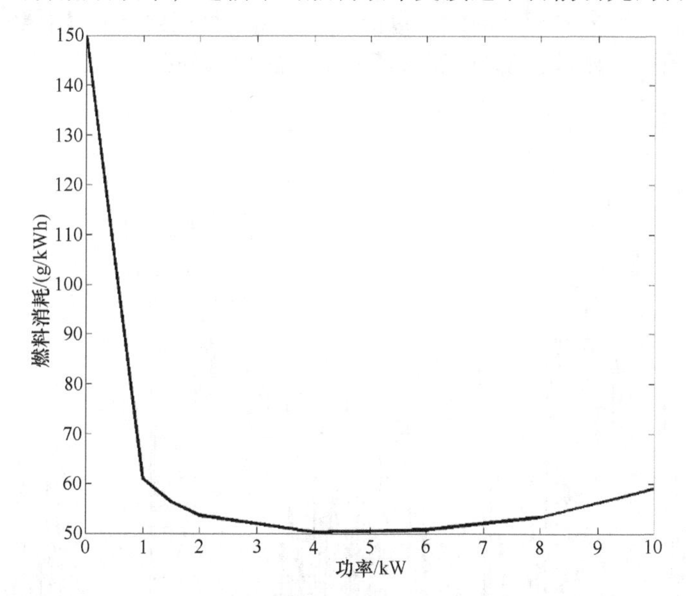


图4.6 小红帽汽车仿真模型的氢气消耗（作为功率的函数）

注：图4.5说明了部分负荷的性能，而图4.6显示当下降到约1kW几乎与功率无关，与内燃机情况形成了鲜明对比。

每个小红帽的构造的总质量分布见表4.1（与第6章表6.6的柴油发动机Lupo 3L相比较）。

**表4.1 小红帽燃料电池-电混合动力系统质量分布**

（对铅酸和镍氢电池，电池的质量约为2~3倍高） （单位：kg）

| 部件质量 | 纯燃料电池 | 混合动力 | 纯电动 |
|---|---|---|---|
| 车的基本部分（包括锂离子启动电池） | 570 | 570 | 570 |
| 燃料电池部分（分别为40kW、20kW和0kW） | 150 | 100 | 0 |
| 尾气处理部分 | 8 | 5 | 0 |
| 锂离子电池（0、15和250MJ） | 0 | 70 | 1134 |

（续）

| 部件质量 | 纯燃料电池 | 混合动力 | 纯电动 |
|---|---|---|---|
| 电动马达（50kW） | 60 | 60 | 60 |
| 变速器（手动相当1档） | 50 | 50 | 50 |
| 乘客或货物（平均） | 136 | 136 | 136 |
| 总量 | 974 | 991 | 1950 |

如图4.7所示，仿真使用了由在美国和欧盟用于监管和征税目的各行驶周期的片段组合而成混合的行驶周期，包括高速公路、郊区路段和频繁的红灯停车的城市道路。图4.8显示了89km路段所有速度的频率分布。

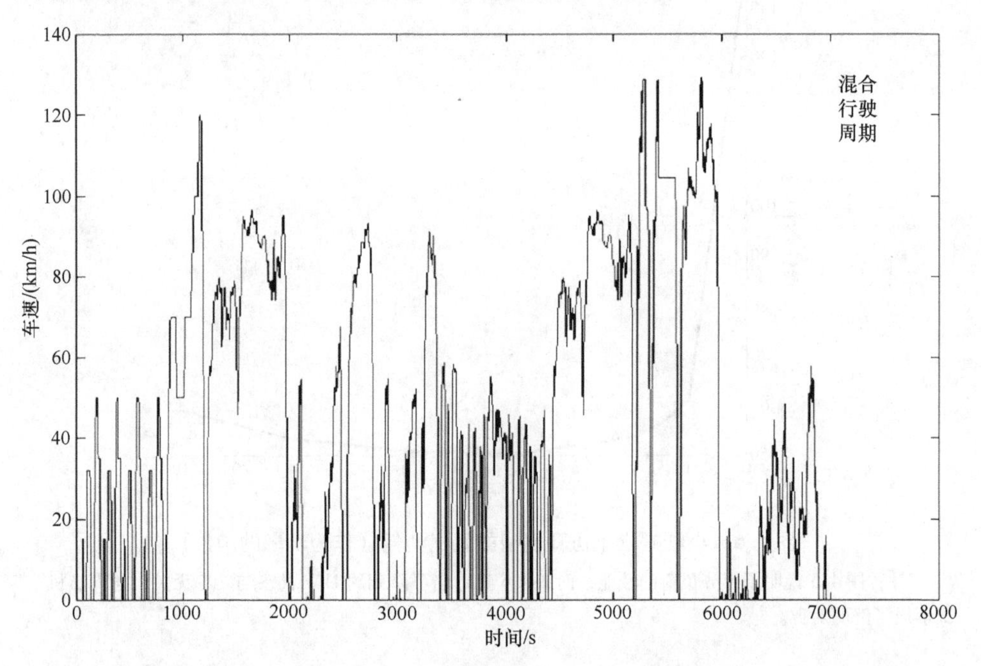


图4.7　仿真中使用的行驶周期（Sørensen，2005c，d）

对于一辆额定功率40kW的纯燃料电池汽车，假定效率如图4.5和图4.6中所示，就可能依循图4.7中的行驶工况，而且整个行程没有明显偏离规定的速度（最大偏离约2%）。图4.9显示该燃料电池在指定速度下功率输出为行驶时间的函数。为了简单起见，目前没有假定任何标准。在行驶周期内，40kW的燃料电池的平均能耗是1.138MJ/km（约等于3.5L汽油/100km）（Sørensen，2010b）。图4.9说明即使使用一个额定功率30kW的燃料电池，也能完成规定速度下的特定的行驶周期；该条件下燃料的消耗量会下降到0.855MJ/km（或等于2.7L汽油/100km）（Sørensen，2007b，c）。然而，实际汽车应使用更高额定功率至少

40kW 的燃料电池，因为选择用于研究的路面工况并不能反映实际路面的最大功率需求（例如，它不包含斜坡）。一个 4kg 氢气燃料罐（等于 30MPa 下 178L 的氢气）的汽车的续航里程会超过 650km，这相当于现在大部分乘用车的续航里程。

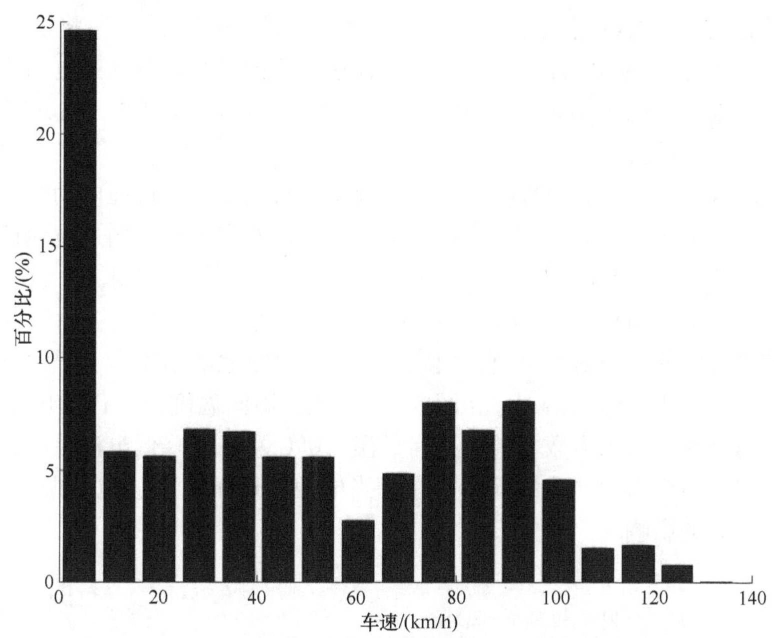


图 4.8　在图 4.7 中所示的行驶周期内行驶速度的频率分布

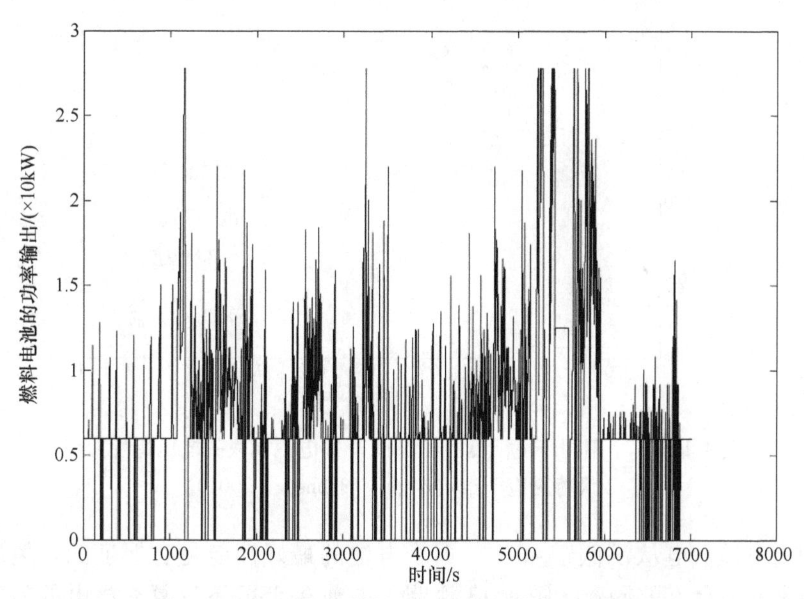


图 4.9　40kW 的纯燃料电池汽车的仿真功率输出

然而，图4.9也说明，只在行程中很短的一部分需要燃料电池的高负荷额定功率。这表明燃料电池-蓄电池混合动力是一个有利的配置，燃料电池被设定在一个低水平的额定功率上，例如20kW，或者甚至降到5~10kW的区间内，这样的话，一个牵引用的蓄电池负责给电动机提供峰值功率（在额外成本之下，我们可以设想电动机的额定功率可以更高，这里选择50kW）。下面将仿真一系列这样配置的混合动力车的性能，使用串行连接，例如，燃料电池把电输送给蓄电池，然后蓄电池驱动电动机（避免电动机直接从燃料电池用电，在并行配置中不一定包括变压器）。

作为对各种混合动力布局模型仿真的前奏，首先考虑一辆纯电动车，因为不同于纯燃料电池车，纯电动车可直接终端使用。已有多个具体描述电池性能的模型（Albertus等，2008），但这里只考虑一个简化的等效基尔霍夫电路模型（Johnson，2001；Liaw和Dubarry，2010），我们认为这个模型足够用于判别混合动力车的常规性能了。对于单电池模块（250MJ锂电池电动车由一千块单电池模块组成，详见表4.1），图4.10和图4.11预测了不同温度下，作为电量函数的电压和电阻特性。与大多数电池一样，低温（0°C左右）降低电池性能，而高温（40°C左右）不会引起严重的问题，除了当电池接近于完全放电。图4.12说明了对电力输送的影响。

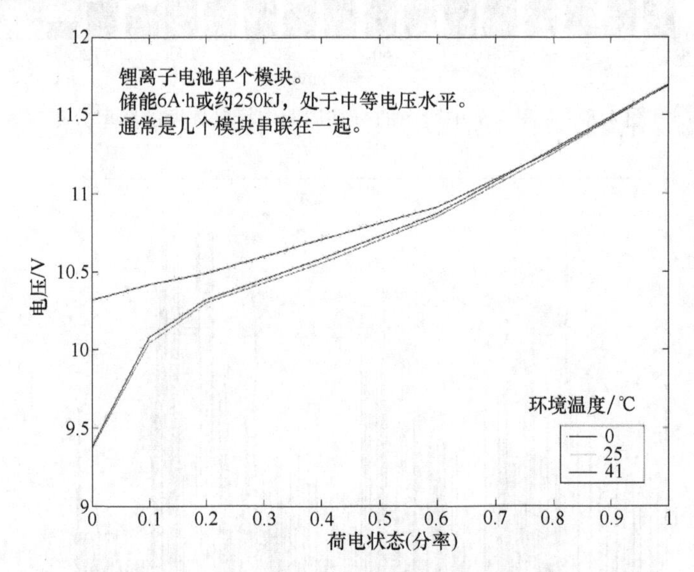


图4.10 3个不同环境温度下，“Saft”锂电池模块的电压特性曲线（伏特对应于给定电量）（Johnson，2001）

如果电池放电从没低于40%，那么电池的最好性能是有保证的。最后，作为电流和充电状态的函数，图4.13说明了电池在25℃下反复充放电的效率。除了在接近零电量时的糟糕性能，在低电流时效率是很高的，效率随着电流消耗而下降，但当电流高达100A时，效率仍能保持在70%以上。

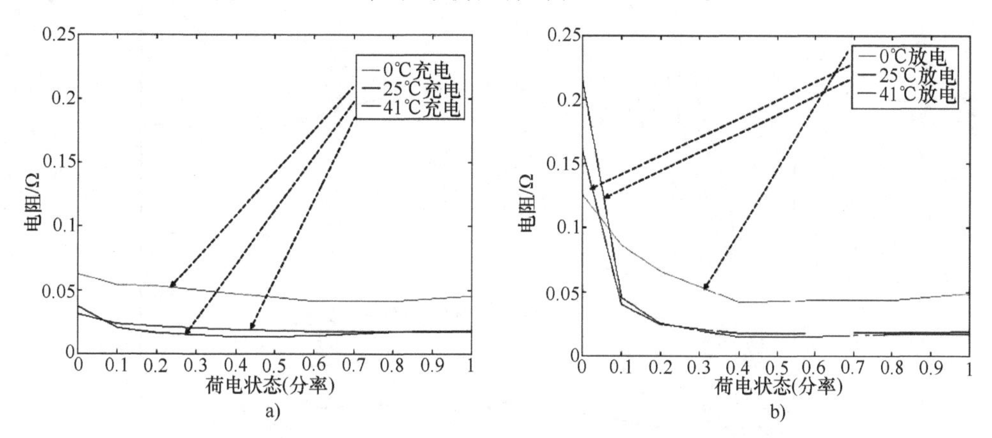


图4.11 3个不同环境温度下，“Saft”锂电池模块的电阻特性曲线（欧姆对应于给定电量）（Johnson，2001）

a）充电状态 b）放电状态

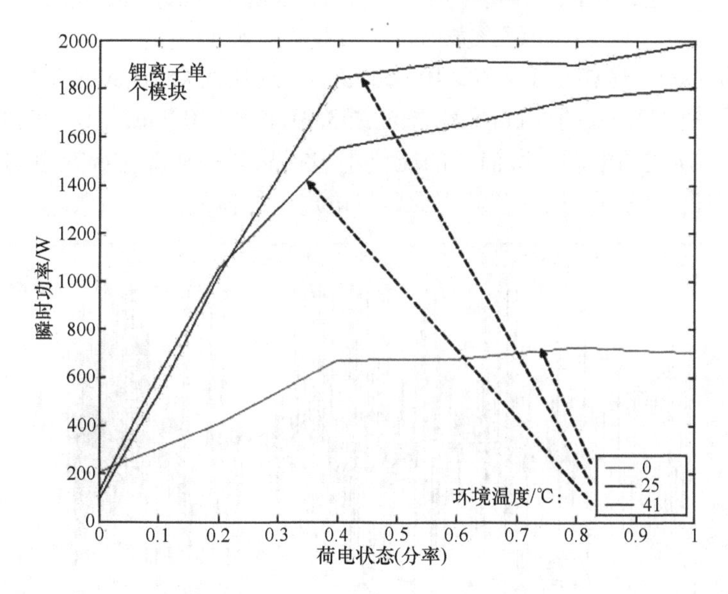


图4.12 3个不同环境温度下，单个的“Saft”锂电池模块提供的瞬时功率（瓦对应于给定电量）（Johnson，2001）

从图4.14～图4.16显示了小红帽纯电动车性能的仿真结果，首先给出了电池/电动机动力总成系统提供的扭矩和动力，图4.16给出了行驶过程中电池的电量。通过对行驶过程中电池减少的总能量的计算可以得出平均能耗

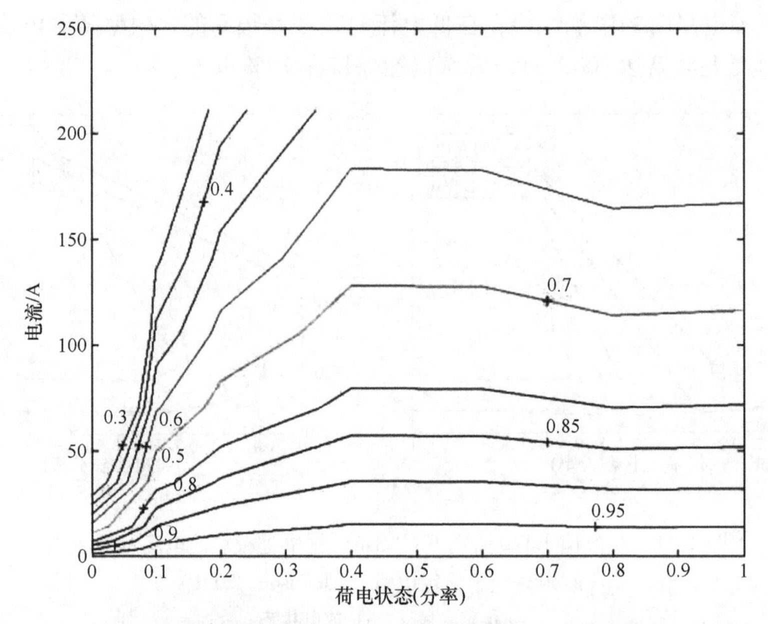


图4.13　在25℃下，对于单个的“Saft”锂电池模块，作为电流和电量函数的反复充放电效率（Johnson，2001）

为0.617MJ/km，这相当于2.6L/100km汽油。这比大众Lupo的能耗表现都好，这辆车就是模仿Lupo的（Lupo 3L柴油或3.3L汽油/100km，进一步讨论参见第6章）。前面所述的电动车所消耗的能量不包括从某一外部电源充电时的上游电源的能量损失，或是，用一些基本原料发电产生的损失。

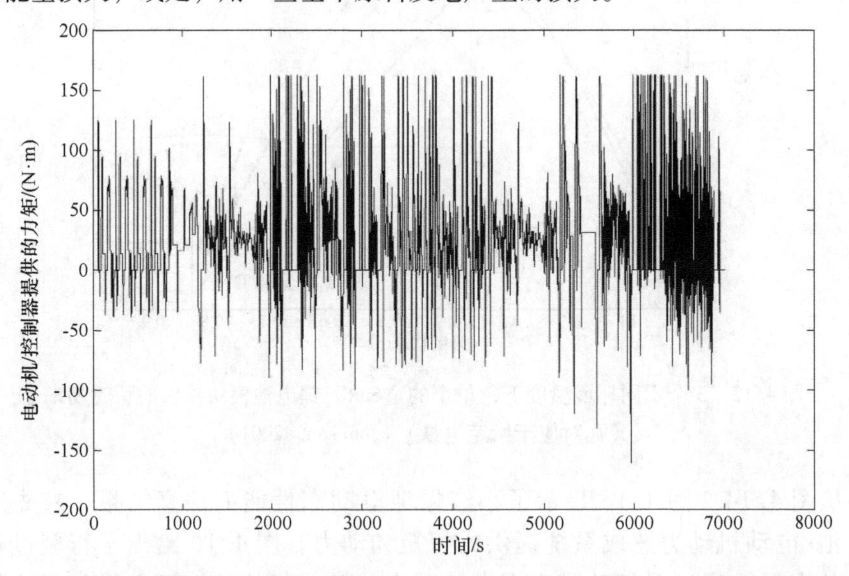


图4.14　基于带有锂电池的小红帽汽车的纯电动车的仿真：在行驶工况时电动机提供的净力矩

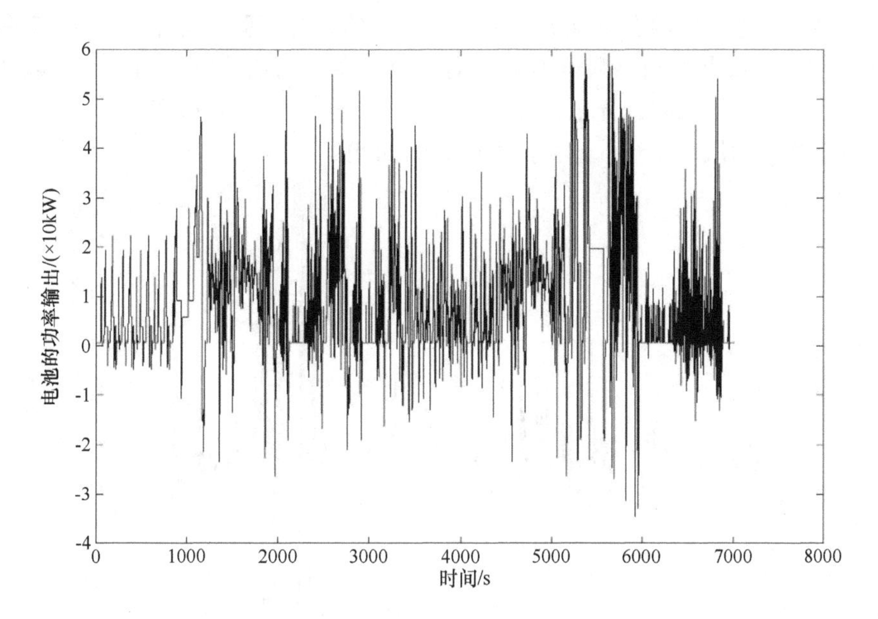


图4.15 锂电池版本的小红帽纯电动车的仿真结果：在行驶工况时蓄电池组提供动力（负值表示回收制动能量）

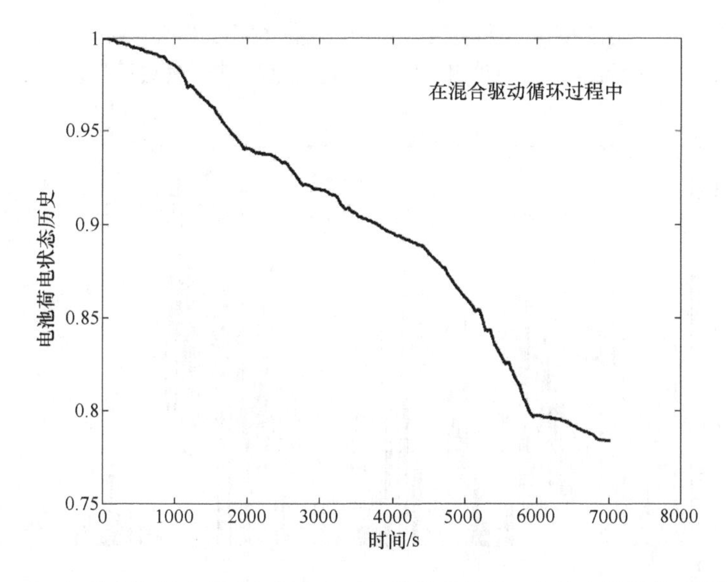


图4.16 250MJ锂电池版本的小红帽纯电动车的仿真结果：电池电量是行驶周期的函数［平均能耗（就是在行驶工况下存储在电池中的电量的减少）为0.617MJ/km］

现在讨论燃料电池/蓄电池混合动力车，对一特定装配汽车的仿真结果，它配备有一20kW的燃料电池和一中等的15MJ的锂电池（详见表4.1）。在串联结构中，燃料电池可以给蓄电池充电。在图4.7的综合行驶工况下，图4.17和图4.18说明了从蓄电池和燃料电池输出的有效功率。选定蓄电池的大小，以便在假定的行驶工况结束时的充电状态和开始时的一样，如图4.19所示。

对于其他的汽车旅行，这当然可能并非如此。

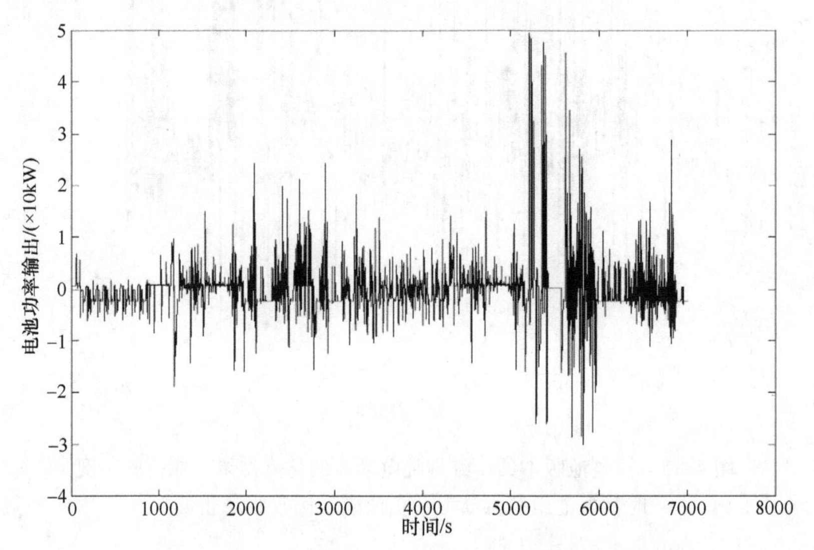


图4.17 配有20kW燃料电池和15MJ锂电池的小红帽汽车的仿真结果：在行驶状态下电池组提供动力（负值代表制动能的回收）

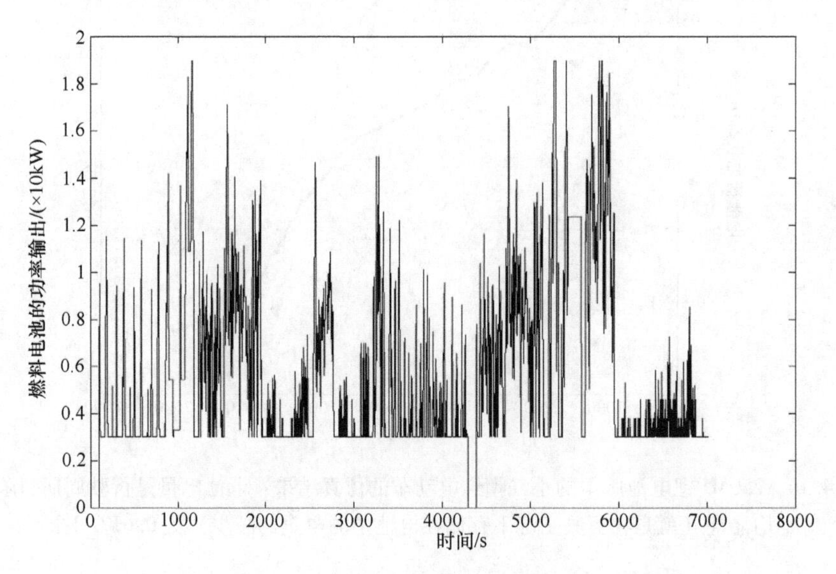


图4.18 配有20kW燃料电池和15MJ锂电池的小红帽汽车的仿真结果：在行驶状态下燃料电池提供动力

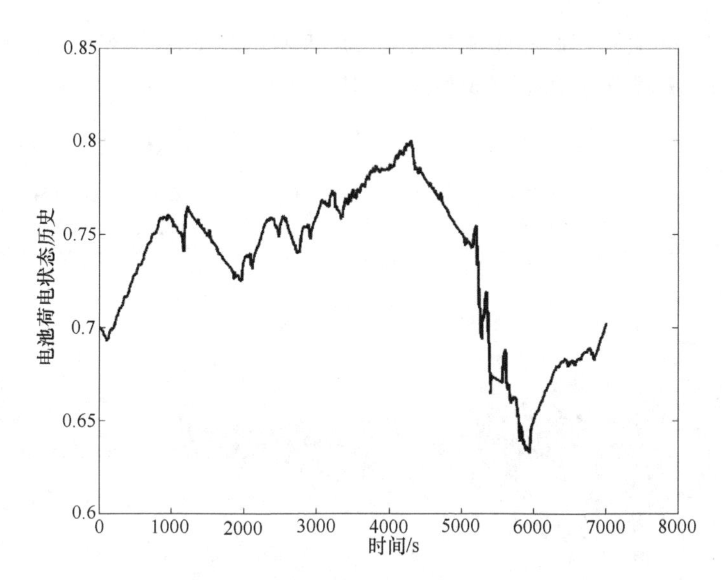


图4.19　配有20kW燃料电池和15MJ锂电池的小红帽汽车的仿真结果：电池电量随时间的变化函数（在行驶工况下燃料电池的平均能耗为0.796MJ/km）

由图4.19可见，尤其是在行驶工况的高速公路阶段（在5000～6000s），燃料电池向蓄电池输入的电量小于汽车所需的电量，因此蓄电池的电流迅速下降。在其余阶段，燃料电池给蓄电池提供的电量大于电动机消耗的电量。相当的汽油消耗为2.5L/100km，已经减去了在行驶结束时蓄电池获得的少量的电量（在图4.19中，曲线终点略高于起点）。

低于20kW额定功率的燃料电池导致对蓄电池充电量不足，这意味着汽车不能自主供电，必须从外部电源给蓄电池充电。这相当于一辆插电式混合动力汽车。插电配置允许昂贵的燃料电池的尺寸更小，只要汽车停在盒式的电源插座旁边，就可以给蓄电池充电（在家，在工作场所，或在一特定的坐落于公共场所的自助付费充电器旁）。充电设施的成本通常低于氢气充装站，但对于插电式混合动力车，这两个都需要。下面将考虑插电式和自充电燃料电池混合动力的技术性能，第6章将涉及处理最优化解决方案的经济性的指导原则。

在仿真中使用的电动机的效率为0.92，是1档手动。在传统的汽车中，变速器通常构成了很大的功耗因子，使用5档和自动变速器的功耗（Cuddy，1998）通常比使用1档变速器的高。然而Lupo 3L（当前的车辆模型都基于它）使用一电脑控制的自动变速器，这个变速器比相应的手动变速器的效率高，选择1档模型是为了避免因使用过时的变速器技术而扭曲仿真结果。图4.20显示了在行驶和再生（电池充电）时电动机的特性，图4.17～图4.19显示了对50kW电动机的仿真结果。带有交叉点（行驶）或圆点（发电）的极限曲线描述了扭矩随转速的变化关系，而那些独立的交叉点表明仿真中在综合行驶工况下的操作点。电动机的效率显示在带有线和数字的操作区内。

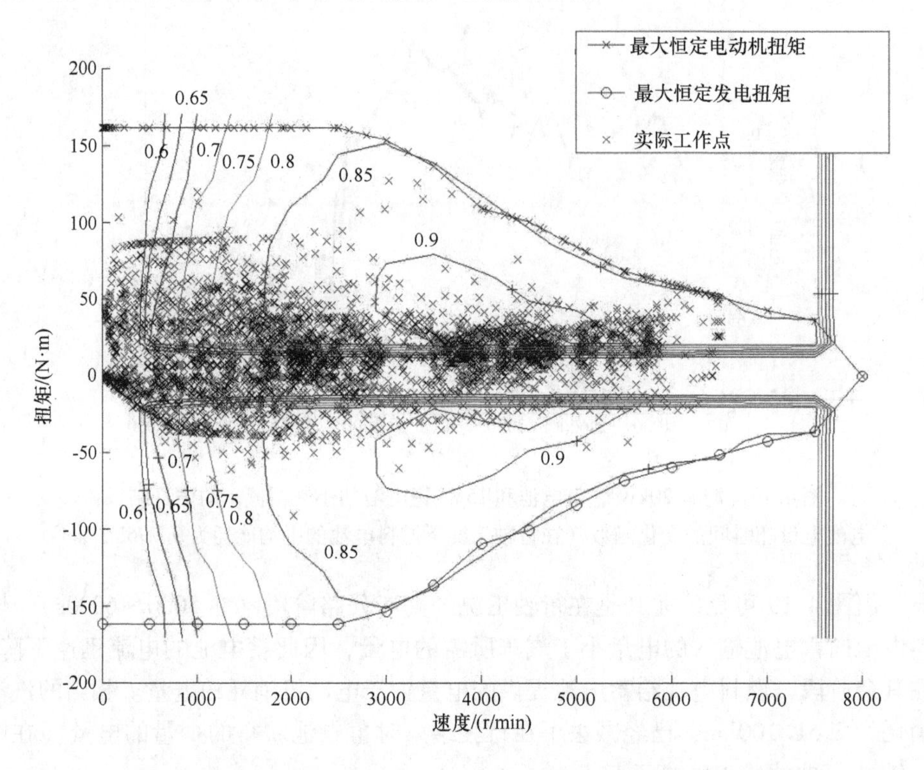


图 4.20　50kW 电动机在行驶（带线的 ×）或电池充电（带线的 o）时的扭矩 - 速度特性、电动机效率（线上的数字）和图 4.7 对于配有 20kW 燃料电池和 15MJ 锂电池的小红帽汽车的操作点（上部的行驶区域比下部的发电区域有更多的操作点）

图 4.21 展示了电动机控制系统效率的时序（等于收集了图 4.20 操作点的效率和把它们沿着路程的行驶周期排序）。

除了在高速公路行驶时的快速放电时（5000 ~ 6000s）效率会降低到约 92%，蓄电池充放电的效率接近 98%。如图 4.22 所示，燃料电池氢气转换效率保持在最高 59%（见图 4.5 所设）和启动时的 48% 的低点之间。

燃料电池和蓄电池间有一有趣的特征（见图 4.17 和图 4.18），在高速公路上行驶时，蓄电池的贡献是最大的，有时甚至比燃料电池的贡献都大，在城市道路行驶时，燃料电池至少提供和蓄电池一样的电能。这是组件额定功率的特征，这两个电源依靠自身都是不够的，但与传统的混合动力（化石燃料 - 电动）观点相反，它的目的是：蓄电池提供大部分的城市道路行驶，而有污染的燃料提供大部分的高速公路行驶。对于氢燃料电池的设计，这样的区分已不再重要，因为

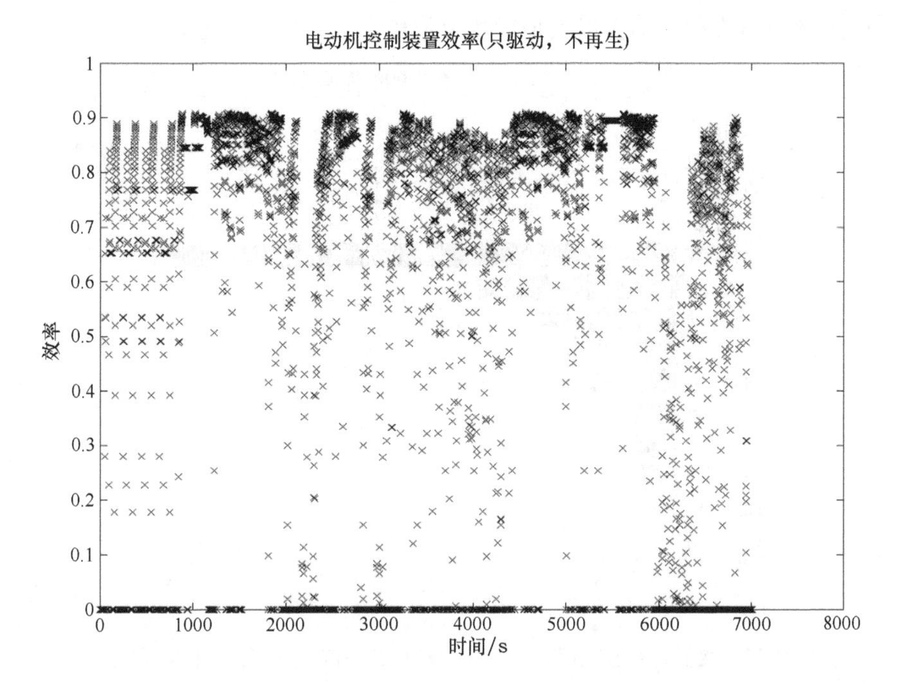


图 4.21　在图 4.7 的综合行驶工况时，20kW/15MJ 小红帽汽车的电动机控制器装置的效率

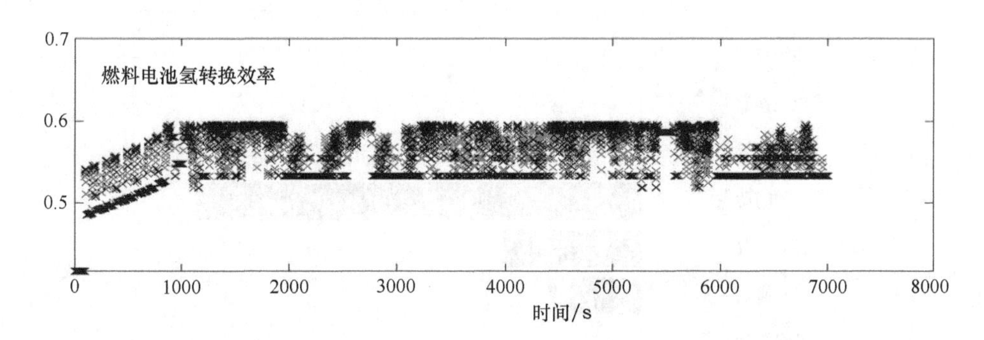


图 4.22　针对图 4.7 的行驶工况小红帽汽车 20kW 燃料电池效率

在行驶的时候这两个组件都是无污染的。

仿真考虑了各种能量损耗，有来自轮胎和路面间的滚动阻力和来自空气动力学的湍动阻力，也包括整个动力总成从燃料的输入或存储的能量到最终传递给轮轴的动力产生的损耗。图 4.23 显示了在混合行驶工况下行驶时单个组件的损耗量，图 4.24 表明在行驶工况给蓄电池充电时的各个阶段的损耗。氢转化的损耗占据汽车行驶损耗的主导地位，然而这些损耗比内燃机车的损耗小。对蓄电池充电，制动能量的回收是不完全的，最高的能量损失是制动能没有被回收，因为制

动能以热量的形式从制动盘或其他设备上放散出去。

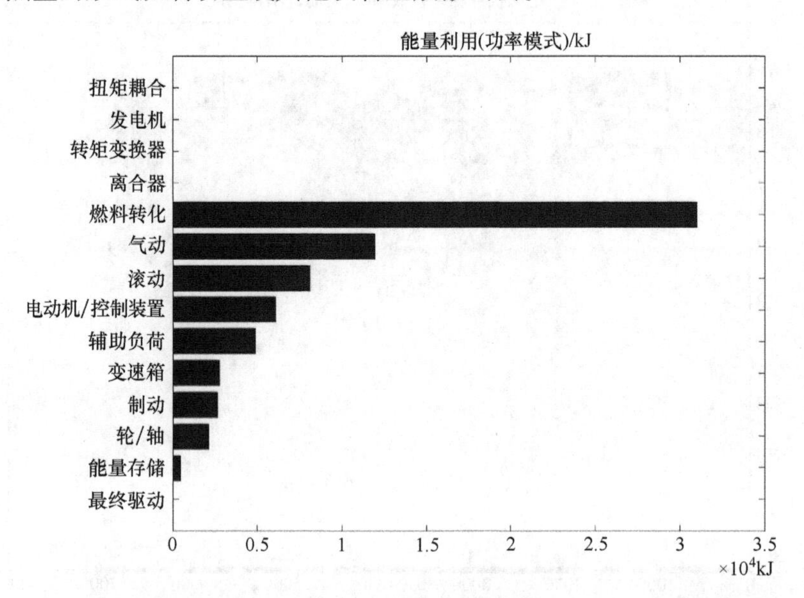


图 4.23　在混合行驶工况，行驶环节对小红帽汽车全部损耗的分布仿真

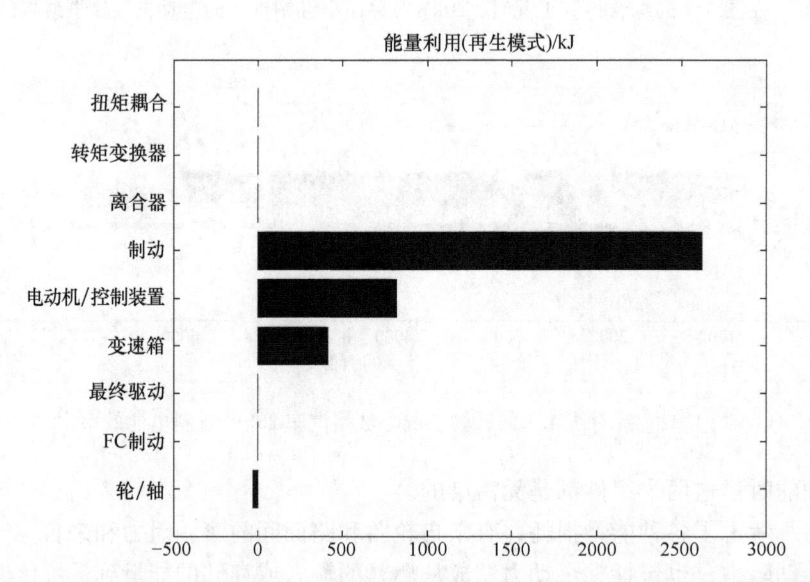


图 4.24　在混合行驶工况，电池充电环节对小红帽汽车全部损耗的分布仿真

乘用车建模的最后一步是研究质子交换膜燃料电池和锂电池的相应组件尺寸的相关性，从插电式的纯电池混合动力车到自充电混合动力车（20kW 额定功率的燃料电池或更高），最后到纯燃料电池汽车。

图 4. 25 说明了在混合行驶工况下，从插电式汽车到独立电网的汽车充电状态是如何变化的。图 4. 16 和图 4. 19 已经说明了两种状况，图 4. 25 的上面两图显示除了在高速公路行驶的时候一个 15kW 的燃料电池匹配 25MJ 的蓄电池，而一个 5kW 燃料电池对 125MJ 蓄电池放电曲线不会影响很大，参见图 4. 16 的 250MJ 蓄电池的放电曲线。图 4. 25 中下面两图，随着燃料电池额定功率的增加和蓄电池额定功率的减少，蓄电池电量偏移变得更加明显。为了合理地比较不同的汽车，即使在远离特定的行驶工况时汽车也应该表现足够好，所以没有人会减小蓄电池的尺寸到远小于 10MJ（对于坐 4 个乘客的汽车来说）。在表 4. 2 和图 4. 26 中汇总了所考虑的混合动力车的参数和计算出的性能。

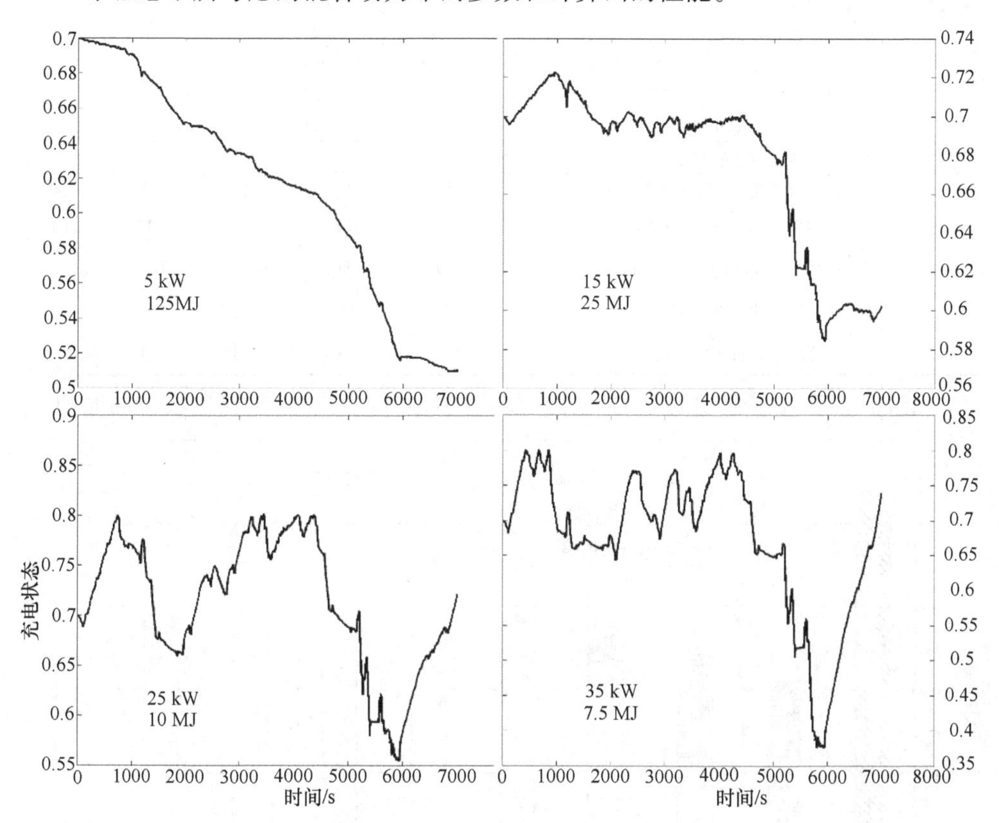


图 4. 25　在混合行驶工况下充电状态作为行驶时间的函数，用于仿真随着汽车燃料电池额定功率增加和蓄电池额定功率下降时选定的小红帽锂电池混合动力的工况（上面两图中两辆混合动力车是插电式的，而下面的两辆车是独立电网，每张图的纵轴是不同的）

表 4. 2 中混合动力车仿真总结说明，对于纯电动车，仿真行程中总能量消耗（行驶时）是最小的，对于插电式混合动力车和带有最小燃料电池的独立电网车，总能量增加少许，但是会随着燃料电池额定功率的增加而增加，这说明电动

车甚至比最好的燃料电池车更有效。然而表4.2也说明了大电池的质量缺陷，混合动力车配有小的燃料电池和很重的蓄电池结果使电池充电之间的间隔更短。从纯电动车到15kW燃料电池插电式混合动力车，这个范围增加了不止一倍。一旦进入自充电范围，相对于最低额定功率使用汽车独立电网，增加燃料电池额定功率没有什么优势了。在任何情况下蓄电池的尺寸都要适中。

**表4.2　对燃料电池混合动力车仿真结果的汇总**

| 插电式混合动力 | | | | | |
|---|---|---|---|---|---|
| 燃料电池额定功率/kW | 0 | 5 | 10 | 15 | |
| 燃料电池系统质量/kg | 0 | 43 | 55 | 68 | |
| 燃料电池能量消耗/（MJ/km） | 0 | 0.435 | 0.666 | 0.751 | |
| 蓄电池容量/MJ | 250 | 125 | 57.5 | 25 | |
| 蓄电池系统质量/kg | 1136 | 567 | 261 | 113 | |
| 蓄电池燃料消耗/（MJ/km） | 0.617 | 0.263 | 0.1 | 0.028 | |
| 蓄电池蓄电里程/km | 405 | 468 | 574 | 890 | |
| 自充电式混合动力 | | | | | |
| 燃料电池额定功率/kW | 20 | 25 | 30 | 35 | 40 |
| 燃料电池系统质量/kg | 80 | 93 | 105 | 118 | 130 |
| 燃料电池能量消耗/（MJ/km） | 0.796 | 0.809 | 0.818 | 0.842 | 1.138 |
| 蓄电池容量/MJ | 15 | 10 | 10 | 7.5 | 0 |
| 蓄电池系统质量/kg | 68 | 45 | 45 | 34 | — |

在图4.26在混合动力车的计算中得到的能量使用数值相互比较，同时也把

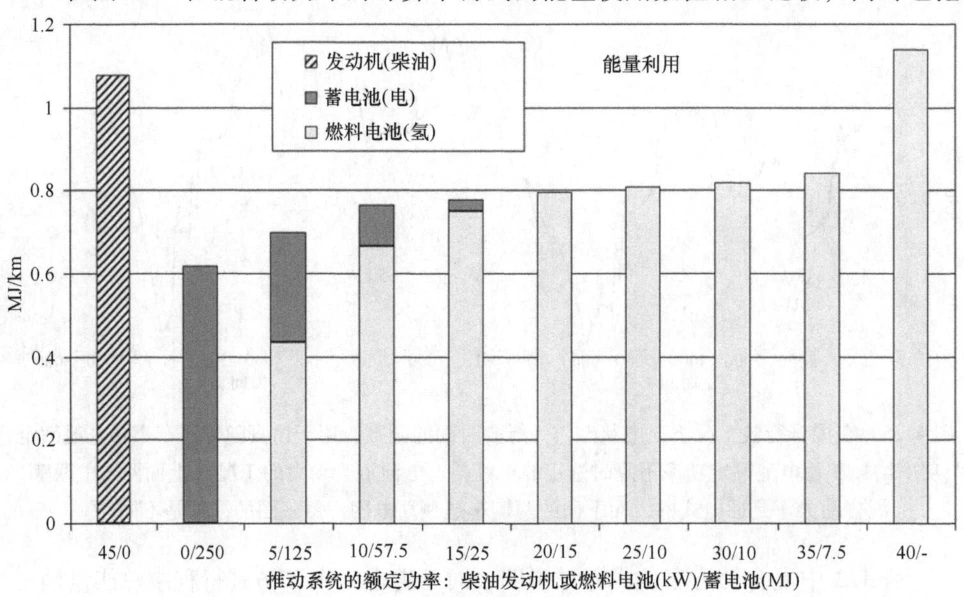


图4.26　对于混合行驶工况能量使用仿真的比较，包括柴油Lupo 3L、插电式汽车和自充电混合动力车（Sørensen，2010b）

它们与一相同的汽车的情况做比较，它由一共轨柴油发动机提供动力（在第 6 章中讨论商业化的 VW Lupo 3L）。柴油发动机的效率比纯燃料电池配置的发动机表现稍好，但是所有混合动力车都有更好的能量效率，就如预计的一样，纯电动汽车的效率是最高的，带有大电池组件的插电式混合动力车的表现比独立电网燃料电池混合动力车好。这将在第 6 章和第 7 章中讨论这些结果对成本的影响。

## 4.2　其他道路车辆

在早期阶段，把燃料电池和大车结合起来引起了人们的兴趣，这是因为与在乘用车中安装相比，大设备更适合安装在大车中。而货车公司对此几乎没有兴趣，公交公司（通常由政府控制）成为首批志愿测试燃料电池技术的公司。目前，有大约 100 辆燃料电池公交车在世界各地不同城市以固定线路模式行驶。有一积极的想法：固定线路行驶和使用专用的加油站令容纳有限容量的燃料电池公交车和在测试城市的合适地点建立专用加氢站变得容易了。图 4.27 是典型的燃料电池公交车的布局，尾部有电池组，顶部有压缩氢气罐。

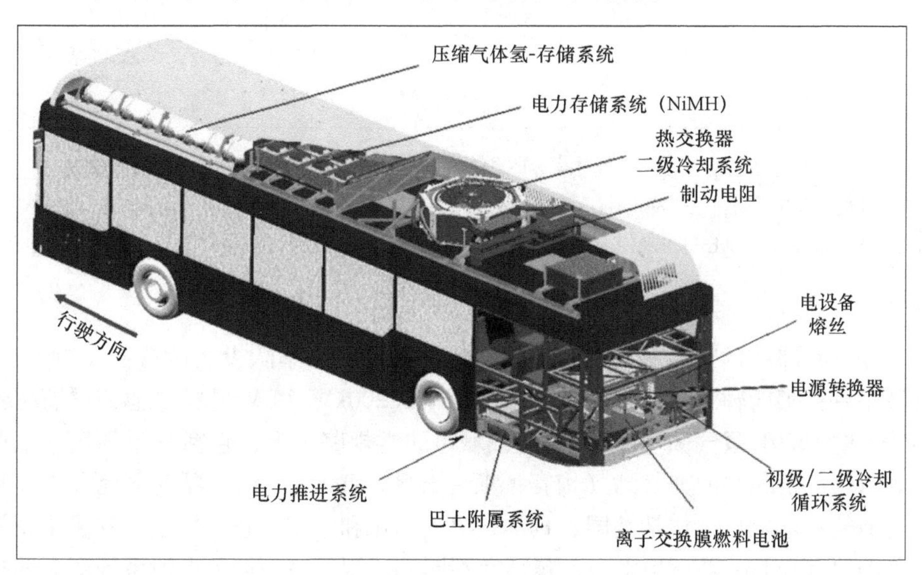


图 4.27　燃料电池混合动力公交车，显示动力设备的位置（68kW 离子交换膜燃料电池，2 个 75kW 发动机和 NiMH 蓄电池）（MAN，2004，已授权使用）

通过几个正在运行的和已经结束的燃料电池公交车项目，人们已经积累了实际经验。已经取得了一些数据，例如对于一辆 13t（包括乘客）、载有 52 位乘客的 SCANIA 燃料电池混合动力公交车，配有一个 50kW 额定功率的燃料电池和 44

个标准的12V 铅酸蓄电池能够给2个50kW 轮毂电动机供电（Folkesson 等，2003）。基于 Braunschweig 行驶工况（一种多次起动-停车的公交车行驶工况，最高速度在35~60km/h），图4.28展示了这个系统中能量的流。这种公交车配备有一再生制动系统，它降低了燃油消耗，相当于9.9L/100km~25.8L/100km的柴油。独特的行驶模式特征使普通尺寸的电源供应系统就足够了，即使安装一个空调系统也没问题。

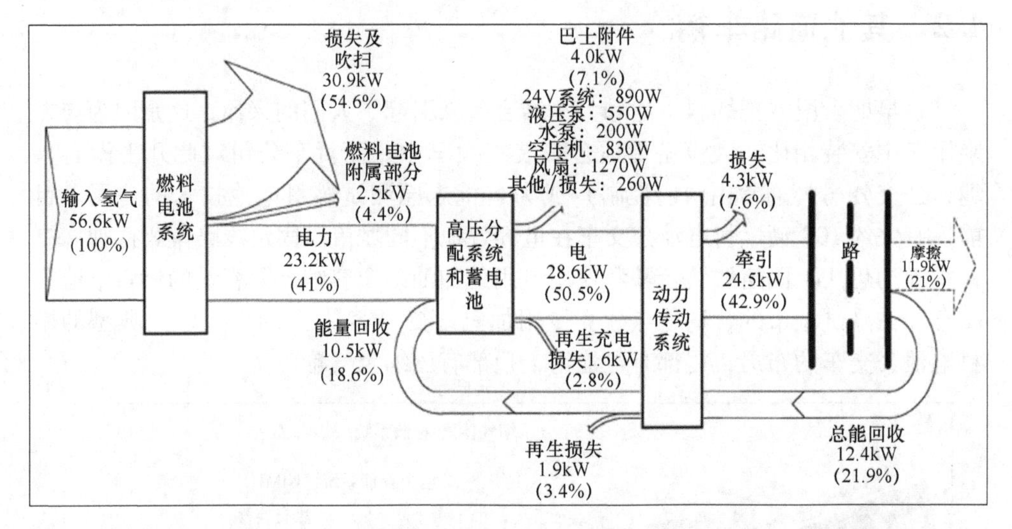


图4.28 在公交车行驶工况下，对于一辆SCANIA燃料电池混合动力公交车的平均能量流（基于氢气的低热值）[引自A. Folkesson，C. Andersson，P. Alvfors，M. Alaküla，L. Overgaard（2003）. Real life testing of a hybrid PEM fuel cell bus. J. Power Sources 118，349-357. Elsevier 授权使用]

在一欧洲项目支持下，一大型的燃料电池公交车车队投入运营：大约30辆戴姆勒-克莱斯勒 Evobus Citaro FF 公交车（200kW PEM 燃料电池，被压缩到35MPa 的1629L 氢气），用于各个欧洲城市的常规路线上，包括一系列氢气生产计划以供气给相关的充气站（梅赛德斯-奔驰，2004）。在世界其他地方亦实施了类似的示范项目，包括美国、日本、澳大利亚和中国。正在从这些项目中积累运营经验（Bubna 等，2010b），包括在不同的控制策略下燃料电池系统寿命的指标。图4.29展示了对一80kW PEM 燃料电池和一 Ni-MeH 蓄电池之间的电源分配，电源为两个产自中国的系统供电，从2008年开始在北京的一条公交线路上运营。控制燃料电池的两种模式描述了两个系统：Foton-Ⅱ公交车有一个载荷预测系统对应仅仅由需求引起的恒定燃料电池电能生产波动的周期，而 Foton-Ⅲ公交车控制燃料电池的操作以一个即时载荷跟踪模式，会引起输出电源更强烈的波动。发现模型Ⅲ的衰退比模型Ⅱ的更大，寿命也更短。

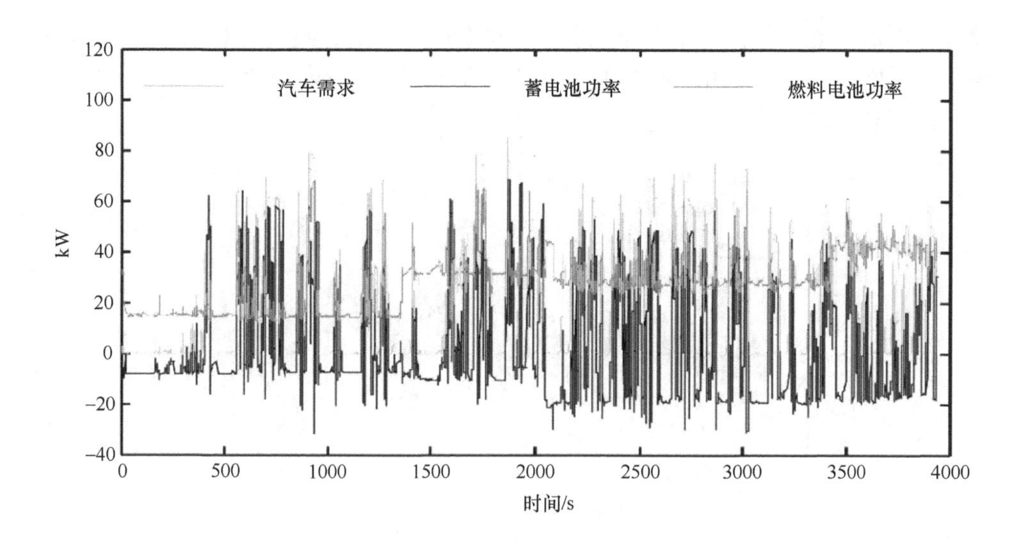


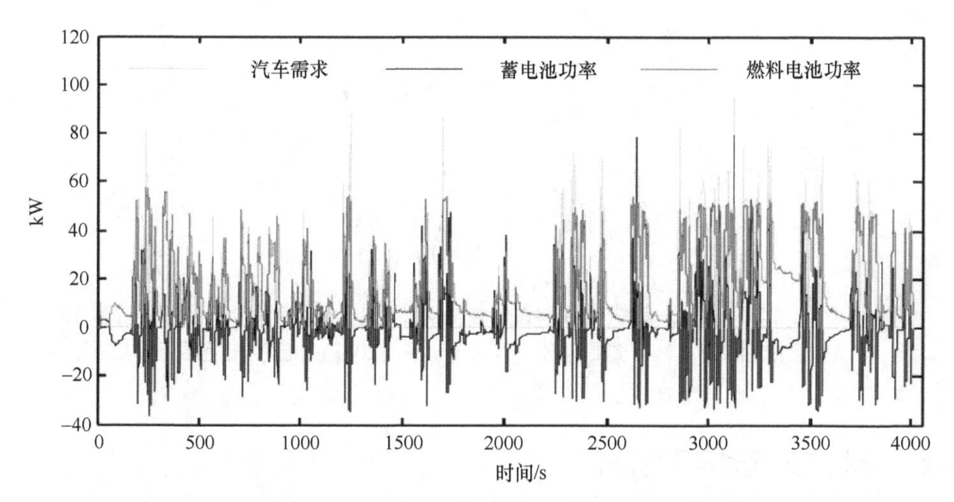


图4.29 在北京运营的混合动力城市公交车的电源分布

注：顶部图为 Foton Ⅱ公交车总电源（上部的曲线）和燃料电池提供的电源（中部稳定段），加上流入和流出蓄电池的电源（下部的曲线）；底部图为对应 Foton－Ⅲ公交车，除了没有燃料电池电源稳定平台，因为使用了一不同的控制系统［来自 Li 等（2010），已授权使用］。

在两轮的公路交通工具上使用燃料电池已经被证实是可行的，例如自行车和小型摩托车（Huang 等，2009；SiGNa，2011）。

已经采取了很多措施，把燃料电池引入专用的车，不在公共道路上使用而是各个公司允许的那些私用道路。可以完成的典型任务包括在仓库里运输货物（Wilhelm 等，2011）或是在机场运送残疾人和行李（例如 Munich 项目）。对于仓库里的应用，燃料电池供电的叉车已经开始小批量生产。图4.30给出了这个设备的测试性能，包括一个5kW PEM燃料电池、一个超级电容和一个铅酸蓄电池。燃料电池是在一个相当恒定功率水平下运行的，电容用来处理大部分载荷波动，而高载荷时由蓄电池供电。

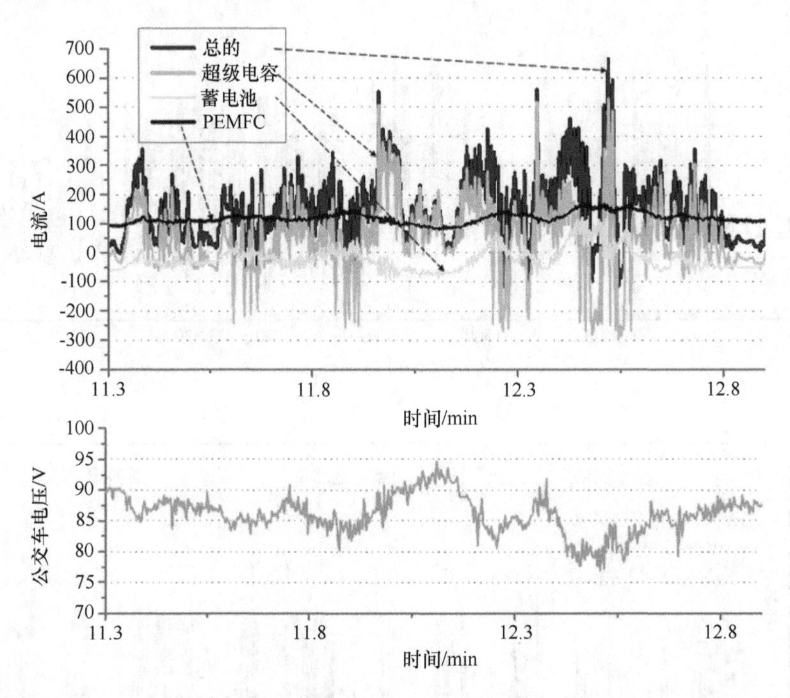


图4.30 配有燃料电池、超级电容和蓄电池的叉车系统的性能模拟：上图是运营工况下电流分布，下图是电压［Keränen等（2011），已授权使用］

## 4.3 船、火车和飞机

人们提出在船上使用燃料电池和氢气直接燃烧，但目前只尝试用于小型游艇和轮船上给一些小的设备提供部分辅助电源（Tse等，2011）。一欧洲项目评价了轮渡上使用氢气对环境的影响（见第6章），使用PEM或是SOFC燃料电池作为推动力亦有各种建议。一欧洲委员会首先资助了在汉堡的Alster使用的48kW燃料电池内河船（Anon，2008）。

早期的一个建议中考虑了潜艇，在潜艇中空气独立推进系统可能是很重要的（Sattler，2000）。这样的潜艇需要在存储罐中同时存储氢气和氧气，两种可能都是以液态的形式存储。图4.31所示为一种可能的布局，适用于改造现有的潜艇。Nikiforov和Chigarev（2011）最近提出了处理解决这种设计问题的建议。

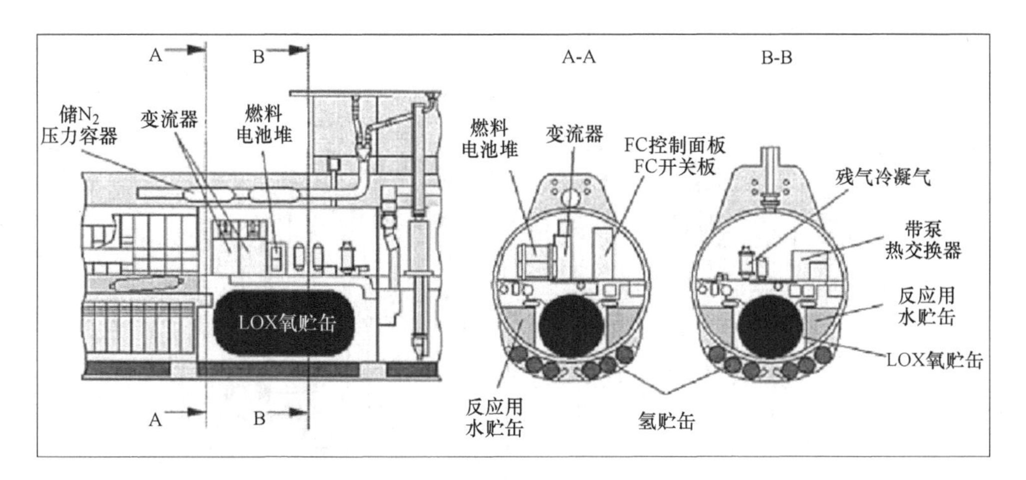


图4.31 建议的潜艇动力系统基于PEM燃料电池和液态的氢气、氧气［引自G. Sattler (2000). Fuel cells going on-board. J. Power Sources 86, 61-67. Elsevier授权使用］

东京天然气公司（2004）已经着手一个项目，来探索在火车上使用氢气的可能性，包括评估充气站的布局。利用机车特有的行驶工况，使其距固定地点（能很方便地安置充气站和蓄电池充电站）较短距离，人们特别研究了混合配备有超级电容和蓄电池的SOFC燃料电池在小运转机车上的应用（Guo等，2011）。模拟了更通用的火车在英国40km长铁路上的行驶过程，火车配备有一PEM燃料电池（470~670kW）和一镍铬蓄电池，比较了各种混合动力与纯柴油发动机的配置（Meehagawatte等，2010）。工况见图4.32，有时候差别相当可观。这些差别似乎说明了模型的最大问题，对大部分的路线参数的设定是相当有效的，在行程接近结束的时候设定的参数难以重复。

另外可能的履带式燃料电池车的应用是城市电车、地铁或是轻轨。图4.33显示了一城市电车应用的例子，计划用于西班牙的Seville（Fernandez等，2011）。系统由额定功率为254kW的PEM燃料电池、540kW的发动机和34Ah的镍氢蓄电池组成，图4.33显示了城市行程工况（速度对时间）和行驶路程中总的发动机功率的下降。燃料电池由高达200kW发电机组的移动平台供电。

在过去几十年间，人们已经多次提出在飞机燃气涡轮机中使用氢气（Jensen和Sørensen，1984）。在欧洲Cryoplane项目中，考虑到环境的影响，建议低空巡航时由氢气提供动力是有利的（Svensson等，2004）。然而令人怀疑的是，这个建议是否可以在全球付诸实践，现在空中走廊正变得拥挤，为了更好地利用空域人们正在探寻新的方法。

另一途径是重新考虑飞船作为空中旅行的手段。高空巡航飞船（或作为一平流层的平台）由太阳电池板供电，使用一可逆燃料电池系统来存储剩余的太

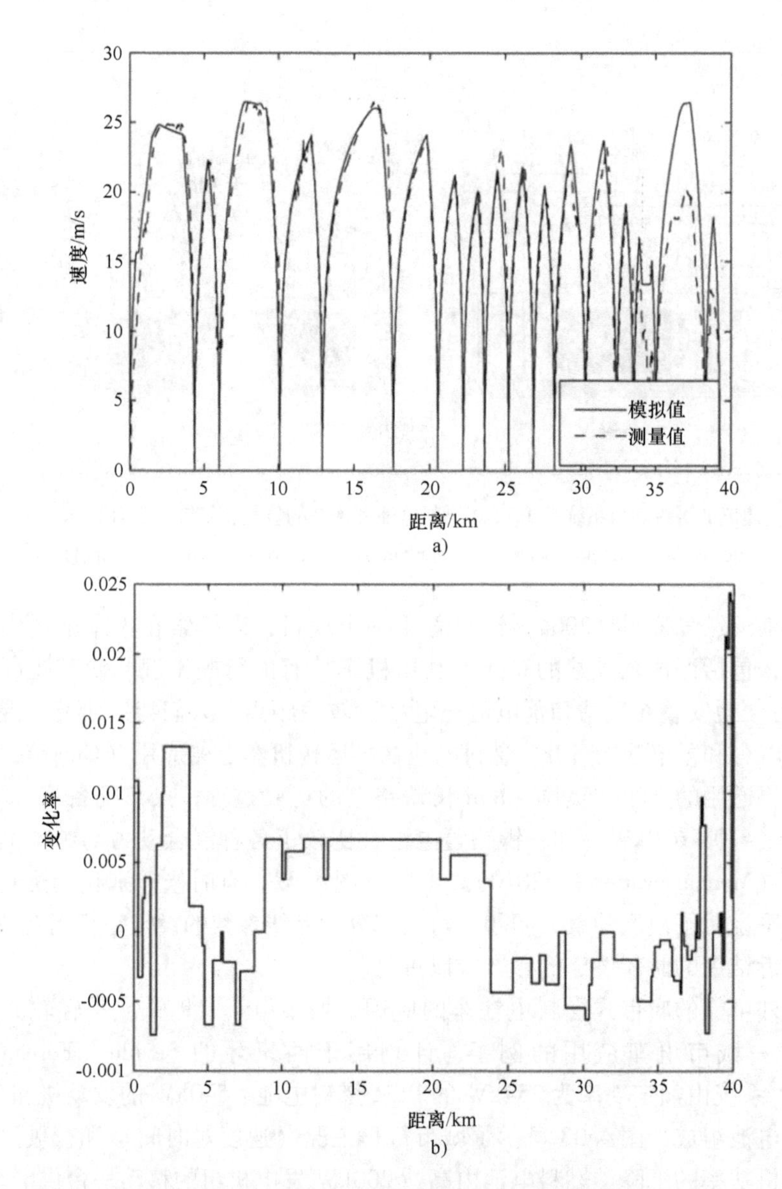


图 4.32　在英国 Avon 上的斯特拉特福德和伯明翰直接的火车路线的行驶工况
［来自 Meegahawatte 等（2010），已授权使用］
a）模型仿真结果）b）沿着行驶路线的差别

阳能，当没有阳光时，使用存储的太阳能。这样就可避免携带或许很重的蓄电池。图 4.34 所示为设想的直接利用太阳能，运行电解器和燃料电池发电的相对份额。目前，图 4.34 所描述设备的 1kW 样机已经在实验室内进行了测试，也在仿真飞船内进行了测试。

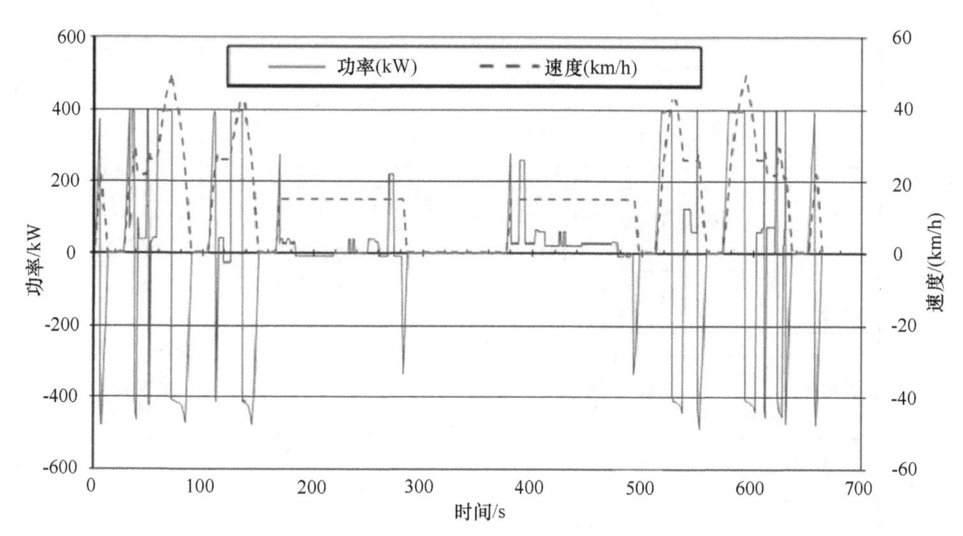


图4.33　用于Sevilla电车的行驶工况和功率需求［来自Fernandez等（2011），已授权使用］

Bradley等（2007）在一小型无人驾驶的轻型飞机中测试了燃料电池技术。滑翔机有一0.5kW的PEM燃料电池，相比于针对人力自行车推动的类似滑板，它能提供更多动力。图4.35给出了在最大推动力时的动力分配。巡航时，功率至少下降1/3，在降落时，挂空档是可行的。

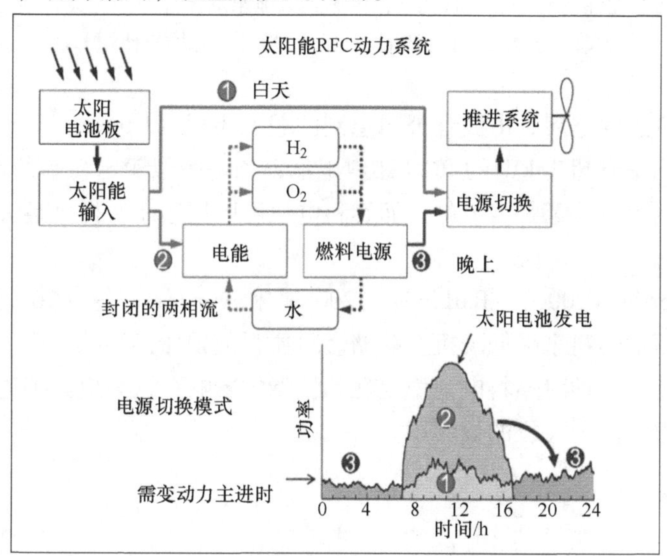


图4.34　可逆燃料电池（RFC）附加太阳电池系统的动力模式和时间分配，有人提议把这系统作为平流层飞船的电源［引自K. Eguchi, T. Fujihara, N. Shinozaki, S. Okaya（2004）. Current work on solar RFC technology for SPF airship. From Proc. 15th World Hydrogen Energy Conf., Yokohama. 30A－07, CDRom by Hydrogen Energy Soc. Japan］

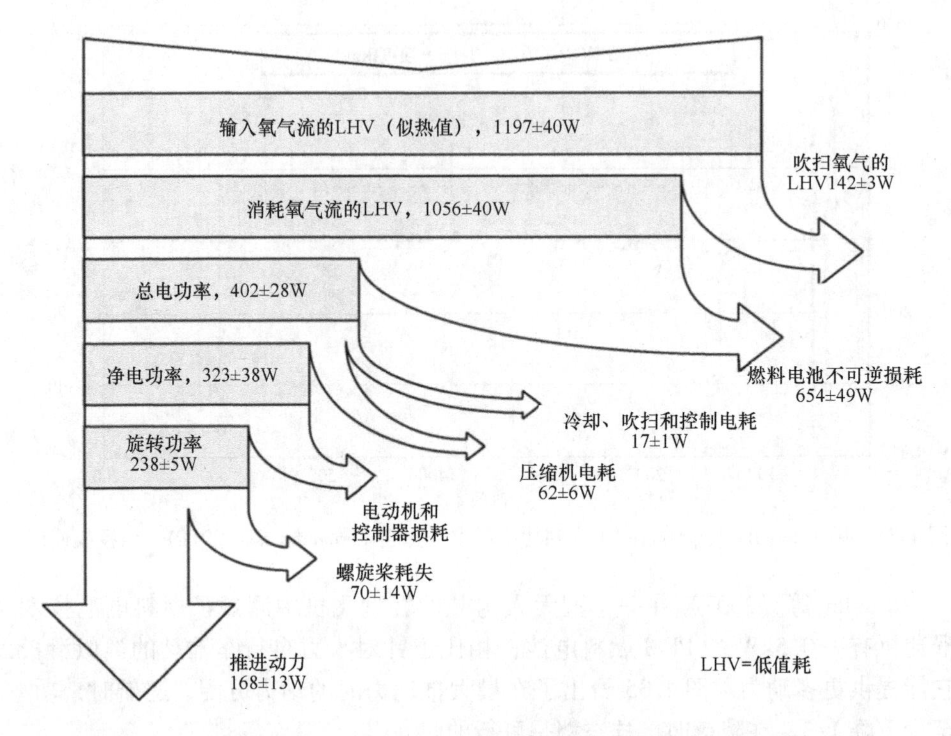


图4.35　在油门全开启飞状态下，由燃料电池驱动，轻型的无人驾驶飞船的动力分配［引自Bradley等（2007），已授权使用］

飞机尺度上的进展是由波音公司想到的载人飞机（Lapeña - Rey等，2008）。装配有额定功率略超20kW的PEM燃料电池，和一相似额定功率的锂离子电池。起飞阶段这两个电池都是需要的，而燃料电池可以在巡航时提供足够的电源，如图4.36所示。

Dollmayer等（2006）、Barbir等（2005）和Verstraete等（2010）讨论通过用氢气代替石油燃料来降低飞机上存储燃料质量的前景。Rouss等（2008）分析了由气流引起的振动对燃料电池稳定性和性能的影响，认为应该把这些考虑因素带入到燃料电池动力飞机的设计中。

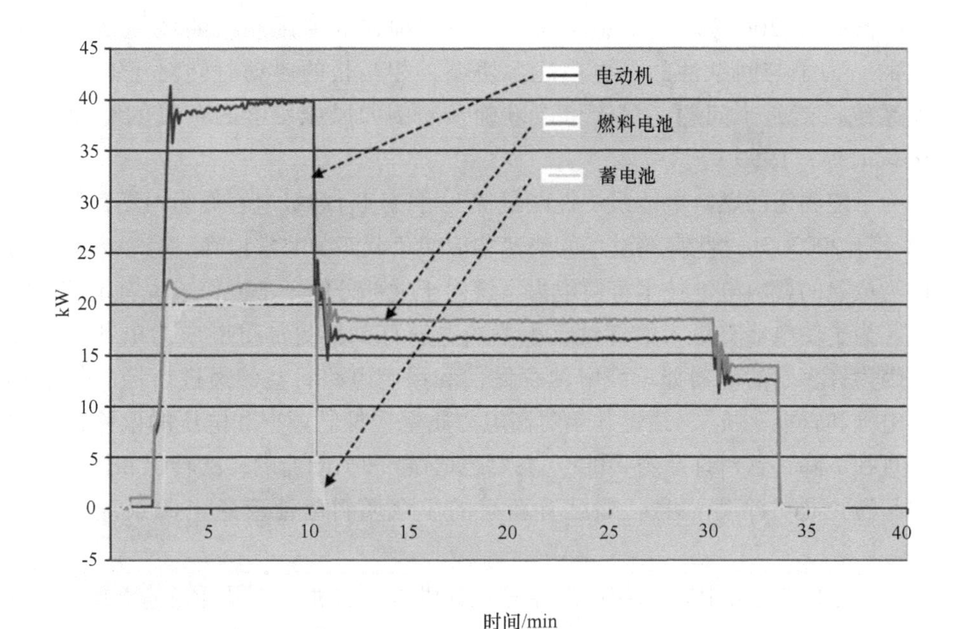


图 4.36　燃料电池－锂离子电池混合动力的轻型载人飞机的性能，根据飞行前车间测试结果，电能贡献的分解如图所示［引自 Lapeña－Rey 等（2008），已授权使用］

## 4.4　发电厂和独立系统

更大规模的固定发电系统既可以使用低温又可以使用高温燃料电池系统，已经运营的很多系统其额定功率为几百 kW（Barbir，2003；Bischoff 等，2003；Veyo 等，2003）。这些系统包含如第 3 章描述的结合了必需的燃料制备和排放废气的处理设备的 PEMFC、MCFC 或 SOFC 的基本单元。安置在传统发电厂便于集中所有需要的工艺过程，或是使用首选的氢气管道，这样的话就不必应付汽车有限空间的约束。

第 5 章将介绍这类系统的扩展方案，包括在特殊要求情况下，氢气工厂作为一次能源如风能和太阳能的存储地。在第 5 章中也会讨论到集中建立大型氢气存储地。Fukushima 等（2004）在日本进行了相似的关于固定燃料电池技术大规模渗透的要求的讨论。在目前的系统和基于燃料电池系统的过渡阶段，建议通过从目前系统的非高峰用电时制氢，来降低车用氢气的成本（Oi 和 Wada，2004）。这个想法与5.2节所描述的使用剩余的风能来制氢是相似的。为了与间歇性的可再生能源协调，相当长的启动时间对于高温燃料电池系统可能是个问题，尽管可以准确预测例如风能发电的有关的时间间隔（Meibom 等，1999）。

为了使固定的燃料电池系统性能最优，可以组合超级电容作为短期存储方式（Key 等，2003）。这些存储设备的快速响应使负载匹配非常精确。另一方面，通常认为成熟的燃料电池技术将使电力系统对于大部分的正常操作来说有足够快的响应。为了使电器有更大的弹性，小型的电容存储器更加可能成为电器的一部分。因为许多新的电器如车载电池存储器和稳定电路日益渗透进市场（例如笔记本电脑和智能手机），最近几年对高电力质量（抑制频率和电压的偏移）的要求一直在下降，这对许多新兴的电力系统如风能和太阳能的一次转化和燃料电池的中间转化是一个好消息。如已有新兴的小众燃料电池应急电源系统（或是UPS）。

一个不同类别的固定系统的应用是远程供电。这种系统很可能基于来自可再生能源转换器的一次能源，因为长途运输氢气会增加运输成本，使远程电源比人口稠密地区的同类型的由卡车陆路运输化石燃料的电源更贵。那些可以用水路运输的地区可能不存在这个问题。这种燃料电池系统与其他地区的燃料电池系统没有很大的区别，除了对低维护要求有更重要的位置。已经测试了用适中寿命的MCFC调峰（MPS，2004）。

使用氢气的电厂很可能会暂时比使用燃料电池更喜欢使用柴油或汽油发动机，因为成本更低而且在汽车领域没有使用氢气内燃机发电容量要求的负作用（例如第一辆氢动力的BMW使用12缸发动机或是类似的庞大的点火室）。在于特西拉的北太平洋岛进行了一项研究，这个岛上有几户居民，基于风能发电，直接使用电或是通过碱性电解器制氢，氢气用于PEM燃料电池或发动机，与那些柴油发动机是相似的（见图4.37；Ulleberg 等，2010）。

于特西拉是一个多风的地方，风能发电的间歇性所需备用电源只是在相当短的时间内使用。图4.38显示了这样一个5h系统的行为：当风能发电减去电力负荷降低，关闭电解器，使用调速轮来确保在风电中出现很强的波动时的稳定性，通过移走多余的电和在发电不足的时候使用它来安全平稳地供电，并用存储的氢气发电（但是比调速轮反应慢）。当风能发电再次开始上升，首次关掉发动机，过一会，重新启动电解器。

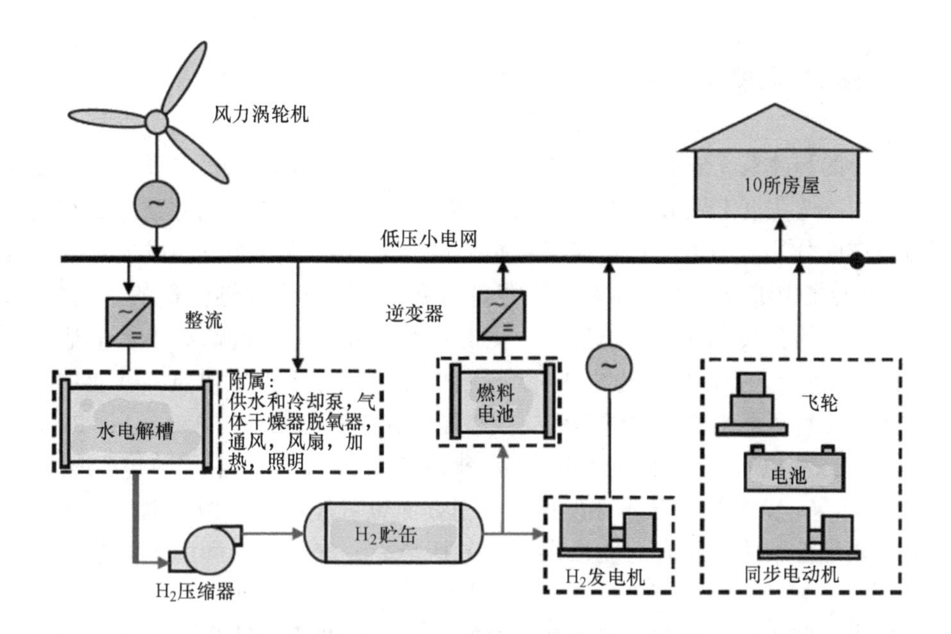


图 4.37　在挪威北海的于特西拉岛上的发电系统

注：各组件的规格如下：600kW 风力涡轮机，50kW 的电解器，2400m$^3$ 的氢气储罐，10kW 的燃料电池，55kW 的氢气发动机，50kWh 的蓄电池和 5kW 的调速轮［引自 Ulleberg 等（2010），已授权使用］。

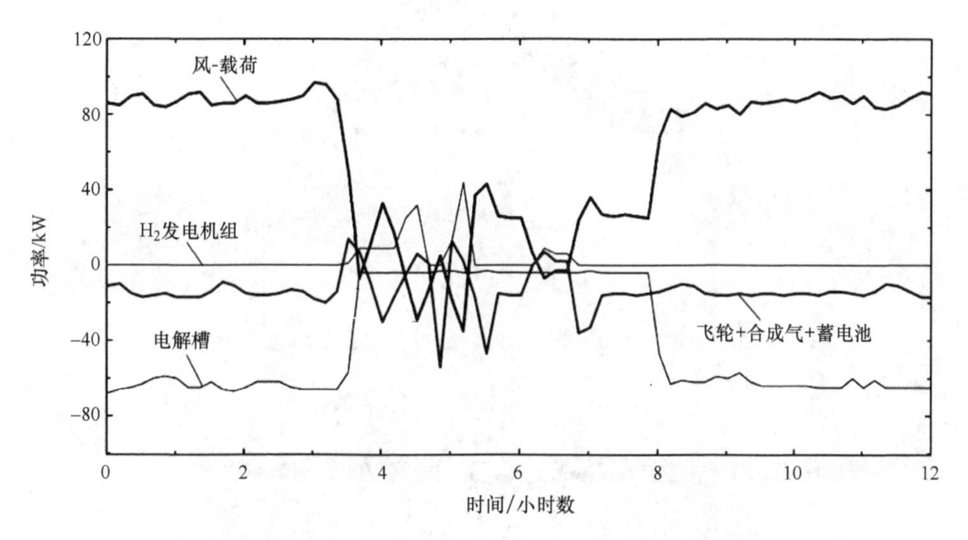


图 4.38　在图 4.37 中所示的来自于特西拉系统的操作数据，
在 3 月份的一个 12h 的时期［引自 Ulleberg 等（2010），已授权使用］

## 4.5 建筑集成系统

更小的与建筑集成燃料电池系统，尤其是PEM类型，几年内吸引了大量关注。这在一定程度上跟分散式能量系统的启动是相关的，在这种系统中，传统的能量供应区分热能和电能，热能通常是分散式的（单独建造石油或天然气燃烧炉），电能集中供应。第三种重要的能量类型，即通过供应链传送的车用燃料，供应链终端始公共加油站，小型的、便携式的电源全部通过购买小蓄电池提供（这里只提供个人控制的充电电池）。燃料电池可服务于独立建筑，其业主为自己供电，也有可能给停在大楼车库的汽车提供独立充电服务（Sørensen，2000）。同时，来自发电现场和制氢的废热可满足或辅助大楼供热（热电结合，即CPH）。结果，燃料电池技术在便携式应用方面也可能代替小型蓄电池，允许人们分散式地控制他们所有的能量供应，包括热能、汽车燃料和固定的或便携式用电。

这些可能的应用被纳入到第5章中的一些方案中了。图4.39展示了建筑集成燃料电池系统通过电网供应来自可再生能源的主要能源。一可选方案是通过管道供应氢气，类似天然气输送网或是区域集中供热网。

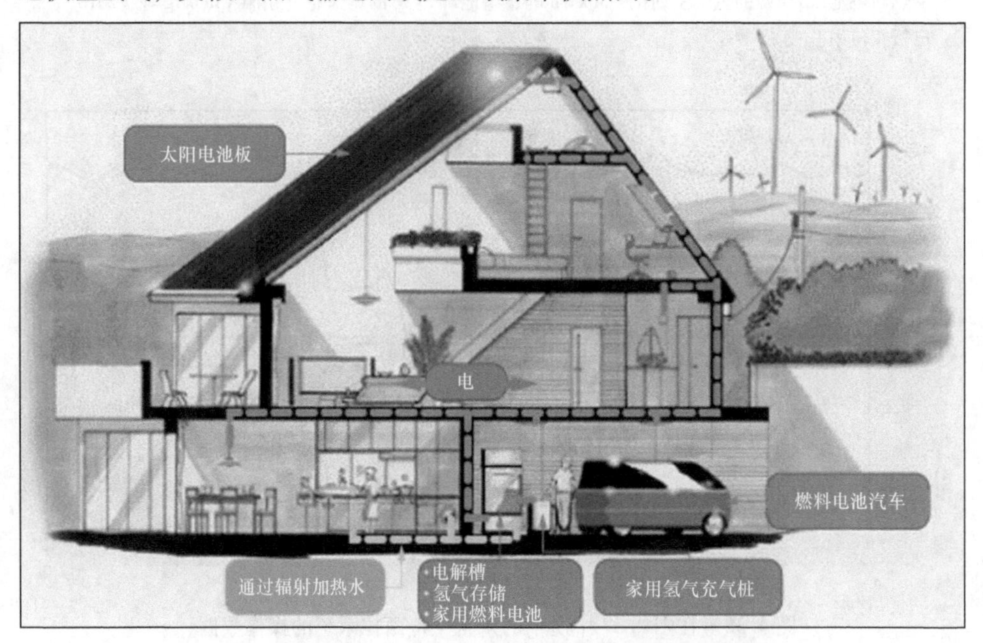


图4.39 建筑集成燃料电池系统供热、电和车用的燃料氢气
[来自本田（2004），已授权使用]

首先使用氢气的建筑集成方案可能是取代天然气锅炉机组；在许多国家，重整 PEM 燃料电池组用锅炉给家庭取暖和供给热水，这样就能使用现有的天然气网。在未来的一二十年这种配置重整单元的燃料电池在成本上也许会有竞争力（Vaillant，2004；Osaka 天然气公司，2004）。测试的结果得到许多装置的雏形，例如在意大利运营的 4kW + 6.8kW 的氢动力热电联供装置（Gigliucci 等，2004）。配置 PEM 燃料电池装置的天然气重整器通常被称为微型 CPH 工厂，最近有许多关于设计和建模的讨论，例如 Beausoleil - Morrison（2010）。Arsalis 等（2011）提出使用高温（高于 100°C）PEM 燃料电池。然而，提高效率的可能性很小，在过去的几十年，建筑物（和区域集中供热系统）内分布温度已经下降了，因此典型的 PEM 电池在 50 ~ 60℃ 条件下传递热量是可行的，并且更加便利。Li 和 Ogden（2011）采用了一有趣的方法，既增加氢气压缩机以制造足够大的重整器，便于提供足够的氢气，同时能够满足建筑物用电（附加生产热水，同时考虑在电力供应不好的地区采暖）的 PEM 燃料电池和晚上停在建筑物中给燃料电池汽车充电。图 4.40 显示了在典型的一天里系统的性能，这种情况在加利福尼亚北部盛行，可以在晚上一固定的时间缓慢给汽车充电。

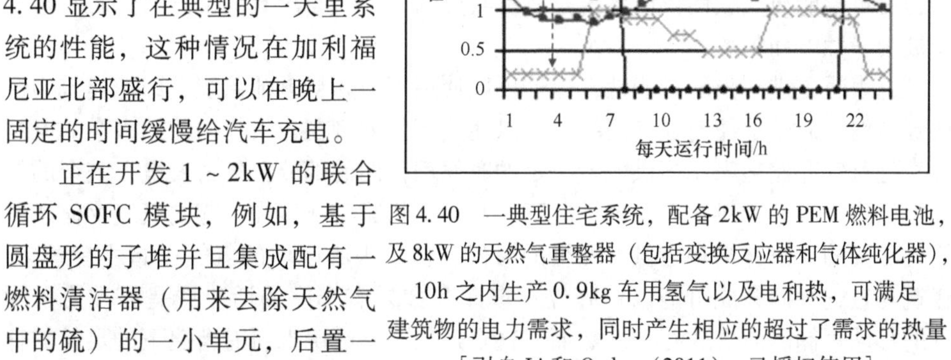


图 4.40　一典型住宅系统，配备 2kW 的 PEM 燃料电池，及 8kW 的天然气重整器（包括变换反应器和气体纯化器），10h 之内生产 0.9kg 车用氢气以及电和热，可满足建筑物的电力需求，同时产生相应的超过了需求的热量［引自 Li 和 Ogden（2011），已授权使用］

正在开发 1 ~ 2kW 的联合循环 SOFC 模块，例如，基于圆盘形的子堆并且集成配有一燃料清洁器（用来去除天然气中的硫）的一小单元，后置一燃烧室（减少尾气中的燃料）及一蓄电池（EnBW，2004；CFCL，2004；Kazempoor 等，2010）。使用 SOFC 技术的优势在于避免使用重整器。最近一项研究比较了基于 PEM 的微型 CPH 系统和 SOFC 技术，结论表明，在能量和有效能方面都是 PEM 系统更有效（Barelli 等，2011）。这证实了普遍持有的观点，即 SOFC 技术只用于大规模的工厂，因在大规模工厂中更容易建立必需的高温。

在下一阶段，如果天然气资源非常有限，必须寻找可替代能源，或必须严肃对待温室气体排放问题，就有必要引入基于现有氢气供应设施的微型 CPH 单元（Erdmann，2003；Kato 和 Suzuoki，2004）。配备上述系统的建筑物可以给插电式燃料电池混合动力车同时供应电和氢气（Syed 等，2010）。关于微型 CPH 工厂，有两种设想，其一由管道氢气供应（比方说，接管或更换天然气管网），其二以分散方式制氢的系统。特别吸引人的生产方式是能高效地利用燃料电池的可逆运行模式（Sørensen，2000；2003a；及第5章）。

实际上，大多数的建筑集成系统将从使用可逆燃料电池上极大地获益（见第3章，3.5.5节），而不用安装两个昂贵的组件：燃料电池和电解器。问题是优化的燃料电池的反向发电效率低（大约为50%），低于传统的碱性电解效率（单向型的同样技术的燃料电池）。然而，第3章中讨论的与图3.52有关的实验室规模的技术突破（Ioroi 等，2004）中，提出可逆 PEM 燃料电池技术可能在未来达到人们的建筑物内使用的广泛的愿景，例如，在5.5节中提到的分布式发电情况。

与建筑集成的燃料电池的重要问题是服务于建筑的基础设施。它可能由电网和氢气管道网络的附件组成。如果建筑内使用氢气，就能用氢发电和伴随的热量；如果发电量大于建筑的用电量，就能向电网输电。通过这种方式，把燃料电池用到满负荷，对额外电站的需求变得更小了，电站不是建筑系统的一部分。然而，另一种运行方式（见图5.3）是从电网接收电，然后用电制氢，再把氢气分配给停在建筑中的汽车或是存储起来，用于以后再发电和伴热。这个选项对于主要的可再生能源间歇性供电系统是非常必要的，因为当没有基本产品的时候氢气能被用来发电和制热。

这表明更进一步的可能性，也许可以使用可逆燃料电池系统，即把建筑物连接到电网，而不是任何氢气网络。可以使用不是即刻在建筑物内使用多余的电制氢，把氢气存储起来，当供电量不足的时候用存储的部分氢气再发电，其余的氢气可以作为汽车燃料。在这种情况下，与建筑物紧密连接在一起的氢气存储罐可能是必要的。只有当存在氢气网络的时候，位于中心区域的氢气存储才有意义。建筑与氢气存储集成可能以正好停在车库（如果有车库的话）或是停在房子附近的移动存储罐的形式存在。然而，这个选项并不能确保所有情况下的足够的存储空间。因此有必要考虑其他用于建筑物的储氢选项。这些可以是压缩气体存储罐，或是为安全起见使用金属氢化物存储罐。第5章将表明，只需要适中容量的存储罐（家居内约 $1/3\mathrm{m}^3$）就能处理风能及太阳能一次能源发电系统中发电量的波动问题，并考虑到系统所有组件的能量损失。Aki 等（2004）也指出，通过使用本地的氢气管网，在独立的建筑物间互换氢气来达到系统稳定性的优势。

## 4.6 便携式和其他小规模系统

在过去的几十年，用于娱乐和工作的便携式设备的消费模式经历了戏剧性的增长（例如音乐盒视频播放器、笔记本式计算机和多功能手机）。这增加了对蓄电池的需求，但同时不可避免地暴露了蓄电池技术的局限性，尽管在转换效率方面有稳定但必要的增长。带有小规模存储罐的燃料电池毫无疑问可以解决这些问题，因为在一个重要领域它的技术性能已超过了蓄电池，也就是说运行最先进的笔记本式计算机，燃料电池可以自主供电几天而不是几小时。和其他类似技术的不同在于，燃料电池用于外部化学品存储罐，而蓄电池是内部存储罐。这也是瓶颈，因为直接存储氢气不方便（需要高压的容量适中的小型容器），使用附加的便携式重整器也构成了自身的一些问题。目前有两种解决途径：通过使用直接甲醇燃料电池来避免燃料重整，或是致力于开发使用高能量密度物质（从质量和体积方面考量）的微型重整器。

蓄电池替代技术也在寻找除了笔记本式计算机之外的应用，例如能耗较小（如智能手机）和高能量需求（从园林设备到军用便携式武器和情报通信设备）。手机在使用时需要小于200mV的电力，一台摄像机需要小于6W的电力，一台笔记本式计算机或一便携式CD播放器通常需要小于20W的电力。更专业的便携式设备包括现场环境监视器、医用移动式生命支持系统和军用的士兵通信和信号发射装置（Palo等，2002）。这些设备的电力需求通常在10～500W的范围内。一标准尺寸的锂离子电池存储有750mA·h的电量，适合于一台笔记本式计算机的最大电池有3600mA·h的电量。标准的锂离子电池可提供一台5W功率（7V）的便携式摄像机运行1～2h，而对笔记本式计算机电压是12V，目前电池以平均10W的电力消耗，能供应约4h。

现今小规模锂离子电池成本高（对于典型设备如摄像机和笔记本式计算机，每kWh为15～25欧元或美元，寿命4年；用在工具和电动车上的大型电池的价格相对较低，但总的价格依然较高）使得便携式应用成为一诱人的可替代技术市场，尤其是对那些能长时间供电的技术来说。

可供使用的便携式燃料电池包括带有压缩氢气罐的PEM燃料电池、金属氢化物或是燃料（例如需要使用重整器的甲醇），或之前提到的直接甲醇燃料电池。30MPa的压缩氢气和最好的金属氢化物基于体积的能量密度（见表2.4）是$2.7GJ/m^3$和$15GJ/m^3$，而甲醇的能量密度是$17GJ/m^3$。而用于比较的锂离子电池的能量密度为$1.4GJ/m^3$（Sørensen，2010a）。言外之意就是如果PEM燃料电池的效率为50%，使用30MPa压缩氢气和燃料电池的装置的性能并不比锂离子电池更好，而其他所列出来的可能性，至少在理论上比最好的蓄电池性能好。

对体积大小的考虑是与便携性相关的，但更应考虑基于质量的能量密度，因为人们要随身携带那些设备出门（再次重复一遍，这是便携式设备）。事实上，更小的质量对许多笔记本式计算机来说是个优势，目前笔记本式计算机的外形更应该是“拖拉式”而不是“手提式”（这就是目前市场分台式机替代品、手提式计算机、笔记本式计算机、平板式计算机等的原因，基本上只是重量的区别，同时把它们与没有合适尺寸键盘的智能机和GPS设备区别开）。不考虑容器质量的话，氢气在任何形式下的能量密度是120MJ/kg，但如存储在金属氢化物内，总的能量密度下降到9MJ/kg以下（见表2.3）。对甲醇该值是21MJ/kg，锂离子电池是0.7MJ/kg（Sørensen，2010a）。基于质量比较，大多数燃料电池的解决方案优于锂离子电池（燃料电池的能量密度是铅酸电池的5倍以上），只要体积大小是可接受的。

用最好的金属氢化物存储，可以比同样体积的锂离子电池增加约5倍的容量（自主运行数小时），这一选项已经引起了人们的注意。Güther和Otto（1999）发现一台金属氢化物存储的Siemens－Nixdorf试验笔记本式计算机的电容量比锂离子电池的多了3倍。最近，一台2W的由一小型PEM燃料电池和一可替代的15W·h MeH盒子组成智能手机充电器已经上市（Geek with laptop，2011）。非金属氢化物应该可以达到更好的性能。

许多日本电子工业和美国军事项目考虑使用结合小型重整器的甲醇和PEM燃料电池（Palo等，2002；Patil等，2004）。在早期的项目，2.6/MJ/kg系统用在一台15W、1kg的移动式电源设备上，它带有用来启动重整系统小型的辅助电池。图4.41展示了另一个项目即一台40W的微型甲醇重整器。在2006年，UltraCell依美国军队拨款开发了盒状的微型甲醇燃料电池，可以使一台笔记本式计算机运行2~3天。今天，可以提供从数小时到一个月的自主运行电池，仍然主要用于军用（见图4.42；UltraCell，2011）。目前也已经建立了多种理论模型来解决最优化问题（Besser，2011），以及在早期已经提出了避免向环境排放的问题（Muradov，2003）。

图4.41 40W甲醇到氢气重整器的原型（太平洋西北国家实验室为美国军队生产，图片中的硬币的直径为24mm）[引自Patil等（2004），已授权使用]

3.6节所描述的（见图3.69），可以利用甲醇良好的能量密度，直接甲醇燃料电池就不需要额外的重整组件了。相对于氢气燃料电池，甲醇PEM燃料电池的低转换效率是它的缺点。人们在这条路线上继续探索（Meyers和Maynard，2002；Zenith等，2010），但是甲醇/DMFC装置不仅低效而且从商业成熟角度上来说，也比重整器/PEM燃料电池组合相差更多。Zenith等（2010）模型计算表明，使DMFC运行的关键因素是湿度、冷凝器温度和过量空气。

图4.42（中间和右边）展示了由微型MDFC供电的个人笔记本式计算机的早期雏形。在2003年的模型中，一个可替换的甲醇盒子被安置在计算机后面，

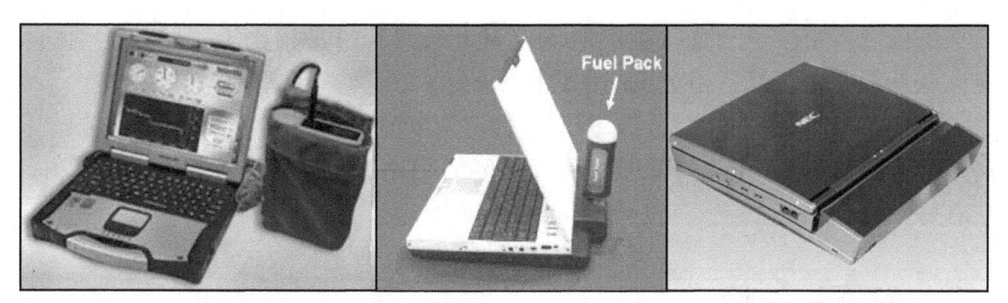


图4.42　左边：Ultracell XX25 氢气燃料电池，带有甲醇盒子和重整器，用于军事方面（2008—2011）；中间和右边：NEC 直接甲醇雏形燃料电池，带有甲醇盒子（2003 年和 2004 年设计）[引自 UltraCell（2011）；Y. Kubo，NEC Corp.（2004）；NEC（2011），已授权使用]

$280cm^3$ DMFC 被放在笔记本式计算机键盘下面。燃料电池产生 14W、12V 的电，如果甲醇容量约 $30cm^3$（从照片中判断），存储电量为 142W·h，这将使计算机在平均能耗 10W 下运行 14h。在 2004 年展出了“扩展坞”设计。在 2003 年到 2006 年间，日本和韩国计算机制造商都展出了多款燃料电池笔记本式计算机的雏形，有时承诺“明年”进入商业市场，但到 2011 年为止还没在商店中看到它们的产品。然而，德国公司 Efoy/SFC Energy 正在销售一系列的 DMFC 系统（例如型号 2200XT：90W，重 9kg，能超过 24h 供电 2160W·h），主要用于娱乐用途，例如游船（Efoy，2011）。所有讨论到的燃料电池单元都使用一小型蓄电池来启动系统，启动过程通常需要 10～20min。

为了利用不需要重整的标准 PEM 氢气燃料电池的长处，使用基于硅化钠的化学反应概念来给小型 PEM 燃料电池制氢，首先用于自行车（50km 以上路程，500g 持续提供约 200W），最近用于没有电网充电的小型便携式设备（见图 4.43；SiGNa，2011；MyFC，2011）反应方程式为（NSF，2011；Lefenfeld 等，2006）

$$2NaSi + 5H_2O \rightarrow Na_2Si_2O_5 + 5H_2 + 350kJ/mol$$

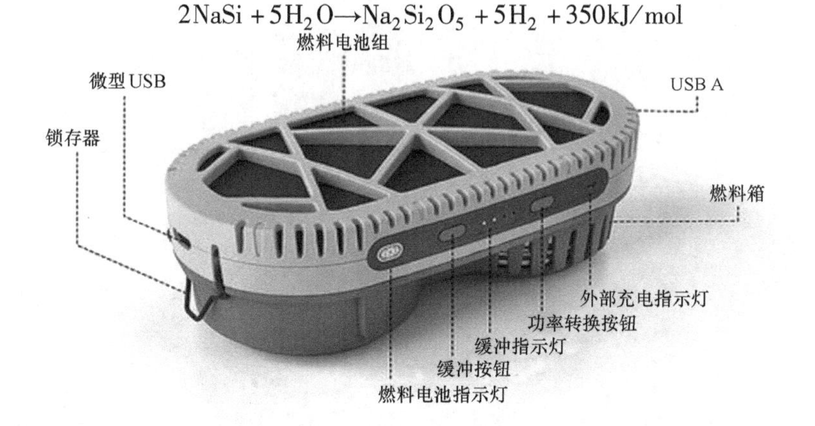


图4.43　用于小型设备充电的 PowerTrekk PEM 燃料电池，使用存储的 NaSi 制氢，当加水后给锂离子电池充电，锂离子电池用于瞬时启动 [引自 MyFC（2011），已授权使用]

可以直接用沙子和食盐生产 NaSi（Modic，2011），相比于一些其他钠的反应，从外部流程制氢是相对快速且易控制的。

其他类型的燃料电池，例如微型生物燃料电池，也正被考虑用于小规模、便携式的应用场合（Dunn - Rankin 等，2005），但由于总体效率非常低，前景并不被看好。

## 4.7 问题和讨论

1）对于一架从伦敦到东京的飞机，需要携带多少氢气？

2）讨论用于混合动力汽车的燃料电池和蓄电池的最优额定功率，作为蓄电池和燃料电池设备相对价格的函数。注意：蓄电池的额定功率是很难用参数定义的。因为从蓄电池释放出的能量取决于放电速率和行驶工况（Jensen 和 Sørensen，1984）。制造商很少提到这一点，当他们说到存储的以 kW · h 为单位电能或是以 A · h 为单位的充电量 $C = E/V$。在这里，$V$ 是穿过所有串联单元的电势能（有些系统使用并联和串联的电池模块单元的组合）。

3）写下那些在你个人或工作生活中消耗电能的活动，你认为它们不可能由电池或便携式燃料电池供电。

基于这些活动占总用电量的分数，估计总用电量的百分之多少可以由可再生能源提供，例如风能或太阳能，只用来充蓄电池或燃料电池（两个分开考虑）。

# 第5章　实施远景方案

## 5.1　基础设施的需求

本节中各种系统环境下使用氢能所需的不同组件被看作一个基础设施网络，从技术经济分析的角度来看该网络必须方便可行，而用来连接系统组件的其他组件会在本节做特别讨论和评估。

### 5.1.1　用于储氢的基础设施

传统的能源可分为需要存储和不需要存储两类。燃料如木材、石油、天然气或煤炭在从生产到使用的不同阶段上都需要存储：中央存储库、零售商的中间存储库和分散的最终用户的存储。天然气由于其气体形式（这意味着更大的体积），已在其早期使用了分布式管道而没有采用存储，而目前为了平衡最经济的生产率和使用模式之间的任何不匹配，通常也会使用容器（用于陆地中间存储或液化天然气船舶运输过程）或地下存储。另一方面，电力的大量生产、分配和使用，但从不存储（有水力存储的地方例外），这意味着发电厂必须能够应对需求的变化。越来越多的小规模用户有存储电力的需求，这导致了电池的广泛使用（简单的铅酸电池或先进的大功率密度电池，如锂离子电池），电池原来只用于便携式设备，但也越来越多地用于准静止环境中的电子设备（距离电网几十米的，从晶体管收音机到笔记本式计算机的设备）。

当能源的可用性是变化的，或者能源的生产方法要求其产量恒定，能源存储的需求形势就会发生巨大的变化。使用可再生能源，如风力发电和光伏发电时，需要一个集成存储和传输（远程发电单元的情况下）的独立系统。这样的能源需要的存储与传统电力系统所需的存储一样，即不存储动能或辐射，但产生的电能转化为可存储的能量形式，便于日后电力再生。氢是适于电力存储的若干可能的存储选项之一。与其竞争的是机械储能和电化学储能，以及在超导环上实现的电能直接存储（见 Sørensen，2010a）。

另外，也可以认为氢气是一个给定系统的基本能源载体，其后的问题是如何用中间物质来制造氢，氢如何用于满足整个社会的不同形式的能量需求。这样的系统的布局，则决定是否可以方便地考虑中央存储设施，或可以更好地在终端用户附近建立本地存储。对于汽车来说，如果氢能是汽车系统使用的能源载体，则显然必须有车载储氢装置。

基础设施存在的意义在于集中生产的氢气通常被分为两个部分：一部分将直接进入管道，另一部分存储在适当的（大规模）存储设施内。这些存储设施很可能是压缩气体存储站，因为液化需要相当大的能量损失；其他存储类型，如电池、氢化物，或其他化学存储不适合大规模储氢。当有氢气输送管道系统的存在时，则没有特别的理由在使用点附近储氢，而廉价的储氢选项的可用性则是首要的考虑因素。在这种情况下，解决方案可能与用于天然气的方案完全相同，即在合适地质构造内的地下存储。在许多地区都有可能找到这样的构造，允许建造廉价的储氢洞穴。这意味着存储容积变得不那么重要了，因此压力可以保持在较低水平以减少泄漏，而不必使用昂贵的衬里密封洞穴。

图2.31a和c有两个这样的地下构造，目前用于天然气存储。人们可以利用在许多地区发现的盐岩体，其特点是曾经被海洋覆盖的地区在冰河时代形成的粘土沉积矿床。图2.31a所示的丹麦地下储气构造是在非常低的能耗代价下，通过为期一年以上的盐岩体冲洗建成的。建成的$7.2\times10^8m^3$的地下空洞可以保证工作容积为$4.2\times10^8$储气循环，操作压强范围为16~23MPa，操作温度约45°C（DONG，2003；Energinet.dk，2007）。如果用于储氢，只需5~10MPa的运行压强。在丹麦和其他一些具有冰川沉积地质的国家，还有另外几十个地下的此类盐穴可供将来使用。

如图2.31c和图5.1（已经整合在系统中）所示的地下构造是一个含水层，这是一个处于两个不透水的粘土层之间的砂基含水层。这样的含水层在世界上大部分地区都存在，它通常会向上和向下弯曲，在某些情况下可以在上弯的区域存储气体，这也是一种投资成本较低的方案。决定含水层是否适用的诸多因素中包括水沿着含水层的运动。丹麦的一个如图2.31c所示的地下储气库（总体积$12\times10^8m^3$）在17MPa压力下，可以存储$3.6\times10^8m^3$天然气（与岩盐矿洞穴的情形类似，这是气体抽取口的压力，储气库底部压力会更高；DONG，2003；Energinet.dk，2007）。如果以这种方式储氢，采用较低的存储压力是一种谨慎的选择，因为在周围的地质结构中氢的穿透性大于天然气。丹麦的两处地下储气库可以存储等效14PJ+8PJ=22PJ的氢气。

分散储氢可以使用2.4节中描述的其他存储解决方案。压缩气体容器作为一种建筑物集成储氢方式已经在工业中使用。然而，如果在技术上和经济上可行，从家庭和高层建筑物的安全考虑，使用金属氢化物或类似的存储方式会更好。对于家庭的住宅，氢化物存储可能会埋在房子下面或在花园里，与现在使用的储油容器的方式相同（Sørensen，2001，2004）。

尽管目前新兴的燃料电池汽车使用压缩气体储存，对于汽车应用来说，2.4节中提到的所有的存储方案都在考虑之列。一些原型车使用液化氢气（内燃机

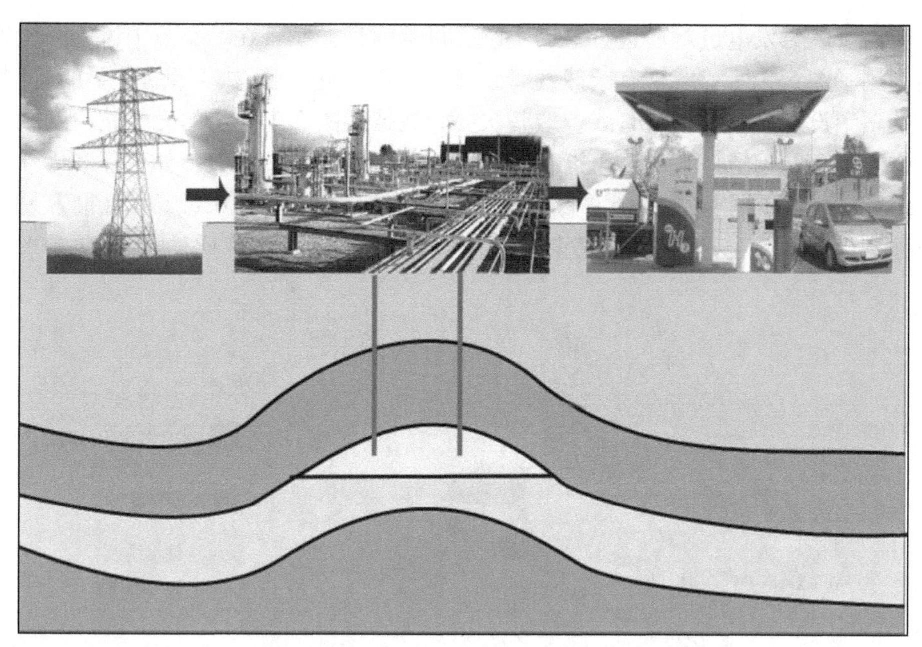

图 5.1　含水层中储氢（地面上有电解和氢回收装置，接收电力，
并通过管道把氢输送到填充站）

氢能汽车通常需要大量的燃料）或低温活性炭（酸性燃料电池汽车）。用于小客车的大小可接受的储氢设备，30MPa 下最多存储 5kg 氢，目前可以达到约 450km 的行驶距离，比目前的汽油驱动汽车略低一些。这激励了人们努力开发与今天广泛使用的 30MPa 工业氢容器安全级别相同的 70MPa 压力的氢容器，前者具有良好的安全记录。大客车和重型卡车通常可以安装足够的储氢设备，以匹配这类车辆当前的行驶距离。金属氢化物由于重量太大不可能用于移动设备，但是，如果在技术和经济上可行，一些在研的化学氢化物是可以考虑应用的。

充气站存储则有类似于刚刚提到的其他固定存储的问题。目前的氢气充气站（见图 5.1 右）是示范项目的一部分，例如燃料电池城市大客车使用压缩气体存储。

## 5.1.2　输送设施

氢输送技术已在 2.5 节介绍。如果不考虑氢的洲际贸易（船舶运输选项），则从生产领域（例如，一个风电场）到大用户，或终端用户（如加油站）的集散地的远程输送，最有可能通过管道来实现。输送氢气的管道可能是新的、专门的氢气管道，或者也可能是经过升级的天然气管道，在天然气无法供应，或没有需求时用来输送氢气（Sørensen 等，2001）。目前的丹麦输电网和天然气管线，如图 5.2 所示，图中也标示了储气构造和现有的或计划中的海上风力发电场的位置，这些位置对于电网基础设施很重要，也包括在一个氢为基础的能源系统中，可能由于风力发电过剩而进行氢的生产。丹麦前景方案将在5.5节中讨论，该方案利用了图5.3所示的现有天然气管线传输系统，包括图中显示的主要的管网，以及图中没有显示的次要管线，这些次要管线连接图5.3标示的充气站。刚刚提到的两个存储构造一直处于可运行状态，现在用于储氢。显然，如果氢和天然气系统同时使用，将需要两个并行的输送系统。少量的氢（10%）可以很容易地添加到现有管线输送的天然气中，但在交通运输行业对这样的用氢方式兴趣不高。

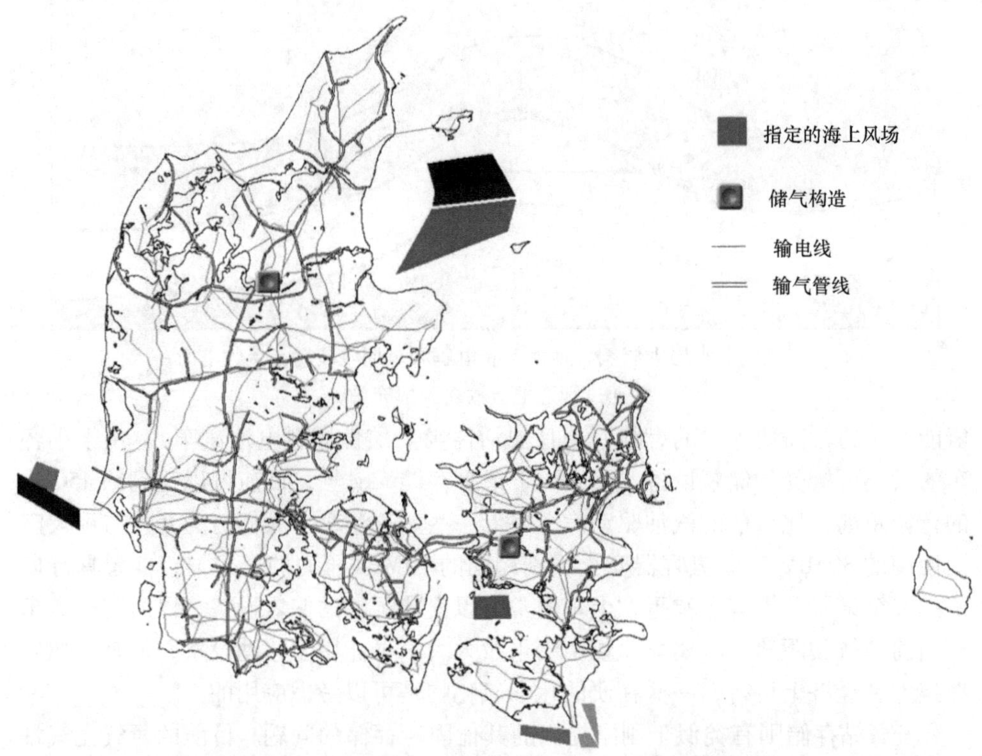


图5.2 目前丹麦的天然气和电力传输系统的结构（标明了气体存储构造以及预期的海上风电区域，近1000台风力机已经或正在安装在离西部和南部最远的两个地区）

本章也讨论了有关爱尔兰（González等，2003）和日本（Oi和Wada，2004）的连接剩余的风能或其他非高峰发电的传输设施，以及中国的连接煤基氢生产的传输设施（Feng等，2004）。

### 5.1.3 本地分布

和一般的输送管线情况一样，到达市内的具体建筑物的天然气输送管线不需要做大的变化。这使5.5节将要介绍的分散地使用氢的方案成为可能。关键的成本将在于入户安装，包括储氢单元接口、燃料电池设备的接口、停放在建筑物内车库的车辆与氢储罐的接口。毫无疑问，这些设备分散放置在建筑的成本，将高于更集中的设施满足相同的需求的成本，而传统上，消费者通常愿意支付被认为合理的某项技术（这里为家用和车用的能源供应）的个人控制权的额外费用。

### 5.1.4　充气站

目前已经在全世界范围建成了一定数量的巴士、轿车和特种车辆氢气充气站示范项目（20~50 套），为了未来在运输业广泛使用氢能，当然必须建立数目与今天的汽油和柴油加油站大致相同的加氢站。人们有时争议说目前的充气站的数目大于所需，当其数量在一些国家有所下降时。不清楚这是否意味着更昂贵的氢气充气站的数量可以减少，但是由于氢燃料汽车的行驶里程可能较低，这就要求充气站网络更加密集。这个问题关系到未来商业燃料电池汽车的氢存储压力和储氢量。图 5.3 显示了加油站密度的一个例子，它基于这样的假设，燃料电池汽车

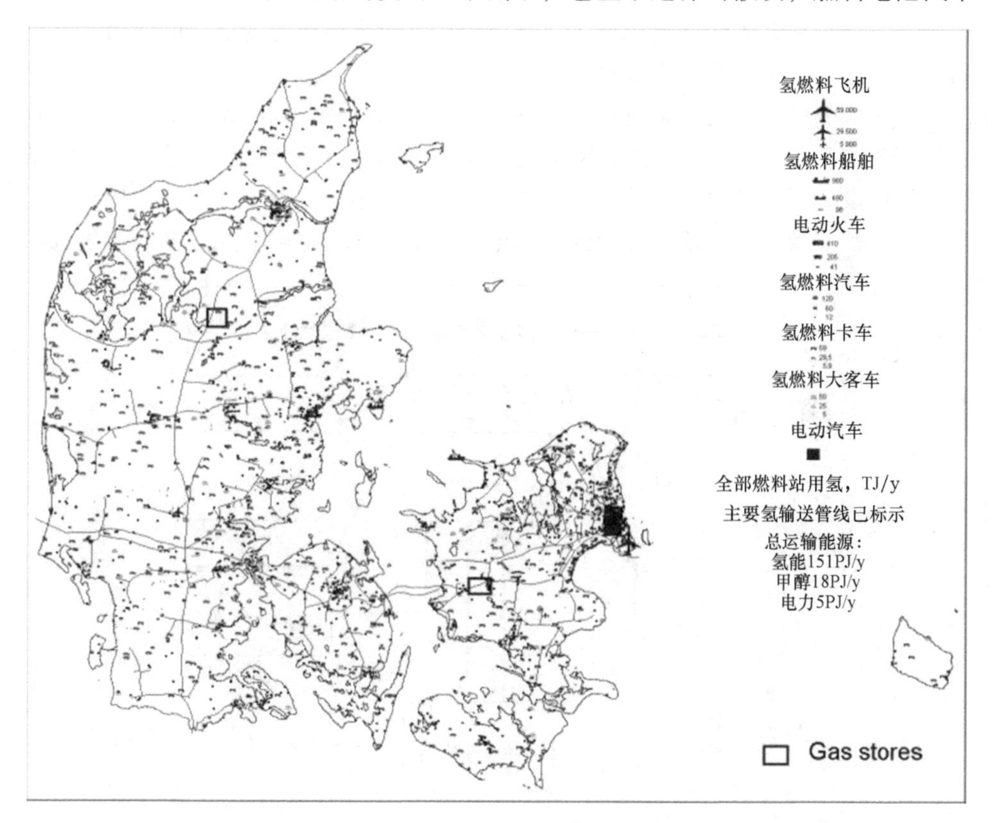


图 5.3　2050 年远景方案中设想的丹麦使用氢气的基础设施，以交通运输业为侧重点，包括两个地下储氢构造，连接汽车充气站、港口和机场以及中央燃料电池发电厂的氢输配管线［该远景方案中，铁路运营采用电力和在哥本哈根市使用电动汽车，细节将在 5.5 节中进一步讨论（Sørensen，2003a）］

的行驶里程可以保持在目前汽车平均行驶里程的同一水平（而不是针对具有诸如大众 Lupo 3L 这样的最节能高效的轿车的油箱容量、超过 1000km 的大行程）。正如第4章所建议的，氢能车辆最有可能的方案是混合动力，其载氢量会因此减小。

### 5.1.5 建筑集成的概念

5.1.1 节已经提到，集成在建筑物内的氢能系统可能具有以下一个或两个储氢形式：储氢单元安装在停放于建筑物内或附近的车辆上；固定储氢单元位于地下室，或建筑物地下或其周围，采用诸如金属氢化物存储或压力容器。分散存储意味着必须在每个拥有这样储氢单元的建筑物内设置氢气充填和释放设备。虽然使用停放在建筑物内的车载存储罐似乎很有吸引力，但是为管道氢气增压（管道氢气的压力一般比汽车存储氢罐内的压力低得多）的额外成本可能很高。使用金属氢化物存储的问题会小得多，只需要用高于环境压力的适度的压力进行充填和释放操作（后者也只有少许的温升）。

在5.5节将要使用的集成在建筑物内的分散用氢概念如图5.4所示。这个概念基于3.5.5节中提到的可逆燃料电池技术的可用性；这个概念似乎是一个非常现实的假设，至少针对未来的情景是现实的。如果增加一些成本，可逆燃料电池当然可以被替换为一对质子交换膜燃料电池发电单元和电解单元。两个储氢选项

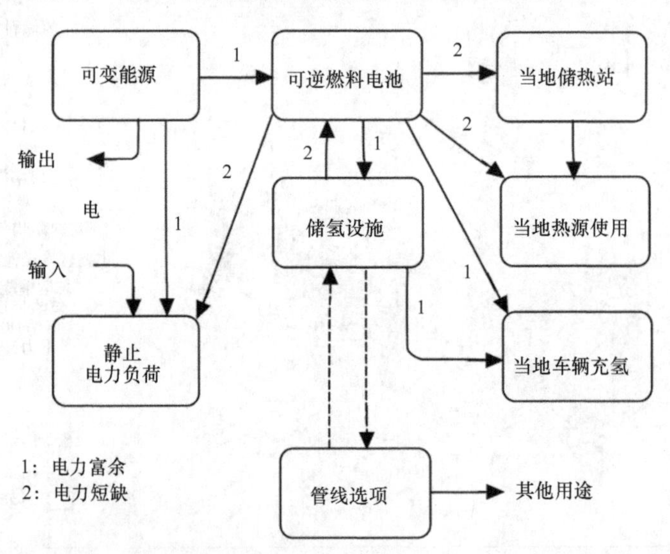


图5.4 一个分散的、建筑物内集成的氢能和燃料电池系统的布局，基于间歇的一次能源（例如风能和太阳能）、可逆燃料电池和当地存储站，包括固定和可能车载的存储站，可能具有与其他建筑物的用户通过管道进行氢交换能力（Sørensen，2002a）

（地下或车载）都可以考虑，燃料电池运行产生的热量可以用于或满足建筑物的供热需求。如果建筑物保温良好且按目前最好的标准优化能量使用，即使使用更高效的燃料电池（多余的热量少），供热和热水全部需求也都可以满足（Sørensen，2010a）。

最后，便携式燃料电池的应用涉及基础设施的要求，需要供给网络（例如商店）来销售储氢单元，用来更换电池或提供氢气或甲醇小型储罐的充气。与汽车储氢容器相同，高压充填不可能被分散到家用级（与电池充电相反）。

## 5.2 安全和规范问题

### 5.2.1 安全问题

技术史表明，安全和风险问题往往被处理为态度和方法的混合，包括以下的考虑（Sørensen，1982）。

- 直接风险，定义为发生事故（或其他风险相关的事件）的概率乘以其后果的大小。
- 社会风险，定义为事故或危险事件对社会造成的损害。
- 感知风险，定义为一般公众对一个给定风险的严重性的看法。

在后果的严重程度使一个社会难以应付的情况下，直接风险与社会风险的差异就会尤其明显（例如，一个造成许多伤亡的破坏性事故，会使社会的行政总部的功能受到影响）。当感知风险开始影响与技术选择有关的政治决策时，感知风险当然与技术风险同样真实。这时感知风险是基于真实或虚假信息已无关紧要。

一个著名的案例是 1936 年的兴登堡号飞艇事故对在交通运输业发展和使用氢气造成的不利影响。齐柏林公司选择把事故的原因归咎于氢气，虽然他们似乎已经知道，事故原因是飞艇防水布中使用的高度易燃的化合物；防水布用于飞艇框架的绝缘，易燃物使雷暴天气产生的摩擦火花引起了爆炸火灾。最近已有结论称，就算飞艇使用氦气而不是氢，事故也同样会发生（Bain 和 van Verst，1999）。

公众的认知也在近年来使核电停止扩大。在这种情况下，该行业的防御性的态度发挥了与公众的批评同样的决定性的作用。这里的转折点是 1986 年苏联的切尔诺贝利事故和 2011 年日本福岛核事故。前者造成了全球范围的放射性物质沉降和对离事故现场几千 km 范围内特定的同位素积累食品的禁令，所有以前的核工业陈述“统计意义上最严重的事故也只在当地造成后果”不再有效（Sørensen，1979b，1987）。在这种情况下，公众的看法却比用于计算类似装置的直接风险的理论事故模型更接近现实（Rasmussen，1975）。最近的福岛事故暴露出反应堆工业界的傲慢，把核电厂建在海啸易发地区的地震断层上，还声称一切都在控制之中。

很显然，公众对“小”和经常发生的事故的态度和对灾难性事故的态度是不同的。每年在大量的交通事故中成千上万的人丧生，并未导致禁用汽车或停止相关技术的发展，而有35人丧生的兴登堡号事故导致大型飞艇技术的停滞。其逻辑可能很难理解，当一个人看到飞机事故率在过去50年中每次乘飞机的死亡几率已从近$10^{-4}$减少到$10^{-6}$。一次飞机事故可造成数百人伤亡，因此在许多情况下是灾难性的。但对飞行事故的负面反应并没有朝着关停航空旅行的方向发展。有人认为这是由于人们已经接受汽车运输的存在（且有人认为如果已知汽车问世的1900年前后的汽车事故统计，人们可能就不会认可汽车运输），但这并未能解释兴登堡事号故对氢能发展的负面影响。到1936年汽车行驶的死亡人数已经是被公认的。

虽然这些问题没有答案，他们显然对把氢第二次引入能源系统中有重大意义。那么有没有哪些与风险相关的事件，可以阻止氢和燃料电池进入运输和民用行业，即使那些与经济和技术性能相关的问题已经找到了解决方案？这与在世界范围内使用的共同规范和标准的问题有很大关系（下面会简要讨论），但它也涉及一些非技术层面因素，这些因素与相关产业和管控部门的开放性有关，也和提高公众对影响直接风险和感知风险的因素的认识相关。

氢的工业使用经历了一些事故，这些事故也对定义规范和程序很有用。一次事故是1983年发生在斯德哥尔摩的一条狭窄的街道上，13.5kg的$H_2$从一台有连接缺陷的20MPa压力容器泄漏并发生爆炸（见图5.5a）：16人受伤，以及10辆轿车和邻近建筑物严重受损。最近采用计算流体动力学方法对这一事故进行了模拟，$H_2$的速度和浓度分布如图5.5b所示（空气中氢气的可燃下限是体积浓度比0.04，图中的灰色区域）。

2001在德国的公路上发生了一起交通事故，一辆卡车撞上了一辆载有储氢罐的拖车。泄漏的氢气使卡车发生大火，司机丧生。消防队员迅速到达，向其余储氢罐喷水几小时，防止进一步泄漏（Wurster，2004）。

### 5.2.2 安全要求

处理能源行业的氢应用安全问题的方法，需要在从生产到使用的所有领域采用一致的标准。这些方法会以许多不同的方式广泛地影响社会。同时还需要方法处理一些与安全相关的难以预料到的事件，这样的事件在使用与目前常用的技术显著不同的技术时势必会发生。

从氢的生产说起，这是一个传统的工业活动，包括了通过蒸汽重整或碱性电解生产氢的相关安全规定。把电解槽的压力提高到建议的12~20MPa，激励了针对氢氧爆炸反应的新的安全研究（Janssen等，2004）。对生物制氢，与安全相关的研究工作完成得很少，因为这个拟议中的工业过程在很大程度上是未知的。

图5.5a　事故报告2中的照片（1984）由 Svenska Miljöverket 拍摄；斯德哥尔摩警方证实该照片已公开（氢罐用黑笔圈出）

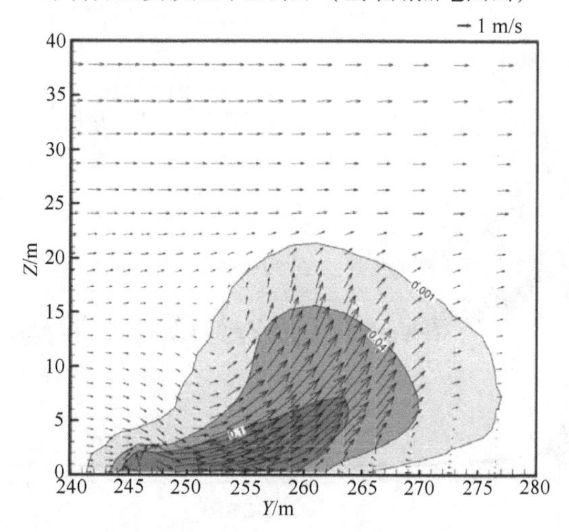


图5.5b　1983年发生在斯德哥尔摩街道上的氢事故的分析：10s后卡车上的储氢罐和建筑墙体中间的垂直平面内的流动模式和氢气浓度（阴影区）[引自 A. Venetsanos, T. Huld, P. Adams, J. Bartzis（2003）. J. Hazardous Mat. A105, 1-25. 获得 Elsevier 使用许可]

氢气安全研究大部分集中在氢的性质等，例如有关燃烧、爆炸和扩散到不需要的地方。氢的基本性质与2.3.3节的表2.3中的其他燃料进行了比较。这些数字仍在通过新的测量来修正，例如易燃性安全极限值（Chan 等，2004）。

密闭和半密闭（通风）的氢气爆炸是在实验设置中和通过仿真进行研究的（Carcassi 等，2004）。由于可能涉及大量的车辆和人口，特别值得关注的是用于氢燃料汽车及分散充氢的车库空间和氢的输送通道（Breitung 等，2000）。

有几项研究观测了停在封闭车库的车载储氢罐的泄漏，并利用流体动力学计算研究了储氢容器（Hayashi 和 Watanabe，2004；图 5.6）或建筑物中的储氢装置（Tchouvelev 等，2004）的火焰特性。另外，也可以在风洞中进行实验，该方法也用于评估加氢站泄漏的危害（Chitose 等，2004）。最近的一项欧盟项目已通过计算（Papanikolaou 等，2010；图 5.7）和实验方法（Friedrich 等，2011；Royle 和 Willoughby，2011）对车辆或储氢装置的泄漏进行了研究，比如如图 5.8 所示的快速序列光照片样本。Merilo 等（2011）研究了一个类似车库的空间内氢的释放。

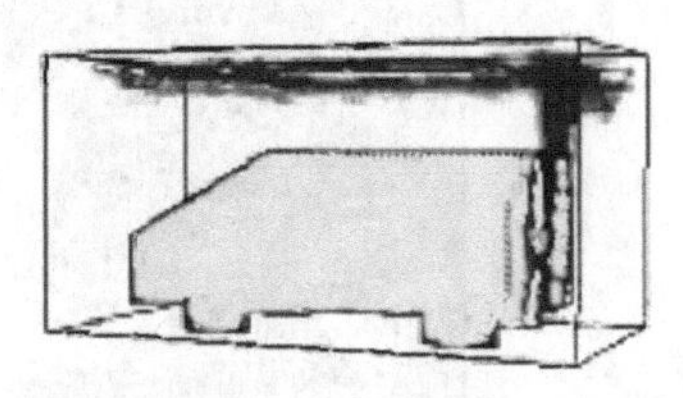

图 5.6　以 5.6L/min 的流量在 6m×3m×2.8m 的车库内进行封闭空间 $H_2$ 释放［数据基于 Hayashi 和 Watanabe（2004）. Hydrogen safety for fuel cell vehicles. In 15th World Hydrogen Energy Conf.，Yokohama］

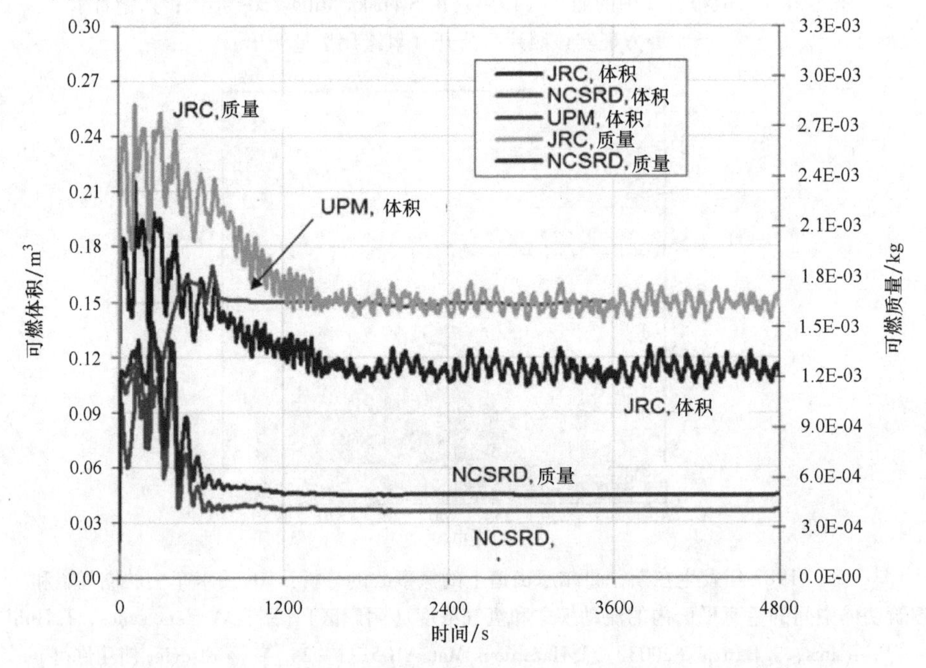


图 5.7　为了确定民用燃料电池汽车车库的最佳通风方案，采用不同的流体动力学计算软件代码计算泄漏后的扩散（图中的缩略语代表模型）

注：图中显示的是模型预测的可燃的氢气浓度（4%～75%）范围内空气氢混合物的体积，以及氦取代氢进行的实验中氦的质量。这些差异表明目前可用的软件工具的误差范围［Papanikolaou 等，2010；使用得到许可］。

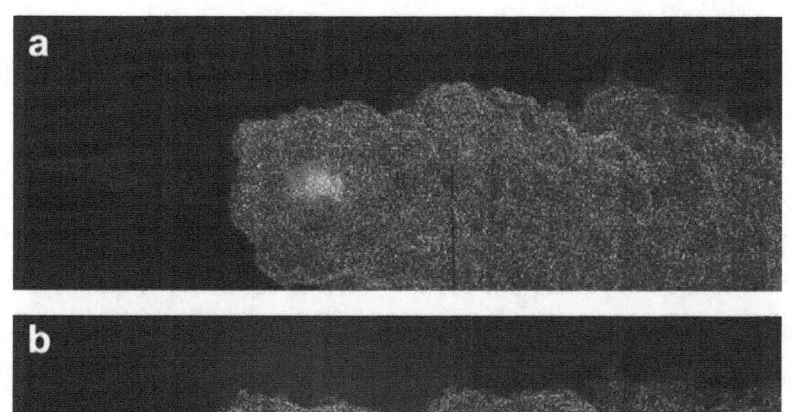


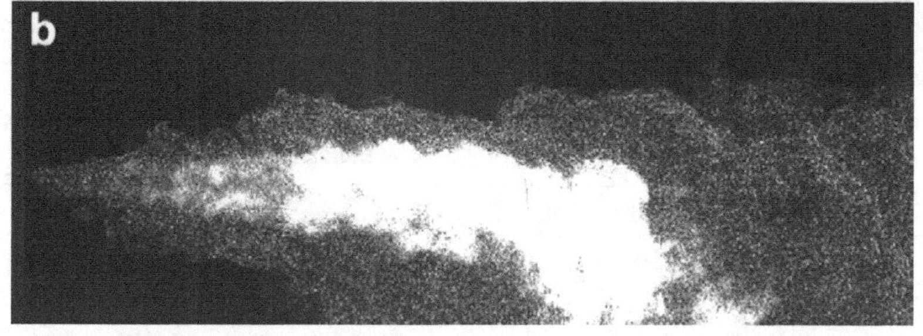


图5.8　氢释放的火花点火试验，模拟管道失效引起的高压缩氢气存储事故。

注：在一个每秒1000幅图像的序列中，图a显示了点火后296ms的情况，图b为点火后390ms的情况（图片引自Royle和Willoughby，2011；已许可使用）。

图5.9显示了隧道释放的模拟结果。正如预期的那样，氢气积聚在隧道或房间的天花板。因为在欧洲发生的几起不同的隧道事故（与氢无关），在公路隧道的密闭空间内的氢释放和可能的点火被视为一个关键的安全问题。成群结队的汽车可能被困在隧道内，而无法逃离这种隧道内的典型的狭窄通道内传播的火场。图5.9所示的氢扩散是隧道内的氢能汽车事故的模拟数据，氢气释放来自于诸如装有氢燃烧发动机的宝马原型车（FZK，1999）的液化氢容器。最初发现有体积浓度为15%的氢气在几百秒内分散到几个汽车长度，然后点燃。

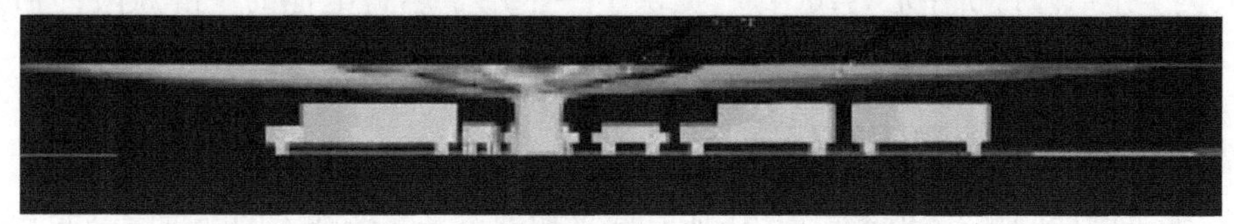

图5.9　模拟15min内释放了7kg $H_2$的隧道事故的氢扩散

注：图为点火前的900s时的$H_2$分布。从相对于释放点的第一到第三辆车，氢气的体积浓度从9%下降到4%。图片来自Breitung等的研究（2000），IAHE已许可使用。

车辆氢系统的所有组件（燃料容器、装卸设备、燃料电池）必须进行正常运行条件下及与其他车辆、固定的或移动的物体之间的碰撞条件下的安全评估。众所周知，道路交通有大量的交通事故，其中许多事故付出生命的代价。表5.1

给出了在目前的交通系统死亡率的信息。

表5.1中的数字来自德国，意味着人均死亡率为$10^{-4}$/年或按注册的车辆计算的人均死亡率为$4.8\times10^{-5}$/年（EEA，2002）。类似的分布也存在于美国，但人均死亡率是德国的1.6倍。由于大多数的事故都是驾驶员的错误引起的，自动驾驶技术应该可以降低事故发生率，但很显然，引进诸如氢和燃料电池的新汽车技术，相对于目前的汽车技术应至少不会加重事故的后果。似乎合理的想法是把氢能汽车特有的事故如泄漏、火灾或爆炸等减少到忽略不计的程度，而不是仅仅让它们比“常规”汽车事故发生得少而已，因为许多观察家认为这样的程度是不可接受的。

**表5.1　1999年车辆事故的死亡统计**（涉及人员受伤的道路交通事故的总数为397689）（使用的数据见Daimler－Chrysler，2001）

| 1999年德国交通死亡统计： | 7842 |
|---|---|
| 单车事故： | 40% |
| 与行人相撞： | 13% |
| 与其他车相撞： | 47% |

对于在公共运输行业使用的氢能汽车，例如城市公共汽车的安全问题，需做特别的分析，因为公众通常认为公共交通的单位乘客事故率和死亡率应低于个人驾驶（Perrette等，2003）。

同时，氢燃料循环中的非氢组分（如燃料工艺设备）也应评估风险。这与使用甲醇的燃料电池技术有关，例如重整或DMFC（直接甲醇燃料电池）的操作。除了引起的二氧化碳排放问题，甲醇本身对健康的影响也是有争议的，主要涉及给车或容器加注燃料时吸入甲醇烟雾的可能性。类似的风险也存在于汽油或柴油燃料的加注，这导致加油喷嘴封套的使用。甲醇的毒理学最近被重新评估（人类生殖风险评价中心，2004），提供了一个用于燃料电池的甲醇风险评估的更好的基础。

### 5.2.3　国家标准和国际标准

如果同样的规范和标准适用于所有感兴趣的市场，新技术的引进将会非常缓和。在过去，规范和标准的差异使消费者付出大笔的钱（例如，录像机的连接，电池的物理设计，软件和计算机操作系统，信息存储介质），特别是在汽车市场，还没有覆盖全球的规则允许一个未经修改的模型可以到处都售卖。掠夺性公司不愿意遵守作为品牌推广工具的全球规范，显示出他们对消费者的明显的蔑视。

为了尽量减少引入氢燃料汽车已经引起的大量问题，相关的国际规范和标准应在完成技术设计的早期阶段建立，并最终随着技术的成熟而细化。当然氢燃料电池的其他用途也同样，例如可能取代天然气锅炉的家用单元。

建立共同规范和标准的国际平台由一些联合国的工作计划（协同地区组织，如欧洲经济委员会）和国际标准化组织技术委员会（Dey，2004）构成。个别国家在这方面有悠久的传统，而许多国家标准工作组已经存在（例如，作为德国工业标准的基础）。通常一些小国家倾向于依靠那些领先的国家制定规范和标准。最后，许多行业组织和专业机构开展制定规范和标准的工作。在欧洲，这种工作是由欧洲一体化氢能项目进行，在全球范围内由美国提出的氢能经济国际合作伙伴计划（Ohi 和 Rossmeissl，2004）和汽车工程师协会来实施。在日本，日本汽车研究所执行的规范工作则基于碰撞、储罐与安全、地下停车场与公路隧道等领域的一些具体的立法倡议（Hayashi 和 Watanabe，2004；Kikuzawa 等，2004）。

和在其他工业领域一样，氢能的安全意识文化的建立是非常重要的。正如评论经常提到的以及正式的危险性评估指出的，在诸如氢泄漏探测、自燃和火焰与激波传播等领域，在一系列限制和事故定义条件下使设计方案包含高度的“故障后仍安全”运行机制的努力是十分重要的。

## 5.3 基于化石能源的远景方案

### 5.3.1 远景方案技术和需求建模

远景方案（Scenario）是能提供足够细节的有关未来情况的快照图片，可以用来进行一致性检验。远景方案不是预测，而是对各种不同的被认为有吸引力的情形或者由于其他原因被人讨论的情形的探索。深思熟虑的远景方案是决策者的重要工具，它提供从一个处境到一个新的处境有序变化的可能性，而这个新的处境是传统的经济理论无法提供的一个选项，因为传统经济理论基于趋势预测，该预测来源于对过去的分析和从过去的行为导出的经济规则的应用。

氢作为一个基本的能源载体的设想由来已久（Bockris，1972；Sørensen，1975）。具体化的研究、开发、示范和商业化计划的氢能实施路线图也丰富多样（例如，USDoE，2002a，2004；Industry Canada，2003；UKDTI，2003；European Commission，2008），但这些只是在探索建立氢能源系统的早期步骤，远景方案致力于对一个未来的系统一旦实施时的相当全面的描述，以便能够测试其可行性和识别问题出在哪里（可能对入门阶段的行动所产生的影响）。在 Andress 等人（2011）的研究中可以发现对美国运输部门的具有侧重性的分析，该工作的值得注意之处在于他着重于氢能引进前车辆效率的显著提高，但对于用于氢生产的能源未做限定（化石燃料、核能或可再生能源）。

使用带有碳捕获的化石燃料生产氢气的建议（作为一个远景方案随后讨论），一直是一个重点讨论的选项（Cormos，2011）。Gnanapragasam 等人（2010）讨论了在加拿大进行的使用化石燃料和包括废物在内的生物质资源，但无碳捕获的类似的研究工作。

到2050年的全球能源需求和供应的远景方案将在下面讨论。为便于比较，它们基于同样的能源需求假设：认为对人类福利和环境可持续发展的关注会导致高效的能源消费模式，该模式基于对节约物质材料的越来越多的关注以及对使用非物质材料（“信息社会”）类型活动的重视。

2050年的远景方案选择得足够远，以允许基础设施和技术的必要改变将以一种平稳的方式引入，避免现有设备在其经济寿命结束前过早的报废。地理信息系统（Geographical Information System，GIS）的使用，使得有可能使用基于“每单位土地面积的能量流”的方式来表达统计量的方法，与传统的基于国家的统计相比，它提供了能源的供应与使用的新视角。此方法用于可再生能源的需求和供应，在这个方面分散式的生产使基于面积的评估会很有趣。对于化石燃料和核能源这样的集中生产方式，以地区为基础的方法会导致能量生产量在地图上看起来像一个点，在这里我使用传统的基于国家的平均方法。

对社会的某个特定部分的远景方案，如这里集中讨论的能源部门，需要对2050年的全球社会的主要特征有一个普遍性的展望，而且也只是需要对一些一般性的条件进行粗线条的描述。对社会各个方面的一般状态进行详细的说明显然是一个艰巨的任务，这里用一个双分辨率的方法来近似描述。能源系统不可避免地是基于目前已知技术的假设性发展，但这也只是用来证明该远景方案的可行性：如果随着时间的推移出现更好的选择（几乎肯定会出现），那么他们会取代一些远景方案技术。然而，所做的选择至少构成了一种常态，也因此证明存在一个设想的可能的体系。

实际的发展可能包括所选择的用来分析的参考远景方案的组合，每个参考远景都是追求政治和技术偏好底线的例子，也是清晰也许极端的例子。非常重要的是，出于政治考虑所选择的远景方案要基于那些在所考虑的社会中被判断为重要的价值观和偏好。价值基础应在远景方案构建中清楚明确。虽然所有的长期政策选择分析都事实上是前景分析，但是特别的研究将会在对未来社会的处理方法的全面性上有所不同。例如，本文的大多数的分析只对直接影响能源行业的社会各个方面做规范性的前景假设。

远景方案的技术选择的经济可行性可以得到保证，但具有相当大的不确定性，因为新兴技术的最终成本必定基于不确定的、有时过于乐观的估计。然而，对于终端能源需求前景，我们下面所做的保守的技术假设是，以能源效率而论

2050 年的平均技术与当今最好的技术相同。假设这样的技术也在经济上可行，可能需要把外部效应成本也包括进来（即目前未包括在市场价格中的间接成本，这些将在 6 章的寿命周期分析中讨论）。

全球人口的远景方案对于确定能源需求是重要的。我使用了一个详细的联合国人口研究数据，取其中间变值估计 2050 年的世界人口为 $9.4\times10^9$ 人。在 Sørensen（2010a）中对人口模型的细节进行了讨论，假定的人口分布如表 5.2 所示，表中也提供了迁移模式（主要是转移到城市）和一个用于在下一小节作为数据基础的国家列表。

**表 5.2　用于远景方案评估的国家和地区分配，包含人口分布**［国家/地区及其名字的选择基于所使用的 GIS 软件采用的定义和边界（MAPINFO，1997）；人口数据（以千人为单位）来自联合国（1996）和城镇化率数据来自联合国（1997）。较新的联合国人口预测仅对 2050 年后数据进行修改］

| 国家 | 大洲 | 地区 | 人口/千人（1996） | 人口/千人（2050） | 城镇(%) 1992 | 城镇(%) 2050 |
|---|---|---|---|---|---|---|
| 阿富汗 | 亚洲 | Ⅲ | 20883 | 61373 | 18.92 | 55.97 |
| 阿尔巴尼亚 | 欧洲 | Ⅱ | 3401 | 4747 | 36.34 | 72.65 |
| 阿尔及利亚 | 非洲 | Ⅵ | 28784 | 58991 | 53.34 | 89.65 |
| 安道尔 | 欧洲 | Ⅱ | — | | | |
| 安哥拉 | 非洲 | Ⅵ | 11185 | 38897 | 29.86 | 75.80 |
| 安圭拉岛 | 北美洲 | Ⅳ | 8 | 13 | 0.00 | 0.00 |
| 南极洲 | 南极洲 | | | | | |
| 安提瓜和巴布达 | 北美洲 | Ⅳ | 66 | 99 | 35.56 | 60.94 |
| 阿根廷 | 南美洲 | Ⅳ | 35219 | 54522 | 87.14 | 90.00 |
| 亚美尼亚 | 欧洲 | Ⅱ | 3638 | 4376 | 67.98 | 89.11 |
| 阿鲁巴（荷属） | 北美洲 | Ⅳ | 71 | 109 | 0.00 | 0.00 |
| 澳大利亚 | 大洋洲 | Ⅱ | 18057 | 25286 | 84.94 | 90.00 |
| 奥地利 | 欧洲 | Ⅱ | 8106 | 7430 | 55.44 | 77.52 |
| 阿塞拜疆 | 欧洲 | Ⅱ | 7594 | 10881 | 54.96 | 83.15 |
| 亚速尔群岛（葡属） | 欧洲 | Ⅱ | | | | |
| 巴哈马群岛 | 北美洲 | Ⅰ | 284 | 435 | 84.76 | 85.18 |
| 巴林 | 亚洲 | Ⅲ | 570 | 940 | 88.62 | 90.00 |
| 孟加拉国 | 亚洲 | Ⅲ | 120073 | 218188 | 16.74 | 57.62 |
| 巴巴多斯 | 北美洲 | Ⅳ | 261 | 306 | 45.84 | 53.15 |
| 白俄罗斯 | 欧洲 | Ⅲ | 10348 | 8726 | 68.56 | 90.00 |
| 比利时 | 欧洲 | Ⅱ | 10159 | 9763 | 96.70 | 90.00 |
| 伯利兹 | 北美洲 | Ⅳ | 219 | 480 | 47.28 | 69.64 |
| 贝宁 | 非洲 | Ⅵ | 5563 | 18095 | 29.92 | 68.73 |

（续）

| 国家 | 大洲 | 地区 | 人口/千人（1996） | 人口/千人（2050） | 城镇(%) 1992 | 城镇(%) 2050 |
|---|---|---|---|---|---|---|
| 百慕大群岛 | 北美洲 | Ⅳ | | | | |
| 不丹 | 亚洲 | Ⅲ | 1812 | 5184 | 6.00 | 28.85 |
| 玻利维亚 | 南美洲 | Ⅳ | 7593 | 16966 | 57.80 | 90.00 |
| 波斯尼亚和黑塞哥维那 | 欧洲 | Ⅱ | 3628 | 3789 | 49.00 | 84.15 |
| 博茨瓦纳 | 非洲 | Ⅵ | 1484 | 3320 | 25.10 | 77.65 |
| 巴西 | 南美洲 | Ⅳ | 161087 | 243259 | 72.04 | 90.00 |
| 英属维尔京群岛 | 北美洲 | Ⅰ | 19 | 37 | 0.00 | 0.00 |
| 文莱达鲁萨兰国 | 亚洲 | Ⅲ | 300 | 512 | 57.74 | 79.29 |
| 保加利亚 | 欧洲 | Ⅱ | 8468 | 6690 | 68.90 | 90.00 |
| 布基纳法索 | 非洲 | Ⅵ | 10780 | 35419 | 21.62 | 90.00 |
| 布隆迪 | 非洲 | Ⅵ | 6221 | 16937 | 6.78 | 31.77 |
| 柬埔寨 | 亚洲 | Ⅴ | 10273 | 21394 | 18.84 | 63.06 |
| 喀麦隆 | 非洲 | Ⅵ | 13560 | 41951 | 42.14 | 85.83 |
| 加拿大 | 北美洲 | Ⅰ | 29680 | 36352 | 76.64 | 89.58 |
| 佛得角 | 非洲 | Ⅵ | 396 | 864 | 48.24 | 68.91 |
| 开曼群岛 | 北美洲 | Ⅳ | 32 | 67 | 100.00 | 100.00 |
| 中非共和国 | 非洲 | Ⅵ | 3344 | 8215 | 39.00 | 74.15 |
| 乍得 | 非洲 | Ⅵ | 6515 | 18004 | 20.86 | 52.74 |
| 智利 | 南美洲 | Ⅳ | 14421 | 22215 | 83.54 | 90.00 |
| 中国 | 亚洲 | Ⅴ | 1232083 | 1516664 | 27.84 | 75.58 |
| 哥伦比亚 | 南美洲 | Ⅳ | 36444 | 62284 | 71.08 | 90.00 |
| 科摩罗 | 非洲 | Ⅵ | 632 | 1876 | 28.96 | 48.36 |
| 刚果 | 非洲 | Ⅵ | 2668 | 8729 | 55.62 | 90.00 |
| 库克群岛 | 大洋洲 | Ⅳ | 19 | 29 | 0.00 | 0.00 |
| 哥斯达黎加 | 北美洲 | Ⅳ | 3500 | 6902 | 48.14 | 84.80 |
| 克罗地亚 | 欧洲 | Ⅲ | 4501 | 3991 | 61.64 | 90.00 |
| 古巴 | 北美洲 | Ⅳ | 11018 | 11284 | 74.56 | 90.00 |
| 塞浦路斯 | 欧洲 | Ⅲ | 756 | 1029 | 52.48 | 65.70 |
| 捷克共和国 | 欧洲 | Ⅲ | 10251 | 8572 | 65.10 | 84.26 |
| 丹麦 | 欧洲 | Ⅱ | 5237 | 5234 | 84.96 | 90.00 |
| 吉布提 | 非洲 | Ⅵ | 617 | 1506 | 81.54 | 90.00 |
| 多米尼加 | 北美洲 | Ⅳ | 71 | 97 | 0.00 | 0.00 |
| 多米尼加共和国 | 北美洲 | Ⅳ | 7961 | 13141 | 62.08 | 90.00 |
| 厄瓜多尔 | 南美洲 | Ⅳ | 11699 | 21190 | 56.24 | 90.00 |
| 埃及 | 非洲 | Ⅵ | 63271 | 115480 | 44.26 | 75.44 |

（续）

| 国家 | 大洲 | 地区 | 人口/千人（1996） | 人口/千人（2050） | 城镇(%) 1992 | 城镇(%) 2050 |
|---|---|---|---|---|---|---|
| 萨尔瓦多 | 北美洲 | Ⅳ | 5796 | 11364 | 44.38 | 75.35 |
| 赤道几内亚 | 非洲 | Ⅵ | 410 | 1144 | 38.30 | 90.00 |
| 厄立特里亚 | 非洲 | Ⅵ | 3280 | 8808 | 17.00 | 50.39 |
| 爱沙尼亚 | 欧洲 | Ⅲ | 1471 | 1084 | 72.32 | 90.00 |
| 埃塞俄比亚 | 非洲 | Ⅵ | 58243 | 212732 | 12.74 | 43.08 |
| 马尔维纳斯群岛 | 南美洲 | Ⅳ | | | | |
| 斐济 | 大洋洲 | Ⅳ | 797 | 1393 | 39.86 | 75.26 |
| 芬兰 | 欧洲 | Ⅱ | 5126 | 5172 | 62.12 | 86.52 |
| 马其顿（前南斯拉夫） | 欧洲 | Ⅲ | 2174 | 2646 | 58.64 | 85.64 |
| 法国 | 欧洲 | Ⅱ | 58333 | 58370 | 72.74 | 89.02 |
| 法属圭亚那 | 南美洲 | Ⅳ | 153 | 353 | 75.36 | 83.52 |
| 法属波利尼西亚 | 大洋洲 | Ⅳ | 223 | 403 | 56.40 | 80.30 |
| 加蓬 | 非洲 | Ⅵ | 1106 | 2952 | 47.42 | 87.11 |
| 冈比亚 | 非洲 | Ⅵ | 1141 | 2604 | 23.76 | 68.12 |
| 格鲁吉亚 | 亚洲 | Ⅲ | 5442 | 6028 | 57.00 | 86.88 |
| 德国 | 欧洲 | Ⅱ | 81922 | 69542 | 85.78 | 90.00 |
| 加纳 | 非洲 | Ⅵ | 17832 | 51205 | 34.92 | 75.48 |
| 直布罗陀 | 欧洲 | Ⅱ | 28 | 28 | 100.00 | 100.00 |
| 希腊 | 欧洲 | Ⅱ | 10490 | 9013 | 63.64 | 90.00 |
| 格陵兰岛 | 欧洲 | Ⅱ | 58 | 72 | 78.90 | 86.11 |
| 格林纳达 | 北美洲 | Ⅳ | 92 | 134 | 0.00 | 0.00 |
| 瓜德罗普岛 | 北美洲 | Ⅳ | 431 | 634 | 98.86 | 90.00 |
| 关岛 | 大洋洲 | Ⅳ | 153 | 250 | 38.08 | 59.03 |
| 危地马拉 | 北美洲 | Ⅳ | 10928 | 29353 | 40.24 | 78.48 |
| 几内亚 | 非洲 | Ⅵ | 7518 | 22914 | 27.32 | 72.45 |
| 几内亚-比绍 | 非洲 | Ⅵ | 1091 | 2674 | 20.82 | 63.32 |
| 圭亚那 | 南美洲 | Ⅳ | 838 | 1239 | 34.64 | 77.45 |
| 海地 | 北美洲 | Ⅳ | 7259 | 17524 | 29.80 | 72.33 |
| 洪都拉斯 | 北美洲 | Ⅳ | 5816 | 13920 | 41.98 | 80.68 |
| 匈牙利 | 欧洲 | Ⅲ | 10049 | 7715 | 63.14 | 90.00 |
| 冰岛 | 欧洲 | Ⅱ | 271 | 363 | 91.00 | 90.00 |
| 印度 | 亚洲 | Ⅴ | 944580 | 1532674 | 26.02 | 59.38 |
| 印度尼西亚 | 亚洲 | Ⅳ | 200453 | 318264 | 32.52 | 82.58 |
| 伊朗 | 亚洲 | Ⅴ | 69975 | 170269 | 57.38 | 88.35 |
| 伊拉克 | 亚洲 | Ⅴ | 20607 | 56129 | 72.92 | 90.00 |
| 爱尔兰 | 欧洲 | Ⅱ | 3554 | 3809 | 57.14 | 81.50 |

（续）

| 国家 | 大洲 | 地区 | 人口/千人（1996） | 人口/千人（2050） | 城镇（%）1992 | 城镇（%）2050 |
|---|---|---|---|---|---|---|
| 以色列 | 亚洲 | Ⅲ | 5664 | 9144 | 90.42 | 90.00 |
| 意大利 | 欧洲 | Ⅱ | 57226 | 42092 | 66.66 | 83.08 |
| 科特迪瓦 | 非洲 | Ⅵ | 14015 | 31706 | 41.68 | 80.91 |
| 牙买加 | 北美洲 | Ⅳ | 2491 | 3886 | 52.38 | 83.35 |
| 日本 | 亚洲 | Ⅱ | 125351 | 109546 | 77.36 | 90.00 |
| 约旦 | 亚洲 | Ⅲ | 5581 | 16671 | 69.40 | 90.00 |
| 哈萨克斯坦 | 亚洲 | Ⅲ | 16820 | 22260 | 58.44 | 87.55 |
| 肯尼亚 | 非洲 | Ⅵ | 27799 | 66054 | 25.24 | 70.52 |
| 基里巴斯 | 大洋洲 | Ⅳ | 80 | 165 | 35.04 | 61.33 |
| 朝鲜民主主义人民共和国 | 亚洲 | Ⅴ | 22466 | 32873 | 60.40 | 86.06 |
| 韩国 | 亚洲 | Ⅴ | 45314 | 52146 | 76.80 | 90.00 |
| 科威特 | 亚洲 | Ⅲ | 1687 | 3406 | 96.34 | 90.00 |
| 吉尔吉斯斯坦 | 亚洲 | Ⅲ | 4469 | 7182 | 38.48 | 71.03 |
| 老挝 | 亚洲 | Ⅴ | 5035 | 13889 | 22.00 | 62.42 |
| 拉脱维亚 | 欧洲 | Ⅲ | 2504 | 1891 | 71.84 | 90.00 |
| 黎巴嫩 | 亚洲 | Ⅲ | 3084 | 5189 | 85.16 | 90.00 |
| 莱索托 | 非洲 | Ⅵ | 2078 | 5643 | 20.88 | 66.79 |
| 利比里亚 | 非洲 | Ⅵ | 2245 | 9955 | 43.26 | 81.47 |
| 利比亚 | 非洲 | Ⅵ | 5593 | 19109 | 83.84 | 90.00 |
| 列支敦士登 | 欧洲 | Ⅱ | | | | |
| 立陶宛 | 欧洲 | Ⅲ | 3728 | 3297 | 70.12 | 90.00 |
| 卢森堡 | 欧洲 | Ⅱ | 412 | 461 | 87.42 | 90.00 |
| 马达加斯加 | 非洲 | Ⅵ | 15353 | 50807 | 25.12 | 68.85 |
| 马拉维 | 非洲 | Ⅵ | 9845 | 29825 | 12.48 | 46.79 |
| 马来西亚 | 亚洲 | Ⅳ | 20581 | 38089 | 51.36 | 89.39 |
| 马尔代夫 | 亚洲 | Ⅴ | | | | |
| 马里 | 非洲 | Ⅵ | 11134 | 36817 | 25.08 | 68.88 |
| 马耳他 | 欧洲 | Ⅱ | 369 | 442 | 88.28 | 90.00 |
| 马绍尔群岛 | 大洋洲 | Ⅳ | | | | |
| 马提尼克 | 北美洲 | Ⅳ | 384 | 518 | 91.62 | 90.00 |
| 毛里塔尼亚 | 非洲 | Ⅵ | 2333 | 6077 | 49.60 | 90.00 |
| 毛里求斯 | 非洲 | Ⅵ | 1129 | 1654 | 40.54 | 71.23 |
| 墨西哥 | 北美洲 | Ⅳ | 92718 | 154120 | 73.68 | 90.00 |
| 密克罗尼西亚 | 大洋洲 | Ⅳ | 126 | 342 | 27.04 | 49.82 |
| 摩尔多瓦 | 欧洲 | Ⅲ | 4444 | 5138 | 49.36 | 87.39 |

（续）

| 国家 | 大洲 | 地区 | 人口/千人（1996） | 人口/千人（2050） | 城镇(%) 1992 | 城镇(%) 2050 |
|---|---|---|---|---|---|---|
| 摩纳哥 | 欧洲 | Ⅱ | | | | |
| 蒙古 | 亚洲 | Ⅴ | 2515 | 4986 | 59.16 | 88.76 |
| 摩洛哥 | 非洲 | Ⅵ | 27021 | 47276 | 47.02 | 80.38 |
| 莫桑比克 | 非洲 | Ⅵ | 17796 | 51774 | 29.76 | 84.67 |
| 缅甸 | 亚洲 | Ⅴ | 45922 | 80896 | 25.36 | 63.39 |
| 纳米比亚 | 非洲 | Ⅵ | 1575 | 4167 | 34.10 | 86.65 |
| 瑙鲁 | 大洋洲 | Ⅳ | 11 | 25 | 0.00 | 0.00 |
| 尼泊尔 | 亚洲 | Ⅴ | 22021 | 53621 | 12.02 | 50.65 |
| 荷兰 | 欧洲 | Ⅱ | 15575 | 14956 | 88.82 | 90.00 |
| 新喀里多尼亚 | 大洋洲 | Ⅳ | 184 | 295 | 60.78 | 76.98 |
| 新西兰 | 大洋洲 | Ⅱ | 3602 | 5271 | 85.32 | 90.00 |
| 尼加拉瓜 | 北美洲 | Ⅳ | 4238 | 9922 | 61.04 | 90.00 |
| 尼日尔 | 非洲 | Ⅵ | 9465 | 34576 | 15.92 | 51.21 |
| 尼日利亚 | 非洲 | Ⅵ | 115020 | 338510 | 36.84 | 81.06 |
| 纽埃 | 大洋洲 | Ⅳ | 2 | 2 | 0.00 | 0.00 |
| 北马里亚纳群岛 | 大洋洲 | Ⅳ | 49 | 92 | 0.00 | 0.00 |
| 挪威 | 欧洲 | Ⅱ | 4348 | 4694 | 72.66 | 89.08 |
| 阿曼 | 亚洲 | Ⅲ | 2302 | 10930 | 11.88 | 49.00 |
| 巴基斯坦 | 亚洲 | Ⅴ | 139973 | 357353 | 33.08 | 75.12 |
| 帕劳群岛 | 大洋洲 | Ⅳ | 17 | 35 | 0.00 | 0.00 |
| 巴拿马 | 北美洲 | Ⅳ | 2677 | 4365 | 52.34 | 83.38 |
| 巴布亚新几内亚 | 亚洲 | Ⅴ | 4400 | 9637 | 15.40 | 44.58 |
| 巴拉圭 | 南美洲 | Ⅳ | 4957 | 12565 | 50.42 | 88.35 |
| 秘鲁 | 南美洲 | Ⅳ | 23944 | 42292 | 70.76 | 90.00 |
| 菲律宾 | 亚洲 | Ⅳ | 69282 | 130511 | 50.96 | 90.00 |
| 波兰 | 欧洲 | Ⅲ | 38601 | 39725 | 63.38 | 89.08 |
| 葡萄牙 | 欧洲 | Ⅱ | 9808 | 8701 | 34.34 | 70.65 |
| 波多黎各 | 北美洲 | Ⅳ | 3736 | 5119 | 72.14 | 77.17 |
| 卡塔尔 | 亚洲 | Ⅲ | 558 | 861 | 90.50 | 90.00 |
| 留尼汪岛 | 非洲 | Ⅵ | 664 | 1033 | 65.46 | 82.23 |
| 罗马尼亚 | 欧洲 | Ⅲ | 22655 | 19009 | 54.14 | 83.77 |
| 俄罗斯联邦 | 亚洲 | Ⅲ | 148126 | 114318 | 74.80 | 90.00 |
| 卢旺达 | 非洲 | Ⅵ | 5397 | 16937 | 5.80 | 21.97 |
| 圣露西亚 | 北美洲 | Ⅳ | 144 | 235 | 46.84 | 52.39 |
| 圣马力诺 | 欧洲 | Ⅱ | | | | |

（续）

| 国家 | 大洲 | 地区 | 人口/千人（1996） | 人口/千人（2050） | 城镇（%）1992 | 城镇（%）2050 |
|---|---|---|---|---|---|---|
| 圣多美和普林西比 | 非洲 | Ⅵ | 135 | 294 | 0.00 | 0.00 |
| 沙特 | 亚洲 | Ⅲ | 18836 | 59812 | 78.46 | 90.00 |
| 塞内加尔 | 非洲 | Ⅵ | 8532 | 23442 | 40.80 | 78.06 |
| 塞舌尔 | 非洲 | Ⅵ | 74 | 106 | 51.68 | 75.09 |
| 塞拉利昂 | 非洲 | Ⅵ | 4297 | 11368 | 33.80 | 78.09 |
| 新加坡 | 亚洲 | Ⅳ | 3384 | 4190 | 100.00 | 100.00 |
| 斯洛伐克 | 欧洲 | Ⅱ | 5347 | 5260 | 57.42 | 86.56 |
| 斯洛文尼亚 | 欧洲 | Ⅲ | 1924 | 1471 | 60.80 | 90.00 |
| 所罗门群岛 | 大洋洲 | Ⅳ | 391 | 1192 | 15.60 | 40.91 |
| 索马里 | 非洲 | Ⅵ | 9822 | 36408 | 24.80 | 62.06 |
| 南非 | 非洲 | Ⅵ | 42393 | 91466 | 49.84 | 83.52 |
| 西班牙 | 欧洲 | Ⅱ | 39674 | 31755 | 75.84 | 90.00 |
| 斯里兰卡 | 亚洲 | Ⅴ | 18100 | 26995 | 21.80 | 59.06 |
| 圣基茨和尼维斯 | 北美洲 | Ⅳ | 41 | 56 | 40.72 | 57.03 |
| 圣文森特及格林纳丁斯 | 北美洲 | Ⅳ | 113 | 174 | 0.00 | 0.00 |
| 苏丹 | 非洲 | Ⅵ | 27291 | 59947 | 23.34 | 63.17 |
| 苏里南 | 南美洲 | Ⅳ | 432 | 711 | 48.66 | 86.17 |
| 斯威士兰 | 非洲 | Ⅵ | 881 | 2228 | 28.32 | 78.73 |
| 瑞典 | 欧洲 | Ⅱ | 8819 | 9574 | 83.10 | 90.00 |
| 瑞士 | 欧洲 | Ⅱ | 7224 | 6935 | 60.02 | 84.59 |
| 叙利亚 | 亚洲 | Ⅲ | 14574 | 34463 | 51.08 | 84.33 |
| 塔吉克斯坦 | 亚洲 | Ⅲ | 5935 | 12366 | 32.20 | 63.48 |
| 坦桑尼亚 | 非洲 | Ⅵ | 30799 | 88963 | 22.24 | 67.52 |
| 泰国 | 亚洲 | Ⅳ | 58703 | 72969 | 19.22 | 53.98 |
| 多哥 | 非洲 | Ⅵ | 4201 | 12655 | 29.42 | 69.11 |
| 汤加 | 大洋洲 | Ⅳ | 98 | 128 | 37.50 | 59.47 |
| 特立尼达和多巴哥 | 南美洲 | Ⅳ | 1297 | 1899 | 70.18 | 90.00 |
| 突尼斯 | 非洲 | Ⅵ | 9156 | 15907 | 55.82 | 87.77 |
| 土耳其 | 欧洲 | Ⅲ | 61797 | 97911 | 64.06 | 90.00 |
| 土库曼斯坦 | 亚洲 | Ⅲ | 4155 | 7916 | 44.90 | 73.20 |
| 特克斯和凯科斯群岛 | 北美洲 | Ⅳ | 15 | 32 | 0.00 | 0.00 |
| 图瓦卢 | 大洋洲 | Ⅳ | | | | |
| 美属维尔京群岛 | 北美洲 | Ⅰ | 106 | 158 | 0.00 | 0.00 |
| 乌干达 | 非洲 | Ⅵ | 20256 | 66305 | 11.72 | 42.09 |
| 乌克兰 | 欧洲 | Ⅲ | 51608 | 40802 | 68.62 | 90.00 |

（续）

| 国家 | 大洲 | 地区 | 人口/千人（1996） | 人口/千人（2050） | 城镇(%) 1992 | 城镇(%) 2050 |
|---|---|---|---|---|---|---|
| 阿拉伯联合酋长国 | 亚洲 | Ⅲ | 2260 | 3668 | 82.20 | 90.00 |
| 英国 | 欧洲 | Ⅱ | 58144 | 58733 | 89.26 | 90.00 |
| 美国 | 北美洲 | Ⅰ | 269444 | 347543 | 75.60 | 90.00 |
| 乌拉圭 | 南美洲 | Ⅳ | 3204 | 4027 | 89.46 | 90.00 |
| 乌兹别克斯坦 | 亚洲 | Ⅲ | 23209 | 45094 | 40.88 | 72.73 |
| 瓦努阿图 | 大洋洲 | Ⅳ | 174 | 456 | 18.82 | 38.47 |
| 梵蒂冈（罗马教廷） | 欧洲 | Ⅱ | | | | |
| 委内瑞拉 | 南美洲 | Ⅳ | 22311 | 42152 | 91.36 | 90.00 |
| 越南 | 亚洲 | Ⅴ | 75181 | 129763 | 20.26 | 53.20 |
| 西撒哈拉 | 非洲 | Ⅵ | 256 | 558 | 41.00 | 56.82 |
| 西萨摩亚 | 大洋洲 | Ⅳ | 166 | 319 | 57.86 | 79.20 |
| 也门 | 亚洲 | Ⅲ | 15678 | 61129 | 30.78 | 78.62 |
| 塞尔维亚和黑山 | 欧洲 | Ⅲ | 10294 | 10979 | 54.46 | 88.80 |
| 扎伊尔 | 非洲 | Ⅵ | 46812 | 164635 | 28.50 | 66.29 |
| 赞比亚 | 非洲 | Ⅵ | 8275 | 21965 | 42.04 | 73.61 |
| 津巴布韦 | 非洲 | Ⅵ | 11439 | 24904 | 32.00 | 72.42 |

关于经济活动和能源需求，该远景方案预期，到21世纪中叶的发展一方面主要取决于许多当前的贫困国家的“赶超”努力，这取决于几个因素，包括教育政策、贸易条件的全球公平性问题以及地区冲突和政府腐败问题。另一方面，一个决定性的因素将是增添到或取代耗能企事业目前业务的“新活动”的本质。新的与信息有关的活动的能源需求往往比他们取代的活动的能源需求小，这导致经济增长与能源需求解耦：近年来工业化国家能源需求的增长远比其以国民生产总值衡量的经济活动规模的增速小。人们预期这种趋势将继续下去，而且由于技术要求，诸如计算机相关的活动的能源强度将持续下降，而因为其活动水平一般会增加，相应的安装数量将增加。

考虑一个例子，西欧国家的整体经济活动在1930～1990年的60年间增长了5.6倍，人均国民生产总值从2200欧元增加到12370欧元。该增长过程是不均衡的（大衰退、第二次世界大战、战后重建、1956～1971年间前所未有的增长、1973后企稳），但代表了整个60年中、世界历史这个相当特殊的时期内取得的技术进展。欧洲的增长可能在未来60年都将是较低的，而高增长率将主要出现在某些亚洲地区。IPCC第二次评估（IPCC，1996）估计在高增长前景下，2050年西欧的增长将达到45300美元/人（1990年美元价格），相比之下如果增长率等于1930～1990年间的数值，则相应的人均国民生产总值69 500美元/人

(1990年美元价格)。一个更现实的估计也许是，未来60年的增长按绝对价值计算至多与1930～1990年间的相同。

一项欧洲研究假设，信息社会的出现使三分之二的增长与能源和材料的使用解耦（Nielsen和Sørensen，1998），这意味着用简单化的方法计算，能源服务需求的增长率应该是国民生产总值增长率的三分之一。能源和国民生产总值之间的关系是复杂的，既取决于人们的态度，也和技术发展有关。在1930～1990年间能源和国民生产总值增长率之比先从1.5下降到1，然后在那个特殊时期上升到2，1973年以后变为负值（Sørensen，2011b）。部分原因是能源（尤其是石油）的价格，而技术要求也在1975年以后通过提高能源效率以种种方式发挥了作用，不限于纯粹的成本驱动的转变。交付的能源服务的变化可能更低（例如，自行车交通和汽车交通的服务改善并不总是像能源使用量的增加那样大）。

基于如刚才提到的那些因素，已经估计了世界不同地区到2050年的能源需求，方法如下（Sørensen，1996b，2010a；Kuemmel等，1997）：对目前提供给最终用户的能量（根据诸如经济合作与发展组织（OECD）的统计数据，1996）针对最终转化步骤的效率进行分析，能量转换为有用的产品或服务。净能量需求以目前最有效的设备使用量计算（当远景方案首次于1996年发表时，其中包括一些还在原型阶段的技术，但随后大多数技术已经进入了商业市场）。在本节开始时简要提到的假设适用于所有讨论过的远景方案，该假设是2050年使用的平均水平的设备能量效率相当于目前市场上最好的设备。根据不同的原理以及效率的提高有可能远大于边际效益，这似乎是一个相当谨慎的假设，因为它忽略了新方法和新设备的可能性。

这些假设的总体后果是，在所使用的需求远景方案中终端用户使用的能源到2050年将有平均4.8倍的全球增长，而目前的贫穷国家的增加会大得多。这里暗示的1994～2050年的平均终端用户能源使用的人均增长因子为2.7，而以初级能源输入表示的结果将依供应情况不同而不同，因为不同的中间转换的效率是不同的。这里的所谓解耦意味着人均国民生产总值增长到2050年将大大高于2.7。

最终用户的能源需求估计的基本方法取自Sørensen（2010a，第6章）。未来的能源需求有时要相对于历史和当前模式变化进行讨论（如图5.10所示，结合能源分布）。这当然是一个用来评估边际变化的合适的基础，而对于超过50年的时间跨度的变化，我们不可能捕捉到所有的重要信息。另一个替代的方法是观察人的需要、欲望和目标，从而首先建立满足这些需要的物质需求和一定技术假设条件下所需的能量需求。这是一个自下而上的方法，基于这样的看法：某些需要是人的基本需要，不容商议的基本需要，而其他的需要则可能是依赖于文化因素和发展与知识的不同阶段的次要需要，可能会因不同社会、社会群体或个人而不同。基本需要包括充足的食物住房、安全和人际关系，从基本需要到次要需要之间有一个连续的过渡，次要需要包括物质财富、艺术、文化和人类交往与休闲。能源需求则与满足这些需要相关联，来制造/构建设备和产品以满足需要及采购活动链和产品链所需的材料。

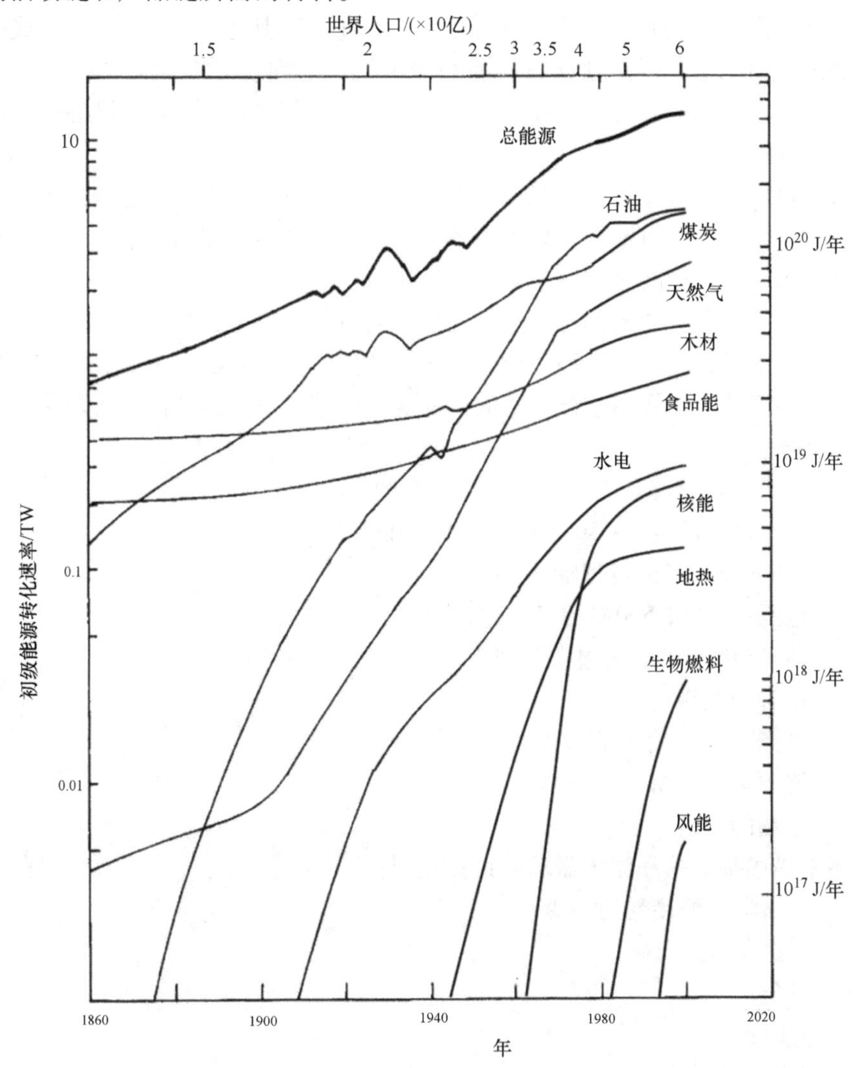


图 5.10　1860～2000 年间世界总能源使用历史趋势和来源分布（在最初几年，粮食能源包括畜力使用估计值，木材能源则包括秸秆和生物乙醇和沼气）（使用了 Jensen 和 Sørensen，1984，USDoE，2003 及 Sørensen，2010a 的数据）

在针对环境可持续性的标准模型中，表达能源需求的自然方法是将需要和目标的满足表示为与环境可持续性一致的能源需求。对于市场驱动的前景，基本需要和人类目标发挥同样重要的作用，但次级目标更可能受商业利益而不是个人动机影响。有趣的是，基本需要方法常常用于经济活动水平较低的社会的发展问题的讨论，而很少用于高度工业化国家的相关讨论。

因此，该方法首先确定的需求和要求，通常描述为人类目标，然后讨论满足这些目标所需要的能源，这是一个向后的步骤链，从满足目标为目的活动或产品到所需的任何制造，再回到原材料和初级能源（这种方法有时称为“倒推”）。这种评价是在人均的基础上完成的（在人口基础上做差异平均），但必须考虑不同的地理和社会环境。

假设可以在终端用户的层面定义能源开支而不考虑负责提供能量的系统仅仅近似合理。在现实中可能会出现供应系统和终端用户能源使用的耦合，而终端用户的能源需求也因此在某些情况下变得依赖于系统的整体选择。

例如，一个资源丰富的社会也许会生产大量的资源密集型产品进行出口，而一个资源贫乏的社会可能转而关注基于知识的生产，两者都在平衡经济来满足人口目标，但可能对能源需求产生不同的影响。终端用户的能源需求将取决于以下的能量品质：

1）低于环境温度0～50℃的冷却和制冷。

2）高于环境温度0～50℃的空间供暖和热水。

3）100℃以下工艺过程加热。

4）范围在100～500℃的工艺过程加热。

5）高于500℃的工艺过程加热。

6）稳态的机械能。

7）电能（没有简单的替代可能）。

8）能源运输（移动机械能）。

9）食物的能量。

用来描述基本的和派生需求的目标类别：

A. 生物学上可接受的环境；

B. 食物和水；

C. 安全；

D. 健康；

E. 人际关系和休闲；

F. 活动：

f1：农业；

f2：建设；

f3：制造业；

f4：原材料和能源工业；

f5：贸易，服务和分销；

f6：教育；

f7：通勤。

在这里，类别 A 到 E 指直接目标满意度，f1 ~ f4 指为满足需求的基本派生需要，f5 ~ f7 指的是进行各种规定操作的间接的要求。个体能源需求的估计在 Sørensen（2010a）中有详细讨论。

### 5.3.2　全球清洁化石能源的前景

基于化石能源资源的未来远景方案的好处在于能够尽可能多地维持目前的能源基础设施，而这些基础设施几乎完全基于化石能源的选项（见图 5.10）。不得不舍弃目前能源模式的部分原因是令人不能接受的空气污染，尤其是在城市汽车交通领域，以及越来越多的温室气体排放量，还有已经十分肯定的对气候的不利影响。发电厂的空气污染已因一批技术设备的使用而减少，但对人体呼吸有更大影响的车用小发动机的排放，目前还没有有效的手段显著地减少其对健康的不利影响（通过放在排气系统的催化转化器来降低废气排放还不足以避免负面影响）。温室效应被视为一个更严重的问题，至少要减少 60% 的二氧化碳排放量也只能稳定目前的大气二氧化碳的含量（IPCC，1996；Sørensen，2011a）。

另外还有对化石资源的有限储量的关注，几十年前，当时能源需求呈指数增长，预计将导致未来 50 年内的供应问题（将在 7 章进一步探讨）。这个问题会由于减少最丰富的化石资源煤的使用而加剧，由于煤是单位能源二氧化碳排放量较高的化石燃料、也因为它似乎比天然气等燃料有更多的空气污染影响（虽然这在很大程度上取决于所使用的技术）。然而，对于 21 世纪中期的前景假定的能源效率措施的追求，尤其是来自需求方面的要求，将大大提高化石资源的可用性。至于有多大程度的提高会在后面讨论。你也可以说，目前的天然气资源的估计可能偏低。总之，人们将看到在该前景需求的假设条件下，化石资源可以使用至少一百年，只要引入适当的技术使煤炭用于电力部门之外，并实现二氧化碳捕获和安全处置（所需的能源成本增加在可以接受的范围内）。

目前人们正在探索一些可以使用化石燃料、但不会向大气中排放 $CO_2$ 的技术选项。研究内容包括在转换或使用化石燃料前的初级转换，如把化石燃料转化成氢，那么无论燃烧氢或是使用氢燃料电池都不会排放二氧化碳，虽然氢转化的步骤中可能涉及二氧化碳排放。另一个想法是从化石燃料的燃烧烟气中回收二氧化碳，以及封存已排放的二氧化碳，例如通过生物过程。化石远景方案的研究会探讨这些技术并且选择技术选项的组合来使用。很显然，二氧化碳的回收和氢的使用将使人类社会使用化石燃料的方式发生显著变化。要处理的二氧化碳巨大规模将远远超过目前正在处理的 $SO_2$ 和 $NO_x$ 污染物的数量级。这也意味着化石燃料使用前和使用后所回收的二氧化碳并不容易处理。安全存放$CO_2$的选项也因此是技术讨论的一个组成部分。所有这些在考虑之列的技术都将增加化石燃料的使用成本。然而，额外的成本应与目前估计的污染和二氧化碳排放的负面影响产生的外部效应成本比较，初步估计表明这样的支出是合理的。

基于这些考虑的清洁化石能源系统与人们所希望的当前的系统没有多少相似之处。道路车辆将使用零排放技术，这就指向了氢和/或电动车辆。只有航空和船舶运输可能为石油产品保留一个角色。对于电力行业，由于从烟道气中除去二氧化碳的种种限制（减少电厂的效率，二氧化碳去除不完全），传统的发电厂不可能成为最佳的解决方案，因此可以预见燃料电池转换技术也会为非交通行业提供更好的解决方案。一些由天然气和煤转化产生的氢气可直接用于工业过程中的加热。这一切也指向了氢在清洁化石远景方案中的主要作用。它在下面的章节中所建立的核能和可再生能源远景方案中也扮演着重要的角色，但不像在优化的化石资源远景方案中那样以主导的方式起作用。因此，我们有很好的理由使用氢能远景方案这个术语作为清洁化石远景方案的代名词。

**1. 清洁的化石燃料技术**

对于传统的燃烧，燃烧后脱碳可以通过从烟道气中吸收$CO_2$（使用可逆的吸收剂，例如乙醇胺）、膜技术，或通过低温过程获得固体$CO_2$来实现。这些技术的缺点是都需要使用大量的能源，其中最可行的技术（吸收）也只能部分地捕获$CO_2$（Meisen 和 Shuai，1997）。然而，如果使用热循环则有希望达到约90%的回收率，这对于温室气体减排将是完全可以接受的，而相应的能耗可以减少到发电量的10%（燃气的设备）和17%（燃煤锅炉）（Mimura 等，1997）。该远景方案进一步假设，对于一个要在烟道气中脱去二氧化碳的电热联产的现代发电厂的平均发电效率可以达到40%。

另一种“燃烧后脱碳”是将大气中的二氧化碳通过高温高压的催化过程转化为甲醇。使用了基于铜和氧化锌的催化剂并在温度为150℃、压力为5MPa的条件下进行了实验室示范（Saito 等，1997）。额外的反应产物是CO和水。其他选项包括通过强化生物质生长实现的碳封存，即增加森林面积可以使碳吸收与随后的腐烂和释放之间的时间间隔加长（Schlamadinger 和 Marland，1996）。这些选项没有被纳入到目前讨论的前景中。

为避免二氧化碳排放，最有希望的选项是将化石燃料转化为氢，然后使用这种燃料进行后续的转换。在2.1节已经讨论过，目前通过天然气与蒸汽重整制氢大约有70%的转换效率。如果初始的化石燃料是煤，则首先需要完成一个带有部分氧化加上变换反应的汽化过程。空气中的氮用来将氧气吹入汽化炉，粗煤气中的杂质将被除去。除去杂质后的氢燃料能够达到管道供应的纯度，可以传送到使用点。预期整体转换效率约为60%。

由于$CO_2$处理后的数量十分巨大，有人提出的含水层或废弃矿井中的存储容积是不够的（可用容量小于100Gt煤当量；Haugen和Eide，1996）。这使得$CO_2$的海洋处置是唯一严肃的选择。这个存储方法是通过特殊的管道从陆地或从船上把液化二氧化碳溶解在深1000~4000m的海水中，或将二氧化碳转化成干冰形式，然后简单地把它从船上投入到海洋中（Koide等，1997；Fujioka等，1997）。一般认为二氧化碳会因此溶解到海水中，如果地点选择得当，由于其较高的密度二氧化碳可以无限期地留在海底洞穴内或海床上。

处置二氧化碳的成本包括液化或制干冰的成本加上运行成本，如果使用管道还需记入管道成本。Fujioka等人（1997）估计若采用液化管道和远洋油轮处置方案这些成本约为0.03美元/(kW·h）的燃料（0.08美元/(kW·h）的电力，如果电力以该方式生产)，若采用干冰方案则成本为0.05美元/(kW·h）的燃料。

富$CO_2$水域将刺激生物生长，可能会严重改变海洋生态（Herzog等，1996；Takeuchi等，1997)。二氧化碳海底沉积的稳定性及逃逸寿命也需要（采用比如经验方法）建立模型。

本文所选定清洁化石前景包括从天然气和煤炭生产氢，其效率如前所述。若使用燃料电池，到2050年的氢-电转换效率为65%。氢的存储和传输的损失为10%，相比之下电力传输的损失为5%。

**2. 化石资源的考虑**

化石资源本质上是生物质，其形成经历了数百万年的转化。作为燃料来使用已经被限制在一个很短的历史时期。化石资源应该视为一个独特的机会，以便为更可持续的能源系统铺平道路。

化石资源及其地理分布的讨论将基于有关储量和其他资源之间的一个简单的区分标准。可以采用以下三个类别：

- 探明储量是那些已经确认并认为在当前的价格水平下开采具有经济价值的沉积物。
- 额外储量是已存在并可能有超过50%的概率成为具有经济价值的沉积物。
- 新的和非常规资源是指所有其他类型的沉积物，通常是从地质模型推断或已经确认但目前不具有技术或经济上的开采可行性。

没有考虑开采经济性的所有已知的和推断（具有合理的概率）的资源的总和是所谓资源基础。不同的区域之间资源调查水平是不均匀的，因此可能会发现额外的储量，特别是在没有得到很好勘探的地区。同时，开采方法也会与时俱进，对于一个特定的物理资源，新技术（例如提高原油采收率）可能会改变储量分配。

**3. 化石远景方案**

在构建满足5.3.1节描述的需求前景的清洁化石远景方案时，基本的考虑一直是技术的使用应保证资源以可接受的方式得到利用。由于石油资源被认为是最具限制性的约束条件，也因为石油在能源行业之外广泛使用，作为润滑剂和许多工业产品（如塑料）的原料，这就决定了除了少数难以使用其他化石燃料技术的替代品的领域（特别是航空燃料）能源行业不应使用石油。石油的非能源使用也可以被基于生物质的原料取代，但是在目前的远景方案设想之下，这应该属于可再生能源远景方案。图5.10所示的过去的趋势也表明石油的使用水平已接近平衡，这相当于支持了那些估计从现在开始约10年后石油产量下降的观点，甚至不考虑因政治上的因素而引起的产量下降。

至于天然气和煤炭之间的平衡，则是基于资源原因的考虑，适当增加煤的相对使用量。化石资源都可以转化为氢（如石油制氢一样）以提供无碳能源载体，但煤制氢的效率比天然气略低而成本十分高昂。然而天然气价格目前高于煤，而预期的价差会继续增加，在短期内是由于使用天然气以减少二氧化碳的排放，长期来讲是天然气资源有限的原因。在选定的前景年（2050年）之前，天然气的成本几乎肯定会增加，石油成本也肯定会增加。

运输行业的远景方案选择是以电动汽车满足一半的能源需求（城市车辆，火车），用氢能（直接由燃料电池或从天然气或煤制甲醇作为制氢原料）满足另一半。燃料电池汽车也当然是电动汽车，不同之处是车载发电。由于去碳化的思想倾向于将大部分化石燃料转化为氢，而清洁化石能源远景方案的氢，也直接用于工业的中高温工艺过程的热源，从而避免了转化为电的二次转化步骤和相关的转换损失。

到2050年，本文的远景方案假设了规模庞大的非电不可的需求——诸如电动装置等不能使用其他能源的应用所需的电力——以及静态机械能的需求，出于环境的原因和效率优化的考虑使用电力作为能源输入。在该远景方案中电力生产既可以在传统的发电厂进行，也可以通过使用氢燃料电池的发电厂（可以推测是固体氧化物燃料电池）来实现。再次强调，这是因为将化石燃料在燃烧前转换成氢比从烟囱排放中回收二氧化碳更容易。在该远景方案中，燃料电池发电约占三分之二。高效率的一部分会由氢的生产及存储损失抵消，但其通用性高，因为燃料电池可以分散使用并集成到单个建筑中。这可以由氢气管道系统来实现，在许多国家可以继续使用现有的天然气分配网络。在该远景方案下氢和天然气的区域性传输和本地性分配都是需要的。

对于低温热源，发电厂和燃料电池的燃料转换过程都会提供大量的副产热，它可以通过区域供热管线分配以便后来使用，而在建筑物中集成的燃料电池可以为同一建筑物及其活动供热。然而，由于氢的大量直接使用和相当高的热电转换效率，在该远景方案中，没有足够的“废”热满足所有低温供热要求，假定剩余的空间供热和过程供热（占总量的20%，取决于季节的不同）由热泵提供。

该远景方案把电驱动的冷却器实现的空间冷却和热泵供热混合在一起，假定它们具有相同的性能系数（输入或移出的热量与输入的电量之比），COP = 3.33。这是可能的最高值，但由于需要大量的空间加热的地区的气候条件下，能够供给热泵的热源的温度都比较低，使用谨慎的评估值是合理的。

虽然该远景方案的目的是只使用化石资源，但是现有的水电生产仍可保留。水电是一种可再生能源，但它可以与化石系统的组成部分和谐共处，仅仅假设现有的和正在建设中的水电站会考虑在化石远景方案中。

水电过去的使用方式是与环境因素不相容的（淹没景观价值高的地区，迁移库区人口等）。只要使用适当，可以认为水电是一种可再生能源，并将其包含在任何一种可持续远景方案中。譬如大型水电站采用模块化结构（水的梯级利用），使干扰区显著减小，水库选址于环境保护问题冲突较小的地方，虽然水运输布局可能因此变得更加复杂和昂贵。

2050 年远景方案的选择包括所有现有的和在建的水电站。试图关闭现有的、已造成人类和环境的代价的水电站是不可行的。至少有一些研究表明，恢复到水电站建设前的景观也将导致对环境的负面影响，这与相反方向上建设水电站时的变化造成的影响非常相似，因为植物和动物群落已经适应了已经出现的变化（塔斯马尼亚水利委员会，私人通信，1998）。

各种远景方案也包括一些国家计划的小水电设施，考虑到其影响对于大多数方案是可以接受的。就总的探明水电储量和已提出但尚未实施的方案来说，只有那些包括环境评估的实际建议得到了谨慎的采纳。世界能源理事会（1995）做出的一项调查被用作水力发电潜力量的评估来源。该研究中所有类别的总和将是当前水电发电量的两倍。

清洁化石远景方案现在将以每年的供应和需求之间的平均能量流动表示。日变化和季节变化的处理方法将与今天相同。唯一的关键因素是空间加热和冷却的规定，发电厂和燃料电池热电联产所产生的平均热量非常接近平均需求。空间冷却在旺季需要更多的电力输入，这可以由发电厂和燃料电池的足够大的装机容量来提供。对于冬季供热，热电联产的发电厂已经可以使用目前在很多地方使用的技术来避免固定的电 - 热产量比，并且在一个可行的范围内通过热 - 功比的调节来满足任何供热需求，而不需要增加存储系统，除了可能的日存储，这种做法在某些情况下已经很经济了。

**4. 评价清洁化石前景**

任何的化石远景方案都已经被视为大尺度的人类历史的一个间歇（Sørensen，1979，2010a）。刚刚描述的 2050 远景方案允许预期的未来需求由不大于当前消耗速率的化石燃料输入来满足（见图 5.11）。即便如此，已探明的天然气和煤炭储量将只能分别维持该前景的一次能源使用 73 年和 86 年（这两个相

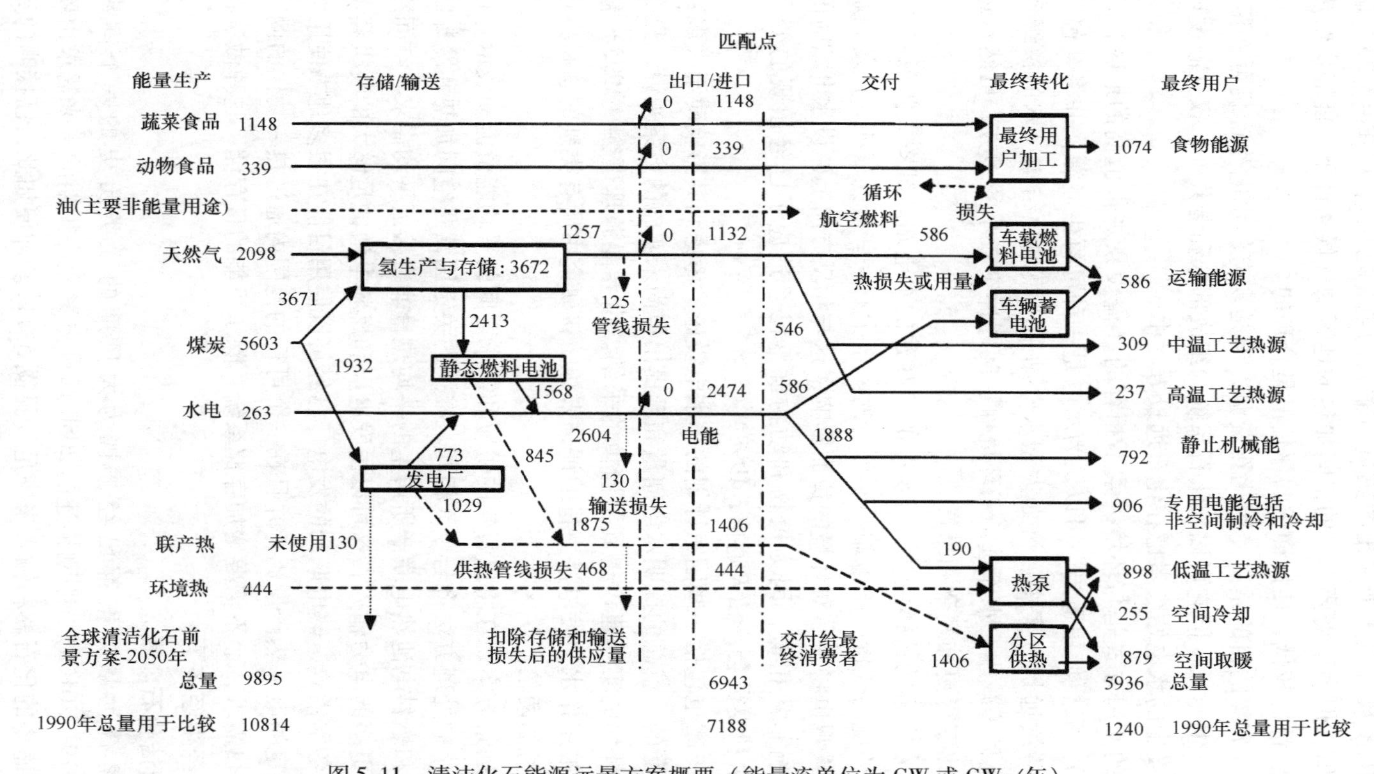


图5.11 清洁化石能源远景方案概要（能量流单位为GW或GWy/年）

注：为了比较，1990年的总量也和取自5.3.1节的消耗总量一起显示在图底部。大比例的静态燃料电池可能用于强分散模式中的独立建筑物中。食品生产与能源生产分开；见Sørensen（2010a）中的讨论（Sørensen，1999）。

近的数字正是在该前景中选择使用天然气和煤炭的目的所在）。以总资源量而论（无论可开采与否），对于天然气和煤炭该前景的能源使用可以分别维持101年和1830年，如前所述天然气的数量可能被低估。一个基本的考虑是避免在该前景中使用石油，部分原因是因为其储备被认为小于天然气和煤炭。

5.3.1节中描述的碳脱除和沉积技术在大多数情况下还没有在工业规模上验证过。有可能存在技术问题，也可能存在没有预见到的新的环境问题，解决这些问题将至少导致更高的价格。特别值得关注的是二氧化碳的海洋处置，这可能会产生与人们试图避免的环境问题同样大的环境问题，如果假定稳定性最终证明并不存在。5.3.1节所引述的成本估算表明，海洋处置将使源自化石燃料的能源成本增加2~3倍。对于这一点必须加上新技术生产氢的成本，而目前燃料电池（无论固定式的或移动式的）生产每单位能量的成本必须假定会下降到接近传统发电厂的一般水平。总之，在清洁化石远景方案中能量的生产成本会比现在大，其差值必须符合：

- 所避免的温室效应的损害；这可以用参考文献中找到的外部效应估计的较高值来解释，但不能用较低值（Kuemmel等，1997；IPCE，1996）。
- 避免的石油供应的不确定性，由于政治冲突的原因或因资源枯竭引起的开采量下降。

除了对$CO_2$的海洋处理对环境影响的疑问，该化石远景方案似乎在技术上是可行的。然而，持续使用化石燃料的原始理由是能够利用现有的基础设施。这不是真正的前景分析的结果：交通行业将与当前设想（氢关键技术、各类燃料电池、电池和电动机）非常不同，虽然这个技术的开发由于城市污染方面的考虑可能在任何情况下都需要。目前仅在少数几个国家使用的区域供热将必须扩大，同时也必须增加使用热泵供暖。工业部门将不会感觉到太大的变化，例如从天然气转而使用氢气，电的使用将普遍扩大。

考虑到化石汽化制取氢燃料和燃料电池的后续使用方面的假定技术进步的可能性，尽管可以持乐观态度，但人们必须认识到仍然需要大幅度的进一步的发展以实现技术和经济上的可行性。特别是燃料电池，目前的成本超出了可以置于成本比较的“包括外部效应”的标题下的程度。对于二氧化碳的处置，特别是大规模的海洋处置，毫无疑问$CO_2$能以合理的成本倾倒入海洋（以干冰形式或使用合适的管道）。然而需要通过实验证明，这个简单的过程实际上构成了一个安全的处置形式，使含碳物质远离生物圈足够长的时间。一个可能采取的立场是化石燃料的探明储量太小，不足以给今天的化石技术转变为新的“干净”的化石技术带来困难，而只有相信高比例的已知存在的一般资源的确可以在未来转换为“储备”，并能够在实际的、经济的和环境上的可接受的操作中被利用，才会使该化石前景令人感兴趣。

该前景技术是从一个大得多的最有前途的目录中选择的。没有人设想它的成本会低至当前的能量成本，况且当前的能量成本也不会是适当的比较基准，因为当前的能量供给系统在所考虑的期间需要被改变，不是环境原因就是基于资源枯竭的理由。如果没有诸如接受损坏或支付环境清理之类的补贴，目前的能源成本会高很多。能源成本上升的预期唯一的例外是能源效率措施可能产生的影响。这些被认为考虑在该需求远景方案内，它们即使在当前成本下都有意义。对于供给和转化技术，可以希望的最好情况是，成本可以保持在以计入外部效应成本的所有能源有关的活动所定义的参照系内的合理范围内。

我们可以换一个角度来看这个问题，什么是一个为每个新技术确定的“标准价格”或“目标价”，即允许该技术在特定的前景假定的程度介入市场（Nielsen 和 Sørensen，1998）。然而，这假设了对未来社会的了解，而这恰恰不是理所当然的。数值和范式的变化将改变外部效应的估值并且可能增加今天没有确定的其他的外部效应。因此，人们很可能最终发现无法将标准价格计算到一个于讨论有益的精确性。换句话说，人们可以做的只是，表明所选定技术的合理性，即有潜力看来在未来社会是经济的；提醒自己勿忘这样的事实，对像这里考虑的能源系统的变化这样深刻的变化所做的所有决定，都是过去在规范的信念基础上做出的，所谓规范的信念，换句话说，就是那些坚定的先驱们在坚定不移地追求特定目标时的远见。从来没有跨越式的发展是通过经济评估来取得的，最具历史意义的创新必须与忽视经济合理性的声讨战斗。过去的合理性是一个对于塑造未来没有多大用处的概念。

到2050年实施根据该前景假设所要达到的目标，需要草拟从主要基于化石燃料的当前系统转变到远景方案中的非常不同的系统的路线图，并确定必须满足的、以使过渡发生的条件。这些将包括所涉及的新技术在经济上的里程碑，以及需要做出的政治决定。这里假设过渡将发生的社会环境是由自由市场竞争和社会调节共同支配的，正如当今世界大多数地区的情况。监管部分会提出要求，如建筑标准和基于安全性和消费者保护原因的最低技术标准，和为某些耗能设备和活动设定最大能量使用标准。一个可能的公共调节手段是使用包含间接成本的环境税，否则间接成本会扭曲市场上的不同解决方案之间的竞争。一个将使市场“公平”的估计环境税的方法是进行整个能源供应链和所涉及的技术的寿命周期分析。这样做的方法，连同有许多这里所考虑的可再生能源系统的例子，已经在 Sørensen（2010a；2011a）中描述，精简的概述见第6章。然而，寿命周期分析有许多不确定性，这又回到了任何能源政策中的规范性元素。

## 5.4 基于核能的远景方案

### 5.4.1 历史和现实的关注

目前核电站发电量约8.4EJ/年或占全球能源使用量的2%（美国能源部，2003）。所采用的技术主要是轻水反应堆，系20世纪50年代引进潜艇核动力推进系统的副产品。第二次世界大战后对于核能和具体反应堆选择的情形有以下两个较重要的因素为特点：

• 有一批技艺精湛的核物理学家，他们渴望能够将自己的知识用于和平目的，而不是在战时制造炸弹。换言之，他们想证明核技术可用于毁灭，也可以用于有益的用途。没有类似声望的研究和开发人员来发展与之竞争的能源技术，如那些基于可再生能源的能源技术。

• 相对于需要重建在战争中被毁的资产的艰巨性，经济手段普遍性短缺。这导致决策者更喜欢便宜的解决方案，不考虑安全性和环境影响，这些在后来成为能源政策决策的一部分。这意味着，虽然确实提出和发展了核反应堆的替代设计（例如，CANDU和高温型），复制一个现有的军事技术的经济优势是非常具有诱惑力的，即使一些评论家发现设计并不太适用于民用。

能源领域中核电后来的命运可以看作是由这些意见所造成的特殊情况决定的。一个主要的公开争论在一些有公众参与传统的国家发生，基本上集中在三个问题上：

• 选择的核反应堆技术有发生大事故的风险，引起严重的放射性泄漏和不可预知的后果。

• 核电厂运行产生的放射性废物需要在一定时间间隔内保存在生物圈之外，但是并不能保证该时间间隔长于经济实体，甚至民族国家的寿命。

• 核燃料链产生的钚和其他材料可用于核武器生产，从而增加了这种材料被转移给好战的国家或恐怖组织用于核讹诈或在战争行动中使用的风险。

核电的早期支持者声称，与核技术相关联的所有风险为零或可以忽略不计，而其工程和运行安全性远远优于任何其他技术。完成了冗长的报告，似乎也只是证明这些陈述实际上是数学上的同义反复。

这引起一些独立科学家仔细分析上述观点，他们认为使用的方法和实际计算都存在基本缺陷（见Sørensen的概述，1979b）。因此，毫不奇怪，当重大事故开始发生时核能支持者失去了公信力，倘若用更诚实的态度对待信息公开的问题，这种局面或许可避免。

涉及商业核电站的重要事故有三哩岛反应堆部分熔毁事故，没有毁坏外部安全壳但完全破坏了工厂，切尔诺贝利事故灾难造成大量放射性物质向大气释放和全球放射尘沉降，而福岛事故有四个反应堆损毁加上放射尘沉降。

大多数国家的国家能源政策渐渐地发生了变化，以排除建设新的核电厂，或直接禁止或间接地通过实行严格的许可证条件，该条件要求增大决定建设和最终启动试车之间的时间间隔，因此会造成相当大的成本上涨。同时努力使电力行业更具竞争力，造成电厂运营商放弃了“困难的”核能选择，从而避免其不确定性。

这种发展的一个明显标志可在未来世界铀需求的市场预测中发现，例如，由美国能源部（deMouy，1998）指出的，全球2015年的需求估计只有当前数据的85%，如图5.12所示，尽管在东南亚和南美洲国家存在一些增长。

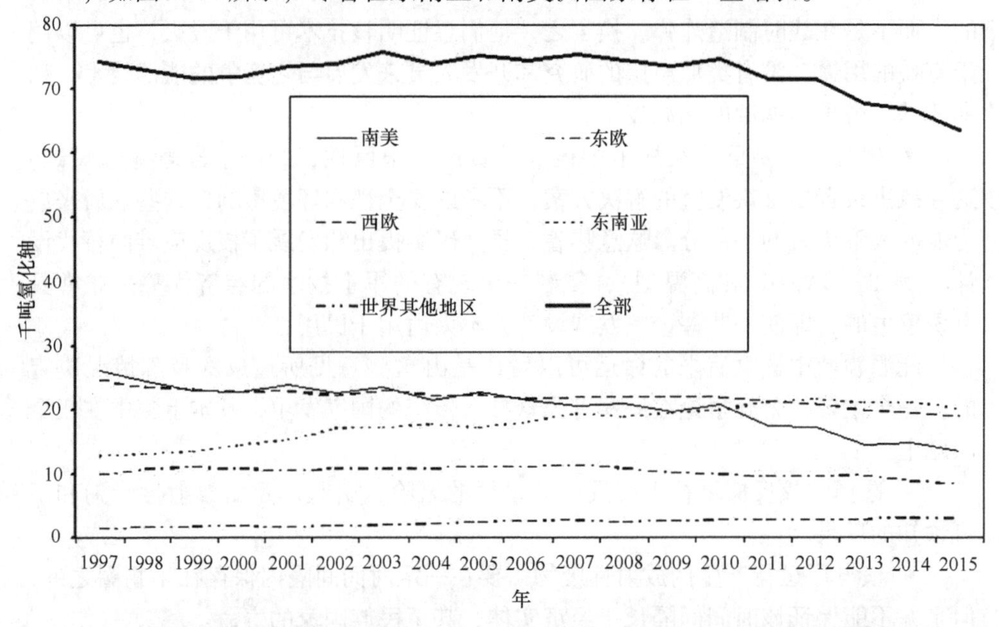


图5.12 根据美国能源部参考案例预测的世界铀要求（根据deMouy，1998）

“安全核远景方案”的目的是研究与今天采用的核技术不同的核技术是否可能解决上述问题或明显地减少上述顾虑，同时形成一个就所需要的过渡时期和资源枯竭而言可行的解决方案并具有经济合理性。事实证明，解决提出的所有三个问题几乎是不可能的，核技术的大多数改进旨在解决一个或至多两个关键问题，虽然经常同时改善其他性能方面的问题。

## 5.4.2 安全核技术

为安全的核远景方案所选择的技术应该显示出不再具有目前的核电技术的主要问题：增殖问题、大型核事故和核废料的长期存储。为避免或减少这些问题，许多思想和新技术多年来一直在讨论，但都仍然是推测性的。一些已经过实验室规模的实验，但其实施将采取进一步的技术开发而可能会使得核电比现在的更贵。这些额外费用必须在包括与目前的核技术相关问题的社会成本（包括当前经济价值之外的成本）之后才是合理的。

在过去的四五十年所研究的、尚未达到商业市场推广阶段的反应堆类型中，有高温气冷堆和钠冷快增殖堆。目前的方案都意识到了带来的问题，但仍远远达不到解决这些问题的程度。反应堆行业最近得出结论，新一代更安全的反应堆需要许多实质性的突破（尤其是在材料科学方面），这可能把商业化推到至少 25 年后的未来（美国能源部，2002b）。表 5.3 总结了所提出的多个概念。

**表 5.3　业内建议的几种新一代核反应堆**（美国能源部，2002b；Butler，2004）

| 技术 | 冷却剂 | 压力 | 温度/K | 问题 |
| --- | --- | --- | --- | --- |
| 传统增殖堆 | 钠 | 低 | 820 | 安全性、成本、再处理 |
| 超临界水堆 | 水 | 很高 | 800 | 安全性、材料、腐蚀 |
| 甚高温堆 | 氦 | 高 | 1300 | 安全性、材料、事故 |
| 气冷增殖堆 | 氦 | 高 | 1130 | 材料、燃料、再循环 |
| 铅冷增殖堆 | 铅 - 铋 | 低 | 800 ~ 1100 | 材料、燃料、再循环 |
| 熔盐堆 | 氟盐 | 低 | 1000 | 材料、盐、再处理 |

4 个操作温度高于 1000K 反应堆类型可直接用来生产氢。所有的概念反应堆的操作温度都高于现有轻水反应堆的 600K，因此发电效率会更高。上述数个系统中可能最便宜的是极压水冷反应堆，但它并没有解决大事故和大量核废料的问题。钠冷增殖堆已经进行到大规模示范阶段，但是也已经遇到过操作问题而且作为一个概念它也未能解决安全和成本的问题。像表 5.3 所列的其他 3 个类型需要乏燃料后处理的反应堆一样，钠冷堆有严重的武器扩散危险。氦冷却反应堆也已研究了很多年，日本的最新的原型堆也到了关键阶段。甚高温方案确实带来材料方面的问题，相应的研发工作预计需要很多年。日本的原型堆使用燃料芯块布置于蜂窝结构的石墨中，而未来的版本预计将是卵石床型的，它由数以百万计的直径为 5 ~ 10cm 的燃料球构成，燃料球中核燃料由石墨（作为减速剂）包裹，球的外壳是一个非常坚硬的陶瓷层，用以捕获和封装裂变产物。人们希望这种方式能避免事故时大量放射性释放到环境中。然而，这也取决于发生事故时的温度控制，这是一个仍然需要解决的问题。还没有哪个方案在后处理过程所产生钚的维护方面是可信的。

可用于 1000K 温度以上生产氢气的化学循环中，作为一种替代发电用的 Brayton 热力学循环（Sørensen，2010a），以下反应组合目前最有吸引力（Summers 等，2004；Elder 和 Allen，2009），

$$830℃：H_2SO_4 + 热量 \rightarrow 1/2O_2 + SO_2 + H_2O$$
$$120℃：I_2 + SO_2 + 2H_2O \rightarrow H_2SO_4 + 2HI$$
$$320℃：2HI \rightarrow I_2 + H_2 \qquad (5.1)$$

其净反应是水的分解，原则上所有的化学物质都可以在反应步骤之间循环使用，而在第一步反应补充的热量可用于后续的低温步骤。确定Brayton涡轮机规模时为方便起见用于产氢的反应堆应具有的模块规模至少应为500MW，而这个规模还远远没有小到可以构成一个下面定义的固有安全设计。

制氢用核反应堆的另一种替代方法是反向模式的高温型燃料电池单元（Fujiwara等，2008）。

**1. 固有安全设计**

这个概念意味着必须不存在裂变过程的热量不能被移走的情况下核心熔毁的风险。已经提出的固有安全反应堆设计的两个例子是：

• 可以缩小反应堆容量，以使堆芯熔化事故几乎肯定可以由使用的容器抑制（对于传统设计这涉及50～100MW的最大机组容量，而球床反应堆可以避免这个限制，如果燃料球的完整性可以得到保证）。

• 或使用这样的设计，常规压水反应堆（Pressurised Water Reactor，PWR）堆芯包裹在硼化水容器中，如果反应堆失压硼化水将淹没堆芯：堆芯和水池之间没有障碍，在主系统失压的情况下水池将关闭反应堆，并继续把堆芯的热量通过自然循环移除。据计算，在发生事故的情况下，冷却流体的补充能以周为周期进行（相比之下当前的轻水反应堆设计需要以小时计或更少）（Hannerz，1983；Klueh，1986）。

为了避免核扩散，诸如钚的裂变材料绝不应大量累积或应该很难从核废料中分离出来。这个问题可以通过使用加速器来解决，使生产裂变材料速度与用于生产能源的速度相同。加速器也是当前的核废料和军事废料的“焚烧”选项之一，以减少废物存储时间和避免从存储的废物中提取核武器材料。

已提出的技术中有两项使用加速器。一项被称为加速器-增殖，其目的是把增殖材料（例如钍-232）转化为裂变燃料用于其他（常规）反应堆（Lecocq和Furukawa，1994）。这项技术本身并不能降低事故发生的概率，并且为达到这个目的，反应堆应该是所提到的固有安全型的。

在过去十年中（Rubbia，1994；Rubbia和Rubio，1996）提出的另一个加速器概念是把加速器和反应堆装置集成到所谓的能量放大器中。在该设计中，核心的一点是，能量放大器不必是临界的（即该核过程不必自持），因为质子被加速引起的散裂过程连续地供应中子。人们认为这大大降低了临界事故的危险。能多大程度降低有待进一步研究。燃料链的主要组成部分如图5.13所示。尽管现有的反应堆工业不支持这个概念，它将在这里用作下文提出的远景方案中的模板，因为这是仅有的方案承诺可以减少有关目前各种核反应堆的全部三个异议。出于这个原因下面对提出的技术做一个简要的概述。

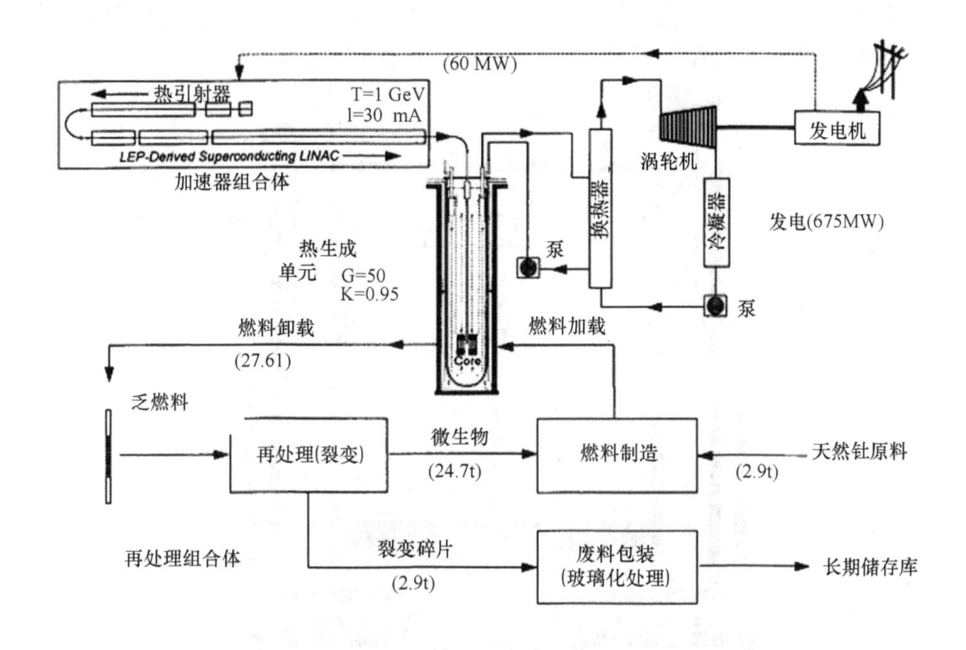


图5.13 能量放大器的概念

注：显示了所产生的电力用于加速器供电的部分。后处理步骤对于系统的资源持续性必不可少［引自C. Rubbia和J. Rubio（1996），原尺寸能量放大器的暂定方案，欧洲核子研究中心，经许可使用］。

**2. 能量放大器技术细节**

所提出的能量放大器技术涉及一个质子加速器（线性或回旋加速器）以达到产生快中子的目的。这是通过让高能质子撞击一些沉重的目标（可能是铅、铀或钍）来实现。该过程被称为散裂，通常每个1GeV的质子产生大约50个能量为20MeV的中子。Rubbia提出的装置类似于一个反应堆或反应堆的再生区。增殖性材料如钍-232（$^{232}_{90}Th$）需要高能中子的轰击以转变成能够裂变的同位素，即分裂成两种大体等重的产物并释放出能差（Sørensen，2010a）。增殖材料的例子包括$^{232}_{90}Th$和$^{238}_{92}U$，而可能通过吸收慢（低能量）中子发生裂变的同位素的例子有$^{233}_{92}U$、$^{235}_{92}U$和$^{239}_{94}Pu$。当前的轻水减速反应堆中，可裂变同位素是$^{235}_{92}U$，通过裂变释放的额外的中子能够维持链式反应（或在没有仔细控制的情况下则是一个失控的核反应，这导致了诸如1986年发生在切尔诺贝利反应堆的这类事故的临界问题；见Kurchatov研究所，1997）。在快中子增殖反应堆致密的核心，$^{238}_{92}U$同位素被中子撞击并转化为$^{239}_{94}Pu$的数目如此之大，以致从裂变材料产生的潜在能量可以是$^{235}_{92}U$输入量的60倍。

加速器增殖效率强烈地依赖于中子增殖系数 $k$，所提出的设计中大约为0.95（常规反应堆略高于1）。这相当于约50的能量增益（增殖因子），据认为 $k=0.95$ 足以避免在非正常情况下 $k$ 超过1。如果加速器停止，核反应过程也将停止。产热单元将被放置在地下，采用如图5.14所建议的设计。

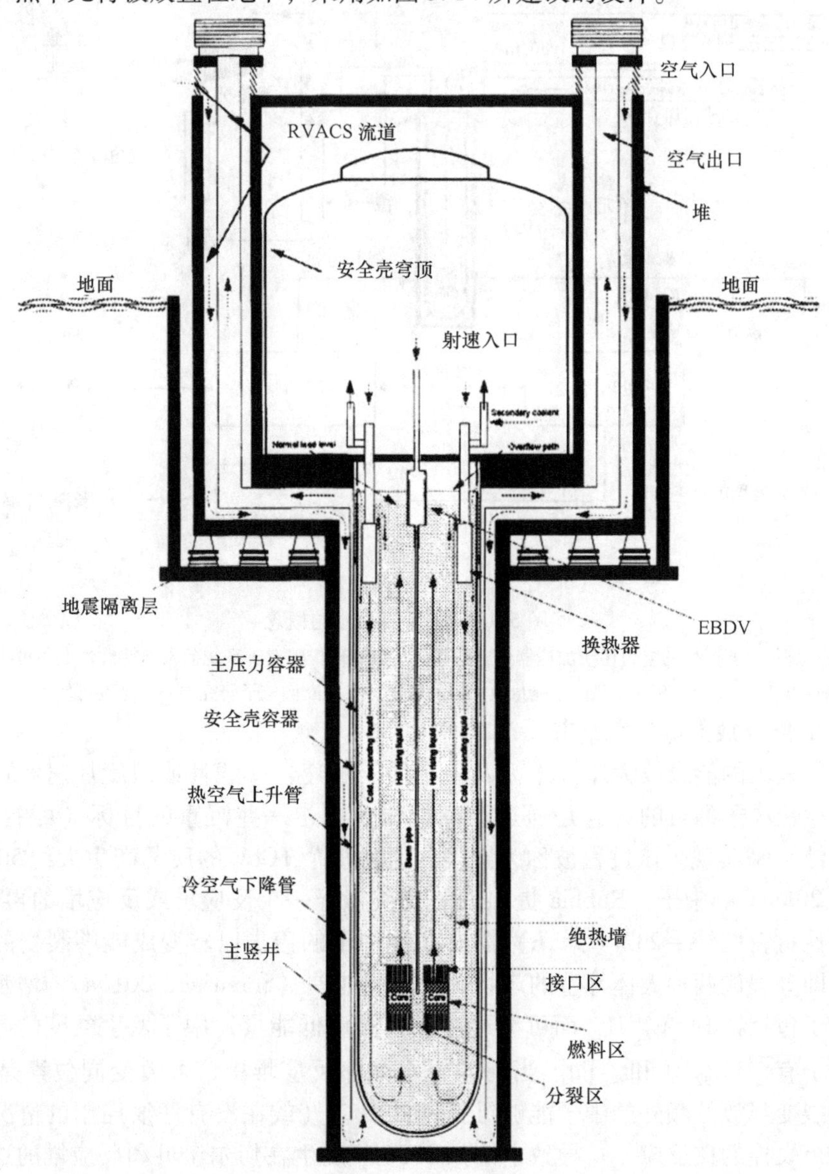


图5.14 “放大器”的中央热产生单元的构造（30m高的地下竖井）

注：紧急射束应急空间标记为“EBDV”（Rubbia等，1995）。一个快中子高功率能量放大器的概念设计（欧洲核子研究中心，CERN。经许可使用）。

亚临界是这个概念的第一个基本特点；第二个特点是使用钍循环，基于加速器诱导反应（$T_{1/2}$是半衰期，即该时间后其放射性已经降低到一半），

$$^{232}_{90}Th + n \rightarrow ^{233}_{90}Th(T_{1/2} = 23m) \rightarrow ^{233}_{91}Pa(T_{1/2} = 27d)$$
$$+ e^- \rightarrow ^{233}_{92}U(T_{1/2} = 163000y) + e^- \quad (5.2)$$

裂变最终产物$^{233}_{92}U$不是唯一的结果，因为一些$^{233}_{90}Th$将经过（n，2n）反应，变成$^{231}_{90}Th$，然后进一步衰变为$^{231}_{91}Pa$和$^{232}_{92}U$，最终生成$^{208}_{81}Tl$，强伽马放射性使得再处理很困难，尽管不是不可能处理。由于增殖特性的原因，燃料元件的再处理预计只有在 5 年以上的时间间隔后进行。刚刚描述的钍循环的显著优点是其核废料与生物圈隔离的时间可以减少。图 5.15 给出了钍能量放大器的废物放射毒性（单程操作或循环再处理废弃物）的计算结果，并与当前的反应堆废物毒性进行了比较（Lung，1997；Magill 等，1995）。加速器 - 增殖器将接受当前反应堆和军用核废料作为输入，从而提供了处置淘汰的核武器和轻水反应堆的高规格核废料的一种方式。

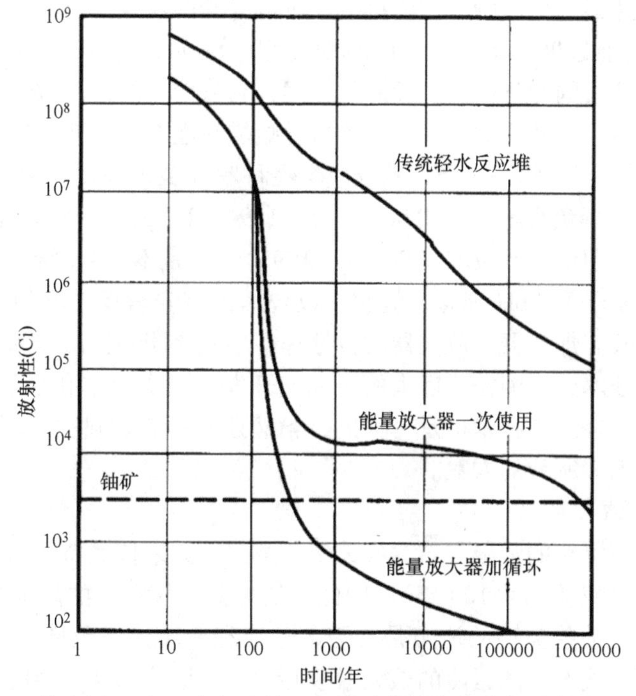


图 5.15　核电厂经过 40 多年连续运行后放射性废弃物的放射性（说明了加速器 - 增殖器概念的优点，该数据是初步计算，与预期的最终设计不一致）（基于 Rubbia 等，1995；Lung，1997）

已有关注表示，加速器和增殖器之间的接口可能构成 Rubbia 设计的一个弱点，在加速器突然故障时使放射性物质与熔铅一起泄漏（J. Maillard 由 Mirenowicz

引用，1997）。

因为资源的原因，全球“安全核远景方案”需要加速器-增殖器结合钍循环的使用及可能的铀资源的使用，下面进一步解释这种组合：在常规反应堆类型中使用的U-235可用储备只会持续很短的时间，使用的速度按假定的全球核方案的速度，虽然更多的资源可能会变得可用，但可用的时间跨度不会扩大到可持续发展的程度。因此，增殖在任何长期的核远景方案中都是必需的，钍资源的纳入将使资源的可用性在高效节能的使用远景方案（IPCC，1996）中持续1000~2000年。Hedrick（1998）讨论了目前的钍提取。

加速器-增殖器和钍基核能的想法早在核技术开始从军用转民用时就有了，最初是出于资源的原因（RIT引述Lawrence，1997），后来为了减少核废料处理问题（Steinberg等，1977；Grand，1979；OECD，1994）和处理军事核废料和废弃弹头（Toevs等，1994；National Academy of Sciences，1994），最后是为了避免核扩散和减少事故风险（Rubbia等，1995）。

涉及把加速器-增殖阶段和能量生产阶段分开的观点（Lung引述Furukawa，1997），已在目前远景方案的早期版本中使用（Sørensen，1996b）。这是洛斯阿拉莫斯团队以及法国和日本团队倾向的方案，它将使用的锂、铍、钍氟化物的混合物作为加速器-增殖器的输入，使该熔融盐燃料在石墨减速核反应堆中输送和使用（见表5.3），尽管一个类似的反应堆在科罗拉多州Fort St-Vrain运行了若干年而积累了不少负面经验（Bowman等，1994；Lung，1997）。早期的核废料转变方案建议使用增殖反应堆（Pigford，1991），但是不符合固有安全性的要求。以下远景方案基于Rubbia理念，但它可以包括固有安全反应堆的并行运行，废燃料将被运到装有加速器-放大器的再处理厂。应该明确指出该远景方案基于许多未经验证的技术，可能需要巨大的研究和开发的投资成本和很长的时间周期。当然，对于目前轻水堆技术也是一样的，当然还有所有在过去40年提出的先进理念，包括表5.3所列的方案。

**3. 资源评估**

已确定的核资源的量级与石油或天然气类似，如果核燃料被用于传统的非增殖反应堆（可持续使用约100年）。因此，如果要把核裂变的能量构成一个合理的可持续资源，某些类型的增殖是必需的。液态金属快增殖堆（该远景方案中已经排除，因为液态钠离紧凑的核燃料核心太近，该冷却技术会使如下事故发生的可能性非常高：常规爆炸引起核燃料熔毁，可能的临界状态引发核爆炸）的增殖比可以理论上达到约60，而对于刚刚概述的加速器-增殖器，增殖系数为10被假设为在技术上是可行的。这就使得钍资源最多可使用约1000年（类似量级的铀资源的多少可能并不会引起直接的关注，倘若钍被选择作为主要燃料）。另一方面，一旦人们从经济上对钍感兴趣，这些资源的勘探将会采取更认真的方式，可能的额外储量将被确定。总的资源量是相当巨大的。

最高级别的钍资源是发现于硅酸钍（$ThSiO_4$）矿脉的钍矿，含有 20% ~ 60% 的等量 $ThO_2$。但是，被认为最具商业开采价值的钍矿是独居石（$MPO_4$，其中 M 为 Ce、La、Y、Th，常常是几种的结合），含有约 10% 的等量纯 $ThO_2$。也发现了其他 Th 含量较低的矿（Chung，1997）。

**4. 安全核远景方案建设**

安全的核远景方案利用了 5.4.1 节描述的普通能源需求前景和下面的转化技术：主能源是上述能源放大器，假设基本上使用钍作为燃料（尽管一些 U－233 可能用在初次启动，即初始反应堆核心）。该远景方案建设任务就是确定满足需求所需钍燃料的年输入量。其能量转换路径是，一部分生产氢用于运输行业及可能用于工业工艺耗热，另一部分是直接使用的电能或用于驱动热泵和冷却装置，以提供低温加热和冷却，有附加环境热的输入。这是若干可再生能源前景中首选的热量产生方式（因为没有大量的废热来源存在），对于诸如化石和核远景方案，来自发电厂的联产热量应是最优先的，本地热泵供热应该只用于如下情况：电厂之间或负荷点之间的距离过大，使区域供热给终端用户不方便或过于昂贵。在核前景下，“余热”是大量存在，所以只有输送条件会限制它们的使用。

用于食物能量的需求由农业和 Sørensen（2010a）中详细描述的生产来满足。另一个已纳入核远景方案的可再生能源是水电，现有的和在建的水电站都将保留。这是由于它们很长的生产寿命和能够与核电站和谐运行的能力，两者都是集中性系统且传输要求类似。纳入给定系统中的水电站的快速调控也增加了核电厂的技术可行性。下面介绍的情形假定核电厂可以调节到这样的程度，以便能够跟随来自水电轻微的备份和存储的能量负荷。然而，如果证明技术上或经济上不便执行这样的调节，解决的办法是增加氢的生产和使用氢作为储能介质，以供后续使用或直接用于工艺热或再发电，比如利用燃料电池技术。

运输的能源需求被假定与输送给电动汽车和燃料电池车辆的能量等量。对于前者，假定有与整个电池的循环操作相关联的 50% 的存储周期损失，而对于燃料电池汽车，假定基于氢或一个更易存储的衍生物（例如甲醇）来操作。燃料电池被认为具有 50% 的转换效率。在这两种情况下，发生在最终电动机变换到牵引功率的最小损失被认为是包含在 50% 的总损失中。核电经历一个氢转换过程假定会有 20% 的转换损失，这个效率对最先进的电解器是常见的。对于目前使用的常规电解过程，损失常常是 35% 左右（见 2.1.3 节）。

如果已知要求的核电总量，能量放大器的钍燃料输入量可根据 Rubbia 和 Rubio（1996）的设计数据来计算。从原型设计的反应堆输出 1500MW 热量，反应器需要 27.6t 燃料。钍燃料将在反应堆的热发生单元使用 5 年，之后“乏”燃料将被再处理，只需添加 2.9t 新的氧化钍就可完成一个新的燃料装载。这意味着在5年多的时间内要交付5×1500MWy的热能，或675MWy电功率，其中75MWy用于加速器和其他厂内供电，需要的钍燃料为每5年2.6t。底线是1kg钍燃料产生约1MWy，1kt钍产生接近1$TWh_e$的电力。

该远景方案的概要如图5.16所示。相对于目前的水平，终端用户水平的能源服务增加四倍多的，这是通过一次能源投入高出当前水平50%来实现的。尽管目前的系统性损失可以得到改进，但是其“管理费用”比5.5节要讨论的可再生能源远景方案要多，这主要是由于能量放大器的联产热能不能全部进行有效的利用。

**5. 安全核远景方案的评估**

上面介绍的核远景方案具有温室气体零排放。它在很大程度上避免了军事或恐怖主义目的的核材料积累的风险，唯一的敏感材料是乏燃料。它建议把电力生产和再处理单元设置在相同的位置（见图5.13），其中，由于强烈放射性的Tl-208的存在使再处理过程十分微妙（请参阅能量加速器的技术说明）。这就需要在很强烈的伽马射线环境下由机器人进行再处理，这种技术刚刚具有技术上的可行性，目前过于昂贵（Lung，1997；Chung，1997）。另一方面，这个事实使得盗窃乏燃料更加不可能。

至于核事故，亚临界操作会使风险大大降低（Buono和Rubbia，1996），但很显然，还需要更多的工作使这个主张得到充分的保证。

对于放射性废物，图5.15的方案意味着比目前的核反应堆技术具有很大优势，减少废弃物必须隔离于生物圈之外的时间，从约10，000年减少到500年时间。然而，这仍然是一个非常长的时间，它要求存储场地必须完整无损，实际上该时间尺度与预测的核聚变废物没有区别（推测地看，因为决定性的因素是聚变反应堆的材料选择，其设计——如果受控商业核聚变日益可行——是未知的）。在第一个100年的时间内，能量放大器的废料将从U-233形成中产生大量的放射性，这需要在贮存、处置方面采取特殊的预防措施。图5.15表明这些“早期的”大量放射性仍然为轻水反应堆废料的放射性水平的1/10～1/3。在任何情况下都难以看到能量加速器相对于当前的废料中含有钚铀混合物的反应堆的决定性的优点。更准确的陈述将不得不等待有关两个不同的核废料成分中的每一种同位素处理技术的详细比较。

Rubbia和Rubio（1996）提出能量加速器时，他们注意到一个快速评估现实规模能量放大器概念的独特的机会，即计划2000年退役的LEP超导腔的电子加速器，欧洲核子研究中心（CERN）以前用于研究的加速器。该加速器本来可以修改，将20mA电流的质子束加速到能量超过1GeV，这会使它适用于热功率高达1500MW的能量放大器。该建议提交给了欧洲委员会，由欧洲委员会的DGXII指派的由目前核工业的代表占主导地位的工作组进行了评估。他们建议（Pooley，

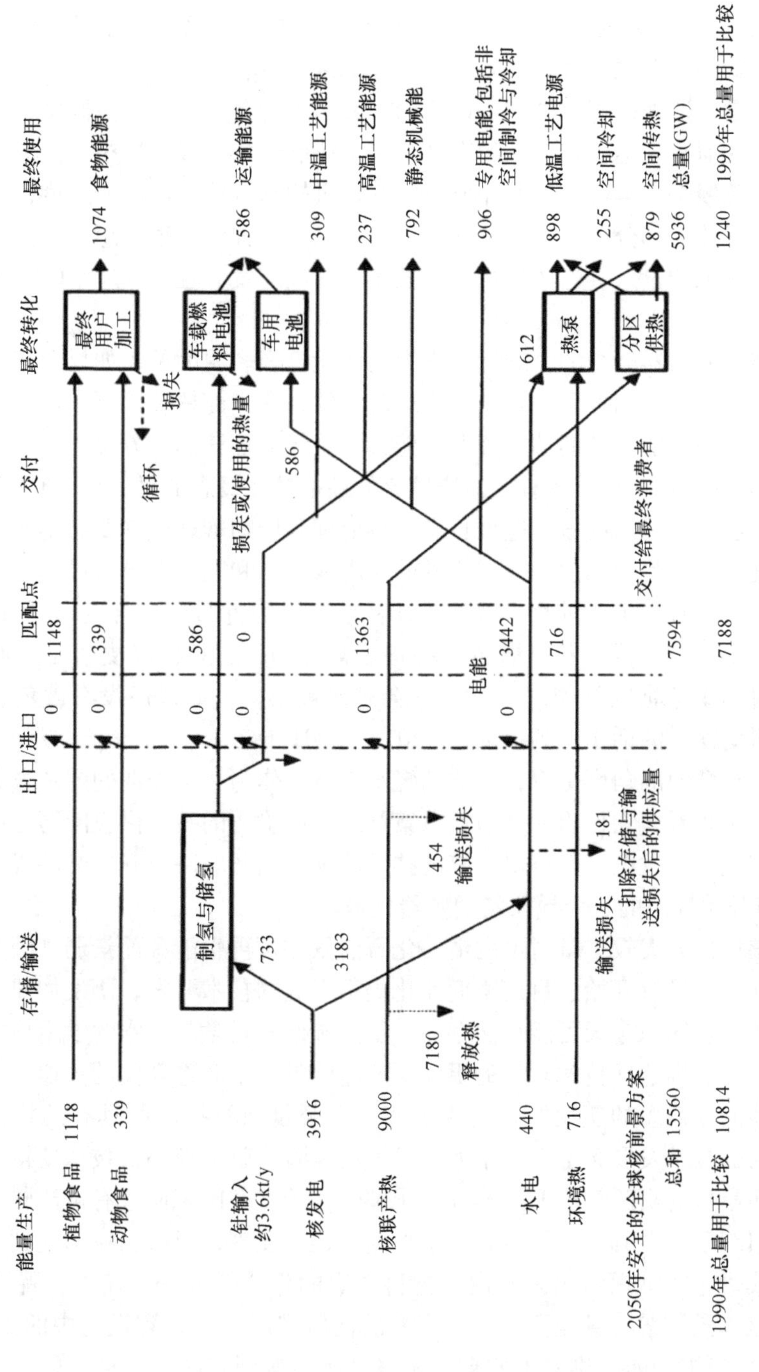


图 5.16 安全核能远景方案概要（能量流单位为 GW 或 GWy/y，钍输入标示在左边）：1990 年的消耗量标示在底部（基于 Sørensen，1999）

1997)，欧洲委员会科学与技术委员会采纳了他们的意见：该项目不应该启动，因为这将令核能“回到原点”，放弃所有现有的技术而建立一个新的技术（的确有这样的意图），相关投入大得足以建设现有的核技术，而又不能指望公众能够理解旧的和新的核电之间微妙的差异并更好地接受后者。

不幸的是，这种推理也同样可以适用于表5.3所有其他新的核概念，以及反对核聚变，这似乎表达了宿命论的态度，核工业已经在一般人群中如此失信，以至于不值得花钱来亡羊补牢。并非所有的基金机构都持这种消极的态度，但事实可能是，核工业大部分已经私有化或处于私有化的过程中，很难想象它们能够为下一代核反应堆的投入会像军事机构和核国家的政府发展轻水反应堆时投入的那样多。

基于能量放大器概念的全球远景方案的建设已经表明的是，如果确实可以成功研制出能量放大器的项目，它将使全球范围的、比当前核技术所预期的更大规模利用核能成为可能。钍的估计资源，能够维持钍循环核远景方案在所考虑的水平上使用约1000年，加上具有类似增殖比的铀基核能概念的另外约1000年。直接成本肯定会高于目前的核反应堆技术，再处理和废物管理成本要高得多，而仍然非常不确定。但是，当前一代反应堆的核废料处理和电厂退役的成本已经被系统地低估了（例如，通过使用不代表长期社会公平的折旧率），而事故的最终成本（如三哩岛，切尔诺贝利，福岛）将是非常高的，一旦已经支付了所有的清理费用和对健康危害的补偿（当然，它会最终被偿付，如果还没有被负责的参与者及其机构偿付的话；见Sørensen，2011a；2011b）。

显然，从资源的角度来看，目前的轻水核技术作为一个长期的解决方案没有价值。进一步来看，它作为一个短期方案补救目前脆弱的石油供应问题也用处不大，因为它只会在发电厂代替煤。核能技术的未来因此取决于开发能够成功地呼应5.4.1节开始提出的三个异议的增殖器技术。

安全核远景方案较本章讨论的清洁化石前景和可再生能源前景弱，因为它依赖于一种几乎还没有开始、目前距商业化仍很遥远的技术开发。研发加速器和反应堆技术的专业知识今天可能仍然存在，虽然选修核科学和技术的学生现在越来越少。不过，质询这项技术开发的更深层的原因是一个非常现实的关切，即诸如能量放大器的新概念的实用版本是否确实会摆脱目前核技术所具有的特征性问题。其他新的技术发展会不会又带回核扩散的风险，就像离心机技术使得浓缩方法从庞大而昂贵的实验室组成的排外俱乐部转移到贫穷国家而且有可能转移到确定的恐怖组织手中？有没有可能新的事故路线还未显现，只有当技术达到一个更具体的形式时才能够揭示出来？由于把科学家的想法变成一个工业产品需要时间，安全核远景方案（甚至更多的核聚变的任何应用）要达到设想中的21世纪中叶或21世纪末的能源供应中的高份额很可能会遇到问题。可再生能源课程告诉我们，这样一个重大技术转变的过渡时间可能需要 25 年或更长时间，从新技术对商业化已经准备就绪的那一天算起。

## 5.5　基于可再生能源的远景方案

对于刚刚描述的以氢作为能源载体的化石和核远景方案，相关数据是以国家为单位的。在可再生能源的情况下，能源紧密地连接到气候地理，使用基于区域的描述更有优势，来揭示潜在能源生产和最终能源使用之间的详细关系，后者对于许多形式的能源都明确地以地区面积为基准。以下首先说明全球范围的对应于化石和核远景方案的可再生能源远景方案。

这项工作已经在 Sørensen（2010a）中进行了详细讨论，这里仅做总结。然而，随后的工作大大提高了精确度，在同一时间以一个地区或国家的规模进行研究，后者允许的 $500\times500m^2$ 的空间分辨率和 1h 的时间分辨率（全球前景使用季节为单位的时间尺度）。这使得模型能够捕捉特定地理点上真实需求的变化和太阳能及风能通量的变化。采用这些级别的分辨率，可以进行与可再生能源输入的波动联系起来的真实能量存储需求的估计，这对于该远景方案的氢气应用的方方面面都是很重要的，因为氢气是既用来作为能量载体（用于移动和固定的应用），又作为能量存储介质来使用。这样的远景方案的细节将在 5.5.2 节进行说明。

几项调查都集中在寻找把可再生能源转化为氢的最佳途径，要么用过剩可再生能源电用来电解制氢（Levene 等，2007；Rodríguez 等，2010），要么用热化学方法利用生物质废弃物（Levin 和 Chahine，2010）。Pregger 等人（2009）讨论了太阳能热源制氢。

### 5.5.1　全球可再生能源前景

基于可再生能源的两个全球远景方案已经构建，类似于清洁化石燃料和核能安全远景方案。两个远景方案的不同之处在于一个（称为分散可再生前景）不包括集中的能源生产，如放置于边远区域（沙漠等）的风电场或太阳能兆瓦阵列，而另一个包括这样的选项（称为集中可再生前景）。后者对未来能源需求的误判或定义可接受的资源利用的错误会更具弹性。

这种“集中的可再生能源远景方案”的结果显示了由每个区域可再生资源组合来满足需求的过剩和赤字。一个远景方案概要如图 5.17 所示。显然，城市群使用的能源比通过屋顶太阳能和放置于城市环境内的风能装置提供的能源要多，而许多农村地区能够提供比当地的使用量多得多的能量，可以出口到城市地区而使两者互利。

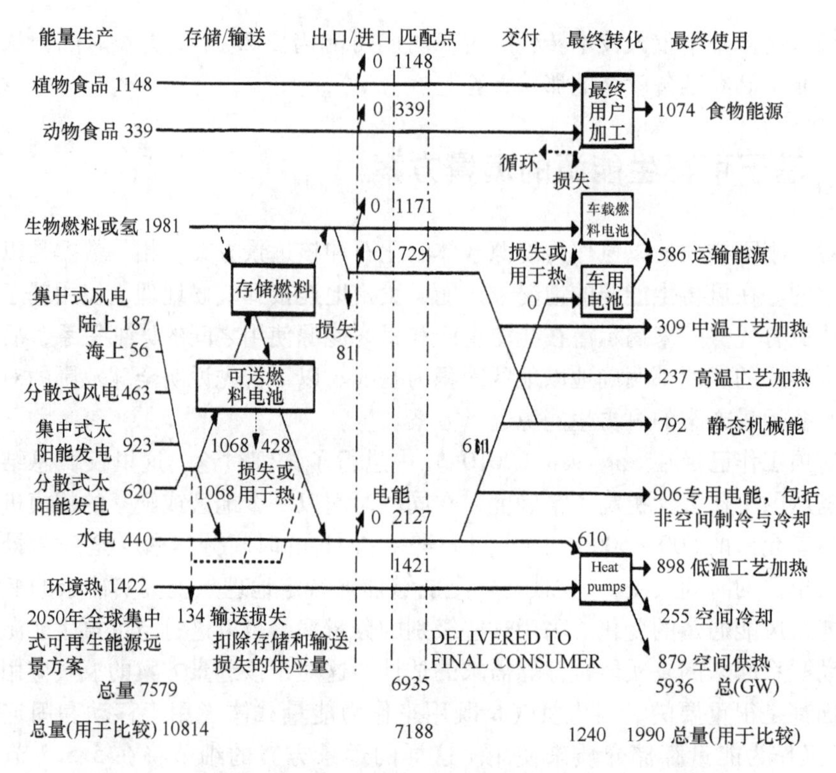


图 5.17 集中式的可再生能源远景方案概要（Sørensen，1999）[⊖]

两个2050远景方案的任何一个或它们的组合的实现都包括拟定从当前主要基于化石燃料的系统过渡到一个非常不同的系统的路线图，并确定使过渡发生必须满足的条件。

这可能是涉及的新技术的经济性里程碑，或者它们可能是政治上需要做出的决定。这里假设，该转换发生的社会环境，是由自由市场竞争及社会规则共同支配的，就像当今世界大多数地区的情况。监管部分将制定要求，如建筑规范与安全和消费者保护的最低技术标准，以及家用器具的最大能耗。另一个公共调解手段是将不同解决方案之间竞争的间接成本纳入环境税，否则会扭曲市场的。能使市场公平的环境税估计方法是对整个能源供应链和所涉及的技术进行寿命周期的分析。这样做的方法，以及这里所考虑的可再生能源系统的很多例子，见Sørensen（2011a）。其概要见第6章。

在公平的市场中，新技术必须与之竞争的价格是目前使用的煤、石油、天然气、水电和核技术的价格，所有这些技术都因为那些不包括在目前市场价格中的外部效应而占了优势，这些外部效应反映了新远景方案想要补救的（据我们所知的）负面影响。可再生能源技术，如风力发电，它今天的费用仅仅稍微高于目前的化石燃料为基础的系统，如果外部效应包含在内显然是经济的（因为这些对于风力发电是非常小的，而对于化石燃料则至少是当前价格相同的数量级）。其他可再生能源技术如生物质生产车用燃料，今天涉及的成本是化石燃料的两倍左右，将能够通过标准的竞争力进入公平的市场。对于光伏发电和诸如那些基于燃料电池的新的转换和存储技术，与化石燃料相比，当前的成本仍比可通过引入外部效应来补救后的成本略高一点。因此，这些必须假设在到达前景年的过渡期内经历一个技术发展，这期间将使价格下降到阈值以下。可以设想提供补贴，以在初始阶段加速这一进程，但将外部效应包含在价格内的政治准备将构成替代性解决方案开发的强大的动机。

对于煤的汽化和先进核能技术的替代品，一个公平的比较应该类似地包括外部效应成本。煤汽化的额外成本将以这种方式变得可以接受，而海洋处置碳酸盐还需要进一步的环境评估。核能高温制氢或加速器技术，在初步成本估算时表现出核能发展初期特有的同样的过度乐观（“便宜得不用计算”）（Fernandez 等，1996 年）。安全核燃料循环的实际成本今天不能现实地估计，但很可能是当前能源成本的至少 2 ~ 3 倍。

假设未来过渡将通过公平的市场规则来驱动与目前的现实有些差异。一方面，在许多地区有隐性补贴（如化石能源和核能，其中社会支付环境和健康的影响，并假定风险相关的事件的责任），而在另一方面，垄断以及参与到不同技术中的能源产业的规模和力量的差异使得实际价格设定可能并不符合在公平市场理念下的寿命周期分析规定的规律。

一个显而易见的解决方案是，规范市场不是用一般税收（像在欧洲正在做的），而是用监管和立法，比如说要求电力供应商使用特定技术。这减轻了在国家一级积累税款的需要（避免这种情况被一些国家视为积极的功能），但使系统相当僵硬，因为每个技术变革都必须通过可能的立法体制的变革来跟进。通过税收水平设置来反映寿命周期影响的征税方式更为灵活，而一旦环境税的水平是由政府决定（从而减小了科学上的不确定性），市场的功能完全和以前一样，但应该给环境影响较小的新技术的制造商更好的机会竞争，即使他们最初比已发展起来的市场占有者更弱小。重要的是，外部效应是政治上设置的，因为对于科学评估的不确定性总是会有持续的争论，科学评估本身也不是一成不变的。

一个可能的问题是在税收水平可能存在差异，不同的国家认为公平的水平可能不同。国际同步是非常可取的，正如旨在减少全球威胁的所有政策的国际同步。取决于不同的社会是否善于规划，能量转换也可能会受益于“建立目标”和连续地监控目标是否达到。如果环境税设定的价格信号的市场响应不够好，那么就有可能调整所施加的外部效应的规模（在不会违反其科学依据的限制内）或引入具体的立法来扫清通往自由和公平的市场的障碍。

其余的技术问题包括确定不同形式的能源在总组合中的最佳份额及其能源存

储和基础架构的要求。下一节将给出如何在国家层面解决这些问题的例子。针对某单一形式能源如化石能源、核能或可再生能源的各种远景方案，可能有益于揭示不同解决方案提出的问题的本质，但在实际应用中，根据特定国家的实际能源政策来组合能源也有可能是一个优点，除非解决方案的“纯洁性”是一个特定的民主制度中公众的一种需求。

### 5.5.2 详细的国家可再生能源前景

两个详细的2050远景方案将在本节进行讨论。它们适合于丹麦，这个在其能源系统已经有可再生能源份额的国家，她有一个完全成为基于可再生能源的模糊的国家政策计划，首先更加明确地确定了到2025年50%的目标份额为可再生能源（丹麦能源部，1998）。这两个远景方案使用氢能，要么采用集中的方式，要么采用分散的、集成在建筑中的模式。该描述将从需求规划开始，然后是资源评估，最后是形成了这两种远景方案的供应-需求匹配。

**1. 2050年丹麦的能源需求**

能源需求取决于人口规模和活动水平。丹麦人口预计将小幅下降，但最终可能会被移民补偿。由于未来整合政策很难预测，已经假设总人口不变。联合国关于丹麦的人口预测（1996年）也是基于相同的观点。因此，目前的人口数据在使用时，将基于商业业务和生产工厂搬离城市以分散经济活动的趋势小幅修正。高度发达的社会的这一特性与发展中国家相反，在那里人口迁移是从农村到城市地区。作为创建基于面积规划依据来使用的丹麦建筑数据库（丹麦国家企业和建设局，1999），描述了当前建筑物的地理分布（使用500m×500m网格），即建筑物类型和各建筑物的使用情况（这些类别包括独立住宅、密集的低层住宅、农舍、公共和私有的高层公寓、公共和私人拥有的办公和服务大楼、机构、公共和私人拥有的生产企业，最后是度假和休闲建筑）。这个数据库，包括目前的能源装置的信息，用于确定能源使用的分布，同时也用于估算人口，人口统计只执行到县一级。每个县的总数分布在基于面积的网格上，通过假定建筑占有率得到人口数目，使得人口正比于所有住宅类建筑物的面积给出一个人口分布，但娱乐建筑只计入0.33。这是作为永久居住用途使用度假屋的估计。通过这种方式，该国的不同地区人均住宅面积的变化反映在模型中。结果显示于图5.18，图5.19所示为相应的居住面积（多层建筑居住面积总和）。城市和农村地区之间的人口迁移已经如下建模，假设1996年只有不到50居民的网格单元的人口增长30%，而那些1996年人口较多的网格有相应的人口下降，维持了520万的2050总人口。

一些类型的能源需求假定与人口成正比，因此网格单元中的能量使用正比于人口密度。表5.4给出了为远景方案制定所做的2050年能源最终使用的假设的概要。空间加热需求是根据建筑面积用以下模型计算的，模型考虑了每小时时间

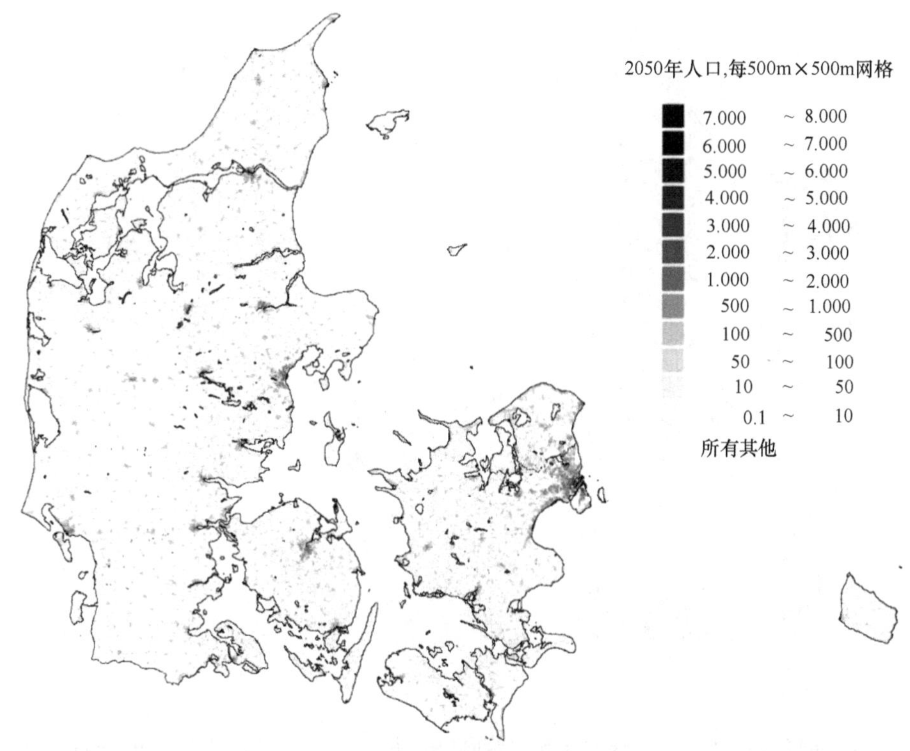


图5.18 在远景方案中使用的2050年丹麦的人口分布（Sørensen等，2001）

序列室外温度、依赖风力大小的风寒因子以及在各种建筑表面的太阳能照射（根据与太阳直接照射方向的角度，使用计算透过窗户吸收的直接的和散射的太阳辐射的模型）。在过去30年间建筑物外围结构的逐步改善（高绝缘性、控制通风）假定会继续，从而单位建筑面积的平均加热消耗的降低速率将与近30年速率相同，而过去30年内供暖需求减少了50%。同样的措施使丹麦气候条件下不必采用空间冷却。该模型的详细情况见Sørenen（2010a）的第6章。

空间加热需求的计算考虑到了建筑空间的占用率，办公及生产用房在工作时间以外不用取暖，而居住空间则可根据入住情况分区取暖，温度随时间变化（身体热量也考虑进来），计算机化的空间管理单位已经在今天的建筑领域有一定的应用。图5.20和图5.21提供了类似于图5.19所示的生活区的建筑空间的地理分布，但现在显示的是生产（包括农业）和商业建筑区域。所有这些建筑类型的地理分布被视为不变，但是商业机构的搬迁和与对住宅的新偏好及提供的服务类型可能会导致一些（难以预测的）建筑面积地理分布的变化。

图5.22给出了最终用户低温热源的年需求总量。图5.23给出了季节性的地理分布，使用56×56km$^2$粗网格，这是卫星温度数据使用的分辨率，丹麦全境的温度差异很小。该模型的实际热源用量分布图具有1h和0.5×0.5km$^2$的分辨率，

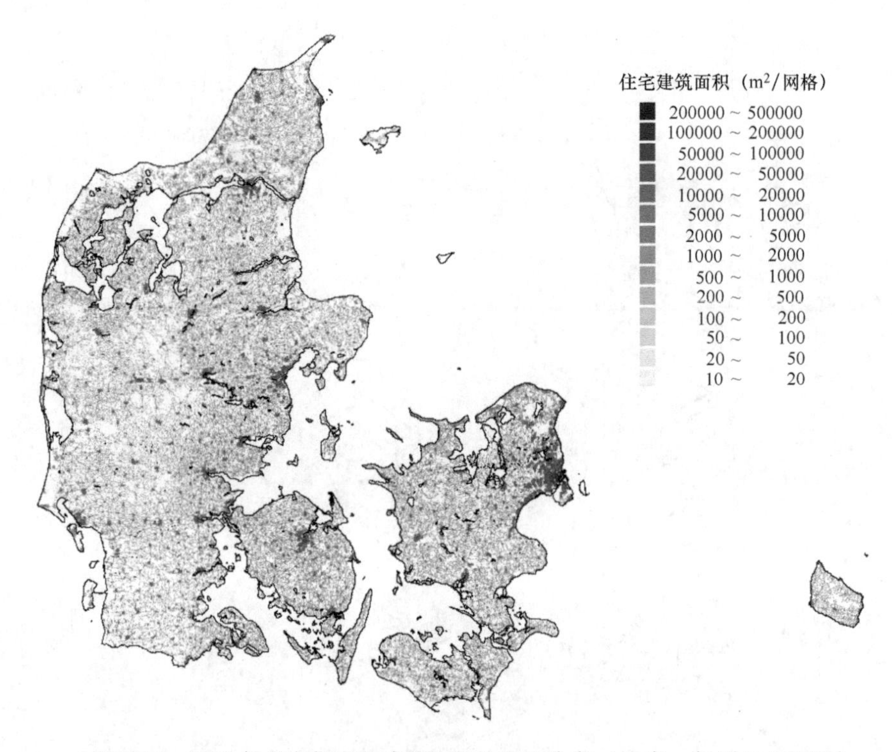


图5.19　2050年丹麦住宅用建筑面积的地理分布（注意，与图5.66不同，该图采用对数刻度）（Sørensen 等，2001）

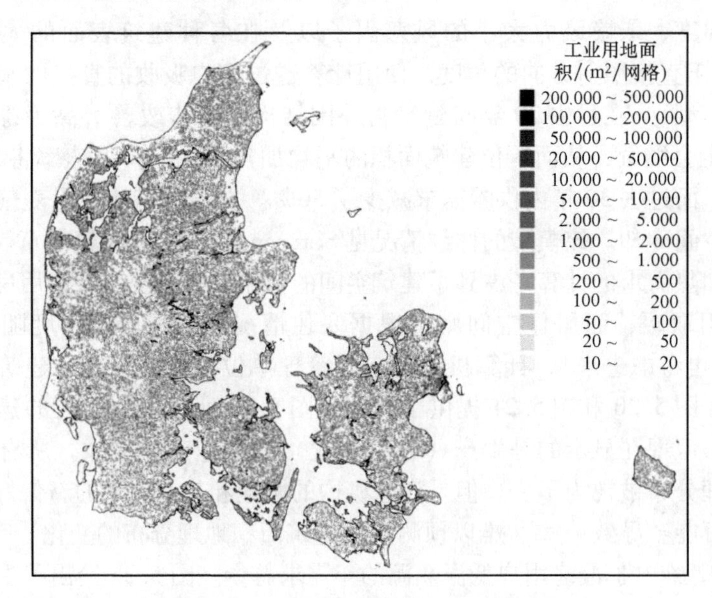


图5.20　丹麦1998年生产企业的建筑面积的地理分布，含除图5.41中的居住用建筑之外的农场建筑（Sørensen 等，2001）

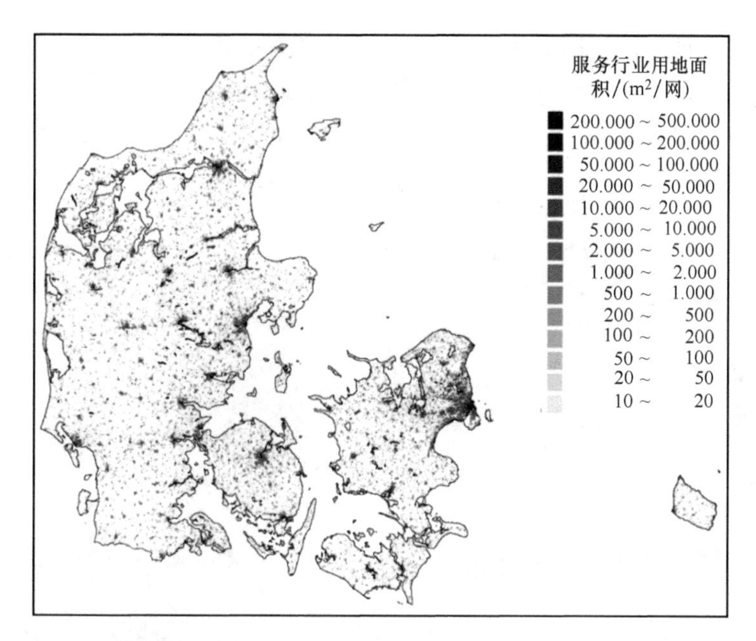


图 5.21　丹麦 1998 年服务行业的建筑面积的地理分布（Sørensen 等，2001）

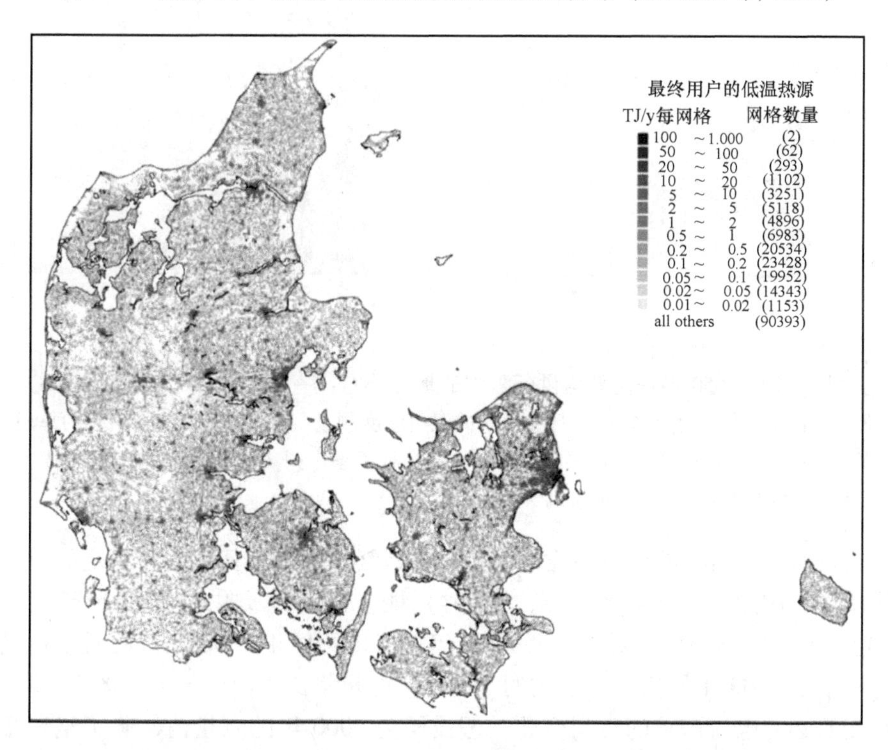


图 5.22　2050 年丹麦基于表 5.4 的低温热源需求和图 5.19 ~ 图 5.21 所示的住宅用建筑面积的地理分布（Sørensen 等，2001）

只有热损失的计算使用同样的大网格户外温度数据，配合小网格数据的建筑物描述。注意在西部沿海地区甚至在7月也需要取暖。最后，图5.24给出了全国热源需求的每小时时间变化，清楚地显示了相当稳定的热水用量和变化的取暖用量。

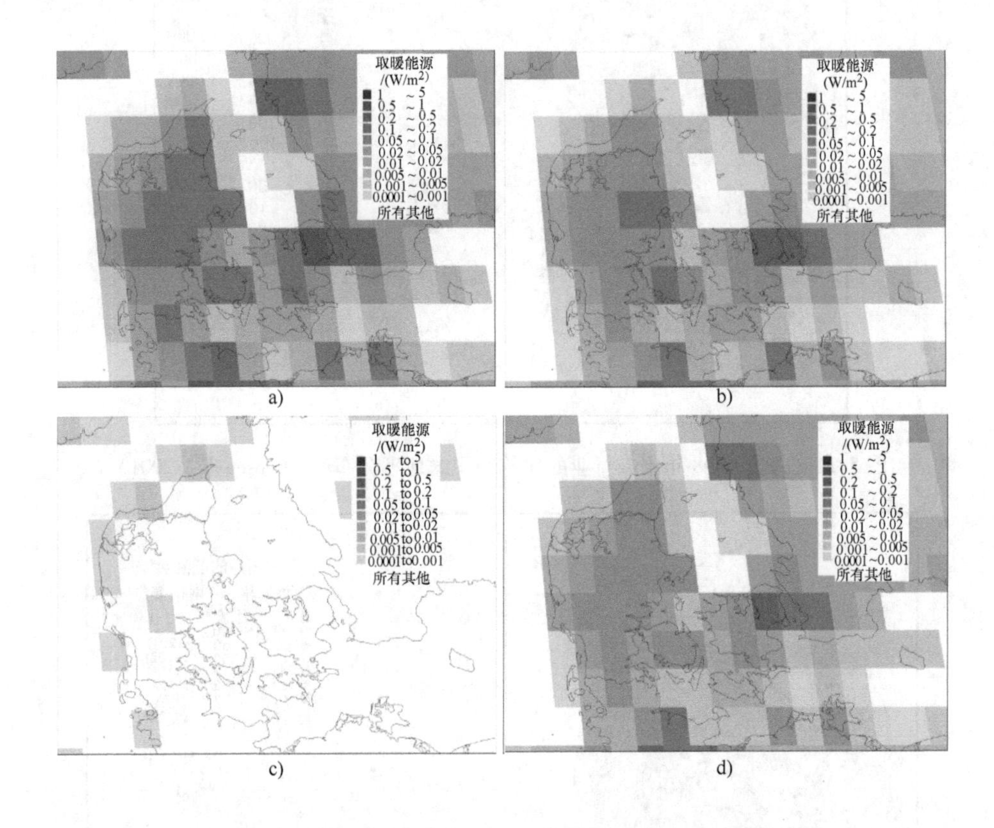


图5.23　2050年丹麦平均供暖需求的地理分布：一月（图a），四月（图b），七月（图c）和十月（图d），基于目前的卫星温度测量（在一个56km网格上的总规模）与前景的假设建筑标准的结合（该分布反映了整个丹麦每个网格单元的气候差异和取暖空间差异）（Sørensen等，2001）

在表5.4中给出的最终用途的能量是由最终用户的任何最终转换之后所测量的能量流。例如，这意味着是光（辐射）能，而不是提供给一个光产生装置（荧光管等）的电功率。对于电器2050年的值将两倍于2000年，而对于运输行业将三倍于2000年的值，而上述的空间加热能量将比当前的值低。图5.25显示了丹麦的必需电力需求的时间变化。假设同为2000年的测量值，除了绝对幅度将增加。

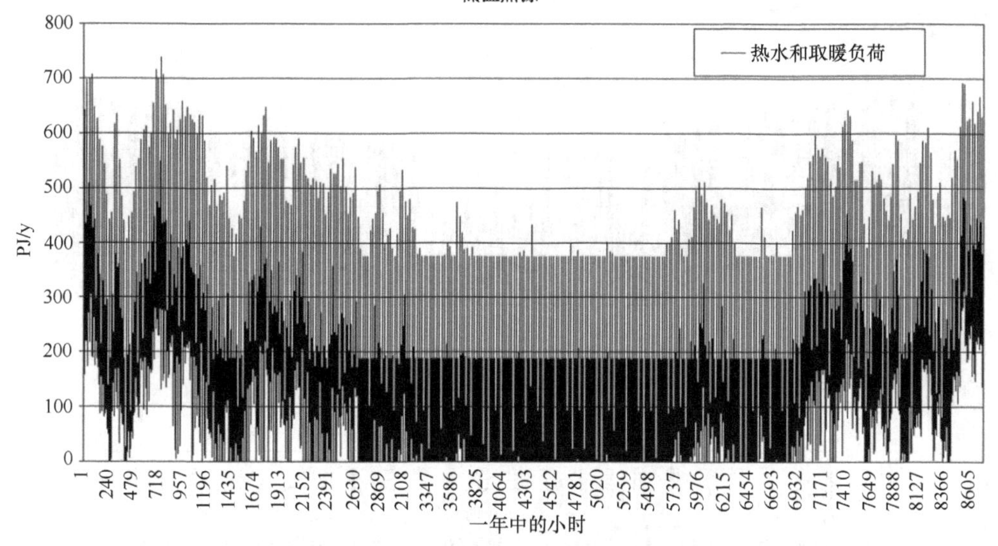


图 5.24　2050 年远景方案中基于当前天气数据的低温热源（取暖与热水）用量按小时的时间变化（Sørensen 等，2001）

**表 5.4　2050 年丹麦远景方案中假设的最终用户能耗**（Sørenesen 等，2001）

| 能量类型/品位 | 年平均使用量/（W/人均） |
|---|---|
| 取暖（取决于气候，参见图 5.68） | 389 |
| 热水和其他低温热源 | 150 |
| 中温工艺热源（100～500℃） | 50 |
| 高温工艺热源（500℃以上） | 40 |
| 空间冷却（取决于气候） | 0 |
| 其他冷却与制冷 | 35 |
| 静态机械能 | 150 |
| 家用电器与其他电气设备 | 150 |
| 运输能源 | 150 |
| 总和 | 1214 |

**2. 可用的可再生资源**

丹麦拥有丰富的可再生能源，包括潜力远远超过电力需求的已探明风能、林业以及特别是能够生产可满足 5 倍以上丹麦人口的原粮的农业，加上可用于能源目的的大量残留物，最后是太阳能，其平均值不小，但由于其高纬度（约北纬 56°）而具有严重的季节反相关（以及昼夜不匹配）特点。

图 5.26 显示了丹麦的陆地和内陆海上的风能潜力。已经对一些保留地点的近海风能潜力进行了评估，如图 5.27 所示。这些地点已选定为适合风电场而不会对渔业活动、客运和货运航线、军事演习区等产生影响。图 5.29 给出了每一个保留区的总可利用风能。这远远超过了设想的 2050 年用电量。在有些保留区域风电生产已经启动，尽管总水平比 2050 前景设想的低得多。2003 年装机容量约 3.3GW。

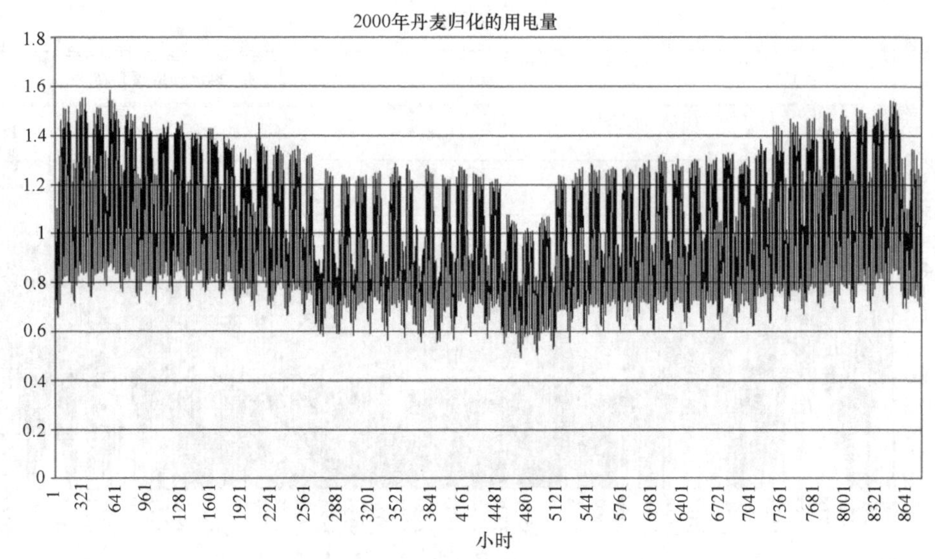


图 5.25　2000 年丹麦归一化用电量的小时变化，用于 2050 年远景方案中必要用电量（即没有用于产生工艺或低温热源的电力，其使用可能有不同的时间变化规律）的时间变化建模（Sørensen 等，2001）

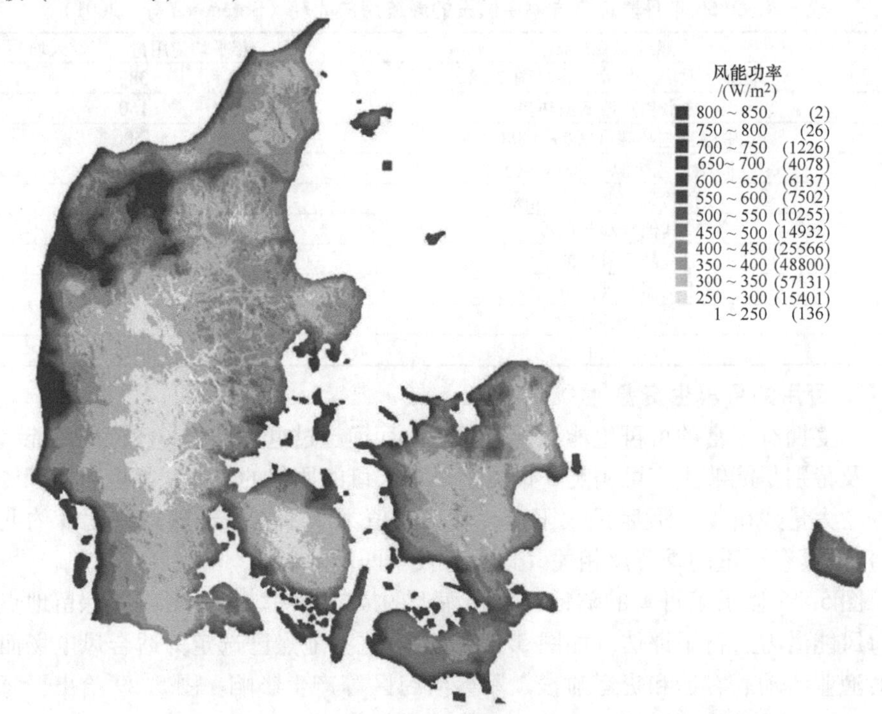


图 5.26　丹麦陆地区域 70m 高度的年平均风能功率（估算基于地转风（高空风）和（植物、建筑物等造成的）表面粗糙度，在每个网格点上跟踪在 24 个不同的方向）

注：在图例中，给出了给定的功率间隔的网格单元的数量。风力机通常能够把风能的30% ~ 40% 转化为电能。海上风能见图 5.27（基于 Energi – og Miljødata，1999；Sørensen 等，2001）。

图 5.27　由丹麦规划立法 20 世纪 90 年代期间预留的风力发电海域

注：对于每一个区域，图例均给出该区域的风电场的可能总年产量的估计。这些估计考虑了风力机间的最小间距和优化配置（根据 Danish Power Utilities，1997；Sørensen 等，2001）。

风能功率随时间的变化由经过丹麦的天气前锋系统决定。经过丹麦的典型前锋的特点是几天时间间隔内的天气条件类似。这对能量存储量产生影响，将消除变化的风电生产和需求之间的不匹配。间歇之后是大风，通常有 3 ~ 6 天（很少持续 12 天）时间的延迟。风随时间变化更详细的讨论见 Sørensen（2010a）。观察图 5.33 可以得到这种情况的印象，该图给出了将在下节描述的 2005 前景的风力机容量下丹麦风电力生产总量的每小时变化。

对于生物能源资源，来自家庭和食品工业的残渣一年四季都有，新鲜的生物质，不论是收获的或还是收集的，通常都可以存储，可以在方便的时候或用户希望的时候转化。该远景方案的生物质利用主要在于生产沼气、液体生物燃料如甲醇或最终是氢。

在 Sørensen（2010a，第 6 章）中太阳能在丹麦的可用性及其空间和时间的变化被用来说明系统模拟技术。在该远景方案中仅计入了少量的太阳能（热板和光伏）贡献，所以细节将不在此重复。

**3. 丹麦2050年前景的建设**

为丹麦设计的两个氢和可再生能源2050年远景方案（见图5.28）的想法一般来说适用于任何世界地区，用所考虑的特定区域最相关的可再生能源组合进行适当的替代。集中化的远景方案（A）中假定氢被生产并存储在少数几处，并通过管道分送。分散化的远景方案（B）假设建筑物内集成生产和存储。

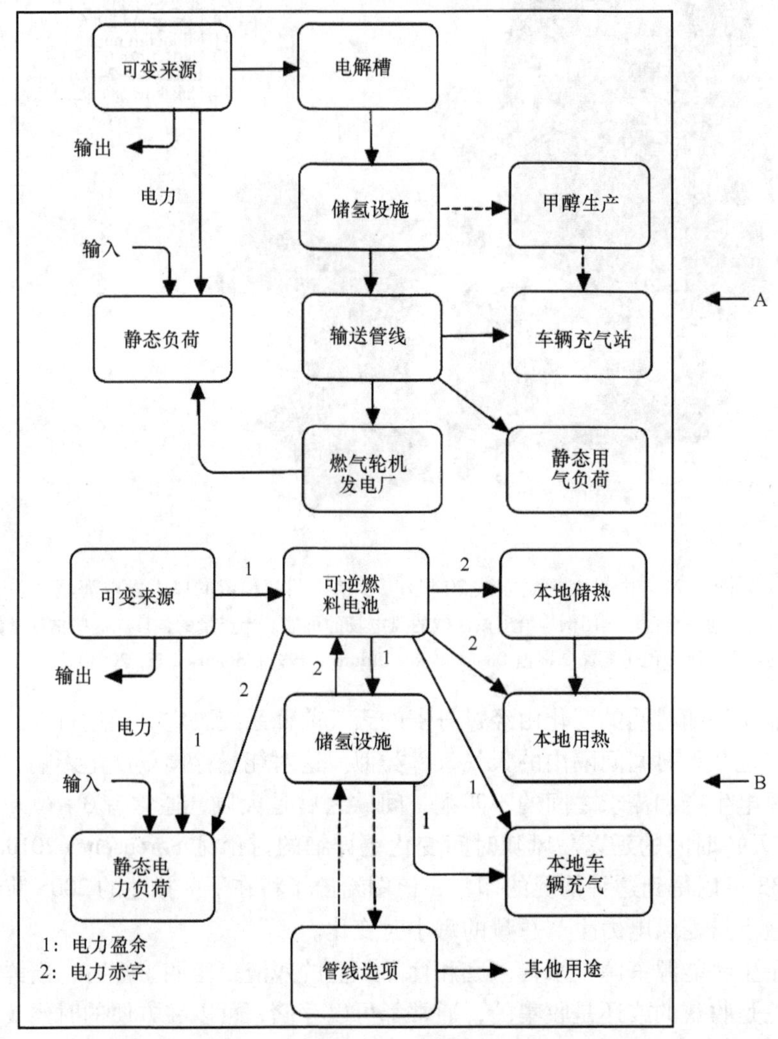


图5.28　2050年氢能和可再生能源前景（氢的主要来源是富余的可再生能源（在风能和太阳能生产超过需求的时候）

注：在集中化的远景方案（A，上图）中，氢的生产和存储都在中心区域，管线输送到氢加载区，如加氢站；对于分散化远景方案（B，下图；参见图5.4）中，用建筑物中以及存储和车辆加注环节多余的电力来生产氢。可逆燃料电池可以在电力不足的时候重新发电（Sørensen等，2004）。

**集中式远景方案**

对应于图5.28（A）的集中化远景方案基于丹麦可用的可再生能源组合的一次能源生产。如图5.32中的远景方案能量流概要，丹麦最重要的能源肯定是风力发电，然后是农业和林业残余物（即不需引入专门的能源，因而不妨碍食品或木材生产）的生物质能源生产。

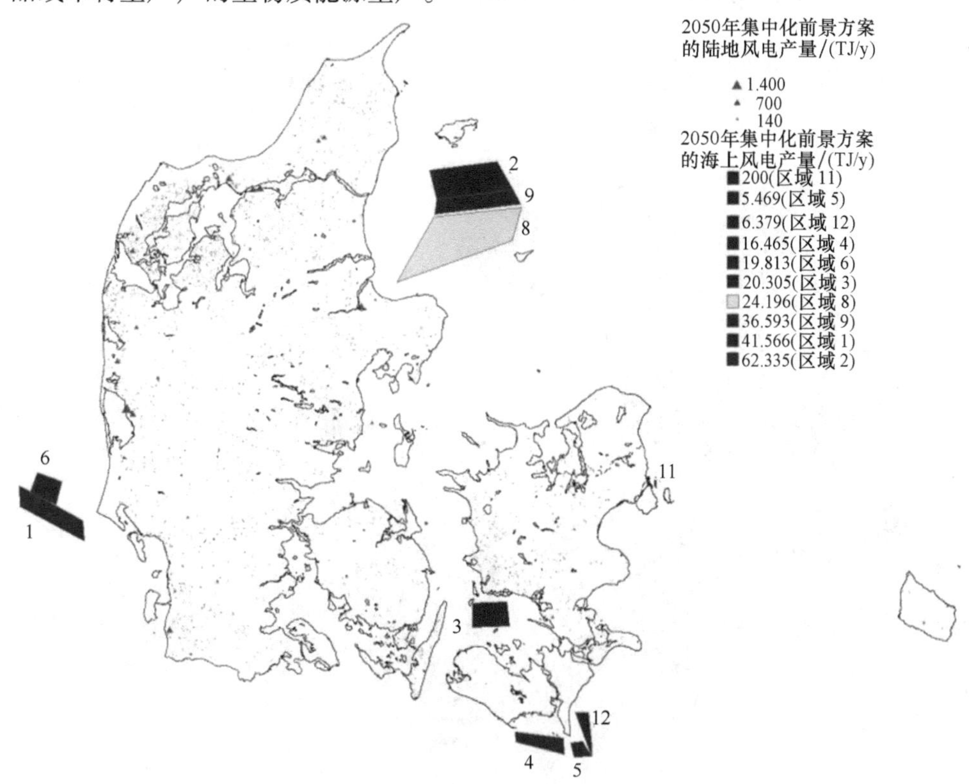


图5.29 丹麦2050年集中化远景方案中全年风电生产（说明文字表明从每个编号区有多少海上发电量）（Sørensen 等，2001）

丹麦的可用可再生能源组合以适合转换成电能的能源为主，使得这种能量形式提供的电力远超过电力需求。这意味着电力可用于所有的中、高温工艺热，并且可以在热能产量不足（热存储耗尽）时补充太阳能热（总产量在图5.32中给出）。这种转换假定热泵的最大效率使用。电力生产的时间分布是这样的，大的盈余在多风周期内产生，如图5.33所示（风电的时间变化规律更充分的讨论见Sørensen，2010a）。剩余电力生产被假定为用于集中化产氢装置产氢，这些装置基本上放置在现有发电厂（丹麦目前有约3万座，其中包括较大的200～1000MW的电厂以及一般额定功率为10～200MW的小型热电联产电厂）中。这样的氢生产场地的分布示于图5.31。

图5.30显示了2050年远景方案中总发电量的地理分布，光伏发电量（21PJ/y）加上风电（280PJ/y）。在与丹麦不同的其他气候条件下，光伏发电相对于风力发电的最佳份额可能会高得多。风能和光伏发电的小时时间分布见图5.33和图5.34，两者组合见图5.35（年）和图5.36（周），也显示了电力需求（专用电源加上在该远景方案中由电力来满足的需求；参见图5.32中概要）。

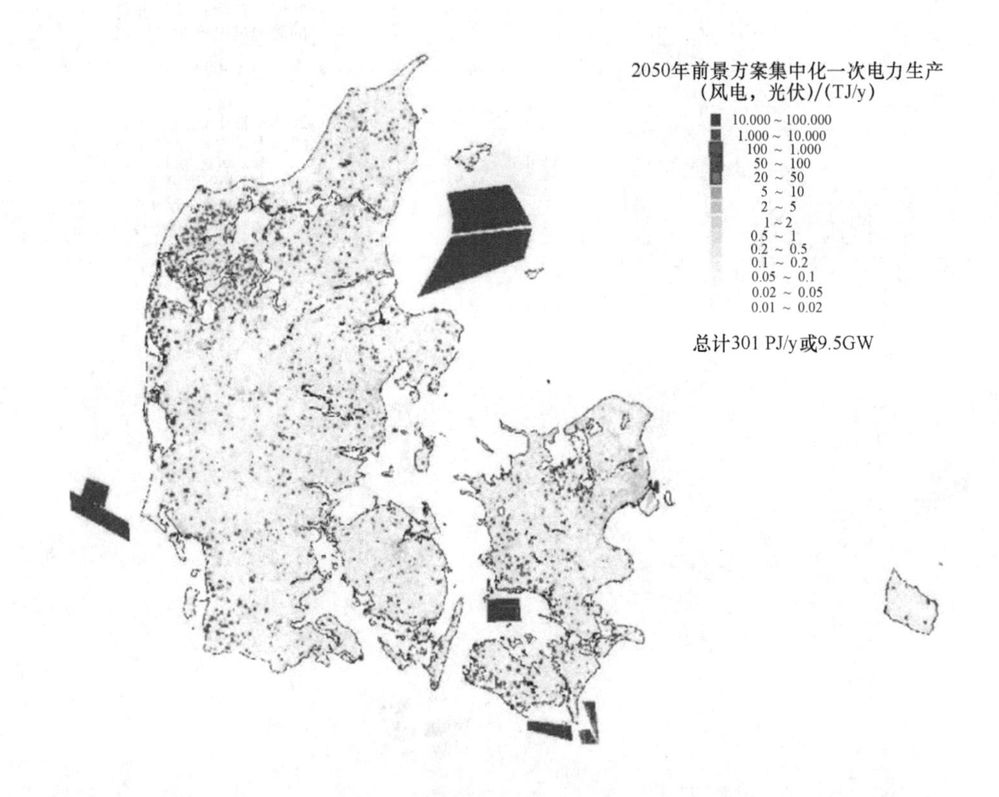


图5.30 在丹麦2050年集中化远景方案下可再生能源全部发电量，包括陆上和海上的风电（如图5.29所示），再加上安装在朝南的建筑表面和屋顶上的屋顶光伏太阳能发电（假定所有合适表面的约25%被使用），发电量不到10TJ/y的网格代表太阳能，那些发电量较高的网格单元代表风电

2050年远景方案假定从间歇性能源获得的电力直接使用更好，以避免与存储周期相关的损失。专用电力的使用具有最高优先级，其次是机械能源需求（电机）和高温工业过程的热量。然后是热泵和较低温度的热量，例如热存储的再补充。此后仍然存在的剩余用于生产氢气。这个数量仍有242PJ/y。这意味着大多数的电力生产要经过氢循环，氢要么被用在工业过程，要么用在运输行业，或在生产低于需求时重新转换为电。

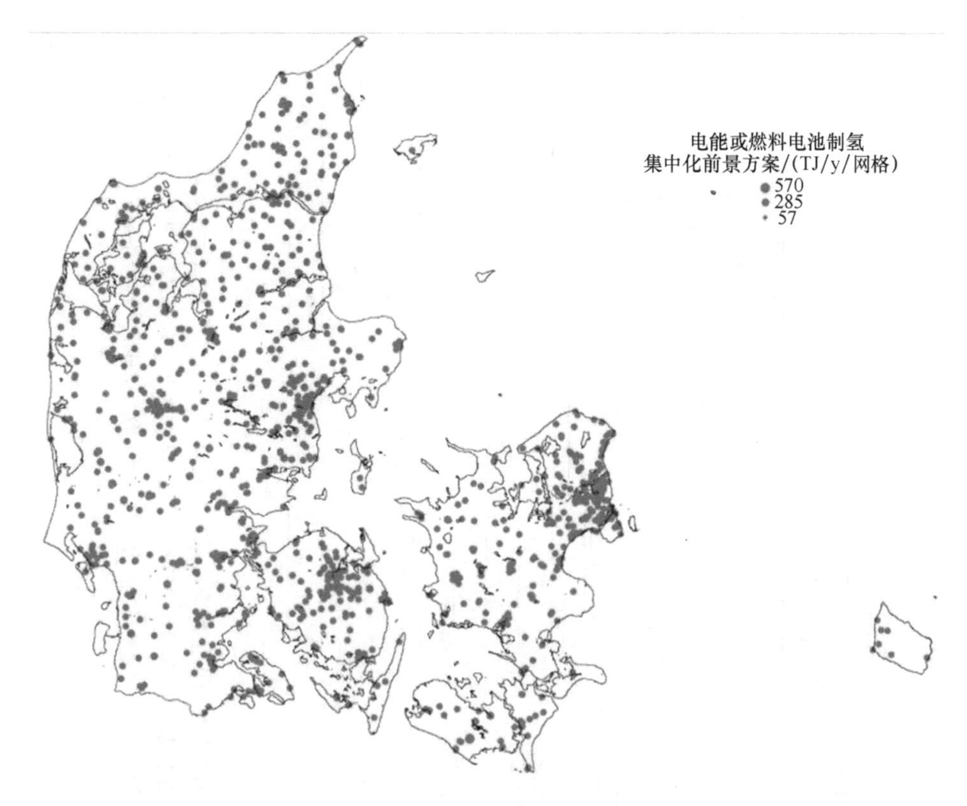


图5.31 丹麦2050年远景方案氢能产量（Sørensen等，2001）

图5.37显示了直接的电力供应及其低风速期间的效应。曲线随时间的变化不十分剧烈，一年之内的分布相当均匀。其中一个原因是需求和电力生产之间的正的季节相关性，另一个原因是天气系统的结构。因此，氢的存储要求并不苛刻，只有几天或偶尔情况下几个星期的能量使用需要保存在储氢站。这里涉及的储氢站的前景假设随后进行讨论。储氢站的位置显示在图5.2和图5.3中。

集中安装的或安装在屋顶或建筑物表面的太阳能集热器获得的热能显示于图5.38。它一年中的变化与安装在类似表面的光伏收集器的发电量相近，除了春/秋不对称，由于秋天储热较高因而集热器入口温度造成较低的效率。一些装置可以是光伏-热联合收集器，这样太阳电池板的废热可以被利用（见Sørensen，2010a）。因为光伏表面发电大约只有入射太阳辐射的15%，热收集仍然可能获得接近50%的太阳辐射能量，与单纯集热器情况的效率相同。

图5.39和图5.40显示了每小时收集的太阳能热量和低温热需求。建筑物的热损失和太阳能集热系统的性能建模见Sørensen（2010a）第6章的描述。正如预期，可以发现冬季需求不能满足，而在夏天具有合适热存储（用于昼夜或几个多云天气）的集热量与需求量一致，在夏季主要用于热水。

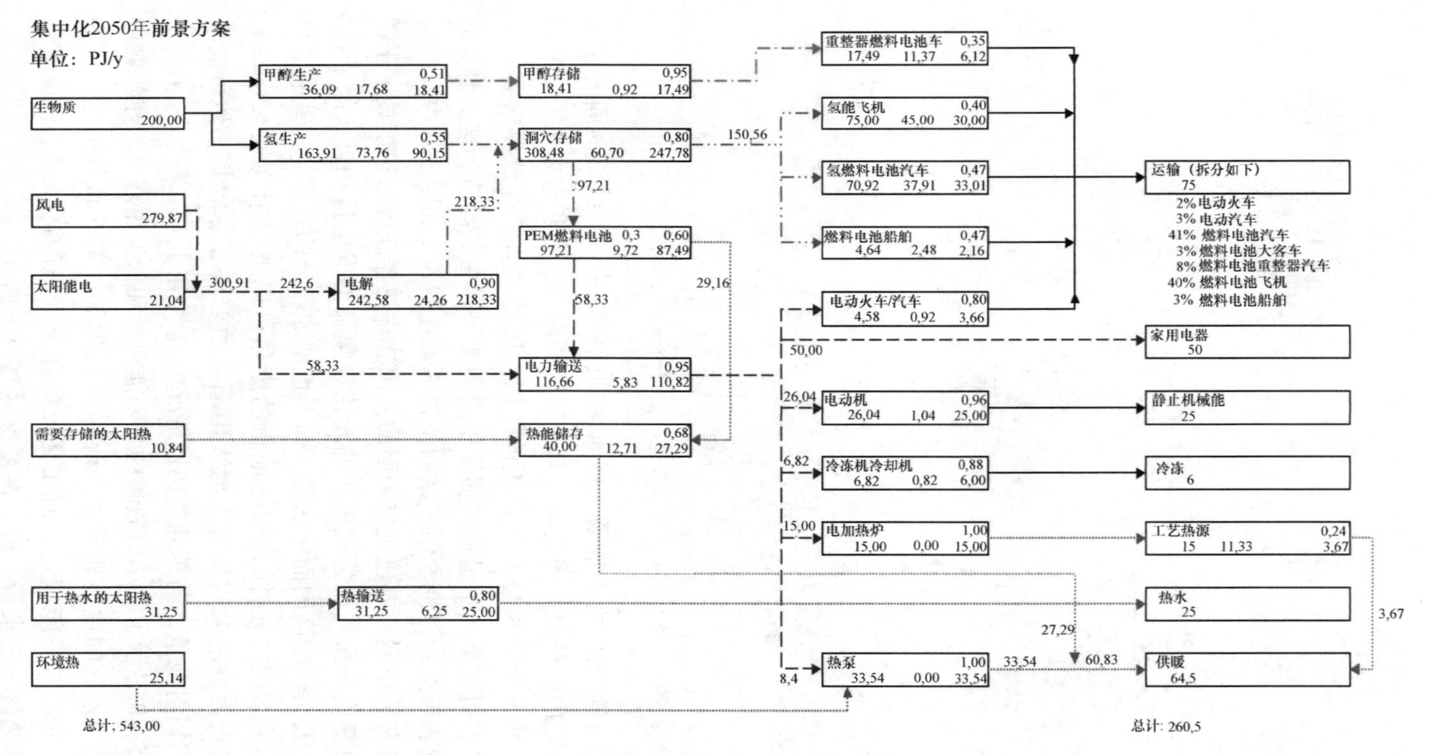


图 5.32　丹麦 2050 年集中化氢能与可再生能源远景方案概要

注：每个框代表一个转化步骤。框内左下的数字是输入的能量，右下是输出的能量。中间的数字是输入和输出之差，即能量损失（所有数字的单位为 TJ/y）。框内上部的数字是假设的转换效率。框间的不同线型代表不同的能量形式。有些情况下，会有诸如废热的循环。右上角的运输业最终使用能量被拆分成具体形式（Sørensen 等，2001）。

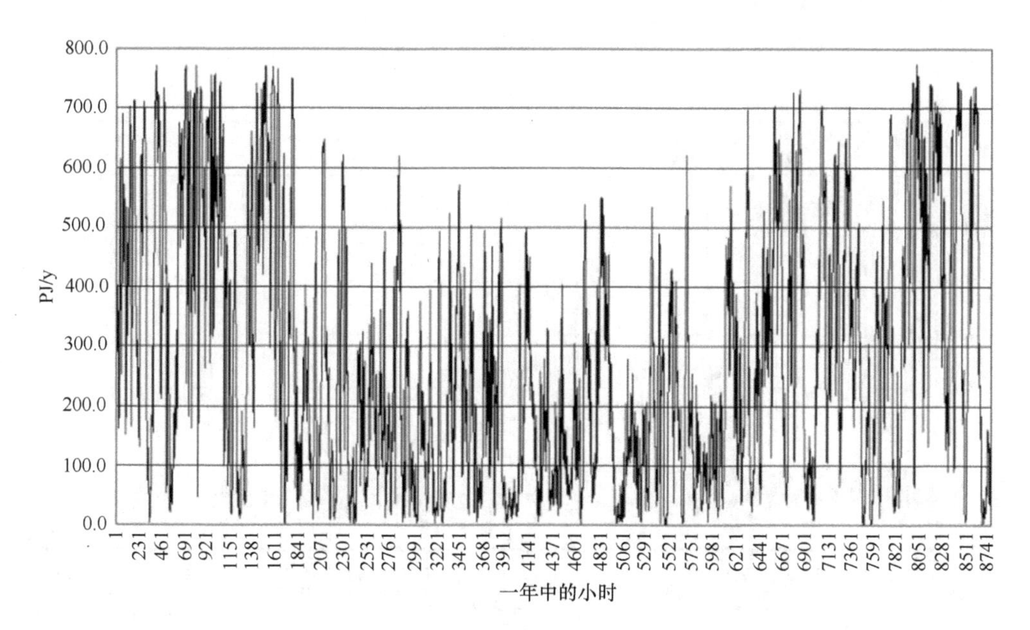


图 5.33　丹麦 2050 年远景方案风电产量的小时变化

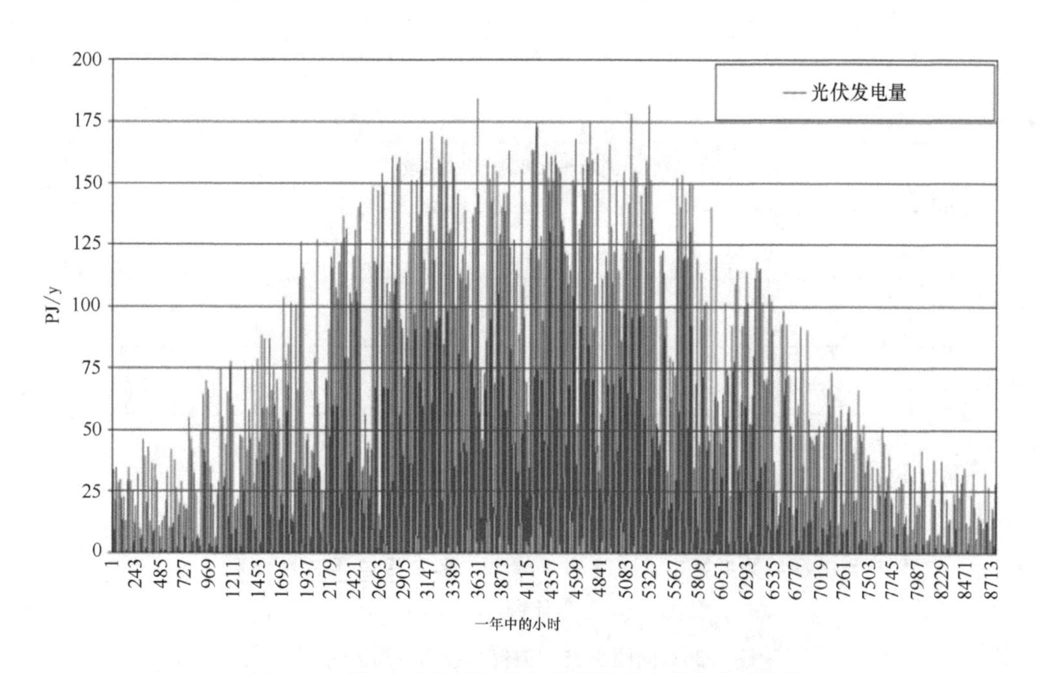


图 5.34　丹麦 2050 年远景方案光伏发电量的小时变化

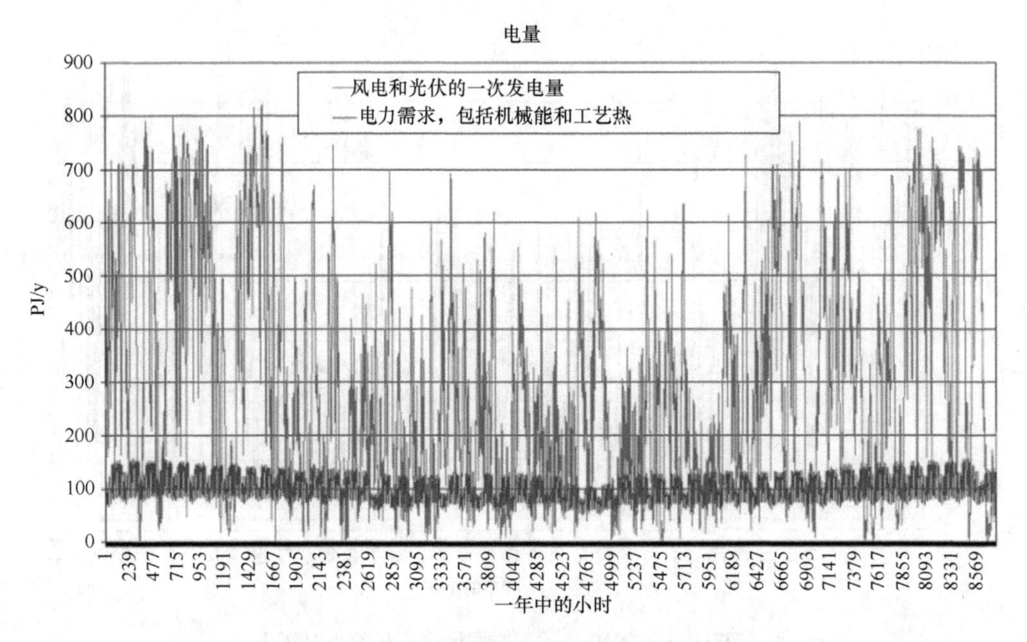


图5.35　丹麦2050年远景方案的发电量和使用量（Sørensen等，2001）

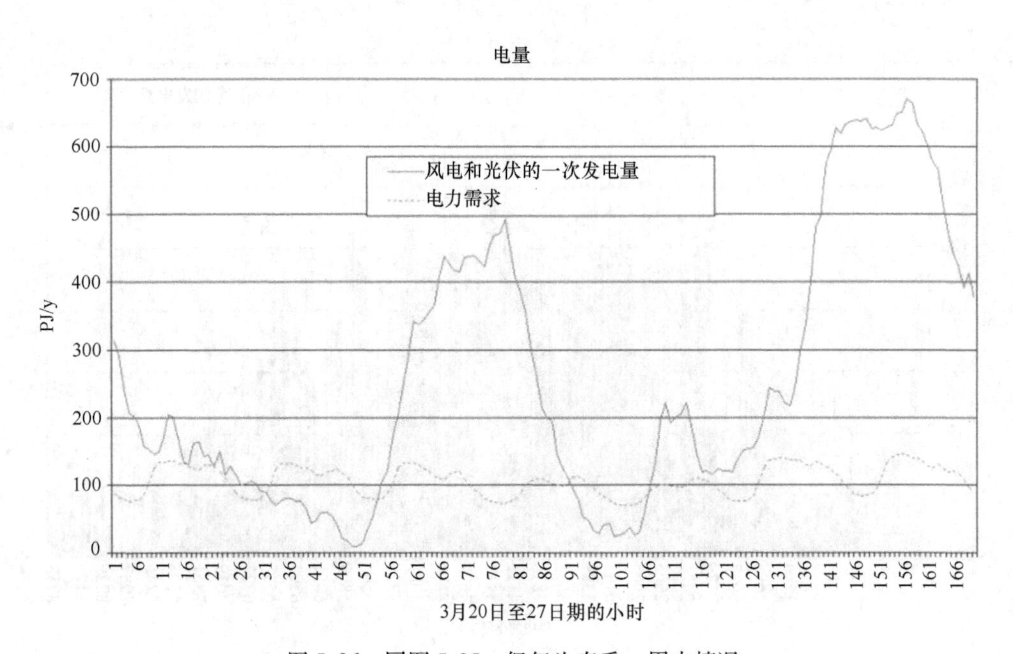


图5.36　同图5.35，但仅为春季一周内情况

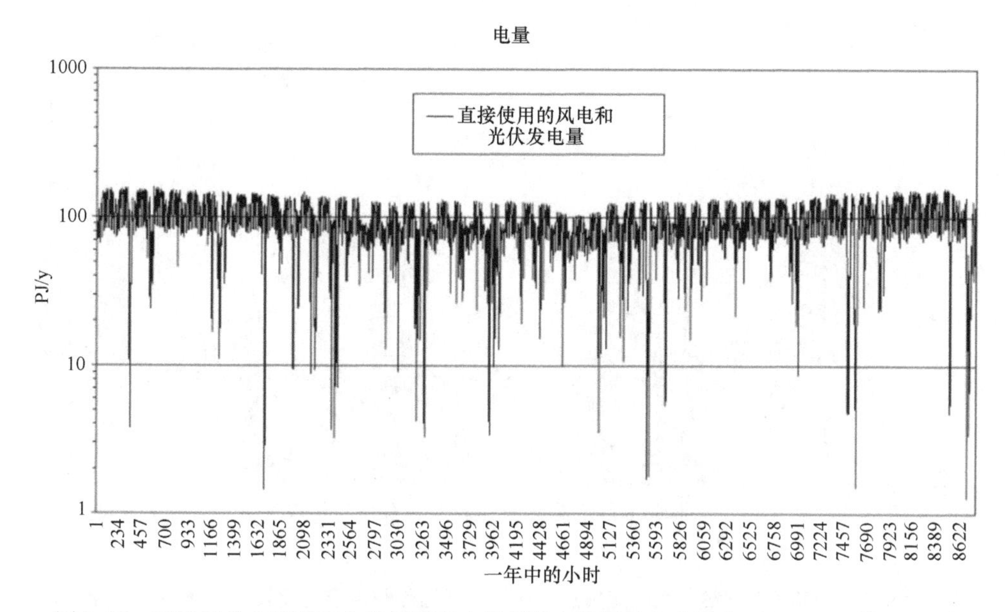


图 5.37　可以直接由当前产生的风能和太阳能发电满足的电力需求（Sørensen 等，2001）

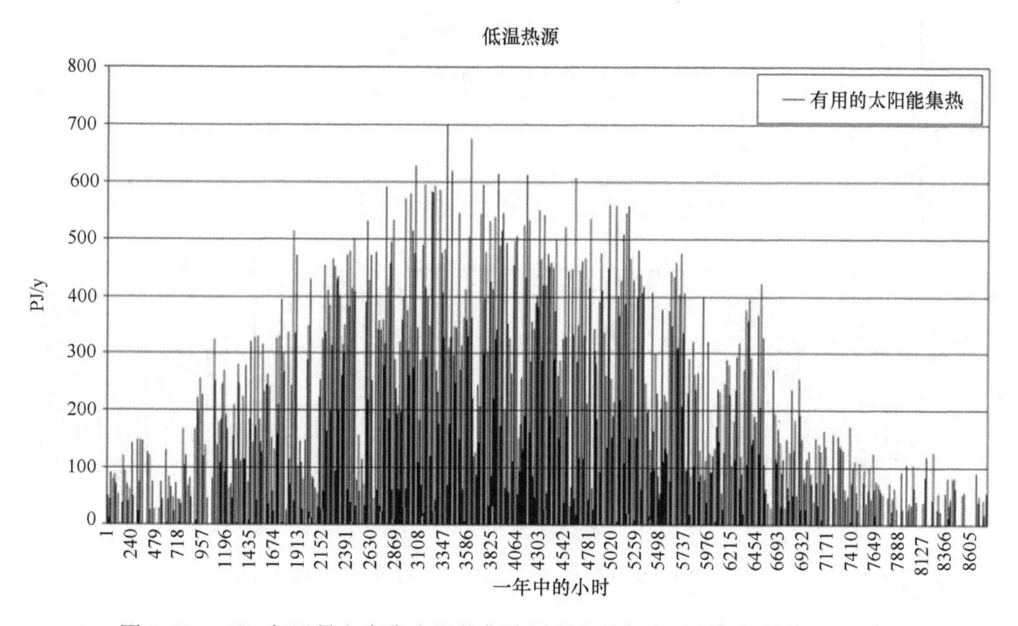


图 5.38　2050 年远景方案中太阳能集热器产生的每小时空间加热量和热水量

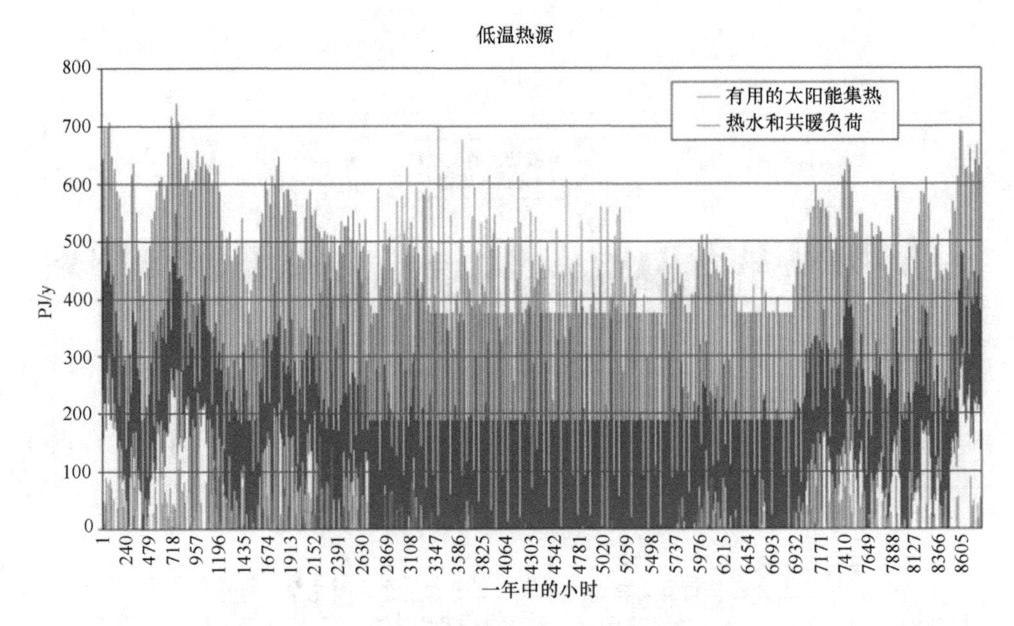


图5.39　2050年远景方案中太阳能集热器获得的低温热与需求的比较（基于每小时变化）

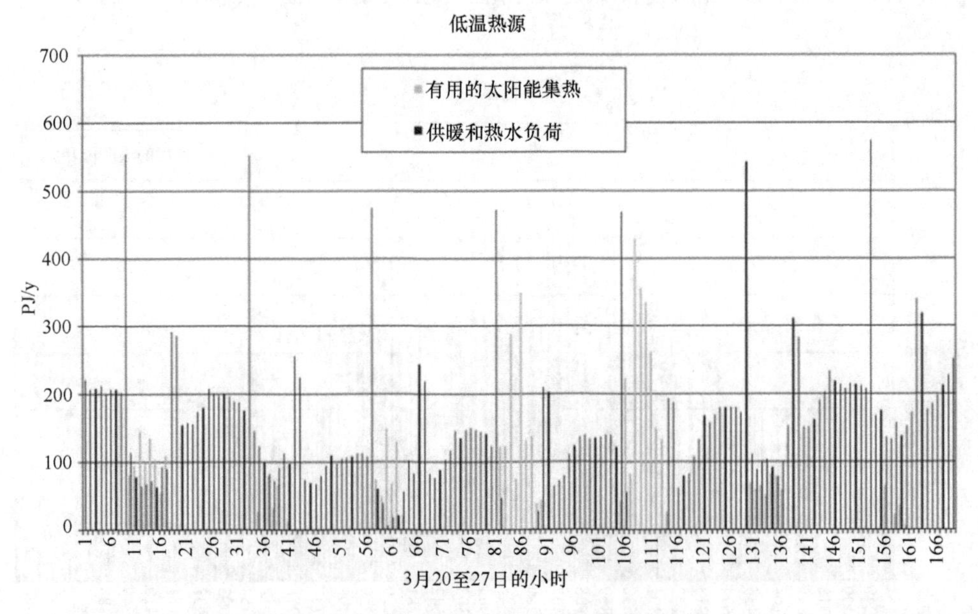


图5.40　同图5.39，但仅为春季单周数据

图5.41显示了一年内用来制氢的电使用量的时间变化，通过使用反向操作燃料电池或常规电解，以及用于热泵的小得多的部分。同样情况的单个春季周的详细情况如图5.42所示。图5.43和5.44表明氢燃料电池的废热可以在除了冬

天之外的季节提供额外的低温热量，尽管提供的热量比从中央热存储获的量少。

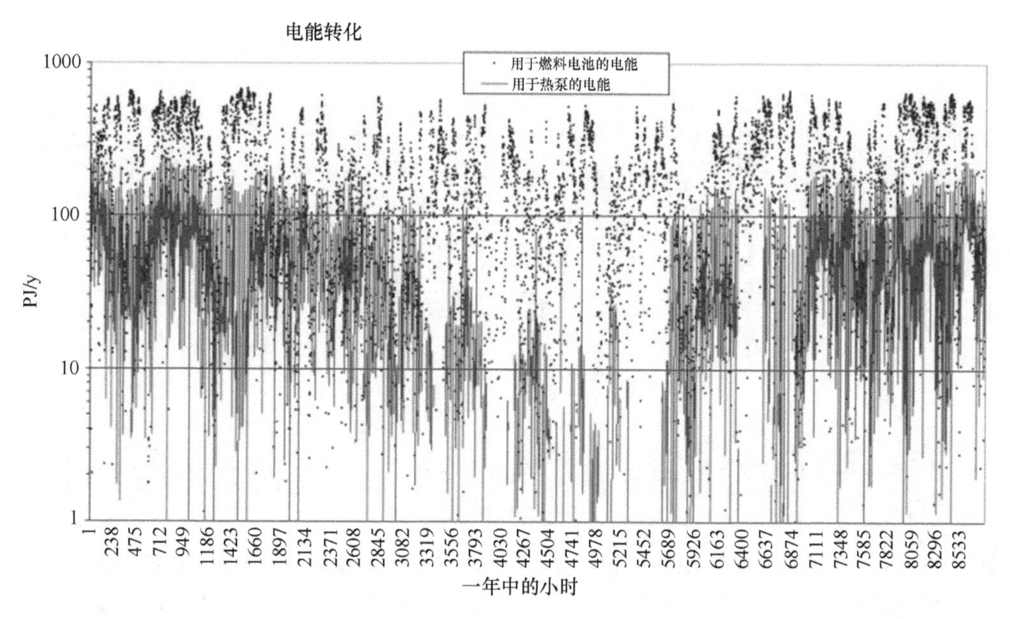


图 5.41　2050 年远景方案中太阳能集热器获得的低温热与需求的比较（基于每小时变化）

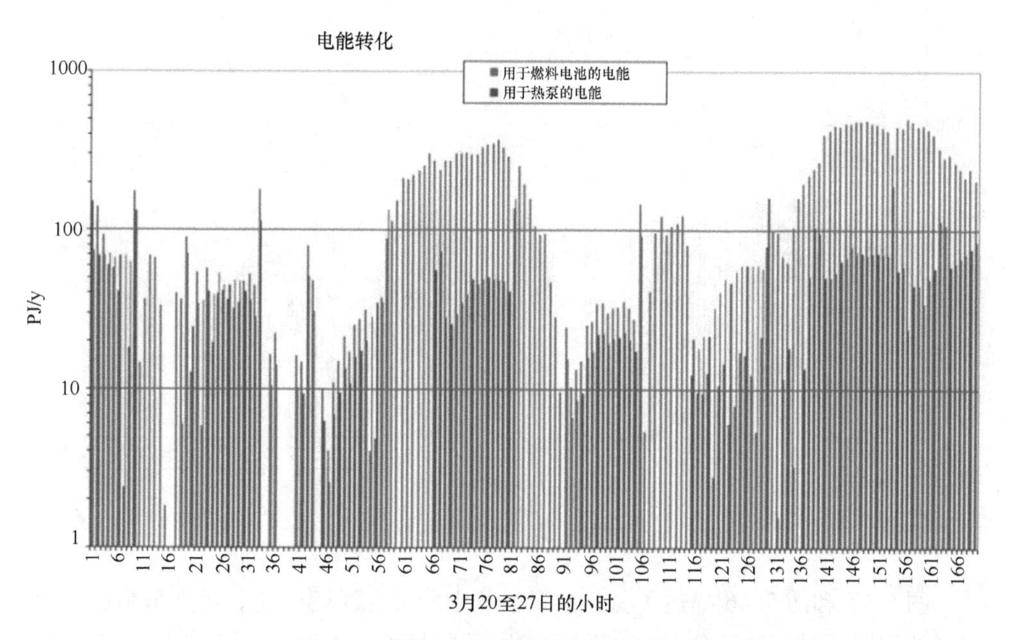


图 5.42　同图 5.41，但仅为春季单周数据

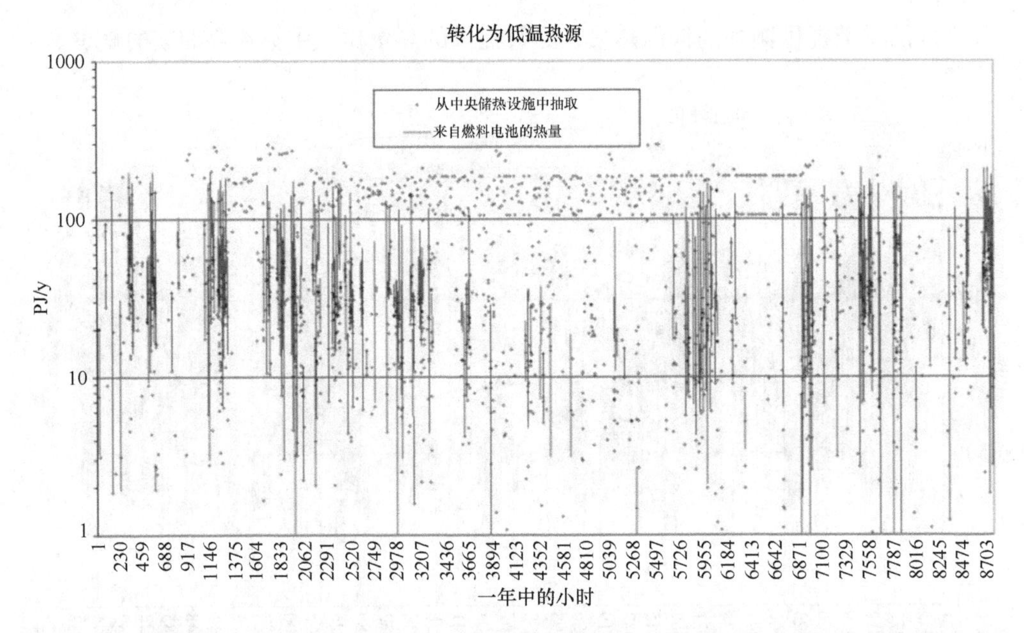


图 5.43　2050 年远景方案中的低温热源：显示了从中央储热设施抽取的热量（在发电过剩时间由热泵输入）和中央燃料电池发电时产生的废热（这种热源通过区域供热管线分送）

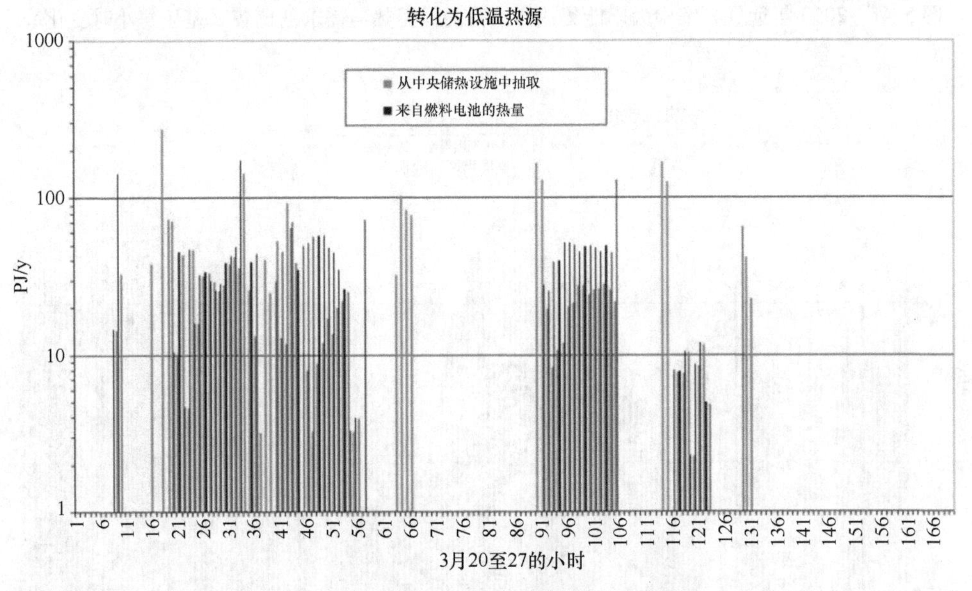


图 5.44　同图 5.43，但仅为春季单周数据

图 5.45 和图 5.46 描述了氢在能量系统中配置的时间变化。在汽车领域，假定氢的使用通过其地理分布（如图 5.3 所示的填充站）来实现。假定没有季节变化，但只显示了一天中几小时内的变化。图 5.45（单周的情况见图 5.46）中

使用燃料电池再发电的时间变化显示出相当狭窄的特征。图下部的曲线基于电力生产过剩的几小时内直接的氢气供应，图上部大量的氢是从图 5.2 或图 5.3 所示的两个中央储氢设施之一抽取的。

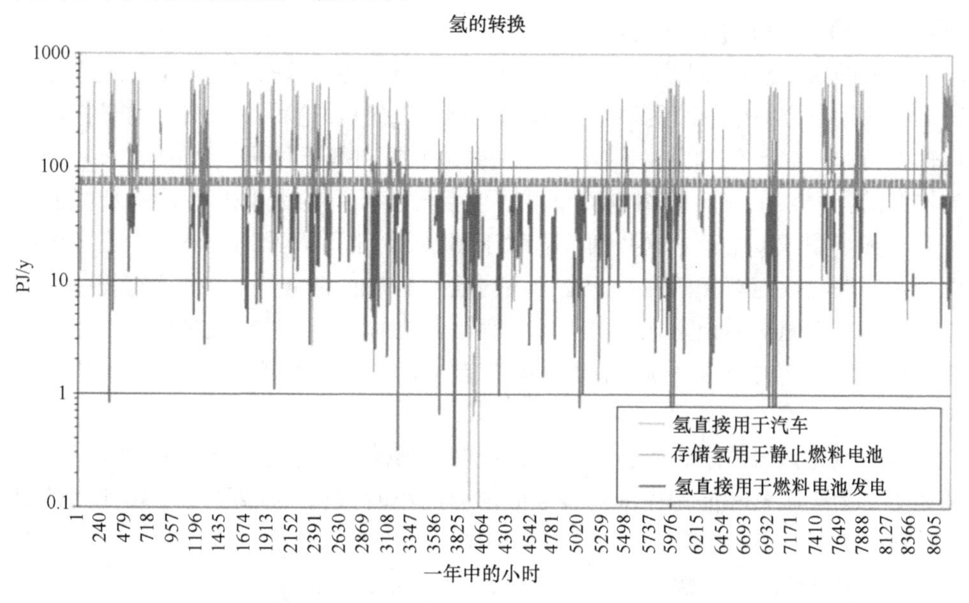


图 5.45　2050 年远景方案中氢转换的小时变化

注：在 70 和 80PJ/y 间规则变化的曲线是车辆的消耗（示意图），强烈变化的曲线是直接发电不足情况下的燃料电池发电。曲线较低的部分代表在产氢时直接用氢，较高的部分是从储氢设施抽取的氢。

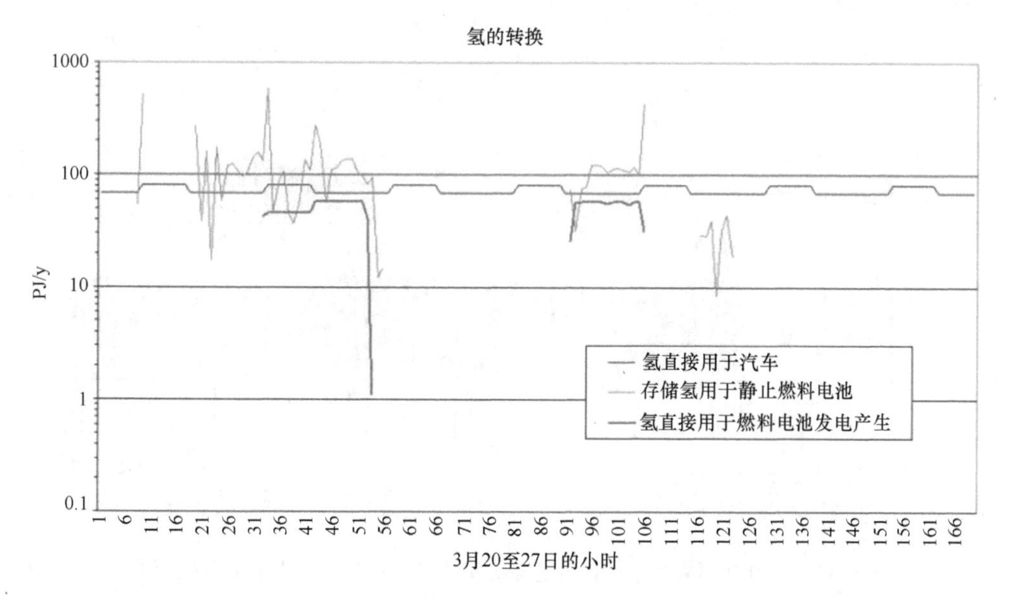


图 5.46　同图 5.45，但仅为春季单周数据

根据图5.32中的概述，97PJ/y的氢用来再发电产生50PJ/y的电力，而在交通运输行业使用的氢为100PJ/y。该远景方案假定氢不仅用于乘用汽车，而且用于飞机和船舶。该需求远景方案基于空中交通的不断扩大，这使得飞机的能源需求到2050年大约等于汽车的需求。

丹麦的大规模农业以及育林产生的生物质残余物允许相当大规模的能源生产，在该远景方案中假设为甲醇的形式（18.4PJ/y）。这种液体燃料用于特殊的运输子行业，如卡车和公交车行业。另外（考虑到基于可再生能源的未来丹麦的丰富的电力）也假定使用电动车辆，包括丹麦唯一的大型城市哥本哈根的所有列车和小型城市用车。这些细节显示于图5.3。也可以看到，该远景方案中的两个中心储氢设施都坐落在对于全国不同地区都方便的地点。这并不奇怪，因为这两个储氢设施被假设是现有的天然气存储设施的修改，这些设施作为战略安全储备服务于当前的能源系统，作为应对来自大西洋边缘海域的主要天然气管道破裂的保障。

为了量化储氢需求，进行了整个系统的时间模拟，采用了特定和典型的年份的风力、太阳辐射和能源需求的各组成部分的小时数据（根据2050年使用情况的假设放大）。结果是量化了两个储氢设施（一个含水层和一个盐穴；见5.1节图5.3）填充度的小时数据序列，如图5.47所示，连同氢总产量的变化（图上部最大值是生产设施的额定容量）。结论是，60000PJh/y的存储容量可保证系统在任何时候都顺利运行。

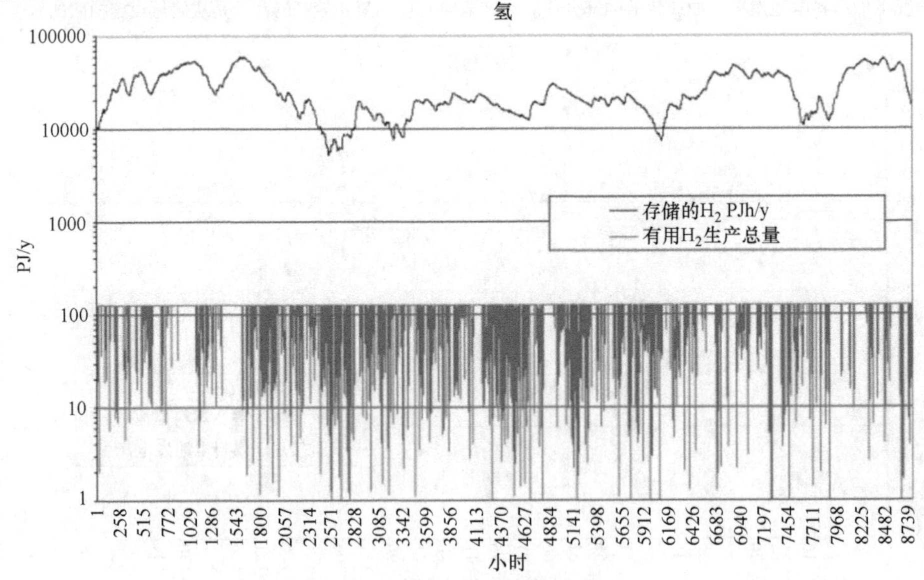


图5.47　2050年丹麦可再生能源远景方案中存储在两个中央地下设施的氢（上）和氢生产（图下部）的小时水平（Sørensen等，2004）

60000PJh/y 或约 7PJ 实际上是现有天然气存储设施（参见 2.4.1 节和图 5.1～图 5.3）的容量的一部分，这意味着氢可以在低压（例如 5MPa）下存储，这意味着低成本，以及几乎不需要对存储洞穴密封，洞穴嵌在氢扩散系数很低的粘土层。图 5.3 表明该集中化的可再生能源氢系统的基础设施在很大程度上与该系统相似。

**分散式远景方案**

今天的人们可能已经注意到了社会的非集中化倾向，即通过增加分散式的设施来替代具有早期工业化特征的集中式系统。很多商业活动（办公室，销售门市部）已经搬离城市中心。很有吸引力的是为雇员提供乡村环境中的工作，以避免城市交通，并获得一个宽松的环境。目前的电子设施已经使之成为可能，允许从任何地点进行沟通，不仅便利了工业活动，也方便了居住休闲。公路运输与早期的长途铁路货运展开了激烈的竞争，越来越多的汽车大幅度增加了机动性，商务和休闲目的的航空运输在工业化国家已经司空见惯，那里的工作日程表允许个人全球各地的度假旅游，往往一年数次。许多国家的公民已经获得了对住宅取暖的能源以及汽车运输的自主控制，通过建筑物内集成的燃料电池使自己成为自己的电力生产商的前景会吸引不少人。这将意味着相对于集中化的解决方案，人们可能会接受这种设施的高价格。当然，这只在一定限度内是对的，但严格地说燃料电池技术，至少 PEM 型燃料电池技术，似乎提供了一个具有适度量产优势的模块化的概念。此外，如果住宅内的设施不仅可以提供电力和联产热，而且还能为停放在车库的混合动力车辆提供氢时，这个概念作为个人自主支配的范例看起来非常有吸引力。

图 5.28（B）所示的概要显示了该远景方案可以如何实现。该示意图假设可逆燃料电池可在 2050 年启用，正、逆向操作都可以高效率运行。燃料电池相对于当前电厂的更高的效率意味着如果废热能满足所有的空间取暖和热水的热源要求，应采用比当前的更有效的手段。

分散式的 2050 年丹麦远景方案是以和集中式远景方案稍微不同的方式构建的，它显著地降低能量需求，特别是在运输行业。集中式远景方案假设了一个标准的活动发展，是经济学家的典型的当前思维，其中到 2050 年交通运输最终用途的需求比现在高出三倍。另一方面，分散式远景方案认为这样的发展没有吸引力，鉴于道路和空中交通令人厌烦的拥塞，分散式远景方案选择采用更温和的增长，如图 5.49 所示的方案概述。运输活动水平和电器的能源使用保持在目前的水平。当然，后者的假设并不意味着活动水平是固定的，但表示了新的和增加的活动与提高效率之间的平衡。

构成分散化前景假设的对能源效率相当极端的重视并不是基于自然资源保护主义者的“适可而止”的理念，而是表达了有充分证据的事实，即有大量的提高能源效率的方法今天没有使用，尽管事实上，它们比该远景方案中考虑的能源系统中的任何组成部分（可再生能源和氢转换器）都便宜得多（避免与每单位能源购买价格相比，比较每单位能源利用价格）。目前，很多的经济上可用的能源和技术上可行的节能措施被弃置不用，因为它们在决策者和消费者眼里的地位低于新的能源供应技术（Sørensen，1991）。

图5.48　丹麦2050年分散式远景方案风力发电量

作为这些假设的结果，分散式远景方案所需要的能源生产较集中式少，使风力发电量将减少到106PJ/y，因此占据的丹麦周围指定的离岸风电场址会更少，如图5.48所示。与集中式远景方案（见图5.31）使用的有限数量的场址不同，如图5.50所示，氢生产场地现在位于建筑物中。

图5.51a显示了假设安装在建筑物内的所有储氢装置的小时合计充装量。合计储氢容量被认为与集中式远景方案中的两个中央储氢设施的容量相同。可以看出该系统更易于处于低充装水平，但是除了一年当中的几个小时外仍然可以满足要求。这是由于没有基于生物质（由于对从土壤中除去碳的关注，该部分生物质被忽略，碳作为二氧化碳被释放到大气中以补偿在较早的时刻植物消化掉的碳）生产的氢而引起的对氢存储需求的升高。另外，在建筑系统中使用氢与在集

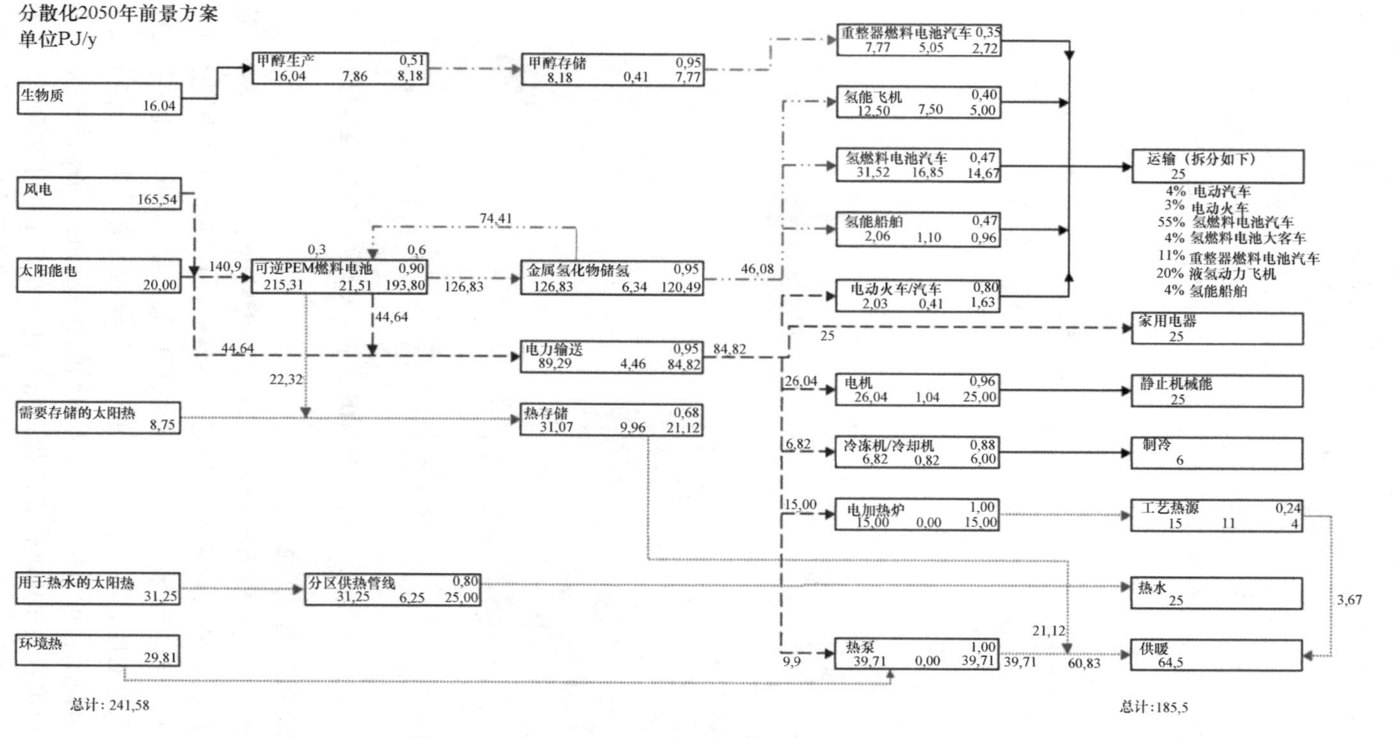


图 5.49　丹麦 2050 年分散式氢与可再生能源远景方案概要

注：每个框代表一个转化步骤。框内左下的数字是输入的能量，右下是输出的能量。中间的数字是输入和输出之差，即能量损失（所有数字的单位为 TJ/y）。框内上部的数字是假设的转换效率。框间的不同线型代表不同的能量形式。有些情况下，会有诸如废热的循环。右上角的运输业最终使用能量被拆分成具体形式（Sørensen 等，2001）。

中式设施中使用氢是不同的。增加存储点不会改变这个局面，只能通过增加产量，例如，通过增加更多的电力生产（剩余电再被转化成氢），来避免分散存储的氢告罄。图5.51b表明储氢完全用尽的情况可以以这种方式避免，虽然储氢水平的变化仍相当大。增产的额外成本只是为了避免几个小时内的氢气供应-需求不匹配，人们不会认为这是一种合理的做法，因为这些微量的额外储氢可通过进口电力或通过保留的小型化石燃料电厂（例如燃气涡轮机）一年当中运行几个小时来提供。

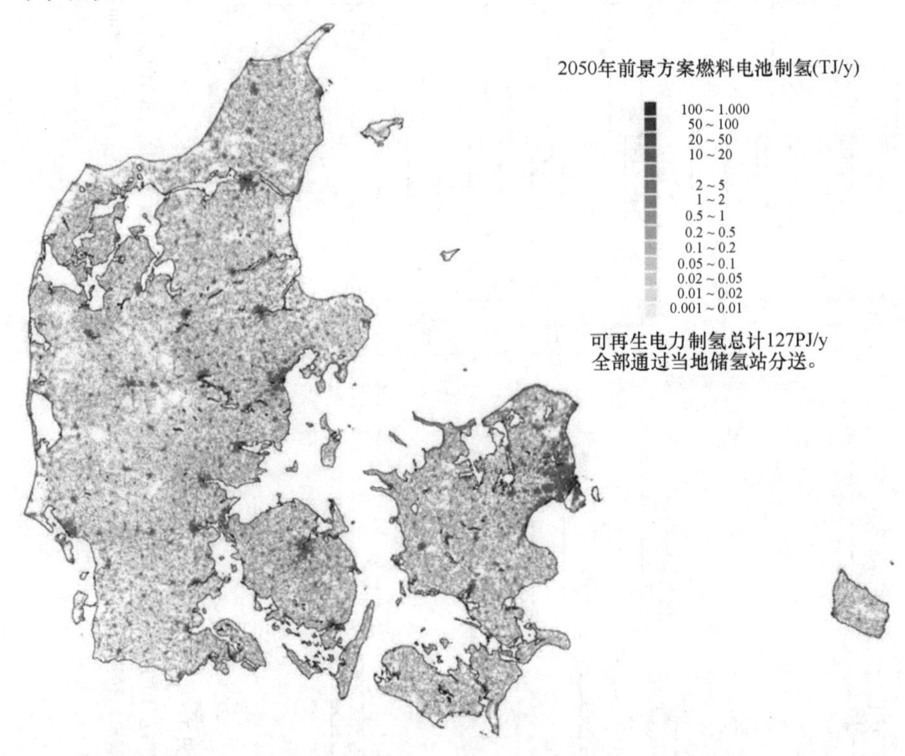


图5.50　2050年丹麦分散式远景方案氢生产的地理分布（大多数生产商在建筑物中）

**4. 可再生能源远景方案的评估**

对可再生能源远景方案建模比基于化石燃料和核能的远景方案更加复杂。这主要是因为太阳集热板的效率取决于太阳能集热器中循环的水（或其他介质）的温度，从而造成了一个热负荷、热存储以及太阳能集热器的时间变化过程之间的复杂的耦合，该系统的性能取决于其先前的运行状况的历史。其他的复杂之处在于大量的能量存储要配合可再生能源（例如风能和太阳能）的间歇性。在基于燃料的系统中燃料本身的作用就像是能量存储。这种方式在可再生能源远景方案中被模仿，使用中间燃料如液体生物燃料和氢，可以相当容易地通过使用第2

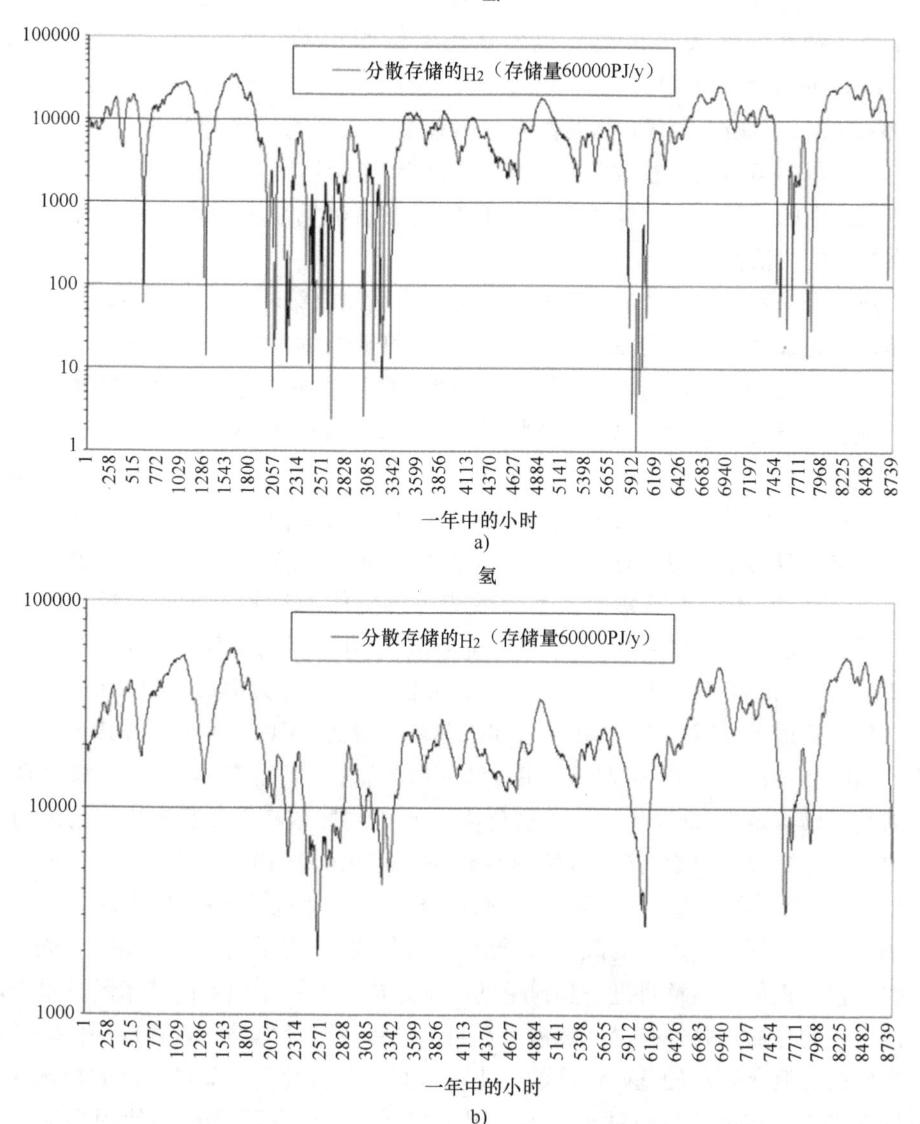


图 5.51　2050 年分散式远景方案中所有建筑物集成的储氢设施中的氢储量小时变化（图 a）及用离岸风电生产（产量从 99 增加到 180PJ/y）的氢储量的小时变化（图 b）（Sørensen 等，2001）

章中所讨论的不同种类的设备来存储。该远景方案的方法已经展示了可再生能源系统在可再生能源需求波动和输入有自然变化的条件下，以可靠的和有弹性的方式工作的能力。

对于这种做法的一个重要条件是强电电网的区域输电线和局部分布线的维

护。该电网把可再生电力输送给负载或制氢的燃料电池（或其他电解槽），在可再生能源对系统输入不足期间也输送由氢燃料电池所发的电（见 Sørensen，1981；Meibom 等，1999）。当今另外的网格系统是天然气管道和集中供热管线（这两者在丹麦能源系统中都很普遍，尽管没有通到每一个建筑物）。这些系统都应该保留：集中供热管线将热量输送到季节存储站（非建筑物集成）和用于供热安全性的保障，而气体管线（改造后用于输送氢）为运输业和非移动用氢提供额外的灵活性。

热源需求要通过一个有优先顺序的选项来满足：第一是太阳能集热器，然后是储热站，最后是热泵电加热（在有集中供热管线的区域可以集中安装以获得最大效率）。高品位的能源需求首先由直接可再生能源发电，然后通过氢（或甲醇）或氢再发电来满足。直接使用和热泵需求之后剩余的电力被转换成氢，而风电和光伏转换器的发电容量（总额定值）是这样选择的，可使得所有非移动需求由选择前述的优先顺序选项来满足，所有的运输能源需求可以通过可用的氢、甲醇或电力来满足。这就决定了所需要的可再生能源收集装置的容量，图5.32 和图 5.49 中给出了集中式和分散式可再生能源远景方案的容量。风力发电，目前安装在陆地的 4000 台风力机都应该在 2050 年之前替换成新的，具有至少 2MW 的单机容量。对于海上风电场，分散式远景方案需要不到 2000 台风力机，集中式远景方案需要 4000 台，如果单机容量为 4MW。对于分散式远景方案海上风电装置需要 6.8GW 额定功率，集中式远景方案需要 14.7GW。海上风力机的密度已假定为 $8MW/km^2$，以避免明显的“阴影效应”（密集排列的风力机的功率降低）。生物质生产甲醇使用 Sørensen（2010a）描述的技术。

在描述现在到 2050 年期间的实施计划时，必须假设价格，作为诸如燃料电池和太阳电池等至关重要的成本组成部分的累计制造费用的函数，是一个逐渐降低的过程，正如第 6 章将进一步讨论的。确定成本的一个重要的技术问题是燃料电池组件的寿命。其他技术问题涉及从目前的系统到充氢站、氢存储和传输的前景画面的过渡所暗示的基础设施的变化。也有一些目前远不具可行性的领域，如氢燃料飞机。在过渡时期对于上述应用领域逐渐降低化石燃料的使用是很自然的。充氢站的更换意味着一个实施策略，从以氢为燃料的专门车辆的车队开始，然后是相关的氢气管线系统，可能有必要在过渡时期内建立新的并行的管线，因为天然气管道仍在用于天然气的输送。道路系统中车用氢容器的替换在一个以资源使用效率为目的的系统里没有吸引力。中央储氢设施可以很容易地建立（也可以不使用现有的天然气设施，世界大部分地区有很多合适的地质构造），加压容器储氢的更安全的替代方案（如金属氢化物），达到可用程度将需要几十年，即使相关技术问题的解决方案进展顺利。燃料电池发电可以采用低温的 PEM 电池（中温电池技术或许会有进一步发展）以及静止用途的固体氧化物燃料电池。电解可以是通过可逆燃料电池，对双向操作进行了优化。常规电解（单向反向燃料电池）是后备选项。

较早使用波动可再生能源的国家会对氢技术的早期引入感兴趣。越来越多的化石燃料价格上升和因大部分资源位于政治不稳定的地区而引起的交付问题，这些主要驱动力使在过渡期内较早引进基于化石燃料的氢不太可能成功，除了在一些特殊地区，其燃料尤其是天然气有富余，有可能供本地使用。

### 5.5.3 新区域远景方案

最近几年，远景方案工作已集中在从区域能源协作能够产生的额外优势。这涉及邻国间拥有不同的可再生资源，如一个国家具有林业或农业，可以产生大量的生物质废物，另一个国家的沿海地区风能潜力高，第三个国家有光照时间长，但是这里的光照如果孤立地看也许不适合于大规模能源生产（比方说，由于太阳辐射和电力负荷的季节性变化不匹配），假定利用已有的或者新建传输和管道设施，协调不同国家的能源生产和供应，则可以大大地稳定能量供给情况，提供一个甚至比任何一个国家单独运作的成本都低的有弹性的系统。这样的协同作用已经确定适于北欧地区（Sørensen，2008a）、北美地区（Sørensen，2007d）和地中海地区（Sørensen，2010a，2011c）。未来的能源需求的讨论已经扩大到包括几个反映了人类社会中不同的发展目标和偏好的需求远景方案（Sørensen，2008b；2010a）。

作者将提到为5个北欧国家（挪威、瑞典、芬兰、丹麦、德国）所做的区域研究的几个亮点以结束本章，因为它构成了5.5.2节的丹麦远景方案工作的一个很好的扩展。表5.5给出了5个国家已确认可再生能源资源的调查。这些国家已经进行了谨慎的开发：如图5.52的潜在生物质生产仅包括来自林业和农业的容易收集部分，再加上近岸地区（即不要扩展到目前的内陆淡水鱼塘）的水产养殖收获的残余物。同样，图5.53显示的单位陆地/海洋面积或按人均计算的风能潜力，假设内陆风力机仅使用土地总面积的0.01%（即风力机扫过的垂直面积等于水平国土面积的0.01%），水深小于40m的离岸地区面积的0.1%，这部分海域没有用于其他目的（如渔业，海上交通，军事等）。已确认的丹麦陆地上的较高的发电量与已安装了风力机（尽管在许多情况下旧型号风力机的发电量较当前的风力机小）的位置数目相一致，而潜在的离岸能源产量类似于由20世纪90年代末丹麦公用事业所做的确定适合海上风电场的特定位置的研究的产量（丹麦电力企业，1997）。

**表5.5 在2060远景方案中考虑的北欧国家可用的潜在的可再生能源供应摘要**

（单位：PJ/年）（PVT表示光伏发电结合集热器）（Sørensen，2008a）

| 国家 | 丹麦 | 挪威 | 瑞典 | 芬兰 | 德国 |
|---|---|---|---|---|---|
| 陆上风电 | 64 | 167 | 201 | 147 | 157 |
| 海上风电 | 358 | 974 | 579 | 391 | 177 |
| 来自农业的生物燃料 | 241 | 51 | 111 | 49 | 1993 |
| 来自林业的生物燃料 | 58 | 523 | 1670 | 1180 | 892 |
| 来自水产业的生物燃料 | 153 | 223 | 320 | 205 | 108 |
| 水电 | — | 510 | 263 | 49 | 27 |
| 太阳能PVT发电 | — | — | — | — | 129 |
| 太阳能PVT集热 | — | — | — | — | 275 |

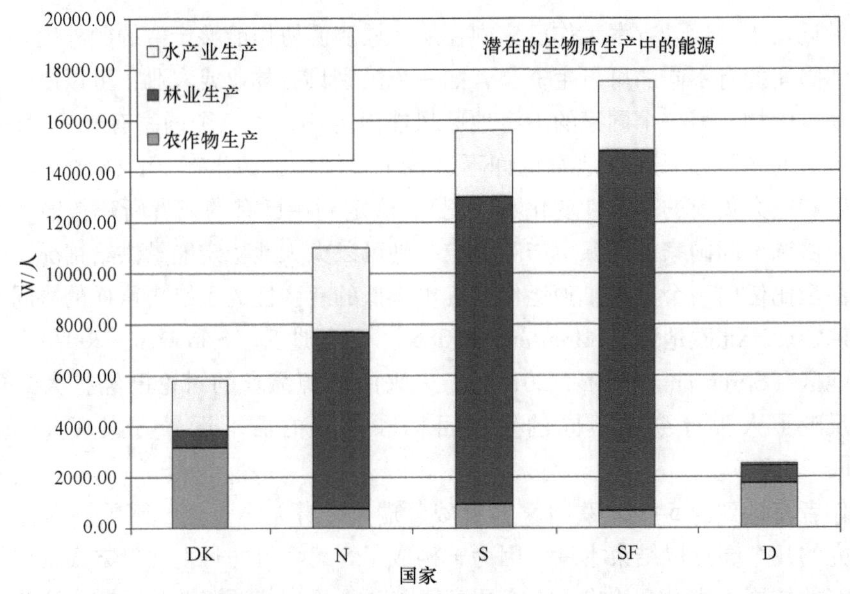


图5.52 2060年远景方案中考虑的5个北欧国家基于生物质残余物的潜在能源生产

［该图片以及第5章内的后续图片均来自Sørensen等（2008）］

可以看出，北欧国家风能和生物能源资源都很丰富。比较图5.53a和图5.53b表明，相对于土地面积，丹麦风能最丰富，但按人均则挪威领先。目前，风力发电在挪威被忽略了，而海上化石燃料的利用带来了国家层面的大部分收入，风电计划用于在石油和天然气资源开始消退后造福未来几代挪威人。目前，挪威石油和天然气开采、处理和使用造成了世界范围的二氧化碳和甲烷的排放，许多挪威人像中东的石油生产国人一样难以很好地适应突如其来的财富。考虑到较多的人口，德国的风能和可再生资源比例就很小。太阳能发电或集热可能比北欧国家起到更显著的作用，但基于可再生资源的自给则需要比2060年远景方案假设的程度更有效地利用资源。然而，该远景方案提供了一个基于满足能源需求的区域贸易与合作的不同解决方案。

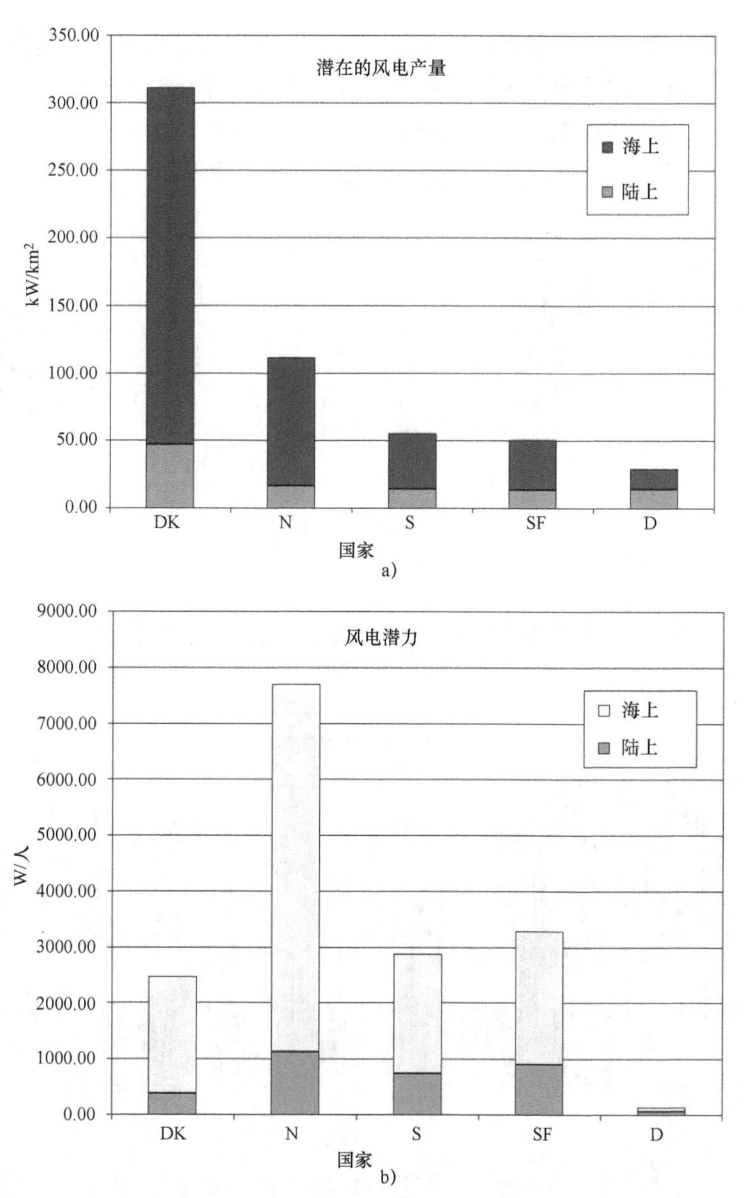


图5.53 估计的潜在风电产量，假定风力机扫过面积为陆地面积的0.01%（丹麦除外，为0.02%，因为这个面积为目前正在使用的风电面积）以及确认为适合风电场建设又不与其他现存水路用途冲突的近海区域的0.1%［年平均的发电潜力kW或W按陆地面积计算（图a）或按人均计算（图b）］

图5.54a和图5.54b给出了风能生产年度变化的一个例子，包括了挪威所有的海上和陆上风电场，每6h的时间间隔。该数据来自一个使用大小约$25\times25\times\cos(\varphi)$ $km^2$的网格内卫星和地面混合数据的模型，其中$\varphi$是纬度。卫星散射仪数据在测量数据罕见的海面最准确，所有的风力数据都通过送入一个全球环流模

型以改善空间一致性。散射雷达数据代表海面上几米高处的风速，表征海洋表面粗糙度参数的标准方法被用来将数据外插到风力机轮轴的高度，即转子叶片通常安装的高度（对于当前的风力机约80m）；见 Sørensen（2010a）。

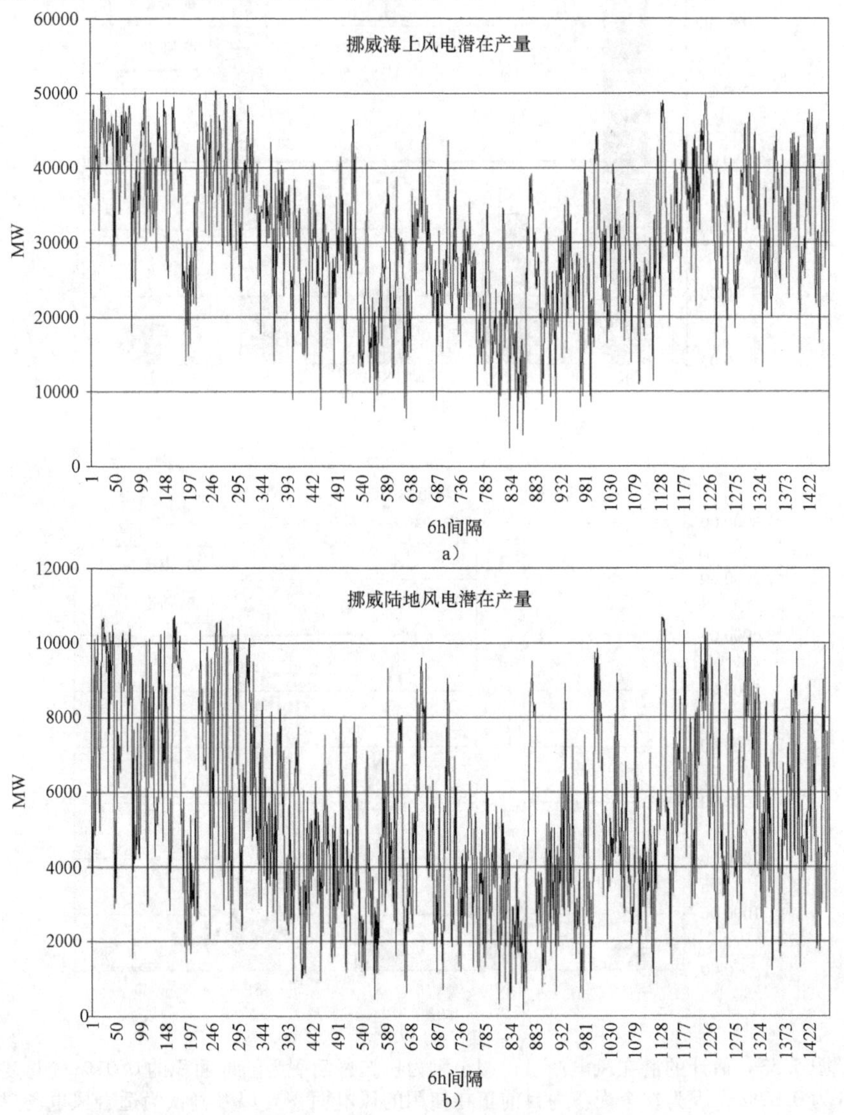


图5.54　挪威潜在的风电产量，一典型年内6h时间间隔

注：图a给出了所有近海适合场地的0.1%面积上的海上风电产量，图b为陆地面积的0.01%的风电量。计算采用了陆地区域的一般环流模型和海上的卫星散射仪数据的混合风场数据，见 Sørensen（2008b；2008c）：陆地区域的环流模型起到光顺输入的风场观测数据的作用。这里已经缩放到风力机轮轴高度的约80m，表5.5/图5.53采用了同样做法。

在2060年远景方案中的挪威部分假定了风电的分配，用于满足挪威的负荷，如图 5.55 和图 5.56 所示。这使得生产的电力有大量的盈余；但在挪威无法利用。该远景方案进一步预测了水力发电的盈余和生物质残渣生产的液体生物燃料的盈余。这些数据根据假定的风电和水电份额显示在图 5.57 中，以 6h 的时间间隔分布在前景年内。

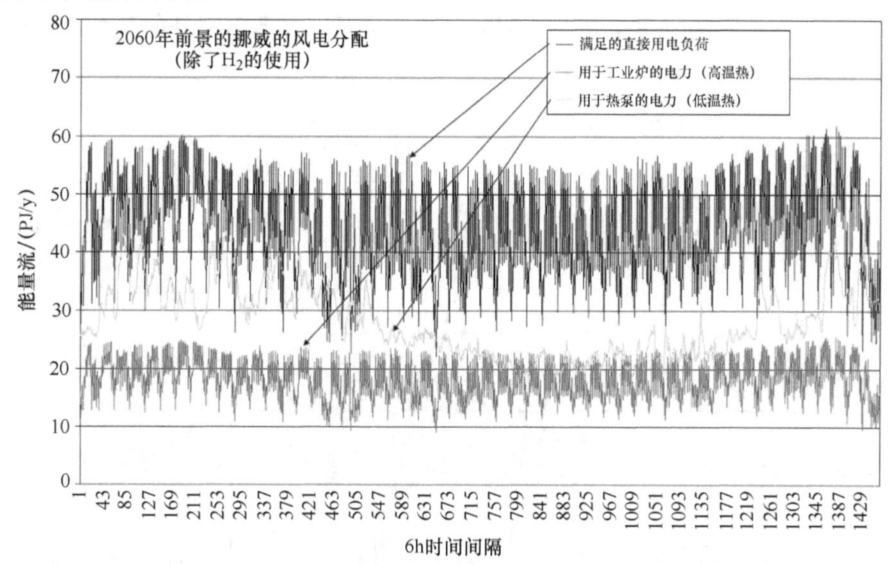


图 5.55　2060 年远景方案中挪威风电产量的部分分配，用于挪威的直接电力负荷以及提供高温热源（主要用于工业）和低温（主要是用于空间和功能供热的热泵）热源

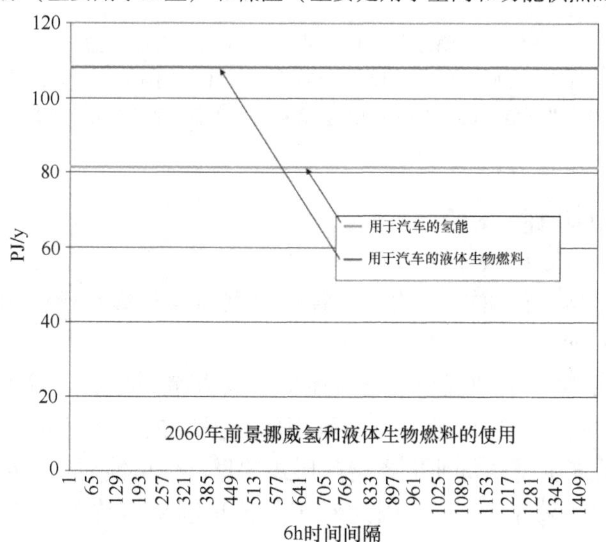


图 5.56　2060 年远景方案中挪威风电产量的进一步分配，通过制氢来满足运输业最终能量使用量的 50%，剩余的 50% 假设通过生物燃料来满足，但是由于相对于燃料电池用氢转化效率较低，初级生物燃料能量超过 50%

2060年远景方案给出的信息是，挪威的电和生物燃料的盈余加上其他北欧国家的类似盈余，足够补偿非核（最近刚刚决定）德国的亏空。甚至可以选择，要么出口电力到德国，电力主要转化为氢用于运输行业；要么出口生物燃料，德国可以用于弥补其亏空的大部分，主要在交通运输业。换句话说，北欧国家和德国可以通过本地区的可再生能源达到能源自给自足，甚至有额外的盈余出口到其他更南的欧洲国家。

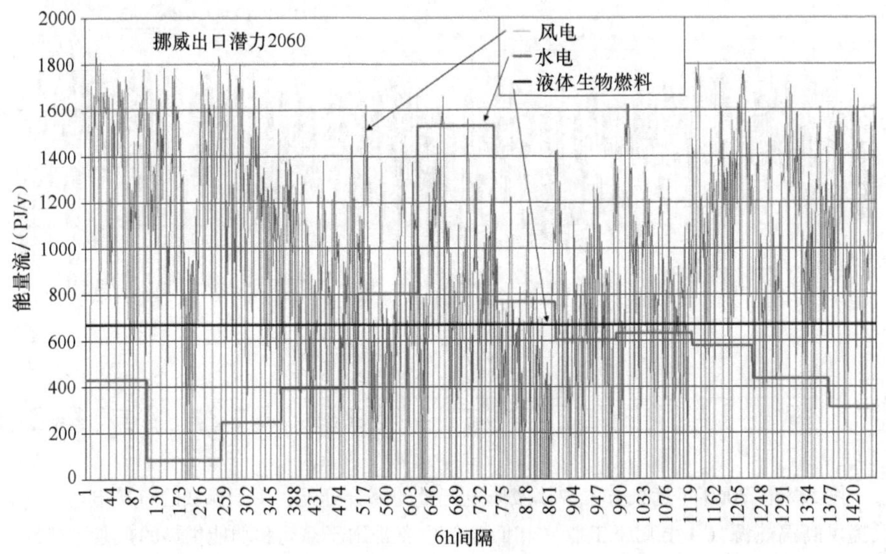


图5.57 挪威各种可再生能源可用于出口的盈余

注：风能在2060前景年（使用近年的风场数据）当中以6h间隔显示，水电以月来显示（基于水库库存），生物燃料仅显示平均值（因为生物质或生物燃料在生产前后都很容易存储）。

## 5.6 问题和讨论

1）尝试预测从当前的基础设施平稳过渡到固定与移动行业用氢的基础设施所需要的事件序列。

2）构建你的国家或地区与本章所述的远景方案类似的远景方案。首先，列举最适合你的方案的能源，然后使用可用的数据（或本章的远景方案）确定一个供需平衡的系统所需的每种主要能源形式的量。你可能对未来的需求做不同的假设（活动增加和效率提高），因此对于其他选项确定你的需求假设所决定的限制。

3）如果所有的氢必须用作为唯一的一次资源天然气来生产，讨论一个氢基能源系统可能维持多久（例如，用5.3节给出的天然气储量估计）。

# 第6章　社会影响

## 6.1　成本预期

### 6.1.1　制氢成本

一旦燃料输入成本已知，天然气重整制氢的成本[注]是已知的（Amos，1998；Longanbach 等，2002；Simbeck 和 Chang，2002）。在低（管道）压力下，制氢成本约 1.0 美元/kg，基于估算时的廉价的天然气（假设为 1.5 美元/GJ 或不到 2004 年价格的一半）。填充到加压瓶中价格高 30%，而如果液化的话价格高两倍以上。另一方面，较小的体积使运输成本更低，从中央氢气生产装置分配到最终用户，管道天然气制得的氢的成本最高（5 美元/kg），而基于液化气成本最低（3.7 美元/kg），当然与运输距离和技术的假设有关。Simbeck 和 Chang（2002）估计，用生物质废弃物制氢成本仅约合 2.5 美元/kg，用电能（2001 年美国的电力成本）通过电解制氢成本约合 5 美元/kg。Fingersh（2003）以及 Padró 和 Putsche（1999）估计用常规的小型电解槽制氢成本为 8 ~ 12 美元/kg，但较大的电解槽使用过剩的风电可以保持成本低于 2 美元/kg。基于煤汽化，估计制氢成本超过 12 美元/kg。这些成本估算没有包括外部效应。

如果通过燃料电池的逆向操作将剩余电力转化为氢气，但其成本由其发电效益支付，并且如果一个可逆燃料电池的成本可以假定类似于单向燃料电池，那么基于燃料电池电解制氢的成本可能低到所使用电力的发电成本（取决于成本在两个过程方向上如何分配）。因而用于生产氢气的电力可以是非高峰电或诸如风电和太阳能光伏发电的可再生能源系统的过剩电，这些电在发电时无法用于满足用电需求。近年来，拍卖池中这些电的成本通常低于 2 美分或欧分/（kW · h），相当于约 6 美元/GJ 的氢，假设约 90% 的转换效率。

Faaij 和 Hamelinck（2002）估计生物质（最有可能是木质纤维素）汽化和变换反应（见第 2 章）制氢的成本估计为 9 ~ 14 美元/GJ，具有减少至 4 ~ 9 美元/GJ 的长期潜力。价格范围中较高的值反映了计入欧洲条件（最有可能从林业）

---

[注] 使用不同国家基于不同的税收和补贴结构的成本估算时必须小心。人们应该特别注意如何使用目前的能源成本来估计新技术的盈亏平衡成本。

下的生产成本，如果可以使用没有经济价值的废弃残留物，价格范围中较低的值也是可能的。藻类生物质光合作用制氢的成本则更高。Kondo 等人（2002）估计对于 5000$m^3$/天的基于球形红细菌变种的原型系统的制氢成本为 235 ~ 574 日元/$m^3$或 188 ~ 460 美元/GJ。

在使用甲醇作为中间燃料或直接甲醇燃料电池的情况下，甲醇的生产成本也是令人感兴趣的。从化石燃料特别是天然气生产甲醇，价格为 3 美元/GJ，重整或串联反应器方法生产甲醇的成本估计约为 5.5 美元/GJ（Lange，1997）。用于这一概念的先进微结构反应器正在开发当中（Horny 等，2004）。

### 6.1.2 燃料电池成本

诸如熔融碳酸盐或固体氧化物燃料电池的概念，在未来十年内可能不会达到商业化阶段。到 2010 年 SOFC 商业化可能的初步成本估算在 3200 美元/kW，2050 年 1300 美元/kW（Fukushima 等，2004），或低至 350 美元/kW（EG&G，2004）。存在的问题包括镧的可用性，目前主要应用在高温陶瓷中。在这种情况下应该进行尽可能的回收。

由于其早期的成功，碱性燃料电池（AFC）看起来比质子交换膜（PEM）燃料电池便宜，虽然两者的价格仍高于用于商业用途的要求。然而，设想（和必要的）的关于 PEM 电池成本快速下降的前景似乎并不会发生于 AFC。McLean 等人（2002）解释说这是由于缺乏进一步发展 AFC 技术的兴趣导致的。他们引述小批量的 AFC 的成本为 1750 美元/kW，在规模很大但具体未知的量产情况下 AFC 具有减少到 155 美元/kW 的潜力。他们进一步假定小批量的 PEM 电池的成本高于 2000 美元/kW，但对于大量生产的汽车 50kW 堆栈有可能减少到20 美元/kW。这将低于到 2025 年 30 欧元/kW 的目标，产量达每年 25 万的燃料电池单元的水平(丹麦氢能委员会，1998)。外围组件（气体循环系统、管道、用于 AFC 电子器件加电解质再循环组件、用于 PEM 的加湿器）的费用对于 PEM 来说估计为 AFC 的 3 倍以上，虽然与当前的燃料电池堆栈的成本相比很小，如果电堆费用达到下限，外围设备的成本将变得更重要。

关于 PEM 电池大规模用于车辆，较新的获益估计表明未来成本是生产积累量和下面的两个参数的函数：功率密度提高（从现在的水平增加到 2 ~ 5kW/$m^2$）和成熟速度（取为假定的对数学习曲线的斜率），范围为 15 ~ 392 美元/kW (Tsuchiya 和 Kobayashi，2004)。较低的成本估算假设到 2020 年累计生产 500 万辆燃料电池汽车，燃料电池平均额定功率为 110kW，而较高的估计是假定 5 万辆汽车和燃料电池的功率密度已达到 3kW/$m^2$，假设成本 2010 年达到一个可能的最低值。生产量的假设可能是高估，因为燃料电池在汽车领域最有可能的作用将是混合动力车（见第 4 章），单位额定功率不超过 20kW。

Wang 等人（2011）发现 PEM 燃料电池的成本由 Pt 催化剂的成本主导，但预测，较薄的催化剂层将很快大大降低这部分成本构成，使得空气输送成为主要成本。这与 Mahadevan 等（2010 年）的结论相反，对于一个旨在用于固定用途的 5kW 的燃料电池，他发现双极板将成为支配性成本，然后是催化剂和气体扩散层的成本。很显然关于降低成本的潜力，许多重要性的因素仍不清楚。如果由美国能源部和欧洲能源部门宣布的未来若干年的成本目标得以实现，系统成本的平衡将最终主导总成本。

车辆 PEM 燃料电池目前的目标是大约 5000h 的寿命（但在 2010 年仅达到约 2000h），相比之下连续固定用途燃料电池寿命最小值设定为 40000h。对于 1200 美元/kW 的 5kW 家庭系统、较大的 700 美元/kW 的 250kW 系统，Lipman 等（2004）预测了能够使固定式燃料电池盈亏平衡的石油和天然气未来价格。对于车用燃料电池，他们建议当车停在车库时，可以为建筑物系统内的发电做贡献。这似乎没有考虑到为车辆使用设计的燃料电池较短的寿命。美国能源部估计，利用现有技术开发的燃料电池的成本可能低至 50 美元/kW，只要产量达到每年五十万台（美国能源部，2010a）。80kW PEM 燃料电池被视为许多美国成本研究的基础型号（例如 Carlson 等，2005），现在可能认为对于现实的车辆的驱动系统来说过大，较小一些的燃料电池在应用的早期可以被接受，即使其千瓦成本较高（Baptista 等，2010）。

与能源领域的（如风电、光伏发电或高密度电池等）其他技术开发过程的经验学习曲线比较可能会有指导意义。图 6.1 给出了风电和光伏学习曲线的分析结果。经济学家往往用直线对数行为描述这样的研究结果，将成本 $Y$ 写成累计生产量 $X$ 的函数，

$$\log Y(X) = -r\log X + \text{常量} \tag{6.1}$$

斜率 $-r$ 有时通过“进步比” $PR=2^{-r}$ 或“学习率” $LR=1-PR$ 来定义。

图 6.1 显示了经验学习曲线有许多相当复杂的特点（以 2004 年的欧元价格计算，使用英国财政部的 2004 年物价折算指数）。

对于风电机组的成本，在 20 世纪 80 年代持平或上升的成本曲线反映出这样一个时期，逃税方案使制造商在美国（尤其是加州）销售风力发电场时能够无须担心成本。到 80 年代末，加州市场崩溃，价格在努力开拓世界其他地区新市场的过程中快速下跌。市场开拓努力没有成功，几家制造商倒闭（曲线的垂直部分）。行业重组后，多样化经营策略奏效，经过几年平的成本曲线，市场真正起飞了，学习曲线的行为开始了。1990—2000 年的十年在稳步扩展市场的过程中表现出约 10% 的学习速度（德国、印度、西班牙、丹麦，再加上其他几个国家）。图 6.1 的曲线对应于最佳地点如海上或沿岸 1 类风况风场的性能，性能系数在 2000 年达到 $C_p=0.294$，相比之下 1981 年是 0.20。在 1997 年至 2002 年期

间，海上风电场有很大的扩张，其性能系数在2002年高达0.46（Sørensen，2010a）。$C_p$ 的这些变化和后来的下降都不是因为任何激进的技术改造造成的，而是由于设计理念的变化，由原来的以年发电量最高为目标变为优先考虑年运行小时数（实际上通过保持叶片设计和桨距角大致与陆上风力机相同来实现）。

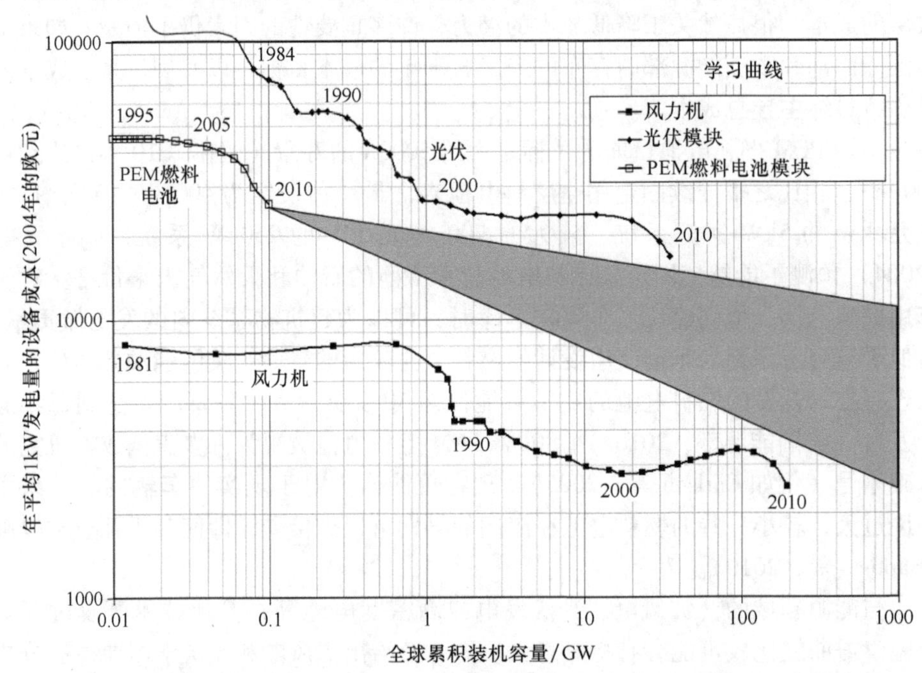


图6.1　用于预测PEM燃料电池堆的可能学习行为的风力机和光伏组件成本学习曲线

注：给定时间内的总累积容量是横坐标，电力生产的平均成本是纵坐标。它被取作装机功率的每千瓦成本除以 $C_p$，$C_p$ 是平均年产量和发电设备的额定功率之比（即最大发电量的等量时间分率）。汽车PEM燃料电池的外推线对应于风电和光伏产业长时间内的典型学习速率。数据有很大的不同，取决于如风力机设备的选址（Lauritsen 等，1996；Neij 等，2003；Morthorst 等，2008；Madsen，2002；GWEC，2010；WWEA，2011）或光伏模块的选址（IEA－PVPS，2010，有限的地理覆盖；Schaeffer 等，2004；Borenstein，2008；Lushetsky，2010）。早期的PEM燃料电池费用基于丹麦氢能计划和欧洲委员会的 Citaro F 公交车招标 1998－2002，Mahadevan 等人（2010）更近期的成本估计，以及美国能源部（2010a）的趋势曲线。

图6.1的后续行为体现了全球风电项目大扩张导致价格停止下跌，实际上有所提高，但新的价格下降出现在2007年后，由于全球经济危机之后的几年中，银行找不到足够的有价值的项目来使用前一段时间内经济流动性的强劲增长所获得的存款，这些增长主要是房地产行业的经济泡沫造成的。应该补充说，即使是如风力这样的成熟技术的价格信息也已经变得越来越难以获得，由于无法获得制造商的标准价格表，也因为列入招标的大型风电项目往往是与特定地点相关的土木和运输类的工作。

对于光伏板，直线式的成本估计效果不佳，因为从图6.1的早期曲线可以看出曲线每3~5年从一个平台跳到一个较低平台。这可能反映了引进更好的技术，每次生产设备都将被替换。然而竞争的影响（1999年以后尤为明显）则来自于众多的公共补贴计划（尤其是德国和日本）。这使得厂商无意降低价格，除非大型公共项目设置的招标条件迫使他们这样做。整体的学习速率最初为20%以上，明显高于更成熟的风电技术。近期价格暴跌可能与大规模补贴计划的停止有关。性能系数 $C_p$ 大约0.16意味着一年内光伏板的平均发电量相当于在所有的季节昼夜满太阳能辐射下最大（额定）功率运行的发电量的16%。

现在转到PEM燃料电池，这种仅在演示项目中使用的新兴技术的价格无法很准确地确定。1995年，卖给研究实验室和原型车的燃料电池的价格比图6.1所示的起始价格要低。然而，这些电池没有任何担保，往往仅能工作不到一年的时间。2000年后当技术从原型水平发展到30~80台的小系列产品，2005年左右随着PEM燃料电池客车和乘用车即将投产，大多数燃料电池制造商开始与汽车制造商以一般不为人知的价格签订合同协议。即使国家项目采购PEM燃料电池也面临困难，几家愿意报价的厂商要求的价格比1995年的价格高得多。市场仍然缺乏清晰度，燃料电池还没有达到5年运行寿命的目标，而是仅有约2年的寿命（美国能源部，2006）。图6.1使用的价格来自诸如欧洲客车项目材料的投标信息，假定电池的价格约占系统总价格（相对于一个类似的常规柴油牵引客车的Citaro F客车的成本）的一半。功率系数的 $C_p$ 取为0.06，反映了假定的1000h年运行时间和另一个大小为0.5的乘法因子，乘以这个因子是因为车辆并不总是在燃料电池的满额定功率下运行（对于混合动力的燃料电池-电池车辆，该因子可能会因为电池用剩余电力充电的充电量的不同而变化）。当前不同的应用场合中PEM燃料电池的数量见Wang等人的讨论（2011）。

PEM燃料电池的价格的未来降低趋势如图6.1所示，对应于10%和20%的学习速率，相当于近十年光伏模块和风力机这两种限制性的情况。即使以较低的曲线来考虑，累计生产量达到500GW以前，当前的车辆发动机仍不会盈利。然而，如果评估包括燃料价格，石油产品的供应问题（主要生产国的限产和不稳定）可能使PEM氢燃料电池车在高于目前看到的盈亏平衡价格的价位上具有竞争力。已经有很多市场发展和成本行为的预测，但不乏有关氢能和燃料电池技术的乐观主义的明显偏见（美国能源部，2010；Park等，2011）。

这里的讨论已经表明，许多因素会影响价格的变化，除了工业“学习”。人们还应该小心文献中使用的方法，不同的文献往往彼此有很大差异，例如，使用运行价格，而不是用这里使用的通货膨胀校正价格或只比较一个国家的价格和累积安装数量（Ibenholt，2002；Junginger等，2004；Rosenberg等，2010）。制造商在一个国家的学习行为可能是一个合理的指标，因为技术进步迅速蔓延至整个地区时，如果没有专利问题的阻碍，它并非总是如此（Chen 等，2011）。另一方面，价格也可能会因不同的地理区域而不同，比如说，由于一种不涉及全球销售和基础设施维护的新产业。需要再次提醒的是，使用双对数曲线可以让任何事情看起来是线性的，尤其是当几十年的变化都包含在横坐标和纵坐标中。图 6.1 已经采取谨慎措施不放大这种影响，而在大部分学习曲线为主题的文献中这种问题是很显著的。

比较不同寿命设备的价格时也要小心。风力机公认的寿命大约 25 年。光伏板的寿命被认为类似或甚至更长一些，至少那些基于单晶硅和多晶硅电池的光伏板是这样。与此相反，在进行技术比较时目前力争达到的汽车用和固定式燃料电池的 5 年寿命应被考虑。人们甚至可以认为，如果为了进行不同技术之间的公平比较，图 6.1 的燃料电池曲线应该上移五倍。因为燃料电池汽车已经基于所假设的设备使用寿命，其盈亏平衡点不受影响。只有所述设备的耐久时间目标无法到达（或超过）时才必须对评估进行修改。

以同时满足固定和移动 PEM 燃料电池系统的目标成本所需的时间已经用 Delphi 法进行了研究（采访多位专家）（Kusugi 等，2004）。其结果表明对于这两种技术需要的时间是以约 17 年为中心的分布。它与刚才提到的 Tsuchiya 等人（2004）的假设吻合很好，并且与 40 ~ 200 美元/kW 额定功率的目标相一致，这个价格范围被认为是欧洲、日本和美国的区域燃料电池计划需要的盈亏平衡点（欧洲委员会，1998；Iwai，2004；美国能源部，2002；Chalk 等，2004；美国能源部/运输部，2006）。美国估计的盈亏平衡价在该范围的下端是由于该国目前的汽车燃料补贴造成的低价格（忽略外部效应）。和图 6.1 相比较，Tsuchiya 和 Kobayashi（2004）获得了一组较低的曲线，因为他们使用了 PEM 燃料电池当前成本的较低值，1833 美元/kW 额定功率或约 15000 欧元/kW 平均功率，作为他们的学习曲线起点。很显然，在任何情况下 Delphi 型 Oracle 预测不能替代科学评估。

### 6.1.3 储氢成本

储氢费用包括所使用设备的资本成本和运营成本，如压缩或液化所需的动力。Shayegan 等（2004）引述说从液化存储回收氢，对于小型存储设施需要约合 5 美元/kg 的额外费用，对于高度压缩/液化该费用可降低至 1 美元/kg。通过容器存储压缩氢气的短期额外费用为 0.4 美元/kg 左右，但费用随着存储时间增加而上升（Amos，1998；Padró 和 Putsche，1999）。基于 2.4 节和 5.1 节提到的洞穴、废弃天然气井、蓄水层还有盐丘的大型地下储氢设施具有低得多的成本（建立存储设施的投资成本为 3 ~ 20 美元/kg，低于液化存储成本一个数量级，低于压缩存储两个数量级），这是集中储氢的自然选择。

对于分散的固定存储，金属氢化物存储装置，或在2.4节中描述的类似概念之一，可能比压缩天然气瓶更具吸引力，但成本很难估算，因为最终的设计还不清楚（例如，几何布局要允许氢气的提取过程足够快）。用于金属氢化物储氢的投资成本估计为每kg $H_2$容量2000～80000美元（2004年美元价格）的范围内（Amos，1998）。自从上述成本估计之后氢化物的选择和相应的成本估计都没有明显的进展。存储周期成本估计为0.4～25美元/kg（Padró和Putsche，1999）。对于汽车应用，除了一些非金属化学或碳存储类的技术之外，重量会是一个问题。当技术成熟了的时候，预计成本比压缩存储容器要高出几十倍。存储选项的一般调查参见电力存储协会（Electricity Storage Associations，2009，主要是电池），Perez等人（2010）或Sørensen（2010a，第5章）。几个选项（从电池到水电）可以考虑用于存储风电或光伏获得的可再生能源，无论是否转化成氢，而飞轮和超级电容器已被建议用于车辆的短期能量贮存（Doucette和McCulloch，2011）。

### 6.1.4 基础设施成本

通过管道传输氢的成本取决于管径和氢气的流量。增加通过管道的压力差能够降低的成本超过压缩机的额外费用。Amos（1998）发现$10^6$kg/天的优化流量通过160km的管道的费用约为5美元/GJ。Marin等（2010）列出了输送成本与距离和流量的依赖关系，可惜没有指出使用的哪种货币（加元，美元，……）或通胀指数（给出了1985年至2009年费用的参考）。道路运输液态氢的成本估价比较低，但仅限于使用当前燃料（柴油）运输的费用，任何情况下液化氢气的额外成本都会使得总价格失去吸引力，除了超长距离运输（如氢的洲际船舶运输，类似于液化天然气海运）。

把道路车辆充气站转变为分配压缩氢气的装置可能会使氢气价格增加0.1美元/kg，但是可替代地，氢的生产可以使用任何可用的方法在填充站进行。必要的加油站转换增加的氢的成本相当于当前系统的不到一年的维护费（参见Padró和Putsche的综述，1999；Campbell，2004b，以及更近的Kohler等人的欧洲方面的估计，2010）。

建筑物内产氢（通过电解）并分配给车库停放的车辆（“一辆汽车的加油站”）很可能会分别使产氢和灌装的价格加倍（Padró和Putsche，1999）。尽管有早期的努力，尺寸相当于传统天然气燃烧器的可逆燃料电池单元仍还没有达到商业化，而一个设备中的氢－电联产因此具有理论上的可能性。

如果从天然气生产氢，将会有实质性的环境影响（Ozbilen等，2011），可能要考虑回收$CO_2$（已经在大多数当前的蒸汽重整装置中被分离），并存储在远离大气层的地方，例如废弃矿井或作为碳酸盐存于洋底。额外的成本估计为0.05～0.1美元/kg氢气（Padró和Putsche，1999）。

### 6.1.5 系统成本

燃料电池系统的成本，部分是基于车辆或建筑物的系统的成本，在更广泛的范围内是氢经济的总成本，包括产氢、不同类型的使用和基础设施，如存储和传输、分配和填充网点。

系统的费用不可能从部件成本导出的一个原因是，各系统组件经常具有不同于当前能源系统的等效组件（如果有的话）的效率特征。

首先来看PEM燃料电池汽车的成本，这些旨在探索未来的燃料电池成本的研究也阐明了系统总成本包括燃料电池、储氢、处理、混合动力汽车情况下的电池、动力控制，以便获得汽车制造总价的发展状况。图6.2显示了日本的一个早期研究结果，假设到2020年燃料电池成本下降到40美元/kW（几个前景方案之一）以及燃料电池汽车（客车、货车、大客车等）存量到2020年相应增加到500万，2030年增加到1500万。人们可能会期望燃料电池汽车的需求随着价格下降而上升，而不仅仅是在价格下降之后，但该前景方案只是表明了3个选定的年份，并不意味着是动态的变化。到2020年，燃料电池车的成本（以不变价格计算为15788美元）几乎是降到了目前的汽油汽车的价格（该研究中假设为13136美元）。

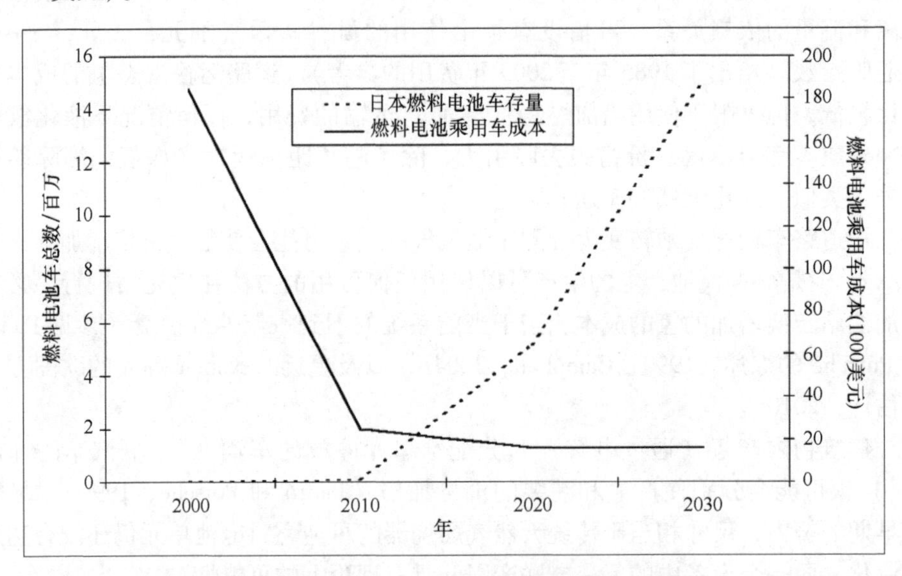


图6.2 日本的燃料电池汽车市场发展的前景方案结果，假设燃料电池汽车存量是时间的函数，随乘用燃料电池汽车成本的下降变化（存量包括其他类型的燃料电池汽车）（基于Tsuchiya等，2004）

图6.3显示了日本方案中所需氢的量以及相关的成本，图6.4显示了所需氢

充气站的数量及其建造年度费用。

由 Tsuchita 等人（2004）提出的前景方案假设包括日本的人口略有下降、国民生产总值适度上升和能源需求保持不变（通过引入更有效的能源使用设备来实现，不仅在运输行业）。燃料电池汽车的产量从 2010 年的 50000 辆/年上升到 2020 年的 130 万辆/年、2030 年 310 万辆/年，到 2030 年的年销售收入为 $59 \times 10^9$ 美元（生产成本加上 15% 利润幅度）。到 2030 年氢活动构成日本总国民生产总值的 1%。

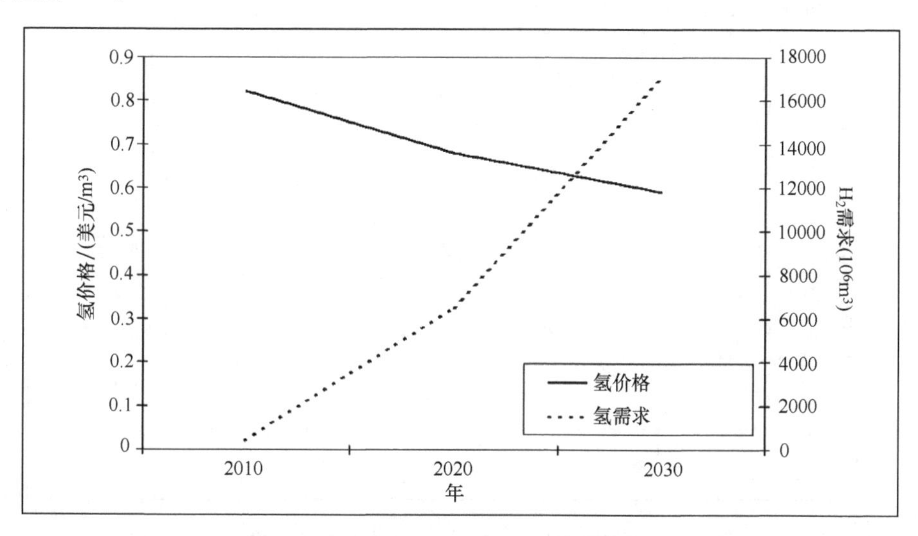


图 6.3　图 6.2 远景方案日本氢需求和交付给客户的价格（基于 Tsuchiya 等，2004）

关键的氢处理设备的成本估计可以扩展到其他的成本远景方案，如日本的一个用于道路运输的远景方案扩展到其他行业；比如说，用来估计 5.5 节所描述的分散式丹麦远景方案中设想的建筑物集成燃料电池应用的成本。在任何情况下，这样的成本预测都具有高度的不确定性，由于一些氢基能源系统（见图 6.1）中最重要组成部分的未来成本会在很宽范围内变化。目前为止汽车燃料电池达到市场要求的解决方案的失败表明，试图更新早期价格和带有新的乐观猜测的远景方案不会带来任何可以看得到的益处（Hajimiragha 等，2011）。

有时会对氢基础设施体系有这样的批评，它所涉及的许多转换步骤将使系统的整体效率降低（Bossel，2004）。从风电开始通过电解制氢，带有运输和存储的损失，最后在建筑物或燃料电池汽车再发电将获得大约 25% 的整体效率，与目前的转换效率相比是较低的，其典型的效率在 13% ~30%，包括炼油厂损失（10%）以及车辆内燃机（平均效率约 15%）或者发电厂（小于等于 35% 的平均效率）。我相信批评很大程度上是无的放矢，因为重点在于目前的化石燃料系统已经走到尽头，不得不由另一种能源系统所取代。因为可再生能源提供了唯一可持续发展的未来能源系统，而应对可变的一次能源流是必须的。处理这类波动需要能量的存储，氢似乎是解决这个问题的最便宜的方法。显然，来回转换涉及额外的损失，但是这不得不接受，和氢系统的公平比较是将它与其他能应对太阳能和风能的大幅度波动的系统比较，而不是与走向末路的过时系统相比较。这样一个公平的比较将最有可能仍然指定氢作为最可行的能量存储介质，地下储氢与电池、抽水蓄能和其他存储的可能相比非常有吸引力。

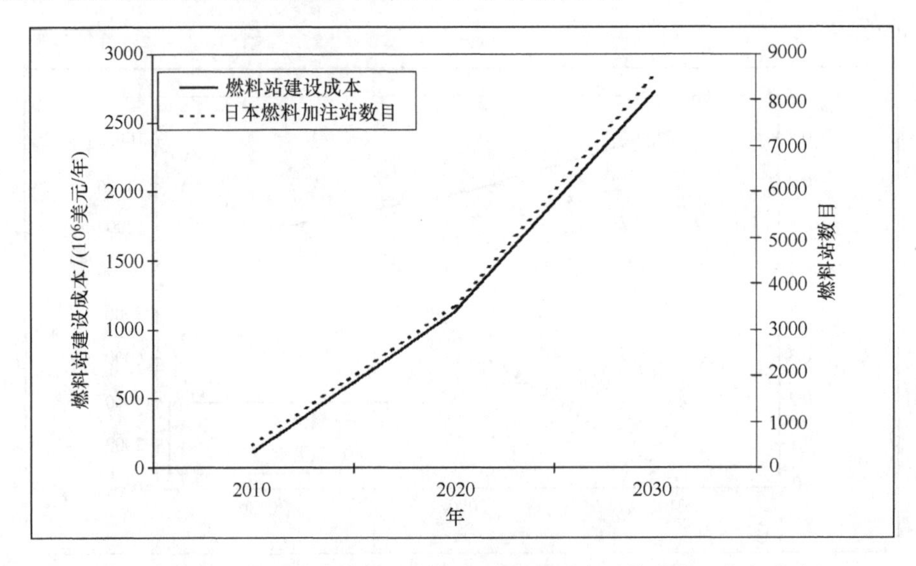


图6.4　图6.2远景方案中日本的氢气充气站需求及其成本（每年支出）（基于Tsuchiya等，2004）

## 6.2　对环境和社会影响的寿命周期分析

制氢的生命周期评估，对于传统燃料转换成氢的情形，类似于许多现有的研究，重大的影响在于空气污染和全球变暖问题（见Sørensen，2011a）。首先，我会在6.2.1节给出本节使用的寿命周期分析（Life Cycle Analysis，LCA）和评估的定义，随后给出氢系统寿命周期分析一些应用实例。也会涉及氢系统各组成部分对环境的影响，以及已经确认的其他影响。

在给出的寿命周期分析实例中将会有一个生物质直接转化制氢的例子，旨在阐明这种氢生产途径会降低相应的影响。虽然新兴技术方兴未艾，目前完整描述相应的工业过程是不可能的，但是目前取得的通用评估仍然具有重要意义。对于氢的燃料电池转化，工程上的进展允许在一个相当详细的基础上开展有意义的寿命周期研究。这方面将给出一个具体的例子。

乘用车是整个系统寿命周期分析的一个重要例子。这既涉及汽车制造的分析，包括为燃料电池运行所必需的、对传统汽车所做的特定补充，也涉及燃料供应和产品最终处置对基础设施的影响和贡献。

在进行实际分析之前给出寿命周期方法的简短摘要是必要的，因为寿命周期分析并不是一个标准计算。人们可以在文献中发现各种定义，从特定区域的净能源分析到充分考虑环境和社会影响的环境影响研究。本节将使用后者的方法，在 Sørensen（2011a）有更充分的描述。

### 6.2.1　寿命周期分析的目的和方法

技术评估是一个很自然的工具，用于评估诸如旨在用于能源供应这样的普遍性行业的单个产品和更综合性的系统。评估的目的可能是授权或建立产品和系统的健康和环保要求。对个人消费者，技术评估是在满足特定需求的替代方案之间进行选择的工具，对于决策者，它可以作为评估产业政策和调配公共投资的工具。

特定技术的副作用可能在使用过程中显示出来，也可能与其制作、采购或与该技术使用后的丢弃或回收相关联。该技术还可能在任何寿命阶段，需要社会其他部门的材料和服务的投入，它们可能会产生与寿命周期的任何阶段相关的负面影响。因此，有必要进行所谓的全“寿命周期分析”（LCA），其中包括上述间接影响，以允许不同的技术之间进行公平比较，这些技术可能在寿命周期中的任何阶段出现问题。只比较能源技术如何生产肯定是错误，而只比较它们的使用行为也同样是错误的。例如，化石燃料如果被燃烧的话其排放的影响最为严重，而太阳能或风能在使用阶段几乎没有影响。举例来说，核能的影响（与放射性废物相关）在其使用后长期存在。所以，从相当普遍的意义上讲，公平的比较必须基于一个完整的寿命周期评估，加上收集必要信息（建立数据库），这些构成了寿命周期分析的第一步（Kuemmel 等，1997；Sørensen，2011a）。

评估问题会因这一事实而恶化，即有可能无论生产商、社会还是客户都不会为一些损坏而买单。在这种情况下，这些损坏会继续存在而破坏社会的集体价值。这些逃脱了技术的经济制约的影响对于可能替代技术间的任何比较评价仍然是非常重要的。没有反映在与技术相关的标定价格中的成本被称为“外部效应（externalities）”。有关寿命周期分析的目的和范畴，包括如何使用 LCA，如何处理发生的利益和损害事件之间的地理距离和时间间隔，数据汇集的方法以及寻求表示损坏大小的共同的计量方法（如货币单位），更详细的讨论见 Sørensen（2010a；2011a）。这里简略叙述的目的是为了方便理解下面介绍的案例研究。

诸如燃料电池等技术的寿命周期分析和评估所需的实际工作，可以用以下的方式归纳：

• 列出物质或流程从生产到使用阶段直至最终退役的潜在危害清单。

• 进行影响分析，包括对环境的影响、对健康的影响和其他不太明显的社会影响。

• 对实际的物理损害进行损害评估。

• 进行一个基于不同比较项目的评估，尽可能在一个共同尺度上对不同损害的影响进行加权。

• 如果不能首选课税或以其他方式实行经济上的鼓励或惩罚措施，以引导一个特定社会以寿命周期分析所确定的方式应用某种特定的技术的话，则应提出有关生产流程、材料选择、使用条件和报废的替代方案的建议，这些方案可以降低被认为十分关键的已确认的影响，并有可能制订规范和规则。

下面是包括在寿命周期分析中的项目列表，一个不一定完整但相当全面的列表：

• 经济影响，从所有者（私营经济）或社会（公有经济，包括就业和对外收支平衡的考虑）的角度观察。

• 环境影响，如土地使用、噪声、视觉影响、空气、水、土壤和生物群的污染，本地、区域和全球尺度的影响，包括温室气体和臭氧消耗物质的排放引起的气候变化。

• 社会影响，包括健康影响、事故风险、对工作环境和人性化需求满意度的影响。

• 安全影响，包括恐怖活动、被滥用、供给安全问题。

• 恢复力，对系统故障、规划不确定性和价值与影响评估的进一步变化的敏感性。

• 对发展的影响，促进还是阻碍社会发展目标（假设存在这样的发展目标，正如至少在欠发达国家通常有的社会发展目标）。

• 政治影响，包括控制、调节和决策集中化问题的要求。

为了分析这些影响的一部分（或所有），包括相对于系统或重要装置的上、下游组件，建立相关的物质和过程的清单并评估它们的单独影响是一个好办法，首先用物理术语（排放等），然后用损害术语（伤害、疾病、死亡等）。本列表在某些情况下，也可以用于其他技术项目评估，只要这个列表不基于特定的地点或时间。评估结果将采用不同的单位，或在某些情况下不可定量，必须提交给决策者来评估或由公开辩论来评估。只有在某些情况下，把有不同的影响转换成共同单位（如€=欧元，$=美元，或“环境点”）才可能有意义。当损害发生在与使用某项技术获利不同的时间或地点时，这会涉及许多困难的问题。例如，人们将不得不估计一个事故丧生者的社会成本（“一个生命的统计价值”），这已经引起了讨论，是否使用西欧的保险“成本”来评估一个在哥伦比亚煤矿丧生者的生命，而不是使用哥伦比亚的价值，也许会用等价购买力转换来校正。如果影响是用不同的单位比较的，这样的评估被称为“多元的（multivariate）”。

## 6.2.2 氢生产的寿命周期分析

### 1. 传统的蒸汽重整

生产氢的天然气蒸汽重整造成了大气排放引起的一些影响（见表6.1）、设备的生产和报废以及使用的材料（如镍催化剂）不能完全再利用引起的影响。这些由排放引起的影响包括全球变暖（$CO_2$，$CH_4$，$N_2O$ 等）、水道酸化（$SO_x$）、富营养化（N 和 P）以及人类呼吸疾病（$SO_x$，$NO_x$，苯和颗粒物，式（2.5）提到的副反应形成的含碳煤灰和冬季烟雾，Koroneos 等，2004）。

**表6.1　天然气蒸汽重整制氢的寿命周期影响**

| 影响类别 | 物理数量 /[g/(kW·h)] 氢气 | 货币化值 Euro-c /(kW·h) 氢气 | 不确定性（范围） |
|---|---|---|---|
| 环境： | 排放： | | |
| 工厂运行：$CO_2$ | 320 | 12.1 | (8~30) |
| $SO_x$ | 0.29 | 0.17 | 高 |
| $NO_x$ | 0.38 | 0.23 | 高 |
| $CH_4$ | 4.4 | 2.0 | (1~4) |
| $C_6H_6$ | 0.042 | NQ | |
| CO | 0.18 | NQ | |
| $N_2O$ | 0.0012 | — | |
| 非苯烃类 | 0.79 | NQ | |
| 颗粒物 | 0.06 | 0.04 | 高 |
| Ni 催化剂材料 | NA | | |
| 工厂建设/报废 | NA | | |
| 职业影响： | 数字： | | |
| 工业病与事故 | 0.5 人重伤/(TW·h) | 0.0004 | 低 |
| 经济影响： | | | |
| 直接经济影响（产品成本） | | 3~6 | |
| 资源使用 | 长期严重 | NQ | |
| 加工劳动力需求 | 5 人年/MW | NQ | |
| 进口因子 | NA | | |
| 利润（产品价值） | | 6~12 | |

（续）

| 影响类别 | 物理数量 /[g/(kW·h)] 氢气 | 货币化值 Euro - c /(kW·h) 氢气 | 不确定性（范围） |
|---|---|---|---|
| 其他： | | | |
| 供给安全性 | 低到中 | NQ | |
| 鲁棒性 | 中 | NQ | |
| 地缘政治 | 竞争 | NQ | |

注：根据欧洲人口密度，气溶胶（$SO_2$，$NO_x$）和颗粒物的烟囱排放引起的死亡率取作 $2\times10^{-9}$/g，患病率取作 $935\times10^{-6}$工作日损失/g。全球变暖成本为0.38欧元/kg等量$CO_2$。NA/NQ表示未分析/未定量（本表用Spath和Mann，2001；Sørensen，2004a的数据制作）。

由于温室气体排放引起的全球变暖，从表6.1可以看出基于天然气制氢的外部效应成本是很高的。如果使用较低的全球变暖影响的估计，情况也是这样。与这些数据相关的问题在Sørensen（2010a；2011a）中有所讨论。主要的问题与以下事实有关，气候变暖的负面后果主要出现在靠近赤道的欠发达国家，而人们需要决定是否在与欧洲或美国相同的价格水平上对这些地区死亡的人命进行估价，像欧洲所做的那样，基于非正常死亡的保险偿付。

如6.1.4节所述，从蒸汽重整厂去除$CO_2$的成本似乎远低于因不处理而引起的全球变暖的外部效应成本。

**2. 电解制氢**

如果利用富余的可再生能源（如风电）制氢（如5.5节的远景方案），影响会大大减小。只是职业性的影响是会更大，至少在目前，由于职业性影响粗略地与转换设备的成本成比例，无论是传统的电解还是可逆燃料电池。

**3. 从蓝藻或藻类直接生物制氢**

生物氢的潜在优势是可以使用其组成部分已经是自然界太阳辐射分配系统的一部分，已在我们星球上运行并产生生物质的生产设备或系统。与农业的理念相同，转化效率低但作为回报这个“生产系统”是免费的，作为其唯一的输入需要一些种子和付出一些劳动（如除草和收割），基于这些输入该系统生产出食品及相关的生物质产品。

然而，无论是农业还是生物产氢，认为植物或细菌物质是从自然界免费获取的想法基本上是错误的。这两种产氢方式都可能有实质性的寿命周期影响和相应的成本。用于植物生长或海洋养殖的区域受到大规模单一栽培的影响，生物质残余物、水体的使用等诸如此类的生态意义可能很重要。因此有必要考虑生物质制氢涉及的所有步骤，包括耕作养殖本身、作物的收集、耕作任何阶段的处理、残余物和废物的处理，以便建立一个影响清单并以货币或其他形式进行进一步的评估。应该区分先收获生物质然后将其注入到氢生产装置的系统和在阳光影响下直接产氢的系统。

对于后一种类型的系统，生物反应器的建设必须包含收集太阳辐射的暴露区域（大概是水体的面积，陆地的使用涉及更高的土地成本），以形成一个封闭的建筑能够使生产的氢免于逃逸，然后输送到海岸。因此可以预期这样做的成本与太阳能集热器类似。从第2章的讨论可以得出生物直接制氢的效率（定义为所产生的氢的能量值除以反应器表面入射的太阳辐射）将大大低于1%。表6.2假设0.1%的效率以举例说明，并基于与太阳能集热器的相似性来估计成本。

**表6.2 利用蓝藻光诱导产氢的寿命周期影响，尚未充分量化。**
**见表6.1标题**（见 Sørensen，2004c）

| 影响类别 | 物理影响 | 货币化值<br>Euro－c/(kW·h) 氢气 | 不确定性，假设 |
|---|---|---|---|
| 环境： | | | |
| 工厂建设/报废 | NA | | |
| 陆地或海洋使用 | 巨大 | NQ | |
| 基因工程的使用 | 成问题 | NQ | |
| 氢的净化 | NA | | |
| 职业影响： | | | |
| 工业病与事故 | NA | | |
| 经济影响： | | | |
| 直接经济影响（产品成本） | | >40 | |
| 资源使用 | 使用海/陆面积 | NQ | |
| 加工劳动力需求 | 5人年/MW | NQ | |
| 进口因子 | NA | | |
| 利润（产品价值） | | 6～12 | |
| 其他： | | | |
| 供给安全性 | 好 | NQ | |
| 鲁棒性 | 中 | NQ | |
| 地缘政治 | 正面 | NQ | |

这些估计数字的含义是，把氢从（可能是转基因的）蓝藻和藻类中提取出来的生产力（仅为生物体总的能量处理量的一小部分），一定远低于农业生产力的约为0.2%的平均值（特殊的植物达到4%；见 Sørensen，2010a）。即使第2章提出的技术可以实现，似乎通过直接的光合作用生产氢的可行性前景也是黯淡的。

**使用基因工程生物的影响**

虽然基因工程的形式发生了变化，这个概念本身已从最早的系统种植时期就开始使用了，大约1万年前。随着时间的推移，通过筛选和品种或亚种间的杂交，谷类品种得到了改良、获得了更高的产量。直到最近，或几百年前，有关遗传改造的作用机制的理论理解开始出现，但是这个过程仍然是以一种非常缓慢的方式改良作物，直到50年前开始通过诸如核辐射等突变诱导来进行越来越多的系统遗传学实验。现在，通过识别负责植物或其他生物的特殊性质的代码组的基因测序已大大地增加了改良生物系统的选项，如通过抑制不需要的能量传递途径把固$CO_2$或固氮生物改造为产氢生物。不过，目前关于遗传功能性的知识是非常有限的，遗传工程不是基于最小的单个编码序列起什么作用的精确的知识，而是在识别更大的代码块的总的作用。因此，遗传工程相当程度上仍然是试错游戏，需要监测和测试被修改的生物的行为，通常需要在很长一段时间内进行，会有意想不到的、延迟发生的或在特定场合发生的副作用。

基因控制的影响可能是巨大的，甚至在石器时代。我们没有精确地记录来支持这一观点，但它是可能的，通过杂交育种获得的农业品种有时不仅会提高植物的产量或可食用部分的质量，也可能使植物抵抗病虫害的能力降低，在这种情况下，结果可能是饥荒和因此引起的人口锐减。同样的问题也会出现在目前的转基因物种，通常采用的测试，必然是不完整的，时间周期和环境因素多样性是有限的，不足以排除一些不利的长期影响。遗传控制技术的工业应用的增加已经有了这样的影响，其筛选，特别对长期影响的筛选，已经变得更加肤浅和不系统。因为测试是由目前的立法要求的，测试往往是留给工业界本身进行，因为经常预算有限的公共控制机构只能解决有限数量的独立验证（有时只有通过抽查）。这与工业产品中化学品使用的情况类似，新的化学品引入率太高以至于无法找到有时间进行长时间筛选的公共监督者。

一个深刻的道德（和现实）问题是引进转基因作物和产品所涉及的利益与风险的并列。我们最近看到的是基因改造作物接受与以前的半野生物种不兼容的农药的使用，这些农药由销售问题农药的同一公司推广。我们会接受基因改造的作物兼容一个公司的农药，但又与其竞争对手公司的农药不相容吗？我们应该接受所有旨在改善耐药性的基因工程吗，如果由于其可能的更广泛的环境影响，这种农药最好禁止使用以支持生态种植方法？显然，提出的问题使计算与转基因农作物修改相关的外部效应的任何精确的定量值都很困难，无论是食物或氢的生产。

**4. 生物质发酵制氢**

第2章提到的光合作用制氢的替代路线是把生物质的生产和氢的提取分开，提出了发酵制氢，类似于沼气（甲烷和二氧化碳）的生产。

该技术具有社会成本可接受的氢生产潜力。然而，表6.3显示了一个可能的条件是使用低污染的车辆满足生物质原料运输的大量需求，现在认为是使用目前各类卡车的道路运输。表6.3中的交通运输外部效应估计来自乘用车的影响，农业外部效应数据来自沼气生产的类似研究（Sørensen，2004a）。

**表6.3 农业废弃物发酵产氢的寿命周期影响，但很难量化，包括温室气体变暖的交通影响，空气污染和交通事故，假设目前的车辆如柴油卡车。见表6.1标题**

（使用了Sørensen，2004c数据）

| 影响类别 | 物理影响 | 货币化值<br>Euro-c/(kW·h) 氢气 | 不确定性，假设 |
|---|---|---|---|
| 环境： | | | |
| 工厂建设/报废 | NA | | |
| 农业生产 | 巨大 | 3 | 高 |
| 陆地或海洋使用 | 大 | NQ | |
| 原料运输 | 排放、事故 | 40 | 高 |
| 生物反应器运行 | NA | | |
| 氢的净化 | NA | | |
| 职业影响： | | | |
| 工业病与事故 | NA | | |
| 经济影响： | | | |
| 直接经济影响（产品成本） | | >10 | 效率30% |
| 资源使用 | 农业用地面积 | NQ | |
| 加工劳动力需求 | 10人年/MW | NQ | |
| 进口因子 | 低 | | |
| 利润（产品价值） | | 6~12 | |
| 其他： | | | |
| 供给安全性 | 好 | NQ | |
| 地缘政治 | 正面 | NQ | |

表6.2和表6.3中的空白部分应视为有许多工作要做的标志。一些研究已经确定一系列的制氢环节中的环境影响，可以整合到寿命周期分析中（GM，2001；Wang，2002；Wurster，2003；2004；EC，El-Sharkh等，2010）。

## 6.2.3 燃料电池的寿命周期分析

一项技术离商业化越远，越难以进行精确的寿命周期分析（LCA）。另一方面，如果能在早期精确地进行，LCA可能是最有用的。它可以识别一项技术中阻止其进一步发展的特征，它可能指出一项给定技术的最合适的发展路线，在发展过程的早期做出重要的环境或社会相关的选择。在许多情况下，粗线条的LCA可以在设计阶段识别出最重要的外部效应成本问题而使它们可以在能够改变的时候被优化或替代。如果在1900年前后对早期的电力和基于化石燃料的车辆进行LCA评估，技术的选择可能不会是内燃机。那样的话，现在将没有理由试图进行寿命周期分析，当然看待其结果必须适当的谨慎。

**1. SOFC和MCFC**

对固体氧化物燃料电池（SOFC），已经确定了一些关键的环境问题（Zapp，1996）。载体片电解质可以用钇稳定氧化锆制造，加上用诸如镧锶锰－钙钛矿和NiO金属陶瓷制造的电极。这些物质的硝酸盐用于制造，废水的金属污染是一个值得关注的问题。操作温度高，使这套组件的拆卸报废很困难，目前还没有从YSZ电解质材料回收钇的工艺。

熔融碳酸盐燃料电池（MCFC）的全寿命周期分析已有尝试（Lunghi和Bove，2003）。电极和电解质基体制造是用混合粉末成分与粘合剂以及溶剂通过铸模和干燥后形成片材来完成的。浆料制备中一些成分是工业秘密而在LCA中省略。分析的结果包括资源的使用和在空气、废水和土壤中的排放。一个关键的资源可能是镍，古巴是最大的供应商。表6.4用物理术语总结了提到的这些方面的主要寿命周期影响。

从表6.4看出，最大寿命周期影响来自负电极的制造。表6.5将这些影响货币化的尝试表明了对全球变暖的影响以甲烷排放为主，表6.4显示健康的影响中大量的二氧化硫排放占主导。根据意大利的中试生产推测这些数值会在MCFC的真正商业生产情况下大幅减小。

**表6.4 $1m^2$单个熔融碳酸盐燃料电池的不同组件对寿命周期影响的贡献**

（基于Lunghi和Bove，2003的数据）

| 寿命周期影响 | 负极 | 正极 | 电解质 | 双极板 | 综合 | 单位 |
|---|---|---|---|---|---|---|
| 电能输入 | 153.2 | 82.6 | 73.03 | 5.47 | 314 | kW·h |
| $CO_2$ | 508 | 214 | 127 | 8.03 | 857 | kg |
| $CH_4$ | 423 | 131 | 36.2 | 0.502 | 591 | g |
| $N_2O$ | 12.2 | 3.8 | 3.5 | 0.0014 | 19.4 | g |
| $SO_2$ | 10.9 | 6.67 | 1.5 | 0.26 | 19.4 | kg |
| $SO_x$（取$SO_2$） | 2.01 | 0.61 | 0.08 | — | 2.7 | kg |
| CO | 121 | 45.4 | 25.2 | 37.6 | 229 | g |
| $NO_2$ | 366 | 224 | — | 14.3 | 604 | g |
| $NO_x$（取$NO_2$） | 697 | 214 | 27.8 | — | 939 | g |
| 非甲烷VOC | 420 | 129 | 16.8 | 0.03 | 566 | g |
| VOC | — | — | — | 15.5 | 15.5 | mg |
| 苯 | 0.895 | 0.31 | 0.031 | 0.01 | 1.3 | g |

表6.5 与表6.4给出的物理影响相关的货币化寿命周期影响，使用表6.1的说明，表中影响基于$1m^2$燃料电池面积，因为燃料电池的寿命内发电量没有数据

| 影响类别 | 物理影响 | 货币化值 Euro－c/(kW·h) 氢气 | 不确定性，(范围) |
|---|---|---|---|
| 环境： | 排放： | | |
| 制造（全球变暖） | 见表6.4 | 301 | (200～400) |
| 制造（健康影响） | 见表6.4 | 13467 | 高 |
| 运行 | NA | | |
| 职业影响： | | | |
| 工业病与事故 | NA | | |
| 经济影响： | | | |
| 直接经济影响（产品成本） | | NQ | |
| 资源使用 | Ni的可用性 | NQ | |
| 加工劳动力需求 | 5人年/MW | NQ | |
| 利润（产品价值） | | 6～12 | |

**2. PEM燃料电池**

图6.5显示了生产汽车用质子交换膜燃料电池（PEMFC）堆的主要步骤。燃料电池的几个组件与其他工业产品的组件没有很大不同（金属、碳纤维或石墨、塑料），其寿命周期影响可以从一般性的研究结果中获得。然而，也有例外。首先，在每个电池单元的聚合物膜的使用，基于烃类（Kreuer，2003）的氟化离子树脂（Barbi等，2003），或有机材料（Evans等，2003），可能会导致报废或回收的特别问题（Handley等，2002）。回收很困难，建议焚烧，虽然在某些情况下，燃烧前应小心分离困难的材料（如有机膜中使用的钯）。其次，当双极板的钢和碳材料可以很容易地再利用或碳焚烧时，又有少量的特殊材料需要注意，其中最重要的是作为电极催化剂的Pt或Pt的化合物。Pt会造成严重的负面影响，由于提取和净化过程中的排放量，特别是在环境保护经验不够丰富的第三世界的工厂，如在由Pehnt所做的南非铂案例研究中看到的（2001）。

这些影响可以通过Pt的回收和重复使用而大大降低，正如所有的重金属都应如此。一种燃料电池产业的铂供给策略由Jaffray和Hards进行了讨论（2003）。在重量方面，组件堆栈分解如图6.6所示，可以看到可供选择的双极板材料：传统的石墨或铝。最近导电聚合物制成的双极板已被开发（Middleman等，2003），双极板的厚度和重量都有减少。

如果质子交换膜燃料电池需要重整反应器，会有额外的影响，取决于燃料和使用的设备。直接甲醇燃料电池也是同样情况，取决于生产甲醇的方法，如基于

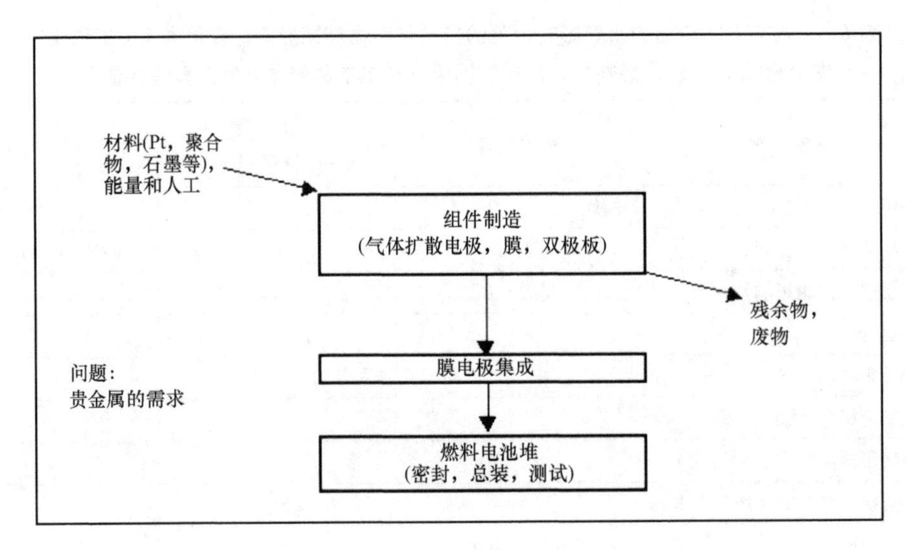


图6.5　质子交换膜燃料电池堆工业制造的寿命周期路线（Sørensen，2004d）

天然气还是生物质能源。

相对于那些运行周期较长的技术，一般来说目前PEM燃料电池较短的寿命会增加寿命周期影响。目前的电池在运行少于2000h后性能大幅度下降（Ahn等，2000；Myers等，2009），即使对于5年的目标寿命，电池更换也比大多数能源技术频繁得多。

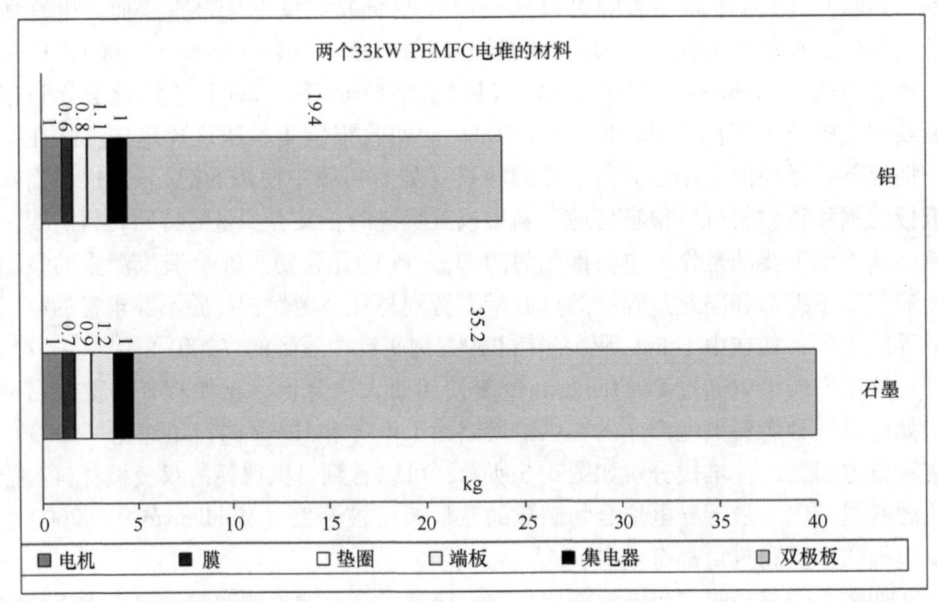


图6.6　采用铝或石墨双极板的电堆的材料使用分布（Mepsted和Moore，2003；Sørensen，2004d）

### 6.2.4 传统的乘用车和燃料电池乘用车的寿命周期比较

在这里被选作 LCA 研究的乘用车都具有列在表 6.6 中的特点。戴姆勒-克莱斯勒的 f-cell 是进入限量系列生产（估计 60~80 辆）阶段的第一款燃料电池乘用车，首先在日本展示（Tokyo Gas Car，2003），然后在欧洲和北美。此前是 Citaro F 燃料电池大客车在 2003 年进入了类似的阶段（约 30 辆的小系列在欧洲展示）。f-cell 车基于梅塞德斯-奔驰的 A2 商业系列汽油和柴油车的略微加长版，表 6.6 显示了进行计算的时候可以获得的有限数据。研究中比较用的两款非燃料电池汽车是丰田 Camry 汽油/Otto 发动机轿车，作为以前寿命周期研究中 2000 年度美国典型车型（Weiss 等，2000，2003），以及名列欧洲混合驱动榜首的 Lupo 3L TDI 柴油轿车（VW，2002，2003）。该车已经停产，但是仍然保持商业乘用车的燃油效率记录。在其计划中省油车缺位几年之后，2011 年大众再次推出一个与 Lupo 的燃油效率基本相当的车型（Polo Blue Motion）。表 6.6 给出了总的材料使用调查，以及要在寿命周期分析中使用的重量和燃油消耗细节。这些也总结在图 6.7 和图 6.8 中。

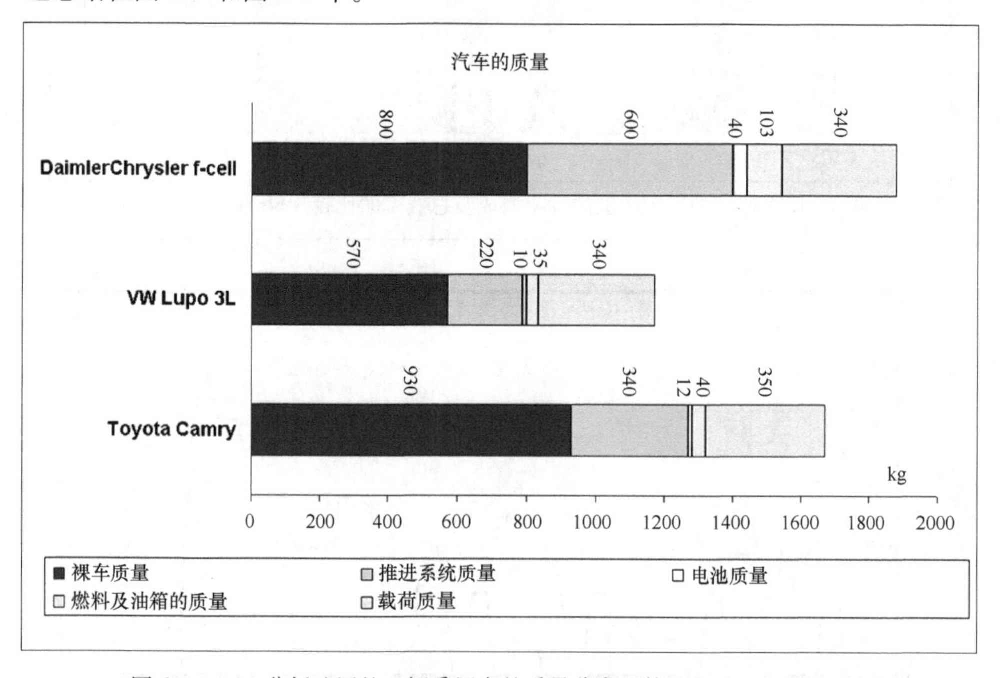


图 6.7 LCA 分析选用的三辆乘用车的质量分布比较（Sørensen，2004d）

图 6.7 显示，Lupo 比在可能的情况下采用轻质材料（但根据碰撞测试仍处于顶级安全范畴）的普通汽车的质量低，燃料电池汽车虽然外观看起来小，但质量比传统汽车大，由于使用了氢气管理与转换相关的较重的设备。图 6.8 比较

了所研究的三种车型的效率。在能源方面，f－cell 汽车的燃料使用效率略低于 Lupo，两者都大大低于目前的平均车型。可以看到燃料电池车的“燃料到车轮效率”大大改善，优于高效的柴油车，当然也比传统的汽油车好。但是这个结论是采用理论模拟计算燃料使用的结果。实际的燃料电池车没有达到这一目标。该模拟利用了用于欧洲汽车官方评级的新的欧洲驾驶周期，如图 6.9 所示。

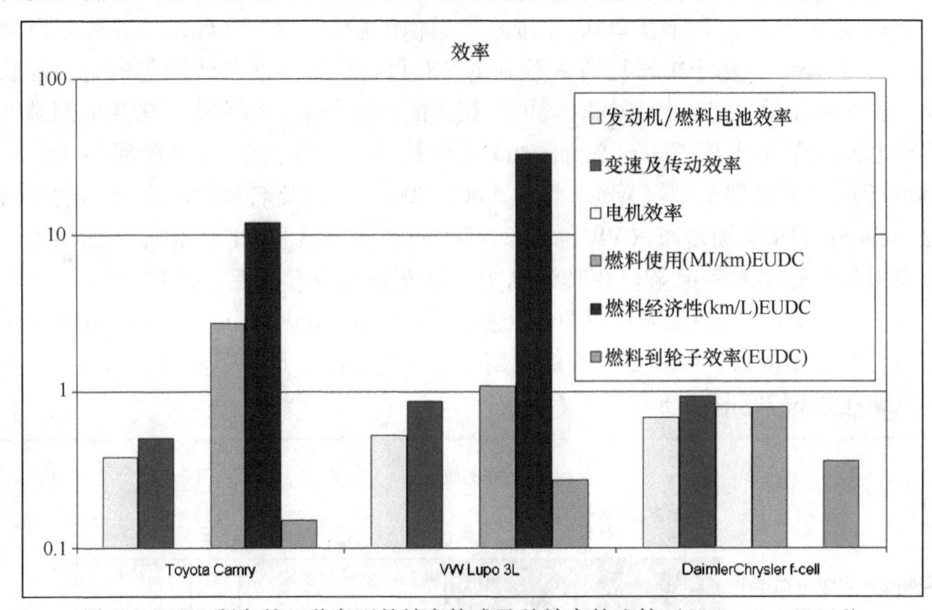


图 6.8　LCA 研究的三种车型的效率构成及总效率的比较（Sørensen，2004d）

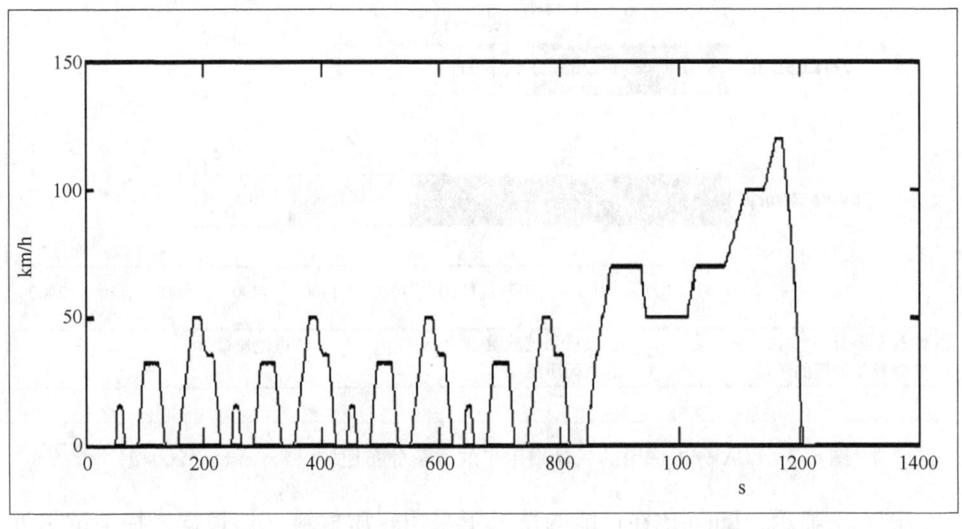


图 6.9　用于欧洲乘用车排放认证的驾驶循环，有市内停－走模式路段驾驶以及最后的一系列加速直至 120km/h（EC，2001）

表6.6 使用的基本车辆数据（Sørensen，2004d）

| 乘用车（1~5人加行李）<br>描述 | 2000年美国平均车型 Otto发动机 Toyota Camry | 2000年欧洲最好车型 共轨柴油发动机 VW Lupo 3L | 35MPa氢气燃料 PEMFC/电动机 DaimlerChrysler f-cell | 单位 | 参考文献 |
|---|---|---|---|---|---|
| 裸车质量（车身，底盘） | 930 | 570 | 800 | kg | 3，4，7，估计值 |
| 驱动系统质量 | 340 | 220 | 600 | kg | 3，估计值 |
| 电池质量 | 12 | 10 | 40 | kg | 3，4，估计值 |
| 燃料及油箱/附件质量 | <40 | <35 | 3+100 | kg | 3，4，估计值 |
| 原质量（空载） | 1300 | 825 | 1589 | kg | 4，5，6 |
| 钢质量 | | 410 | | kg | 4 |
| 塑料、橡胶质量 | | 130 | | kg | 4 |
| 轻金属质量 | | 130 | | kg | 4 |
| 负载质量 | <350 | <340 | <340 | kg | 3，4 |
| 总质量（乘员：2，油箱满） | 1440 | 980 | 1725 | kg | 3，4 |
| 滚动阻力系数 | 0.009 | 0.0068 | 0.0068 | | 3，估计值 |
| 风阻系数 | 0.33 | 0.25 | 0.25 | | 3，4 |
| 辅助电源 | 0.7 | 0.6 | 1 | kW | 3，估计值 |
| 发动机/燃料电池额定功率 | 109 | 45 | 69 | kW | 3，5，6 |
| 电机额定功率 | | | 65 | kW | 5，6 |
| 电池额定功率 | | 4/732 | 20/1400 | kW/Mh | 5，6 |
| 重整器效率（未安装） | | | | | |
| 发动机/燃料电池效率① | 0.38 | 0.52 | 0.68 | | 3，7，计算值 |
| 变速及传动效率① | 0.75 | 0.87 | 0.93 | | 3，估计值 |
| 电机效率 | | | 0.8 | | 3 |
| 燃料使用① | 2.73 | 1.08 | 0.8~1.44② | MJ/km | 3，7，计算值 |
| 燃料使用① | 12 | 33 | | km/L | 3，4，5 |
| 燃料到车轮效率① | 0.15 | 0.27 | 0.36 | | 3，计算值 |

① 标准的混合行驶周期。燃料到车轮效率是车克服空气和路面的摩擦做的功，再加上抵抗重力和用于加速/减速做的净功，以上所有的功除以燃料输入（注意这个效率概念随空气阻力和滚动阻力线性变化）。

② 对已制造第一辆f-cell汽车，1.44MJ/km，有希望降低（DC，2004）。

参考文献：3为Weiss等，2000；4为VW，2002；5为VW，2003；6为Tokyo Gas Co.，2003；7为Weiss等，2003。

**1. 环境影响分析**

表6.7给出了所选汽车的环境LCA数据，显示车辆的寿命周期各阶段发生

的能源使用和排放，基于上面提到的研究加上我自己的计算和估计。这些影响按LCA数据库要求以物理单位给出，随后转化为对健康和环境的具体影响，包括对全球变暖的影响。特别感兴趣的是 f－cell 汽车的制造和使用产生的影响，见6.2.3节的讨论。

**表6.7 寿命周期的环境影响**（Sørensen，2004d）

| 乘用车（1～5人加行李）环境影响 LCA 寿命周期内排放 | 2000年美国平均车型 Otto 发动机 Toyota Camry | 2000年欧洲最好车型共轨柴油发动机 VW Lupo 3L | 天然气制氢 PEMFC/电机 DaimlerChrysler f－cell | 剩余风电制氢 PEMFC/电机 DaimlerChrysler f－cell | 单位 | 参考文献 |
|---|---|---|---|---|---|---|
| 汽车制造 | | 生产＋材料 | 总量/燃料电池电堆 | | | |
| 能量使用 | 87 | 37＋51 | 93/?，178/80[①] | 93/?，178/80 | GJ | 7，4，9 |
| 温室气体排放 | 1.7 | 0.5＋0.5 | 1.7/?，2.8/1.4[①] | 1.7/?，2.8/1.4[①] | tCeq | 7，4，9 |
| $SO_2$排放 | | 1.6＋10.0 | 36/14.5[①] | 36/14.5[①] | kg | 4，8 |
| CO排放 | | | ?/1.7 | ?/1.7 | kg | 8 |
| $NO_x$排放 | | 1.8＋4.6 | ?/14.5 | ?/14.5 | kg | 4，8 |
| 非甲烷挥发性有机物 | | 2.0＋1.3 | ?/1.7 | ?/1.7 | kg | 4，8 |
| 颗粒物排放 | | 0.3＋4.0 | ?/2.6 | ?/2.6 | g | 4，8 |
| 苯 | | | ?/2.3 | ?/2.3 | g | 8 |
| 苯并吡 | | | ?/0.034 | ?/0.034 | g | 8 |
| 燃料生产（300000km行程） | | | | | | |
| 能量使用 | 156 | 67 | 185 | 185 | GJ | 4，7 |
| 温室气体排放 | 3.6 | 0.4 | 8.6 | 0 | tCeq | 4，7 |
| $SO_2$ | | 9 | | 0 | kg | 4 |
| $NO_x$ | | 40 | | 0 | kg | 4 |
| 非甲烷挥发性有机物 | | 60 | | 0 | kg | 4 |
| 颗粒物 | | 1 | | 0 | kg | 4 |
| Pd（如果使用重整器） | | | | | | |
| 寿命周期运行（15年，300000km）[②] | | 包括报废估计 | | | | |
| 能量使用 | 819 | 324 | 240 | 240 | GJ | 3，4 |
| 温室气体排放 | 16.1 | 6.5 | 0 | 0 | tCeq | 3，4 |
| $SO_2$ | | 1.6 | 0 | 0 | kg | 4 |
| CO | | 30 | 0 | 0 | kg | 4 |
| $NO_x$ | | 75 | 0 | 0 | kg | 4 |

（续）

| 乘用车（1～5人加行李）环境影响 LCA 寿命周期内排放 | 2000 年美国平均车型 Otto 发动机 Toyota Camry | 2000 年欧洲最好车型共轨柴油发动机 VW Lupo 3L | 天然气制氢 PEMFC/电机 DaimlerChrysler f－cell | 剩余风电制氢 PEMFC/电机 DaimlerChrysler f－cell | 单位 | 参考文献 |
|---|---|---|---|---|---|---|
| 非甲烷挥发性有机物 | | 2.7 | 0 | 0 | kg | 4 |
| 颗粒物 | | 6 | 0 | 0 | kg | 4 |
| PAH | | 1.5 | 0 | 0 | kg | 4 |
| $N_2O$：对平流层臭氧的影响 | 13 | 1 | ～0 | 0 | kg | 4，计算值 |
| 报废（未做单独估算） | | | | | | |
| 总量 | | | | | | |
| 能量使用 | 1062 | 479 | 603 | 603 | GJ | 3，4，7，9 |
| 温室气体排放 | 21.4 | 7.9 | 11.4 | 2.8 | tCeq | 3，4，7，9 |
| $SO_2$ | 61 | 22.2 | 36 | 36 | kg | 4，8 |
| CO | | 30 | | | kg | 4，8 |
| $NO_x$ | 70 | 121 | | | kg | 4，8 |
| 非甲烷挥发性有机物 | | 66 | | | kg | 4，8 |
| 颗粒物 | 12 | 11.3 | | | kg | 4，8 |

① 铂制造过程（假设在南非）消耗30%的能量，产生40%的温室气体和67%的酸化，假设不进行任何回收（参考文献8）。

② 维护的影响没有估计。

参考文献：3 为 Weiss 等，2000；4 为 VW，2002；5 为 VW，2003；7 为 Weiss 等，2003；8 为 Pehnt，2001；9 为 Pehnt，2003。

这里考虑的燃料电池汽车直接使用氢。如果使用甲醇或汽油重整，重整装置会产生额外的影响，例如钯催化剂经常会产生很大的影响，应该尽可能地循环利用。

没有发现有关报废的单独数据，尽管 VW（2002）声称已经将其包括在“寿命期运行”中。在丹麦，汽车送到回收站需要付约500欧元费用，假设用来负担报废费用减去卖废配件的收入。正在讨论欧洲的法规，要求报废是初始购买价格的一部分，制造商必须优化整车便于报废并且在使用期结束时回收以达到最大限度的再利用。

大众汽车的报告（VW，2002）是一个针对沃尔夫堡制造厂的详细而地点特定的LCA，包括该工厂输入输出的材料和水。该报告主要针对 Golf 车型，但是这里所做的外推到 Lupo 车型的做法已经在 VW 的环境报告里有所体现（2002）。表6.7的环境影响总结在图6.10中。

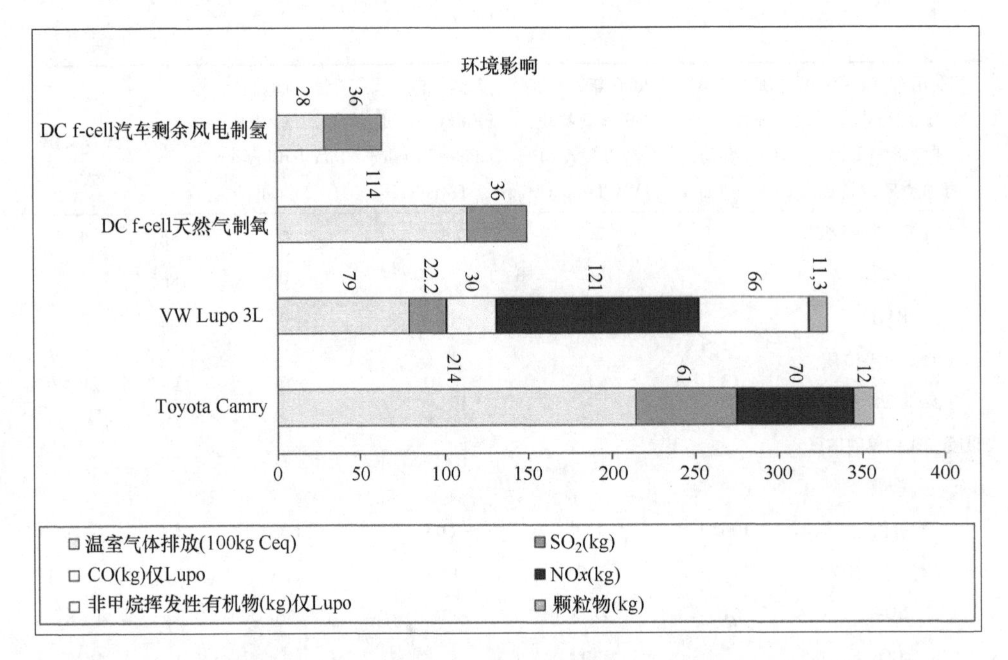


图6.10 寿命周期分析中考虑的三种车型的环境影响的比较，燃料电池车用的氢来自天然气或多余的风电（Sørensen，2004d）

**2. 社会与经济影响分析**

表6.8给出了汽车寿命周期内的职业风险，基于标准的工业数据（即影响与成本成正比）。就业的数据基于丹麦能源行业的统计（Kuemmel等，1997）。道路事故率取自几项丹麦的研究，远高于世界其他地区。健康和伤害影响还是基于几项丹麦的研究（参见Kuemmel等，1997），这是那些不是很具体的视觉和噪声影响（通过享乐价格来估计）和不便，如在公共道路附近儿童必须有人看护或者行人一般不得不通过迂回的路径穿过有交通灯的街道，这种情况下等待时间也是要估价的。

**表6.8 寿命周期的社会影响**（Sørensen，2004d）

| 乘用车（1~5人及行李）①<br>LCA社会影响及其他环境影响 | 2000年美国平均车型<br>Otto发动机<br>Toyota Camry | 2000年欧洲最好车型共轨柴油发动机<br>VW Lupo 3L | 天然气制氢<br>PEMFC/电动机<br>DaimlerChrysler f-cell | 剩余风电制氢<br>PEMFC/电动机<br>DaimlerChrysler f-cell | 单位 | 参考文献 |
|---|---|---|---|---|---|---|
| 汽车制造/报废 | | | | | | |
| 工作机会 | 0.3 | 0.3 | 1.8 | 1.8 | 人年 | 1 |
| 职业风险：死亡 | 0.0001 | 0.0001 | 0.0005 | 0.0005 | | 1，12 |
| 职业风险：重伤 | 0.003 | 0.002 | 0015 | 0015 | | 1，12 |
| 职业风险：轻伤 | 0.015 | 0.013 | 0.08 | 0.08 | | 1，12 |

（续）

| 乘用车（1~5人及行李）[①] LCA社会影响及其他环境影响 | 2000年美国平均车型 Otto发动机 Toyota Camry | 2000年欧洲最好车型共轨柴油发动机 VW Lupo 3L | 天然气制氢 PEMFC/电动机 DaimlerChrysler f-cell | 剩余风电制氢 PEMFC/电动机 DaimlerChrysler f-cell | 单位 | 参考文献 |
|---|---|---|---|---|---|---|
| 维护 | | | | | | |
| 工作机会 | 0.3 | 0.3 | | | | 1 |
| 职业风险（死亡/重伤/轻伤） | 0.0001/0.003/0.015 | 0.0001/0.002/0.013 | | | | 1，12 |
| 驾驶 | | | | | | |
| 事故（死亡/重伤/轻伤）[②] | 0.005/0.050 | 0.005/0.050 | 0.005/0.050 | 0.005/0.050 | | 1 |
| 压力/不便 | 有些 | 有些 | 有些 | 有些 | | 1 |
| 机动性 | 好 | 好 | 好 | 好 | | |
| 社会因素的时间使用（认知因人而异） | | | | | | |
| 噪音（经济定量化见表6.10） | 有些 | 有些 | 少 | 少 | | 1 |
| 视觉影响（汽车在环境中的；认知引人而异） | | | | | | |
| 道路基础设施的影响（道路建设，维护，视觉影响：在表6.10中以货币形式估计） | | | | | | |
| 汽车基础设施的影响（服务，维修，交通警察及法庭，保险：大部分已经包括在表6.9给出的成本中） | | | | | | |

① 所有的数据假设15年，300000km的使用寿命。

② 丹麦的统计数据已经使用。

参考文献：1为Kuemmel等，1997；12为欧洲委员会（1995）。

汽车需要道路驾驶，因此道路基础设施对于车辆LCA是一种“外部效应”，LCA必须与车辆运行的基础设施一同评价。这种基于Kuemmel等人（1997）的研究以货币形式的评估见表6.9和表6.10。表6.9给出了直接成本（用于比较的公共交通费用），不包括许多国家代表实际消费者成本的任何可观的税收或补贴。f-cell汽车不可能成为商业车型，所以它的市场价格是不存在的。相反，评估使用了相应的梅赛德斯-奔驰（最小的汽车）的价格，假定燃料电池堆的价格为100欧元/kW，其他的氢处理和存储成本被假设类似于电堆的成本。最后，乘以2以考虑小系列生产可能会存在一段时间。组件价格的这种假设类似于Citaro F燃料电池公共汽车（根据公开发表的Evobus EC项目材料）。

**表6.9 寿命周期经济影响**（Sørensen，2004d）

| 乘用车（1~5人及行李）LCA经济影响及寿命预期：15年，300000km | 2000年美国平均车型 Otto发动机 Toyota Camry | 2000年欧洲最好车型 共轨柴油发动机 VW Lupo 3L | 天然气制氢 PEMFC/电动机 DaimlerChrysler f-cell | 剩余风电制氢 PEMFC/电动机 DaimlerChrysler f-cell | 单位 | 参考文献 |
|---|---|---|---|---|---|---|
| 直接经济 | | | | | | |
| 汽车（估计成本，不包括税/补贴） | 15000 | 13000 | 80000② | 800000② | 欧元 | 估计 |
| 道路（在表6.10中折算成货币） | | | | | | |
| 燃料成本（在加油站①，未含税） | 15000 | 5455 | 15600 | 15600 | 欧元 | 估计 |
| 服务与维护 | 15000 | 13000 | 80000 | 80000 | 欧元 | 估计 |
| 报废（包括在购车价格） | | | | | | |
| 时间使用（需要付费的时间，因人而异） | | | | | | |
| 满足机动性的参考成本 | 35000 | 35000 | 35000 | 35000 | 欧元③ | |
| 资源使用<br>见表6.6的材料，循环利用将有所不同 | | | | | | |
| 劳动力与贸易平衡<br>工作机会分布（近50%当地，即使当地不生产汽车或燃料）<br>进出口份额（国家间不同） | | | | | | |

① 油价保持目前水平，15年时间里氢的价格从100~30欧元/GJ线性下降（预期50000辆车；Jeong和Oh，2002），加氢站初始成本未计入。

② 反映了小系列成本；目前85kW的PEMFC电堆的成本约10000欧元（预期2025年时约为2500欧元）（Sørensen，1998；Tsuchiya和Kobayashi，2004）。

③ 公共运输估计价格。

表 6.10　总外部效应评估（Sørensen，2004d）

| 乘用车（1~5人及行李）寿命周期评估外部效应货币化 | 2000 年美国平均车型 Otto 发动机 Toyota Camry | 2000 年欧洲最好车型 共轨柴油发动机 VW Lupo 3L | 天然气制氢 PEMFC/电动机 DaimlerChrysler f-cell | 剩余风电制氢 PEMFC/电动机 DaimlerChrysler f-cell | 单位 | 参考文献 |
|---|---|---|---|---|---|---|
| 车辆有关的环境排放（基于表 6.7） | | | | | | |
| 人类健康影响 | 38100 | 14000~40000② | 22500③ | 22500③ | 欧元 | 1 |
| 全球气候影响① | 32100 | 12000 | 14700 | 4200 | 欧元 | 1 |
| 定量化的社会影响（基于表 6.8，表 6.9） | | | | | | |
| 职业健康风险 | 648 | 632 | 3241 | 3241 | 欧元 | 1 |
| 交通事故，包括救援和医疗成本 | 31200④ | 31200④ | 31200④ | 31200④ | 欧元 | 1 |
| 交通噪声 | 9000 | 9000 | 5000 | 5000 | 欧元 t. | 1，估计 |
| 道路基础设施（环境与视觉影响） | 28000 | 28000 | 28000 | 28000 | 欧元 | 1 |
| 不便（对儿童，行人等） | 30000 | 30000 | 30000 | 30000 | 欧元 | 1 |

① 主要由热带疾病和事故死亡引起，按欧洲标准估值（300 万欧元/死亡），参见 Kuemmel 等（1997）的讨论。

② 估计上限是由于与早期的估价比较 $NO_x$ 的影响可能增加（通过 $NO_x$ 尾气脱除，也可能会减少）。

③ 可以通过 Pt 循环利用来减少（Pehnt，2001）。

④ 这个数值的大约一半来自事故死亡的 300 万欧元估值。

参考文献：1 为 Kuemmel 等，1997。

维护成本作为资本成本的一个固定比例，因此对燃料电池汽车来说会很大（对于一个新产品几乎莫不如此）。氢成本是用天然气来生产氢的成本，会随时间变化，它不包括建立氢填充站的初始高成本。风能产氢没有单独的成本估计，见 Sørensen 等人的讨论（2004）。汽油和柴油燃料的价格取目前的水平，不考虑车辆运行期间可能会增加。社会寿命周期影响在图 6.11 中概述。

**3. 总体评估**

总的外部效应成本（即那些没有反映在直接消费者成本中的）列在表 6.10。这涉及把影响从物理单位转换为共同货币单位，在这种方法中固有的问题是要对人的生命对社会的损失估价。附加说明与这样的事实有关：诸如意外死亡这样的影响并不总是在享受汽车驾驶好处的同一社会中发生。这些问题已经进行了讨论，例如在 Sørensen（2010a；2011a）。所考虑的三种车型所有货币化的影响在

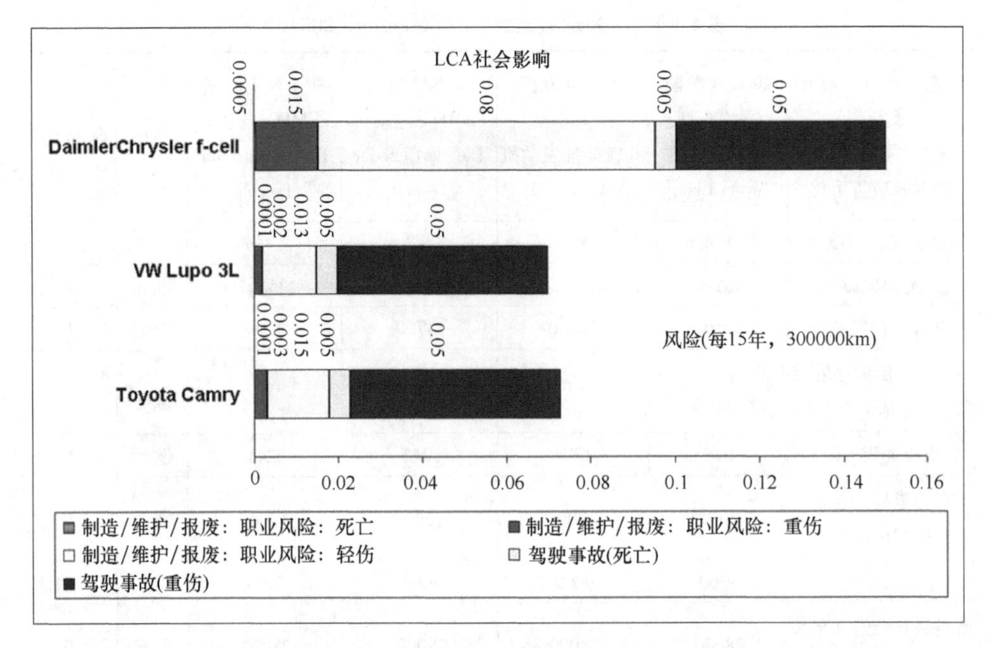


图6.11　寿命周期分析中考虑的三种车型的社会影响的比较（Sørensen，2004d）

图6.12中进行了总结。影响非常大的部分来自道路基础设施、交通事故和烦恼。这对所有的车辆都是相同的，除了氢燃料汽车噪声较小。另一大影响是污染物向空气中的排放。部分的排放是制造和维修引起的，汽油和柴油车的排放在呼吸的高度，尽管有排气清洁的尝试（比中央电厂的效率较低）。这一部分普通汽车比Lupo 3L大，燃料成本也更大。关于温室气体的排放，使用天然气的氢燃料电池汽车不比Lupo好，但氢来自可再生能源的优势是巨大的。

对包括小颗粒的空气颗粒物排放的关注已经使不少国家喜欢汽油车甚于柴油车，除了卡车和公共汽车等，更高的效率是决定性因素。颗粒的分散机理已经是深入研究的主题（例如，Kryukov等，2004）。上面考虑的Lupo柴油车降低了微粒的排放量（见表6.7），水平可以媲美汽油车，但所有欧洲新的柴油车，包括高效轿车、公共汽车和卡车，按2010年规定在欧盟范围内被要求使用可减少90%以上的颗粒物排放的静电过滤器，这将好于汽油车使用的小型催化剂装置的$SO_2$脱除（但在这两种情况下都不如大型固定发电厂的排气净化）。

对于载有甲醇并使用车载重整反应器的燃料电池汽车，有温室气体的直接排放，以及从燃料和重整反应器制造环节的额外影响，从而导致其整体等效$CO_2$排放比使用一个纯粹的氢燃料流的汽车高10%（Patyk和Höpfner，1999；Pehnt，2002；MacLean和Lave，2003；Ogden等，2004）。

被认为为市场接受提供了最好的机遇的插电和自主混合动力汽车（见第4

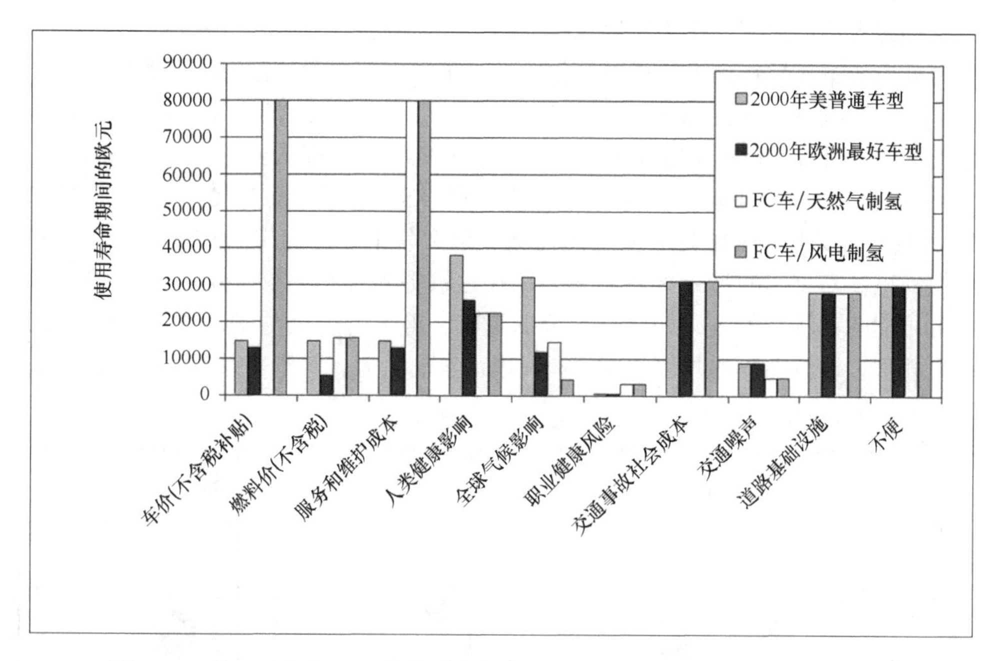


图6.12　表6.9和表6.10的货币化寿命周期影响的小结（Sørensen，2004d）

和7章）具有燃料电池组件和电池引起的寿命周期的影响，除了所有道路车辆常见的一般性的系统影响。电池生命周期评估表明，锂离子和氯化镍钠电池的影响小于铅酸和镍金属电池（Bossche 等，2006）。对于新型锂离子电池的特定生产工艺，Zackrisson 等（2010）发现生产中的温室气体排放至少与插电汽油/电池混合动力汽车的电池使用过程中超标排放量相同（不计入电池实际上假定的循环利用）。只有包括了因车载电池的重量加上泄漏的额外排放，一些与全球变暖无关的影响只给出了相对的数据（一个受到强烈批评的三心二意的 LCA 方法，例如见 Sørensen，2011a）。

关键因素是能源输入的来源和使用，例如，一个特定国家的当前电力构成应用到未来情况下可能给出严重误导的结果，例如，未来情况下燃煤电厂已由风电取代。图6.13说明了这个情况，给出了常规和纯燃料电池汽车在韩国运行的直接成本加上全球变暖和污染的社会成本的低、中、高估计（乐观的成本数据已经用在2015年的远景方案）。Colella 等，（2005）收集了有关目前氢和混合动力汽车的气候和污染研究的数据，Offer 等（2010）、美国能源部（2010b）和 Thomas（2009），以及 Veziroglu 和 Macario（重新发表的研究，2011）比较了包括氢燃料电池/电池混合动力在内各种电池和燃料电池汽车，发现了混合动力汽车的积极寿命周期影响。

总结在图6.14中的 Thomas（2009）的评估十分有趣，因为它确定了进口石油的地缘政治的影响，作为燃油车辆寿命周期影响的主要因素。发现了一个大的外部效应成本与旨在确保获得石油供应的军事支出相关联，而更大的影响是对经济的间接影响（美国的情况例证了这一点），为了适应石油生产国贸易条件和政策意愿。军事政策和石油安全之间的这种联系常常有人提出（见 Sørensen，2011a；第5章），但是对于耦合的强度，以及最近的伊拉克战争（始于2003年）多大程度上可以作为一种有效的例子仍有争论。这些想法在美国的汽油和纯燃料电池车之间的另一个寿命周期比较也被提起（Sun 等，2010），但没有考虑更可能的市场竞争者，如混合配置的汽车。得出的结论与 Thomas（2009）的结论相似，即汽油车的外部效应比燃料电池车的更大，基于一系列不同的假设。

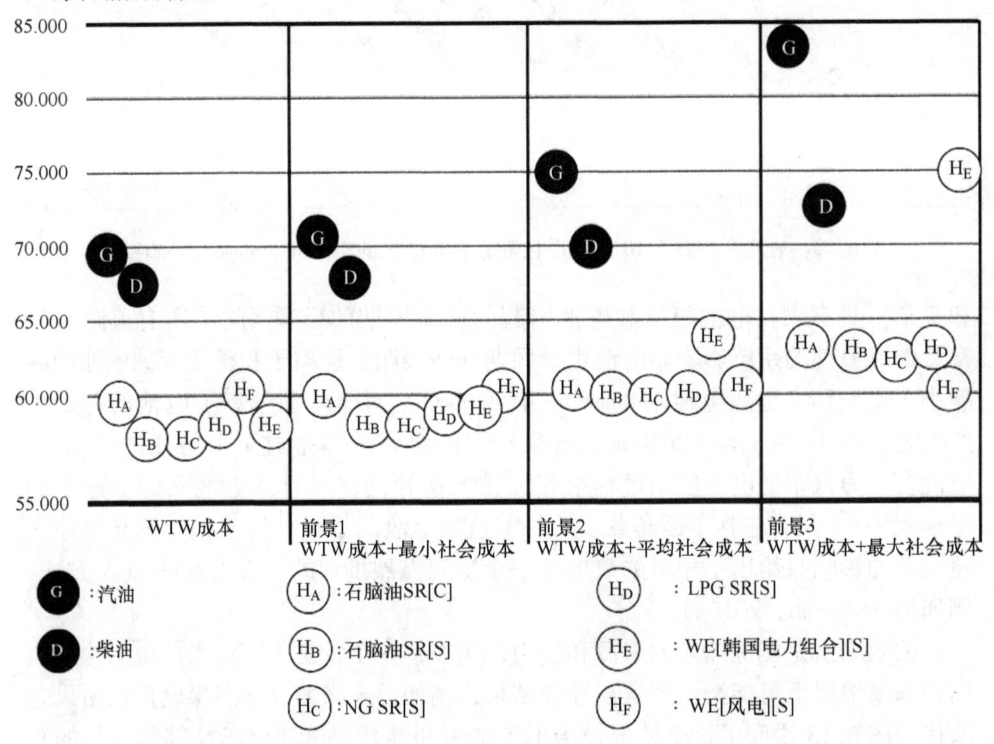


图6.13 韩国2015年远景方案中“油井到车轮”直接成本（WTW，左列），以及该直接成本加上作为社会成本的全球气候变暖、空气污染的外部成本（右侧三列，文献调查中遇到的三个货币化假设：最小、平均和最大值）

注：在寿命周期评估考虑中目前的汽油车（G）和柴油车（D）使用（增加的）2015年价格的燃料，并与纯燃料电池汽车比较，假定在2015年具有经济竞争力，可能获得韩国政府补贴，使用多个来源（$H_x$；$x$ = A，…，F）的氢。是 SR—蒸汽重整，NG—天然气，LPG—液化石油气，WE—电解水，C—集中化生产，S—加氢站分散生产。注意风电制氢与（当前）韩国电力组合下制氢的越来越大的差别（Lee 等，2009；使用得到许可）。

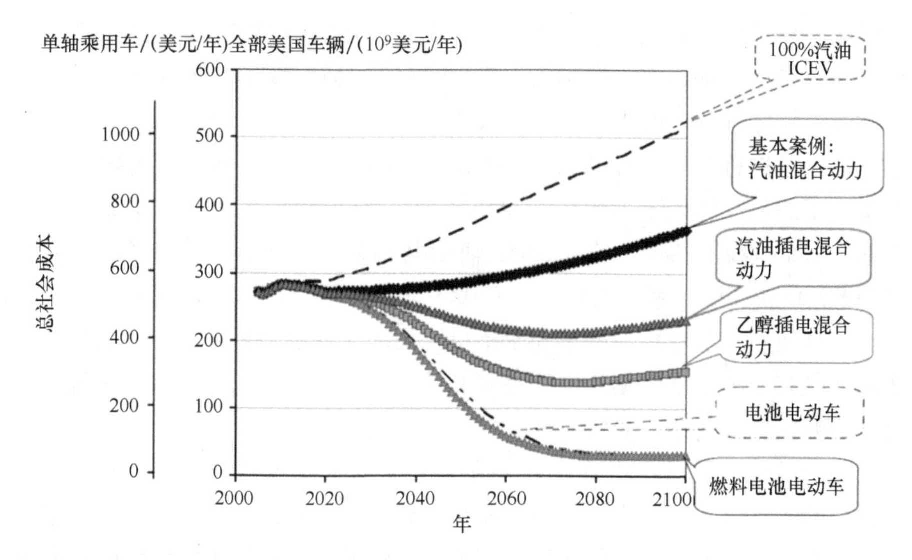


图 6.14　寿命周期分析中一系列轿车车型的社会成本（包括了全球变暖、空气污染、以及进口石油相关的军事和经济成本估计，顶部曲线显示的内燃机汽车的成本在增加。稍下的曲线是油 - 电池混合动力汽车，底部曲线是电动和燃料电池汽车）。

注：保护石油供应军事成本为 $1.18\times10^{11}$ 美元/年。财富转移、生产能力和破坏损失的社会经济成本为 $2.65\times10^{11}$ 美元/年，加起来约为 10 美元/GJ 油。左侧刻度把这些数据转换为标示性的单辆车的美元/年［基于 Thomas（2009），使用得到许可］。

## 6.2.5　其他运输车辆的寿命周期评估

由于燃料电池大客车和混合动力汽车是这项新技术的主要示范区，它们的寿命周期评估已经和小轿车一起完成了。Ally 和 Pryor（2007）发现，澳大利亚西部，燃料电池汽车的温室气体排放量远高于传统的柴油巴士，除非用于燃料电池的氢产自风能，而不用电网电力或蒸汽重整。Ou 等人（2010）比较了其他各种客车技术在目前中国和美国的寿命周期的影响，发现因两国在能源系统上的差异而有很大的不同，推论说在中国，一些替代技术如电动公交车在包括外部效应的寿命周期评估中是有优势的，燃料电池公共汽车没有优势而需要重大的研发突破。类似的研究已在较早时候针对大客车进行（Tzeng 等，2004）。

尽管火车的燃料电池运行正在考虑（例如日本），但优势并不明显，考虑到大多数火车是电气化的或计划成为电气化的，从而可以直接利用可再生能源（风电）发电。对瑞士的一种高速地下磁悬浮列车提案的一个有趣的寿命周期分析发现，许多假设下的寿命周期影响均高于目前的列车，节省下来的时间价值不能超过因使用更快的列车引起的负面影响（Speilmann 等，2008）。

船舶寿命周期的研究在很大程度上被局限在特殊情况下，如用SOFC供电的辅助电气设备（Strazza等，2010），而陆上运输，研究覆盖了许多运输模式，至少是对温室气体排放量的影响（Uherek等，2010）。也有其他的为可能使用的燃料电池推进船进行的环境评估（Altmann等，2004）。欧洲委员会的研究考虑了一个基于压缩氢气的用于小渡轮的400kW质子交换膜燃料电池推进系统，和一个Oslo－Kiel航线上的大渡轮的2MW辅助电力系统。这里，比较了一个基于天然气的SOFC或MCFC系统与液氢PEMFC动力单元。在小渡轮情况下，今天的基本选项是使用轻质燃料油的柴油发动机，而较大的船会使用重质燃料油。这个寿命周期研究中的基本数据库据称是专有的，但这些数字与是那些可公开获得的排放和影响数据库的结果非常相似。

表6.11给出了对于选定的氢燃料的生产路线和小型船舶上使用相关的温室气体排放的圆整值，对于不同的能源系统和燃料，也包括$SO_2$排放（省略了有关可能产生有用副产品的好处的讨论）。当然，大型船舶辅助动力系统的相同的调查给出了基于氢的系统的类似结果，但柴油机的情况则不一样，其中有两个不同的条件：对于大型船舶大型柴油机效率要高得多，提供了较低的每千瓦时排放，但是重质燃料油的使用经常会造成较高的$SO_2$排放，详细情况取决于燃料的产地（和硫含量）。

**表6.11 燃料生产和小型渡船推进使用中产生的温室气体和$SO_2$排放**（使用不同的技术）
（年度燃料消耗991MWh柴油或539MWh氢）（引自Altmann等人，2004）

| 船舶能源系统（发动机或燃料电池） | 燃料生产产生的等量$CO_2$ /($g/kWh_{th}$) | 推进产生的等量$CO_2$/(t/y) | 燃料生产和使用产生的$SO_2$/(t/y) |
|---|---|---|---|
| 柴油机 | 38 | 302 | 0.125 |
| 风电制氢 | 25 | 18 | 0.014 |
| 天然气制氢 | 445 | 230 | 0.10 |
| 森林残余物制氢 | 14 | 7 | 小量 |
| 农业废料制氢 | 54 | 28 | 小量 |

### 6.2.6 氢存储及其基础设施的寿命周期评估

氢能应用的大部分寿命周期评估都包括特定应用中使用的存储系统的分析。对于几种类型的能源存储系统，能量的需求是一个较大的问题。表6.12给出了当前用于移动应用的四种存储选项的能源需求，基于Neelis等（2004）及其引用的参考文献。

**表6.12　氢存储装置的材料和能源消耗**（基于Neelis等，2004数据）

| 建造使用的材料 | 质量/kg | 一次能源/MJ |
| --- | --- | --- |
| 碳强化环氧树脂用于氢加压存储 | | |
| 低密度聚乙烯 | 0.5 | 16 |
| 环氧树脂 | 16.6 | 2460 |
| 聚丙烯腈 | 38.9 | 4232 |
| 不锈钢 | 2.8 | 125 |
| 总和 | 58.8 | 6833 |
| 液氢储罐 | | |
| 铝 | 30.7 | 7140 |
| 不锈钢 | 5.0 | 223 |
| 总和 | 35.7 | 7363 |
| 低温Fe-Ti氢化物系统 | | |
| 铁 | 271.3 | 12107 |
| 钛 | 232.7 | 99945 |
| 铝 | 88.0 | 20467 |
| 总和 | 592 | 132519 |
| 高温Mg氢化物系统 | | |
| 镁 | 119 | 35486 |
| 铝 | 84 | 19536 |
| 总和 | 203 | 55022 |

对于适合便携式应用的小型储罐，Paladini等（2003）给出的质量约是100g，体积约$20cm^3$，对于使用$LaNi_5$或$Mg_2Ni$的金属氢化物的储罐。

对于载有重整反应器、使用甲醇作燃料的燃料电池汽车，和甲醇寿命周期有关的额外寿命周期影响也必须考虑。这样的分析已有发表，例如Pehnt（2003）。作为6.2.4节（图6.13）提到的工作的继续，Lee等（2010）进一步分析了包括电解器、储氢装置和分售机的风能驱动的加氢站。对与氢能基础设施相关的长期能源存储的一般性论述见Bielmann等（2011），其论述以瑞士为例。

## 6.2.7　氢系统的寿命周期分析

某些具体的氢能应用系统的寿命周期分析已经讨论过了，如6.2.4节关于乘用车的讨论，6.2.5节分析客货运输的其他方式，6.2.6节有关存储和分销的基础设施。也可以对建筑物集成的燃料电池系统进行类似的寿命周期分析，对于大型建筑物以及独立住宅建筑（Fleischer与Oertel，2003）。可以考虑各种类型的燃料电池进行热电联产（见5.50节，包括使用可逆燃料电池）并与使用天然气的类似系统比较（Ren 和 Gao，2010）。把负面影响分配给热和电这两种能量输出形式的可能性，使每种能量形式每 kW · h 有用能量的负面影响减低。一项关于马来西亚的基于 PEM 燃料电池的住宅热电联产系统的特别研究见参考文献（Mahlia 和 Chan，2011）。这套系统是独立的，用于为远离电网（但是有管道天然气用于燃料电池的燃料重整!）的居民区供电。该系统包括一个电池商店，根据寿命直接成本比较（称为 LCA，尽管气候、污染或其他社会成本没有包括进来）可能在某些成本条件下具有些许可行性。

如果把各种氢能系统转变为第 5 章所考虑的远景方案中完全基于氢的能源供应系统，可能有人会问是否会有可以想象到的正面或负面影响。Tromp 等（2003）提出的分析是，少量未转化的氢会从传送或转化设备中逃逸而以 $H_2$ 分子形式进入大气层，很可能扩散到平流层，在那里会转化为额外的水蒸气。增加的水蒸气会大大地影响云量、臭氧化学和衍生的天气变化。Schultz 等（2003）在一个更详细的模型中表明，即使氢的数量比可能逃逸的氢的量大得多，一个氢基能源系统中 OH 在对流层的存量也会由于 $NO_x$ 排放的减少而减少。因此，地面臭氧浓度大幅度增加，而到达平流层的量会多于补偿那些可能由额外氢分子污染所消耗的低于 2% 的臭氧。

## 6.3 各种不确定性

作为一系列研发中的技术，氢能系统的组成部分是很难评估的，本章前面描述的尝试，成本分析和寿命周期影响的分析，必然是不全面和不确定的。

人们期望对于那些氢能技术的评估有最高的准确性，像对类似的已有的技术，如地下气体存储和钢瓶气及液化气存储，如基于蒸汽重整和相关技术的制氢技术或酸电解技术。

最不确定的技术是那些核心燃料电池技术和新的存储技术如氢化物和碳材料。尽管实验室实验在很多情况下被原型演示项目所跟进，在设备的未来成本和运行的稳定性和耐久性方面仍然有很多不确定性。图 6.1 的学习曲线显示了它可能带来的差异，比如，如果最终发现两种移动应用燃料电池的耐久性小于期望的 5000h（如现在的先进电池），或者如果静态应用的耐久性小于希望的 40000h（和风电的 200000h 相比较，这是几乎所有其他当前能源技术的下限），即把图 6.1 的学习曲线上移，则会显示出可能带来的差异。

对于 PEM 燃料电池剩下的一个大问题似乎是水管理。膜 - 电极组合的成本正在通过使用石墨粉末 - 聚合物复合材料作为分隔层而降低，使用新的低加湿概念的可能性（可使热和水在氧气/空气通道内同时交换）正在研究当中，如图 6.15 所示。

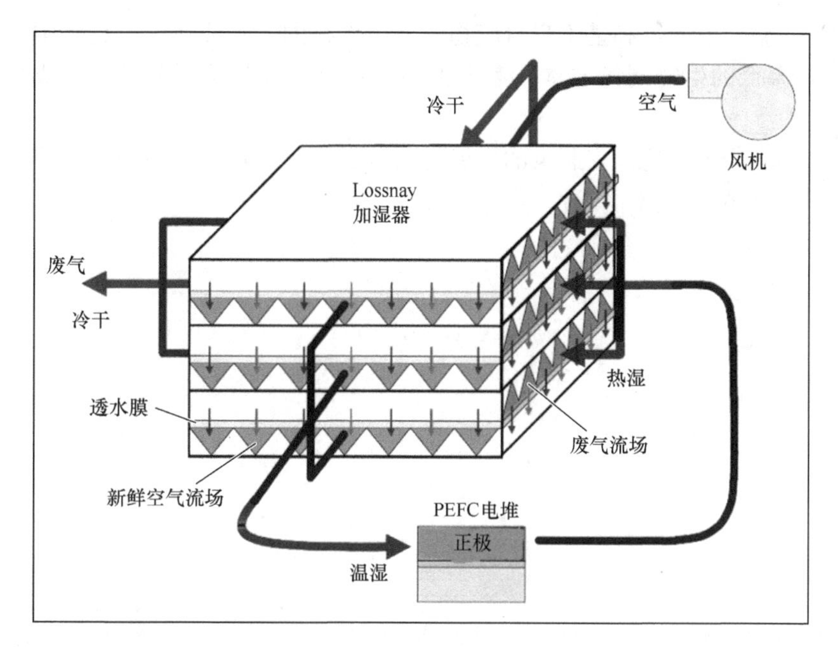


图6.15　正极区域的加湿器（Lossnay™）概念（见 K. Mitsuda，H. Maeda，T. Mitani，M. Matsumura，H. Urushibata，H. Yoshiyasu（2004）. Technical issues of polymer electrolyte fuel cells. In 15th World Hydrogen Energy Conference，Yokohama 2004，Paper 01PL－02. 经三菱电气公司许可使用）

当然许多因素都将会参与决定新能源技术的命运。从一次能源通过氢和燃料电池到电的总效率目标会达到吗？石油产量会如预测的那样在下一个十年达到顶峰吗？这对于成本会有什么影响？其他化石燃料的费用将会如何？天然气的资源能够持续下去满足需求吗？煤的汽化和 $CO_2$ 脱除会使煤成为未来发展的可接受的能源吗？如果化石燃料越来越成为问题，是否氢能会在中国和印度的增长中的运输行业获得机会？这两个国家会让 20 亿人沿袭诸如美国等国家的低效能源使用习惯吗？抑或他们会学习欧洲获得两倍的或发展出更好的能源效率？当前的趋势显示这些宏大的能源使用者会很浪费，至少在初始阶段，受到跨国能源和汽车公司的影响，这些公司已经适应了亚洲并经常专注于不是很在乎能源效率的顾客。问题很多，关于结果的不确定性也很大。

## 6.4　问题和讨论

1）尝试把 6.1.5 节描述的运输行业的日本成本前景延伸到建筑物中的氢和燃料电池的分散式使用，依据图 5.2 中显示的直线。

2）观察发酵制氢和基于来自废物或专用作物的生物质制氢。估计当前的和将来可能降低的生物制氢成本，考虑生物原料及其运输及制氢设备的成本（见2.1.5节）。

3）你会为欠发达国家制氢的发展提出什么建议？首选的系统会与当前的工业化国家设想的方案不同吗？

# 第7章　总结：有条件的出路

前面的章节考虑了一个氢气系统中可能的组成部分，氢气在这样一种能源系统中扮演着核心角色，既作为能量的载体，同时也是能源的存储媒介。后者的功能是间歇式可再生的一次能源所需求的，而且对于基于煤或石油这样的不可再生资源系统也是有用的。氢气系统还没有广泛应用，不仅因为仍然存在挑战性的科学和技术难题，而且由于现在的经济系统问题，例如，要改变一直占据了前一个世纪的事物，国家实体需要应对有不同成本结构的全新的能源系统。然而，氢气技术为解决目前社会的一些危机问题提供了方案，这个方案相比于其他方法更胜一筹。在本章中，对一些主要的议题做了概括总结。

## 7.1　机遇

广义地看将燃料如氢气转化成电能的燃料电池技术，其令人瞩目的特征是事实上它可以使用任何一次能源。燃料可以供给高温燃料电池，或是转换成氢气用于低温燃料电池。电能可以转化成氢气，既可以通过燃料电池的逆向模式，也可以用其他方式。这使得不能存储的电能和可以存储的氢气之间的相互转化变得灵活。当然，在转化过程中会有能量损失，但是对于处理产能波动的太阳能和风能基站，没有更有效的技术可以用来匹配能量供给和需求。当然只有电发出来，但是没有用掉的情况下，才需要这种有能量损失的转换装置。这样的原料供给灵活性是非常有用的，它提供了将现在的能源系统向基于氢气的能源系统转变的一条平稳途径。

氢能技术会对能源市场的结构产生积极的影响。至少对于PEM燃料电池是这样的，因为它们是模块化的，能够以每kW基本相同的价格，在家用到中心发电站的任何容量范围内进行安装。这就意味着独立发电商的巨大自由度，这可以避免传统能源公司在所采用技术和提供服务方面不灵活的缺陷。每个人都可以在地下室中安装PEM燃料电池，或是购买燃料电池汽车，基于管道或本地存储的氢气，来为建筑物或者便携式设备提供电和热。首先，从楼顶的太阳能板，或者使用者拥有份额的风力发电厂，得到间歇式的能源。这样一来，能源工业将发生去中心化和重新构建，分布式能源这个名字也更名副其实。

关于环境影响方面，氢气转化和其基础设施技术才刚刚开始。一些高温燃料电池会产生不好的废弃物，需要细致地进行处理，但是一般来说，从氢气存储到转化成终端能量，对环境的负面影响很小。目前汽车上低效的尾气处理措施，如现有汽车燃料所用的尾气催化剂，在氢燃料电池汽车中完全可以被省去。但对于从一次能源或是车载的燃料重整器生产氢气，都会对环境有不好的影响。一次能源产氢过程中的环境负面影响有大的，也有小的。如果用核能或是化石能源，则潜在的环境影响就很大。用核能产氢，补救措施可能需要几十年的研究努力，才能找到新的安全的反应器类型，也仅是部分地解决环境危害问题（见第5章）。如果用化石能源产氢，可能的补救措施是将产生的$CO_2$收集起来，开发可以接受的$CO_2$沉积和长期$CO_2$捕获和存储方法。此外，用生物质来生产氢气也会有大的负面影响。有许多补救措施似乎可行，但是至今很少有在实际应用规模下尝试过。只有从风能或太阳能产氢似乎能够真正地实现可持续和生态友好的技术路线。

可再生能源和氢能技术的去中心化潜力，为将电力输运送到偏远地区提供了有效的方法，因为在偏远地区架设电线在经济上很不合理。对于世界上很多发展中的地区来说，这可能成为很重要的一个特征。因为燃料电池成本很高，通过和其他技术混合的方式，逐渐地引入燃料电池应该是一个很好的途径。

## 7.2 障碍

在技术和社会两方面上都存在着阻碍氢和燃料电池发展成为主要能源载体的因素。社会方面的阻碍部分来自于政治和制度，由于它们关乎到当前社会中占主导地位的决策和经济结构。在过去，所有的新技术引进都是由有远见的个人来推进的，这种人有时来自政府，也有时来自工业界，并且在当时普遍认为经济性不好的时候推进新技术的发展。今天，既得利益集团似乎更加强大，使得现在的技术转变更难发生。此外，传统的经济思维在个人或公众做决定时有了更大的影响力。如果经济学家对决策有影响力，100年前私人汽车的引入或许也不会发生。

如果听取经济顾问的意见，在引进不灵便的汽车时，评估基础设施的花费，和原先存在的基础设施冲突的负面影响，生产汽车所需的天文数字的成本，再考虑到开采足够石油来运行汽车，那么决策者一定会犹豫要不要发展汽车。另一个例子是，如果城市电力用户没有通过统一的（或者至少比按直接成本收费更加统一的）公共电力公司电费政策来补贴农村用户的话，（那么偏远地区可能就会因为没有电网覆盖而导致无电可用）目前工业化的农村地区电气化就不可能会通过电网向这些地区的扩张而得以实现。如果电气工业在100年前而不是现在私有化的话，可能没人敢提出向人烟稀少的地方扩张电网输送线，因为只有在密集的潜在电力用户地区，才会有明显利润。全面电气化可以准确地区分现在富裕的工业化国家与不幸的国家，这些不幸国家中的农村生活可能在过去几千年中都未改变（除了一些靠昂贵电池运行的晶体管收音机）。

技术障碍是真实存在的。很多产氢的方法应该升级，以便提供满足未来作为能源供应的足够氢气量，而不是目前有限的、作为工业原料的产量。预计氢的市场价格可由更大规模的产量得到降低。作为这种大规模供应的方案是分布式产氢，这样可以省去运输的环节。尽管分布式产氢成本比大规模产氢高，但是它的优势是为客户在控制和弹性方面提供了便利。

燃料电池技术目前处在初始阶段，还需要长时间的探索。即使对于目前最受关注的 PEM 技术而言，其也存在成本高，性能有缺陷（如水管理和氢渗透），以及工作寿命很短的问题。高温燃料电池在固定电源领域有希望，但是距离市场化还有一段差距。燃料电池转换反应器，包括可逆燃料电池，是另一个需要在技术开发和降低成本方面继续努力的重要领域。

在存储罐中储氢（如压缩气体或液体）是一项现有技术，只需要适当改进，除非极端的改变是必需的，如超高压技术。此外，作为一种低成本并可以在许多地点进行大规模存储的方法，地下储氢似乎也是可行的。只有当更安全的金属、化学氢化物，或者可能更加先进的碳储氢形式，在技术和成本两方面有了大量的研究和开发后，才有可能成为储氢的一种可行方法。喜欢管理能源供应的最终端用户，其愿意增加的支出也不可能一直延伸到接受高成本的金属氢化物储氢，如果便宜的地下储氢是集中可用的，而且运送成本也不过分的话。

基于氢气作为间歇式能源的存储媒介来考虑氢“经济”是可行的，即使直接利用燃料电池作为电源被证明在技术和经济上不可行的话。不贵的储氢方法，如地下储氢方法，可以使得这种能源存储系统具有可行性，甚至当人们不得不用汽轮机（一般认为效率比燃料电池低）发电时，也是如此。然而目前汽轮机的效率比燃料电池低得不多，并且由于氢气比体积是天然气的 3 倍，使得储能成本最多高三倍，这在固定式电源应用领域可以接受。内燃机的成本任何情况下都比燃料电池要低。

从这些争论中可以看出，间歇式可再生一次能源的突破常被认为需要储能技术或者化石燃料做备用（这在不久的将来可能不可行），储能技术可以考虑以氢的形式存储，这可能是一种比其他形式更便宜、更方便的储能方法，即使它的循环效率稍许低一些。然而，如果氢气可以在燃料电池中使用，尤其是应用于交通运输方面，那么氢气作为储能介质的优势将更加明显。因此，发展可行的燃料电池系统仍然是首要任务。

进一步地，将氢气作为普通储能介质所需要的基础设施建设必须开始行动了。尽管管道运输、存储罐运输和燃料分配站是已经比较成熟的技术，只需要稍微进一步改进，但是将来所使用燃料的不确定性可能会导致困惑，也就是说，燃料站必须提供甲醇、压缩氢气和汽油。这不是不可以，可能的燃料站可在不同的地方提供不同的燃料。不同国家的燃料站设施不同，例如在欧洲，可能会使得人们开燃料电池汽车从一个国家到另外一个国家遇到问题，如同目前生物柴油汽车的司机发现一些国家不提供这种燃料，而只有传统卡车柴油。如果氢燃料电池车或其他电动汽车国际化的安全标准规范和设备标准没有制定，也将出现上述相同的情况。

## 7.3 竞争

在短期和长期的评估中，（纯）电池电动汽车都被认为是燃料电池汽车的主要竞争者。在4.1.3节对两者进行的模拟表明，对于一般情况来说，将纯电动和燃料电池系统混合起来更好，但是对于特定的城市运输来说，纯电动汽车可能是最好的，因为有固定路线的，里程较短，且充电站点的分布也可以比较灵活。在7.4节中讨论了这些不同方案的经济性要素。

另一个竞争者是对人类没有副作用的，来自于可以再生的生物质残余物或可持续农作物中的生物燃料。在环境可接受性方面，生物燃料没有氢能好，因为它有燃烧排放物（见第6章）。它们必须用在同时具有颗粒物质过滤器（像目前的柴油汽车）和 $NO_x$、$SO_x$ 等常规大气污染物过滤器的车辆上。尽管这样设置增加成本，但暂时来说在内燃机中使用的生物燃料，仍然比燃料电池和纯电动汽车成本低。生物燃料可以像石油产品那样交易和使用。Sobrino 等人（2010）指出一些国家将会需要进口生物质残留物或是生物燃料来满足其需求。

生物燃料内燃过程，如乙醇在Otto发动机中，或是生物柴油在柴油发动机中，在如图4.7所示的驱动循环中，其效率比纯电动或燃料电池汽车都要低，因为内燃机在部分载荷状态下的效率比最优载荷下的要低，然而对于燃料电池来说，部分载荷影响则较小（见图4.5）。在图7.1的功率时间曲线上，可以很清晰地看到部分载荷状态下汽车运行工况。它是基于一个典型的乘用车，在一年8760h中运行1140h，其运行的平均功率低于额定功率的25%。图7.1的连续曲线是根据图4.9（混合行驶循环）建立起来的，假设此行驶循环代表整年的行驶状态。即使纯燃料电池的额定功率输出为40kW，其性能参数也不比其他类型乘用车低，例如，以生物柴油燃料驱动的车。

乘用柴油汽车的发动机效率与表4.1考虑的“小红帽”变化很相似，但是以生物柴油作燃料的运行效率，则呈现出图7.2所示的发动机（旋转）速度和传递扭矩函数关系。作为混合行驶工况下的时间函数，效率变化如图7.3所示。转速-扭矩图上的工作点会受齿轮交换比率的影响。这种关系的一个例子展示在图7.4中，数据来源于测试一个稍微大些的汽车（NREL，2001）。

图7.3清晰地展示了在不同部分载荷下，内燃机的效率降低情况。在图4.22中给出了对应燃料电池车的效率。在大多数行驶条件下，效率都很接近最

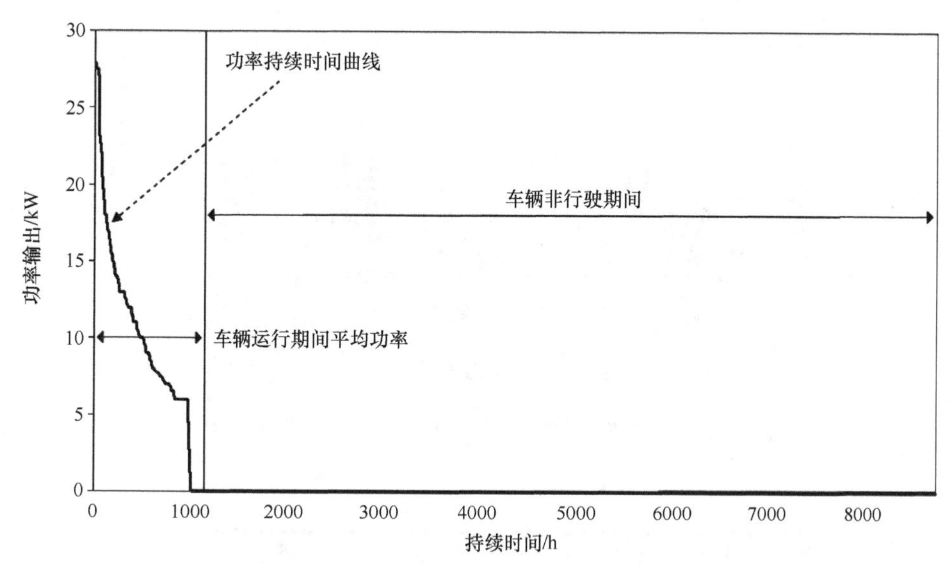


图 7.1　基于图 4.7 行驶工况的乘用车年输出功率持续时间曲线，此乘用车包含一个 40kW 燃料电池系统和最低的电池配置（保证稳定输入到发动机 1.67MJ 容量）：曲线中的 6kW 和 0kW 段分别代表怠速和停车，例如，遇到红灯时

大效率。图 7.4 展示了在如图 4.7 所示的行驶循环条件下运行时，不同变速箱交换比例的工作点位置。当在最低档运行时，在扭矩 - 转速图中的工作点非常有局限性，在较高档运行时情况有所不同（2 ~5 档）。

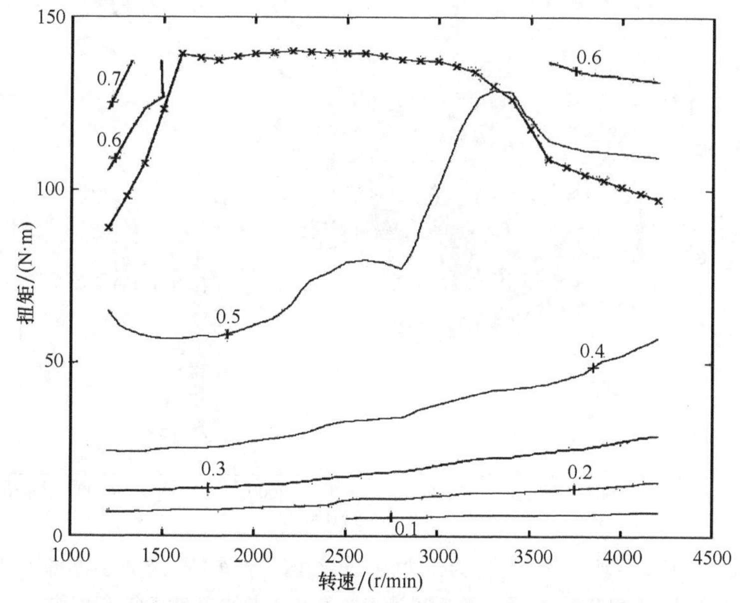


图 7.2　第 4 章中提到的“小红帽”生物柴油版的计算发动机效率，以传送扭矩和转动轴的速度作为变量（含有十字的曲线代表在给定的旋转轴转速下，在道路上可以达到的最大扭矩）

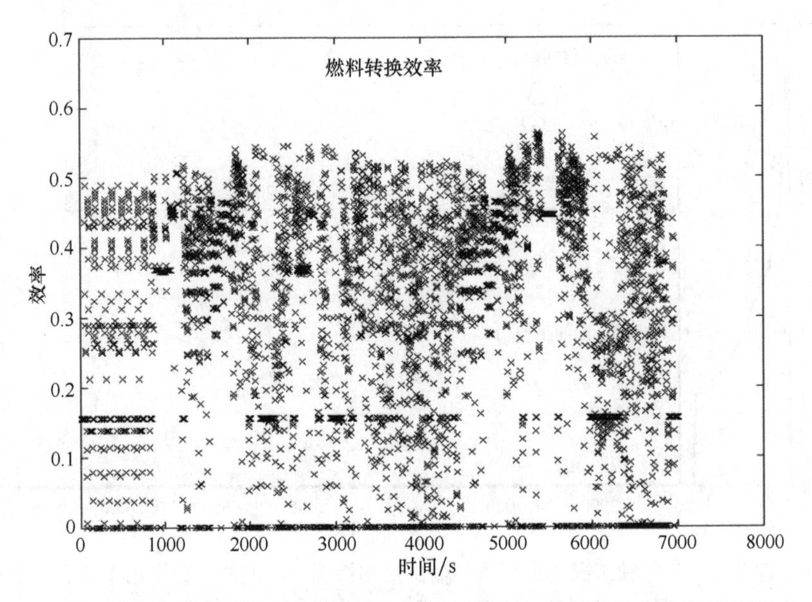


图7.3 按照图4.7中的混合行驶循环的时间作为变量拟合的发动机转换效率（拟合对象是生物柴油版的“小红帽”汽车）

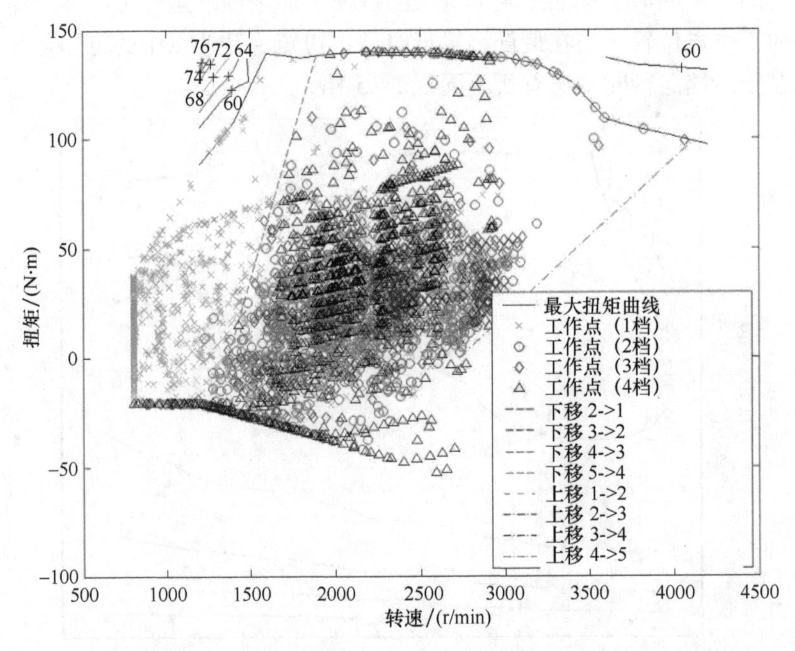


图7.4 按混合行驶循环计算生物柴油版“小红帽”汽车的工作点，以传递扭矩和旋转轴转速为变量，给出了设置在每一个点的变速箱交换比例

以传送扭矩和旋转轴转速为变量的效率特性（见图 7.2）也受到发动机温度的影响。图 7.5 显示了冷启动以及运行了一段时间被加热了的发动机的燃料消耗图。两者区别是明显的，在温度低的条件下使用柴油燃料，燃料消耗通常高出了 50%。温度对于污染物的排放量也有很大的影响。图 7.6 ~ 图 7.9 展示了在低温

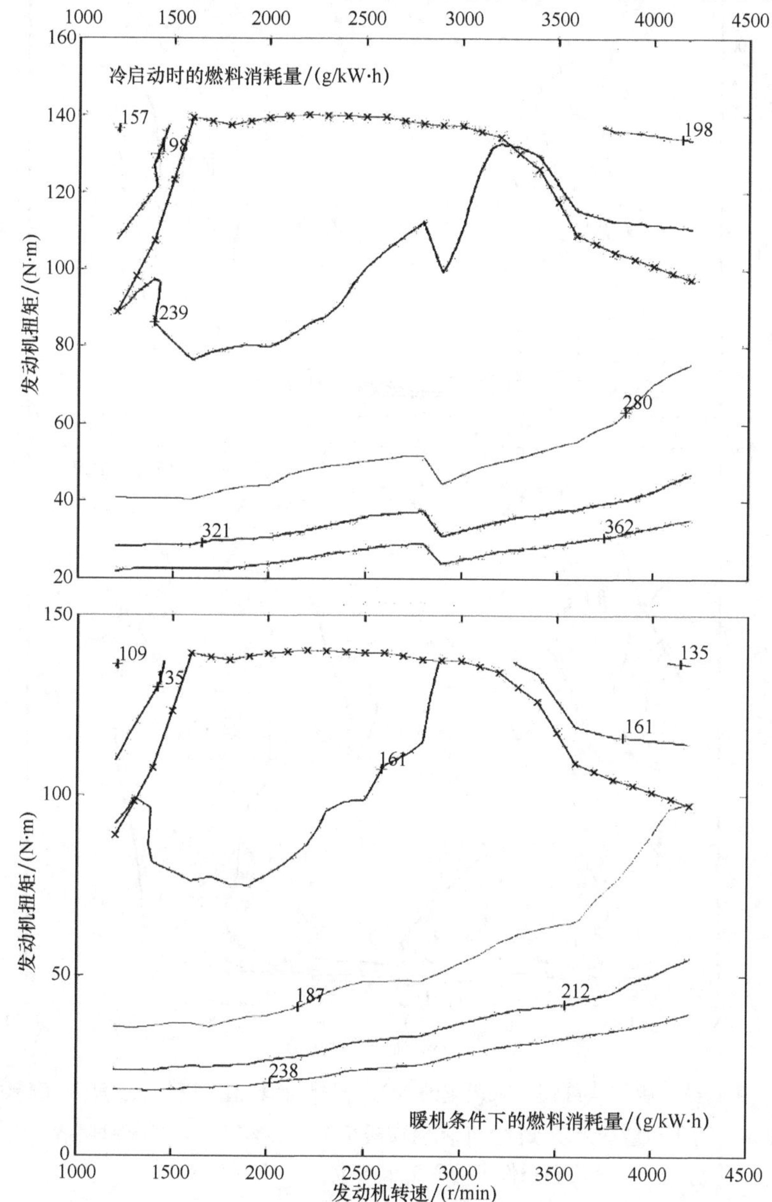


图 7.5　生物柴油版“小红帽”乘用车的燃料消耗计算值，以传送扭矩和旋转轴转速作为变量：上图是冷启动条件下的，下图对应暖机条件下运行（这些曲线与图 7.2 的效率曲线很相似）

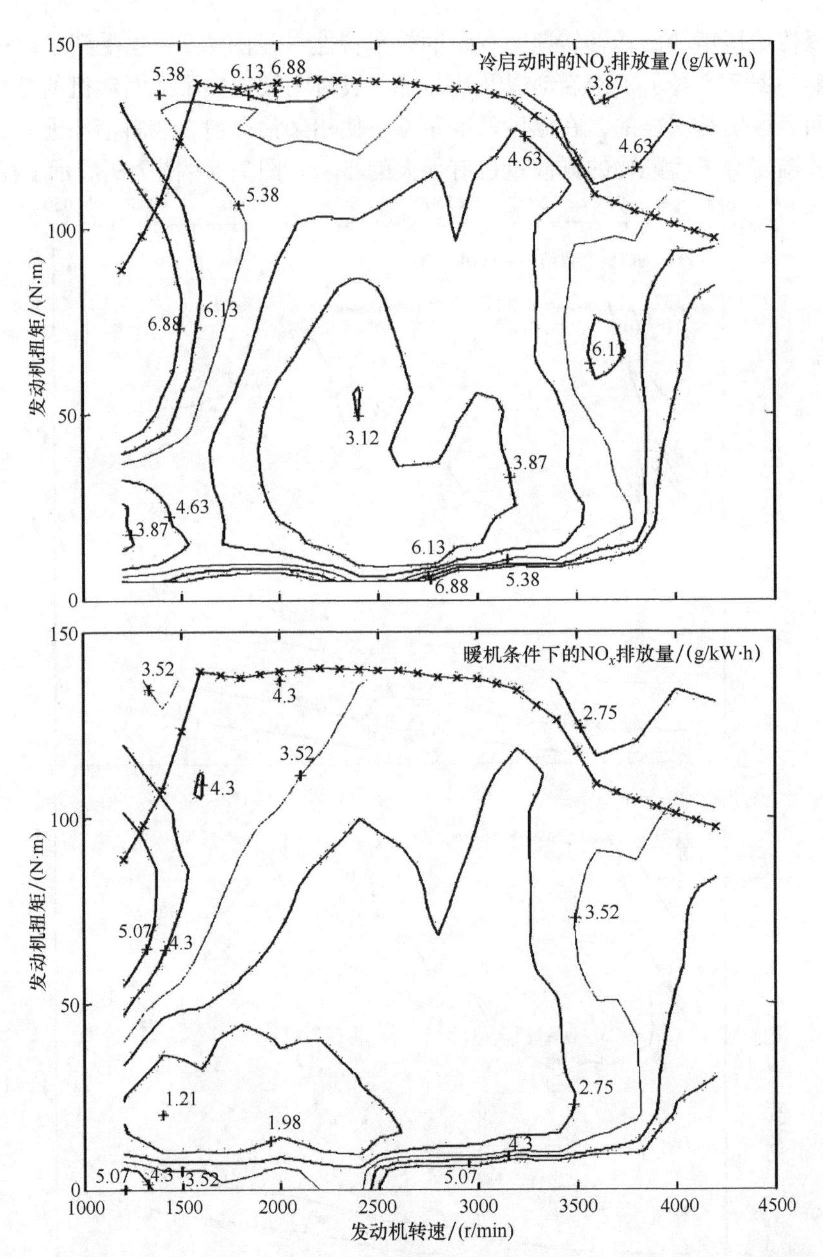


图7.6 生物柴油版“小红帽”乘用车的$NO_x$排放量计算值，以传送扭矩和旋转轴转速作为变量：上图对应冷启动条件，下图对应暖机条件下运行（与燃料消耗结果相一致，冷启动条件下的$NO_x$排放量要高出约50%）

和行驶中热的发动机条件下4种主要污染物的拟合排放量，$NO_x$、未燃烧烃类、CO和颗粒物。如前面提到的，这些基本的测量环境数据是针对稍大一些的汽

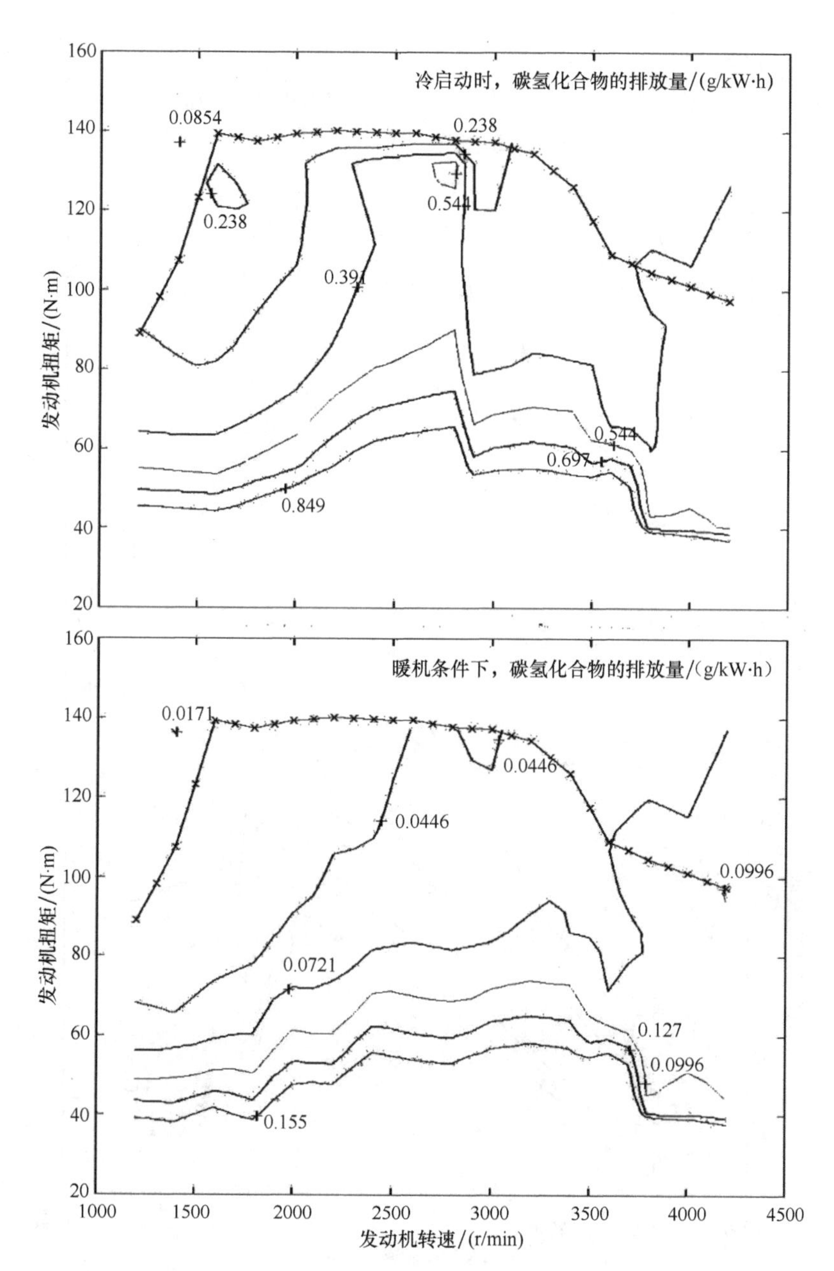


图 7.7　生物柴油版“小红帽”乘用车的未燃烧碳氢化合物计算值，以传送扭矩和旋转轴转速为变量：上图对应冷启动条件，下图对应暖机条件下运行（冷启动的排放量比达到巡航温度后排放量高 5 ~ 7 倍）

车，但是可以缩放到表 4. 1 和表 6. 6 中 Lupo 车的规格。图 7. 10 展示了这 4 种物质的总排放情况，以图 4. 7 的混合行驶循环时间作为变量。

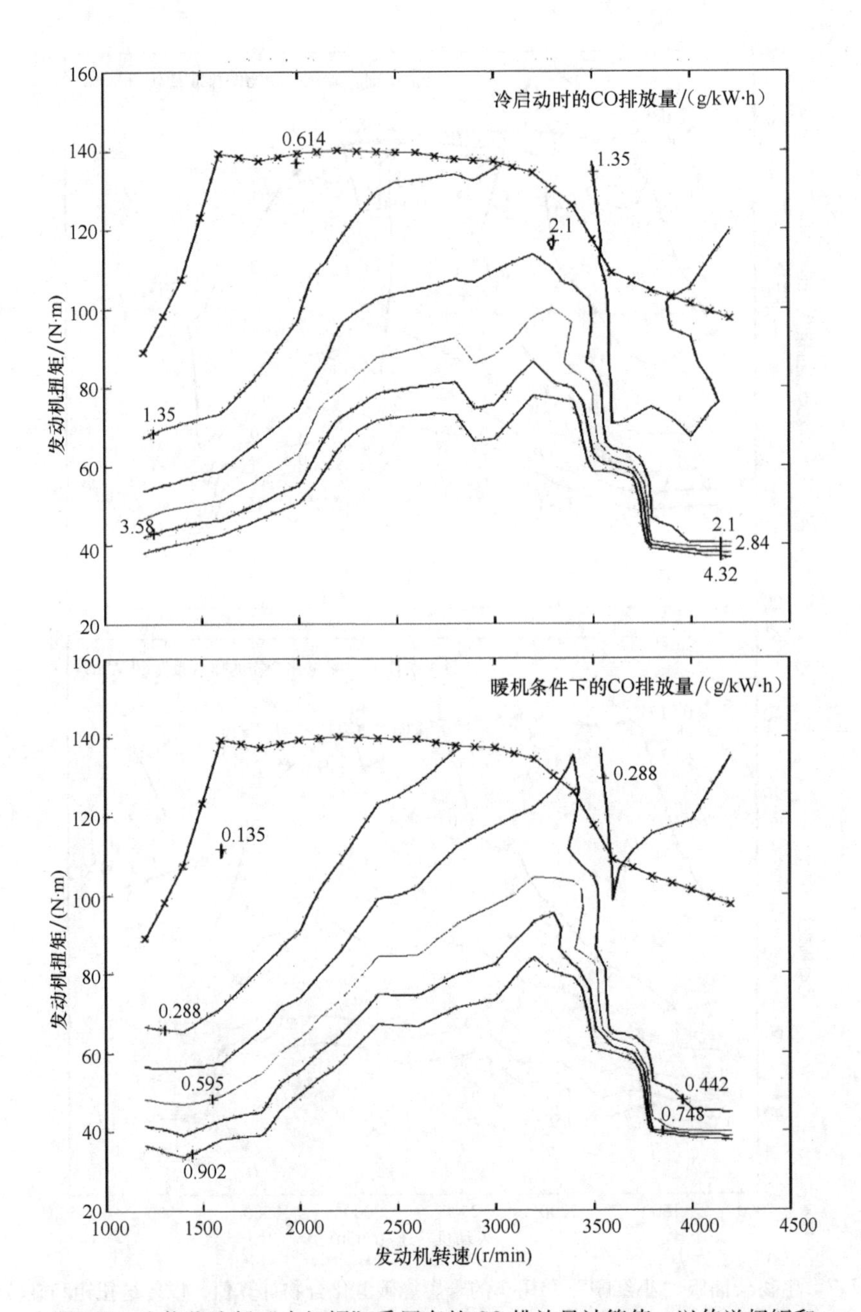


图 7.8 生物柴油版“小红帽”乘用车的 CO 排放量计算值，以传送扭矩和旋转轴转速作为变量：上图对应冷启动条件，下图对应暖机条件下运行（冷启动的 CO 排放量高 4 ~7 倍，相比于 $NO_x$，更加接近 HC 排放量情形）

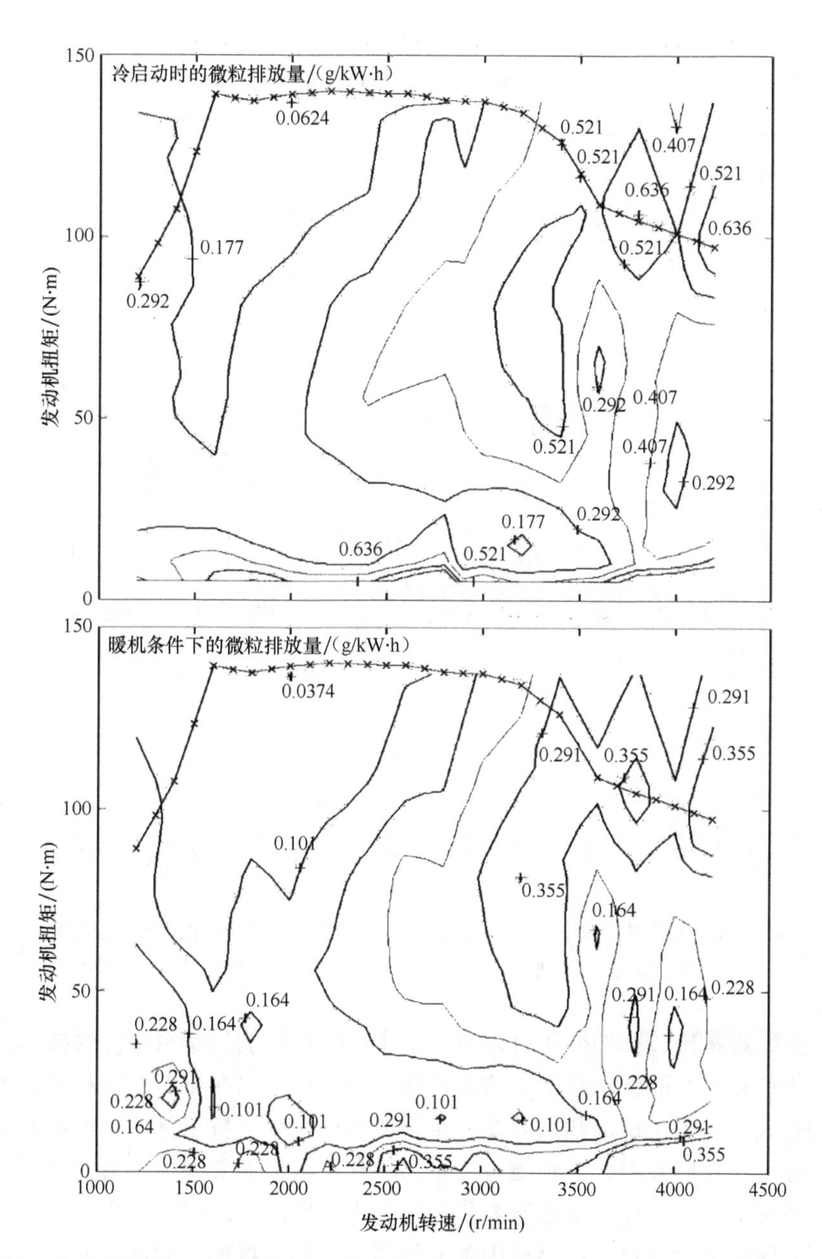


图 7.9　生物柴油版“小红帽”乘用车微粒排放量的计算值，以传送扭矩和旋转轴转速作为变量：上图对应于冷启动条件，下图对应于暖机条件下运行（冷启动的排放量是暖机后的排放量两倍左右，与 $NO_x$ 排放量类似）

我们注意到对于 $NO_x$ 和颗粒污染物，冷启动影响与图 7.5 中的燃料消耗相似，但是对于 HC 和 CO，冷启动的排放量是在稳定运行状态时的好多倍。图

7.10总结了整个行程中的时间——排放量结果。

生物柴油和化石柴油汽车（VW Lupo）的其他方面模拟工作可以在Sørensen（2006b；2010b）的文章中找到，而整个生命周期中的成本影响在Sørensen（2011a，第7章）中有所讨论。

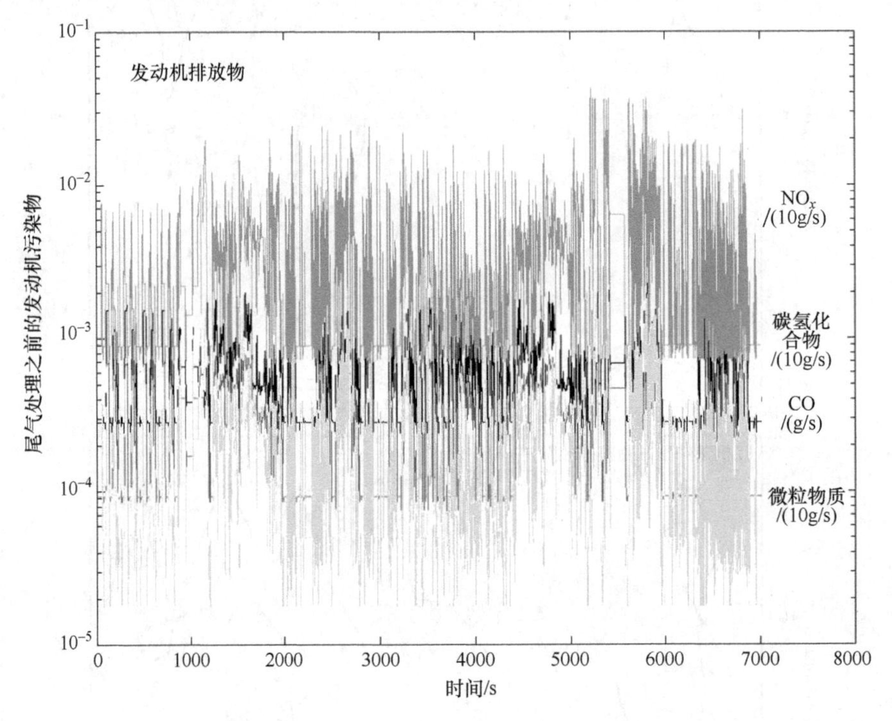


图7.10 对于生物柴油版“小红帽”汽车进行图4.7中的混合行驶循环，从图7.6～图7.9得到的排放物的时间分布图，这里采用了对数坐标

从生物燃料排放物的分析可以看出，生物燃料可能只是暂时性的技术，最终将被零排放技术所取代。然而，这不排除生物燃料可以在化石燃料和真正可持续能源的过渡阶段提供最温和的方案，生物燃料还有一个特点是污染物和$CO_2$排放并没有减少。长期来看，生物质可以作为一种可再生能源来生产清洁燃料——氢气。生物柴油研究与化石柴油研究很相似，生物柴油因此可能作为过渡燃料，目前高压共轨柴油发动机是内燃机中效率最高的，如果将现在的汽车发动机都换成最好的高压共轨柴油发动机的话，石油需求量将减少2%～3%，这可以暂时缓解全球变暖问题。相比于任何新能源应用选项，更有效率的使用现有能源就是一个已经可以实施的补救措施，而且只是将效率提高3%～5%的情况下，所需投入成本很低（Weizsäcker等，2009；Sørensen，2010a）。

在交通运输部门以外，使用氢气的竞争对手（作为燃烧燃料或是通过燃料电池发电站发电）来自于一次能源。风能或太阳能这类可再生能源可以直接发电，它既不需要，也不希望借助于一个单独的能量载体（如氢），除非特别要解决可再生能源的不连续性问题。这种条件下，相比于其他能量存储方式，储氢更加可行。这在 7.4.1 节中将进行考察，在 7.4.3 节和 7.4.5 节详细讲解了关于氢的能量存储方案，它取决于能源系统是选择集中的还是分散的结构。

## 7.4 前进之路

本书中对氢能引入的 5 个关键领域进行了评价，它们可能单独实现，或是联合在一起实现。它们分别是：

- 氢气作为各种可再生能源系统的能量载体。
- 氢能和燃料电池在交通运输领域应用。
- 燃料电池在建筑中用作为固定电源。
- 燃料电池在移动电源领域应用。
- 燃料电池在大型发电站中应用。

下面将根据这本书之前章节的内容对每一种方案进行简要的评估。这些研究将为氢能和燃料电池领域的发展提出一系列建议（在美国称作“路线图”，在欧洲则称作“行动计划”）。

### 7.4.1 在可再生能源系统中氢的存储

为了促使可再生能源（如风能和太阳能），在任何能源系统中占有主要地位，能量存储必须是此系统的一部分。贸易（即国际电力贮池）只能解决一定程度的供需不匹配问题，但是在拥有良好传输基础设施的能源系统，（供需不平衡问题）仍广泛大量存在。突然需要进口很多电力时，成本很高，同样地突然需要大量出口电力时，价格又会很低，所以这些情况发生的频率必须要非常低（Meibom 等，1999）。无论如何，这种装备必须在附近有可以调节产量的设备（例如，基于燃料或水力的系统）。如果传送各种一次能源，只有采用储能。评估多种可能的能量存储技术（Sørensen，2010a），发现没有任何一种存储技术比在地下储氢更加可行。用含水层或盐蚀存储氢气的方案是对天然气存储方案的自然延伸，此方法在存储天然气方面已经被证明是有效的且存储成本很低。在不能实施上述储氢方案的地区，岩石洞穴储氢在技术上是可行的，但是要稍微贵一些。

如果存储的氢气没有用来再次发电，那么它将通过管道、卡车、轮船或者其他运输工具，运送给指定的氢气用户。这些基础设施的成本常常很高，应该考虑汽车加氢站或者用氢工厂的供给站的位置，从而优化氢气运输。接近用户的小规模储氢（在加氢站或者相对于每个建筑完全分散的氢气站）所增加的成本，应该在总成本和最终用户方便性之间达到平衡。

无论如何，上面的讨论表明用氢气作为能量存储介质，结合多种可再生能源系统（如风机或者太阳能采集器），是一种可行的并且也应该被采用的方案，由于它本身就在能源系统中扮演重要角色，也并不依赖于燃料电池技术的发展成果。如果没有燃料电池，利用氢气发电就不得不用传统的方法（例如燃气轮机、斯特林发电机），这样效率没有固定式燃料电池的高，但是也并没有非常大的差异（效率在40%～50%，不是燃料电池效率的50%～65%）。

总而言之，氢气存储的考虑应该是能源政策中必不可少的一部分，旨在利用可再生能源技术替代对环境不利，以及即使不是从资源方面，也有政治上减少对化石燃料的依赖的考虑。

### 7.4.2 燃料电池汽车

交通运输领域无疑是最难过渡到利用可再生能源的。基于电池的电动汽车经过了好几十年才在技术性能上达到现在的水平，但是经济目标仍然没有完成。无论如何，纯电动汽车都将受限于行驶里程。

在第4章中，如图4.26所示，分析指出燃料电池和电池的混合系统可能会产生一个较好的方案，因为两个系统可以优势互补。PEM燃料电池目前重点需要在稳定性和长寿命方面有更进一步的技术发展，尤其是成本方面，完全依靠燃料电池驱动的汽车还有很长的路要走。相比于纯燃料电池汽车或是纯电动汽车，燃料电池和电池的混合方案可以用较低的两个系统配置集成，来提供较好的性能。考虑到汽车质量，电池必须使用锂离子电池或是其他质量和能量密度较高的电池。针对不同燃料电池和电池系统的相对价格假设，图7.11阐释了成本优化结果。相比于图4.26，它给出了对于高端插入式混合动力车，或是可能的最低价的自主混合动力的优化价格，但是没有一种情况对燃料电池的依赖度超过50%。

如果PEM燃料电池开发没有达到设定的目标，一个可能的备选方案是操作温度在200℃的酸性聚合物电池。然而这种技术的发展目前还很不成熟，向这项技术转变有可能进一步延迟可行的车载燃料电池在一般汽车生产线中的部署，原本就已经因为电池寿命问题落后于时间表。

假定PEM燃料电池最终达到了技术目标，它们的引进速度将取决于由于市场扩展及其不断的生产进步所带来的成本降低程度。这一阶段可以通过在初期创建专用区域的基础设施，并通过引入市场的措施，例如提供车辆的运行期间的无污染奖励（也包括制氢，如果这是基于可再生能源的话），获得加快。这种过渡将通过逐步引入混合动力汽车的帮助开始，从目前这一代汽油－电池或者柴油－

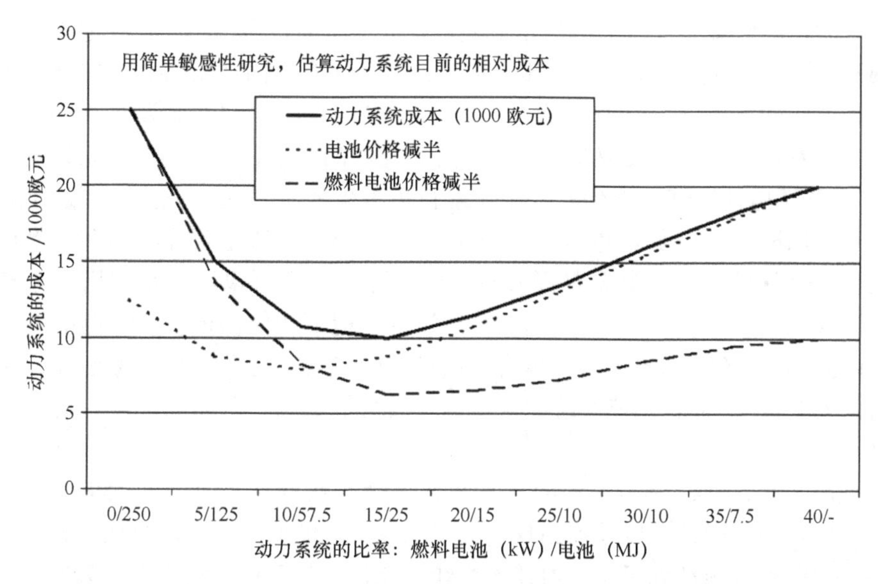


图 7.11 在 4.1 节提到的 PEM 燃料电池 - 锂离子电池混合系统的成本，基于对目前纯电动汽车或是纯燃料电池汽车（上面曲线点）价格的估计

注：燃料电池和锂电池价格减半的影响用虚线表示。在所有的情况下，对于混合构型的价格最优结果是，燃料电池 10 ~ 20kW，锂电池在 15 ~ 60MJ，也就是所谓的插电式混合配置（Sørensen，2010b）。

电池车，在市场已经习惯了混合动力概念之后转向燃料电池混合动力。化石燃料 - 电池混合动力车可能有助于降低先进电池的成本，从而作为随后引入的燃料电池 - 电池混合动力汽车的推动力。

燃料电池 - 电池的混合动力汽车可以首先在需求温和的小众市场中引进，如固定路线公交车、送货车和卡车，但这种方法更适合于纯电动汽车。目前的情况表明市场对燃料电池船似乎更有兴趣。辅助系统组件，例如加氢站和运输/传输系统用于输送氢气至这些车辆（或现场生产它）不应被忽视，因为它们的成本会大大影响燃料电池系统的整体吸引力。

## 7.4.3 与建筑集成的燃料电池

PEM 燃料电池是集成建筑应用的主导方案，其多功能性将使当前的天然气燃烧器被组合式的热 - 电系统所代替，而且可能为单个车辆的加氢站供给氢气。人们可能认为，如果汽车工业成功地开发了用于车辆的可行的 PEM 燃料电池，那么它将直接适用于固定式应用领域。然而，这只是部分正确的，因为固定式应用领域对运行寿命的要求要高得多。当前天然气用户可能是建筑中燃料电池的目标客户，并且在过渡时期，如果在系统中集成了重整器，那么就能在可获得天然气的地方制备氢气。但考虑到有许多方法可以在建筑物中获得廉价的废热以及用风能或太阳能获得更便宜的电能，上述系统的成本会显得很高。在住宅中使用小型 SOFC 可以避免使用单独的气体重整气，但目前成本同样太高。现在已经接入管道天然气的客户仅占整个市场的一部分，且在不同国家的份额不尽相同。

向前看远一点，假设成功地降低了燃料电池的成本，一个有趣的系统是一个可逆的 PEM 电池能够将多余的电能（来自可再生能源）转化成氢，在建筑物中存储适当周期。特别设计 PEM 电池（3.5.5 节）的 PEM 电解器实验室效率得到了提高，这就形成了一个面向将来的有趣命题（将来可以进一步应用在充气站现场转换领域）。仍然存在的问题是在建筑物环境下如何保证氢气存储的安全性（不仅包括在建筑周围停着的汽车所直接存储的氢气，还要不得不考虑在火灾发生时的安全性）。混合储能系统的定型化发展可能依赖于分布式能源系统的发展程度。

总而言之，PEM 燃料电池的成本和技术性能在分布式电源和汽车应用领域存在一些相同的问题，以及前面提到的要求相当长的使用寿命。相比于集中式发电站，这两种应用都处于用户习惯于为能源支付较高费用的世界大多数地区。

### 7.4.4 在移动设备中的燃料电池

目前消费电子产品的用电在一些方面接近于电池技术的极限。对于笔记本计算机来说的确是这样，为了使得笔记本计算机具有高性能，必须尽可能高效地利用能量。已经开发了低能耗的平板显示器，并且中央处理器和外围设备正迅速达到很好的节能性能。台式计算机也有提高能效的要求，因为过热会严重影响到电脑的寿命和性能。由于这些原因，目前笔记本计算机电池约 4h 的工作时间对于现在的用户和将来性能提升都是主要制约。

这表明便携式应用可以为燃料电池和小型氢或甲醇贮存提供一个非常有吸引力的新贵小众市场，就像他们几年前购买先进的电池类型（先是镍氢，然后锂离子电池）。在第 4.6 节中的讨论表明，最合适的技术对于这种类型的应用可以是直接甲醇燃料电池，因为这种电池燃料存储体积较小。提高计算机的运行时间到 10 ~ 20h，此技术将会给一些用户提供优势，他们可能会愿意支付额外费用，因为他们已经为便携式计算机先进的锂离子电池花费了高达 200 美元的成本。

此外，对于一般燃料电池的发展来说，存在这样一个小众市场也是非常有好处的。这让我们想起了日本太阳电池的成功案例，日本生产商将太阳电池植入消费电子如手表和计算器，因此赚到了足够支持整个日本太阳电池发展的资金，起码在最初 10 年是这样的。

### 7.4.5 集中式发电的燃料电池

因为目前发电站主要是燃煤发电，而煤的储量似乎还可以使用 200 年（见

第 5 章)，煤的价格问题不像石油在交通运输部门中那么紧迫。然而，基于温室气体排放方面考虑，煤炭被列在最不可接受燃料名单上，并且煤燃烧后脱碳方式引起高度重视。在这里，煤制氢的关注度最高，因为从发电厂废气中除碳是相当低效，也是最不合理的方案。一旦可再生能源在发电领域获得了成功，正如 7.3.1 节所提到的，氢气也将在现有的集中式能源存储领域扮演重要角色，即使用氢气发电不是采用燃料电池技术。

如果燃料电池较高的效率能够弥补它们较高的成本，对于大型发电部门来说最合适的燃料电池种类就是 SOFC。但是，仍然还有许多技术问题有待解决，特别当不是使用纯氢气作为燃料时（在 3.3 节中所介绍的由硫或氮化物，以及氯化物和其他卤族元素所造成的毒化问题，还有长期冷启动次数的问题）。因为发电部门没有像汽车部门强力推进 PEMFC 发展那样推进 SOFC 的发展，性价比合适的 SOFC 技术可能需要较长时间才会实现，或者 PEM 电池占据这个发电市场，因为在交通运输领域的发展使得它的成本可能降低，尽管 PEM 电池的效率比 SOFC 稍低一些（但仍然比传统蒸汽轮机效率高）。

集中式系统更大的成本优势在于可把氢从商店转移到电厂，并与使用现有的电力传输网络，成本较低的基础设施相关联在一起。在发电领域引进燃料电池也许不是那么不紧迫，但也注意到不断努力引入可再生能源，以应对全球气候变暖问题的可能性，其主要市场目标恰好在发电领域。煤和核电站都有废气排放和安全问题的不好特性。在第 5 章中的方案指出，集中式可再生能源方案在成本上会比集成式建筑的方案低很多。利用存储的氢气作燃料电池燃料可能会获得成本优势，由于占成本中份额更大的是系统成本而不是批量成本，因为电堆本身是模块化的，具有规模效应。与分布式系统需要在众多建筑物中重复许多基础设施相比，集中式系统进一步的成本优势可能在于将存储的氢气运输到发电站的基础设施花费较低，而且可以用现有的电力输送网络。

### 7.4.6　效率问题

在 6.1 节，对于反对在能源存储领域引进燃料电池和氢气的意见进行了简要的讨论。反对者指出在考虑了所有能量转换环节之后，氢能系统的效率低得无法接受。我的回答是各种可再生能源的应用在任何情况下都包括一部分先转换成电能，然后电能转化成另一种形式存储起来，之后再转换回电能，能量的损失是不可避免的。为了清晰证实这个观点，图 7.12 和图 7.13 展示了从可再生能源到两个特定的终端用户——私人汽车和电器，经过所有转换环节的累积效率。为了进行比较，我们给出了目前能源系统中所用的石油和煤的相应的效率链。下面我将介绍这些计算中涉及的各个步骤。

首先考虑个人交通运输的情况。对于化石和生物质燃料路径来说，图 7.12

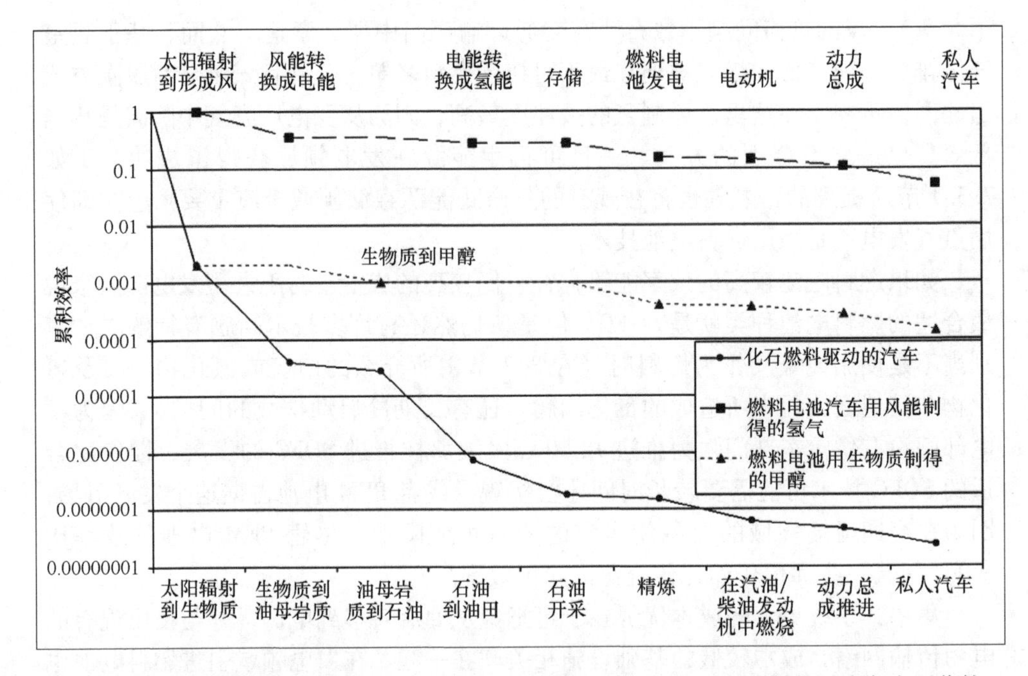


图7.12 从一次能源到终端用户（这里指个人交通运输工具）的能量转换链中各个环节的分步累积效率（比较了目前使用石油作为燃料的汽车与使用生物质产生的甲醇或者风能产生的氢气作燃料的燃料电池汽车）（Sørensen，2004d；正文中有详细介绍）

以太阳辐射产生生物质开始，平均效率是0.2%（Sørensen，2010a）。对于石油产物来说，经过百万年的矿化效果经历了干酪根（油母岩质）的形成（2%），在岩石中形成石油（67%，其余是天然气，还有一些逃逸到大气中），然后流入被人们开采的区域（2.8%）（Dukes，2003）。平均的开采效率约是24.5%，炼油厂损失是15%。在汽车汽油或者柴油发动机中燃烧效率大概是40%，动力总成效率75%，终端用户克服空气阻力和摩擦力或者海拔损失合计约50%（见6.2.4节）。化石燃料驱动的汽车总体累积效率因而低至$2.3\times10^{-8}$。

对于甲醇路径来说，0.2%太阳能到生物质的效率之后是甲醇生产效率（50%），40%的DMFC或者重整器-PEMFC效率，93%的电机效率，以及与化石燃料汽车相同的动力总成效率和驱动效率。

最后，对于氢燃料电池汽车，太阳辐射到风能的转换效率取为100%（Sørensen，1996c中对此有讨论），风力透平机的效率是35%，电解效率是80%，燃料电池转换效率是55%，其他的与甲醇的情况相同。甲醇路径的整体累积效率是$1.4\times10^{-4}$，而风能-氢能路径的效率是0.054。

下面讨论电器，如计算机的能量效率问题，首先考虑煤的路径。在图7.13中，继太阳能到生物质的效率（0.2%），逐次变换成泥炭，高挥发性烟煤，最后硬煤（无烟煤）效率分别是 15%，92.5% 和 63%（Dukes，2003）。煤开采的典型效率（对表层和深井开采取平均值）是 69%，精炼和运输的效率是 90%。蒸汽发电厂的效率按 42% 计算，电力传送和分配的效率为 94%。最后，高端最终用户的平均用电效率（如电子器件）取为 20%。

可再生能源路径的第一步如图 7.12（35% 的风力发电机效率），但是只有不足一半的能量被直接利用了，其余会以氢气的形式存储（如第 5 章中所讨论的情况），假定平均储能循环的效率是 75%，包括了电解水和氢气存储/运输损失，但是不包括重新发电（对于集中式的 SOFC 来说，发电效率约 60%，对于分布式的 PEM 来说，发电效率约 50%，再加上 40% 的热效率）。

在集中式的情况下，减去了 6% 的输电和配电损耗，而在分布式能源情况下，住宅内部的损失被限制在 1% 以下。微电子器件的用电效率仍取为 20%，但在分布式情况下增加了 40% 的住宅内部余热利用。供给家用电器的能量效率仍然按照 20% 来计算，但是对于分布式电站来说，还有 40% 的废热可以用作家庭供暖。

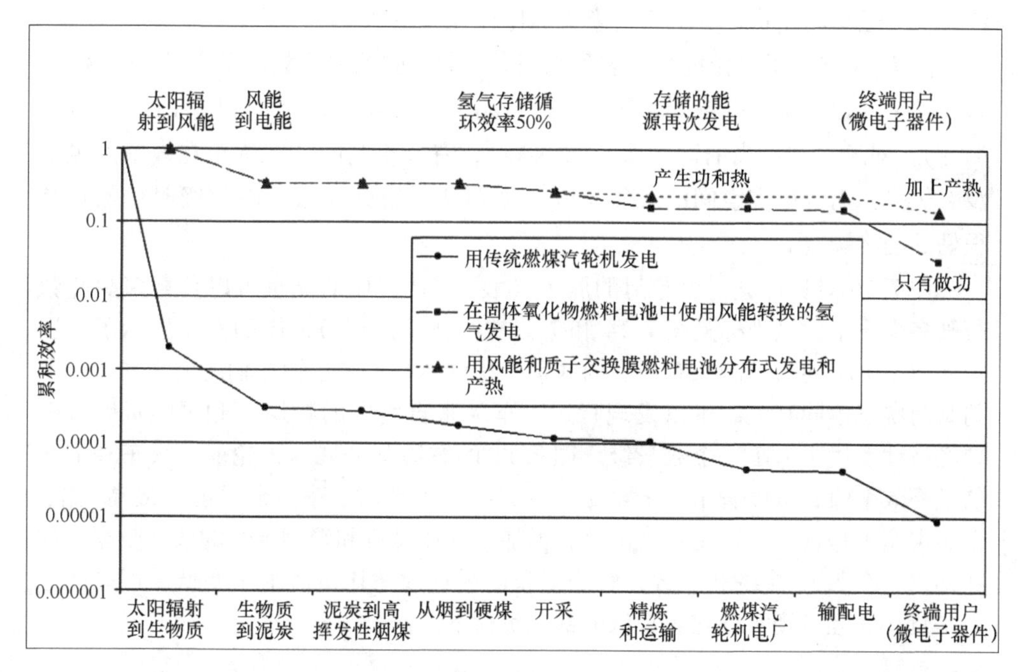


图 7.13　从一次能源到终端用户（这里指由电力驱动的电子设备）的能量转换链各个环节的分步累积效率（比较了目前的煤发电和可再生的风电情况，其中风能发电一部分以氢气形式存储起来，然后再转换成电能，考虑了利用和不利用这一过程所伴随产生热量的情况）（详见 Sørensen，2004d）

通过这两个例子以长远的角度来看，可再生能源、氢存储和燃料电池的路线比目前的系统更有效率。

对效率的另一种说法涉及描述车辆性能的方式。在日常情况下，一辆汽车的效率被描述为每升汽油可以行驶多少千米，或者每行驶100km平均需要多少升燃料。用这样的定义，在比较不同的燃料时，就必须考虑每升燃料各自不同的能量含量。一升柴油比一升汽油的能量含量高出约10%。因此更倾向于使用单位能量下所行驶的里程数（也就是MJ）来评价汽车的性能，而不是用燃料量。在第4章的拟合中就是这样分析的。

当试图比较不同大小和用途的车辆时，会遇到另一个障碍。为了不对每一类汽车都引入一种新的效率评价标准，可以不关注行驶的里程，而是关注完成的运输功，这样对于不同大小和用途的车辆就有了一个比较公平的比较。运输功定义为所载物体质量与运输距离的乘积。对于乘用车来说，采用人体质量，对于货车来说，采用货物的质量。这样一来，公路客运车辆的效率可以与货物卡车运输，或飞机客运与轮船货运，进行有意义的比较（见图7.15）。

图7.14展示了单位能量下多种乘用车可以行驶的里程数或是完成的运输功，采用整个欧盟规定的标准行驶循环来进行测试（图4.7展示了开始的1200s行驶循环）。对于更加恰当的运输功（km×kg），有较小空间的客货车在效率评级上没有优势，而有更多空间的载货车（如斯柯达明锐柴油版）在评级时仍然具有很好的经济增益。

图7.16对货运进行了专门的展示（表示成每MJ的能量可以负载多少吨数行驶多少千米，纵坐标是图7.14和7.15纵坐标的倒数），图的左侧展示了在运输功效率上不同欧洲国家有很大的区别，这可能与长途运输车辆的大小和所习惯的载荷状态不同有关。可以发现货运火车（来自美国的数据）和国际货船在燃料经济性上优于卡车一个数量级。图7.16的右边部分展示了轮船、火车和卡车的最高效率值，可以看出对于轮船和火车来说，平均效率接近目前的最高效率，但是卡车不是这样。还是右边部分，增加了商业飞机和轻型卡车的效率数据。这些结果与图7.15中的相一致，轻型卡车的平均效率比重型卡车要低，可能的原因是货车和轻卡经常处在非常低的部分负荷下。

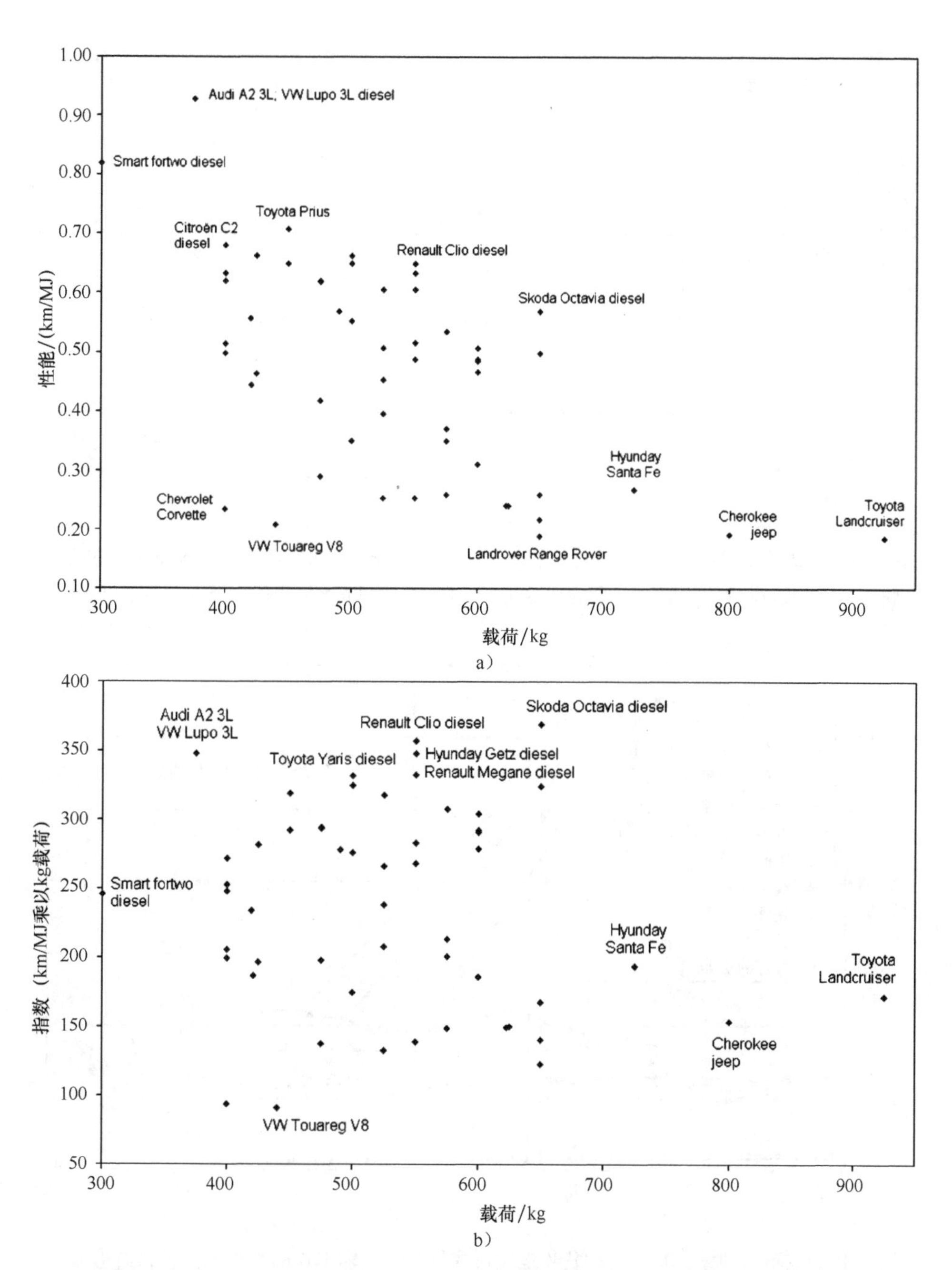


图 7.14　2004 年丹麦市场上可知车型的乘用车性能（Sørensen，2007b）

a）在欧盟规定的行驶循环测试中依据 km/MJ 的常规分级情况　b）根据运输效率分级（每 MJ 能量的行驶 km 数乘以载荷 kg 数）（汽车按载荷划分，载荷指除本身车重外的规定最大允许载量）

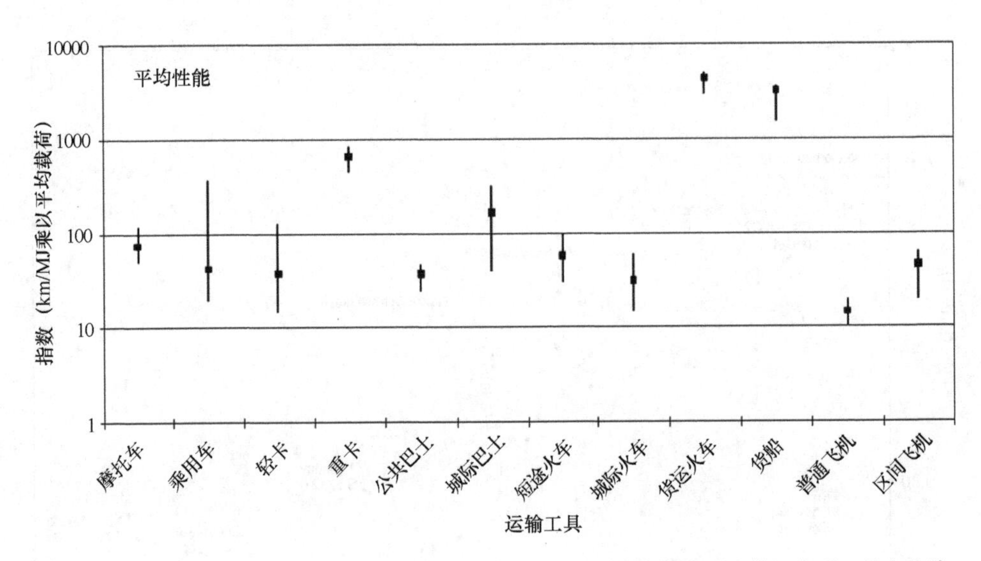


图7.15　主要基于2000~2002年的美国老式运输工具，不同类型的客运和货运交通工具在公路、轨道、空中或海域使用时，典型的运输工作性能水平（km×kg/MJ）（Sørensen，2007c）

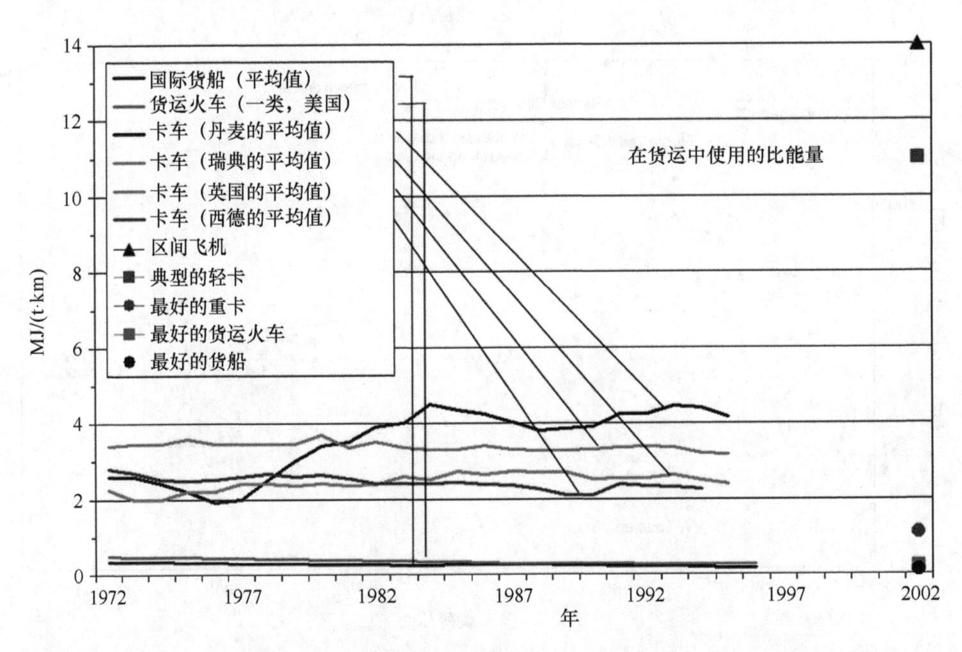


图7.16　在不同国家，采用各种货物运输形式的交通运输工作的平均比能量，右边部分列出了采用“最好技术”时的数值（Sørensen，2011b，第12章）

## 7.5　改变能源结构我们还要多长时间

改变能源系统以及相关的发展氢能紧迫性的时间表，要看石油储量和油价走势的预期。图 7.17 展示了发现新的可开采油田的数量在下降。新发现的油田储量在 1970 年达到了最高点，但是与在 1950 年之前勘探油田的工作随意性很大相反，随后全球的石油勘探更加系统，因此将来发现大的油田的可能性相当低。已经广泛使用的注气方法可能会使现有油田预计储量有所增加。然而，所提出的其他方法（如就地燃烧，利用细菌或高压化学反应从岩石孔隙中释放石油）不具有普遍适用性，最多可以将那些目前留下的、被困于地质构造中的 60% 石油资源中的 20% 开采出来（见 Giles，2004）。在现有水平上提高产量将伴随着投资成本的增加，无论是使用新的提高采收率的方法或开发新油田，如加拿大油砂或委内瑞拉的页岩油。

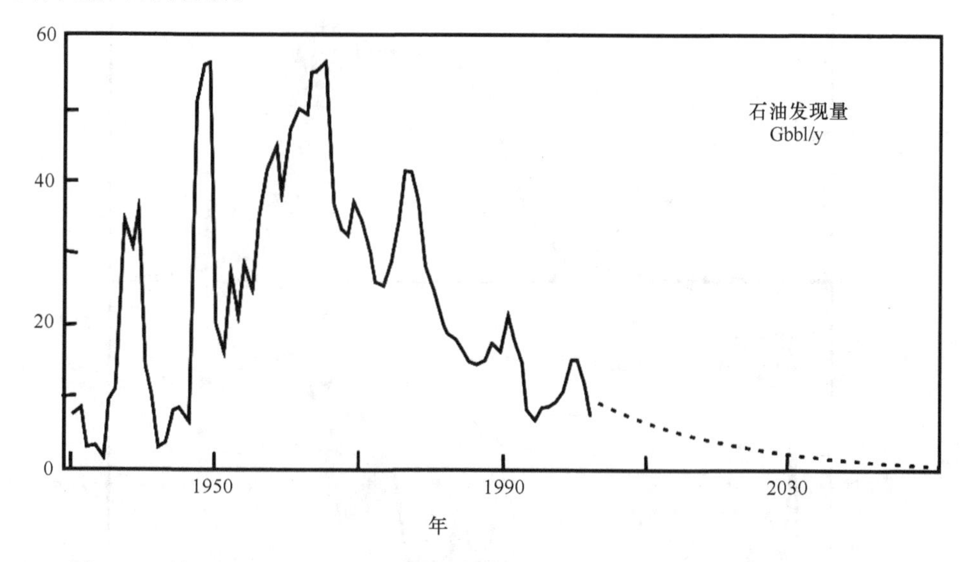


图 7.17　基于 Longwell（2002）和 Campbell（2004a）的数据（Sørensen，2004e），每年全球的石油发现量和将来发现量的模型结果

图 7.18 给出了未来石油产量和价格的一些模型结果。基于图 7.17 展示的数据以及非传统石油开采技术概念，我们假定到 2010 年可开采的石油储量被用掉了 50%。这个估计是比较确定的（有 ±10 年的偏差，除非发现了意想不到的新油田），并且被国际上许多研究机构所认可（Campbell，2004a；PFC Energy，2004）。然而我们处在石油储量的中点这样的事实并不能决定未来几十年里石油的消耗速度。原则上，石油消耗速度可以控制。高的使用量将导致石油储量快速

下降，并且油价将会上升。图7.18展示了石油价格可能的变化区间。

石油产量和消耗速度可以增长、不变或是下降。与石油消耗量在历史发展上相对称的价格下降是一个简单模型的结果（Hubbert，1962），但这非常不可能，因为这个模型假定石油被以相似价格的其他形式能源所替代。需要有替代选择来保证能够持续供应能源，如煤液化或是将生物质转换成可以替代石油的燃料。现在这些替代能源的价格稍高于US＄100/桶标准油，相对于目前的油价来说这个价格还是可以接受的（参见图7.18所用的2001年的美元石油价格）。这种情况下，石油储量将在2043年左右用完（与5.3.2节中估计的相一致）。如图7.18所示，将来石油价格的波动将很难预测，因为市场供应紧张、经济衰退或增长以及地缘政治问题，后者包括战争和石油输出国动荡的时局。

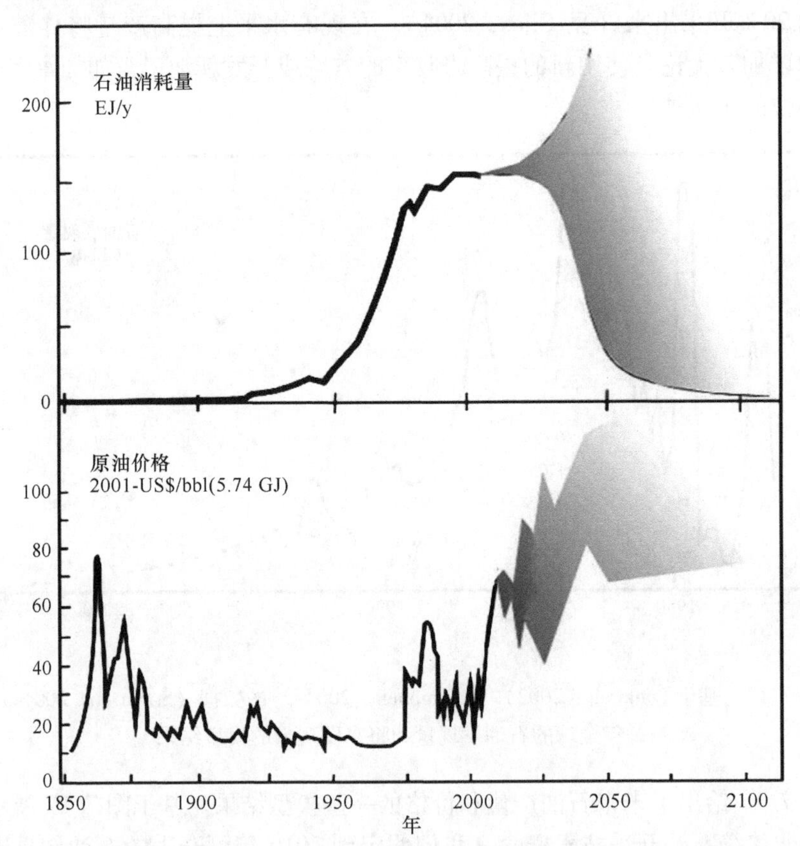


图7.18　历史上全球石油消耗量（上图）和历史上原油价格水平（下图），附带提供了将来可能的发展情况

注：历史上石油消耗量的数据来自图5.10，历史的价格数据来自德国联邦议院研究委员会（1995），美国能源部能源信息署（2011）和Sørensen（2004e；2011b）。

石油消耗水平居高不下，然而石油资源却在不断减少，这可能导致没有找到任何可行的替代物，同时在发展中国家（如中国），石油的需求量仍在不断上升。如果到2030年中国的石油使用量上升25%，而且在未来25年里世界轿车拥有量上升30%（毫不夸张的估计），那么有一种情况就会发生。石油储量将只够用到2038年左右。最新的IEA报道（IEA，2004）指出，在其预想情况下到2030年化石燃料的消耗量将上升60%。这意味着$CO_2$排放量也将上升60%。增加的产量将完全发生在OPEC国家，因为根据PFC Energy（2004）预测，非OPEC国家的石油产量会在此期间下降。

后者开发的地缘政治和供应安全的影响是巨大的。IEA和PFC的研究均推荐减少石油需求和加快转变依赖于石油的能源政策。它们的区别在于IEA认为至少至2030年还可以充分提高石油产量，而PFC预测在2014～2020年期间，供需缺口就已经存在，相应的全球石油需求增长率在每年1.1%～2.4%。最近的一项石油行业研究支持PFC的观点（埃克森美孚，2004），而图7.18分析则与IEA一致，2038年被设定为石油产量增加可以满足需求的极限节点（以任何价格）。

在各种情况下，石油的平均价格预计将大幅上升。在高产量的情况下，供应量的突然下降可能是由有计划地停产来避免危机所导致的。在紧张和高度政治化的市场中，石油价格的短期走势可能比目前为止已经看到的情况，表现出更大的波动。然而，传统的廉价产油很可能逐步消失。

前面的分析清楚地表明应该促进发展可行的替代能源，包括如果可行的话，加紧氢气技术研发，以达到石油替代品所需要的技术成熟度和经济可接受水平。

与此同时很明显地，氢能技术无法在市场中占有足够大的规模以解决近期问题。其他解决方案都是在短期内需要的，正如在第6.2.4节中对乘用车的研究，提高能源效率是唯一成熟的、可以立即实施的方案（以下文献中也有阐述，见Sørensen，2010a；IEA，2004；PFC Energy，2004）。氢能和燃料电池技术可能会成为长期能源过渡的解决方案，但短期内的石油供应问题只能通过提高能源效率来解决。

## 7.6 结束和开始

到该结束这本书的时候了，但需要有几句结束语创造一个新的开始，通过发展研究与产业之间以及选民与议员之间的合作伙伴关系，为氢能社会的最终实现创造条件。发展氢能的动机是因为几乎没有其他的替代品可以像氢能这样可能有助于保持社会不同阶层的财富继续发展。

氢能项目的成功需要落实许多事情，尤其重要的是解决燃料电池技术和经济问题。有许多驱动因素促进我们朝这个方向发展：化石燃料生产到达峰值后开始下降，几个重要石油供应国的政治动荡，以及全球追求向可持续的能源系统转变，大多数选民希望看到基于可再生能源的这种转变。氢能技术领域已经吸引了许多新的参与者。但是参与人数量多并不能保证该技术成功，有许多“传统”概念可能成为氢能发展的阻碍。不考虑外部成本，氢能和燃料电池系统一定要达到现在传统能源系统那样的低价格？对于氢能和几种可能替代化石燃料的一次能源，我不认为这是可能的。这还会产生更加深远的影响，例如在交通运输领域。

我们应该继续鼓励（比如，通过接受广告宣传）驾驶超大尺寸的轿车，或者一个人在一辆宽敞的四轮驱动车中（借用名字 SUV——特殊工具车；一年的某一天我们可能需要在离开公路的地方开车，就可以租一辆四轮驱动车），还是应该鼓励驾驶超高效的小型车（见 6.2.1 节所做的评估）？第一个方案将增加现有工业化社会一倍以上的能源需求，此外还要加上发展中经济体所增加的额外能源需求。第二个选项可以减少现有能量需求的 1/3，为新兴国家的工业化留下更多的能源空间。有些国家将希望完全放在 25 年之后，期待燃料电池技术可以解决汽车问题，被动地等待燃料电池汽车大规模占据市场，而不是采用现在已有的、低的或者不是太高成本的高效汽车技术，来缓解一定的石油供应问题。

高能效汽车对于随后的燃料电池汽车来说也是一个完美的开端，人们可能不需要安装一个 65 ~ 100kW 的燃料电池来获得好性能，而是用较小的混合动力车仍能达到可以接受的行驶里程（见 4.1.3 节）。在任何情况下，未来的汽车必须有一个电子控制系统，不仅实现最佳性能，同时也为避免碰撞，并防止超速。能源不是当前个人交通系统中唯一的问题，因此应考虑能够解决多个问题的解决方案，从而更高的成本也可能有机会被客户接受。

有一点很清楚：理想的未来能源系统是没有燃烧的。在汽轮机中使用生物燃料或氢气可能是我们不得不经历的一个短暂的、折中的解决办法，但长期来看，能源转换过程应该不会有火焰和排放。

所有这些都需要以全新的姿态塑造我们的生活方式。我们希望有更多的自我控制能力，而可逆燃料电池这样的技术提供给了我们这种可能性。但自我控制力的增强也意味着对于这一切是如何影响其他人的事实，我们需要承担更大的责任，这又使我们想到如何更加合理地使用我们的资金。对于那些愿意为能够三倍于最高时速限制的汽车花更多的钱，但不愿意为节能车多支付一点点的人们，我们该怎么办？必须在增加的选择自由性与整个社会合理运行所需设置的共同规则之间达到一种平衡。“选择的自由”往往只是意味着最好的广告商赢得胜利，而为了使得社会环境适合于每个人的生活，那些备受非议的管理措置是非常需要的。个人主义经常会损害公共利益，或者从环保角度讲是公共资源。

法律制裁从集体财产中偷鹅的人，
却放纵那些更大的恶棍，
那些剥夺了鹅的权利的人。

（引自 McMichael，2001 的英文童谣）

# 参考文献


Abashar, M. (2004). Coupling of steam and dry reforming of methane in catalytic fluidized bed membrane reactors. *Int. J. Hydrogen Energy* **29**, 799-808.

Abe, A., Nakamura, M., Sato, I., Uetani, H., Fujitani, T. (1998). Studies of the large-scale sea transportation of liquid hydrogen. *Int. J. Hydrogen Energy* **23**, 115-121.

Adamo, C., Barone, V. (2002). Physically motivated density functionals with improved performances: the modified Perdew-Burke-Ernzerhof model. *J. Cham. Phys.*, **116**, 5933-5940.

Adamson, K-A., Pearson, P. (2000). Hydrogen and methanol: a comparison of safety, economics, efficiencies and emissions. *J. Power Sources* **86**, 548-555.

Agranat, V., Tchouvelev, A. (2004). CFD modelling of gas-liquid flows in water electrolysis units. In Proc. $15^{th}$ World Hydrogen Energy Conf., Yokohama. 28C-05, CD Rom, Hydrogen Energy Soc. Japan.

Ahluwalia, R., Hua, T., Peng, J-K., Lasher, S., McKenney, K., Sinha, J., Gardiner, M. (2010). Technical assessment of cryo-compressed hydrogen storage tank systems for automotive applications. *Int. J. Hydrogen Energy* **35**, 4171-4184.

Ahluwalia, R., Wang, X., Rousseau, A., Kumar, R. (2004). Fuel economy of hydrogen fuel cell vehicles. *J. Power Sources* **130**, 192-201.

Ahmed, I., Gupta, A. (2009). Hydrogen production from polystyrene pyrolysis and gasification: Characteristics and kinetics. *Int. J. Hydrogen Energy* **34**, 6253-6264.

Ahn, S-Y., Shin, S-J., Ha, H., Hong, S-A., Lee, Y-C, Lim, T., Oh, I-H. (2002). Performance and lifetime analysis of the kW-class PEMFC stack. *J. Power Sources* **106**, 295-303.

Aindow, T., Haug, A., Jayne, D. (2011). Platinum catalyst degradation in phosphoric acid fuel cells for stationary applications. *J. Power Sources* **196**, 4506-4514.

Akansu, S., Dulger, Z., Kahraman, N., Veziroglu, T. (2004). Internal combustion engines fueled by natural has-hydrogen mixtures. *Int. J. Hydrogen Energy* **29**, 1527-1539.

Aki, H., Yamamoto, S., Kondoh, J., Maeda, T., Yamaguchi, H., Murata, A., Ishii, I., Sugimoto, I. (2004). Fuel cells and hydrogen energy networks in urban residential buildings. In Proc. $15^{th}$ World Hydrogen Energy Conf., Yokohama. 28I-05, CD Rom, Hydrogen Energy Soc. Japan.

Akkerman, I., Janssen, M., Rocha, J., Wijffels, R. (2002). Photobiological hydrogen production: photochemical efficiency and bioreactor design. *Int. J. Hydrogen Energy*, **27**, 1195-1208. The article is difficult to read because of editing errors.

Albertus, P., Couts, J., Srinivasan, V., Newman, J. (2008). II. A combined model for determining capacity usage and battery size for hybrid and plug-in hybrid electric vehicles. *J. Power Sources* **183**, 771-782.

Alcaide, F., Brillas, E., Cabot, P-L. (2004). Limiting behaviour during the hydroperoxide ion generation in a flow alkaline fuel cell. *J. Electroanalytical Chem.* **566**, 235-240.

Al-Durra, A., Yurkovich, S., Guezennec, Y. (2010). Study of nonlinear control schemes for an automotive traction PEM fuel cell system. *Int. J. Hydrogen Energy* **35**, 11291-11307.

Ally, J., Pryor, T. (2007). Life-cycle assessment of diesel, natural gas and hydrogen fuel cell bus transportation systems. *J. Power Sources* **170**, 401-411.

Altmann, M., Weindorf, W., Wurster, R., Mostad, H., Weinberger, M., Filip, G. (2004). FCSHIP: environmental impacts and costs of hydrogen, natural gas and conventional fuels for fuel cell ships. In Proc. $15^{th}$ World Hydrogen Energy Conf., Yokohama. 30A-05, CD Rom, Hydrogen Energy Soc. Japan.

Amos, W. (1998). Cost of storing and transporting hydrogen. Internal Report, Nat. Renewable Energy Lab., Golden, CO.

An, W., Gatewood, D., Dunpal, B., Turner, C. (2011). Catalytic activity of bimetallic nickel alloys for solid-oxide fuel cell anode reactions from density-functional theory. *J. Power Sources* **196**, 4724-4728.

Andreassen, K. (1998). Hydrogen production by electrolysis,. In "Hydrogen Power: Theoretical And Engineering Solutions" (Sætre, T., ed.), p. 91. Kluwer, Dordrecht.

Andrés, M-B., Boyd, T., Grace, J., Lim, C., Gulamhusein, A., Wan, B., Kurokawa, H., Shirasaki, Y. (2011). In-situ $CO_2$ capture in a pilot-scale fluidized-bed membrane reformer for ultra-pure hydrogen production. *Int. J. Hydrogen Energy* **36**, 4038-4055.

Andress, D., Nguyen, T., Das, S. (2011). Reducing GHG emissions in the United States' transportation sector. *Energy for Sustainable Development*, doi:10.1016/j.esd.2011.03.002

Angrist, S. (1976). "Direct Energy Conversion", $3^{rd}$ ed. Allyn and Bacon, Boston.

Anonymous (2008). First fuel cell passenger ship unveiled in Hamburg. *Fuel Cell Bulletin*, October, 4-5.

Antonkine, M., Jordan, P., Fromme, P., Krauss, N., Golbeck, J., Stehlik, D. (2003). Assembly of protein subunits within the stromal ridge of photosystem I: structural changes between unbound and sequentially PS I-bound popypeptides and correlated changes of the magnetic properties of the terminal iron sulphur clusters. *J. Mol. Biol.* **327**, 671-697.

Arora, A., Medora, N., Livernois, T., Swart, J. (2010). Safety of Lithium-ion batteries for hybrid electric vehicles. Ch. 18 in *Electric and Hybrid Vehicles* (G. Pistoia, ed.), 463-491. Elsevier, Amsterdam.

Aroutiounian, V., Arakelyan, V., Shahnazaryan, G. (2005). Metal oxide photoelectrodes for hydrogen generation using solar radiation-driven water splitting. *Solar Energy* **78**, 581-592.

Arroyo, M. y de Dompablo, Ceder, G. (2004). First principles investigations of complex hydrides $AMH_4$ and $A_3MH_6$ (A = Li, Na, K, M = B, Al, Ga) as hydrogen storage systems. *J. Alloys Compounds* **364**, 6-12.

Arsalis, A., Nielsen, M., Kær, S. (2011). Modeling and parametric study of a 1 kWe HT-PEMFC-based residential micro-CHP system. *Int. J. Hydrogen Energy* **36**, 5010-5020.

Asada, Y., Koike, Y., Schnackenberg, J., Miyake, M., Uemura, I., Miyake, J. (2000). Heterologous expression of clostidial hydrogenase in the cyanobacterium *Synechococcus* PCC7942. *Biochim. Biophys. Acta* **1490**, 269-278.

Asakuma, Y., Miyauchi, S., Yamamoto, T., Aoki, H., Miura, T. (2004). Homogenization method for effective thermal conductivity of metal hydride bed. *Int. J. Hydrogen Energy* **29**, 209-216.

Au, S., Hemmes, K., Woudstra, N. (2003). Flowsheet calculation of a combined heat and power fuel cell plant with a conceptual molten carbonate fuel cell with separate $CO_2$ supply. *J. Power Sources* **122**, 19-27.

Ayabe, S., Omoto, H., Utaka, T., Kikuchi, R., Sasaki, K., Teraoka, Y., Eguchi, K. (2003). Catalytic autothermal reforming of methane and propane over supported metal catalysts. *Appl. Catalysis A: General* **241**, 261-269.

Ayad, M., Becherif, M., Henni, A. (2010). Vehicle hybridization with fuel cell, supercapacitors and batteries by sliding mode control. *Renewable Energy*, doi:10.1016/j.renene.2010.06.012

Azam, F., Worden, A. (2004). Microbes, molecules and marine ecosystems. *Science* **303**, 1622-1623.

Badsberg, U., Jørgensen, A., Gasmar, H., Led, J., Hammerstad, J., Jespersen, L., Ulstrup, J. (1996). Solution structure of reduced plastocyanin from the blue-green alga *Anabena variabilis*. *Biochemistry* **35**, 7021-7031.

Bae, S., Kim, S-J, Park, J., Lee, J-H., Cho, H., Park, J-Y. (2010). Lifetime prediction through accelerated degradation testing of membrane electrode assemblies in direct methanol fuel cells. *Int. J. Hydrogen Energy* **35**, 9166-9176.

Bahatyrova, S., Frese, R., Siebert, C., Olsen, J., Werf, K. van der, Grondelle, R. van, Niederman, R., Bullough, P., Otto, C, Hunter, C. (2004). The native architecture of a photosynthetic membrane. *Nature* **430**, 1058-1062.

Bain, A., Vorst, W. van (1999). The Hindenburg tragedy revisited: the fatal flaw found. *Int. J. Hydrogen Energy* **24**, 399-403.

Balachandran, U., Lee, T., Wang, S., Dorris, S. (2004). Use of mixed conducting membranes to produce hydrogen by water dissociation. *Int. J. Hydrogen Energy* **29**, 291-296.

Bao, D. (2001). A panoramic review of hydrogen energy activity in China. In "Hydrogen Energy Progress XIII, Proc. 13th World Energy Conf., Beijing 2000" (Mao, Z., Veziroglu, T., eds.), pp. 181-185. Int. Assoc. Hydrogen Energy, Beijing.

Baptista, P., Tomás, M., Silva, C. (2010). Plug-in hybrid fuel cell vehicles market penetration scenarios. *Int. J. Hydrogen Energy* **35**, 10024-10030.

Barber, J. (2002). Photosystem II: a multisubunit membrane protein that oxidises water. *Current Opinion Structural Biology* **12**, 523-530.

Barbi, V., Funari, S., Gehrke, R., Scharnagl, N., Stribeck, N. (2003). Nanostructure of Nafion membrane material as a function of mechanical load studied by SAXS. *Polymer* **44**, 4853-4861.

Barbir, F. (2003). System design for stationary power generation. In "Handbook of Fuel Cells, Vol. 4" (Vielstich, W., Lamm, A., Gasteiger, H., eds.), Ch. 51. Wiley, Chichester.

Barbir, F., Molter, T., Dalton, L. (2005). Efficiency and weight trade-off analysis of regenerative fuel cells as energy storage for aerospace applications. *Int. J. Hydrogen Energy* **30**, 351-357.

Bard, A., Faulkner, L. (1998). "Electrochemical methods. 2nd ed." Wiley, New York.

Barelli, L., Bidini, G., Gallorini, F., Ottaviano, A. (2011). An energeticeexergetic comparison between PEMFC and SOFC-based micro-CHP systems. *Int. J. Hydrogen Energy* **36**, 3206-3214.

Barone, V. (1996). Chapter in "Recent Advances In Density Functional Methods, Part I" (Chong, D., ed.). World Scientific Publ., Singapore.

Basile, A., Paturzo, L., Laganà, F. (2001). The partial oxidation of methane to syngas in a palladium membrane reactor: simulation and experimental studies. *Catalysis Today* **67**, 65-75.

Batra, V., Maudgal, S., Bali, S., Tewari, P. (2002). Development of aplha lithium aluminate matrix for molten carbonate fuel cell. *J. Power Sources* **112**, 322-325.

Bauer, F., Willert-Porada, M. (2004). Microstructural charaxterization of Zr-phosphate-Nafion membranes for direct methanol fuel cell (DMFC) application. *J. Membrane Science* **233**, 141-149.

Bauernschmitt, R., Ahlrichs, R. (1996). Treatment of electronic excitations within the adiabatic approximation of time dependent density functional theory. *Chem. Phys. Lett.* **256**, 454-464.

Bazylev, N., Fomin, N., Galiano, H., Meleeva, O., Martemianov, S., Penyazkov, O. (2011). PEMFCs flow microstructure analysis by advanced speckle technologies. *Int. J. Heat & Mass Transfer* **54**, 2341-2348.

Beausoleil-Morrison, I. (2010). The empirical validation of a model for simulating the thermal and electrical performance of fuel cell micro-cogeneration devices. *J. Power Sources* **195**, 1416-1426.

Becke, A. (1993). Density-functional thermochemistry. III: the role of exact exchange. *J. Chem. Phys.* **98**, 5648.

Béja, O., Aravind, L., Koonin, E., Suzuki, M., Hadd, A., Nguyen, L., Jovanovich, S., Gates, C., Feldman, R., Spudich, J., Spudich, E., DeLong, E. (2000). Bacterial Phodopsin: evidence for a new type of phototrophy in the sea. *Science* **289**, 1902-1906.

Bell, B. (1998). Looking beyond the internal combustion engine: the promises of methanol fuel cell vehicles. Paper presented at "Fuel Cell Technology Conference, London, September". IQPC Ltd., London.

Berman-Frank, I., Lundgren, P., Chen, Y., Küpper, H., Kolber, Z., Bergman, B., Falkowski, P. (2001). Segregation of nitrogen fixation and oxygenic photosynthesis in the marine cyanobacterium *Trichodesmium*. *Science* **294**, 1534-1537.

Bernard, J., Delprat, S., Guerra, T., Büchi, F. (2010). Fuel efficient power management strategy for fuel cell hybrid power trains. *Control Eng. Practice* **18**, 408-417.

Bernard, J., Hofer, M., Hannesen, U., Toth, A., Tsukada, A., Büchi, F., Dietrich, P. (2011). Fuel cell/battery passive hybrid power source for electric powertrains. *J. Power Sources* **196**, 5867-5872.

Berning, T., Odgaard, M., Kær, S. (2011). Water Balance Simulations of a PEM Fuel Cell Using a Two-Fluid Model. *J. Power Sources*, doi:10.1016/j.jpowsour.2011.03.068.

Berthold, O., Bünger, U., Niebauer, P., Schindler, P., Schurig, V., Weindorf, W. (1999). Analyse von Einsatzmöglichkeiten und Rahmenbedingungen von Brennstoffzellen in Haushalten and im Kleinverbrauch in Deutschland und Berlin. Ludwig-Bölkow Systemtechnik GmbH, Ottobrun.

Besser, R. (2011). Thermal integration of a cylindrically symmetric methanol fuel processor for portable fuel cell power. *Int. J. Hydrogen Energy* **36**, 276-283.

Bielmann, M., Vogt, U., Zimmermann, M., Züttel, A. (2011). Seasonal energy storage system based on hydrogen for self sufficient living. *J. Power Sources* **196**, 4054-4060.

Bird, R., Stewart, W., Lightfoot, E. (2001). "Transport phenomena", $2^{nd}$ ed., John Wiley & Sons, New York.

Bischoff, M., Farooque, M., Satou, S., Torazza, A. (2003). MCFC fuel cell systems. In "Handbook of Fuel Cells, vol. 4" (Vielstich, W., Lamm, A., Gasteiger, H., eds.). Ch. 92. Wiley, Chichester.

Bitsche, O., Gutmann, G. (2004). Systems for hybrid cars. *J. Power Sources* **127**, 8-15.

BMW (2004). Model 745h, 750hL. Website: http://www.bmwworld.com/models

Bockris, J. (1975). "Energy: The Solar–hydrogen Alternative". Australia and New Zealand Book Co., Brookvale, Australia.

Bockris, J. (1972). A hydrogen economy. *Science* **176**, 1323.

Bockris, J., Despic, A. (2004). Principles of physical science: fields. "Encyclopædia Brittannica Library", CDROM Deluxe Ed., London.

Bockris, J., Reddy, A. (1998). "Modern Electrochemistry", 2nd ed., Vol. 1 (and Vol. 2B, 2000). Plenum Press, New York.

Bockris, J., Reddy, A., Gamboa-Aldeco, M. (2000). "Modern Electrochemistry", 2nd ed., Vol. 2A. Plenum Press, New York.

Bockris, J., Shrinivasan, S. (1969). "Fuel Cells: Their Electrochemistry". McGraw–Hill, New York.

Boettner, D., Moran, M. (2004). Proton exchange membrane (PEM) fuel cell-powered vehicle performance using direct-hydrogen fueling and on-board methanol reforming. *Energy* **29**, 2317-2330.

Bogdanovic, B., Brand, R., Marjanovic, A., Schwickardi, M., Tölle, J. (2000). Metal-doped sodium aluminium hydrides as potential new hydrogen storage materials. *J. Alloys Compounds* **302**, 36-58.

Bogdanovic, B., Schwickardi, M. (1997). Ti-doped alkali metal aluminium hydrides as potential novel reversible hydrogen storage materials. *J. Alloys Compounds* **253-204**, 1-9.

Bolton, J. (1996). Solar photoproduction of hydrogen: a review. *Solar Energy* **57**, 37-50.

Borenstein, S. (2008). The Market Value and Cost of Solar Photovoltaic Electricity Production. Center for the Study of Energy Markets, Report WP 176, Berkeley CA. http://www.ucei.org

Borglum, B. (2003). From cells to systems: Global Thermoelectric's critical path approach to planar SOFC development. Presentation at "8th Grove Fuel Cell Symposium 2003", http://www.globalte.com.

Borgwardt, R. (1998). Methanol production from biomass and natural gas as transportation fuel. *Industrial Eng. Chem. Res.* **37**, 3760-3767.

Bossche, P. v. d., Vergels, F., Mierlo, J., Matheys, J., Autenboer, W. (2006). SUBAT: An assessment of sustainable battery technology. *J. Power Sources* **162**, 913-919.

Bossel, U. (2004). Hydrogen: why its future in a sustainable energy economy will be bleak, not bright. *Renewable Energy World* **7**, No. 2, 155-159.

Bowman, C., Arthur, E., Heighway, E., Lisowski, P., Venneri, F., Wender, S. (1994). Accelerator-driven transmutation technology, Vol. 1, pp. 1-11. Los Alamos Laboratory, report LALP-94-59.

Boysen, D., Uda, T., Chisholm, C., Haile, S. (2004). High-performance solid acid fuel cells through humidity stabilization. *Science* **303**, 68-70.

Bradley, T., Moffitt, B., Mavris, D., Parekh, D. (2007). Development and experimental characterization of a fuel cell powered aircraft. *J. Power Sources* **171**, 793-801.

Brehm, N., Mayinger, F. (1989). A contribution to the phenomenon of the transition from deflagration to detonation. VDI–Forschungsheft No. 653/1989, pp. 1-36. (website: http://www.thermo–a.mw.tu–muenchen.de/lehrstuhl/foschung/eder_gerlach.html).

Breitung, W., Bielen, U., Necker, G., Veser, A., Wetzel, F-J., Pehr, K. (2000). Numerical simulation and safety evaluation of tunnel accidents with a hydrogen powered vehicle. In "Proc. 13th World Energy Conf., Beijing 2000" (Mao, Z. and Veziroglu, T., eds.), pp. 1175-1181. Int. Assoc. Hydrogen Energy, Beijing.

Brettel, K., Leibl, W. (2001). Electron transfer in photosystem I. *Biochim. Biophys. Acta,* **1507**, 100-114.

Brown, S. (1998). The automakers' big-time bet on fuel cells. *Fortune Mag.*, 30 March, 12 pages (http://www.pathfinder.com/fortune/1998/980330).

Bruggeman, D. (1935). *Ann. Phys.* **24**, 636.

Bubna, P., Brunner, D., Advani, S., Prasad, A. (2010a). Prediction-based optimal power management in a fuel cell/battery plug-in hybrid vehicle. *J. Power Sources* **195**, 6699-6708.

Bubna, P., Brunner, D., Gangloff, J., Advani, S., Prasad, A. (2010b). Analysis, operation and maintenance of a fuel cell/battery series-hybrid bus for urban transit applications. *J. Power Sources* **195**, 3939-3949.

Buchmann, I. (1998). Understanding your batteries in a portable world. Cadex Inc., Canada, http://www.cadex.com/cfm.

Buono, S., Rubbia, C. (1996). Simulation of total loss of power accident in the energy amplifier. CERN/ET internal note 96-015, 10 pp.

Butler, D. (2004). Nuclear power's new dawn. *Nature* **429**, 238-240.

Cai, W., Li, S., Feng, L., Zhang, J., Song, D., Xing, W., Liu, C. (2011). Transient behavior analysis of a new designed passive direct methanol fuel cell fed with highly concentrated methanol. *J. Power Sources* **196**, 3781-3789.

Callen, H. (1960). "Thermodynamics", John Wiley & Sons, New York.

Camara-Artigas, A., Williams, J., Allen, J. (2001). Structure of cytochrome $c_2$ from Rhodospirillum centenum. *Acta Cryst., Biol. Cryst.* **D57**, 1498-1505.

Campanari, S., Iora, P. (2004). Definition and sensitivity analysis of a finite volume SOFC model for a tubular cell geometry. *J. Power Sources* **132**, 113-126.

Campbell, C. (2004a). Oil and gas liquids 2004 scenario. http://www.peakoil.net/uhdsg/Default.htm (update of "ASPO Statistical Review of Oil and Gas, 2002" (Aleklett, K., Bentlay, R., Campbell, C., eds.).

Campbell, D. (2004b). Fuel cells international: PEM perspective. Oral presentation at Proc. 15th World Hydrogen Energy Conf., Yokohama.

Carcadea, E., Ene, H., Ingham, D., Lazar, R., Ma, L., Pourkashanian, M., Stefanescu, I. (2007). A computational fluid dynamic analysis of a PEM fuel cell system for power generation. *Int. J. Numerical Methods for Heat & Fluid Flow* **17** (3), 302-312.

Carcassi, M., Cerchiara, G., Marangon, A. (2004). Experimental studies of gas vented explosion in real type environment. In "Hydrogen Power – Theoretical and Engineering Solutions, Proc. Hypothesis V, Porto Conte 2003" (Marini, M., Spazzafumo, G., eds.), pp. 589-597. Servizi Grafici Editoriali, Padova.

Carlson, E., Kopf, P., Sinha, J., Sriramulu, S., Yang, Y. (2005). Cost Analysis of PEM Fuel Cell Systems for Transportation. US National Renewable Energy Laboratory Report NREL/SR-560-39104, Golden CO.

Casida, M., Casida, K., Jamorski, C., Salahub, D. (1998). *J. Chem. Phys.* **108**, 4439.

Ceder, G., Chiang, Y–M., Sadoway, D., Aydinol, M., Jang, Y–I., Huang, B. (1998). Identification of cathode materials for lithium batteries guided by first–principles calculations. *Nature* **392**, 694-696.

Center for the Evaluation of Risks to Human Reproduction (2004). NTP-CERHR expert panel report on the reproductive and developmental toxicity of methanol. *Reproductive Toxicology* **18**, 303-390.

Ceyer, S. (1990). New mechanisms for chemistry at surfaces. *Science* **249**, 133-139.
CFCL (2004). Ceramic Fuel Cells Ltd. Distributed Generation Product Concept, web: http://www.cfcl.com.au.
Chahine, R. (2003). Review of progress in $H_2$ storage technologies. In "Proc. 1st European Hydrogen Energy Conf., Grenoble 2003", CDROM produced by Association Francaise de l'Hydrogène, Paris.
Chalk, S., Devlin, P., Gronich, S., Milliken, J., Sverdrup, G. (2004). The United States' FreedomCAR and hydrogen fuel initiative. In Proc. 15th World Hydrogen Energy Conf., Yokohama. 28A-09, CD Rom, Hydrogen Energy Soc. Japan.
Chan, S.H., Abou-Ellail, M., Yan, T. (2004). Prediction and measurement of fuel cell flammability limits. *Int. J. Green Energy* **1**, 101-114.
Chang, F., Lin, C. (2004). Biohydrogen production using an up-flow anaerobic sludge blanket reactor. *Int. J. Hydrogen Energy,* **29** 33-39.
Chartier, P., Meriaux, S. (1980). *Recherche* **11**, 766–776.
Chaudhuri, S., Lovley, D. (2003). Electricity generation by direct oxidation of glucose in mediatorless microbial fuel cells. *Nature Biotechnology* **21**, 1229-1232.
Chen, Y-H., Chen, C-Y., Lee, S-C. (2011). Technology forecasting and patent strategy of hydrogen energy and fuel cell technologies. *Int. J. Hydrogen Energy,* doi:10.1016/j.ijhydene.2011.03.063.
Cheng, H., Scott, K., Ramshaw, C. (2002). Intensification of water electrolysis in a centrifugal field. *J. Electrochem. Soc.* **149**, D172-D177.
Chibing, S., Qinwu, L., Chunlin, J., Jin, Z., Zhenguo, W. (2001). Combustion performance of $H_2/O_2$/hydrocarbon tripropellant engine operating in dual mode. In "Hydrogen Energy Progress XIII, Proc. 13th World Energy Conf., Beijing 2000" (Mao, Z., Veziroglu, T., eds.), pp. 677-683. Int. Assoc. Hydrogen Energy, Beijing.
Chitnis, P. (2001). Photosystem I: function and physiology. *Ann. Rev. Plant Physiol. Mol. Biol.* **52**, 593-626.
Chitose, K., Takeno, K., Kouchi, A., Yamada, Y., Okabayashi, K. (2004). Activities on hydrogen safety for hydrogen refueling stations – experiment and simulation of gaseous hydrogen dispersion. In Proc. 15th World Hydrogen Energy Conf., Yokohama. CD Rom, Hydrogen Energy Soc. Japan.
Chiu, Y-J., Yu, T., Chung, Y-C. (2011). A semi-empirical model for efficiency evaluation of a direct methanol fuel cell. *J. Power Sources* **196**, 5053-5063.
Choudhary, V., Banerjee, S., Rajput, A. (2002). Hydrogen from step-wise steam reforming of methane over $Ni/ZrO_2$: factors affecting catalytic methane decomposition and gasification by steam of carbon formed on the catalyst. *Appl. Catalysis A: General* **234**, 259-270.
Christensen, C., Sørensen, R., Johannessen, T., Quaade, U., Honkala, K., Elmøe, T., Køhler, R., Nørskov, J. (2005). Metal ammine complexes for hydrogen storage. *J. Materials Chemistry* **15**, 4106-4108.
Chung, T. (1997). The role of thorium in nuclear energy. US Dept. Energy Info. Agency, http://www.eia.doe.gov/cneaf/nuclear/uia/thorium/thorium.html.
Cifrain, M., Kordesch, K. (2004). Advances, aging mechanism and lifetime in AFCs with circulating electrolytes. *J. Power Sources* **127**, 234-242.
Ciureanu, M., Miklailenko, S., Kaliaguine, S. (2003). PEM fuel cell as membrane reactors: kinetic analysis by impedance spectroscopy. *Catalysis Today* **82**, 195-206.
Clarke, S., Dicks, A., Pointon, K., Smith, T., Swann, A. (1997). Catalytic aspects of the

steam reforming of hydrocarbons in internal reformiing fuel cells. *Catalysis Today* **38**, 411-423.

Clayton, R. (1965). "Molecular Physics in Photosynthesis". Blaisdell, New York.

Colclasure, A., Sanandaji, B., Vincernt, T., Kee, R. (2011). Modeling and control of tubular solid-oxide fuel cell systems. I: Physical models and linear model reduction. *J. Power Sources* **196**, 196-207.

Colella, W., Jacobsen, M., Golden, D. (2005). Switching to a U.S. hydrogen fuel cell vehicle fleet: The resultant change in emissions, energy use, and greenhouse gases. *J. Power Sources* **150**, 150-181.

Colpan, C., Hamdullahpur, F., Dincer, I. (2010). Transient heat transfer modeling of a solid oxide fuel cell operating with humidified hydrogen. *Int. J. Hydrogen Energy*, doi:10.1016/j.ijhydene.2010.11.127.

Consoli, F. *et al.* (eds.) (1993). "Guidelines for Life–cycle Assessment: A Code of Practice." Society of Environmental Toxicology and Chemistry (SETAC).

Corbo, P., Migliardini, F., Veneri, O. (2010). Lithium polymer batteries and proton exchange membrane fuel cells as energy sources in hydrogen electric vehicles. *J. Power Sources* **195**, 7849-7854.

Cordiner, S., Lanzani, S., Mulone, V. (2010). 3D effects of water-saturation distribution on polymeric electrolyte fuel cell (PEFC) performance. *Int. J. Hydrogen Energy*, doi:10.1016/j.ijhydene.2010.09.063.

Cormos, C-C. (2011). Hydrogen production from fossil fuels with carbon capture and storage based on chemical looping systems. *Int. J. Hydrogen Energy*, doi:10.1016/j.ijhydene.2011.01.170

Cortright, R., Davda, R., Dumesic, J. (2002). Hydrogen from catalytic reforming of biomass-derived hydrocarbons in liquid water. *Nature* **418**, 964-967.

Costamagna, P., Selimovic, A., Borghi, M., Agnew, G. (2004). Electrochemical model of the integrated planar solid oxide fuel cell (IP-SOFC). *Chem. Eng. J.* **102**, 61-69.

Courson, C., Makaga, E., Petit, C., Kiennemann, A. (2000). Development of Ni catalysts for gas production from biomass gasification. Reactivity in steam- and dry-reforming. *Catalysis Today* **63**, 427-437.

CRC (1973). "Handbook of Chemistry and Physics" (Weast, R., ed.). The Chemical Rubber Co., Cleveland, OH.

Cuddy, M. (1998). Volkswagen gearbox description for ADVISOR software. File notes, National Renewable Energy Lab., Golden, CO.

Culley, A., Lang, A., Suttle, C. (2003). High diversity of unknown picorna-like virusses in the sea. *Nature*, **424**, 1054-1057.

Dabrock, B., Bahl, H., Gottschal, G. (1992). Parameters affecting solvent production by *Clostridium pasteurianum*. *Appl. Environm. Microbiol.* **58**, 1233-1239.

Dahl, J., Buechler, K., Weimer, A., Lewandowski, A., Bingham, C. (2004). Solar-thermal dissociation of methane in a fluid-wall aerosol flow reactor. *Int. J. Hydrogen Energy* **29**, 725-736.

DaimlerChrysler (2001). Accident-free driving – a vision. Strategies for safety, Hightech Report, 18-23.

DaimlerChrysler-Ballard (last accessed 1998). Fuel-cell development programme. http://www.daimler–benz.com/research/specials/necar/necar_e.htm.

Damen, K., Faaij, A., Walter, A., Souza, M. (2002). Future prospects for biofuel production in Brazil. In "12th European Biomass Conf.", Vol. 2, pp. 1166–1169. ETA Firenze & WIP Munich.

Danish DoE (1998). Energy-2100. Plan scenario and Action plan with Update (1999). Danish Department of Energy and Environment, Copenhagen.

Danish Hydrogen Committee (1998). Brint – et dansk energi perspektiv (Sørensen, B., ed.). Danish Energy Agency, Copenhagen.

Danish National Agency for Enterprise and Construction (1999). Building Registry (extract). Description: http://www.ebst.dk/Publikationer/0/10 (2003).

Danish Power Utilities (1997). Action plan for off-shore wind parks (in Danish). SEAS Wind Dept.

Danish Transport Council (1993). Externaliteter i transportsektoren. Report 93–01, Copenhagen.

Danish Windpower Industry Association (2003). Web: http://www.windpower.dk.

Dante, R. (2005). Hypotheses for direct PEM fuel cells applications of photobioproduced hydrogen by *Chlamydomonas reinhardtii*. *Int. J. Hydrogen Energy* **30**, 421-424.

Dapprich, S., Komáromi, I., Byun, K., Morokuma, K., Frisch, M. (1999). A new ONIOM implementation in Gaussian98. Part I. The calculation of energies, gradients, vibrational frequencies and electric field derivatives. *J. Molec. Structure (Theochem)* **461-462**, 1-21.

Dayton, D., Ratcliff, M., Bain, R. (2001). Fuel cell integration – a study of the impacts of gas quality and impurities. Report NREL/MP-510-30298, National Renewable Energy Lab., Golden CO.

DC (2004). F-Cell brochure (Japanese/English). http://www.daimlerchrysler.co.jp

Debe, M. (2003). Novel catalysts, catalysts support and catalysts coated membrane methods. In "Handbook of Fuel Cells - Fundamentals, Technology and Applications (Vielstich, W., Gasteiger, H., Lamm, A., eds.), Vol. 3, Ch. 45, pp. 576-589. John Wiley & Sons, New York.

Dell, R., Bridger, N. (1975). Hydrogen – the ultimate fuel. *Appl. Energy* **1**, 279-292.

deMouy, L. (1998). Projected world uranium requirements, reference case. USDoE Energy Information Administration: Int. Energy Information Report, website: http://www.eia.doe.gov/cneaf/nuclear/n_pwr_fc/apenf1.html.

Desrosiers, R. (1981). In "Biomass Gasification" (Reed, T., ed.), pp. 119-153. Noyes Data Corp., Park Ridge, NJ

Dey, R. (2004). Facilitating commercialization of hydrogen technologies through the activities of ISO/TC 197. In Proc. 15$^{th}$ World Hydrogen Energy Conf., Yokohama. CD Rom, Hydrogen Energy Soc. Japan.

Dirac. P. (1930). *Proc. Cambridge Phil. Soc.* **27**, 240.

Doctor, R., Wade, D., Mendelsohn, M. (2002). STAR-H2: a calcium-bromine hydrogen cycle using nuclear heat. Paper for "American Inst. Chem. Eng. Spring Meeting", New Orleans, http://www.eere.energy.gov/hydrogenandfuelcells.

Dollmayer, J., Bundschuh, N., Carl, U. (2006). Fuel mass penalty due to generators and fuel cells as energy source of the all-electric aircraft. *Aerospace Sci. & Technology* **10**, 686-694.

DONG (2003). Gas stores. Danish Oil and Gas Co. http://www.dong.dk/dk/publikationer/lagerbrochure/(last assessed 2003).

Doucette, R., McCulloch, M. (2011). A comparison of high-speed flywheels, batteries, and ultracapacitors on the bases of cost and fuel economy as the energy storage system in a fuel cell based hybrid electric vehicle. *J. Power Sources*, **196**, 1163-1170.

Drift, A. (2002). An overview of innovative biomass gasification concepts. In "Proc. PV in Europe Conf.". WIP, Munich & ETA, Florence.

DTI (2000). 1996 Danish Reference Year, obtained from Danish Technological Institute, Tåstrup.

Duffie, J., Beckman, W. (1991). "Solar Energy Thermal Processes", 2nd ed., Wiley, New York.

Dukes, J. (2003). Burning buried sunshine: Human consumption of ancient solar energy. *Climate Change* **61**, 31-44.

Dunn-Rankin, D., Leal, E., Walther, D. (2005). Personal power systems. *Prog. Energy & Combustion Sci.* **31**, 422-465.

Dutta, S., Morehouse, J., Khan, J. (1997). Numerical analysis of laminar flow and heat transfer in a high temperature electrolyzer. *Int. J. Hydrogen Energy* **22**, 883-895.

Ebbesen, S., Graves, C., Mogensen, M. (2009). Production of synthetic fuels by co-electrolysis of steam and carbon dioxide. *Int. J. Green Energy* **6**, 646-660.

Eberle, U., Helmolt, R. von (2010). Fuel cell electric vehicles, battery electric vehicles, and their impact on energy storage technologies: an overview. Ch. 9 in *Electric and Hybrid Vehicles* (G. Pistoia, ed.), 247-273. Elsevier, Amsterdam.

EC (1994). "Biofuels" (M. Ruiz–Altisent, ed.), DG XII Report EUR 15647 EN, European Commission, Brussels.

EC (2001). The ECE-EUDC driving cycle. European Commission Report 90/C81/01, Brussels.

EC (2004). Well-to-wheels analysis of future automotive fuels and powertrains in the European context. Joint study of the European Council for Automotive R&D, European Oil Companies' Association for environment, health and safety in refining and distribution (CONCAWA), the Institute for Environment and Sustainability of the European Commission's Joint Research Centre, L-B Systemtechnik and Institut Francais de Pétrole. WTW Report 220104. CORDIS.

EC-ATLAS (2003). European Commission DG Energy: ATLAS programme, http://europa.eu.int/energy_transport/atlas/htmlu/lbpot2.html.

EEA (2002). Size of vehicle fleet. Indicator fact sheet TERM 32AC, European Environmental Agency, Copenhagen.

Efoy (2011). EFOY Pro 2200 XT: 100% guaranteed off-grid power! At http://www.efoy.com/en/traffic-new-efoy-pro-2200-xt.html

EG&G (2004). *Fuel Cell Handbook* (7th ed,). Technical Services work for US DoE, contract DE-AM26-99FT40575.

Eguchi, K., Fujihara, T., Shinozaki, N., Okaya, S. (2004). Current work on solar RFC technology for SPF airship. In Proc. 15th World Hydrogen Energy Conf., Yokohama. 30A-07, CD Rom, Hydrogen Energy Soc. Japan.

Eichler, A., Hafner, J. (1997). Molecular precursors in the dissociative adsorption of $O_2$ on Pt(111). *Phys. Rev. Lett.* **79**, 4481-4484.

Einsle, O., Tezcan, F., Andrade, S., Schmid, B., Yoshida, M., Howard, J., Rees, D. (2002). Nitrogenase MoFe-protein at 1.16Å resolution: a central ligand in the FeMo-cofactor. *Science* **297**, 1696-1700.

Elder, R., Allen, R. (2009). Nuclear heat for hydrogen production: Coupling a very high/high temperature reactor to a hydrogen production plant. *Progress Nucl. Energy* **51**, 500-525.

Electricity Storage Association (2009). Technology Comparison. Washington DC, http://www.electricitystorage.org/ESA/technologies.

Elliott, J., Hanna, S., Elliott, A., Cooley, G. (2000). Interpretation of the small-angle X-ray scattering from swollen and oriented perfluorinated ionomer membranes. *Macromolecules* **33**, 4161-4171.

El-Sharkh, M., Tanrioven, M., Rahman, A., Alam, M. (2010). Economics of hydrogen production and utilization strategies for the optimal operation of a grid-parallel PEM fuel cell power plant. *Int. J. Hydrogen Energy* **35**, 8804-8814.

Eltra/Elkraft (2001). Time series of Danish wind power production 2000, available at websites http://www.eltra.dk and http://www.elkraft-system.dk.

Eltra (2003). Søkabel, Danish power utility webpage http://www.eltra.dk.

EnBW (2004). Sulzer-Hexis SOFC-field test. Energie Baden-Würtemburg AG. Website: http://www.enbw.com.

Energinet.dk (2007). Press releases concerning purchase of gas store from DONG. At http://www.energinet.dk/da/ (accessed 2007).

Energi- og Miljødata (1999). Windresource Mapper. CD-Rom from EMD, Aalborg.

Energi- og Miljødata (2002). Danish wind turbine price lists. Previously published by Danish Energy Agency and then Renewable Energy Information Secretariat, beginning 1981. http://www.emd.dk.

Energy Information Agency of the US DoE (2011). *World crude oil prices.* Spreadsheet covering the period 1946 to 11. February 2011, when accessed. Available at http://www.eia.gov/nev/pet/pet_pri_wco_k_w.xls

Enquete Kommission des Deutschen Bundestages (1995). *Mehr Zukunft für die Erde.* (Lippold *et al.*, eds). Economica Verlag, Bonn.

Erdmann, G. (2003). Future economies of the fuel cell housing market. *Int. J. Hydrogen Energy* **28**, 685-694.

Eroglu, E., Gündüz, U., Yücel, M., Türker, L., Eroglu, I. (2004). Photobiological hydrogen production by using olive mill wastewater as a sole substrate source. *Int. J. Hydrogen Energy* **29**, 163-171.

Eroglu, E., Melis, A. (2011). Photobiological hydrogen production: Recent advances and state of the art. *Bioresource Technology*, doi:10.1016/j.biortech.2011.03.026.

Escudero, M., Rodrigo, T., Soler, J., Daza, L. (2003). Electrochemical behaviour of lithium-nickel oxides in molten carbonate. *J. Power Sources* **118**, 23-34.

European Commission (1995). ExternE: externalities of Energy, Vols. 1-6. Reports EUR 16520-16525 EN, DGXII, Luxembourg.

European Commission (1997). Energy in Europe, 1997 – Annual Energy Review, DGXII: Science, Research & Development, Special Issue, 179 pp.

European Commission (1998). A fuel cell RDD strategy for Europe to 2005. DGXIIF, Brussels.

European Commission (2008). Hyways, the European hydrogen roadmap. Report from an industry consortium, EUR 23123, Brussels. ftp://ftp.cordis.europa.eu/publ/fp7/energy/docs/hyways-roadmap_en.pdf

European Platform for Hydrogen and Fuel Cell Technologies (2004). Strategic Research Agenda and Deployment Strategy. Draft report available on website: http://www.hfpeurope.org/

Evans, B., O'Neill, H., Malyvanh, V., Lee, I., Woodward, J. (2003). Palladium-bacterial cellulose membranes for fuel cells. *Biosensors Bioelectronics* **18**, 917-923.

Eveloy, V. (2010). Numerical analysis of an internal methane reforming solid oxide fuel cell with fuel recycling. *Applied Energy*, doi:10.1016/j.apenergy.2010.10.045.

ExxonMobil (2004). A report on energy trends, greenhouse gas emissions and alter-

native energy, Houston, TX.
Faaij, A., Hamelinck, C. (2002). Long term perspectives for production of fuels from biomass; integrated assessment and R&D priorities. In "12th European Biomass Conf." Vol. 2, pp. 1110-1113. ETA Firenze & WIP Munich.
Fadel, A., Zhou, B. (2011). An experimental and analytical comparison study of power management methodologies of fuel cell–battery hybrid vehicles. *J. Power Sources* **196**, 2171-3279.
Fan, Y., Li, C., Lay, J., Hou, H., Zhang, G. (2004). Optimization of initial substrate and pH levels for germination of sporing hydrogen-producing anaerobes in cow dung compost. *Bioresource Technology,* **91** 189-193.
Fang, H., Liu, H., Zhang, T. (2002). Characterization of a hydrogen-producing granular sludge. *Biotechnology Bioeng.* **78**, 44-52.
Farooque, M., Ghezel-Ayagh, H. (2003). System design. In "Handbook of Fuel Cells, Vol. 4" (Vielstich, W., Lamm, A., Gasteiger, H., eds.), Ch. 68. Wiley, Chichester.
Feng, W., Wang, S., Ni, W., Chen, C. (2004). The future of hydrogen infrastructure for fuel cell vehicles in China and a case of application in Beijing. *Int. J. Hydrogen Energy* **29**, 355-367.
Fermi, E. (1928). *Zeitschrift f. Physik* **48**, 73.
Fernandez, L., Garcia, P., Garcia, C., Jurado, F. (2011). Hybrid electric system based on fuel cell and battery and integrating a single dc/dc converter for a tramway. *Energy Conversion & Management* **52**, 2183-2192.
Fernandez, R., Mandrillon, P., Rubbia, C., Rubio, J. (1996). A preliminary estimate of the economic impacts of the energy amplifier. Report CERN/LHC/96-01(EET), 75 pp.
Ferreira, K., Iverson, T. Maghlaoui, K., Barber, J., Iwata, S. (2004). Architecture of the photosynthetic oxygen-evolving center. *Science* **303**, 1831-1835.
Fingersh, L. (2003). Optimized hydrogen and electricity generation from wind. National Renewable Energy Lab., Report NREL/TP-500-34364, Golden, CO.
Finneran, K., Johnsen, C., Lovley, D. (2003). *Rhodoferax ferrireducens* sp. nov., a psychrotolerant, facultatively anaerobic bacterium that oxidizes acetate with the reduction of Fe(III). *Int. J. Systematic Evolutionary Microbiology* **53**, 669-673.
Fischer, G., Schnagl, J., Sarre, C., Lechner, W. (2003). Function of the liquid hydrogen fuel system for the new BMW 7 series. In "Proc. 1st European Hydrogen Energy Conf.", Grenoble 2003. CDROM published by Association Francaise de l'Hydrogène, Paris, 6 pp.
Fleischer, T., Oertel, D. (2003). Fuel cells - impact and consequences of fuel cell technology on sustainable development. Report EUR 20681 EN, European Commission JRC, Sevilla.
Fock, V. (1930). *Zeitschrift f. Physik* **61**, 126.
Folkesson, A., Andersson, C., Alvfors, P., Alaküla, M., Overgaard, L. (2003). Real life testing of a hybrid PEM fuel cell bus. *J. Power Sources* **118**, 349-357.
Fontana, G., Galloni, E., Jannelli, E., Minutillo, M. (2004). Different technologies for hydrogen engine fuelling. In "Hydrogen Power: Theoretical and Engineering Solutions, Proc. Hypothesis V Conf., Porto Conte 2003" (Marini, M., Spazzafumo, G., eds.), pp. 917-927. Servizi Grafici Editoriali, Padova.
Fontell, E., Kivisaari, T., Christiansen, N., Hansen, J-B., Pålsson, J. (2004). Conceptual study of a 250 kW planar SOFC system for CHP application. *J. Power Sources* **131**, 49-56.

Foresman, J., Head-Gordon, M., Pople, J., Frisch, M. (1992). Towards a systematic molecular orbital theory for excited states. *J. Phys. Chem.*, **96**, 135-149.

Fowler, M., Mann, R., Amphlett, J., Peppley, B., Roberge, P. (2002). Incorporation of voltage degradation into a generalised steady state electrochemical model for a PEM fuel cell. *J. Power Sources* **106**, 274-283.

Frangini, S., Masci, A. (2004). Intermetallic FeAl based coatings deposited by the electrospark technique: corrosion behavior in molten (Li+K) carbonate. *Surface Coatings Tech.* **184**, 31-39.

Freni, S., Barone, F., Puglisi, M. (1998). The dissolution process of the NiO cathodes for molten carbonate fuel cells: state-of-the-art. *Int. J. Energy Res.* **22**, 17-31.

Freni, S., Passalacqua, E., Barone, F. (1997). The influence of low operating temperature on molten carbonate fuel cells decay processes. *Int. J. Energy Res.* **21**, 1061-1070.

Friedlmeier, G., Friedrich, J., Panik, F. (2001). Test experiences with the Daimler-Chrysler fuel cell electric vehicle NECAR 4. *Fuel Cells* **1**, 92-96.

Friedrich, A., Veser, A., Stern, G., Kotchourko, N. (2011). Hyper experiments on catastrophic hydrogen releases inside a fuel cell enclosure. *Int. J. Hydrogen Energy* **36**, 2678-2687.

Frisch, M. J., G. W. Trucks, H. B. Schlegel, G. E. Scuseria, M. A. Robb, J. R. Cheeseman, J. A. Montgomery, Jr., T. Vreven, K. N. Kudin, J. C. Burant, J. M. Millam, S. S. Iyengar, J. Tomasi, V. Barone, B. Mennucci, M. Cossi, G. Scalmani, N. Rega, G. A. Petersson, H. Nakatsuji, M. Hada, M. Ehara, K. Toyota, R. Fukuda, J. Hasegawa, M. Ishida, T. Nakajima, Y. Honda, O. Kitao, H. Nakai, M. Klene, X. Li, J. E. Knox, H. P. Hratchian, J. B. Cross, C. Adamo, J. Jaramillo, R. Gomperts, R. E. Stratmann, O. Yazyev, A. J. Austin, R. Cammi, C. Pomelli, J. W. Ochterski, P. Y. Ayala, K. Morokuma, G. A. Voth, P. Salvador, J. J. Dannenberg, V. G. Zakrzewski, S. Dapprich, A. D. Daniels, M. C. Strain, O. Farkas, D. K. Malick, A. D. Rabuck, K. Raghavachari, J. B. Foresman, J. V. Ortiz, Q. Cui, A. G. Baboul, S. Clifford, J. Cioslowski, B. B. Stefanov, G. Liu, A. Liashenko, P. Piskorz, I. Komaromi, R. L. Martin, D. J. Fox, T. Keith, M. A. Al-Laham, C. Y. Peng, A. Nanayakkara, M. Challacombe, P. M. W. Gill, B. Johnson, W. Chen, M. W. Wong, C. Gonzalez, and J. A. Pople, (2003). Gaussian 03 software, Revision B.02. Gaussian, Inc., Pittsburgh PA (use of this reference format is part of user licence).

Fromme, P., Jordan, P., Krauss, N. (2001). Structure of photosystem I. *Biochim. Biophys. Acta* **1507**, 5-31.

Fromme, P., Melkozernov, A., Jordan, P., Krauss, N. (2003). Structure and function of photosystem I: interaction with its soluble electron carriers and external antenna systems. *FEBS Lett.* **555**, 40-44.

Fuhrmann, J., Gärtner, K. (2003). A detailed numerical model for DMFC: discretization and solution methods. Paper for "Computaional fuel cell dynamics II", Banff Int. Res. Center, USA.

Fujiwara, S., *et al.* (2008). Hydrogen production by high temperature electrolysis with nuclear reactor. *Progress Nucl. Energy* **50**, 422-426.

Fujioka, Y., Ozaki, M., Takeuchi, K., Shindo, Y., Herzog, H. (1997). Cost comparison of various $CO_2$ ocean dispersal options. *Energy Conversion & Management* **38**, S273-S277.

Fujishima, A., Honda, K. (1972). Electrochemical photolysis of water at a semiconductor electrode. *Nature* **283**, 37.

Fukada, S., Nakamura, N., Monden, J. (2004). Effects of temperature, oxygen-to-methane molar ratio and superficial gas velocity on partial oxydation of methane for hydrogen production. *Int. J. Hydrogen Energy* **29**, 619-625.

Fukushima, Y., Shimada, M., Kraines, S., Hirao, M., Koyama, M. (2004). *J. Power Sources* **131**, 327-339.

Futerko, P., Hsing, I-M. (2000). Two-dimensional finite-element method study of the resistance of membranes in polymer electrolyte fuel cells. *Electrochimica Acta* **45**, 1741-1751.

FZK (1999). LH2 release in tunnel. Hydrogen research at Forschungszentrum Karlsruhe. In "Proc. Hydrogen Workshop at European Commission DG XII", website http://www.eihp.org/eihp1/workshop

Gallucci, F., Paturzo, L., Basile, A. (2004). A simulation study of the steam reforming of methane in a dense tubular membrane reactor. *Int. J. Hydrogen Energy* **29**, 611-617.

Gambardella, P., Sljivancanin, Z., Hammer, B., Blanc, M., Kuhnke, K., Kern, K. (2001). Oxygen dissociation at Pt steps. *Phys. Rev. Lett.* **87**, 056103.1-4.

Gates, D. (1966). *Science* **151**, 523–529.

Gaussian (2003). Software package, see Frisch *et al.* (2003).

Geek with laptop (2011). Horizon Fuel cell Technologies: MiniPak hydrogen fuel cell charger for portable devices. http://www.geekwithlaptop.com and http://www.horizonfuelcell.com/electronics.htm

Ghenciu, A. (2002). Review of fuel processing catalysts for hydrogen production in PEM fuel cell systems. *Current Opinion Solid State Material Sci.* **6**, 389-399.

Ghosh, D. (2003). Development of stationary solid oxide fuel-cells at Global Thermoelectric Inc. In "14th World Hydrogen Energy Conference", Montreal 2002, File B001g, 5 pp. CD published by CogniScience Publ. for l'Association Canadienne de l'Hydrogène, revised CD issued 2003.

Gierke, T., Hsu, W. (1982). The cluster-network model of ion clustering in perfluorosulfonated membranes. In "Perfluorinated Ionomer Membranes", American Chemical Society Symp. Series **180**, Washington, DC.

Gigliucci, G., Petruzzi, L., Cerelli, E., Garzisi, A., LaMendola, A. (2004). Demonstration of a residential CHP system based on PEM fuel cells. *J. Power Sources* **131**, 62-68.

Gil, M., Ji, X., Li, X., Na, H., Hampsay, J., Lu, Y. (2004). Direct synthesis of sulfonated aromatic poly(ether ether ketone) proton exchange membranes for fuel cell applications. *J. Membrane Sci.* **234**, 75-81.

Giles, J. (2004). Every last drop. *Nature* **429**, 694-695.

GM (2001). Well-to-wheel energy use and greenhouse gas emissions of advanced fuel/vehicle systems – North American analysis. Report from General Motors Corp., Argonne Nat. Lab., BP, ExxonMobil and Shell. (For adjacent European study see Wurster, 2003).

Gnanapragasam, N., Reddy, B., Rosen, M. (2010), Feasibility of an energy conversion system in Canada involving large-scale integrated hydrogen production using solid fuels. *Int. J. Hydrogen Energy* **35**, 4788-4807.

Gøbel, B., Bentzen, J., Hindsgaul, C., Henriksen, U., Ahrenfeldt, J., Houbak, N., Qvale, B. (2002). High performance gasification with the two-stage gasifier, In "12th European Biomass Conf.", pp. 289-395. ETA Firenze & WIP Munich.

González, A., McKeogh, E., Gallachóir, B. (2003). The role of hydrogen in high wind energy penetration electricity systems: the Irish case. *Renewable Energy* **29**, 471-489.

Gouérec, P., Poletto, L., Denizot, J., Sanchez-Cortezon, E., Miners, J. (2004). The evolution of the performance of alkaline fuel cells with circulating electrolytes. *J. Power Sources* **129**, 193-204.

Grand, P. (1979). *Nature* **278**, 693-696.

Griffith, D. (1995). "Introduction to quantum mechanics". Prentice Hall, New Jersey.

Grochala, W., Edwards, P. (2004). Thermal decomposition of the non-interstitial hydrides for the storage and production of hydrogen. *Chem. Rev.* **104**, 1283-1315.

Groenestijn, J. v., Hazewinkel, J., Nienroord, M., Bussmann, P. (2002). Energy aspects of biological hydrogen production in high rate bioreactors operated in the thermophilic temperature range. *Int. J. Hydrogen Energy* **27**, 1141-117.

Güllü, D., Demirbas, A. (2001). Biomass to methanol via pyrolysis process. *Energy Conversion Management* **42**, 1349-1356.

Guo, L., Yedavalli, K., Zinger, D. (2011). Design and modeling of power system for a fuel cell hybrid switcher locomotive. *Energy Conversion & Management* **52**, 1406-1413.

Gülzow, E. (1996). Alkaline fuel cells: a critical view. *J Power Sources* **61**, 99–104.

Gülzow, E., Schulze, M. (2004). Long-term operation of AFC electrodes with $CO_2$ containing gases. *J. Power Sources* **127**, 243-251.

GWEC (2010). Global wind report. Annual market update. Global Wind Energy Council, Brussels. http://www.gwec.net

Güther, V., Otto, A. (1999). Recent developments in hydrogen storage applications based on metal hydrides. *J. Alloys Compounds* **293-295**, 889-892.

Ha, S., Adams, B., Masel, R. (2004). A miniature air breathing direct formic acid fuel cell. *J. Power Sources* **128**, 119-124.

Hahn, R.,Wagner, S., Schmitz, A., Reichl, H. (2004). Development of a planar micro fuel cell with thin film and micro patterning technologies. *J. Power Sources* **131**, 73-78.

Haile, S., Boysen, D., Chisholm, C., Merle, R. (2001). Solid acids as fuel cell electrolytes. *Nature* **410**, 910-913.

Hajimiragha, A., Cañizares, C., Fowler, M., Moazeni, S., Elkamel, A., Wang, S. (2011). Sustainable convergence of electricity and transport sectors in the context of a hydrogen economy. *Int. J. Hydrogen Energy,* doi:10.1016/j.ijhydene.2011.02.070.

Hallenbeck, P. (2009). Fermentative hydrogen production: Principles, progress, and prognosis. *Int J. Hydrogen Energy* **34**, 7379-7389.

Hamann, C., Hammett, A., Vielstich, W. (1998). "Electrochemistry". Wiley-VCH, Weinheim.

Hamilton Sundstrand Inc. (2003). Water electrolysis. Website http://xnwp021.utc.com/ssi/ssi/Applications/Echem/Background/waterelec.html.

Hammer, B., Nørskov, J. (1995). Why gold is the noblest of all the metals. *Nature* **376**, 238-240.

Hammer, B., Nørskov, J. (1997). Adsorbate reorganization at steps: NO on Pd(211). *Phys. Rev. Lett.* **79**, 4441-4444.

Hamnett, A. (2003). Direct methanol fuel cells (DMFC). In "Handbook of Fuel Cells Vol. 1" (Vielstich, W., Lamm, A., Gasteiger, H., eds.), Ch. 18. Wiley, Chichester.

Han, Y., Furukawa, Y. (2006). Conducting polyaniline and biofuel cell. *Int. J. Green*

*Energy* **3**, 17-23.
Han, S., Shin, H. (2004). Biohydrogen production by anaerobic fermentation of food waste. *Int. J. Hydrogen Energy* **29**, 569-577.
Handley, C., Brandon, N., van der Vorst, R. (2002). Impact of the European vehicle waste directive on end-of-life options for polymer electrolyte fuel cells. *J. Power Sources* **106**, 344-352.
Hanneman, R., Vakil, H., Wentorf Jr., R. (1974). Closed loop chemical systems for energy transmission. In "Proc. 9th Intersociety Energy Conversion Engineering Conf.". American Society of Mechanical Engineers, New York.
Hannerz, K. (1983). *Nuclear Engineering International* Dec., p. 41
Happe, T., Schütz, K., Böhme, H. (1999). Transcriptional and mutational analysis of the uptake hydrogenase of the filamentous cyanobacterium *Anabaena variabilis ATCC 29413*. *J. Bacteriology* **182**, 1624-1631.
Hardy, B., Anton, D. (2009). Hierarchical methodology for modeling hydrogen storage systems. Part II: Detailed models. *Int. J. Hydrogen Energy* **34**, 2992-3004.
Harrington, D., Conway, B. (1987). *Electrochimica Acta* **32**, 1703.
Harth, R., Range, J., Boltendahl, U. (1981). EVA-ADAM system, a method of energy transportation by reversible chemical reactions. In "Energy storage and transportation" (Beghi, G., ed.), pp. 358-374. Reidel, Dordrecht.
Hartree, D. (1928). *Proc. Cambridge Phil. Soc.* **24**, 89.
Hasunuma, T., Fukusaki, E., Kobayashi, A. (2003). Methanol production is enhanced by expression of an *Aspergillus niger* pectin methylesterase in tobacco cells. *J. Biotechnology* **106**, 45-52.
Haugen, H., Eide, L. (1996). $CO_2$ capture and disposal: the realism of large scale scenarios. *Energy Conversion Management* **37**, 1061-1066.
Hawkes, F., Dinsdale, R., Hawkes, D., Hussy, I. (2002). Sustainable fermentative hydrogen production: challenges for process optimisation. *Int. J. Hydrogen Energy*, **27**, 1339-1347.
Hayashi, T., Watanabe, S. (2004). Hydrogen safety for fuel cell vehicles. In Proc. 15th World Hydrogen Energy Conf., Yokohama. CD Rom, Hydrogen Energy Soc. Japan.
Hedrick, J. (1998). Thorium. US Geological Survey, Mineral commodity summary & Yearbook. http://minerals.er.usgs.gov/minerals/pubs/commodity/thorium.
Hernández, S., Scarpa, F., Fino, D., Conti, R. (2011). Biogas purification for MCFC application. *Int. J. Hydrogen Energy*, doi:10.1016/j.ijhydene.2011.01.055.
Herrmann, M., Meusinger, J. (2003). Hydrogen storage systems for mobile applications. In "Proc. 1st European Hydrogen Energy Conf., Grenoble 2003", CDROM produced by Association Francaise de l'Hydrogène, Paris.
Herrmann, A., Schimmele, L., Mössinger, J., Hirscher, M., Kronmüller, H. (2001). Diffusion of hydrogen in heterogeneous systems. *Appl. Phys.* **A72**, 197-208.
Herzog, H., Adams, E., Auerbach, D., Caulfield, J. (1996). Environmental impacts of ocean disposal of $CO_2$, *Energy Conversion Management* **37**, 999-1005.
Hibino, T., Hashimoto, A., Yano, M., Suzuki, M., Yoshia, S., Sano, M. (2002). *J. Electrochem. Soc.* **149**, A133.
Hibino, T., Hashimoto, A., Yano, M., Suzuki, M., Sano, M. (2003). Ru-catalyzed anode materials for direct hydrocarbon SOFCs. *Electrochimica Acta* **48**, 2531-2537.
Hirsch, R., Gallagher, J., Lessard, R., Wesselhoft, R. (1982). *Science* **183**, 909-915.
Hirsch, D., Steinfeld, A. (2004). Solar hydrogen production by thermal decomposi-

tion of natural gas using a vortex-flow reactor. *Int. J. Hydrogen Energy* **29**, 47-55.
Hodges, H. (1970). "Technology in the ancient world". Barnes & Nobles, New York.
Hodoshima, S., Arai, H., Saito, Y. (2001). Liquid-film type catalytic decalin dehydrogeno-aromatization for mobile storage of hydrogen. In "Hydrogen Energy Progress XIII, Proc. 13th World Energy Conf., Beijing 2000" (Mao, Z., Veziroglu, T., eds.), pp. 504-509. Int. Assoc. Hydrogen Energy, Beijing.
Hoffmann, P. (1998). ZEVCO unveils fuel cell taxi. *Hydrogen and Fuel Cell Letter*, feature article, August (http://www.mhv.net/~hfcletter/letter).
Hoffmann, J., Yuh, C-Y., Jopek, A. (2003). Electrolyte and material challenges. In "Handbook of Fuel Cells, Vol. 4" (Vielstich, W., Lamm, A., Gasteiger, H., eds.), Ch. 67. Wiley, Chichester.
Hoganson, C., Babcock, G. (1997). A metalloradical mechanism for the generation of oxygen from water in photosynthesis. *Science* **277**, 1953-1956.
Hohenberg, P., Kohn, W. (1964). Inhomogeneous electron gas. *Phys. Rev.* **136**, B864-B871.
Holladay, J., Hu, J., King, D., Wang, Y. (2009). An overview of hydrogen production technologies. *Catalysis Today* **139**, 244-260.
Holladay, J., Wainright, J., Jones, E., Gano, S. (2004). Power generation using a mesoscale fuel cell integrated with a microscale fuel processor. *J. Power Souces* **130**, 111-118.
Holmqvist, M., Lindblad, P., Sørensen, B. (2005). Life-cycle analysis pf bio-hydrogen production. In "Proc 2nd European Hydrogen Energy Conf., Zaragoza", pp. 294-296, also on CDROM, Idea Madrid.
Honda (2004). Honda's vision of future home life. http://www.honda.com.
Horch, S., Lorensen, H., Helweg, S., Lægsgaard, E., Stensgaard, I., Jacobsen, K., Nørskov, J., Besenbacher, F. (1999). Enhancement of surface self-diffusion of platinum atoms by adsorbed hydrogen. *Nature* **398**, 134-136.
Horny, C., Kiwi-Minsker, L., Renken, A. (2004). Micro-structured string-reactor for autothermal production of hydrogen. *Chem. Eng. J.* **101**, 3-9.
Hu, M., Zhu, X., Wang, M., Gu, A., Yu, L. (2004). Three dimensional, two phase flow mathematical model for PEM fuel cell: Parts I and II. Analysis and discussion of the internal transport mechanism. *Energy Conversion & Management* **45**, 1861-1882 and 1883-1916.
Hua, T., Ahluwalia, R., Peng, J-K., Kromer, M., Lasher, S., McKenney, K., Law, K., Sinha, J. (2011). Technical assessment of compressed hydrogen storage tank systems for automotive applications. *Int. J. Hydrogen Energy* **36**, 3037-3049.
Huang, T-W., *et al.* (2009). Application of fuel cell hybrid electric scooter and development of hydrogen supply technology. *Renewable Energy*, doi:10.1016/j.renene.2008.12.037
Hubbert, M. (1962). Energy resources, a report to the Committee on Natural Resources. Nat. Acad. Sci., Publ. 1000D.
Ibenholt, K. (2002). Explaining learning curves for wind power. *Energy Policy* **30**, 1181-1189.
IEA (2002). Key world energy statistics, International Energy Agency, Paris, Available at http://www.iea.org
IEA (2004). World Energy Outlook 2004. Executive Summary. OECD/IEA, Paris.
IEA-PVPS (2010). Trends in photovoltaic applications. Report IEA-PVPS T1-19:2010. International Energy Agency, Paris.

Industry Canada (2003). Canadian fuel cell commercialization roadmap. Industry Canada, Government Canada, Vancouver, BC.

Ioroi, T., Yasuda, K., Siroma, Z., Fujiwara, N., Miyazaki, Y. (2002). Thin film electrocatalyst layer for unitized regenerative polymer electrolyte fuel cells. *J. Power Sources* **112**, 583-587.

Ioroi, T., Yasuda, K., Miyazaki, Y. (2004). Polymer electrolyte-type unitized regenerative fuel cells. In "15$^{th}$ World Hydrogen Energy Conference, Yokohama 2004". Paper P09-09. Hydrogen Energy Systems Soc. of Japan (CDROM).

IPCC (1996). "Climate Change 1995: Impacts, Adaptation and Mitigation of Climate Change: Scientific-Technical Analysis. Contribution of WGII" (Watson *et al.*, eds.), 572 pp. Cambridge University Press, Cambridge.

Ishihara, T., Shibayama, T., Ishikawa, S., Hosoi, K., Nishiguchi, H., Takita, Y. (2004). Novel fast oxide ion conductor and application for the electrolyte of solid oxide fuel cell. *J. European Ceramic Soc.* **24**, 1329-1335.

Itoh, N., Kaneko, Y., Igarashi, A. (2002). Efficient hydrogen production via methenol steam reforming by preventing back-permeation of hydrogen in a palladium membrane reactor. *Industrial Eng. Chem. Res.* **41**, 4702-4706.

Iwai, Y. (2004). Japan's approach to commercialization of fuel cell/hydrogen technology. In Proc. 15$^{th}$ World Hydrogen Energy Conf., Yokohama. 28PL-02, CD Rom, Hydrogen Energy Soc. Japan.

Iwata, S., Lee, J., Okada, K., Lee, J., Iwata, M., Rasmussen, B., Link, T., Ramaswamy, S., Jap, B. (1998). Complete structure of the 11-subunit bovine mitochondrial cytochrome $bc_1$ complex. *Science* **281**, 64-71.

Jaffray, C., Hards, G. (2003). Precious metal supply requirements. In "Handbook of Fuel Cells - Fundamentals, Technology and Applications", Vol 3, Ch. 41 (Vielstich, W., Gasteiger, H., Lamm, A., eds.), pp. 509-513. John Wiley & Sons, New York.

Jang, S., Molinero, V., Cagin, T., Goddard, W. III (2004). Nanophase-segregation and transport in Nafion 117 from molecular dynamics simulations: effect of monomeric sequence. *J. Phys. Chem.* **B108**, 3149-3157.

Janssen, H., Bringmann, J., Emonts, B., Schroeder, V. (2004). Safety-related studies on hydrogen production in high-pressure electrolysers. *Int. J. Hydrogen Energy* **29**, 759-770.

Jeng, K-T., Hsu, N-Y., Chien, C-C. (2011). Synthesis and evaluation of carbon nanotube-supported RuSe catalyst for direct methanol fuel cell cathode. *Int. J. Hydrogen Energy* **36**, 3997-4006.

Jensen, J., Li, Q., He, R., Xiao, G., Gao, J-A., Bjerrum, N. (2004). High temperature polymer fuel cells and their interplay with fuel processing systems. In "Hydrogen Power – Theoretical and Engineering Solutions, Proc. Hypothesis V, Porto Conte 2003" (Marini, M., Spazzafumo, G., eds.), pp. 675-683. Servizi Grafici Editoriali, Padova.

Jensen, J., Sørensen, B. (1984). "Fundamentals of Energy Storage". Wiley, New York, 345 pp.

Jeong, K., Oh, B. (2002). Fuel economy and life-cycle cost analysis of a fuel cell hybrid vehicle. *J. Power Sources* **105**, 58-65.

Jiao, K., Alaefour, I., Li, X. (2011). Three-dimensional non-isothermal modeling of carbon monoxide poisoning in high temperature proton exchange membrane fuel cells with phosphoric acid doped polybenzimidazole membranes. *Fuel* **90**,

568-582.

Jiao, K., Li, X. (2011). Water transport in polymer electrolyte membrane fuel cells. *Progress in Energy & Combustion Science* **37**, 221-291.

Jin, X., Xue, X. (2010). Mathematical modeling analysis of regenerative solid oxide fuel cells in switching mode conditions. *J. Power Sources* **195**, 6652-6658.

Jing, D., *et al.* (2010). Efficient solar hydrogen production by photocatalytic water splitting: From fundamental study to pilot demonstration. *Int. J. Hydrogen Energy* **35**, 7087-7097.

Jo, J-H., Yi, S-C. (1999). A computational simulation of an alkaline fuel cell. *J. Power Sources* **84**, 87-106.

Joensen, F., Rostrup-Nielsen, J. (2002). Conversion of hydrocarbons and alcohols for fuel cells. *J. Power Sources* **105**, 195-201.

Johnson, V. (2001). Module ESS_L17_temp documentation file for Advisor. National Renewable Energy Laboratory, Golden, CO.

Jordan, P., Fromme, P., Witt, H., Klukas, O., Saenger, W., Krauss, N. (2001). Three-dimensional structure of cyanobacterial photosystem I at 2.5 Å resolution, *Nature* **411**, 909-917.

Jun, J., Jun, J., Kim, K. (2002). Degradation behaviour of Al-Fe coatings in wet-seal area of molten carbonate fuel cells. *J. Power Sources* **112**, 153-161.

Jung, M., Williams, K. (2011). Effect of dynamic operation on chemical degradation of a polymer electrolyte membrane fuel cell. *J. Power Sources* **196**, 2127-2724.

Junginger, M., Faaij, A., Turkenburg, W. (2004). Global experience curves for wind farms. *Energy Policy* **33**, 133-150.

Jurewicz, K. (2011). Influence of charging parameters on the effectiveness of electrochemical hydrogen storage in activated carbon. *Int. J. Hydrogen Energy* **34**, 9431-9435.

Jurewicz, K., Frackowiak, E., Béguin, F. (2004). Towards the mechanism of electrochemical hydrogen storage in nanustructured carbon materials. *Appl. Phys.* **A78**, 981-987.

Kahn, J. (1996). Fuel cell breakthrough doubles performance, reduces cost. Berkeley Lab. Research News, 29. May (http://www.lbl.gov/science–articles/archive/fuel–cells.html).

Kalkstein, L. (1993). Health and climate change: direct impacts in cities. *The Lancet* **342**, 1397-1399.

Kalkstein, L., Smoyer, K. (1993). The impact of climate change on human health: some international implications. *Experientia* **49**, 969–979.

Kalnay, E., Kanamitsu, M., Kistler, R., Collins, W., Deaven, D., Gandin, L., Iredell, M., Saha, S., White, G., Woollen, J., Zhu, Y., Leetmaa, A., Reynolds, R., Chelliah, M., Ebisuzaki, W., Higgins, W., Janowiak, J., Mo, K., Ropelewski, C., Wang, J., Jenne, R., Joseph, D. (1996). The NCEP/NCAR 40-year reanalysis project. *Bull. Am. Met. Soc.* (March).

Kaltschmitt, M., Reinhardt, G., Stelzer, T. (1996). LCA of biofuels under different environmental aspects, In "Biomass for Energy and the Environment" (Chartier, P., Ferrero, G., Henius, U., Hultberg, S., Sachau, J., Wiinblad, M., eds.), Vol. 1, pp. 369-386. Pergamon/Elsevier, Oxford.

Kalyanasundaram, K., Graetzel, M. (2010). Artificial photosynthesis: biomimetic approaches to solar energy conversion and storage. *Current Opinion in Biotechnology* **21**, 298-310.

Kamiya, N., Shen, J-R. (2003). Crystal structure of oxigen-evolving photosystem II from *Thermosynechococcus vulcanus* at 3.7-Å resolution. *Proc. Nat. Acad. Sci. (US)* **100**, 98-103.

Karim, G., Wierzba, A. (2004). The lean flammability and operational mixture limits of gaseous fuel mixtures containing hydrogen in air. In "Hydrogen Power: Theoretical and Engineering Solutions, Proc. Hypothesis V Conf., Porto Conte 2003" (Marini, M., Spazzafumo, G., eds.), pp. 839-845. Servizi Grafici Editoriali, Padova.

Karmazyn, A., Fiorin, V., Jenkins, S., King, D. (2003). First-principles theory and microcalorimetry of CO adsorption on the {211} surfaces of Pt and Ni. *Surface Sci.* **538**, 171-183.

Kasperovich, V., *et al.* (2010). NMR study of metal-hydrogen systems for hydrogen storage. *J. Alloys & Compounds*, doi:10.1016/j.jallcom.2010.10.195.

Kato, T., Suzuoki, Y. (2004). Energy saving potential of home co-generation system using PEFC in both individual household and overall energy system. In Proc. 15th World Hydrogen Energy Conf., Yokohama. P12-02, CD Rom, Hydrogen Energy Soc. Japan.

Kattke, K., Braun, R., Colclasure, Goldin, G. (2011). High-fidelity stack and system modeling for tubular solid oxide fuel cell system design and thermal management. *J. Power Sources* **196**, 3790-3802.

Katuri, K., Scott, K. (2011). On the dynamic response of the anode in microbial fuel cells. *Enzyme and Microbial Technology* **40**, 351-358.

Katz, E., Shipway, A., Willner, I. (2003). Biochemical fuel cells. In "Handbook of Fuel Cells, Vol. 1" (Vielstich, W., Lamm, A., Gasteiger, H., eds.). Wiley, Chichester.

Kawada, T., Mizusaki, J. (2003). Current electrolytes and catalysts. Ch. 70 in "Handbook of fuel cells vol. 4" (Vielstich, W., Lamm, A., Gasteiger, H., eds.), Ch. 21. Wiley, Chichester.

Kazempoor, P., Dorer, V., Weber, A. (2010). Modelling and evaluation of building integrated SOFC systems. *Int. J. Hydrogen Energy,* doi:10.1016/j.ijhydene.2010.11.003

Kendrich, D., Herding, G., Scouflaire, P., Rolon, C., Candel, S. (1999). Effects of a recess on cryogenic flame stabilization. *Combustion Flame* **118**, 327-339.

Keränen, T., Karimäki, H., Viitakangas, J., Vallet, J., Ihonen, J., Hyötylä, P., Uusalo, H., Tingelöf, T. (2011). Development of integrated fuel cell hybrid power source for electric forklift. *J. Power Sources*, doi:10.1016/j.jpowsour.2011.01.025

Key, T., Sitzlar, H., Geist, T. (2003). Fast response, load-matching hybrid fuel cell. Report NREL/SR-560-32743, Nat. Renewable Energy Lab., Golden, CO.

Khaselev, O., Turner, J. (1998). A monolithic photovoltaic-photoelectrochemical device for hydrogen production via water splitting. *Science* **280**, 425-427.

Kikuchi, E., Menoto, Y., Kajiwara, M., Uemiya, S., Kojima, T. (2000). Steam reforming of methane in membrane reactors: comparison of electroless-plating and CVD membranes and catalyst packing methods. *Catalysis Today* **56**, 75-81.

Kikuzawa, H., Ohmura, T., Yamaguchi, R., Ohtuka, M., Sawada, Y., Tomihara, I. (2004). Japanese national project for establishment of codes and standards for stationary PEM fuel cell system. In Proc. 15th World Hydrogen Energy Conf., Yokohama. CD Rom, Hydrogen Energy Soc. Japan.

Kim, J-D., Honma, I. (2004). Synthesis and proton conducting properties of zirconia bridged hydrocarbon/phosphotungstic acid hybrid materials. *Electrochimica Ac-*

*ta* **49**, 3179-3183.

Kim, W., Voiti, T., Rodriguez-Rivera, Dumesic, J. (2004). Powering fuel cells with CO via aqueous polyoxometalates and gold catalysts. *Science* **305**, 1280-1283.

King, J., McDonald, B. (2003). Experience with 200 kW PC25 fuel cell power plant. In "Handbook of Fuel Cells, Vol. 4" (Vielstich, W., Lamm, A., Gasteiger, H., eds.), Ch. 61. Wiley, Chichester.

Kittel, C. (1971). "Introduction to Solid State Physics". Wiley, New York.

Klueh, P. (1986). *New Scientist* 3. April, 41-45.

Klug, H., Faass, R. (2001). Cryoplane: hydrogen fuelled aircraft – status and challenges. *Air & Space Europe* **3**, 252-254.

Knorr, H., Held, W., Prümm, W., Rüdiger, H. (1998). The MAN hydrogen propulsion system for city bus. *Int. J. Hydrogen Energy* **23**, 201-208.

Knudsen, M. (1934). "The kinetic theory of gases". Methuen, London.

Kocha, S., Turner, J., Nozik, A. (1991). *J. Electroanalyt. Chem.* **367**, 27.

Köhler, J., Wietschel, M., Whitmarsh, L., Keles, D., Schade, W. (2010). Infrastructure investment for a transition to hydrogen automobiles. *Technological Forecasting & Social Change* **77**, 1237–1248.

Kohn, W., Sham, L. (1965). Self-consistent equations including exchange and correlation effects. *Phys. Rev.* **140** (1965) A1133.

Koide, H., Shindo, Y., Tazaki, Y., Iijima, M., Ito, K., Kimura, N., Omata, K. (1997). Deep sub-seabed disposal of $CO_2$ – the most protective storage. *Energy Conversion Management* **38**, S253-S258.

Kok, B., Forbush, B., McGloin, M. (1970). *Photochem. Photobiol.* **11**, 457-475.

Kondo, T., Arakawa, M., Wakayama, T., Miyake, J. (2002). Hydrogen production by combining two types of photosynthetic bacteria with different characteristics. *Int. J. Hydrogen Energy* **27**, 1303-1308.

Kopanidis, A., Theodorakakos, A., Gavaises, M., Bouris, D. (2011). Pore scale 3D modelling of heat and mass transfer in the gas diffusion layer and cathode channel of a PEM fuel cell. *Int. J. Thermal Sciences* **50**, 456-467.

Kordesch, K., Simader, G. (1996). "Fuel cells and their applications". VCH Verlag, Weinheim.

Koroneos, C., Dompros, A., Roumbas, G., Moussiopoulos, N. (2004). Life cycle assessment of hydrogen fuel production processes. *Int. J. Hydrogen Energy* **29**, 1443-1450.

Kosugi, T., Hayashi, A., Tokimatsu, K. (2004). Forecasting development of elemental technologies and efficiency of R&D investments for polymer electrolyte fuel cells in Japan. *Int. J. Hydrogen Energy* **29**, 337-346.

Kratzer, P., Pehlke, E., Scheffler, M., Raschke, M., Höfer, U. (1998). Highly site-specific $H_2$ adsorption on vicinal Si(001) surfaces. *Phys. Rev. Lett.* **81**, 5596-5599.

Kreuer, K. (2001). On the development of proton conducting polymer membranes for hydrogen and methanol fuel cells. *J. Membrane Sci.* **185**, 29-39.

Kreuer, K. (2003). Hydrocarbon membranes. In "Handbook of Fuel Cells - Fundamentals, Technology and Applications", Vol. 3 (Vielstich, W., Gasteiger, H., Lamm, A., eds.), ch. 33. John Wiley & Sons, Chichester.

Kryukov, A., Levashov, V., Sazhin, S. (2004). Evaporation of diesel fuel droplets: kinetic versus hydrodynamic models. *Int. J. Heat Mass Transfer* **47**, 2541-2549.

Kubo, Y. (2004). Micro fuel cells for portable electronics. In Proc. $15^{th}$ World Hydrogen Energy Conf., Yokohama. CD Rom, Hydrogen Energy Soc. Japan.

Kudin, K., Scuseria, G. (1998). A fast multipole algorithm for the efficient treatment of the Coulomb problem in electronic structure calculations of periodic systems with Gaussian orbitals. *Chem. Phys. Lett.* **289**, 611-616.

Kudin, K., Scuseria, G. (2000). Linear-scaling density-functional theory with Gaussian orbitals and periodic boundary conditions: efficient evaluation of energy and forces via the fast multipole method. *Phys. Rev.* **B61**, 16443.

Kudin, K., Scuseria, G., Martin, R. (2002). Hybrid density-functional theory and the insulating gap of $UO_2$. *Phys. Rev. Lett.* **89**, 266402.

Kuemmel, B., Nielsen, S., Sørensen, B. (1997). "Life–cycle Analysis of Energy Systems". Roskilde University Press, Copenhagen, 216 pp.

Kulinovsky, A. (2010). The regimes of catalyst layer operation in a fuel cell. *Electrochimica Acta* **55**, 6391-6401.

Kulinovsky, A., Scharmenn, H., Wippermann, K. (2004). Dynamics of fuel cell performance degradation. *Electrochem. Comm.* **6**, 75-82.

Kümmel, S., Perdew, J. (2003). Simple iterative construction of the optimized effective potential for orbital functionals, including exact exchange. *Phys. Rev. Lett.* **90**, 043004.

Kurchatov Institute (1997). Hypertext data base: Chernobyl and its consequences, Website http://polyn.net.kiae.su/polyn/manifest.html (last accessed 1999).

Kurisu, G., Zhang, H., Smith, J., Cramer, W. (2003). Structure of the cytochrome $b_6f$ complex of oxygenic photosynthesis: tuning the cavity. *Science* **302**, 1009-1014.

Kussmaul, K., Deimel, P. (1995). Materialverhalten in $H_2$-Hochdrucksystemen. *VDI Berichte* **1201**, pp. 87-101.

LaConti, A., Hamdan, M., McDonald, R. (2003). Mechanisms of membrane degradation. In "Handbook of Fuel Cells", Vol. 3 (Vielstich, W., Lamm, A., Gasteiger, H., eds.), Ch. 49. Wiley, Chichester.

Ladebeck, J., Wagner, J. (2003). Catalyst development for water-gas shift. In "Handbook of Fuel Cells" (Vielstich, W., Lamm, A., Gasteiger, H., eds.), Ch. 16. Wiley, Chichester.

Lamm, A., Müller, J. (2003). System design for transport applications. In "Handbook of Fuel Cells", Vol. 4 (Vielstich, W., Lamm, A., Gasteiger, H., eds.), Ch. 64. Wiley, Chichester.

Lange, J-P. (1997). Perspectives for manufacturing methanol at fuel value. *Industrial Eng. Chem. Res.* **36**, 4282-4290.

Lapeña-Rey, N., Mosquera, J., Bataller, E., Orti, F., Dudfield, C., Orsillo, A. (2008). Environmentally friendly power sources for aerospace applications. *J. Power Sources* **181**, 353-362.

Lauritsen, A., Svendsen, T., Sørensen, B. (1996). A study of the integration of wind energy into the national energy systems of Denmark, Wales and Germany as illustrations of success stories for renewable energy. Wind Power in Denmark, EC project report RENA.CT94-0012 (106 pp). IMFUFA, Roskilde University.

Lay, J. (2000). Biohydrogen generation by mesophilic anaerobic fermentation of microcrystalline cellulose. *Biotechnology Bioeng.* **74**, 280-287.

Lecocq, A., Furukawa, K. (1994). Accelerator molten salt breeder. In "Procedings 8th Journées Saturne, Saclay", pp. 191-192. Website (last accessed 1999): http://db.nea.fr/html/trw/docs/saturne8/.

Le, A., Zhou, B. (2009). A generalized numerical model for liquid water in a proton exchange membrane fuel cell with interdigitated design. *J. Power Sources* **193**,

665-683.

Lee, S., Bessarabov, D., Vohra, R. (2009). Degradation of a cathode catalyst layer in PEM MEAs subjected to automotive-specific test conditions. *Int. J. Green Energy* **6**, 594-606.

Lee, C., Yang, W., Parr, R. (1988). Development of the Colle-Salvetti correlation-energy formula into a functional of the electron density. *Phys. Rev.*, **B37**, 785.

Lee, C-H., Yang, J-T. (2011). Modeling of the Ballard-Mark-V proton exchange membrane fuel cell with power converters for applications in autonomous underwater vehicles. *J. Power Sources* **196**, 3810-3823.

Lee, H., Hong, H., Kim, Y-M., Choi, S., Hong, M., Lee, H., Kim, K. (2004). Preparation and evaluation of sulphonated-fluorinated poly(arylene ether)s membranes for a proton exchange membrane fule cell (PEMFC). *Electrochimica Acta* **49**, 2315-2323.

Lee, J-Y., Yoo, M., Cha, K., Lim, T., Hur, T. (2009). Life cycle cost analysis to examine the economical feasibility of hydrogen as an alternative fuel. *Int. J. Hydrogen Energy* **34**, 4243-4255.

Lee, J-Y., An, S., Cha, K., Hur, T. (2010). Life cycle environmental and economic analyses of a hydrogen station with wind energy. *Int. J. Hydrogen Energy* **35**, 2213-2225.

Lee, S., Mukerjee, S., McBreen, J., Rho, Y., Kho, Y., Lee, T. (1998). Effects of Nafion impregnation on performances of PEMFC electrodes. *Electrochimica Acta* **43**, 3693-3701.

Lee, Y., Nirmalakhandan, N. (2011). Electricity production in membrane-less microbial fuel cell fed with livestock organic solid waste. *Bioresource Technology*, doi: 10.1016/j.biortech.2011.02.090.

Lefenfeld, M., Dye, J., Barton, S. (2006). Sodium silicide amd alkali metal-silica gel for convenient hydrogen production. *Materials Engineering News*, Premier Issue, June (year missing), 16-17 (journal discontinued).

Leighty, W. (2008). Running the world on renewables: Hydrogen transmission pipelines and firming geologic storage. *Int. J. Energy Res.* **32, 408-426.**

Lennard-Jones, J. (1932). *Trans. Faraday Soc.* **28**, 333.

Levene, J., Mann, M., Margolis, R., Milbrandt, A. (2007). An analysis of hydrogen production from renewable electricity sources. *Solar Energy* **81**, 773-780.

Levin, D., Pitt, L., Love, M. (2004). Biohydrogen production: prospects and limitations to practical application. *Int. J. Hydrogen Energy* **29**, 173-185.

Levin, D., Chahine, R. (2010). Challenges for renewable hydrogen production from biomass. *Int. J. Hydrogen Energy* **35**, 4962-4969.

Li, P-W. and M. Chyu, M. (2003). Simulation of the chemical/electrochemical reactions and heat/mass transfer for a tubular SOFC in a stack. *J. Power Sources* **124**, 487-498.

Li, Q., Jensen, J., He, R., Bjerrum, N. (2004). New polymer electrolyte membranes based on acid doped PBI for fuel cells operating above 100°C. In "Hydrogen Power – Theoretical and Engineering Solutions, Proc. Hypothesis V, Porto Conte 2003" (Marini, M., Spazzafumo, G., eds.), pp. 685-696. Servizi Grafici Editoriali, Padova.

Li, X., Li, J., Xu, L., Yang, F., Hua, J., Ouyang, M. (2010). Performance analysis of proton-exchange membrane fuel cell stacks used in Beijing urban-route buses trial project. *Int. J. Hydrogen Energy* **35**, 3841-3847.

Li, X., Ogden, J. (2011). Understanding the design and economics of distributed tri-generation systems for home and neighborhood refueling—Part I: Single family residence case studies. *J. Power Sources* **196**, 2098-2108.

Liang, G. (2003a). Magnesium-based alloys for hydrogen storage. In "Hydrogen and Fuel Cells Conference. Towards a greener world", Vancouver June, CDROM published by Canadian Hydrogen Association and Fuel Cells Canada, Vancouver.

Liang, J. (2003b). Theoretical insight on tailoring energetics of Mg hydrogen absorption/desorption through nano-engineeering. *Appl. Phys.* **A** DOI:10.1007/s00339-003-2383-3.

Liaw, B., Dubarry, M. (2010). A roadmap to understand battery performance in electric and hybrid vehicle operation. Ch. 15 in *Electric and Hybrid Vehicles* (G. Pistoia, ed.), 375-403. Elsevier, Amsterdam.

Lim, C., Wang, C-Y. (2004). Effects of hydrophobic polymer content in GDL on power performance of a PEM fuel cell. *Electrochimica Acta* **49**, 4149-4156.

Lin, C., Lay, C. (2004). Carbon/nitrogen-ratio effect on fermentative hydrogen production by mixed microflora. *Int. J. Hydrogen Energy* **29**, 41-45.

Lin, H., Ouyang, L., Wang, H., Liu, J., Zhu, M. (2011). Phase transition and hydrogen storage properties of melt-spun $Mg_3LaNi_{0.1}$ alloy. *Int. J. Hydrogen Energy*, doi:10.1016/j.ijhydene.2011.02.071

Lin, Y.-M., Rei, M.-H. (2000). Process development for generating high purity hydrogen by using supported palladium membrane reactor as steam reformer. *Int. J. Hydrogen Energy* **25**, 211-219.

Lin, W-S., Zheng, C-H. (2011). Energy management of a fuel cell/ultracapacitor hybrid power system using an adaptive optimal-control method. *J. Power Sources* **196**, 3280-3289.

Linden, S. van der (2003). The commercial world of energy storage: a review of operating facilities. Presentation for "1st Ann. Conf. Energy Storage Council", Houston, Texas.

Lipman, T., Edwards, J., Kammen, D. (2004). Fuel cell system economics: comparing the costs of generating power with stationary and motor vehicle PEM fuel cell systems. *Energy Policy* **32**, 101-125.

Lister, S., McLean, G. (2004). PEM fuel cell electrodes. *J. Power Sources* **130**, 61-76.

Liu, P., Nørskov, J. (2001). Kinetics of the anode processes in PEM fuel cells – the promoting effect of Ru in PtRu anodes. *Fuel Cells* **1**, 192-201.

Liu, S., Takahashi, K., Ayabe, M. (2003). Hydrogen production by oxidative methanol reforming on Pd/ZnO catalyst: effects of Pd loading. *Catalysis Today* **87**, 247-253.

Longenbach, J., Rutkowski, M., Klett, M., White, J., Schoff, R., Buchanan, T. (2002). "Hydrogen Production Facilities, Plant Performance and Cost Comparisons". US DoE, Nat. Energy Technology Lab., Reading, PA.

Longwell, H. (2002). The future of the oil and gas industry: Past approaches, new challenges, *World Energy* (Houston) **5**, 100-104.

Losciale, M. (2002). Technical experiences and conclusions from introduction of biogas as a vehicle fuel in Sweden. In "12th European Biomass Conf.", vol. 2, pp. 1124-1127. ETA Firenze & WIP Munich.

Lostao, A., Daoudi, F., Irún, M., Ramón, Á., Fernández-Cabrera, C., Romero, A., Sancho, J. (2003). How FMN binds to *Anabaena* apoflavodoxin. *J. Biol. Chem.* **278**,

24053-24061.
Løvvik, O. (2004). Adsorption of Ti on $LiAlH_4$ surfaces studied by band structure calculations. *J. Alloys Compounds* **373**, 28-32.
Lu, G., Costa, J., Duke, M., Giessler, S., Socolow, R., Williams, R., Kreutz, T. (2007). Inorganic membranes for hydrogen production and purification: A critical review and perspective. *J. Colloid & Interface Science* **314**, 589-603.
Lu, G., Wang, C. (2004). Electrochemical and flow characterization of a direct methanol fuel cell. *J. Power Sources* **134**, 33-40.
Lu, G., Wang, C. (2005). Development of micro direct methanol fuel cells for high power applications. *J. Power Sources* **144**, 141-145.
Lu, G., Wang, C., Yen, T., Zhang, X. (2004). Development and characterization of a silicon-based micro direct methanol fuel cell. *Electrochimica Acta* **49**, 821-828.
Lung, M. (1997). Reactors coupled with accelerators. Joint Research Center (ISPRA) seminar paper (5 pp., revision 12.3.1997), Website (last accessed 1999): http://itumagill.fzk.de/ADS/mlungACC.htm.
Lunghi, P., Bove, R. (2003). Life cycle assessment of a molten carbonate fuel cell stack. *Fuel Cells* **3**, 224-230.
Lusardi, M., Bosio, B., Arato, E. (2004). An example of innovative application in fuel cell system development: $CO_2$ segregation using molten carbonate fuel cell. *J. Power Sources* **131**, 351-360.
Lushetsky, J. (2010). The prospect for $1/watt electricity from solar. Solar Energy Technology Program of the Office of Energy Efficiency and Renewable Energy, US Department of Energy. $1/W Workshop, http://www.solar.energy.gov
Lutz, A., Bradshaw, R., Bromberg, L., Rabinovich, A. (2004). Thermodynamic analysis of hydrogen production by partial oxidation reforming. *Int. J. Hydrogen Energy* **29**, 809-816.
MacLean, H., Lave, L. (2003). Evaluating automobile fuel/propulsion system technologies. *Progress Energy Combustion Sci.* **29**, 1-69.
Madsen, B. (2002). International wind energy development. Annual reports, BTM consult. http://www.btm.dk.
Magazu, V., Freni, A., Cacciola, G. (2003). Hydrogen storage: strategic fields and comparison of different technologies. In "Hydrogen Power – Theoretical and Engineering Solutions, Proc. Hypothesis V, Porto Conte 2003" (Marini, M., Spazzafumo, G., eds.), pp. 371-386. Servizi Grafici Editoriali, Padova.
Magill, J., O'Carroll, C., Gerontopoulos, P., Richter, K., van Geel, J. (1995). Advantages and limitations of thorium fuelled energy amplifiers. In "Proc. Unconventional Options for Plutonium Dispositions, Obninsk", Int. Atomic Energy Agency TECDOC-840, pp. 81-86.
Mahadevan, K., Contini, V., Goshe, M., Price, J., Eubanks, F., Griesemer, F. (2010). Economic analysis of stationary PEM fuel cell systems. Presentation at US DoE meeting in Washington, DC. http://www.hydrogen.energy.gov/pdf/.../fc050_mahadevan_2010_p_web.pdf
Mahlia, T., Chan, P. (2011). Life cycle cost analysis of fuel cell based cogeneration system for residential application in Malaysia. *Renewable and Sustainable Energy Reviews* **15**, 416-426.
Malek, K., Eikerling, M., Wang, Q., Navessin, T., Liu, Z. (2007). Self-Organization in Catalyst Layers of Polymer Electrolyte Fuel Cells. *J. Chemical Physics* **C 111**, 13627-13634.

MAN (2004). Nutzfahrzeuge. http://www.brennstoffzellenbus.de/bus/bus.html.

Mao, W., Mao, H., Goncharov, A., Struzhkin, V., Guo, Q., Hu, J., Shu, J., Hemley, R., Somayazulu, M., Zhao, Y. (2002). Hydrogen clusters in clathrate hydrate. *Science* **297**, 2247-2249.

MAPINFO (1997). Professional GIS Software v 4.5, country boundaries. Troy, NY.

Marchetti, C. (1973). *Chem. Econ. & Eng. Rev.* **5**, 7.

Marin, G., Naterer, G., Gabriel, K. (2010). Rail transportation by hydrogen vs. electrification - Case study for Ontario, Canada, II: Energy supply and distribution. *Int. J. Hydrogen Energy*, **35**, 6097-6107.

Markel, T., Brooker, A., Hendricks, T., Johnson, V., Kelly, K., Kramer, B., O'Keefe, M., Sprik, S., Wipke, K. (2002). ADVISOR: a systems analysis tool for advanced vehicle modeling. *J. Power Sources* **110**, 255-266. A commercial version of the software is under preparation by AVL. Graz, Austria; http://www.avl.com

Maron, S., Prutton, C. (1959). "Principles of Physical Chemistry". Macmillan, New York.

Masukawa, H., Nakamura, K., Mochimaru, M., Sakurai, H. (2001). Photohydrogen production and nitrogenase activity in some heterocystous cyanobacteria. In "BioHydrogen II" (Miyake, J., Matsunaga, T., Pietro, A., eds.), pp. 63-66.

Masukawa, H., Mochimaru, M., Sakurai, H. (2002). Hydrogenases and photobiological hydrogen production utilizing nitrogenase system in cyanobacteria. *Int. J. Hydrogen Energy* **27**, 1471-1474.

Matsumoto, H., Okubo, M., Hamajina, S., Katahira, K., Iwahara, H. (2002). Extraction and production of hydrogen using high-temperature proton conductor. *Solid State Ionics* **152-3**, 715-720.

Matsumura, Y., Minowa, T. (2004). Fundamental design of a continuous biomass gasification process using a supercritical water fluidized bed. *Int. J. Hydrogen Energy* **29**, 701-707.

Matsuo, Y., Saito, K., Kawashima, H., Ikehata, S. (2004). Novel solid acid fuel cell based on a superprotonic conductor $Tl_3H(SO_4)_2$. *Solid State Comm.* **130**, 411-414.

Matter, P., Braden, D., Ozkan, U. (2004). Steam reforming of methanol to $H_2$ over nonreducing Zr-containing CuO/ZnO catalysts. *J. Catalysis* **223**, 340-351.

Maxoulis, C., Tsinoglou, D., Koltsakis, G. (2004). Modeling of automotive fuel cell operation in driving cycles. *Energy Conversion & Management* **45**, 559-573.

McLean, G., Niet, T., Prince-Richard, S., Djilali, N. (2002). An assessment of alkaline fuel cell technology. *Int. J. Hydrogen Energy* **27**, 507-526.

McMichael, T. (2001). "Human frontiers, environments and disease". Cambridge University Press, Cambridge.

Meegahawatte, D., Hillmansen, S., Roberts, C., Falco, M., McGordon, A., Jennings, P. (2010). Analysis of a fuel cell hybrid commuter railway vehicle. *J. Power Sources* **195**, 7829-7837.

Meibom, P., Svendsen, T., Sørensen, B. (1999). Trading wind in a hydro-dominated power pool system. *Int. J. Sustainable Development* **2**, 458-483.

Meisen, A., Shuai, X. (1997). Research and development issues in $CO_2$ capture. *Energy Conversion Management* **38**, S37-S42.

Mendoza, L., Baddour-Hadjean, R., Cassir, M., Pereira-Ramos, J. (2004). Raman evidence of the formation of LT-$LiCoO_2$ thin layers on NiO in molten carbonate at 650°C. *Appl. Surface Sci.* **225**, 356-361.

Mepsted, G., Moore, J. (2003). Performance and durability of bipolar plate. In

"Handbook of Fuel Cells - Fundamentals, Technology and Applications", Vol. 3 (Vielstich, W., Gasteiger, H., Lamm, A., eds.), Ch. 23. John Wiley & Sons, Chichester.

Mercedes-Benz (2004). Fuel cells in field trials. http://www.mercedes-benz.com under "citarofcell".

Mérida, W., Maness, P., Brown, R., Levin, D. (2004). Enhanced hydrogen production from indirectly heated, gasified biomass, and removal of carbon gas emissions using a novel biological gas reformer. *Int. J. Hydrogen Energy* **29**, 283-290.

Merilo, E., Groethe, M., Colton, J., Chiba, S. (2011). Experimental study of hydrogen release accidents in a vehicle garage. *Int. J. Hydrogen Energy* **36**, 2436-2444.

Mermelstein, J., Millan, M., Brandon, N. (2011). The interaction of biomass gasification syngas components with tar in a solid oxide fuel cell and operational conditions to mitigate carbon deposition on nickel-gadolinium doped ceria anodes. *J. Power Sources* **196**, 5027-5034.

Meyers, J., Maynard, H. (2002). Design considerations for miniaturized PEM fuel cells. *J. Power Sources* **109**, 76-88.

Michel, F., Fieseler, H., Meyer, G., Theissen, F. (1998). On-board equipment for liquid hydrogen vehicles. *Int. J. Hydrogen Energy* **23**, 191-199.

Middleman, E., Kout, W., Vogelaar, B., Lenssen, J., Waal, E. de (2003). Bipolar plates for PEM fuel cells. *J. Power Sources* **118**, 44-46.

Milczarek, G., Kasuya, A., Mamykin, S., Arai, T., Shinoda, K., Tohji, K. (2003). Optimization of a two-compartment photoelectrochemical cell for solar hydrogen production. *Int. J. Hydrogen Energy* **28**, 919-926.

Mimura, T., Simayoshi, H., Suda, T., Iijima, M., Mituoka, S. (1997). Development of energy saving technology for flue gas carbon dioxide recovery in power plant by chemical absorption method and steam system. *Energy Conversion Management* **38**, S57-S62.

Minami, E., Kawamoto, H., Saka, S. (2002). Reactivity of lignin in supercritical methanol studied with some lignin model compounds. In "12th European Biomass Conf.", pp. 785—788. ETA Firenze & WIP Munich.

Minkevich, I., Laurinavichene, T., Tsygankov, A. (2004). Theoretical and experimental quantum efficiencies of the growth of anoxygenic phototrophic bacteria. *Process Biochem.* **39**, 939-949.

Mirenowicz, J. (1997). Le CERN reste silencieux face au nucléaire "propre" proposé par Carlo Rubbia, Journal de Géneve, 21. June, p. 13.

Mishra, P., Shukla, P., Singh, A., Srivastava, O. (2003). Investigation and optimization of nanostructures $TiO_2$ photoelectrode in regard to hydrogen production through photoelectrochemical process. *Int. J. Hydrogen Energy* **28**, 1089-1094.

Mitsuda, K., Maeda, H. , Mitani, T., Matsumura, M., Urushibata, H., Yoshiyasu, H. (2004). In Proc. 15th World Hydrogen Energy Conf., Yokohama. 01PL-02, CD Rom, Hydrogen Energy Soc. Japan.

Miyake, J., Miyake, M., Asada, Y. (1999). Biotechnological hydrogen production: research for efficient light energy conversion. *J. Biotechnology* **70**, 89-101.

Modic, E. (2011). Sodium Silicide. *Today's Energy Solutions*, March. At http://www.onlineTES.com/tes-0311-hydrogen-fuel-cells-sodium-silicide.htm

Mohitpour, M., Golshan, H., Murray, A. (2000). "Pipeline Design & Construction". ASME Press, New York.

Molina-Heredia, F., Wastl, J., Navarro, J., Bendall, D., Hervás, M., Howe, C., Rosa, M.

(2003). A new function for an old cytochrome? *Nature* **424**, 33-34.

Møller, C., Plesset, M. (1934). Note on an approximation treatment for many-body systems. *Phys. Rev.* **46**, 618.

Morales, R., Chron, M., Hudry-Clegeon, G., Pélillot, Y., Nørager, S., Medina, M., Frey, M. (1999). Refined X-ray structures of the oxidized, at 1.3 Å, and reduced, at 1.17 Å, [2Fe-2S] ferredoxin from the cyanobacterium *Anabaene* PCC7119 show redox-linked conformation changes. *Biochemistry*, **38**, 16764-15773.

Mori, D., Hirose, K. (2009). Recent challenges of hydrogen storage technologies for fuel cell vehicles. *Int. J. Hydrogen Energy* **34**, 4569-4574.

Morinaga, M., Yukawa, H. (2002). Nature of chemical bond and phase stability of hydrogen storage compounds. *Materials Science Eng.* **A329**, 268-275.

Morse, P. (1964). "Thermal Physics". W. A. Benjamin, New York.

Morthorst, P., Auer, H., Gerard, A., Blanco, I. (2008). The economics of wind power. Part III of *Wind energy – the facts.* European Wind Energy Association, at http://www.wind-energy-the-facts.org

Mosher, D., Tang, X., Arsenault, S., Laube, B., Cao, M., Brown, R., Saitta, S. (2007). High Density Hydrogen Storage System Demonstration Using $NaAlH_4$ Complex Compound Hydrides. In "Proc. DOE hydrogen program 2007 annual merit review, Arlington. Available from: http://www.hydrogen.energy.gov/pdfs/review07 /stp_33_mosher.pdf (accessed April 2011).

MPS (2004). Hot module MCFCs. Modern Power Systems Inc. Website: http://www.connectingpower.com.

MSI (2000). WebLab ViewerLite software, v3.7. Molecular Simulations Inc.

Mueller, J., Urban, P. (1998). Characterization of direct methanol fuel cells by ac impedance spectroscopy. *J. Power Sources* **75**, 139-143.

Mugikura, Y. (2003). Stack material and stack design. In "Handbook of Fuel Cells", Vol. 4 (Vielstich, W., Lamm, A., Gasteiger, H., eds.), Ch. 66. Wiley, Chichester.

Müller, J., Frank, G., Colbow, K., Wilkinson, D. (2003). Transport/kinetic limitations and efficiency losses. Ch. 62 in "Handbook of fuel cells vol. 4" (Vielstich, W., Lamm, A., Gasteiger, H., eds.). Wiley, Chichester.

Müller, J., Urban, P., Hölderich, W. (1999). Impedance studies on direct methanol fuel cell anodes. *J. Power Sources* **84**, 157-160.

Mulliken, R. (1955). Electronic population analysis on LCAO-MO molecular wave functions, I. *J. Chem. Physics.***23**, 1833-1837.

Muradov, N. (2003). Emission-free fuel reformers for mobile and portable fuel cell applications. *J. Power Sources* **118**, 320-324.

Murakami, M., Hirose, K., Kawamura, K., Sata, N., Ohishi, Y. (2004). Post-perovskite phase transition in $MgSiO_3$. *Science* **304**, 855-858.

Myers, D., *et al.* (2009). Polymer Electrolyte Fuel Cell Lifetime Limitations: The Role of Electrocatalyst Degradation. Project kick-off Meeting, Washington DC. At http://www.hydrogen. energy.gov

MyFC (2011). PowerTrekk fuel cell charger. At http://www.powertrekk.com

Nagel, F., Schildhauer, T., Sfeir, J., Schuler, A., Biollaz, S. (2009). The impact of sulfur on the performance of a solid oxide fuel cell (SOFC) system operated with hydrocarboneous fuel gas. *J. Power Sources* **189**, 1127-1131.

Nakamori, Y., Orimo, S. (2004). Destabilization of Li-based complex hydrides. *J. Alloys Compounds* **370**, 271-275.

Nakao, M., Yoshitake, M. (2003). Composite perfluorinate membranes. In

"Handbook of Fuel Cells", Vol. 3 (Vielstich, W., Lamm, A., Gasteiger, H., eds.), Ch. 32. Wiley, Chichester.

Nakicenovic, N., Grübler, A., Ishitani, H., Johansson, T., Marland, G., Moreira, J., Rogner, H-H. (1996). Energy Primer, pp. 75-92 in IPCC (1996).

Nam, J., Chippar, P., Kim, W., Ju, H. (2010). Numerical analysis of gas crossover effects in polymer electrolyte fuel cells (PEFCs). *Applied Energy* **87**, 3699-3709.

Narayanasamy, J., Anderson, A. (2003). Mechanism for the electrooxidation of carbon monoxide on platinum by $H_2O$. Density functional theory calculation. *J. Electroanalytical Chem.* **554-555**, 35-40.

NASA (1971). Report No. R-351 and SP-8005, May.

National Academy of Sciences (US) (1994). "Management and Disposition of Excess Weapons Plutonium". National Academy Press, Washington, DC.

Nazeeruddin, M., *et al.* (2001). Engineering of efficient panchromatic sensitizers for nanocrystalline $TiO_2$-based solar cells. *J. Am. Chem. Soc.* **123**, 1613-1624.

NCAR (1997). The NCAR Community Climate Model CCM3 with NCAR/CSM Sea Ice Model. University Corporation for Atmospheric Research, National Center for Atmospheric Research, and Climate and Global Dynamics Division, http://www.cgd.ucar.edu:80/ccr/bettge/ice.

NCEP–NCAR (1998). The NOAA NCEP–NCAR Climate Data Assimilation System I, described in Kalnay *et al.* (1996), data available from Univ. Columbia at http://ingrid.ldgo.columbia.edu.

NEC (2011). October 19., 2004, press release: Development of notebook PC & fuel cell unit set. http://www.nec.co.jp/press/en/0410/1901.html (accessed May 2011).

Neelis, M., Kooi, H. van der, Geerlings, J. (2004). Exergetic life cycle analysis of hydrogen production and storage systems for automotive applications. *Int. J. Hydrogen Energy* **29**, 537-545.

Neij, L., Andersen, P., Durstewitz, M., Helby, P., Hoppe-Kilpper, M., Morthorst, P. (2003). Experience curves: a tool for energy policy assessment. EC Extool project report ENG1-CT2000.00116. Lund University.

NFC (2000). Brintbil med forbrændingsmotor – et pilot projekt. Report 1763/99-003 to Danish Energy Agency, Nordvestjysk Folkecenter for Vedvarende Energi, Hurup.

Nguyen, P., Berning, T., Djilali, N. (2004). Computational model of a PEM fuel cell with serpentine gas flow channels. *J. Power Sources* **130**, 149-157.

Nguyen, T., Knobbe, M. (2003). A liquid water management strategy for PEM fuel cell stacks. *J. Power Sources* **114**, 70-79.

Ni, M. (2010). Modeling of a planar solid oxide fuel cell based on proton-conducting electrolyte. *Int. J. Energy Res.* **34**, 1027-1041.

Ni, M., Leung, M., Leung, D. (2008). Technological development of hydrogen production by solid ocide electrolyzer cell (SOEC). *Int. J. Hydrogen Energy* **33**, 2337-2354.

Nielsen, S., Sørensen, B. (1996). Long-term planning for energy efficiency and renewable energy. Paper presented at "Renewable Energy Conference, Cairo April 1996"; revised as: Interregional power transmission: a component in planning for renewable energy technologies, *Int. J. Global Energy Issues* **13**, No. 1-3 (2000) 170-180.

Nielsen, S., Sørensen, B. (1998). A fair market scenario for the European energy system. In "Long-Term Integration of Renewable Energy Sources into the European Energy System" (LTI-research group, ed.), pp. 127-186. Physica-Verlag, Heidelberg.

Nijkamp, M., Raaymakers, J., Dillen, A. van, Jong, K. de (2001). Hydrogen storage using physisorption: materials demands. *Appl. Phys.* **A72**, 619-623.

Nikiforov, B., Chigarev, A. (2011). Problems of designing fuel cell power plants for submarines. *Int. J. Hydrogen Energy* **36**, 1226-1229.

Nishiyama, E., Murahashi, T. (2011). Water transport characteristics in the gas diffusion media of proton exchange membrane fuel cell – Role of the microporous layer. *J. Power Sources* **196**, 1847-1854.

Nolan, J., Kolodziej, J. (2010). Modeling of an automotive fuel cell thermal system. *J. Power Sources* **195**, 4743-4752.

NREL (2001). Documentation for software routine package ADVISOR 3.2, described by Markel *et al.* (2004). National Renewable Energy Laboratory, Golden, CO.

NSF (2011). ChemPrime. Teaching tool from US National Science Foundation, at: http://wiki.chemprime.chemeddl.org/index.php/Sodium_Silicide_Fueled_Bicycles

Ochmann, F., Fürst, S., Müller, C. (2004). Industrialization of automotive hydrogen technology. In Proc. 15th World Hydrogen Energy Conf., Yokohama. 01PL-26, CD Rom, Hydrogen Energy Soc. Japan.

OECD (1994). Overview of Physics Aspects of Different Transmutation Concepts, 118 pp. Nuclear Energy Agency, Paris, Report New/Nsc/Doc(94)11.

OECD (1996). Energy Balances and Statistics of OECD and Non-OECD Countries. Annual Publications, Paris.

OECD and IAEA (1993). Uranium: Resources, production and demand. Nuclear Energy Agency, Paris.

OECD/IEA (2002a). Energy Balances of OECD Countries, 1999-2000. International Energy Agency, Paris.

OECD/IEA (2002b). Energy Balances of Non-OECD Countries, 1999-2000. International Energy Agency, Paris.

Offer, G., Howey, D., Contestabile, M., Clague, R., Brandon, N. (2010). Comparative analysis of battery electric, hydrogen fuel cell and hybrid vehicles in a future sustainable road transport system. *Energy Policy* **38**, 24-29.

Ogata, H., Mizoguchi, Y., Mizuno, N., Miki, K., Adachi, S., Yasuoka, N., Yagi, T., Yamauchi, O., Hirota, S., Higuchi, Y. (2002). Structural studies of the carbon monoxide complex of [NiFe] hydrogenase from *Desulfovibrio vulgaris* Miyazaki F: suggestions for the initial activation site for dihydrogen. *J. Am. Chem. Soc.* **124**, 11628-11635.

Ogden, J. (1999). Developing an infrastructure for hydrogen vehicles: a Southern California case study. *Int. J. Hydrogen Energy* **24**, 709-730.

Ogden, J., Williams, R., Larson, E. (2004). Societal lifecycle costs of cars with alternative fuels/engines. *Energy Policy* **32**, 7-27.

O'Hayre, R., Lee, S., Cha, S., Prinz, F. (2002). A sharp peak in the performance of sputtered platinum fuel cells at ultra-low platinum loading. *J. Power Sources* **109**, 483-493.

Oh, Y., Roh, H., Jun, K., Baek, Y. (2003). A highly active catalyst, Ni/Ce-$ZrO_2$/θ-$Al_2O_3$, for on-site $H_2$ generation by steam methane reforming: pretreatment effect. *Int. J. Hydrogen Energy* **28**, 1387-1392.

Ohi, J., Rossmeissl, N. (2004). Hydrogen codes and standards: an overview of US

DoE Activities. In Proc. 15th World Hydrogen Energy Conf., Yokohama. CD Rom, Hydrogen Energy Soc. Japan.

Oi, T., Wada, K. (2004). Feasibility study on hydrogen refueling infrastructure for fuel cell vehicles using off-peak power in Japan. *Int. J. Hydrogen Energy* **29**, 347-354.

Okada, T. (2003). Effect of ionic contaminants. In "Handbook of Fuel Cells", Vol. 3 (Vielstich, W., Lamm, A., Gasteiger, H., eds.), Ch. 48. Wiley, Chichester.

Okazaki, K., Kokubu, R., Fushinobu, K., Uchimoto, Y. (2004). Reaction mechanisms on the Pt-based cathode catalyst of PEFCs – QMD and XAFS-analyses for atomic and electronic structures. In "Proc. 15th World Hydrogen Energy Conf., Yokohama". 29K-01, CD Rom, Hydrogen Energy Soc. Japan.

Onsager, L. (1938). *J. Am. Chem. Soc.*, **58**, 1486.

Orecchini, F., Santiangeli, A. (2010). Automaker's powertrain options for hybrid and electric vehicles. Ch. 22 in *Electric and hybrid vehicles* (G. Pistoia, ed.), 579-636. Elsevier, Amsterdam.

Orimo, S., Fujii, H. (2001). Materials science of Mg-Ni-based new hydrides. *Appl. Phys.* **A72**, 167-186.

Osaka Gas Co. (2004). Super compact on-site hydrogen production unit: Hyserve-30. http://www.osakagas.co.jp.

Ou, X., Zhang, X., Chang, S. (2010). Alternative fuel buses currently in use in China: Life-cycle fossil energy use, GHG emissions and policy recommendations. *Energy Policy* **38**, 406-418.

Ovesen, C., Clausen, B., Hammershøi, B., Steffensen, G., Askgaard, T., Chorkendorff, I., Nørskov, J., Rasmussen, P., Stoltze, P., Taylor, P. (1996). A microkinetic analysis of the water-gas shift reaction under industrial conditions, *J. Catalysis* **158**, 170-180.

Ozbilen, A., Dincer, I., Rosen, M. (2011). A comparative life cycle analysis of hydrogen production via thermochemical water splitting using a Cu-Cl cycle. *Int. J. Hydrogen Energy*, doi:10.1016/j.ijhydene.2010.12.035.

Pacheco, M., Sira, J., Kopasz, J. (2003). Reaction kinetics and reactor modelling for fuel processing of liquid hydrocarbons to produce hydrogen: isooctane reforming. *Appl. Catalysis A: General* **250**, 161-175.

Paddison, S. (2001)., *J. New Materials Electrochem. Sys.* **4**, 197.

Padró, C., Putche, V. (1999). Survey of the economics of hydrogen technologies. US National Renewable Energy Lab. Report NREL/TP-570-27079. Golden, CO.

Paladini, V., Miotti, P., Manzoni, G., Ozebec, J. (2003). Conception of modular hydrogen storage systems for portable applications. In "Hydrogen and Fuel Cells Conference. Towards a Greener World", Vancouver June, CDROM, 12 pp. Published by Canadian Hydrogen Association and Fuel Cells Canada, Vancouver.

Palenik, B., Brahamsha, B., Larimer, F., Land, M., Hauser, L., Chain, P., Lamerdin, J., Regala, W., Allen, E., McCarren, J., Paulsen, I., Dufresne, A., Partensky, F., Webb, E., Waterbury, J. (2003). The genome of a motile marine Synechococcus. *Nature* **424**, 1037-1042.

Pallassana, V., Neurock, M., Hansen, L., Hammer, B., Nørskov, J. (1999). Theoretical analysis of hydrogen chemisorption on Pd(111), Re(0001) and $Pd_{ML}$/Re(0001), $Re_{ML}$/Pd(111) pseudomorphic overlayers. *Phys. Rev.* **B60**, 6146-6134.

Palo, D., Holladay, J., Rozmiarek, R., Guzman-Leong, C., Wang, Y., Hu, J., Chin, Y.-H., Dagle, R., Baker, E. (2002). Development of a soldier-portable fuel cell power system. Part I: a bread-board methanol fuel processor. *J. Power Sources* **108**, 28-34.

Panchenko, A. (2006). DFT investigation of the polymer electrolyte membrane degradation caused by OH radicals in fuel cells. *J. Membrane Science* **278**, 269-278.

Papanikolaou, E., Venetsanos, A., Heitsch, M., Baraldi, D., Huser, A., Pujol, J., Garcia, J., Markatos, N. (2010). HySafe SBEP-V20: Numerical studies of release experiments inside a naturally ventilated residential garage. *Int. J. Hydrogen Energy* **35**, 4747-4757.

Park, S., Kim, J., Lee, D. (2011). Development of a market penetration forecasting model for Hydrogen Fuel Cell Vehicles considering infrastructure and cost reduction effects. *Energy Policy*, doi:10.1016/j.enpol.2011.03.021.

Patil, A. , Dubois, T., Sifer, N., Bostic, E., Gardner, K., Quah, M., Bolton, C. (2004). Portable fuel cell systems for America's army: technology transition to the field. *J. Power Sources* **136**, 220-225.

Patil, P. (1998). The US DoE fuel cell program. Investing in clean transportation. Paper presented at "Fuel Cell Technology Conference, London, September", IQPC Ltd, London.

Patyk, A., Höpfner, U. (1999). Ökologischer Vergleich von Kraftfarhzeugen mit verschiedenen Antriebsenergien unter besonderer Berücksichtigung der Brennstoffzelle. IFEU, Heidelberg.

Pehnt, M. (2001). Life-cycle assessment of fuel cell stacks. *Int. J. Hydrogen Energy* **26**, 91-101.

Pehnt, M. (2002). Ganzheitliche Bilanzierung von Brennstoffzellen in der Energie- und Verkehrstechnik. Dissertation, *Fortschrittsberichte* **6,** No. 476. VDI-Verlag Dusseldorf.

Pehnt, M. (2003). Life-cycle analysis of fuel cell system components. In "Handbook of Fuel Cells - Fundamentals, Technology and Applications, Vol. 4 (Vielstich, W., Gasteiger, H., Lamm, A., eds.), ch. 94. John Wiley & Sons, Chichester.

Penev, E., Kratzer, P., Scheffler, M. (1999). Effect of the cluster size in modelling the $H_2$ desorption and dissociative adsorption on Si(001). *J. Chem. Phys.* **110**, 3986-3994.

Perdew, J., Burke, K., Ernzerhof, M. (1996). Generalized gradient approximation made simple. *Phys. Rev. Lett.* **77**, 3865-3868. Erratum: **78**, 1396-1397.

Perdew, J., Kurth, S., Zupan, A., Blaha, P. (1999). Accurate density functional with correct formal properties: a step beyond the generalised gradient approximation. *Phys. Rev. Lett.* **82**, 2544-2547. Erratum: 5179.

Perednis, D., Gauckler, L. (2004). Solid oxide fuel cells with electrolytes prepared via spray pyrolysis. *Solid State Ionics* **166**, 229-239.

Perez, R., Hoff, T., Perez.M. (2010). Quantifying the cost of high photovoltaic penetration. Paper for American Solar Energy Society Annual Conference.

Perrette, L., Chelhaoui, S., Corgier, D. (2003). Safety evaluation of a PEMFC bus. In "Hydrogen Power – Theoretical and Engineering Solutions, Proc. Hypothesis V, Porto Conte 2003" (Marini, M., Spazzafumo, G., eds.), pp. 599-610. Servizi Grafici Editoriali, Padova.

Perrin, G. (1981). *Verkehr und Technik*, issue no. 9.

Peters, J., Lanzilotta, W., Lemon, B., Seefeldt, L. (1998). X-ray crystal structure of the Fe-only hydrogenase (Cpl) from *Clostridium pasteurianum* to 1.8 Ångström resolution. *Science* **282**, 1853-1858.

PFC Energy (2004). Global crude oil and natural gas liquids supply forecast. Presentation at Center for Strategic & Int. Studies (CSIS), Washington DC, http://www.csis.org/energy/040908_presentation.pdf

Pigford, T. (1991). In Transmutation as a waste management tool, pp. 97-99. Unpublished Conf. Proc.

Pinto, F., Troshina, O., Lindblad, P. (2002). A brief look at three decades of research on cyanobacterial hydrogen evolution. *Int. J. Hydrogen Energy* **27**, 1209-1215.

Pohl, H., Malychev, V. (1997). Hydrogen in future civil aviation. *Int. J. Hydrogen Energy* **22**, 1061-1069.

Polle, J., Kanakagiri, S., Jin, E., Masuda, T., Melis, A. (2002). Truncated chlorophyll antenna size of the photosystems – a practical method to improve microalgal productivity and hydrogen production in mass culture. *Int. J. Hydrogen Energy* **27**, 1257-1264.

Pooley, D. (chairman) (1997). Opinion of the scientific and technical committee on a nuclear energy amplifier. European Commission, Nuclear Science and Technology Report EUR 17616 EN 1996; UKAEA Government Division, Harwell, UK, assessed 1997 at http://itumagill.fzk.de/ADS/pooley.html.

Pöpperling, R., Schwenk, W., Venkateswarlu, J. (1982). Abschätzung der Korrosionsgefärdung von Behältern und Rohrleitungen aus Stahl für Speicherung von Wasserstoff und wasserstofhältigen Gasen unter hohen Drücken. VDI Zeitschriften Reihe 5, No. 62.

Pregger, T., Graf, D., Krewitt, W., Sattler, C., Roeb, M., Möller, S. (2009). Prospects of solar thermal hydrogen production processes. *Int. J. Hydrogen Energy* **34**, 4256-4267.

Presting, H., Konle, J., Starkov, V., Vyatkin, A., König, U. (2004). Porous silicon for micro-sized fuel cell reformer units. *Materials Sci. Eng.* **B108**, 162-165.

Profio, P. di, Arca, S., Rossi, F., Filipponi, M. (2009). Comparison of hydrogen hydrates with existing hydrogen storage technologies: Energetic and economic evaluations. *Int. J. Hydrogen Energy* **34**, 9173-9180.

Proton Energy Systems (2003). Unigen. Website http://www.protonenergy.com.

Qi, Z., Kaufman, A. (2003). Low Pt loading high performance cathodes for PEM fuel cells. *J. Power Sources* **113**, 37-43.

Qian, D., Nakamura, C., Wenk, S., Wakayama, T., Zorin, N., Miyake, J. (2003). Electrochemical hydrogen evolution by use of a glass carbon electrode sandwiched with clay, poly(butylviologen) and hydrogenase. *Materials Lett.* **57**, 1130-1134.

Qing, H., Chengzhong, Y. (2001). Application of liquid hydrogen in hypersonic aeroengine. In "Hydrogen Energy Progress XIII, Proc. $13^{th}$ World Energy Conf., Beijing 2000" (Mao, Z., Veziroglu, T., eds.), pp. 670-676. Int. Assoc. Hydrogen Energy, Beijing.

Radecka, M. (2004). $TiO_2$ for photoelectrolytic decomposition of water. *Thin Solid Films* **451/2**, 98-104.

Rasmussen, N. (1975). Project leader, Reactor Safety Study. Report WASH-1400 NUREG 75/014. US Nuclear Regulatory Commission, Washington, DC.

Rasten, E., Hagen, G., Tunold, R. (2003). Electrocatalysis in water electrolysis with solid polymer electrolyte. *Electronica Acta* **48**, 3945-3952.

Reed, T. (ed.) (1981). "Biomass gasification". Noyes Data Corp., Park Ridge, NJ.

Ren, H., Gao, W. (2010). Economic and environmental evaluation of micro CHP systems with different operating modes for residential buildings in Japan. *Energy and Buildings* **42**, 853-861.

Reuter, K., Frenkel, D., Scheffler, M. (2004). The steady state of heterogeneous catalysis, studied by first-principle statistical mechanics. *Phys. Rev. Lett.* **93**, 116105.

RIT (1997). Accelerator driven systems. 3 pp., Royal Institute of Technology, Stockholm, Website http://www.neutron.kth.se/introduction/.

Robinson, J. (ed.) (1980). "Fuels from Biomass". Noyes Data Corp., Park Ridge, NJ.

Roddy, D. (2004). Making a viable fuel cell industry happen in the Tees Valley. *Fuel Cells Bulletin* Jan. 10-12.

Rodríguez, C., Riso, M., Yob, J., Ottogalli, R., Cruz, R., Aisa, S., Jeandrevin, G., Leiva, E. (2010). Analysis of the potential for hydrogen production in the province of Córdoba, Argentina, from wind resources. *Int. J. Hydrogen Energy* **35**, 5952-5956.

Roh, H., Jun, K., Dong, W., Chang, J., Park, S., Joe, Y. (2002). Highly active and stable Ni/Ce-$ZrO_2$ catalyst for $H_2$ production from methane. *J. Molec. Catalysis A: Chemical* **181**, 137-142.

Roos, M., Batawi, E., Harnisch, U., Hocker, T. (2003). Efficient simulation of fuel cell stacks with the volume averaging method. *J. Power Sources* **118**, 86-95.

Rosa, M. de la, Navarro, J., Díaz-Quintana, A., Cerda, B. de la, Molina-Heredia, F., Balme, A., Murdoch, P., Díaz-Moreno, I., Durán, R., Hervás, M. (2002). An evolutionary analysis of the reaction mechanisms of photosystem I reduction by cytochrome $c_6$ and plastocyanin. *Bioelectrochemistry* **55**, 41-45.

Rosenberg, E., Fidje, A., Espegren, K., Stiller, C., Svensson, A., Møller-Holst, S. (2010). Market penetration analysis of hydrogen vehicles in Norwegian passenger transport towards 2050. *Int. J. Hydrogen Energy* **35**, 7267-7279.

Rosi, N., Eckert, J., Eddaoudi, M., Vodak, D., Kim, J., O'Keeffe, M., Yaghi, O. (2003). Hydrogen storage in microporous metal-organic frameworks. *Science* **300**, 1127-1129.

Rostrup-Nielsen, J. (2000). New aspects of syngas production and use. *Catalysis Today* **63**, 159-164.

Rostrup-Nielsen, J., Aasberg-Petersen, K. (2003). Steam reforming, ATR, partial oxidation: catalysts and reaction engineering. In "Handbook of Fuel Cells" (Vielstich, W., Lamm, A., Gasteiger, H., eds.), Ch. 14. Wiley, Chichester.

Rouss, V., Candusso, D., Charon, W. (2008). Mechanical behaviour of a fuel cell stack under vibrating conditions linked to aircraft applications part II: Three-dimensional modelling. *Int. J. Hydrogen Energy* **33**, 6281-6288.

Royle, M., Willoughby, D. (2011). Consequences of catastrophic releases of ignited and unignited hydrogen jet releases. *Int. J. Hydrogen Energy* **36**, 2688-2692.

Rubbia, C. (1994). The energy amplifier, In "Proc. 8$^{th}$ Journées Saturne, Saclay", pp. 115-123. http://db.nea.fr/html/trw/docs/saturne8/ (last accessed 1999).

Rubbia, C., Rubio, J., Buono, S., Carminati, F., Fiétier, N., Galvez, J., Gelès, J., Kadi, Y., Klapisch, R., Mandrillon, P., Revol, J., Roche, C. (1995). Conceptual design of a fast neutron operated high power energy amplifier. European Organization for Nuclear Research, preprint collection CERN/AT-95-44.

Rubbia, C., Rubio, J. (1996). A tentative programme towards a full scale energy amplifier. European Organization for Nuclear Research, preprint CERN/LHC/96-11(ET). 36 pp. Website http://sundarssrv2.cern.ch/search.html

Runge, E., Gross, E. (1984). Density-functional theory for time-dependent systems. *Phys. Rev. Lett.* **52**, 997-1000.

Ryu, J., Park, Y., Sunwoo, M. (2010). Electric powertrain modeling of a fuel cell hybrid electric vehicle and development of a power distribution algorithm based on driving mode recognition. *J. Power Sources* **195**, 5735-5748.

Saiki, Y., Amao, Y. (2003). Bio-mimetic hydrogen production from polysaccharide using the visible light sensitation of zinc porphyrin. *Biotechnology Bioeng.*, **82**, 710-714.

Saito, M., Takeuchi, M., Watanabe, T., Toyir, J., Luo, S., Wu, J. (1997). Methanol synthesis from $CO_2$ and $H_2$ over a Cu/ZnO-based multicomponent catalyst, *Energy Conversion Management* **38**, S403-S408.

Sandrock, G., Thomas, G. (2001). Database administrators for an online hydride database of the International Energy Agency and the US Department of Energy at http://hydpark.ca.sandia.gov.

Satija, R., Jacobsen, D., Arif, M., Werner, S. (2004). In situ neutron imaging techniques for evaluation of water management systems in operating PEM fuel cells. *J. Power Sources* **129**, 238-245.

Sattler, G. (2000). Fuel cells going on-board. *J. Power Sources* **86**, 61-67.

Satyapal, S., Petrovic, J., Read, C., Thomas, G., Ordaz, G. (2007). The U.S. Department of Energy's National Hydrogen Storage Project: Progress towards meeting hydrogen-powered vehicle requirements. *Catalysis Today* **120**, 246-256.

Sauk, J., Byun, J., Kim, H. (2004). Grafting of styrene to Nafion membranes using supercritical $CO_2$ impregnation for direct methanol fule cells. *J. Power Sources* **132**, 59-63.

Schaefer, A., Horn, H., Ahlrichs, R. (1992). Fully optimized contracted Gaussian basis sets for atoms Li to Kr. *J. Chem. Phys.* **97**, 339.

Schaefer, A., Huber, C., Ahlrichs, R. (1994). *J. Chem. Phys.* **100**, 5829.

Schaeffer, G., Alsema, E., Seebregts, A., Buerskens, L., Moor, H. de, Durstewitz, M., Perrin, M., Boulanger, P., Laukamp, H., Zuccarro, C. (2004). Synthesis report Photex-project ECN Report, Petten.

Scharff, M. (1969). "Elementary quantum mechanics". John Wiley & Sons, London.

Schlamadinger, B., Marland, G. (1996). Full fuel cycle carbon balances of bioenergy and forestry options. *Energy Conversion Management* **37**, 813-818.

Schlapbach, L., Züttel, A. (2001). Hydrogen-storage materials for mobile applications. *Nature* **414** 353-358.

Schlesinger, H., Brown, H. (1940). Metallo borohydrides, III: Lithium borohydride. *J. Am. Chem. Soc.* **62**, 3429-3435.

Schober, T. (2001). Tubular high-termperature proton conductors: transport numbers and hydrogen injection. *Solid State Ionics* **139**, 95-104.

Schultz, M., Diehl, T., Brasseur, G., Zittel, W. (2003). Air pollution and climate-forcing impacts of a global hydrogen economy. *Science* **302**, 624-527.

Schültz, M., Werner, H-J., Lindh, R., Manby, F. (2004). Analytical energy gradients for local second-order Møller-Plesset perturbation theory using density fitting approximations. *J. Chem. Phys.* **121**, 737-750.

Schulze, M., Knöri, T., Schneider, A., Gülzow, E. (2004). Degradation of sealings for PEFC test cells during fuel cell operation. *J. Power Sources* **127**, 222-229.

Schuster, M., Meyer, W., Schuster, M., Kreuer, K. (2004). Towards a new type of anhydrous organic proton conductor based on immobilized imidazole. *Chem. Meterials* **16**, 329-337.

Scrosati, B. (1995). Challenge of portable power. *Nature* **373**, 557-558.

Seidenberger, K., Wilhelm, F., Schmitt, T., Lehnert, W., Scholta, J. (2011). Estimation of water distribution and degradation mechanisms in polymer electrolyte membrane fuel cell gas diffusion layers using a 3D Monte Carlo model. *J. Power Sources* **196**, 5317-5324.

Semelsberger, T., Brown, L., Borup, R., Inbody, M. (2004). Equilibrium products from autothermal processes for generating hydrogen-rich fuel-cell feeds. *Int. J. Hydrogen Energy* **29**, 1047-1064.

Serincan, M., Pasaogullari, U., Molter, T. (2010). Modeling the cation transport in an operating polymer electrolyte fuel cell (PEFC). *Int. J. Hydrogen Energy* **35**, 5539-5551.

Shaffer, C., Wang, C-Y. (2010). High concentration methanol fuel cells: Design and theory. *J. Power Sources* **195**, 4185-4195.

Shah, A., Luo, K., Ralph, T., Walsh, F. (2011). Recent trends and developments in polymer electrolyte membrane fuel cell modelling. *Electrochimica Acta* **56**, 3731-3757.

Shamardina, O., Chertovich, A., Kulikovsky, A., Khokhlov, A. (2010). A simple model of a high temperature PEM fuel cell. *Int. J. Hydrogen Energy* **35**, 9954-9962.

Shang, C., Bououdina, M., Song, Y., Guo, Z. (2004). Mechanical alloying and electronic simulations of ($MgH_2$ + M) systems (M = Al, Ti, Fe, Ni, Cu and Nb) for hydrogen storage. *Int. J. Hydrogen Energy* **29**, 73-80.

Shayegan, S., Hart, D., Pearson, P., Bauen, A., Joffe, D. (2004). Hydrogen infrastructure costs: what are the important variables? In "Hydrogen Power – Theoretical and Engineering Solutions, Proc. Hypothesis V, Porto Conte 2003" (Marini, M., Spazzafumo, G., eds.), pp. 499-508. Servizi Grafici Editoriali, Padova.

Shen, P., Shi, Q., Hua, Z., Kong, F., Wang, Z., Zhuang, S., Chen, D. (2003). Analysis of microsystins in cyanobacteria blooms and surface water samples from Meilang Bay, Taihu Lake, China. *Environment Int.* **29**, 641-647.

Shi, J., Xue, X. (2010). CFD analysis of a novel symmetrical planar SOFC design with micro-flow channels. *Chemical Engineering J.* **163**, 119-125.

Shimizu, K., Fukagawa, M., Sakanishi, A. (2004). Development of PEM water electrolysis type hydrogen production system. In "15th World Hydrogen Energy Conference, Yokohama 2004". Hydrogen Energy Systems Soc. of Japan (CDROM).

Shoiji, M., Houki, Y., Ishiyama, T. (2001). Feasibility of the high-speed hydrogen engine. In "Hydrogen Energy Progress XIII, Proc. 13th World Energy Conf., Beijing 2000" (Mao, Z., Veziroglu, T., eds.), pp. 641-647. Int. Assoc. Hydrogen Energy, Beijing.

Shore, L., Farrauto, R. (2003). PROX catalysts. In "Handbook of Fuel Cells" (Vielstich, W., Lamm, A., Gasteiger, H., eds.), Ch. 18. Wiley, Chichester.

Siddique, N., Liu, F. (2010). Process based reconstruction and simulation of a three-dimensional fuel cell catalyst layer. *Electrochimica Acta* **55**, 5357-5366.

Siegel, N., Ellis, M., Nelson, D., Spakovsky, M. von (2003). Single domain PEMFC model based on agglomerate catalyst geometry. *J. Power Sources* **115**, 81-89.

Sierra, J., Moreira, J., Sebastian, P. (2011). Numerical analysis of the effect of different gas feeding modes in a proton exchange membrane fuel cell with serpentine flow-field. *J. Power Sources* **196**, 5070-5076.

SiGNa (2011). Fuel cells using hydrogen produced from sodium silicide; bicycle use; myFC PowerTrekk charger. http://www.signachem.com

Simbeck, D., Chang, E. (2002). Hydrogen supply: cost estimate for hydrogen pathways – scoping analysis. National Renewable Energy Lab., Report NREL/SR-540-32525, Golden, CO.

Simon, G. de, Parodi, F., Fermeglia, M., Taccani, R. (2003). Simulation of process for electrical energy production based on molten carbonate fuel cells. *J. Power Sources* **115**, 210-218.

Sistiaga, M., Pierna, A. (2003). Application of amorphous materials for fuel cells. *J. Non-Crystalline Solids* **329**, 184-187.

Sivertsen, B., Djilali, N. (2005). CFD-based modelling of proton exchange membrane fuel cells. *J. Power Sources* **141**, 65-78.

Slater, J. (1928). The self consistent field and the structure of atoms, *Phys. Rev.* **32**, 339-348.

Slater, J. (1951). *Phys. Rev.* **81**, 385.

Sljivancanin, Z., Hammer, B. (2002). Oxygen dissociation at close-packed Pt terraces, Pt steps, and Ag-covered Pt steps studied with density functional theory. *Surface Sci.* **515**, 235-244.

Sluiter, M., Belosludov, R., Jain, A., Belosludov, R., Adachi, H., Kawazoe, Y., Higuchi, K., Otani, T. (2003). *Ab initio* study of hydrogen hydrate clathrates for hydrogen storage within the ITBL environment. In "Proc. ISHPC Conference 2003" (Veidenbaum, A. *et al.*, eds.) , pp. 330-341. Springer-Verlag, Berlin.

SMAB (1978). "Metanol sam drivmedel," Annual Report, Svensk Metanol-utveckling AB, Stockholm.

Smith, B. (2002). Nitrogenase reveals its inner secrets. *Science* **297**, 1654-1655.

Sobrino, F., Monroy, C., Pérez, J. (2010). Critical analysis on hydrogen as an alternative to fossil fuels and biofuels for vehicles in Europe. *Renewable and Sustainable Energy Revs.* **14**, 772-780.

Sørensen, B. (1975). Energy and resources. *Science* **189**, 255-260, and in "Energy: Use, Conservation and Supply" (Abelson, P., and Hammond, A., eds.), Vol. II, pp. 23-28. Am. Ass. Advancement of Science, Washington, DC (1978).

Sørensen, B. (1979a). "Renewable Energy". Academic Press, London.

Sørensen, B. (1979b). Nuclear power: the answer that became a question. An assessment of accident risks. *Ambio* **8**, 10-17.

Sørensen, B. (1981). A combined wind and hydro power system. *Energy Policy*, March, pp. 51–55.

Sørensen, B. (1982). Comparative risk assessment of total energy systems. In "Health Impacts of Different Sources of Energy", pp. 455-471. Report IAEA-SM-254/105, Int. Atomic Energy Agerncy, Vienna.

Sørensen, B. (1983). Stationary applications of fuel cells. In "Solid State Protonic Conductors II – for Fuel Cells and Sensors", pp. 97-108 (Goodenough, J., Jensen, J., Kleitz, M., eds.), Odense University Press, Odense.

Sørensen, B. (1984). Energy storage. *Ann. Rev. Energy* **9**, 1-29.

Sørensen, B. (1987). Chernobyl accident: assessing the data. *Nuclear Safety* **28**, 443-447.

Sørensen, B. (1991). Energy conservation and efficiency measures in other countries. *Greenhouse Studies* No. 8. Commonwealth of Australia, Dept. Arts, Sport, Environment, Tourism and Territories, Canberra.

Sørensen, B. (1993). What is life-cycle analysis? In "Life-cycle Analysis of Energy Systems", pp. 21-53. Workshop Proceedings, OECD Publications, Paris.

Sørensen, B. (1995). History of, and recent progress in, wind–energy utilization. *Ann. Rev. Energy & Environment* **20**, 387–424.

Sørensen, B. (1996a). Life-cycle approach to assessing environmental and social externality costs. In "Comparing Energy Technologies", Ch. 5, pp. 297-331. International Energy Agency, IEA/OECD, Paris.

Sørensen, B. (1996b). Scenarios for greenhouse warming mitigation. *Energy Conversion & Management* **37**, 693-698.

Sørensen, B. (1996c). Does wind energy utilization have regional or global climate impacts? "Proc. 1996 European Union Wind Energy Conference", pp. 191-194. H. Stephens & Ass., Bedford UK.

Sørensen, B. (1997a). Impacts of energy use. In "Human Ecology, Human Economy" (Diesendorf and Hamilton, eds.), pp. 243-266. Allen and Unwin, New South Wales.

Sørensen, B. (1997b). Externality estimation of greenhouse warming impacts, *Energy Conversion Management* **38**, S643–S648.

Sørensen, B. (1998). Brint (Strategy note from Danish Hydrogen Committee). Danish Energy Agency, Copenhagen.

Sørensen, B. (1999). Long-term scenarios for global energy demand and supply: four global greenhouse mitigation scenarios. Final Report from a project performed for the Danish Energy Agency, IMFUFA Texts 359, Roskilde University, pp. 1-166.

Sørensen, B. (2000). Role of hydrogen and fuel cells in renewable energy systems. In "Renewable Energy: the Energy for the 21st Century", Proc. World Renewable Energy Conference VI, Reading, Vol. 3, pp. 1469-1474. Pergamon, Amsterdam.

Sørensen, B. (2002a). Handling fluctuating renewable energy production by hydrogen scenarios. In "14th World Hydrogen Energy Conference", Montreal, 2002. File B101c, 9 pp. CD published by CogniScience Publ. for l'Association Canadienne de l'Hydrogène, revised CD issued 2003.

Sørensen, B. (2002b). Understanding photoelectrochemical solar cells. In "PV in Europe, from PV Technology to Energy Solutions", Roma Int. Conf. (Bal, J., *et al.*, eds.), pp. 3-8. WIP Munich and ETA Florence.

Sørensen, B. (2003a). Scenarios for future use of hydrogen and fuel cells. In "Hydrogen and Fuel Cells Conference. Towards a Greener World", Vancouver June, CDROM, 12 pp. Published by Canadian Hydrogen Association and Fuel Cells Canada, Vancouver.

Sørensen, B. (2003b). Time-simulations of renewable energy plus hydrogen systems. In "Hydrogen Power – Theoretical and Engineering Solutions. Proc. Hypothesis V, Porto Conte 2003" (Marini, M., Spazzafumo, G., eds.), pp. 35-42. Servizi Grafici Editoriali, Padova.

Sørensen, B. (2003c). Hydrogen scenarios using fossil, nuclear or renewable energy. In "Proc. 1st European Hydrogen Energy Conference, Grenoble 2003", paper CO5/78, CDROM, 14 pp. Published by Association Francaise de l'Hydrogène, Paris.

Sørensen, B. (2004a). "Renewable Energy". 3rd ed. Elsevier Academic Press, Burlington. MA. Previous editions 1979; 2000, new edition 2010.

Sørensen, B. (2004b). Total life-cycle analysis of PEM fuel cell car. In "Proc. 15th World Hydrogen Energy Conf., Yokohama". 29G-09, CD Rom, Hydrogen Energy Soc. Japan.

Sørensen, B. (2004c). Quantum chemical exploration of PEM fuel cell processes. In "Proc. 15th World Hydrogen Energy Conf., Yokohama". 28K-02, CD Rom, Hydrogen Energy Soc. Japan.

Sørensen, B. (2004d). Readiness of hydrogen technologies. Hydrogen and fuel cell futures conference, Perth, CDROM by Western Australia Govt. Dept. Planning & Infrastructure.

Sørensen, B. (2004e). The last oil? A strategy for development of hydrogen technologies in Denmark, a report commissioned by the Danish Energy Agency. Both available at http://energy.ruc.dk

Sørensen, B. (2005a). Understanding fuel cells on a quantum physics level. In "Proc. World Hydrogen Technology Conference, Singapore", paper A16-229 on CDROM, IESE, Nanyang University.

Sørensen, B. (2005b). Quantum chemical exploration of hydrogen energy storage in metal hydrides. In "Proc 2nd European Hydrogen Energy Conf., Zaragoza", pp. 112-113, also on CDROM, Idea Madrid.

Sørensen, B. (2005c). On the road performance simulation and appraisal of hydrogen vehicles (1). In "Proc. World Hydrogen Technology Conference, Singapore", paper A16-230 on CDROM, IESE, Nanyang University.

Sørensen, B. (2005d). On the road performance simulation and appraisal of hydrogen vehicles (2). In "Proc. 2nd European Hydrogen Energy Conference, Zaragoza", on CDROM, European Hydrogen Association.

Sørensen, B. (2006a). Appraisal of bio-hydrogen production schemes. In "Proc 16th World Hydrogen Energy Conf., Lyon", Paper S07-109, IHEA CDROM #109, Sevanova, France.

Sørensen, B. (2006b). Comparison between hydrogen fuel cell vehicles and bio-diesel vehicles. In "Proc 16th World Hydrogen Energy Conf., Lyon", Paper S24-111, IHEA CDROM #111, Sevanova, France.

Sørensen, B. (2006c). Description of hydrogen storage in hydrides and related compounds by quantum chemical calculations. In "Proc 16th World Hydrogen Energy Conf., Lyon", Paper S14-110, IHEA CDROM #110, Sevanova, France.

Sørensen, B. (2007a). Biological hydrogen production. Final Report to *Nordic Energy Research* (Oslo) from project "Bioenergy, 2004-2007". ENCPAC, Roskilde University.

Sørensen, B. (2007b). On the road performance simulation of hydrogen and hybrid cars. *Int. J. of Hydrogen Energy* **32**, 683-686.

Sørensen, B. (2007c). Assessing current vehicle performance and simulating the performance of hydrogen and hybrid cars. *Int. J. of Hydrogen Energy* **32**, 1597-1604.

Sørensen, B. (2007d). Geological hydrogen storage. In "Proc. World Hydrogen Technology Conf., Montecatini", on CDROM, It-Forum.

Sørensen, B. (2007e). Quantum mechanical description of catalytical processes at the electrodes of low-temperature hydrogen-oxygen fuel cells. In "Proc. Hypothesis VII International Conf., Merida, Mexico", CDROM, ISBN 9686114211.

Sørensen, B. (2008a). A renewable energy and hydrogen scenario for northern Europe. *Int. J. of Energy Research,* **32**, 471-500 (published online 2007).

Sørensen, B. (2008b). A sustainable energy future: Construction of demand and renewable energy supply scenarios. *Int. J. Energy Research* **32**, 436-470 (published online 2007).

Sørensen, B. (2008c). A new method for estimating off-shore wind potentials. *Int. J.*

*Green Energy* **5**, 139-147.

Sørensen, B. (2009). Scenarios for the roles of hydrogen in a future energy system based on renewable energy. *Int. J. Nuclear Hydrogen Production and Application*, **1** (4), 287-294.

Sørensen, B. (2010a). *Renewable Energy. Physics, engineering, environmental impacts, economics & planning*. 4th Edition, Academic Press-Elsevier, Burlington.

Sørensen, B. (2010b). On the road performance simulation of battery, hydrogen and hybrid cars. Ch. 10 in *Electric and Hybrid Vehicles* (G. Pistoia, ed.), 247-273. Elsevier, Amsterdam.

Sørensen, B. (2011a). *Life-cycle Analysis of Energy Systems. From Methodology to Applications*. RSC Publishing, Cambridge.

Sørensen, B. (2011b). *A history of energy. Northern Europe from Stone Age to the Present Day*. Earthscan-Taylor & Francis, London and Cambridge.

Sørensen, B. (2011c). Mapping potential renewable energy resources in the Mediterranean region. Ch. 3 in *Recent developments in energy and environmental research* (E. Maleviti, ed.), 23-36. ATINER SA, Athens, ISBN 978-960-85411-2-2.

Sørensen, B., Meibom, P., Nielsen, L., Karlsson, K., Pedersen, A., Lindboe, H., Bregnebæk, L. (2008). Comparative assessment of hydrogen storage and international electricity trade for a Danish energy system with wind power and hydrogen/fuel cell technologies. Final Report for Danish Energy Authority Project EFP05 033001/033001-0021. EECG Research Paper No. 1/08, available at Roskilde University website http://rudar.ruc.dk/handle/1800/2431

Sørensen, B., Petersen, A., Juhl, C., Ravn, H., Søndergren, C., Simonsen, P., Jørgensen, K., Nielsen, L., Larsen, H., Morthorst, P., Schleisner, L., Sørensen, F., Petersen, T. (2001). Project report to Danish Energy Agency (in Danish): Scenarier for samlet udnyttelse af brint som energibærer i Danmarks fremtidige energisystem, *IMFUFA Texts* No. 390, 226 pp., Roskilde University; report download at http://rudar.ruc.dk/handle/1800/3500, file IMFUFA_390.pdf

Sørensen, B., Petersen, A., Juhl, C., Ravn, H., Søndergren, C., Simonsen, P., Jørgensen, K., Nielsen, L., Larsen, H., Morthorst, P., Schleisner, L., Sørensen, F., Petersen, T. (2004). Hydrogen as an energy carrier: scenarios for future use of hydrogen in the Danish energy system. *Int. J. Hydrogen Energy* **29**, 23-32 (summary of Sørensen *et al*., 2001).

Sørensen, B., Sørensen, F. (2000). A hydrogen future for Denmark. In "Hydrogen Energy Progress XIII, Proc. 13th World Energy Conf., Beijing 2000" (Mao, Z., Veziroglu, T., eds.), pp. 35-40. Int. Assoc. Hydrogen Energy, Beijing.

Spakovsky, M., Olsommer, B. (2002). Fuel cell systems and system modeling and analysis perspectives for fuel cell development. *Energy Conversion Management* **43**, 1249-1257.

Spath, P., Mann, M. (2001). Life cycle assesment of hydrogen production via natural gas steam reforming. Revised USDoE contract report NREL/TP-570-27637, National Renewable Energy Lab., Golden, CO.

Spielmann, M., Haan, P. d., Scholz, R. (2008). Environmental rebound effects of high-speed transport technologies: a case study of climate change rebound effects of a future underground maglev train system. *J. Cleaner Production* **16**, 1388-1398.

Spohr, E. (1999). Molecular simulation of the electrochemical double layer. *Electrochimica Acta* **44**, 1697-1705.

Sprague, I., Dutta, P. (2011). Role of the diffuse layer in acidic and alkaline fuel cells.

*Electrochimica Acta*, doi:10.1016/j.electacta.2011.02.060.

Springer, T., Zawodzinski, T., Gottesfeld, S. (1991). Polymer electrolyte fuel cell model. *J. Electrochem. Soc.* **138**, 2334-2342.

Staroverov, V., Scuseria, G., Tao, J., Perdew, J. (2004). Tests of a ladder of density functionals for bulk solids and surfaces. *Phys. Rev. B* **69**, 075102.

Starz, K., Auer, E., Lehmann, T., Zuber, R. (1999). Characteristics of platinum-based electrocatalysts for mobile PEMFC applications. *J. Power Sources* **84**, 167-172.

Steele, B., Heinzel, A. (2002). Materials for fuel-cell technologies. *Nature* **414**, 345-352.

Steinberg, M., Takahashi, H., Ludewig, H., Powell, J. (1977). Linear accelerator fission product transmuter, Paper for American Nuclear Society meeting, New York, 17 pp.

Stipe, B., Rezaei, M., Ho, W., Gao, S., Persson, M., Lundqvist, B. (1997). Single-molecule dissociation by tunneling electrons. *Phys. Rev. Lett.* **78**, 4410-4413.

Stockie, J. (2003). Modeling hydrophobicity in a porous fuel cell electrode. Paper for "Computational Fuel Cell Dynamics II", Banff Int. Res. Center, USA.

Stockie, J., Promislow, K., Wetton, B. (2003). A finite volume method for multicomponent gas transport in a porous fuel cell electrode. *Int. J. Numerical Methods Fluids* **41**, 577-599.

Strazza, C., Borghi, A. d., Costamagna, P., Traverso, A., Santin, M. (2010). Comparative LCA of methanol-fuelled SOFCs as auxiliary power systems on-board ships. *Applied Energy* **87**, 1670-1678.

Stroebel, D., Choquet, Y., Popot, J., Picot, D. (2003). An atypical haem in the cytochrome $b_6f$ complex. *Nature* **426**, 413-418.

Sudan, P., Wenger, P., Mauron, P., Gremaud, R., Züttel, A. (2004). Reversible properties of $LiBH_4$. In "Hydrogen Power – Theoretical and Engineering Solutions, Proc. Hypothesis V, Porto Conte 2003" (Marini, M., Spazzafumo, G., eds.), pp. 433-440. Servizi Grafici Editoriali, Padova.

Sullivan, M., Waterbury, J., Chisholm, S. (2003). Cyanophages infecting the oceanic cyanobacterium *Prochlorococcus*. *Nature*, **242**, 1047-1052.

Summers, W., Gorensek, M., Danko, E., Schultz, K., Richards, M., Brown, L. (2004) Analysis of Economic and Infrastructure Issues Associated with Hydrogen Production from Nuclear Energy. In Proc. 15$^{th}$ World Hydrogen Energy Conf., Yokohama. CD Rom, Hydrogen Energy Soc. Japan.

Sun, Y., Ogden, J., Delucchi, M. (2010). Societal lifetime cost of hydrogen fuel cell vehicles. *Int. J. Hydrogen Energy* **35**, 11932-11946.

Superfoss (1981). En dansk industri. Danmarks Radio Skole-TV, Glostrup.

Suppes, G., Lopes, S., Chiu, C. (2004). Plug-in fuel cell hybrids as transition technology to hydrogen infrastructure. *Int. J. Hydrogen Energy* **29**, 369-374.

Svensson, F., Hasselrot, A., Moldanova, J. (2004). Reduced environmental impact by lowered cruise altitude for liquid hydrogen-fuelled aircraft. *Aerospace Sci. Tech.* **8**, 307-320.

Sveshnikov, D., Sveshnikova, N., Rao, K., Hall, D. (1997). Hydrogen metabolism of mutant forms of *Anabaena variabilis* in continuous cultures and under nutritional stress. *FEBS Lett.* **147**, 297-301.

Syed, F., Fowler, M., Wan, D., Maniyali, Y. (2010). An energy demand model for a fleet of plug-in fuel cell vehicles and commercial building interfaced with a clean energy hub. *Int. J. Hydrogen Energy* **35**, 5154-5163.

Szczygiel, J., Szyja, B. (2004). Diffusion of hydrocarbons in the reforming catalyst:

molecular modelling. *J. Molecular Graphics Modelling* **22**, 231-239.
Takahashi, K. (1998). Development of fuel cell electric vehicles. Paper presented at "Fuel Cell Technology Conference, London, September", IQPC Ltd., London.
Takeuchi, K., Fujioka, Y., Kawasaki, Y., Shirayama, Y. (1997). Impacts of high concentrations of $CO_2$ on marine organisms: a modification of $CO_2$ ocean sequestration, *Energy Conversion Management* **38**, S337-S341.
Takimoto, M. (2004). Development of fuel cell hybrid vehicles in Toyota. In Proc. 15$^{th}$ World Hydrogen Energy Conf., Yokohama. 01PL-08, CD Rom, Hydrogen Energy Soc. Japan.
Tamagnini, P., Axelsson, R., Lindberg, P., Oxelfelt, F., Wünchiers, R., Lindblad, P. (2002). Hydrogenases and hydrogen metabolism of cyanobacteria. *Microbiol. Mol. Biol. Rev.* **66**, 1-20.
Tang, Y., Yuan, W., Pan, M., Wan, Z. (2011). Experimental investigation on the dynamic performance of a hybrid PEM fuel cell/battery system for lightweight electric vehicle application. *Applied Energy* **88**, 68-76.
Tanimoto, K., Kojima, T., Yanagida, M., Nomura, K., Miyazaki, Y. (2004). Optimization of the electrolyte composition in a $(Li_{0.52}Na_{0.48})_{2-2x}AE_xCO_3$ (AE = Ca and Ba) molten carbonate fuel cell. *J. Power Souirces* **131**, 256-260.
Tao, S., Notten, P., Santen, A. van, Jansen, A. (2011). DFT studies of hydrogen storage properties of $Mg_{0.75}Ti_{0.25}$. *J. Alloys & Compounds* **509**, 210-216.
Tatsumi, K., Tanaka, I., Inui, H., Tanaka, K., Yamaguchi, M., Adachi, H. (2001). Atomic structures and energetics of $LaNi_5$-H solid solution and hydrides. *Phys. Rev.* **B64**, #184105 (10 pp).
Tayhas, G., Palmore, R. (2004). Bioelectric power generation. *Trends Biotechnology* **22**, 99-100.
Taylor, J., Alderson, J., Kalyanam, K., Lyle, A., Phillips, L. (1986). Technical and economic assessment of methods for the storage of large quantities of hydrogen. *Int. J. Hydrogen Energy* **11**, 5-22.
Tchouvelev, A., Howard, G., Agranat, V. (2004). Comparison of standards requirements with CFD simulations for determining sizes of hazardous locations in hydrogen energy station. In "Proc. 15$^{th}$ World Hydrogen Energy Conf., Yokohama". CD Rom, Hydrogen Energy Soc. Japan.
Thomas, C. (2009). Transportation options in a carbon-constrained world: Hybrids, plug-in hybrids, biofuels, fuel cell electric vehicles, and battery electric vehicles. *Int. J. Hydrogen Energy* **34**, 9279-9296.
Thomas, L. (1927). *Proc. Cambridge Phil. Soc.* **23**, 542.
Toevs, J., Bowman, C., Arthur, E., Heighway, E. (1994). Progress in accelerator driven trans-mutation technologies, In "Proc. 8$^{th}$ Journées Saturne, Saclay", pp. 22-28. Website: http://db.nea.fr/html/trw/docs/saturne8/ (accessed 1999).
Tokyo Gas Co. (2003). Press Release 16/10/03, Corporate Communications Dept.
Tokyo Gas Co. (2004). Completion of the plans by Tokyo Gas and the Railway Technical Res. Inst. for railway hydrogen station. http://www-tokyo-gas.co.jp
Tomonou, Y., Amao, Y. (2004). Effect of micellar species on photoinduced hydrogen production with Mg chlorophyll-*a* from *spirulina* and colloidal platimum. *Int. J. Hydrogen Energy* **29**, 159-162.
Toyota (1996). High-performance hydrogen–absorbing alloy. Website http://www.toyota.co.jp/e/november_96/electric_island/press.html.
Trebst, A. (1974). *Ann. Rev. Plant Physiol.* **25**, 423-447.

Tromp, T., Shia, R-L., Allen, M., Eiler, J., Young, Y. (2003). Potential environmental impact of a hydrogen economy on the stratosphere. *Science* **300**, 1740-1742.

Troshina, O., Serebryakova, L., Sheremetieva, M., Lindblad, P. (2002). Production of H2 by the unicellular cyanobacterium *Gloeocapsa alpicola* CALU 743 during fermentation. *Int. J. Hydrogen Energy* **27**, 1283-1289.

Tse, L., Wilkins, S., McGlashan, N., Urban, B., Martinez-Botas, R. (2011). Solid oxide fuel cell/gas turbine trigeneration system for marine applications. *J. Power Sources* **196**, 3149-3162.

Tsubomura, H., Matsumura, M., Nomura, Y., Amamiya, T. (1976). Dye sensitised zinc oxide: aqueous electrolyte: platinum photocell. *Nature* **261**, 402-403

Tsuchiya, H., Inui, M., Fukuda, K. (2004). Penetration of fuel cell vehicles and hydrogen infrastructure. In Proc. 15th World Hydrogen Energy Conf., Yokohama. 30A-01, CD Rom, Hydrogen Energy Soc. Japan.

Tsuchiya, H., Kobayashi, O. (2004). Mass production cost of PEM fuel cell by learning curve. *Int. J. Hydrogen Energy* **29**, 985-990.

Tsygankov, A., Fedorov, A., Kosourov, S., Rao, K. (2002a). Hydrogen production by cyanobacteria in an automated outdoor photobioreactor under aerobic conditions. *Biotechnology Bioeng.* **80**, 777-783.

Tsygankov, A., Kosourov, S., Seibert, M., Ghirardi, M. (2002b). Hydrogen photoproduction under continuous illumination by sulphus-deprived, synchronous *Chlamydomonas reinhardtii* cultures. *Int. J. Hydrogen Energy* **27**, 1239-1244.

Tu, H., Stimming, U. (2004). Advances, aging mechanisms and lifetime in solid-oxide fuel cells. *J. Power Sources* **127**, 284-293.

Tzeng, G-H., Lin, C-W., Opricovic, S. (2004). Multi-criteria analysis of alternative-fuel buses for public transportation. *Energy Policy* (in print).

Ueno, Y., Otauka, S., Morimoto, M. (1996). Hydrogen production from industrial wastewater by anaerobic microflora in chemostat culture. *J. Ferment. Bioeng.* **82**, 194-197.

Uherek, E., *et al.* (2010). Transport impacts on atmosphere and climate: Land transport. *Atmospheric Envir.* **44**, 3772-4816.

UK Treasury (2004). GDP deflators at market prices.In "Economic data & tools", http://www.hm-treasury.gov.uk/economic_data_and_tools/gdp_deflators.

UKDTI (2003). A fuel cell vision for the UK – the first steps. Taking the White Paper forward. UK Department of Trade and Industry, The Carbon Trust and EPSRC.

Ulleberg, Ø., Nakken, T., Eté, A. (2010). The wind/hydrogen demonstration system at Utsira in Norway: Evaluation of system performance using operational data and updated hydrogen energy system modeling tools. *Int. J. Hydrogen Energy* **35**, 1841-1852.

UltraCell (2011). Mobile power: brochures for XX25 and XX55 fuel cell systems. http://www.ultracellpower.com

Um, S., Wang, C. (2004). Three-dimensional analysis of transport and electrochemical reactions in polymer electrolyte fuel cells. *J. Power Sources* **125**, 40-51.

UN (1996). "Populations 1996, 2015, 2050". United Nations Population Division and UNDP: available at the website http://www.undp.org/popin/wdtrends/pop/fpop.htm.

UN (1997). "UN urban and rural population estimates and projections as revised in 1994". United Nations Population Division and UNDP, Washington. Website: http://www.undp.org/popin/wdtrends/urban.html.

USDoE (2002a). National hydrogen energy roadmap. Towards a more secure and cleaner energy future for America. United States Department of Energy, Washington, DC.

USDoE (2002b). A technology roadmap for Generation IV Nuclear Energy Systems. US Department of Energy NERAC/GIF report, Washington, DC, weblocation: http://gif.inel.gov/roadmap/pdfs/gen_iv_roadmap.pdf.

USDoE (2003). International Energy Annual 2001. Energy Information Administra-tion report DOE/EIA-0219(2001), US Department of Energy, Washington, DC.

USDoE (2004). Hydrogen posture plan. An integrated research, development and demonstration plan. United States Department of Energy, Washington, DC.

USDoE (2006). Hydrogen Program Record # 5036. At http://www.hydrogen. energy.gov

USDoE (2010a). Hydrogen Program Record # 10004. At http://www.hydrogen. energy.gov

USDoE (2010b). Program Record, Office of Vehicle Technologies & Fuel Cell Technologies # 10001. At http://www.hydrogen. energy.gov

USDoE/T (2006). Hydrogen Posture Plan. US Departments of Energy and Transportation, Washington DC.

Vaillant (2004). Zukunft Brennstoffzellen. http://www.valiant.de.

Vankelecom, I. (2002). Polymer membranes in catalytic reactors. *Chem. Rev.* **102**, 3779-3810.

Venetsanos, A., Huld, T., Adams, P., Bartzis, J. (2003). Source, dispersion and combustion modelling of an accidental release of hydrogen in an urban environment. *J. Hazardous Mat.* **A105**, 1-25.

Verhelst, S., Sierens, R. (2003). Simulation of hydrogen combustion in spark-ignition engines. In "La planète hydrogène", Proc. 14th World Hydrogen Conf., Montréal 2002, CDROM published by CogniScience Publ., Montréal.

Verhelst, S., Wallner, T. (2009). Hydrogen-fueled internal combustion engines. *Prog. Energy & Combustion Sci.* **35**, 490-527.

Verstraete, D., Hendrick, P., Pilidis, P., Ramsden, K. (2010). Hydrogen fuel tanks for subsonic transport aircraft. *Int. J. Hydrogen Energy* **35**, 11085-11098.

Veyo, S., Fukuda, S., Shockling, L., Lundberg, W. (2003). SOFC fuel cell systems. In "Handbook of Fuel Cells", Vol. 4 (Vielstich, W., Lamm, A., Gasteiger, H., eds.), Ch. 93. Wiley, Chichester.

Veziroglu, A., Macario, R. (2011). Fuel cell vehicles: State of the art with economic and environmental concerns. *Int. J. Hydrogen Energy* **36**, 25-43.

Volbeda, A., Charon, M., Piras, C., Hastchikian, E., Frey, M., Fonticilla-Camps, J. (1995). Crystal structure of the nickel-iron hydrogenase from *Desulfovibrio gigas*. *Nature* **373**, 580-585.

Vosko, S., Wilk, L., Nusair, M. (1980). Accurate spin-dependent electron liquid correlation energies for local spin density calculations: a critical analysis. *Canadian J. Phys.* **58**, 1200.

VW (2002). Environmental Report 2001/2002: Mobility and sustainability; Schweimer, G., Levin, M. (2001). Life cycle inventory for the Golf A4 (internal report), Volkswagen AG.

VW (2003). Lupo 3 litre TDI, Technical Data, Volkswagen AG, Wolfsburg.

Wagner, U., Geiger, B., Schaefer, H. (1998). Energy life cycle analysis of hydrogen systems. *Int. J. Hydrogen Energy* **23**, 1-6.

Wang, C-Y. (2003). Two-phase flow and transport. In "Handbook of Fuel Cells", Vol. 3 (Vielstich, W., Lamm, A., Gasteiger, H., eds.), Ch. 29. Wiley, Chichester.
Wang, J., Wan, W. (2009). Factors influencing fermentative hydrogen production: A review. *Int. J. Hydrogen Energy* **34**, 799-811.
Wang, L., Murta, K., Inaba, M. (2004). Development of novel highly active and sulphur-tolerant catalysts for steam reforming of liquid hydrocarbons to produce hydrogen. *Appl. Catalysis A: General* **257**, 443-47.
Wang, M. (2002). Fuel choices for fuel-cell vehicles: well-to-wheels energy and emission impacts. *J. Power Sources* **112**, 307-321.
Wang, X., Gorte, R. (2002). A study of steam reforming of hydrocarbon fuels on Pd/ceria. *Appl. Catalysis A: General* **224**, 209-218.
Wang, X., Ma, Y., Kashyout, A-H., Zhu, B., Muhammed, M. (2011). Ceria-based nanocomposite with simultaneous proton and oxygen ion conductivity for low-temperature solid oxide fuel cells. *J. Power Sources* **196**, 2754-2758.
Wang, Y., Balbuena, P. (2004). Roles of proton and electric field in the electroreduction of $O_2$ on Pt(111) surfaces: results of an ab-initio molecular dynamics study. *J. Chem. Phys.* **B108**, 4376-4384.
Wang. Y., Chen, K., Mishler, J., Cho, S., Adroher, X. (2011). A review of polymer electrolyte membrane fuel cells: Technology, applications, and needs on fundamental research. *Applied Energy* **88**, 981-1007.
Wang, Z., Wang, C., Chen, K. (2001). Two-phase flow and transport in the air cathode of proton exchange membrane fuel cells. *J. Power Sources* **94**, 40-50.
Weber, A., Ivers-Tiffée, E. (2004). Materials and concepts for solid oxide fuel cells (SOFCs) in stationary and mobile applications. *J. Power Sources* **127**, 273-283.
Weht, R., Kohanoff, J., Estrin, D., Chakravarty, C. (1998). An *ab initio* path integral Monte Carlo simulation method for molecules and clusters: application to $Li_4$ and $Li_5^+$. *J. Chem. Phys.* **108**, 8848-8858.
Weiss, M., Heywood, J., Drake, E., Schafer, A., AuYeung, F. (2000). On the road 2020. Report MIT EL 00-003, Laboratory for Energy and Environment, Massachussetts Institute of Technology, Cambridge, MA.
Weiss, M., Heywood, J., Schafer, A., Natarajan, V. (2003). Comparative assessment of fuel cell cars. Report LFEE 2003-001 RP, Massachussetts Institute of Technology, Cambridge, MA.
Weizsäcker, E., Hargroves, K., Smith, M., Desha, C., Stasinopoulos, P. (2009). *Factor Five.* Earthscan Publ., London.
Wenk, S., Qian, D., Wakayame, T., Nakamura, C., Zorin, N., Rögner, M., Miyake, J. (2002). Biomolecular device for photoinduced hydrogen production. *Int. J. Hydrogen Energy* **27**, 1489-1493.
Weydahl, T., Gruber, A., Gran, I., Ertesvåg, I. (2003). Mathematical modelling and numerical simulations of different diffusion effects in hydrogen-rich turbulent combustion. In "La planète hydrogène", Proc. 14th World Hydrogen Conf., Montréal 2002, CDROM published by CogniScience Publ., Montréal, 9 pp.
Wieland, S., Melin, T., Lamm, A. (2002). Membrane reactors for hydrogen production. *Chem. Eng. Sci.* **57**, 1571-1576.
Wilhelm, J., Janßen, H., Mergel, J. Stolten, D. (2011). Energy storage characterization for a direct methanol fuel cell hybrid system. *J. Power Sources* **196**, 5299-5308.
Wilkinson, D., Vanderleeden, O. (2003). Serpentine flow design. In "Handbook of Fuel Cells", Vol. 3 (Vielstich, W., Lamm, A., Gasteiger, H., eds.), Ch. 27. Wiley,

Chichester.

Williams, K., Eklund, P. (2000). Monte Carlo simulations of $H_2$ psysisorption in finite-diameter carbon nanotube ropes. *Chem. Phys. Lett.* **320**, 352-358.

Wise, D. (1981). *Solar Energy* **27**, 159-178.

Wolfbauer, G. (1999). The electrochemistry of dye sensitized solar cells, their sensitizers and their redox shuttles. Ph. D. Thesis, Monash University, Melbourne.

Woo, Y., Oh, S., Kang, Y., Jung, B. (2003). Synthesis and characterization of sulphonated polyimide membranes for direct methanol fuel cell. *J. Membrane Science* **220**, 31.45.

Woodward, J., Orr, M., Cordray, K., Greenbaum, E. (2000). Enzymatic production of biohydrogen. *Nature* **405**, 1014-1015.

World Energy Council (1995). "Survey of Energy Resources" $17^{th}$ ed. World Energy Conference, London.

Wurster, R. (1997a). PEM fuel cells in stationary and mobile applications. Paper for Biel Conference (http://www.hyweb.de/knowledge).

Wurster, R. (1997b). Wasserstoff-Forschungs- und Demonstrations-Projekte. Kryotechnik 26. Feb. 1997, VDI-Tagung (http://www.hyweb.de/knowledge).

Wurster, R. (1998). Paper presented at Deutsche Kälte-Klima-Tagung, Würzburg.

Wurster, R. (2003). GM well-to-wheel-Studie – Ergebnisse and Schlüsse. LB Systemtechnik website http://www.HyWeb.de.

Wurster, R. (2004). Daily use of hydrogen in road vehicles and their refueling infrastructure: safety, codes and regulation. In "Proc. HYFORUM: Clean Energies for the $21^{st}$ Century", Beijing. Available at http://www.lbst.de.

WWEA (2011). World Wind Energy Report 2010. World Wind Energy Association, Bonn, http://www.wwindea.org

Yagishita, T., Sawayama, S., Tsukahara, K., Ogi, T. (1996). Photosynthetic bio-fuel cells using cyanobacteria, In "Renewable Energy, Energy Efficiency and the Environment: World Renewable Energy Congress", vol. II, pp. 958-961. Pergamon, Elmsford, NJ.

Yamada, Y., Matsuki, N., Ohmori, T., Mametsuka, H., Kondo, M., Matsuda, A., Suzuki, E. (2003). One chip photovoltaic water electrolysis device. *Int. J. Hydrogen Energy* **28**, 1167-1169.

Yamaguchi, M., Horiguchi, M., Nakanori, T., Shinohara, T., Nagayama, K., Yasuda, J. (2001). Development of large-scale water electrolyzer using solid polymer electrolyte in WE-NET, In "Hydrogen Energy Progress XIII", Vol. 1 ("Proc. $13^{th}$ World Hydrogen Energy Conf., Beijing 2000"; Mao and Veziroglu, eds.), pp. 274-281. Int. Assoc. Hydrogen Energy & China Int. Conf. Center for Science and Technology, Beijing.

Yang, C., Srinivasan, S., Bocarsly, A., Tulyani, S., Benziger, J. (2004). A comparison of physical properties and fuel cell performance of Nafion and zirconium phosphate/Nafion composite membranes. *J. Membrane Sci.* **237**, 145-161.

Yang, W., Zhao, T., Wu, Q. (2011). Modeling of a passive DMFC operating with neat methanol. *Int. J. Hydrogen Energy*, doi:10.1016/j.ijhydene.2011.02.117.

Yasuda, I., Shirasaki, Y., Tsuneki, T., Asakura, T., Kataoka, A., Shinkai, H., Yamaguchi, R. (2004). Development of membrane reformer for high-efficient hydrogen production from natural gas. In "$15^{th}$ World Hydrogen Energy Conference, Yokohama 2004". Hydrogen Energy Systems Soc. of Japan (CDROM).

Yinxing, S. (1637). *High skills in materials production* (Tian gong kai wu). China.

Yokata, O., Oku, Y., Sano, T., Hasegawa, N., Matsunami, J., Tsuji, M., Tamura, Y. (2000). Stoichiometric consideration of steam reforming of methane on Ni/Al2O3 catalyst at 650°C by using a solar furnace simulator. *Int. J. Hydrogen Energy* **25**, 81-86.

Yoong, L., Chong, F., Dutta, B. (2009). Development of copper-doped $TiO_2$ photocatalyst for hydrogen production under visible light. *Energy* **34**, 1652-1661.

Yu, L., Liu, H. (2002). A two-phase flow and transport model for the cathode of PEM fuel cells. *Int. J. Heat Mass Transfer* **45**, 2277-2287.

Yu, L., Wuye, D., Xianchen, C., Bin, M. (2001). Aerospike engine and single-stage-to-orbit return transportation. In "Hydrogen Energy Progress XIII, Proc. $13^{th}$ World Energy Conf., Beijing 2000" (Mao, Z., Veziroglu, T., eds.), pp. 654-663. Int. Assoc. Hydrogen Energy, Beijing.

Yu, W., Zinger, D., Bose, A. (2011). An innovative optimal power allocation strategy for fuel cell, battery and supercapacitor hybrid electric vehicle. *J. Power Sources* **196**, 2351-2359.

Zackrisson, M., Avellán, L., Orlenius, J. (2010). Life cycle assessment of lithium-ion batteries for plug-in hybrid electric vehicles - Critical issues. *J. Cleaner Production* **18**, 1519-1529.

Zaluska, A., Zaluski, L., Ström-Olsen, J. (2001). Structure, catalysis and atomic reactions on the nano-scale: a systematic approach to metal hydrodes for hydrogen storage. *Appl. Phys.* **A72,** 157-165.

Zapp, P. (1996). Environmental analysis of solid oxide fuel cells. *J. Power Sources* **61**, 259-262.

Zaza, F., Paoletti, C., LoPresti, R., Simonetti, E., Pasquali, M. (2011). Multiple regression analysis of hydrogen sulphide poisoning in molten carbonate fuel cells used for waste-to-energy conversions. *Int. J.Hydrogen Energy,* doi:10.1016/ j.ijhydene.2011.01.174.

Zehr, J., Waterbury, J., Turner, P., Montoya, P., Omoregle, E., Steward, G., Hansen, A., Karl, D. (2001). Unicellular cyanobacteria fix $N_2$ in the subtropical North Pacific Ocean. *Nature* **412**, 635-638.

Zenith, F., Krewer, U. (2010). Modelling, dynamics and control of a portable DMFC system. *J. Process Control* **20**, 630-642.

Zenith, F., Weinzierl, C., Krewer, U. (2010). Model-based analysis of the feasibility envelope for autonomous operation of a portable direct methanol fuel-cell system. *Chem. Engineering Sci.* **65**, 4411-4419.

ZFK (1999). Hydrogen research at Forschungszentrum Karlsruhe. In "Proc. EIHP Workshop on Dissemination of Goals, Preliminary Results and Validation of Methodology", European Commission DG XII, acsessed 2003 at the website http://www.eihp.org/eihp1/workshop/intro.html.

Zhang, H., Lin. G., Chen, J. (2011). Performance analysis and multi-objective optimisation of a new molten carbonate fuel cell system. *Int. J. Hydrogen Energy* **36**, 4015-4021.

Zhang, Q., He, D., Li, J., Xu, B., Liang, Y., Zhu, Q. (2002). Comparatively high yield methanol production from gas phase partial oxidation of methane. *Appl. Catalysis A: General* **224**, 201-207.

Zhang, T., Chu, W., Gao, K., Qiao, L. (2003). Study of correlation between hydrogen-induced stress and hydrogen embrittlement. *Materials Sci. Eng.* **A147**, 291-299.

Zhang, T., Liu, H., Fang, H. (2003). Biohydrogen production from starch in wastewater under thermophilic condision. *J. Environm. Managem.* **69**, 149-156.

Zhang, Y., Suenaga, K., Colliex, C., Iijima, S. (1998). Coaxial nanocables: silicon carbide and silicon oxide sheathed with boron nitride and carbon. *Science* **281**, 973–975.

Zhang, Y., Xia, C. (2010). A durability model for solid oxide fuel cell electrodes in thermal cycle processes. *J. Power Sources* **195**, 6611-6618.

Zhao, X., Ma, L. (2009). Recent progress in hydrogen storage alloys for nickel/metal hydride secondary batteries. *Int. J. Hydrogen Energy* **34**, 4788-4796.

Zhou, L., Zhou, Y., Sun, Y. (2004). A comparative study of hydrogen adsorption on superactivated carbon versus carbon nanotubes. *Int. J. Hydrogen Energy* **29**, 475-479.

Zhu, Q., Li, J., Wei, J. (2001). Production and utilization of hydrogen in China. In "Hydrogen Energy Progress XIII, Proc. 13$^{th}$ World Energy Conf., Beijing 2000" (Mao, Z., Veziroglu, T., eds.), pp. 105-109. Int. Assoc. Hydrogen Energy, Beijing.

Zhu, Y., Ha, S., Masel, R. (2004). High power density direct formic acid fuel cells. *J. Power Sources* **130**, 8-14.

Zittel, W., Wurster, R. (1996). "Hydrogen in the Energy Sector". Ludwig–Bölkow–ST Report: http://www.hyweb.de/knowledge/w–i–energiew–eng.

Zouni, A., Witt, H., Kern, J., Fromme, P., Krauss, N., Saenger, W., Orth, P. (2001). Crystal structure of photosystem II from *Synechoccoccus elongatus* at 3.8Å resolution. *Nature* **409**, 739-743.

Züttel, A. (2004). Hydrogen storage methods. *Naturwissenschaften* **91**, 157-172.

Züttel, A., Rentsch, S., Fischer, P., Wenger, P., Sudan, P., Mauron, P., Emmenegger, C. (2003). *J. Alloys Compounds* **356**, 515.

Züttel, A., Wenger, P., Sudan, P., Mauron, P., Orimo, S. (2004). Hydrogen density in nanostructured carbon, matals and complex materials. *Materials Sci. Eng.* **B108**, 9-18.

Hydrogen and Fuel Cells: Emerging Technologies and Applications, Second Edition
Bent Sørensen
ISBN: 9780123877093

Authorized Chinese translation published by < China Machine Press >
《氢与燃料电池——新兴的技术及其应用（原书第2版）》（隋升　等译）
ISBN: 9787111519737

**图书在版编目（CIP）数据**

氢与燃料电池：新兴的技术及其应用：第2版/（丹）索伦森著；隋升等译．—北京：机械工业出版社，2015.11（2022.1重印）

（国际电气工程先进技术译丛）

书名原文：Hydrogen and Fuel Cells：Emerging Technologies and Applications，Second Edition

ISBN 978-7-111-51973-7

Ⅰ．①氢…　Ⅱ．①索…②隋…　Ⅲ．①氢气②燃料电池　Ⅳ．①TQ116.2②TM911.4

中国版本图书馆CIP数据核字（2015）第256837号

机械工业出版社（北京市百万庄大街22号　邮政编码100037）

策划编辑：刘星宁　责任编辑：朱　林

责任校对：陈　越　封面设计：马精明

责任印制：郜　敏

北京盛通商印快线网络科技有限公司印刷

2022年1月第1版第6次印刷

169mm×239mm·26印张·502千字

标准书号：ISBN 978-7-111-51973-7

定价：98.00元

电话服务　　网络服务

客服电话：010-88361066　　机　工　官　网：www.cmpbook.com

010-88379833　　机　工　官　博：weibo.com/cmp1952

010-68326294　　金　书　网：www.golden-book.com



机工教育服务网：www.cmpedu.com